国家出版基金项目

"十四五"国家重点出版物出版规划项目

信息融合技术丛书

何 友　陆 军　丛书主编　　熊 伟　丛书执行主编

多源信息时空配准与应用

何佳洲　王松岩　潘江怀　高兆强　罗志勇　编著

电子工业出版社
Publishing House of Electronics Industry
北京·BEIJING

内 容 简 介

本书从时间、空间和时空配准的基本概念出发，针对多源信息融合处理中存在的时空失配问题，以舰艇及其编队等应用为例，在分析时空误差演化规律建模的基础上，重点研究时间同步，以及基于合作目标/非合作目标的空间配准原理、模型和方法。最后结合时空配准在国外经典系统（如赛奇、海军战术信息系统等）中的具体应用，对网格锁定系统的演化过程及其模型算法进行深入浅出的分析，同时对美国弹性 PNT 体系、全源定位导航技术等的最新进展进行分析与解读，重点阐述了它们的时空配准理念。

本书可供从事多源信息感知与分析，关联与融合处理方面理论、方法、技术和应用等研究工作的高校及科研院所的科技工作者借鉴和参考。

未经许可，不得以任何方式复制或抄袭本书之部分或全部内容。
版权所有，侵权必究。

图书在版编目（CIP）数据

多源信息时空配准与应用 / 何佳洲等编著. -- 北京：
电子工业出版社，2025.1（2025.8重印）.--（信息融合技术丛书）.
ISBN 978-7-121-49015-6

Ⅰ. U663.81；TP212

中国国家版本馆 CIP 数据核字第 2024FF4900 号

责任编辑：刘小琳　　文字编辑：底　波
印　　刷：北京建宏印刷有限公司
装　　订：北京建宏印刷有限公司
出版发行：电子工业出版社
　　　　　北京市海淀区万寿路 173 信箱　邮编：100036
开　　本：720×1000　1/16　印张：24.5　字数：480 千字
版　　次：2025 年 1 月第 1 版
印　　次：2025 年 8 月第 3 次印刷
定　　价：128.00 元

凡所购买电子工业出版社图书有缺损问题，请向购买书店调换。若书店售缺，请与本社发行部联系，联系及邮购电话：(010) 88254888，88258888。
质量投诉请发邮件至 zlts@phei.com.cn，盗版侵权举报请发邮件至 dbqq@phei.com.cn。
本书咨询联系方式：zhangzm@phei.com.cn。

"信息融合技术丛书"
编委会名单

主　　编： 何　友　陆　军

执行主编： 熊　伟

副 主 编（按姓氏笔画排序）：

　　王子玲　刘　俊　刘　瑜　李国军　杨凤暴
　　杨　峰　金学波　周共健　徐从安　郭云飞
　　崔亚奇　董　凯　韩德强　潘新龙

编　　委（按姓氏笔画排序）：

　　王小旭　王国宏　王晓玲　方发明　兰　剑
　　朱伟强　任煜海　刘准钆　苏智慧　李新德
　　何佳洲　陈哨东　范红旗　郑庆华　谢维信
　　简湘瑞　熊朝华　潘　泉　薛安克

丛书序

信息融合是一门新兴的交叉领域技术，其本质是模拟人类认识事物的信息处理过程，现已成为各类信息系统的关键技术，广泛应用于无人系统、工业制造、自动控制、无人驾驶、智慧城市、医疗诊断、导航定位、预警探测、指挥控制、作战决策等领域。在当今信息社会中，"信息融合"无处不在。

信息融合技术始于20世纪70年代，早期来自军事需求，也被称为数据融合，其目的是进行多传感器数据的融合，以便及时、准确地获得运动目标的状态估计，完成对运动目标的连续跟踪。随着人工智能及大数据时代的到来，数据的来源和表现形式都发生了很大变化，不再局限于传统的雷达、声呐等传感器，数据呈现出多源、异构、自治、多样、复杂、快速演化等特性，信息表示形式的多样性、海量信息处理的困难性、数据关联的复杂性都是前所未有的，这就需要更加有效且可靠的推理和决策方法来提高融合能力，消除多源信息之间可能存在的冗余和矛盾。

我国的信息融合技术经过几十年的发展，已经被各行各业广泛应用，理论方法与实践的广度、深度均取得了较大进展，具备了归纳提炼丛书的基础。在中国航空学会信息融合分会的大力支持下，组织国内二十几位信息融合领域专家和知名学者联合撰写了"信息融合技术丛书"，本丛书系统总结了我国信息融合技术发展的研究成果及经过实践检验的应用，同时紧紧把握信息融合技术发展前沿。本丛书按照检测、定位、跟踪、识别、高层融合等方向进行分册，各分册之间既具有较好的衔接性，又保持了各分册的独立性，读者可按需阅读其中一册或数册。希望本丛书能对信息融合领域的设计人员、开发人员、研制人员、管理人员和使用人员，以及高校相关专业的师生有所帮助，能进一步推动信息融合技术在各行各业的普及和应用。

"信息融合技术丛书"是从事信息融合技术领域各项工作专家们集体智慧的结晶，是他们长期工作成果的总结与展示。专家们既要完成繁重的科研任务，又要在百忙中抽出时间保质保量地完成书稿，工作十分辛苦，在此，我代表丛书编委会向各分册作者和审稿专家表示深深的敬意！

本丛书的出版，得到了电子工业出版社领导和参与编辑们的积极推动，得到了丛书编委会各位同志的热情帮助，借此机会，一并表示衷心的感谢！

何友

中国工程院院士

2023 年 7 月

不要试图建立你自己的规则。在所有事情上，无论是大事和公事，还是小事和家事，都要按自然法则行事。你的最高理想应该是，使你的意愿和自然和谐一致。

——（古罗马）爱比克泰德（Epictetus）

谨以此书献给一直在与时空失配问题做斗争的朋友们。

前　言

　　数据融合与信息融合技术源自"冷战"时期，主要用于国土防空应用中的雷达网建设，目前几乎已经渗透到各行各业，"融合"也成为网络化时代最显著的特征之一。维纳基于对自动防空火炮的研究，发现动物和机器系统的核心问题是信息、信息传输和信息处理，由此确认了信息和反馈在控制论中的基础地位。当今社会，网络化控制无处不在，要想更好地优化并协调人们所处的世界，信息的感知、获取和处理非常重要。之前的信息融合理论均假定多源/元信息只存在随机误差。例如，在所谓的军事融合处理中，本质是通过采用统计的方法进一步减小随机误差，从而解决目标关联和识别问题。这一点似乎与人们直观上理解的融合有点相悖，平时人们都是通过听取大家的意见，综合（融合）形成一个更好的决策。例如，在跳水比赛中，有 7 名或 9 名裁判打分，然后考虑个别样本存在偏差，去掉一个最高分和一个最低分，将剩下的分数相加再求平均值，得到运动员的成绩。可见在实际应用中，需要考虑处理单个信息源数据出现系统误差的情况。有很多例子可以证明，如果不能充分解决系统误差问题，融合的有效性和可信性将大打折扣。误差理论认为，系统误差的危险性远大于偶然误差，往往在自认为没有问题的情况下，实际上存在相当大的系统误差。此时，对偶然误差的一切数学处理都将完全失去意义。本书从信息融合处理最基础的元信息——"时间"和"空间"两个概念入手，研究时空信息系统误差产生与演化、估计与消除的理论、方法和应用等。

　　事实上，人类在自然界的生存发展一直在不断地纠偏。人类对未知世界的感知、理解、行动，以及人与人之间、人与自然之间的相处，无一不是螺旋式试错和纠错的发展过程。

古罗马基督教思想家圣·奥古斯丁说过："什么是时间？如果没人问我，那么我知道；如果有谁问我，并且我希望向他解释，那么我不知道。"即使在科技高度发达的今天，不仅时间的概念依旧迷雾重重，空间的内涵包含很多不确定性，特别是由网络形成的虚拟空间，正在深刻地影响并改变传统意义的客观世界。

熵增定律作为宇宙中的最高法则，同样适用于信息融合领域。为了实现信息融合系统的反熵增，同样可以采用开放的耗散结构，通过传感器不断地与外部世界交换信息，或者通过不断增加新型传感器确保融合系统的活力和生命力。处理好这些动态的节点和传感器信息融合，首先需要解决的就是时空配准问题。具有适应外界变化的时空配准是实现信息融合系统反熵增的一把钥匙。

本书是我们信息融合研究团队十几年来的时空配准理论、方法和实践研究工作的一个缩影，凝聚了我们团队所有研究人员的心血。全书分为6章。

第1章：绪论。本章梳理了时空配准的基本概念、时空配准误差成因和应用需求，分析了时空配准的现状和应用基础性问题。

第2章：时空误差及其演化。本章以舰艇平台为例，分析了动平台雷达探测时空误差的演化规律和模型。

第3章：时间同步原理与方法。本章分析了时间信息获取、传递和同步的原理与方法。

第4章：空间配准原理与方法（上）。本章研究分析了基于合作目标的传感器空间配准建模和系统误差估计方法等。

第5章：空间配准原理与方法（下）。本章研究分析了基于公共目标的多传感器空间配准建模及系统误差估计方法等。

第6章：时空配准的应用与发展。本章面向时空配准应用，综述了网格锁定系统、弹性PNT体系、全源定位导航技术等最新成果。

本书由江苏自动化研究所信息融合团队撰写。其中，第1章、第6章由何佳洲、王松岩撰写；第2章、第4章和第5章由潘江怀、罗志勇撰写；第3章由高兆强、张楠等撰写；全书由何佳洲校对与统稿。在本书的撰写过程中，我们得到了江苏自动化研究所各位领导和专家的指导与帮助，并得到了中国电子科技集团公司第二十八研究所赵宗贵研究员及中国人民解放军国防科技大学胡小平、罗雪山、陈洪辉等教授的指导。中国人民解放军海军航空大学熊伟教授、西北工业大学杨峰教授在全书内容修订和编校方面给予了耐心的指导。电子工业出版社张正梅同志在丛书策划与出版全过程付出了辛勤的劳动。在此一并表示感谢!

此外,本书在编写过程中,参考了不少国内外公开发表的研究成果,对文献作者的辛勤劳动表示衷心的感谢!

受作者水平限制,书中存在很多不足之处,请读者不吝指教。

作者

目 录

第 1 章 绪论 ··· 001
  1.1 概述 ·· 001
  1.2 基本概念 ·· 003
      1.2.1 时间 ·· 003
      1.2.2 空间 ·· 003
      1.2.3 时间标准、时间统一和时间同步 ················ 004
      1.2.4 空间配准 ·· 005
  1.3 时空配准误差成因和应用需求 ····························· 006
      1.3.1 时间同步误差成因和应用需求 ···················· 006
      1.3.2 空间配准误差成因和应用需求 ···················· 008
      1.3.3 姿态基准传递需求 ····································· 012
  1.4 时空配准现状和应用基础性问题 ························· 017
      1.4.1 时空基准体系 ··· 017
      1.4.2 相关标准和规范 ······································· 018
      1.4.3 典型应用分析 ··· 021
      1.4.4 应用基础性问题 ······································· 024
  1.5 本书主要内容和章节安排 ···································· 027
      1.5.1 主要内容 ·· 027
      1.5.2 章节安排 ·· 028
  参考文献 ·· 029

第 2 章 时空误差及其演化 ··· 031

2.1 概述 ··· 031
2.2 时空基准及时空基准误差特点 ····································· 031
    2.2.1 时空基准 ·· 032
    2.2.2 时间基准误差特点分析 ······································ 037
    2.2.3 空间基准误差特点分析 ······································ 039
2.3 时间同步误差分析 ··· 042
    2.3.1 网络时间同步误差分析 ······································ 042
    2.3.2 基于时频信号的时间同步误差分析 ···························· 048
2.4 动平台雷达探测时空误差演化 ····································· 052
    2.4.1 甲板形变及其影响 ·· 053
    2.4.2 机械稳定雷达时空基准误差演化模型 ·························· 054
    2.4.3 电子稳定雷达时空基准误差演化模型 ·························· 099
2.5 小结 ··· 121
参考文献 ··· 121

第 3 章 时间同步原理与方法 ··· 123

3.1 概述 ··· 123
    3.1.1 时间基准 ·· 124
    3.1.2 时间同步方法 ·· 125
    3.1.3 用户 ··· 125
3.2 有线网络时间同步方法 ··· 126
    3.2.1 NTP 时间同步 ·· 126
    3.2.2 PTP 时间同步 ·· 135
    3.2.3 WR 时间同步 ··· 149
3.3 无线网络时间同步方法 ··· 157
    3.3.1 普通无线网络时间同步方法 ··································· 157
    3.3.2 无线传感器网络时间同步方法 ································· 164
3.4 多源信息时间对齐 ··· 168
    3.4.1 时间对齐流程 ·· 169
    3.4.2 时频匹配 ·· 170
    3.4.3 时间对齐常用方法 ·· 172
3.5 海战场时间同步体系设计 ··· 179

	3.5.1 指标需求分析	179
	3.5.2 总体架构设计	180
	3.5.3 编队时间同步体系	183
3.6	小结	190
	参考文献	191

第 4 章 空间配准原理与方法（上） 193

4.1	概述	193
4.2	基于合作目标的传感器空间配准建模	196
	4.2.1 数据预处理	197
	4.2.2 系统误差	199
	4.2.3 各类系统误差对目标定位的影响	202
	4.2.4 空间配准系统误差测量方程及等效系统误差模型	209
4.3	基于合作目标的传感器空间配准系统误差估计方法	215
	4.3.1 线性最小二乘法	216
	4.3.2 非线性最小二乘的信赖域方法	218
	4.3.3 均值移动方法	219
4.4	传感器系统误差非均匀分布的配准方法	222
	4.4.1 系统误差网格分区逼近方法	223
	4.4.2 系统误差分布函数拟合方法	225
4.5	小结	227
	参考文献	227

第 5 章 空间配准原理与方法（下） 230

5.1	概述	230
5.2	基于公共目标的多传感器空间配准建模	231
	5.2.1 数据预处理	231
	5.2.2 多平台多传感器通用空间配准模型	232
5.3	基于公共目标的多传感器空间配准系统误差估计方法	235
	5.3.1 广义最小二乘配准方法	235
	5.3.2 极大似然配准方法	236
	5.3.3 基于无迹变换的滤波配准方法	240
5.4	基于多雷达距离测量的空间配准方法	246
	5.4.1 多雷达距离测量定位模型	246

    5.4.2 两雷达距离测量平面定位误差分析 ·· 249
    5.4.3 三雷达距离测量空间定位分析 ·· 251
    5.4.4 仿真验证 ··· 257
  5.5 多平台多无源传感器空间配准方法 ··· 259
    5.5.1 基于二维平面交叉定位的误差配准方法 ··· 259
    5.5.2 基于ECEF坐标系交叉定位的误差配准方法 ·· 263
    5.5.3 目标运动假定条件下的异步无源传感器空间配准方法 ······ 275
    5.5.4 基于测向测时差的传感器误差配准方法 ··· 276
  5.6 空间配准可观测性分析 ··· 282
    5.6.1 可观测性 ··· 282
    5.6.2 噪声扰动分析 ··· 284
    5.6.3 可观测度 ··· 285
    5.6.4 低可观测度下系统误差估计方法 ·· 287
  5.7 空间配准性能评价 ·· 299
    5.7.1 配准方法收敛性分析 ··· 300
    5.7.2 系统误差估计的下界 ··· 300
    5.7.3 系统误差估计收敛性分析 ··· 301
    5.7.4 空间配准性能在线评价 ·· 304
  5.8 小结 ··· 306
  参考文献 ·· 307

第6章 时空配准的应用与发展 ·· 310
  6.1 概述 ··· 310
  6.2 网格锁定系统 ·· 311
    6.2.1 源自半自动地面环境防空系统 ·· 311
    6.2.2 成形于海军战术数据系统 ··· 319
    6.2.3 成为构建舰队协调交战能力的基石 ·· 325
  6.3 弹性PNT体系结构 ··· 331
    6.3.1 源起导航战 ··· 332
    6.3.2 弹性PNT体系结构设计 ··· 333
  6.4 全源定位导航技术 ··· 343
    6.4.1 PNT传感器技术 ·· 344
    6.4.2 协同导航 ··· 346

  6.4.3 全源传感器定位导航 ·· 347
 6.5 总结与发展 ··· 358
 参考文献 ·· 359

附录 A 常用坐标系及其相互转换 ·· 363
 A.1 坐标系 ·· 363
 A.2 坐标系转换 ··· 364

附录 B 误差、方差及协方差传播原理 ·· 367
 B.1 误差传播原理 ·· 367
 B.2 方差传播原理 ·· 368
 B.3 协方差传播原理 ··· 372
 参考文献 ·· 374

第1章

绪　论

孙子曰："故知战之地，知战之日，则可千里而会战。"

1.1　概述

什么是时间？什么是空间？时间与空间存在怎样的关系？这是自人类文明诞生以来面临的最基本问题。为了回答这几个问题，阿尔伯特·爱因斯坦根据狭义相对论得出了钟慢尺缩推断（当物体运动速度等于光速时，时间就会停止，空间就会微缩为点），根据广义相对论提出了时间-空间的边界理论（从宇宙大爆炸开始，至宇宙大挤压终结）；德国理论物理学家巴克哈德·海姆建立了六维及以上数学空间，给出了量化时空的数学公式，尝试解决量子理论和广义相对论之间的兼容问题[①]。

有人问："我们生活在同一时空下，为什么还要进行时空配准呢？"事实上，由于受到人类自身感知能力和手段的限制，我们只能感知局部的时空信息。在很多情况下，对客观世界的"全面"认知，必须依赖他人（或其他手段）获取的信息进行补充。但由于信息获取手段的差异，在综合这些多源信息时，各信息之间难免存在系统误差，当这种系统误差超过一定范围时，就无法将这些属于相同目标或物体的多源信息准确地融合在一起，即出现所谓的"时空失配"

---

① 巴克哈德·海姆运用对称法和动态反平衡原理，将广义相对论和量子动力学相结合，给出了宇宙飞船从地球表面到达火星表面所需的时间。采用他的六维中观场方程，只需要消耗285kg的燃料，就可以驱动一架重50t的宇宙飞船从地球飞至火星，往返仅需336h，其中包括111h的星际旅行（往返共222h）、100h的火星探索、14h的发动机大修和发射准备。

问题。在实际应用中，特别是在对抗战场环境中，这种情况将变得更加复杂。

在军用领域，以海上舰艇编队防空反导应用为例，为了组织协调海上战术编队的兵力，要求编队每个作战单元均能获得一个精确、全面和可靠的作战区域空中态势图。空中态势图除了能为编队每个作战单元提供周围目标准确的身份和类型信息，还允许各作战单元在执行行动时，能随时获取其他相邻作战单元精确的交战知识。正常情况下，通过将作战单元自身的雷达等传感器的目标数据与经通信数据链接收到的来自其他作战单元传感器的数据进行综合，形成空中态势图。在理想情况下，其他作战单元传感器的数据可以直接集成到某作战单元（舰艇或飞机）的态势数据中，作为该作战单元探测能力的补充，以弥补因地球曲率、对抗干扰和传感器探测能力等限制而无法覆盖的区域目标信息。然而，在实际军事行动中，由于导航信息和雷达探测不可避免地存在系统误差，通过通信数据链连接在一起的战术编队不仅未能使多个平台实现探测能力的互补增强，反而因为数据交换使集成后目标态势的性能急剧退化，导致在各类战术编队中，舰船或飞机平台生成的态势数据中频繁出现一批目标变多批/混批、目标跟踪错乱、轨迹中断等现象，有时甚至出现各平台之间的时间同步产生数秒甚至更大的误差）。究其根本原因，是在各战术节点中，不同平台和传感器存在不确定的时空失配误差。如果不能将此类时空失配误差控制在一定的范围内，则后续的信息融合将变成信息混淆，从而严重影响指挥员对态势的认知。

在民用领域，随着传感器、通信和网络互联等技术的快速发展，来自多源多传感器信息的时空配准问题在空中交通管制（Air Traffic Control，ATC）、海上船舶交通管理（Vessel Traffic Services，VTS）、汽车无人驾驶领域，甚至在以全球传感器网络（Global Sensor Networks，GSN）为核心的物联网等领域的应用深度和广度不断扩大。以 ATC 为例，尽管现代探测系统，如广域多点定位（Wide Area Multilateration，WAM）系统、广播式自动相关监视（Automatic Dependent Surveillance-Broadcast，ADS-B）网络等，与传统雷达相比，性能更高、价格更低，但是在很长一段时间里，ATC 系统中的主要传感器还是二次监视雷达（Secondary Surveillance Radar，SSR）。通常，为了提高空间覆盖能力，这些雷达的探测空域互相覆盖，不同雷达的观测数据会传送到 ATC 控制中心，将这些数据进行融合处理后形成飞机的轨迹数据。为了确保飞机的空中轨迹稳定精确，要求每个雷达的观测数据在融合处理之前，必须修正其中存在的系统误差，否则将这些来自不同雷达的飞机数据融合后，某架飞机的轨迹可能会出现 Z 字形机动，也可能会分裂成多条轨迹（每部雷达一条轨迹），从而严重影响 ATC 系统的正常运行和管理。今天，得益于全球卫星定位系统的发展，无处不在的 WAM 系统和 ADS-B 网络能为 ATC 提供更稳定且更高精度的飞机日常飞行数据，从而为分布在全球各机场 ATC 雷达测量系统误差的估计提供更简洁、更可信的合作目标配准方法。

本章在明晰时间、空间和时空配准这 3 个基本概念的基础上，通过分析梳理时空配准问题研究现状，剖析时空配准问题中存在的实质性难题，拟从时空误差演化、舰船形变对时空配准的影响、时间同步和空间配准问题的本质等入手，提炼出相关应用基础性问题，引出本书的主要研究内容。

不失一般性，车辆和飞机等动平台同样存在时空配准问题，本章以舰船平台为例，对该问题进行分析描述，尽可能着眼于多源信息时空配准原理与方法中的共性应用基础性问题。当然，对于其他类型动平台中存在的特定的时空配准方面的基础性问题，仍有待深入研究。

1.2 基本概念

1.2.1 时间

国际电信联盟对时间的定义是："用于说明在一个选定的时间尺度中的一个瞬间（1 天当中的时刻）。在一种时间尺度中，它指的是对 2 个事件之间或 1 个事件所持续时间的时间间隔的量度。时间是一种显然不可逆的顺序事件的连续集。"《现代汉语词典》是这样描述时间的：①物质运动中的一种存在方式，由过去、现在、将来构成的连续不断的系统，是物质的运动、变化的持续性、顺序性表现；②有起点和终点的一段时间；③时间里的某一点。概括起来，时间的定义包含 3 层含义：时刻、间隔和连续不可逆特性。

从科学的本质层面分析，时间是物质存在和运动的一种形式，是指自然界物质运动变化的过程。因此，离开自然界的物质运动就不存在时间。时间与质量、长度作为力学中常见的三大基本物理量，后两者分别可以用砝码和尺子进行计量，且计量标准是恒定的、可保存的，但时间没有计量标准。为此，人们只能选择某种物质的运动过程来度量时间。从远古时期开始，人们就开始利用太阳、月亮和星星的规律性运动来度量年、月、日。其中，中国历法属于阴阳历，兼顾太阳和月亮的周期运动，其核心思想就是确保历法与太阳、月亮的运动规律协调一致，即所谓的"天人合一"；欧洲的历法属于太阳历，几何学的进步促进了欧洲历法的发展和完善。

1.2.2 空间

空间被定义为无界的三维延伸，物体和事件在其中不断出现和发生，具有相对的位置和方向。在数学中，空间被定义为满足特定几何假设的一组几何元素和点的集合。在物理学中，空时是某种数学模型，是由空间和时间构成的一个单一的连续系统。空时常常将空间理解为 3 个线性维，而时间是不同于空间维的第四维。

信息化战场空间是指构成信息化战争作战行动的各种要素在陆、海、空、天、网电，以及信息空间的广延状态和流动状态。信息化战场空间可以划分为有形的物理空间和无形的控域空间（Cyberspace），后者又译为网络电磁空间或赛博空间。

我国学者将战场空间划分成地理空间、信息空间和人文空间；西方学者则将其抽象为物理域、信息域、认知域和社会域。

在多源信息融合领域，空间多指目标的空间位置坐标及用于确定目标位置坐标的空间基准。处理难点是如何将这些空间基准可能存在差异的不同信息源获取的目标位置信息进行关联和融合。

1.2.3 时间标准、时间统一和时间同步

1.2.3.1 时间标准

国际电信联盟对时间标准的定义是："用于实现时间单位的设备；用于实现一个时间尺度的连续运转的设备，该时间尺度符合秒的定义和一个适当的原点。"该定义包含 3 层含义：实现时间尺度的设备、时间尺度标准和时间原点。

随着人们对时间认识的深入及应用需求的发展，前后建立了许多时间标准，一般可分为天文时、国际原子时（简称"原子时"）和协调世界时 3 种类型。

1）天文时

天文时根据天体运动规律来拟订时间标准，包括世界时（UT0、UT1、UT2）、历书时（ET）。天文时以天体运动作为实现时间尺度的设备，根据天体运动的周期性确定时间尺度标准，以特定天体的运行状态为时间原点。

天文时的优点是时间历元意义明确，符合天文观测和人们生活的特点。天文时的缺点是时间尺度的均匀性不好，在 $10^{-9} \sim 10^{-8}$ 数量级，会影响时间在计量学上的应用，尤其不能满足通信系统对时间同步精度的要求，因此人们发展出了原子时。

2）原子时

原子时（International Atomic Time，TAI）以特定状态的铯原子的跃迁辐射振荡周期作为时间尺度，建立时间标准，但是对时间原点没有达成一致。多家实验室分别建立了自己独立的原子时。

3）协调世界时

为统一时间标准，兼顾天文时和原子时的特点，人们以 UT1 时间为原点，以原子时为时间尺度，提出了协调世界时（Coordinated Universal Time，UTC）作为标准时间和标准频率（以下简称"标准时频"）发布的基础，这是目前被广泛采用的时间标准，并衍生出了一系列相关的时间标准。

1.2.3.2 时间统一

时间统一是指通过提供标准时频信号，实现全系统的时频基准统一的过程，简称时统。

实现时间统一的整套电子设备称为时间统一系统，由国家时间频率基准、授时台、定时校频接收机、频率标准、时间码产生器和放大分配器等组成。

时间统一过程一般包括授时和守时两部分。授时是指采用现代技术传递时频信号，实现时间标准的异地复制的过程。守时是指将本地时钟已校准的标准时间保持下去的过程。国内外的守时中心一般都采用由多台铯原子钟和氢原子钟组成的守时钟组来守时，守时钟组中运行性能长期表现最好的一台被定为主时钟。

1.2.3.3 时间同步

时间同步是指将网络连接的所有节点（包括感知节点、处理节点、控制节点、用户节点等）的计时系统时间与基准时间之差控制在一个统一的容许误差范围之内的处理过程。由于时间基准节点也要按一定周期接受更高精度时源的授时，因此基准节点的时间误差包含其授时源误差及其计时系统的累积误差，因此基于网络时间基准节点的时间同步是相对的。在实际应用中，工作人员经常根据需要设置基准时间，按照系统运作的规律统一所有单元节点的时间，更体现了时间的相对性。例如，电力系统、金融系统、电信系统均有各自不同精度的时间同步要求。

1.2.4 空间配准

空间配准是指消除探测源或探测系统存在的系统误差或将系统误差控制在容许的范围内的处理过程。由于对非合作目标（如敌方、可疑目标等）的感知完全依赖探测（侦察）手段，因此探测源存在的系统误差将严重影响目标定位的精度及后续的关联/相关、融合处理，从而影响态势生成和理解。由于信息源对目标的测量同时存在系统误差和随机误差，信息源在探测区域内的系统误差又存在方向上和距离上的差异，并且信息源测量系统误差依赖其自身的工作和维修状态，因此信息源系统误差参数的估计存在较大的难度。

目前，信息源测量系统误差估计有基于合作目标真实误差统计量和基于非合作目标多站测量两种技术途径。在实现上，信息源测量系统误差估计可以独立于目标测量补偿预先进行，也可以与目标测量补偿同步进行，即边估计、边补偿。此时，信息源与目标空间位置的相对关系会影响系统误差的可观测性。

从配准的方式看，可以将空间配准分为合作目标配准和非合作目标配准。例如，ATC 中民航飞机雷达的轨迹配准属于典型的合作目标配准问题，这是因为民航航线基本固定，飞机类型也基本固定，人们可以日复一日地通过比对二次雷达轨迹（如经纬度、高度）与安装在飞机上的全球卫星导航系统测量的实时飞机位置数据，采用统计方法，估计雷达的测量系统误差；海/空军边防雷达观测其他国家的抵近侦察飞机，属于非合作目标配准问题，此时只有几个雷达的观测数据，通常无法获取飞机的真实位置数据，可以通过多个雷达协同探测实现系统误差估计。

从配准的信息类型看，可以将空间配准分为位置信息配准和姿态信息配准。位置信息主要包括雷达平台自身的位置（如经纬度、高度）和目标位置（如距离、方位、高低角），姿态信息则包括纵横摇信息和航向信息。在实际应用中，上述几类信息通常高度耦合在一起，影响态势感知和目标跟踪。其中，姿态信息误差的非线性尤为突出，在以平台为中心的应用中，如考虑一个舰船平台上多个传感器的配准问题，需要综合考虑平台姿态基准，结合各传感器局部基准及安装位置的船体形变，联合估计出每个传感器节点准确一致的姿态信息。固定翼飞机/无人机、直升机等在舰船上起降时，涉及不同平台姿态信息的对准问题，核心难点是起降点姿态信息的准确预报。发射舰载导弹时，也涉及舰船平台瞬时姿态信息的估计问题，以准确控制导弹的飞行。一般情形下的跨平台姿态信息配准相对较为困难，国外有研究人员通过数据链将各平台姿态基准和卫星导航信息集成在一起，构成一个跨平台的时空基准体系，但尚没有针对性的应用场景。鉴于姿态信息配准处理的特殊性，本书将姿态信息配准作为一类特定的配准问题进行研究分析。

1.3　时空配准误差成因和应用需求

1.3.1　时间同步误差成因和应用需求

1.3.1.1　时间同步误差

保证时统系统的精度和可靠性是实现战场态势一致的基础。尽管卫星授时能够提供较高的授时精度，但由于卫星信号容易受到干扰、屏蔽、遮挡等影响，因此会造成不同设备之间出现时间不一致的情况。此外，国家授时中心提供的短波授时发播系统和长波授时发播系统的授时精度达到毫秒或微秒量级，由于短波通信容易受到干扰，因此战时可靠性无法保证。单纯依靠网络进行时间同步，可靠性高，也可以满足一定的时间同步精度需求，但是时间同步精度受到网络负载影响，导致网络不确定时延。

鉴于此，需要采用综合的授时保障机制，尤其是对区域基准时钟的授时。需要建立联合作战条件下作战单元之间的时间同步标准，以统一各种授时系统；同时对授时系统时间分级同步的误差进行分析，建立误差传递模型及控制策略。

综合来说，时间同步误差的主要种类有单元时钟误差（频率和相位误差）、时间同步信号传输误差、时间同步请求响应时间误差、信源探测目标时间误差、有线/无线组网系统的时间同步误差等。

1.3.1.2　时间同步误差分析

由时间同步引起的误差是指由于传感器时间、用户时间和标准时间存在系统误差而导致用户在推断时间时产生误差。这些因素产生的误差将与预测误差、轨迹数据误差等综合作用，从而影响目标态势的准确性。

不妨以传感器时间 t_0 为准，对应用户时刻 t_u，假设 δt_0 为 t_0 时刻传感器时间与标准时间的误差，δt_u 为 t_u 时刻用户与标准时间的误差，则传感器与用户时间同步引起的误差为

$$\Delta t' = t'_u - t'_0 = t_u + \delta t_u - t_0 - \delta t_0 = \Delta t + \delta t \qquad (1-1)$$

式中，$\Delta t = t_u - t_0$；$\delta t = \delta t_u - \delta t_0$。

预测误差是用户采用态势信息时在预测过程中产生的误差。则在用户时间 t_u 纯推断误差为

$$\delta v_x(t_u) = v(t_u) - v_a(t_u) = \int_{t_0}^{t_u} (a(\tau) - a_0) \mathrm{d}\tau \qquad (1-2)$$

$$\delta r_x(t_u) = r(t_u) - r_a(t_u) = \int_{t_0}^{t_u} \int_{t_0}^{\tau} (a(\lambda) - a_0) \mathrm{d}\lambda \mathrm{d}\tau \qquad (1-3)$$

式中，$a(\tau)$、$a(\lambda)$ 分别表示目标在 τ 时刻和 λ 时刻的瞬时加速度；$v(t_u)$、$r(t_u)$ 分别表示加速度非恒定时 t_u 时刻目标的速度和位置；$v_a(t_u)$、$r_a(t_u)$ 分别表示加速度恒定为 a_0 时 t_u 时刻目标的速度和位置；$\delta v_x(t_u)$、$\delta r_x(t_u)$ 分别表示考虑加速度不恒定时引起的 t_u 时刻态势中目标的速度推算误差和位置推算误差。

可以看出，即使传感器探测数据没有误差，时间没有误差，也会因为事实上目标加速度的不恒定而造成预测误差。

轨迹数据误差是指传感器探测到的目标位置、速度和加速度都存在误差，造成用户在推断上产生的误差。轨迹数据误差为

$$\Delta \boldsymbol{v}_\mathrm{d} = \boldsymbol{v}(t_\mathrm{u}) - \boldsymbol{v}_\mathrm{a}(t_\mathrm{u}) = \delta \boldsymbol{v}_0 + \delta \boldsymbol{a}_0 \Delta t \qquad (1\text{-}4)$$

$$\Delta \boldsymbol{r}_\mathrm{d} = \boldsymbol{r}(t_\mathrm{u}) - \boldsymbol{r}_\mathrm{a}(t_\mathrm{u}) = \delta \boldsymbol{r}_0 + \delta \boldsymbol{v}_0 \Delta t + \frac{1}{2}\delta \boldsymbol{a}_0 \Delta t^2 \qquad (1\text{-}5)$$

式中，$\delta \boldsymbol{a}_0$、$\delta \boldsymbol{v}_0$、$\delta \boldsymbol{r}_0$ 分别表示轨迹数据误差中的加速度、速度和位置的误差；$\Delta \boldsymbol{v}_\mathrm{d}$、$\Delta \boldsymbol{r}_\mathrm{d}$ 分别表示考虑轨迹数据误差时引起的 t_u 时刻态势中目标的速度推算误差和位置推算误差。

可以看出，尽管一次探测误差是恒定的，但是在态势一致性应用中，其造成的空间误差是时变的。

时间同步造成的位置误差为

$$\Delta \boldsymbol{v}_\mathrm{t} = \boldsymbol{a}_0 \delta t \qquad (1\text{-}6)$$

$$\Delta \boldsymbol{r}_\mathrm{t} = \boldsymbol{v}_0 \delta t + \boldsymbol{a}_0 \Delta t \delta t \qquad (1\text{-}7)$$

式中，$\Delta \boldsymbol{v}_\mathrm{t}$ 和 $\Delta \boldsymbol{r}_\mathrm{t}$ 分别表示考虑时间同步误差时引起的 t_u 时刻态势中目标的速度推算误差和位置推算误差。

可以看出，时间同步造成的位置误差也是时变的。

时间同步造成的误差、预测误差和轨迹数据误差之间是相互影响的，将三者综合考虑得到

$$\Delta \boldsymbol{v}_\mathrm{c} = \int_{t_0}^{t_\mathrm{u}} (\boldsymbol{a}(\tau) - \boldsymbol{a}_0) \mathrm{d}\tau + \delta \boldsymbol{v}_0 + \delta \boldsymbol{a}_0 \Delta t + \boldsymbol{a}_0 \delta t \qquad (1\text{-}8)$$

$$\Delta \boldsymbol{r}_\mathrm{c} = \int_{t_0}^{t_\mathrm{u}} \int_{t_0}^{\tau} (\boldsymbol{a}(\lambda) - \boldsymbol{a}_0) \mathrm{d}\lambda \mathrm{d}\tau + \delta \boldsymbol{r}_0 + \delta \boldsymbol{v}_0 \Delta t + \frac{1}{2}\delta \boldsymbol{a}_0 \Delta t^2 + \boldsymbol{v}_0 \delta t + \boldsymbol{a}_0 \Delta t \delta t \qquad (1\text{-}9)$$

式中，$\Delta \boldsymbol{v}_\mathrm{c}$、$\Delta \boldsymbol{r}_\mathrm{c}$ 分别表示综合考虑存在加速度不恒定、轨迹数据、时间同步等误差时引起的 t_u 时刻态势中目标的速度综合推算误差和位置综合推算误差。

1.3.2 空间配准误差成因和应用需求

迄今为止，绝大多数信息融合理论都将重心放在研究偶然误差控制方法上。有学者认为，系统误差的危险性远大于偶然误差，往往在自认为没有问题的情况下，实际上存在相当大的系统误差。此时，对偶然误差的一切数学处理都将完全失去意义。

系统误差是造成传感器之间空间失配的主要原因。鉴于在战场上雷达仍然是最重要的一类传感器，下面的讨论主要针对雷达传感器展开，很多分析对其他类型的传感器同样适用。早在数据融合刚受到研究人员关注的时候，"配准"（Registration）就已经在实际系统中得到应用，如著名的赛其半自动防空系统（Semi-Automatic Ground Environment，SAGE）。自 20 世纪 60 年代起，在美国海军战术数据系统中，"配准软件"（Registration Software）得到进一步推广，"序

列化的网格锁定算法和关联算法已经用于校正多部雷达的数据,其配准精度达到了 1 英里量级,这一精度基本满足了当时的应用"。

1.3.2.1 空间配准误差源分析

当战场上或 ATC 系统中只有一部雷达时,目标(如飞机等)的相对位置比较重要。此时,距离和方位角上的系统偏差对于所有的目标都一样,因而不会从总体上对跟踪系统的性能造成很大的影响。随着侦察、预警和监视范围的扩大,并基于电子对抗及可靠性等方面的考虑,人们需要把多个互相重叠的雷达的信息综合成更加完整的态势图像,此时必须对每部雷达的系统偏差来源进行逐一分析,并尽可能消除,否则将产生歧义或冗余目标,从而极大地影响指挥员的决策稳定性。

对安装在动平台上的雷达而言,雷达测量可能叠加的误差还有姿态误差,如舰艇的纵摇角、横摇角和偏航角误差,飞机的俯仰角、横滚角和航向角误差,当然还可能有平台安装位置带来的误差等,如表 1-1 所示。实际上,就舰艇和飞机平台而言,在某种情形下,对于雷达的探测,姿态系统误差的影响可能更大。关于这部分的详细讨论参见本书第 2 章。

表 1-1 雷达配准误差源

误差分类和来源		产生原因	修正方法
距离	偏移	距离数字计数器零位误差	在工厂校准
	距离刻度	距离时钟误差	采用精确的距离时钟
	大气折射补偿	大气对流层对雷达信号传播速度的影响	查雷达电磁波大气折射修正表或建立折射模型
	高度修正测量	将目标斜距作为水平距离使用时产生的误差	采用 3D 雷达或其他高度信息源
方位	偏移	雷达方位读数北向基准真北系统误差	寻北陀螺
	天线倾斜	天线方位轴承倾斜或电轴倾斜	自动倾角测量系统
时间	偏移	雷达时间基准系统误差	通信系统定时修正
	时间刻度	时钟晶振存在系统误差	精确时钟
雷达位置	经度	各类导航系统提供的定位数据存在系统误差	根据位置定位报告装置(如 GPS、JTIDS 或惯性系统等)的特点采取不同的修正方法
	纬度		
	高度		
坐标转换	坐标转换	目标坐标系到系统坐标系不精确的坐标转换引起的误差	选择恰当的坐标系,采用精确的转换算法

1.3.2.2 目标跟踪对空间配准的需求

20 世纪 90 年代,美国休斯飞机公司的达纳认为:"对于为什么在一般情况下多传感器系统的配准仍然不够充分这件事,不容易解释清楚;即使能够排除相对论的影响，这一简单的问题难以得到彻底解决的真正原因，直到今天依然值得我们深入研究。"现在战场态势中存在的各种不一致问题，其根源都可以归结为各种不同类型传感器的空间失配所致。

在以下讨论中，假定跟踪是在二维或三维笛卡儿坐标系下进行的，测量矢量 Z 可以表示为 (x, y) 或 (x, y, z)，相应的雷达极坐标为 (r, θ) 或 (r, θ, ϕ)。

达纳将 Z 视为正态分布随机矢量，理由如下。①雷达距离测量 r 服从瑞利分布，尽管雷达方位测量值 θ 一般不符合 $[0, 2\pi]$ 上的均匀分布，但假定雷达方位测量 θ 在 $[0, 2\pi]$ 上的某个子区间服从均匀分布是合理的。达纳证明，如果 r 服从瑞利分布，θ 一般不符合 $[0, 2\pi]$ 上的均匀分布，则

$$x = r\cos\theta, y = r\sin\theta \tag{1-10}$$

所描述的 x 和 y 服从两个独立的正态分布。②休斯飞机公司多年的雷达数据分析结果也表明，Z 的随机误差服从近似正态分布。

1）配准误差影响目标跟踪的定性分析

假定点航关联或相关决策的准则是基于下列形式的 χ^2 分布。

$$[\hat{X}_P - Z]^T [\hat{\Sigma}_P + \Sigma_Z][\hat{X}_P - Z] < G \tag{1-11}$$

式中，$\hat{X}_P$ 表示目标在获得测量矢量 Z 的时刻的状态估计值；$\hat{\Sigma}_P$、Σ_Z 分别表示该时刻状态估计和测量的协方差矩阵。这里将关联决策的准则表示为波门 G，如果来自雷达的测量 A 满足上述波门测试，则该测量就用来更新目标的估计值，从而完成一轮关联和滤波并外推进入下一轮更新过程；如果没有测量满足上述波门测试，则将波门放大，即考虑增加一个机动项

$$G' = G + (1/C)(\Delta M)^2, \Delta M = \eta t^2 / 2 \tag{1-12}$$

式中，η 为机动或加速度因子；正规化参数 C 定义为联合协方差矩阵 $[\hat{\Sigma}_P + \Sigma_Z]$ 的最小特征值或该 $n \times n$ 协方差矩阵行列式的 n 次根。

对于上述关联过程，如果考虑雷达均没有配准误差，则根据卡方统计原理选择概率 $0.9 \sim 0.99$ 对应的波门 G 或 G'（当考虑目标机动时，将波门适当放大）就能保证目标的正确关联。

在实际应用中，尽管人们采取了各种校准手段，但由于表 1-1 所描述的各种原因，各类雷达依然存在相当比例的系统误差，常常导致关联失败，造成目标跟踪中断、目标重启或一个目标出现多条不同的航迹等情况。

2）配准误差影响目标跟踪的定量分析

由于系统误差的存在，有必要重新考虑式（1-11）描述的相关准则。

$$\xi = [\hat{X}_P - Z]^T [\hat{\Sigma}_P + \Sigma_Z]^{-1} [\hat{X}_P - Z] < G \tag{1-13}$$

式中，ξ 为 $\chi^2(N,\lambda)$ 的随机变量，其中 N 为测量矢量 $\boldsymbol{Z}$ 的维度；由于测量存在系统误差，这里卡方分布中的 λ 非零，即 ξ 为非中心卡方分布。

假设 λ 表示测量矢量 $\boldsymbol{Z}$ 总的正规化系统误差，则有

$$\lambda = \boldsymbol{b}^{\mathrm{T}}[\hat{\boldsymbol{\Sigma}}_{\mathrm{P}} + \boldsymbol{\Sigma}_{\mathrm{Z}}]^{-1}\boldsymbol{b} \tag{1-14}$$

对于中心卡方分布 $\chi^2(N)$，选择波门满足下列概率分布。

$$\mathrm{Prob}[\xi < G] \geqslant p_0 \tag{1-15}$$

对于非中心卡方分布 $\chi^2(N,\lambda)$，选择系统能够容忍的相关概率的最低值 $\Delta p > 0$，也就是要确定一个配准误差，使下式成立。

$$\mathrm{Prob}[\xi < G] \geqslant p_0 - \Delta p \tag{1-16}$$

跟踪系统中的相关波门 G 的大小满足

$$\mathrm{Prob}[\xi < G] \geqslant 0.99 \tag{1-17}$$

查卡方分布表，可以得知，当测量矢量为二维矢量时，$G=9.2$；当测量矢量为三维矢量时，$G=11.3$。对应非中心卡方分布，对大多数应用来说，相关概率取 0.95 就能满足需求。此时可查非中心卡方分布表，对于波门大小为 9.2 的二维情形，总系统误差参数 $\lambda = 1.2$；对于三维情形，总系统误差参数 $\lambda = 1.5$。下面以二维情形为例进行分析，系统误差矢量产生的误差界满足下列不等式。

$$\boldsymbol{b}^{\mathrm{T}}[\hat{\boldsymbol{\Sigma}}_{\mathrm{P}} + \boldsymbol{\Sigma}_{\mathrm{Z}}]^{-1}\boldsymbol{b} < 1.2 \tag{1-18}$$

考虑 3 种主要配准误差源：雷达平台的位置系统误差、探测目标的距离系统误差和方位角系统误差。假设雷达 A 首先探测到目标并建立目标起始航迹，然后雷达 B 检测到目标。下面重点考察雷达 B 的测量与已跟踪目标的相关性。

设两部雷达的测量误差的协方差矩阵分别为 $\boldsymbol{\Sigma}_{\mathrm{A}}$ 和 $\boldsymbol{\Sigma}_{\mathrm{B}}$，考虑雷达 A 已经稳定地跟踪了目标，则其稳态的位置估计的协方差矩阵可以近似为测量误差协方差矩阵的 50%，则有

$$\boldsymbol{b}^{\mathrm{T}}[0.5\boldsymbol{\Sigma}_{\mathrm{A}} + \boldsymbol{\Sigma}_{\mathrm{B}}]^{-1}\boldsymbol{b} < 1.2 \tag{1-19}$$

考虑到不同雷达到目标视角的差异，其误差椭球的方向可能差异较大；同时考虑到雷达极坐标系到直角坐标系之间的坐标转换，最坏的情形是：①飞机在两部雷达连线中点；②系统误差矢量与雷达连线平行。分析可以得到单部雷达探测源的位置误差、距离误差和方位角误差的最大容忍系统误差。

在实际系统中，我们主要解决多个雷达之间的配准问题，此时需要考虑的是雷达方位量测与真北之间的系统误差。考虑 3 种误差是同时发生的，当同时处理上述误差时，此时其误差需求应当减小一个因子 $\sqrt{3}$。综上所述，配准误差最大容忍值如表 1-2 所示。

表 1-2 配准误差最大容忍值

误　　差	单源容忍值	多源容忍值
位置系统误差	$1.34\sigma_{r\min}$	$0.77\sigma_{r\min}$
距离系统误差	$0.67\sigma_{r\min}$	$0.39\sigma_{r\min}$
方位角系统误差	$0.55\sigma_\theta$	$0.32\sigma_\theta$

表中，$\sigma_{r\min}$是跟踪系统中所有雷达标准系统误差的最小值，方位角系统误差则是针对每部雷达的。

1.3.3 姿态基准传递需求

舰载雷达探测信息的输出以地理坐标系（东北天坐标系）为基准，通过雷达载体坐标系与地理坐标系的坐标转换关系，将雷达探测到的目标位置投影到地理坐标系中。因此，雷达的姿态基准和位置基准对雷达的测量精度有至关重要的影响。

对姿态基准而言，不同类型的舰艇由于装备不同，影响因素也不同。一般小型舰艇仅安装一套平台罗经，舰艇上的雷达等测量设备的位置信息和姿态信息只能由该平台罗经提供。舰艇在海上航行时，受到各种因素的影响，会产生静态形变和动态形变。因此，雷达的姿态基准信息不仅受到舰载平台罗经的影响，还在很大程度上受到甲板形变的影响，尤其是在海况比较恶劣的情况下，甲板形变的影响占主要部分。

护卫舰、驱逐舰等中型舰艇安装有惯性导航（以下简称"惯导"）系统，并在导弹发射架或雷达探测设备处安装局部基准。在执行任务期间，舰艇主惯导对局部基准进行实时校正，保证其一定的位置信息和姿态信息精度，为武器/传感器提供所需的基准信息，因此，武器/传感器的位置基准和姿态基准主要受局部基准精度的影响。而局部基准的精度不仅与惯性器件的精度相关，还与主惯导精度及实时校正方法有关。利用舰载主惯导对局部基准进行校正的方法有多种，其中常见的是位置与速度组合及基于角速度匹配的校正方法。当利用位置信息或速度信息进行校正时，甲板形变对校正精度的影响不大，杆臂误差对校正精度存在一定的影响，但如果已知杆臂长度及舰艇的运动角速度，则可以对校正精度进行一定的补偿。利用角速度匹配方法进行校正时，受甲板形变的影响比较大，因此大多数对局部基准的校正会采取位置与速度组合的方法。分析可知，武器/传感器姿态基准的精度受舰载主惯导、局部基准精度、甲板形变、杆臂效应及校正方法等多种因素的影响，其中主要受局部基准精度的影响。

航空母舰等大型舰艇一般在舰艇前后安装两套主惯导系统，同时在导弹发射架和雷达探测设备位置等安装局部基准。当雷达基座安装有局部基准时，雷达探测所需姿态信息精度的影响因素与护卫舰、驱逐舰类似，主要包括舰载主惯导、局部基准精度、甲板形变、杆臂效应及校正方法等。当雷达基座没有安装局部基准时，如果利用舰载惯导或其附近的局部基准直接提供姿态信息，则姿态信息精度的影响因素与小型舰艇类似，主要受惯导（或局部基准）精度和甲板形变的影响。如果利用附近的几个惯导系统（或局部基准）通过信息融合的方法对该处姿态信息进行估计，其姿态精度就与惯导系统的分布和信息融合方法有关。因此，大型舰艇上雷达探测的姿态基准信息综合了小型舰艇和中型舰艇的特点，不同情况下受到的影响因素不同。

对位置基准而言，主要以惯导系统提供的位置信息为主，同时配置其他辅助导航设备。一般护卫舰上安装平台罗经和计程仪，利用航位推算的方法解算舰艇的位置信息，GPS 设备主要用于对系统进行校准。驱逐舰上除安装惯导系统、计程仪、GPS 外，一般还安装罗兰 C 等导航设备。罗兰 C 的导航精度相对较低，主要在 GPS 不可用时作为导航备份使用。我国的北斗导航定位系统为舰艇的导航提供了另一种选择。利用各种导航设备进行组合导航时，除各导航设备的导航精度外，滤波器的设计及故障诊断等技术也是影响舰艇整体导航精度的重要因素。

舰艇主惯导可以实时给出舰艇的姿态信息，即通过解算载体坐标系（b 系）与导航坐标系（n 系）的转换矩阵 C_b^n 估计载体的姿态。当不考虑甲板形变时，雷达的姿态与舰艇主惯导测量的姿态相同，但是由于日晒、海浪、载荷等各种因素的影响，甲板存在一定的形变，导致战位点的设备所处的载体坐标系（b'系）与 b 系不重合，而是存在一定的夹角，如图 1-1 所示。一般对中型舰艇而言，甲板形变的量级为十几角分，但是在舰艇的边缘，其形变量会有所增大，而且海况越恶劣，甲板形变的量级越大。同时受日晒、载荷等因素的影响，甲板形变在不同时期的变化规律也不尽相同。

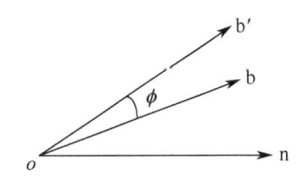

图 1-1 导航坐标系、载体坐标系、战位点载体坐标系之间的关系

由图 1-1 可见，载体坐标系与战位点载体坐标系之间存在误差角矢量，该矢量是由甲板形变造成的。设舰艇航向角为 φ、横摇角为 θ、纵摇角为 γ，则舰艇姿态矩阵为

$$\boldsymbol{C}_{\mathrm{n}}^{\mathrm{b}} = \begin{bmatrix} \cos\gamma\cos\varphi + \sin\gamma\sin\varphi\sin\theta & -\cos\gamma\sin\varphi + \sin\gamma\cos\varphi\sin\theta & -\sin\gamma\cos\theta \\ \sin\varphi\cos\theta & \cos\varphi\cos\theta & \sin\theta \\ \sin\gamma\cos\varphi - \cos\gamma\sin\varphi\sin\theta & -\sin\gamma\sin\varphi - \cos\gamma\cos\varphi\sin\theta & \cos\gamma\cos\theta \end{bmatrix}$$
（1-20）

设雷达基座姿态为舰艇航向角 φ'、横摇角 θ'、纵摇角 γ'，则雷达基座姿态矩阵为

$$\boldsymbol{C}_{\mathrm{n}}^{\mathrm{b}'} = \begin{bmatrix} \cos\gamma'\cos\varphi' + \sin\gamma'\sin\varphi'\sin\theta' & -\cos\gamma'\sin\varphi' + \sin\gamma'\cos\varphi'\sin\theta' & -\sin\gamma'\cos\theta' \\ \sin\varphi'\cos\theta' & \cos\varphi'\cos\theta' & \sin\theta' \\ \sin\gamma'\cos\varphi' - \cos\gamma'\sin\varphi'\sin\theta' & -\sin\gamma'\sin\varphi' - \cos\gamma'\cos\varphi'\sin\theta' & \cos\gamma'\cos\theta' \end{bmatrix}$$
（1-21）

由图 1-1 可得各坐标系之间的转换关系为

$$\boldsymbol{C}_{\mathrm{n}}^{\mathrm{b}'} = \boldsymbol{C}_{\mathrm{b}}^{\mathrm{b}'} \boldsymbol{C}_{\mathrm{n}}^{\mathrm{b}} \qquad (1\text{-}22)$$

设 b′ 系偏离 b 系的偏离角为 ϕ_x、ϕ_y、ϕ_z，同时考虑到 ϕ_x、ϕ_y、ϕ_z 均为小角度，又设 $\gamma' = \gamma + \delta\gamma$、$\varphi' = \varphi + \delta\varphi$、$\theta' = \theta + \delta\theta$，则推导得到甲板形变引起的姿态误差模型为

$$\begin{cases} \delta\theta \approx \phi_z \tan\theta - \phi_y \cos\gamma \\ \delta\gamma \approx \phi_y - (\phi_x + \phi_z)\tan\theta\cos\gamma \\ \delta\varphi \approx \phi_x \sin\gamma - \phi_z \cos\gamma / \cos\theta \end{cases} \qquad (1\text{-}23)$$

为了对甲板形变的影响进行定量分析，对上述姿态误差模型进行仿真。取舰艇各轴晃动模型如下。

$$\theta \approx \theta_{\mathrm{m}} \sin(\omega_\theta t + \psi_\theta) + \theta_0$$
$$\gamma \approx \gamma_{\mathrm{m}} \sin(\omega_\gamma t + \psi_\gamma) + \gamma_0$$
$$\varphi \approx \varphi_{\mathrm{m}} \sin(\omega_\varphi t + \psi_\varphi) + k + \varphi_0$$

式中，θ、γ、φ 分别为舰艇的横摇角、纵摇角和艏摇角；θ_{m}、γ_{m}、φ_{m} 分别为舰艇横摇角、纵摇角和艏摇角的幅值，均取 6°；ω_θ、ω_γ、ω_φ 分别为舰艇的横摇角、纵摇角和艏摇角的摇摆周期，分别取 6s、8s、10s；ψ_θ、ψ_γ、ψ_φ 分别为舰艇的横摇角、纵摇角和艏摇角的初始相位角，均取为 0；θ_0、γ_0、φ_0 分别为舰艇的横摇角、纵摇角和艏摇角的初始姿态角，均取为 0；k 为舰艇的初始真航向，取 30°。

载体子惯导（Slave Inertial Navigation System，SINS）相对于主惯导（Master Inertial Navigation System，MINS）的动态形变角为 $\boldsymbol{\phi} = [\phi_x \ \phi_y \ \phi_z]^{\mathrm{T}}$，在导航解算时常采用白噪声驱动的二阶马尔可夫过程来描述此运动，令 $\boldsymbol{\mu} = [\mu_x \ \mu_y \ \mu_z]^{\mathrm{T}}$ 为动态形变角引起的载体 SINS 坐标系相对于 MINS 坐标系 3 个轴的形变角速度，可表示为

$$\begin{cases} \dot{\phi}_x = \mu_x \\ \dot{\phi}_y = \mu_y \\ \dot{\phi}_z = \mu_z \\ \dot{\mu}_x = \beta_x^2 \phi_x - 2\beta_x \mu_x + w_x \\ \dot{\mu}_y = \beta_y^2 \phi_y - 2\beta_y \mu_y + w_y \\ \dot{\mu}_z = \beta_z^2 \phi_z - 2\beta_z \mu_z + w_z \end{cases} \quad (1\text{-}24)$$

式中，$\dot{\phi}_x$、$\dot{\phi}_y$、$\dot{\phi}_z$ 分别表示 3 个动态形变角的一阶导数，即 3 个动态形变角速度 μ_x、μ_y、μ_z；$\dot{\mu}_x$、$\dot{\mu}_y$、$\dot{\mu}_z$ 分别表示 3 个动态形变程度的一阶导数，即 3 个动态形变角的加速度；w_x、w_y、w_z 为白噪声；$\beta_i = 2.146/\tau_i (i=x,y,z)$；$\tau_i$ 为 3 个轴形变角的相关时间。

下面以一天内某段时间甲板形变的连续变化为例进行分析。假设挠曲形变角的方差为 0.1°，3 个轴形变角的相关时间为 10s，仿真时间为 1h。则甲板挠曲形变角和挠曲形变角速度分别如图 1-2 和图 1-3 所示。

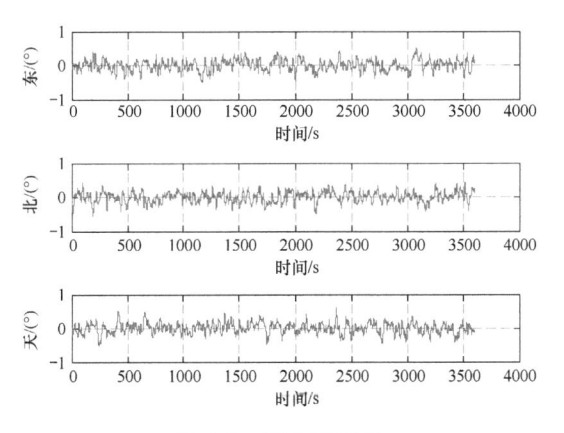

图 1-2 挠曲形变角

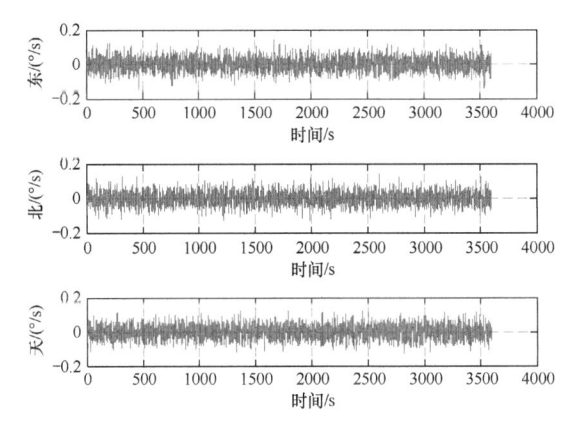

图 1-3 挠曲形变角速度

从图中可以看出，甲板形变一般在 20′ 左右，但个别时间能够达到 30′。甲板形变引起的姿态误差如图 1-4 所示。

从上述仿真结果可以看出，甲板形变引起的姿态误差最大为 0.5° 左右。由此可以看出，甲板形变对姿态误差的影响较大，必然影响雷达的测量精度。

下面以某驱逐舰为例进行分析。舰上配备的对空/对海警戒雷达等基本位于舰艇的中轴线上，因此，如果天线基座不安装局部基准，雷达测量精度将受到甲板形变的影响。假设雷达的标称测量精度为距离 30m、方位 0.1°、仰角 0.2°，甲板形变量如前文所述，则甲板形变引起的雷达测量误差如图 1-5 所示。

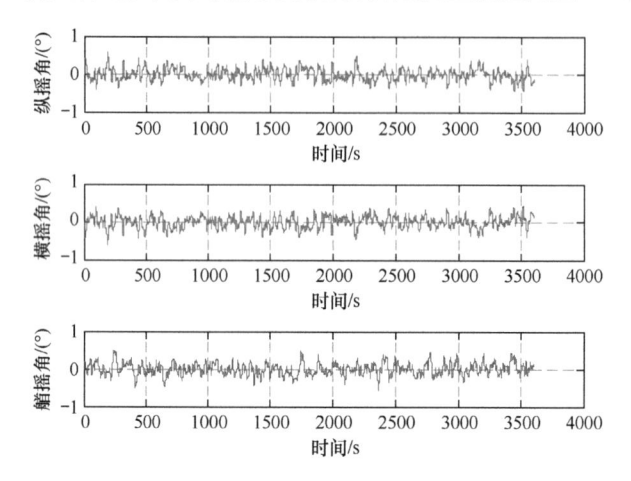

图 1-4 甲板形变引起的姿态误差

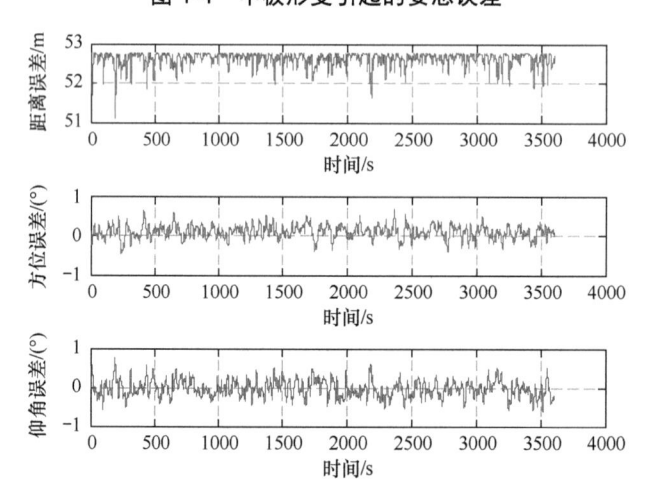

图 1-5 甲板形变引起的雷达测量误差

从图 1-5 中可以看出，当存在甲板形变时，雷达的测量精度会进一步下降。其中，距离误差增大到约 53m，方位误差和仰角误差约为 0.6°。

1.4 时空配准现状和应用基础性问题

近代精密时间要求始于"冷战"时期,由美国国家航空航天局在建设全球卫星跟踪网时提出,在美国国家航空航天局的推动下,随着稳定频率源的研制、时间同步技术及空间定位导航技术的发展,卫星跟踪和空间科学试验所要求的时间精度和导航精度大约每 10 年提高一个量级,如表 1-3 所示。

表 1-3 精密时间和位置精度变化

时间	技术特点	精度
20 世纪 50 年代	原子谐振装置研制成功	1ms
20 世纪 60 年代	相干甚低频技术	100μs
20 世纪 70 年代	采用罗兰 C 和 Q 导航技术	10μs
20 世纪 80 年代	卫星中继	1μs
20 世纪 90 年代	GPS	20ns
2012 年	英国随机导航系统	几纳秒
2018 年	日本版 GPS	定位精度为 1cm

1.4.1 时空基准体系

美军公共时间基准(Common Time Reference,CTR)体系由 3 部分构成:时间基准、时间分发和用户基础设施,如图 1-6 所示。

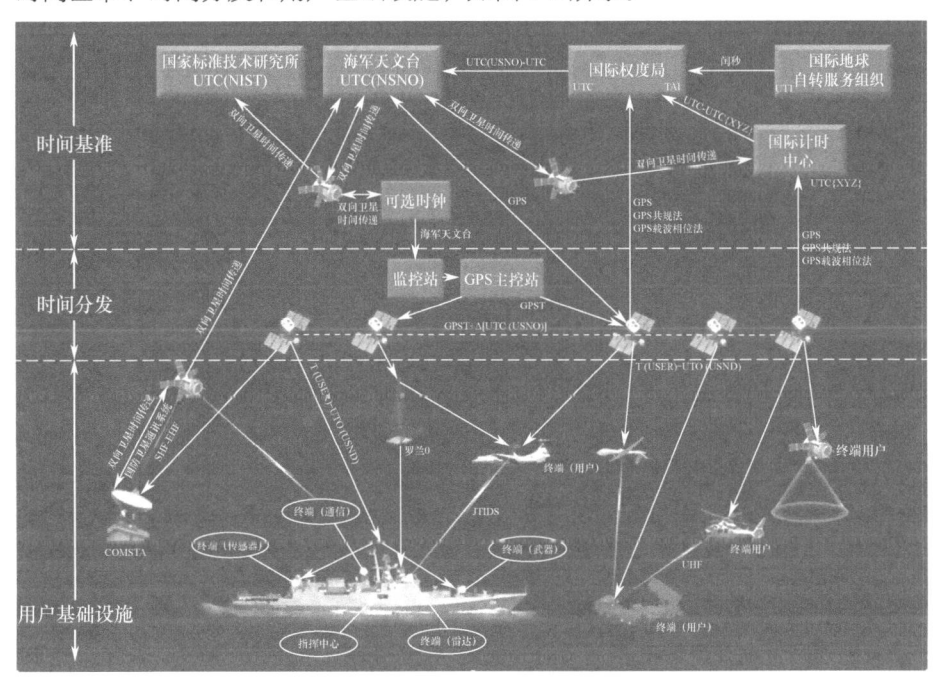

图 1-6 美军公共时间基准体系结构

该基准体系结构的功能有：①提供一个具有较低相位噪声的、高准确性的、连续的公共基准频率源；②提供一个具有长期时间准确度的连续的时间基准；③提供具有各种信号和编码格式的时频分发能力；④提供自动诊断和频率标准的评估能力，并能在出现异常情况时保持准确的连续输出；⑤能够优化使用现有的时间资源；⑥能够在因分发链路导致信息延迟时，建立一个鲁棒的、持久准确的时钟源和频率源。

美军认为，在 GPS 出现之前，在全球范围内将无线电台、雷达等系统同步到很高的精密度和准确度是不可能的。GPS 能够采用非常廉价的手段实现平台之间精确的时间同步、目标的精确定位和武器的精确制导，并由此引发了军事行动中作战方式的革命。GPS 从时间和空间两个最基本的要素上为全域联合作战奠定了基础。

然而，日渐复杂的战场环境使美军意识到 GPS 卫星下传链路结构及其低信号功率的本质特性，地球上接收到的卫星信号相当于一只功率为 25W 的灯泡的光从 20117km 远的 GPS 卫星轨道空间照射到地球表面，信号非常微弱（大约为 $1.6×10^{-16}$W），因此 GPS 卫星导航信号极易受到干扰，这就给军事用户带来了极大的风险。正因如此，保持时钟和振荡器在自主模式下具有确定的性能，从而在短时间内提高 GPS 系统的性能，是非常必要的。

针对战场上 GPS 系统一定会受到敌方干扰的事实，美军提出了"在复杂的电子环境（真实战场环境）下，使美军能够有效地利用 GPS，同时阻止敌军使用该系统"的导航战（Navigation Warfare，Navwar）理论。美军开展导航战研究的实质是在对抗环境中保持 GPS 的正常运行，具体内容包括：通过加大卫星导航信号功率，提高 GPS 的抗干扰能力；具备电子攻击能力，保护军用导航信号，确保美军及其盟友在战场上取得定位导航和授时优势，同时不影响对战区以外民用用户的导航服务水平；采取防电子欺骗及抗射频干扰等措施，提高 GPS 接收机的抗干扰能力。美军实施导航战的目的是在未来战争中确保美军及其盟军的卫星导航系统能够正常运作，防止敌方使用，并尽可能降低对民用用户的影响，确保为美军提供精确定位（Positioning）、导航（Navigation）和授时（Timing）（三者简称 PNT）能力。

1.4.2 相关标准和规范

美军实现子系统定时与时间同步的主要标准和规范是 1986 年颁布的军用标准《通信的互操作性和性能标准：定时和子系统同步》（MIL-STD-188-115）、2000 年修订的军用手册《通信定时和子系统同步》（MIL-HDBK-421）。其他标准和规范还有《远程通信系统中的时间和频率基准信息》（FED-STD-1002）、《舰用接口标准：精确的时间和时间间隔》(DoD-STD-1399/441)、《精确的时间和时间间隔标准：国防部元件适用的校准设备》(DODD 5160.51)、《电磁兼容和电磁干扰子系统定时和同步》(MIL-STD-461)。这些标准和规范对单个网络系统的内部定时、外部定时及定时所花费的通信负载等做了详细的规定。

同时，美军规定 UTC(USNO)为国防部所有设施的统一标准时间和时间间隔，并特别强调时间信息应具有对美国海军天文台主时钟的可追踪性。

网络上的时钟同步通常包括一组共同的组件：可靠的时钟源、传递精确时钟信息的介质，以及对时钟信息的共同理解。时钟源作为计时信息的来源，应具有适当形式的可靠性和准确性，如国际/国家标准化组织的参考时钟，现在常见的时钟源有 GPS 全球导航卫星系统接收器。传输精确时钟信息的媒介有空中点对点无线传输、空中广播信息及采用以太网或光纤直接进行的电气连接，这些链路形成的网络将时钟信息传递到各种设备和应用程序。有了可靠的时钟源和传递精确时钟信息的介质后，需要针对如何解释时钟信息有一个共同的理解（标准），包括时钟信息的格式化编码、预期频率、传输时延等，这些都需要通过时间同步协议来确定。

单个网络系统内部各节点之间的时间同步采用网络时间协议(Network Time Protocol，NTP)实现。NTP 的发明人大卫·米尔斯基于互联网环境下 10 万台主机持续 6 天的统计结果表明，在互联网环境下，基于 NTP 的时间同步误差均值为几毫秒，最大值为 50ms（滤波结果）。米尔斯认为未来可以通过改善频率估计算法和子网的同步监控方法提高基于 NTP 的网络时间同步性能。目前，NTP 已经成为解决互联网环境下时间同步问题的事实标准。

在时间同步方法研究中，2002 年年底发布的《网络测量和控制系统的精密时钟同步协议标准》(IEEE 1588)在原理上可以实现分布式网络系统中的亚微秒级时间同步精度，其中基于硬件可以实现微秒级时间同步精度，纯软件的时间同步精度可达到毫秒级。2008 年，基于 IEEE 1451.5-6LowPAN 标准的无线传感器网络，形成了改进的 IEEE 1588(IEEE 1588—2008)，允许无线传感器节点访问硬件同步信号，对应较短的同步间隔，时间同步精度优于 $10\mu s$，对于较长的同步间隔，时间同步精度增大到约 $100\mu s$。近几年，精确时间协议(Precise Time Protocol，PTP)通过与硬件进一步结合，使用额外的时间戳来消除时延的不确定性，从而改善时间一致性，同时针对电信网络、车载网络等的不同要求，创建了 PTP 配置文件的概念。时间同步一直是科学实验中的一项关键技术。欧洲核子研究组织(European Organization for Nuclear Research，CERN)作为全球最大的粒子物理研究组织之一，其大型强子对撞机(Large Hadron Collider，LHC)的 27km 粒子加速环一直使用以太网进行时间同步，所需时间同步性能为亚纳秒级。为此,CERN 与其他科学组织合作,开发了一个名为"白兔"(White Rabbit)的 PTP 配置文件,通过充分利用以太网硬件时钟和校准光纤布线中的不对称性,达到了次纳秒级甚至皮秒级的时间同步。这些成果以 PTP 配置文件的形式归纳形成了 PTP 新标准 IEEE 1588—2019。

对于无线网时间同步问题,有学者提出了针对性的解决方法,如泛在时间同步协议(Flooding Time Synchronization Protocol,FTSP)、基准广播同步法(Reference-Broadcast Synchronization,RBS)等。还有专家提出可以用事件的"年龄"而不是事件发生的绝对时间来描述事件发生时间。研究表明,采用事件"年龄"同步方式,在一些强自适应的传感器网络中,时间同步精度可以达到 1ms。

来自 2004 年,美国联合统一空中态势图系统工程组(Joint Single Integrated Air Picture System Engineering Organization,JSSEO)系统分析部的研究者详细分析了空中目标跟踪精度受导航误差、传感器探测误差和时间误差(如时间同步、时间戳和时延等)的影响程度。研究者通过对上述因素进行逐一分析,推导出了误差灵敏度的解析公式,然后基于海上公共参考想定(Common Reference Scenarios,CRS),根据美军当时装备中传感器系统的各项误差指标,给出了灵敏度定量分析结果,并计划将该项工作进一步推广到陆基和空基平台。

不同类型信息源误差累积量对航迹精度的影响如图 1-7 所示。

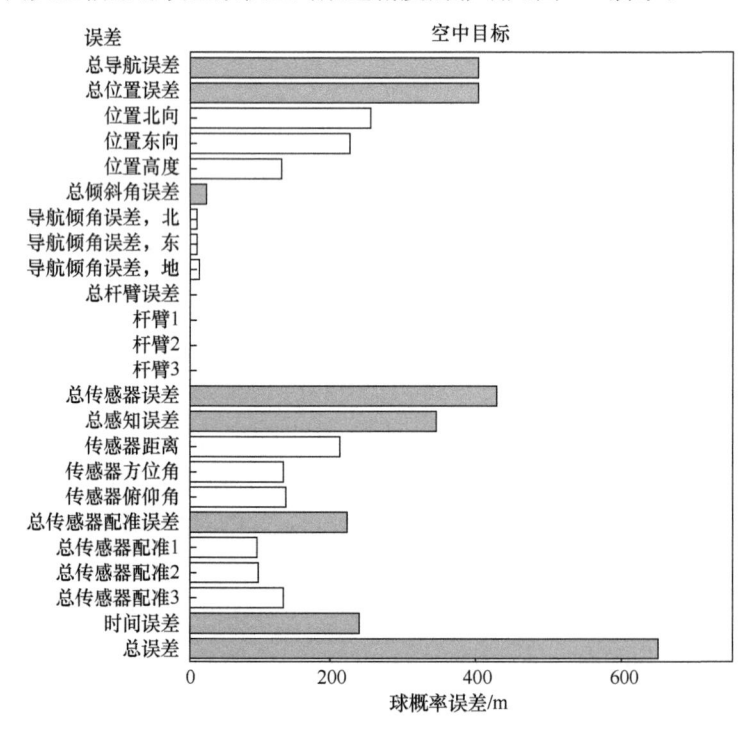

图 1-7 不同类型信息源误差累积量对航迹精度的影响

从图 1-7 中可以看出，主要误差源分别是导航误差、传感器误差、配准误差和时间误差。因此，在当前的美军装备中，单个平台授时（100ns 级）或定位（厘米级）可以达到很高的精度。目前美军制定了一系列标准和规范，但在装备组网应用中，时间同步误差、导航误差和定位误差仍然是构建统一态势的主要障碍。

1.4.3 典型应用分析

所有需要信息融合的场合都应首先解决时空配准问题。从民用 ATC、电信服务、智能汽车、工厂自动化生产线、电视直播，到电网控制和物联网应用等，精准的时间同步和空间位置服务已经渗透到人们日常生活的方方面面。

1.4.3.1 民用泛在网络

对于自动驾驶汽车，传感器从物理世界读取输入数据（如雷达和摄像头检测汽车前方或周边的物体），然后对该数据进行计算，生成返回物理世界的输出动作（如操控汽车）。这些车载设备通过网络进行通信，各设备之间必须达到微秒级甚至更高精度的时间同步，同时对周边的物体和道路标志位置的感知要求精确到厘米级。工厂自动化的例子与此类似。工厂车间的机器人通过传感器获取数据（如"我面前有瓶子吗"），执行计算，并生成输出动作（如将瓶子内装满汽水）。这些工厂车间的各种传感器和设备需要可靠地联网，并实现时间同步和精确的位置感知。在新闻等电视直播节目中，从一个场景切换到另一个场景，要保证音频与视频同步。以前演播室使用直接音频/视频电缆，但随着时间的推移，许多演播室都开始使用以太网。在以太网环境中，音频通常以独立于视频的消息形式传输。时间同步和空间位置一致对演播室使用以太网精确控制音频和视频非常重要。金融交易所建立了跨越多个城市（甚至国家）的大型网络，由于政府监管和其他原因，每个城市的交易活动必须准确地进行时间同步。现在股票和股票交易通常由自动化系统而不是人工进行。股票价格变化得非常快，因此交易计算机必须能够在金融状况发生变化之前以更低的时延做出响应。

对于电力系统，电力公司需要保持电力输送的完整性，同时协调电力设备的运行。电力系统是使用许多不同的技术构建的。电力管理最重要的标准是可靠性、长寿命和低成本。时间同步精度在电力系统运行、保护和维护中至关重要。近年来，精确时间同步协议对于维持电力系统中元器件可靠的定时精度至关重要。这是因为电信号相移中包含重要的信息，可用于电力系统的可靠控制和保护，其中相位角计算要求所有设备以必要的精度同步到某个公共时间基准。电力系统保护通常需要在几十毫秒或更短的时间内，按照标称频率的周期顺序比较测量值或条件。例如，在以 60Hz 的频率运行的北美系统中，若单个周期约为 16ms，则 1.0°相移的平均值约为 46μs。许多应用依赖比 1.0°更高的精度和准度的相位测量，即 1.0°相移的平均值小于 46μs。差动线路继电器通常使用时钟同步来比较传输线路不同端的相位测量值，以帮助检测故障并断开线路电源，防止设备损坏对人员或财产造成危险。这些设备通常仅通过使用适当协议的专用网络实现相互同步，但仍然需要一个公共时间基准来计算相位角之差。由此，PTP 协议在现代电力系统中得到了广泛应用。

1.4.3.2 ATC

在 ATC 应用中，雷达仍然是 ATC 网络的基本要素。广域多点定位（Wide Area Multilateration，WAM）和广播式自动相关监视（Automatic Dependent Surveillance-Broadcast，ADS-B）等现代感知器尽管具有更好的性能和更低的成本，但要取代雷达仍然需要很长时间。当前，ATC 网络中使用最多的主要是二次监视雷达（Secondary Surveillance Radar，SSR）。SSR 是一种旋转 2D 雷达，通过高方向性方位、低方向性仰角的 2D 天线发送询问，由飞机应答器返回应答，给出气压高度（模式 C）和身份识别（模式 A）编码。SSR 使用由雷达测量的距离与方位角、由机载气压高度计测量的高度估计出飞机的极坐标位置。

为实现广域监视，雷达的覆盖范围需要有一定的重叠度。因此，不同雷达获取的飞机测量值被发送到控制中心进行融合，以获得每架飞机的唯一轨迹估计。此时，所有测量值都从雷达极坐标系转换到一个公共坐标系，通常采用投影到球极平面的笛卡儿坐标。为使数据融合过程稳定、准确，必须在坐标系转换之前校准每个雷达测量值中存在的系统误差。如果不进行校准，不同雷达对同一架飞机的测量值会出现系统误差（失配误差），则融合轨迹可能非常不稳定（常常出现明显的锯齿形机动），在极端情况下，同一架飞机甚至可能形成多条轨迹（每个雷达一条）。

因此，ATC 控制中心数据融合系统可以采用某种算法，使用当前空域中飞机的测量值来估计失配误差，如最小二乘（Least Square，LS）算法、广义最小二乘（Generalized Least Square，GLS）算法和最小均方估计算法等。使用这些算法时，需要用一个数学模型来估计方位角、距离和高度的系统误差，从而解决实际应用中传感器之间的失配问题。

在有关 ATC 网络雷达失配误差估计方法的大量文献中，使用的数学模型要么只对距离系统误差、方位系统误差及距离比例偏差进行建模，要么仅对距离系统误差和方位系统误差建模，同时估计轨迹状态和传感器系统误差。这些数学模型过于简单，导致在实际应用时性能较差。总之，有关 ATC 网络雷达失配误差建模的研究比较分散，大多数文献侧重于改进估计过程，缺乏对误差源的严格建模与研究。

1.4.3.3 战术信息系统

美军联合战术信息分发系统（Joint Tactical Information Distribution System，JTIDS）的时间同步和定位均以指定的成员为基准逐步扩展。时间同步是从指定的作为时间基准端机出发，允许一些成员使用到达时间的方式实现与基准时钟的同步，这类终端称为主要用户；另一些用户不被允许使用到达时间的方式，而主要使用无源法与已获得时间同步的用户进行时间同步，这类终端称为次要用户。当一批端机以另一个或另一批端机为基准进行时间同步或定位时，会带来误差，造成不同的 JTIDS 成员的时间同步和定位精度不一样。为了解决这一问题，JTIDS 采用了源选择协议，即建立规则，以保证以时间同步质量较高的端机作为参考（源），校准质量相对较低的端机（特定类型的用户允许使用与之质量相当的源），以防止逆向校准或循环校准。源选择协议的另一个作用是：对某一端机来说，可以在所有能得到的质量比自己更高的源中选择最佳的一组，以便在有限的信息处理时间内获得最高的时间同步精度。

为实现源选择协议，JTIDS 端机每次发射的消息中均包含 4 个质量等级，分别表示时间质量、地理位置质量、相对位置坐标质量和方位角质量。它们实际上代表的是端机对其所报告的位置精度和时间同步精度的估计值，即时间和位置的均方差。接收端机以这些质量等级为基础，在所有接收到的信号中进行源选择。时间质量、地理位置质量和相对位置坐标质量均分为 16 级，级别取 0~15 的整数。方位角质量分为 8 级，级别取 0~7 的整数。

其他成员的时钟以时间基准端机为基准进行校正，即与它保持同步，所以时间基准端机的时间质量最高，为第 15 级。导航控制器建立了相对坐标系的地理位置和指向，其相对位置坐标质量和方位角质量均最高，分别为第 15 级和第 7 级。具有地理定位误差小于 15.24m 的端机称为（地理）位置基准，其地理位置质量定为第 15 级。各质量等级与时间同步和空间配准误差的对应关系如表 1-4 所示。

表 1-4 各质量等级与时间同步和空间配准误差的对应关系

质量等级	地理位置均方差/m	相对位置坐标均方差/m	时间同步均方差/μs	方位角均方差/mrad
15	≤15	NC	NTR	—
14	≤21	≤21	≤21	—
13	≤30	≤30	≤30	—
12	≤42	≤42	≤42	—

续表

质量等级	地理位置均方差/m	相对位置坐标均方差/m	时间同步均方差/μs	方位角均方差/mrad
11	≤60	≤60	≤60	—
10	≤85	≤85	≤85	—
9	≤120	≤120	≤120	—
8	≤170	≤170	≤170	—
7	≤240	≤240	≤240	≤1
6	≤340	≤340	≤340	≤2
5	≤480	≤480	≤480	≤4
4	≤678	≤678	≤678	≤8
3	≤1356	≤1356	≤1356	≤16
2	≤2712	≤2712	≤2712	≤32
1	≤5424	≤5424	≤5424	≤64
0	>5424	>5424	>5424	>64

注：NC 全称为 Navation Controller，译为导航控制者；NTR 全称为 Network Time Reference，译为网络时间基准。

1.4.4 应用基础性问题

根据前文的分析，迫切需要开展时空配准理论、方法和技术研究，以有效实现多传感器探测目标时空误差的动态补偿，为后续的信息融合提供一致的目标信息，满足战场指挥员精准态势感知的需求。时空配准涉及时间同步和空间配准两类问题。时间同步主要包括时间基准和传递同步两个方面，时间基准的可变性、传递路径方式的多样性和非对称性是影响时间同步的关键因素。空间配准主要包括传感器探测空间误差估计与校准，以及平台位置和姿态误差估计与校准等。

时空配准本质上是一个动态的过程，由于误差的存在，任何测量过程均不可能实现绝对意义上的配准，因此配准必然是一种与应用（需求）高度相关的相对符合状态，而不断进步的技术也在持续不断地提高这种相对符合状态的精准度。

人们在提高精密时间同步精度的同时，一直在不断改善各种传感器的性能，但时空配准问题似乎并没有因此变得简单。无论是在民用领域还是在军用领域，尽管人们已经在时空配准方面开展了大量的研究工作，但是目前的研究结果与真正满足各类民用需求和军用需求仍有相当大的差距。其中需要着重研究并解决以下几个方面的应用基础性问题。

1.4.4.1 时空误差链演化规律建模

任何测量都有误差，在实际应用中，传感器总是安装在某个平台上，平台定位和定向的准确性对传感器探测有重要影响。对于固定平台，可以通过定期标校克服误差。但对于动平台（如舰船、飞机等），影响传感器探测的因素比较复杂，除了探测平台的运动速度，其姿态系统误差（如偏航角系统误差、纵摇角系统误差、横摇角系统误差及平台形变角）也将综合影响传感器探测，使传感器探测数据的分析与处理变得异常困难。因此，从原理上分析整个探测环节的时空误差链演化规律模型，针对不同应用场合的具体特点，探究各种误差的耦合关系和传播规律，找出其关键影响因素，给出可能的估计和校正方法，是解决时空配准问题的一项基础性工作。

1.4.4.2 时间基准传递与时间同步误差建模

时频基准作为一项国家战略资源，已经逐渐得到人们的共识。然而更加精密的时间同步的重要性一直没有得到国内研究人员足够的重视，具体表现在，在绝大多数人的认知中，时间同步精度已经够用了，为什么还要研究那么高精度的精密时间同步？须知，时间几乎是一切测量的基础，1ns 的时间误差，折合到光速（如在激光测距、电磁波测距等应用场合下）产生的距离误差约为 30cm，而在常见的激光雷达点云对准中，精度要求为 2~3cm。因此，对于动平台上的激光雷达，从原理上讲，前后帧之间如果没有高于纳秒级的时间同步，则几乎不可能使前后帧对同一物体测量的定位精度达到 2~3cm。当今社会，人们的生活已经离不开网络，高精度的网络时间同步需要有稳定的基准（通过卫星授时），这一问题已经基本解决。但受到卫星传播和接收的限制，要实现网络内部的高精度时间同步，除了稳定的基准，还需要采用软件与廉价硬件相结合的方式实现精密网络时间同步，这也是开展 NTP 和 PTP 研究的目标和意义。其中的困难来自网络连接结构、传输介质、传输链路协议等的差异和不确定性，如何估计和补偿时间基准传输各环节中的误差，是这部分研究工作的重点。

1.4.4.3 舰船形变与姿态信息测量

地球表面 70% 以上是海洋，海洋面积是陆地面积的 2.4 倍，因此，人们赖以生存的地球从某种意义上讲是海洋的世界。探索和利用好海洋，关乎每个人的利益。在海上航行的各类舰船是连接世界的桥梁。以舰船为平台的各种测量设备为人们提供第一手的海上环境和目标信息。受到潮汐和风浪等的影响，为了更精准地分析环境、定位目标，需要对传感器平台的姿态信息进行精密测量，各种精度的惯性测量设备为人们提供了比较好的测量手段。长期的海上观测表明，在不同海况下，舰船甲板形变是影响姿态信息精度的主要因素。甲板形变包括动态形变和静态形变，前者与船体结构和当前的海况相关；后者则是指船体结构由船坞硬支撑过渡到海洋流体弹性支撑后，形成的甲板结构的变化，或者由于长期的动态形变对船体结构造成的永久性的、无法恢复的结构变化。因此，深入研究舰船形变估计模型，是舰船传感器测量时空配准的基础和前提。

1.4.4.4 多源信息空间配准

多源信息空间配准的复杂性源自人们对环境和目标感知的需求的多样性：从 ATC 到地面雷达网，从汽车自动驾驶、无人船自主航行（如离靠泊、进出港和在国际海事规则下安全地航行）到海上护航、海上执法和岛礁防护，从环境监测、森林测绘到自动化物流、精准农业种植，更不用说在复杂的对抗战场上，为了高效地掌握环境和目标的态势信息，需要完成情报侦察监视、指挥控制、打击/毁伤敌方重要目标等任务。

多源信息探测空间配准从本质上讲包括两类配准：合作目标配准和非合作目标配准。合作目标配准的一个典型例子是，在 ATC 中，飞机可以携带卫星定位系统，从而随时随地知道自己的位置。地面观测雷达可以通过 ADS-B 获得飞机相对准确的位置，将其与雷达测量的目标位置信息进行比对，并由此估计出雷达探测数据中存在的系统误差。另一个典型例子是无人驾驶车，车载激光雷达和视觉传感器可以通过测量获得车道、人行道、路灯、马路牙、绿化带等的图像与位置信息，将其与道路数据库中的标准地图进行比对，估计传感器测量的图像与位置等信息系统误差校正值，从而实现配准。可见，合作目标配准主要依赖合作目标信息采集，其本质是一种误差的处理过程。

空间配准的难点来自非合作目标配准，只在一些特殊情形下才能进行非合作目标配准。例如，对于由两个（或以上）信息源（传感器）公共探测感知的目标，有两种不同的处理方法。①以某个传感器探测的数据为基准，其他传感器的数据均向它看齐，由此估计出校准误差，实现相对配准，这种方法大都用在基准传感器精度比其他传感器高很多的场合。②基于目标空间叠合原理，采用统计的方法，分别估计出两个（或以上）传感器探测的数据中存在的系统偏差，并进行修正。这种方法依赖两个（或以上）传感器与公共探测目标之间的空间位置关系，难点在于其解并不总是收敛的。在各种复杂的应用场景中，合作目标配准和非合作目标配准交织在一起，对于非合作目标，选择哪两个（或多个）传感器进行配准也非常具有挑战性，特别是当传感器既有主动式的又有被动式的，既有三维的又有二维的、一维的，既有图像型的又有点云型的时。因此，空间配准问题远比想象中的复杂。

1.4.4.5 时空配准处理体系架构与应用

由于时间基准和同步误差、不同分辨率空间转换误差、平台形变和姿态误差、多传感器失配误差等常常很难分离，这些不确定的误差导致多传感器联网探测难以发挥理想的 1+1 大于 2 的效果，因此特别需要从本质上重新梳理分析具体的应用需求，从不同应用场景面临的最根本的问题出发，对其时空基准及时间传递、位置姿态测量、传感器探测等机理等进行分析，寻找失配问题的关键原因，并针对性给出解决方案。近年来，时空配准理念已经融入定位导航时间同步体系、全源定位导航技术的最新发展中，成为其中不可或缺的重要的环节和技术。

1.5 本书主要内容和章节安排

1.5.1 主要内容

时空的概念由来已久，时间同步和空间配准的需求完全源于实际应用中的具体问题，本书将从基本概念和实际问题入手，分析提炼出隐含在其中的应用基础性问题，并由此提出根本性研究思路和方法，希望能拨开 ATC、物联网、电力系统、自动驾驶等应用问题中的层层迷雾。

本书在明晰基本概念的基础上，重点以舰船平台传感器探测中的目标态势信息处理为背景，研究平台定位/定向和传感器探测误差的演化与传递规律，研究时间基准信息和空间基准信息的演化与传递规律，研究基于合作目标的传感器系统误差估计和修正的原理与方法，以及基于公共目标的传感器系统误差估计和修正的原理与方法。

为了让读者更好地理解时空配准研究内容及意义，本书专门在第 6 章讨论和分析了国外的网格锁定系统、导航战、PNT 体系、全源定位导航技术等的相关研究和应用工作。特别是外军在网格锁定系统上持续演进，在导航战、PNT 体系、全源定位导航等应用领域的最新设计和基础研究成果值得国内学习、借鉴和参考。

本书的总体思路如图 1-8 所示。

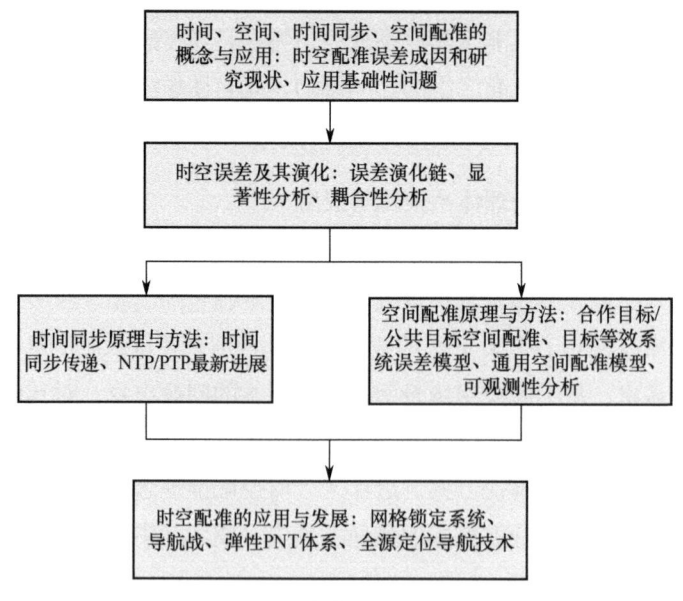

图 1-8　本书的总体思路

1.5.2　章节安排

全书共 6 章，各章内容概括如下。

第 1 章：绪论。本章简要描述了时间、空间、时间同步、空间配准等基本概念；分析了时空配准误差的成因和应用需求；综述了不同领域多传感器时空配准现状，给出了其中存在的共性应用基础性问题；简要总结了本书的总体思路。

第 2 章：时空误差及其演化。本章在分析时空基准的实现原理及其误差特点的基础上，对基于时频信号的时间同步过程进行了分析；重点针对两类典型动平台传感器——机械稳定雷达和电子稳定雷达的时空基准误差演化规律，进行了深入研究，给出了误差演化的显著性分析结果和耦合度分析结果。

第 3 章：时间同步原理与方法。本章分析研究了 NTP 和 PTP 两种典型的有线网络时间同步方法，以及两种无线网络时间同步方法，包括普通无线网络时间同步方法和无线传感器网络时间同步方法；介绍了多源信息对齐的常用方法；提出了战场时间同步体系的构想，对其组成与功能、时间信息传递、时间同步状态监控进行了分析。

第 4 章：空间配准原理与方法（上）。本章在研究分析基于合作目标的传感器系统误差及其对目标定位影响的基础上，通过对多种系统误差进行分离与合并，构建了等效系统误差模型，提出了多个系统误差估计方法，能较好地解决实际应用中系统误差随时间缓变情况下的配准难题；对于传感器系统误差在探测空间非均匀分布的情况，采用先分区配准然后拟合逼近系统误差分布的思想，提出了非均匀分布的系统误差配准方法。实验室仿真验证了该配准方法的有效性。

第 5 章：空间配准原理与方法（下）。本章针对基于公共目标的传感器空间配准难题，建立了多平台多传感器通用空间配准模型，从原理上阐明了广义最小二乘配准法和极大似然配准法均为通用空间配准模型的特例；提出了基于多雷达距离测量的空间配准方法；介绍了多平台多无源传感器空间配准方法；给出了动平台多源信息空间配准可观测性和可观测度的定义，同时给出了一种基于奇异值修正的系统误差估计方法，并给出了空间配准误差估计统一的克拉美罗下界（Cramer-Rao Lower Bound，CRLB）。

第 6 章：时空配准的应用与发展。本章试图从体系的视角看待时空配准方法的应用与发展。第一个视角是分布式防空体系，该体系由美国的林肯实验室首次提出，之后演变成网格锁定系统，成为支撑分布式防空体系的基石；第二个视角是定位、导航和授时（Position，Navigation and Timing，PNT）体系。本章介绍了 PNT 体系的最新研究进展（如一致性框架、参考体系结构），以及由各种传感器集成技术支撑的全源定位导航技术的最新发展，重点对其中的顶层设计和数学模型进行了描述，分析了其中存在的更深层次的时空配准问题。

参 考 文 献

[1] 萧天石. 孙子战争论：世界名将治兵语录[M]. 北京：华夏出版社，2007.

[2] JARAMA Á J, LÓPEZ-ARAQUISTAIN J, DE MIGUEL G, et al. Complete systematic error model of SSR for sensor registration in ATC surveillance networks[J]. Sensors, 2017, 17(10): 2117.

[3] 中国人民解放军总装备部军事训练教材编辑工作委员会. 时间统一技术[M]. 北京：国防工业出版社，2004.

[4] 王宝琳. 尚书现代版[M]. 上海：上海古籍出版社，2003.

[5] 范爱锋，程启月. 赛博空间面临的威胁与挑战[J]. 火力与指挥控制，2013，38（4）：1-8.

[6] 杨学军，张望星. 优势来自空间：论空间站战场和空间作战[M]. 北京：国防工业出版社，2006.

[7] ALBERTS D S, HAYES R E. Power to the edge: command and control in the information age[M]. Washington, D. C.: CCRP Publication Series, 2003.

[8] 费业泰. 误差理论与数据处理[M]. 7 版. 北京：机械工业出版社，2017.

[9] FISHER W L, MUEHE C E, CAMERON A G. Registration errors in a netted air

surveillance system[R]. Lexington: MIT Lincoln Laboratory, 1980.

[10] 赵宗贵，刁联旺，李君灵，等. 信息融合工程实践：技术与方法[M]. 北京：国防工业出版社，2015.

[11] DANA M P. Registration: a prerequisite for multiple sensor tracking[M]//Multitarget multisensor tracking: advanced applications. Hughes Aircraft Company, Fullerton, California: Artech House, 1990: 155-185.

[12] PU W, LIU Y F, YAN J, et al. Optimal estimation of sensor biases for asynchronous multi-sensor data fusion[EB/OL]. (2017-10-08)[2024-04-30]. http://arxiv.org/abs/1710.02808.

[13] RONALD L B, WHITE J D, DETOMA E, et al. Common time reference for naval systems, Naval Research Laboratory, Washington, DC 20375-5320, Oct.12, 2004. ADA427684.

[14] SCHMIDT G T. Navigation sensors and systems in GNSS degraded and denied environments[J]. Chinese Journal of Aeronautics, 2015, 28:1-10.

[15] 刘天雄. 导航战及其对抗技术[J]. 卫星与网络，2014（8）：52-58.

[16] Interoperability and performance standards for communications timing synchronization subsystems: MIL-STD-188-115[S]. Washington, D. C.: Department of Defense, 1986.

[17] Communications timing and synchronization subsystems: MIL-HDBK-421[S]. Washington, D. C.: Department of Defense, 2000.

[18] IEEE standard for a precision clock synchronization protocol for networked measurement and control systems: IEEE Std 1588^{TM}—2002[S]. New York: IEEE Instrumentation and Measurement Society, 2002.

[19] IEEE standard for a precision clock synchronization protocol for networked measurement and control systems: IEEE Std 1588^{TM}—2008[S]. New York: IEEE Instrumentation and Measurement Society, 2008.

[20] JONES T, ARNOLD D, TUFFNER F, et al. Recent advances in precision clock synchronization protocols for power grid control systems[J]. Energies, 2021(14): 5303.

[21] IEEE standard for a precision clock synchronization protocol for networked measurement and control systems: IEEE Std 1588™—2019[S]. New York: IEEE Instrumentation and Measurement Society, 2019.

[22] Joint Single Integrated Air Picture System Engineering Orgazation. Sentitivity of track velocity error to data registration and dynamic errors within a distributed system[R]. JSSEO, 2004.

第 2 章

时空误差及其演化

> 包围作战，时间与距离之运算，须绝对精确，宜严防于合围之前，为敌所各个击破。
>
> ——切斯特·威廉·尼米兹

2.1 概述

人类对客观事物的质、量及其相互关系的认识都离不开测量。著名化学家德米特里·伊万诺维奇·门捷列夫说："科学始于测量。"数学家卡尔·雅可比认为："没有测量就没有任何精密科学，就没有任何应用数学，就没有任何实验。新的测量方法标志着真正的进步。"本章以舰载传感器探测为例，针对舰艇平台传感器探测过程，分析其各环节测量误差链的演化和传递规律，具体涉及传感器的探测、传感器的姿态、平台的位置、平台的姿态、平台的时间同步等测量误差，讨论其对目标定位精度的影响。

2.2 时空基准及时空基准误差特点

作为时空的度量标准，时空基准是有效描述目标运动的前提条件，只有在相对时空基准已知的条件下，传感器的目标测量才有意义。了解、认识时空基准的实现原理及其误差特点，有助于深刻地剖析时空基准误差的演化。

2.2.1 时空基准

2.2.1.1 时间基准

作为现代工业体系的一项关键基础支撑技术，时间统一首先要求时间基准一致。为了满足工业生产、商业应用、国防安全等诸方面的需求，全球许多国家都构建了自己的时间基准体系，以解决单一基准在可靠性、稳定性等方面的缺陷。

时间基准体系通常由 3 部分组成：时间基准系统、时间分发系统和用户基础设施。其中，时间基准系统用于提供标准时频，UTC 在物理上通常利用高精度的原子钟来实现；时间分发系统将标准时频传递给用户，常见的分发方式包括电台广播、卫星广播、网络分发等；用户基础设施用于接收标准时频，校正本地时钟并保持下去。时间基准体系结构如图 2-1 所示。

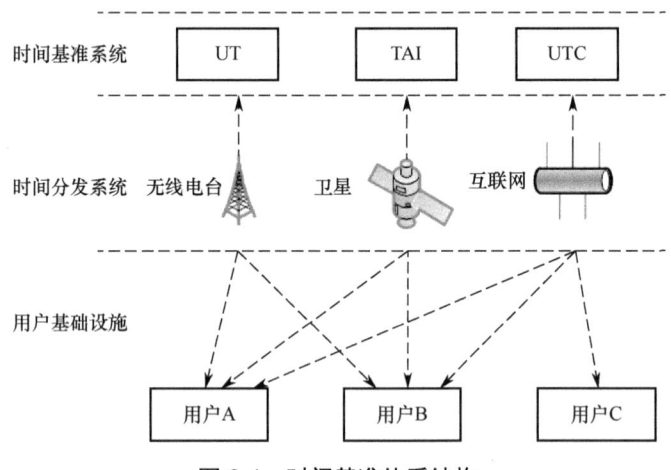

图 2-1 时间基准体系结构

时间基准系统和时间分发系统相互配合，为用户提供可用的标准时间信息，实现标准时频的异地复制与传递。从用户的角度而言，一般将时间基准系统和时间分发系统统称为授时系统，而将用户接收到的时间基准信息称为授时信息。

目前，常用的授时手段包括短波授时、长波授时、卫星授时。

1）短波授时

短波授时是最早利用短波无线信号发射标准时频信号的授时手段，由于其覆盖面广、发送设备简单、价格低廉、使用方便，因此至今仍被许多国家采用。

我国采用 BMP 短波授时台（标准时频发播台）进行短波授时，其主要由工作钟房、发射机房、天线交换开关、天线（包括接收天线与发射天线群）和动力（包括空调、供电、供水）5 部分组成。MP 短波授时台系统构成如图 2-2 所示。

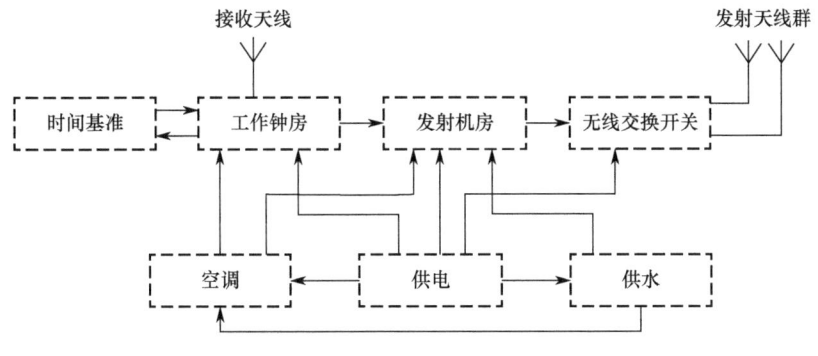

图 2-2 BMP 短波授时台系统构成

整个 BMP 短波授时台系统发播的频率优于 5×10^{-12} Hz，UTC 时号准确度优于 0.1μs，UT1 时号与定值复合在 ±0.3 ms 之内。

2）长波授时

长波授时主要利用长波信号传播稳定、时延可被精确预测的特点，实现高精度授时。其中，沿地面绕射的地波信号和经过电离层反射而传播的天波信号都可用于授时。

国内常用的长波授时系统有 BPL 长波授时台系统和"长河二号"系统，国外系统主要有罗兰-C 导航系统。

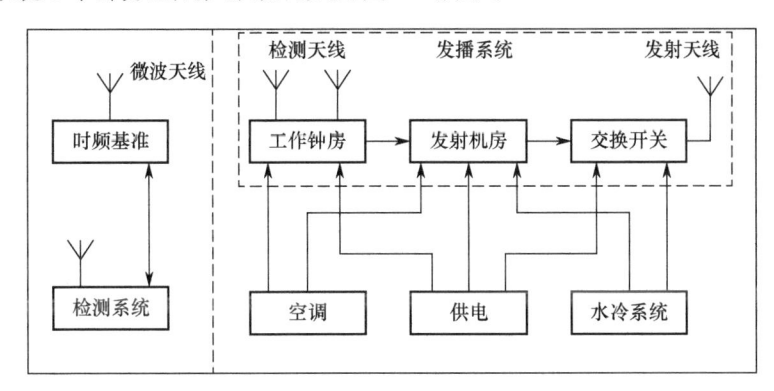

（1）BPL 长波授时台系统。BPL 长波授时台系统由时频基准、发播系统和检测系统 3 个部分组成，系统构成如图 2-3 所示。

图 2-3 BPL 长波授时台系统构成

（2）"长河二号"系统。"长河二号"系统是我国新建的陆基导航定位系统，由北海、东海和南海 3 个导航台链的 6 个发射台组成。该系统覆盖了我国大部分海域和沿海陆地，与 BPL 长波授时台一起构成了我国比较丰富的罗兰-C 资源。

（3）罗兰-C 导航系统。20 世纪 60 年代初，美国在本土建设了第一批导航台链，随后又陆续在全球建立了数十个罗兰-C 导航台链，利用搬运钟的方法对所有的台链时频标准进行校准与同步，台链时间同步精度≤±5μs，频率标准≤±5×10^{-12} Hz，实现了罗兰-C 导航与授时。其单台信号可利用率为 99.9%，单链（由 3 台以上组合而成）信号可利用率为 99.7%。

3）卫星授时

使用卫星系统对同一战场环境提供大部分作战单位可同时观测的时钟系统，即卫星授时。卫星系统的时间信息通过接收机终端后产生 1PPS（Pulse Per Second，每秒脉冲数）的基准脉冲信号，可对多个独立单元进行高精度的时间同步。这种同步方式的特点如下。

（1）覆盖面广。通过卫星系统进行时间同步，可使多个不便于联网的分布式系统建立统一的时间基准，从而为战场条件下的联合作战和精确打击建立高精度的时间基准。

（2）精度高。例如，GPS 发布的时间同步精度可以达到 30ns，而通过多频时间同步等方法可以达到更高的精度。

卫星接收机时间同步结构如图 2-4 所示。

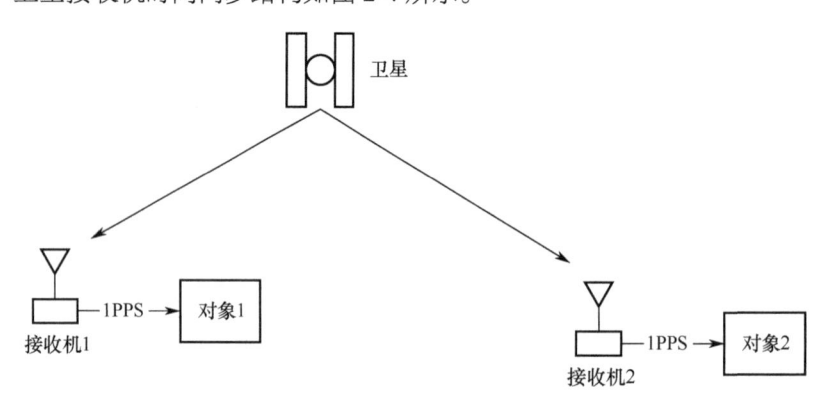

图 2-4　卫星接收机时间同步结构

目前，可以利用的卫星授时系统有美国的 GPS、俄罗斯的 GLONASS、欧盟的 Galileo 及我国的北斗。常见卫星授时系统使用的时间系统如表 2-1 所示。

表 2-1　常见卫星授时系统使用系统

卫星授时系统	时间系统（实验室）
GPS	UTC（USNO）
GLONASS	UTC（SU）
Galileo	UTC（EU）
北斗	UTC（NIM）

2.2.1.2 空间基准

在数学上，空间往往与坐标系联系在一起。传感器目标探测以本地测量坐标系（天线坐标系）为基准，而其信息的使用者一般都需要将其转换到指定的坐标系。显然，这要求能够获得传感器本地天线坐标系到目的坐标系的转换关系。空间基准在信息融合中的作用正是给出传感器本地天线坐标系转换到目的坐标系所涉及的有关参数。

众所周知，两个直角坐标系的转换一般需要平移和旋转两个步骤，也就是需要确定其中一个直角坐标系的原点在另一个直角坐标系中的坐标，以及其坐标轴相对另一个直角坐标系的指向。因此，空间基准包含定位和定向两方面的内容。在航海、航空、航天等领域，传感器载体确定自身位置和姿态的过程通常称为导航。

导航具有悠久的历史。我国古代四大发明之一的指南针就是一种简单的导航仪器。指南针的出现为人类辨别行动方向提供了方便。现在航空和航海中使用的磁罗盘从原理来说就是一个指南针。

与陆地行动相比，海上航行对导航手段的要求更迫切，在无边无际的大海中航行，不使用导航定位手段是不可能正确分辨方向的。除了指南针，古代航海还主要依靠天文导航，即通过观察日月星辰来确定船舶的位置。

随着科学的发展和时代的进步，航海、航空、航天等运载工具对导航的要求越来越高，如服务区域大、定位精度高、全天候、实时性好、连续性好、自主性强等。磁罗盘和原始的天文导航难以满足这些要求，于是相继出现了各种新型导航方法，如陆标导航、无线电导航、惯性导航、卫星导航等，其中应用范围最广、基础地位最高的当属惯性导航和卫星导航。

1）惯性导航

惯性导航技术是综合了机电、光学、数学、力学、控制及计算机等学科知识的尖端技术。惯性是物体的基本属性。惯性导航系统（Inertial Navigation System，INS）利用惯性传感器（如陀螺仪和加速度计）测量运动载体在惯性空间的线运动和角运动，根据运动微分方程实时、精确地解算运动载体的位置、速度和姿态。

INS 仅依靠惯性传感器就能实现全天候、全球性的自主三维定位、定姿和测速，不需要与外界发生任何光、电、磁等信息联系，是一种完全自主的导航系统。这一独特的优点使其成为航海、航空、航天等领域广泛使用的导航系统，是重要运动载体不可缺少的核心导航设备，在导航领域占有突出的地位。

2）卫星导航

卫星导航系统通过测定运动载体到导航卫星的距离、距离差等参数，并结合所获取的或通过计算所得到的卫星瞬时位置确定运动载体的位置。20 世纪 60 年代，美国研制了子午仪卫星导航系统，又称海军导航卫星系统（Navy Navigation Satellite System，NNSS）。该系统的定位精度为 0.2～0.5 n mile，不能连续定位。从 1973 年起，美国开始研制第二代卫星导航系统——GPS。GPS 可在全球范围内连续提供运动载体的三维位置、三维速度和时间。GPS 由空间部分（导航卫星）、地面站、用户设备（GPS 接收机或导航仪）3 部分组成。运动载体上只需要安装用户设备。由于 GPS 定位精度高，可连续定位，其标准定位服务对全球开放，用户设备体积小、质量轻、价格低、安装方便，所以其在导航、测量、精密授时等诸多领域得到了广泛应用。目前，很多舰船都装备了 GPS 导航仪。下面简要介绍一下 GPS 定位的几何原理。

整个 GPS 配置有 21 颗工作卫星和 3 颗备用卫星，卫星在高约 20000km 的近圆形轨道上运行，任何时候全球任何地点上空均有 5～8 颗可见卫星。卫星上装有稳定度为 10^{-13} 的精密原子钟，各卫星的原子钟相互同步，并与地面站的原子钟同步。卫星以一定的频率和信息格式播发星历数据。用户设备通过比较接收到的卫星信号和机内产生的参考信息，就能测出卫星信号传播时延 Δt。如果接收机内部的时钟与卫星时钟完全一致，则在测出卫星信号传播时延 Δt 后，就能得到用户至卫星的距离 $r = c\Delta t$（c 为电波传播速度）。

接收到的 GPS 导航电文中含有卫星本身的位置信息。这样，若同时测得用户到 3 颗卫星的距离，则可分别以这 3 颗卫星为球心，以 3 段距离为半径作 3 个圆球，3 个圆球的交点即用户的三维位置。

由于成本原因，一般 GPS 接收机不会安装精密时钟，而是装有精度较差的石英钟，这样接收机时钟与卫星时钟之间就有一个时钟误差 Δt_u。此时，根据信号传播时延 Δt 确定的距离 ρ 并不完全是接收机至卫星的距离，它包含了时钟误差相应的距离，故称为伪距。伪距与真实距离 r 之间的关系为

$$\rho = r + c\Delta t_u \quad (2\text{-}1)$$

设运动载体位置坐标为 (x, y, z)，卫星的位置坐标为 (x_i, y_i, z_i)，测量一次伪距可得到一个方程

$$\rho = r + c\Delta t_u = \sqrt{(x-x_i)^2 + (y-y_i)^2 + (z-z_i)^2} + c\Delta t_u \quad (2\text{-}2)$$

若同时测得 4 个伪距，则可得到 4 个方程，解出 4 个未知量，即运动载体三维位置 (x, y, z) 和接收机时钟误差 Δt_u。

除了 GPS，目前常用的卫星导航系统还有俄罗斯的 GLONASS、欧盟的 Galileo、中国的北斗，其基本原理与 GPS 类似。各卫星导航系统采用的坐标基准如表 2-2 所示。

表 2-2　各卫星导航系统采用的坐标基准

卫星导航系统	坐标基准
GPS	WGS84
GLONASS	PZ-90
Galileo	GTRF
北斗	CGCS2000

2.2.2　时间基准误差特点分析

时间基准误差与授时手段密切相关，下面分别对短波授时、长波授时、卫星授时（以应用最广的 GPS 为例）3 种授时手段获得的时间基准误差的特点进行分析。

2.2.2.1　短波授时手段获得的时间基准误差的特点

短波通过天波与地波两种途径传播。其中地波信号传播稳定，定时精度可达 0.1ms，但用户只能在距短波发射台约 100km 范围内使用。绝大多数用户主要依靠天波传播短波授时信号。

因此，对大多数用户来说，短波授时信号主要靠电离层一次或多次反射的天波信号来传递。电离层的动态变化可引起天波传播的不稳定，限制了短波定时校频的精度。其中，电离层的不同层次和不同电子浓度使短波传播有着不同的最高可用频率（超过此频率的电波将穿透电离层不再返回地面）；对于不同的频率，有着不同的寂静区（频率越高，寂静区半径越大）；电离层的反射存在最低可用频率（低于此频率的电波通过电离层时被严重吸收而不返回地面）。此外，受不规则性影响，短波传播存在由明显衰落、多径延时、多普勒频移和突然骚动引起的短期突然信号中断等现象，这会给短波授时传播带来影响。

因此，短波授时的精度和时间、地点、季节、频率等因素有关。短波传播的特性是频率和时间的函数。在短波频段，电离层传播的不稳定性限制了时间和频率的比对精度，接收的载频信号的相位随着路径长度和传播速度的变化而起伏。这些起伏将时间的接收精度限制为 $500 \sim 1000 \mu s$，将校频精度限制为最高 1×10^{-7}。

2.2.2.2　长波授时手段获得的时间基准误差的特点

从天线辐射出来的长波授时信号经过不同的传播路径到达定时用户的接收天线。在发射天线和接收天线之间通过直接路径传输的信号称为直达波。从地表面反射之后到达接收天线的信号称为反射波。直达波和反射波合称空间波。沿地球表面传播的信号称为表面波。一般把表面波和空间波统称为地波。当发射天线和接收天线都非常接近地面时，空间波中的直达波和反射波相互抵消，地波完全是表面波。地波传播如图 2-5 所示。

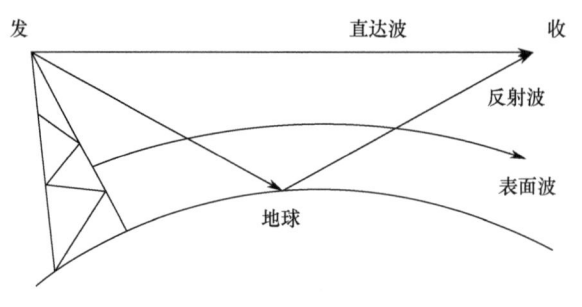

图 2-5 地波传播

地波沿地球表面传播，能量不断被地表吸收，强度逐渐减弱，同时相位滞后（时延）。衰减的快慢和时延的大小与电波的频率、传播距离、路径的电导率、地形及大气折射指数等因素有关。

经过电离层一次或多次反射到达接收天线的信号称为天波。天波传播如图 2-6 所示。由于太阳照射，昼夜不一样，季节、年份也不同，所以电离层是随时间、季节、年份而变化的，从而导致天波不稳定。

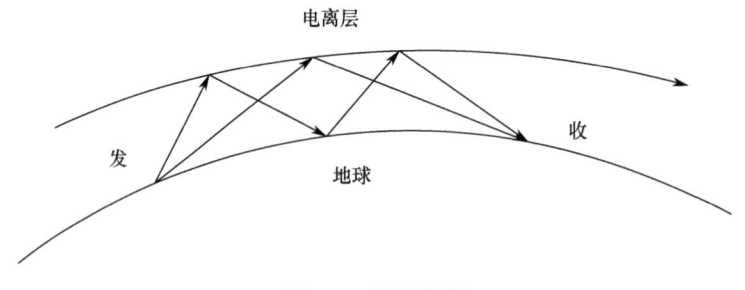

图 2-6 天波传播

总体来说，地波传播衰减小，幅度和相位都很稳定，没有周日变化；天波有周日变化，幅度白天小、夜间大，白天相位超前，夜间相位滞后，尤其是在日出和日落时，幅度和相位都会发生急剧的变化。所以，地波的授时精度≤1μs，地波的校频精度达到 1.1×10^{-12} 量级；天波的授时精度≤30μs，天波白天的校频精度达到 1.1×10^{-11} 量级，晚上为 4.4×10^{-12} 量级。

我国 BPL 长波授时系统时频基准的日稳定度达到 10^{-14} 量级，准确度达到 10^{-13} 量级。授时系统采用天波、地波相结合，作用半径为 3000km，可覆盖全国陆地和近海海域。地波授时的精度可达 1μs 以上，校频精度可达 1.1×10^{-12} 量级。发播内容为 UTC 信号和标准频率信号。

2.2.2.3 卫星授时手段获得的时间基准误差的特点

卫星授时的误差源主要包括以下几个。

1）卫星时钟误差

卫星时钟和标准时间存在系统误差，由卫星发出的授时信号也与标准时间存在系统误差。

2）传输过程误差

卫星授时信号经历电离层、对流层等产生传输系统误差，其中电离层传输速度小于真空速度，对流层传输会发生折射。这些系统误差采用经验公式进行修正，但修正往往存在误差，难以完全消除。

此外，在传输过程中还有由多路径效应造成的多路径误差、由地球自转造成的系统误差、相对论效应误差等。

3）接收误差

卫星授时信号达到用户接收天线时，接收天线存在观测噪声。此外，卫星授时信号在接收天线内部从一个电路转移到另一个电路，也会消耗一定的时间。

上述误差源决定了卫星授时的精度。总体而言，卫星授时信号大部分时间是在近似真空的条件下传播的，并且在电离层、对流层中为直达波传输，因此精度比短波授时、长波授时等的精度高得多，通常可达到30ns以内。

2.2.3 空间基准误差特点分析

与时间基准误差类似，空间基准误差的特点与具体采用的导航方式密切相关，下面分别进行分析。

2.2.3.1 惯性导航

惯性导航利用陀螺仪和加速度计测量运动载体在惯性空间的线运动和角运动，根据运动微分方程实时、精确地解算运动载体的位置、速度和姿态。

1）误差源

惯性导航中的误差源有以下几个。

（1）传感器误差。

传感器误差主要是指惯性器件（如陀螺仪和加速度计）的误差。陀螺仪误差包括由陀螺仪的常值漂移和随机漂移等引起的误差，以及由陀螺仪的标度因素、温度特性等引起的误差；加速度计误差包括由零位误差、标度因素、温度特性引起的误差等。实践中将传感器误差分为静态误差和动态误差。

（2）安装误差。

在惯性导航系统中，要求陀螺仪和加速度计的输入轴完全与平台（或运动载体）的坐标轴重合。但实际上，完全重合是难以做到的。在惯性导航系统中，安装误差主要是指由于陀螺仪和加速度计在惯性平台上安装指向不准引起的误差。在捷联惯性导航系统中，安装误差则主要是指由于陀螺仪和加速度计在运动载体上安装指向不准引起的误差。一般也把惯性器件之间的非正交误差视为安装误差的一部分。

（3）初始条件误差。

初始条件误差是指在初始对准时输入计算机的初始位置、初始速度不准确，以及初始对准得到的初始姿态不准确，由此引起的误差。如果初始姿态存在误差，则惯性平台会存在一定振幅的舒勒振荡。初始姿态误差是影响惯性导航系统性能的重要因素。

（4）计算误差。

计算误差包括数字量化误差、参数设置误差、计算中的截断误差、舍入误差，以及捷联惯性导航中的转动不可交换误差等。数字量化误差主要是在对惯性导航系统进行离散化时引入的；参数设置误差是由地球相关参数设置或引用不正确引起的；计算机中的截断误差和舍入误差是计算中不可避免的误差；转动不可交换误差是捷联惯性导航姿态解算的主要误差，也是影响捷联惯性导航系统精度的主要因素。

（5）运动干扰。

运动干扰主要是指由冲击和振动等造成的干扰。运动干扰对捷联惯性导航系统精度的影响尤为明显。

2）误差特点

（1）定位精度随时间逐步发散，其中经度持续发散，纬度在一定范围内振荡。

（2）艏向角随时间发散，纵横摇角在一定范围内振荡。

（3）发散的速度和振荡的幅度依赖前述误差源的大小及变化特性。

2.2.3.2 卫星导航

1）误差源

GPS 卫星定位中的误差源有以下几个。

（1）与 GPS 卫星有关的误差。

与 GPS 卫星有关的误差主要包括卫星时钟误差和卫星星历误差。

① 卫星时钟误差。GPS 通过测量卫星信号的传播时间来测距，时钟误差将直接变成距离误差。GPS 中各卫星时钟之间要求相互同步并与地面站同步，即使采用原子钟计时，卫星时钟也不可能绝对稳定，而是存在漂移的。

卫星原子钟的误差一般可以表示为

$$\Delta t = t_0 + \delta t + \frac{\alpha_1}{2} + \cdots + e(t) \qquad (2\text{-}3)$$

式中，t_0 为起始时刻的时间误差；δt 为起始时刻的频率偏移；α_1 为老化率或频率漂移率；$e(t)$ 为随机漂移。

② 卫星星历误差。星历数据是由地面站测算后注入卫星的。由于各监测站对卫星进行跟踪测量时存在测量误差和影响卫星运动的各种摄动因素及它们的变化影响因素，因此在预报星历中不可避免地存在误差，从而形成距离误差。

（2）与 GPS 信号传播有关的误差。

与 GPS 信号传播有关的误差主要包括电离层附加时延误差、对流层附加时延误差和多路径误差。

① 电离层附加时延误差。距离地面 20000km 的卫星发射的电波必须穿过电离层和对流层才能到达接收天线。电波在电离层中的传播速度小于在真空中的传播速度，从而产生电离层附加时延误差。

② 对流层附加时延误差。对流层的主要成分是空气和水汽，对流层的折射系数不同于真空，会产生对流层附加时延误差。该误差一般采用模型法进行修正，通常可修正掉对流层附加时延误差的 90%。

③ 多路径误差。多路径误差是由于信号从不同的路径到达接收天线而产生的误差。路径不同会使信号发生形变，从而造成距离测量误差。这种误差和用户的周围环境（如地形、地物及其发射特性）有关。

（3）与用户接收天线有关的误差。

与用户接收天线有关的误差主要包括观测误差、接收天线时钟误差、天线相位中心误差和载波相位观测的整周不定性误差。

① 观测误差。观测误差除观测分辨率误差外，还包括接收天线相对测站点的位置误差。根据经验，一般可认为观测分辨率误差约为信号波长的 1%。由此，对 GPS 信号和载波信息的观测精度将产生大约 1% 的观测误差。观测误差属于偶然误差，适当地增加观测量可明显降低其影响。

② 接收天线时钟误差。GPS 接收天线一般采用石英钟，其日频率稳定度约为 10^{-11}。如果接收天线时钟与卫星钟之间的同步误差为 $1\mu s$，则由此引起的等效距离误差约为 300m。

③ 天线相位中心误差和载波相位观测的整周不定性误差。在 GPS 定位的伪距测量中，观测值都是以接收天线相位中心的位置为准的，而接收天线相位中心与其几何中心在实际上是不一致的。根据接收天线性能的好坏，接收天线相位中心的系统误差对相对定位结果的影响约为数毫米到数厘米，在一般应用中可以忽略。

（4）其他原因产生的误差。

① 时钟的相对论效应。由于卫星在高速运动，狭义相对论效应会使时钟产

生时间漂移。卫星原子钟比地面钟走得快，从而产生误差。

② 地球自转的影响。在地球坐标系中，如果卫星瞬时位置是根据信号瞬时计算的，那么尚未考虑地球自转的修正。因为当卫星信号传播到观测站时，卫星和地球之间产生了相对转动。此时利用星历中的卫星位置进行定位将在接收天线中产生相应的计算误差。

2）误差特点

（1）定位精度不随时间发散，具有良好的长时精度。

（2）通常无法提供运动载体的姿态信息。

（3）受电磁环境的影响较大。

2.3 时间同步误差分析

时间同步是指将多个时钟同步到指定的时间基准。时间同步主要有两类：一类是网络时间同步，即通过时间同步数据包交换实现时间同步，这个层次的时间同步依托现有网络通信链路，无须投入硬件，但实现逻辑较为复杂，需要占用通信链路带宽，精度相对较低；另一类是基于时频信号的时间同步，即通过传递时频信号辅助实现时间同步，如 GPS 终端采用的就是基于时频信号的时间同步模式，其接收天线系统可输出 1PPS 的授时信号。

在对时间同步精度要求较高的领域，一般需要采用基于时频信号的时间同步。

2.3.1 网络时间同步误差分析

2.3.1.1 网络时间同步误差分类

根据网络时间同步的过程，其误差可分为时钟源误差、时间同步过程误差和振荡器漂移误差等几类。

1）时钟源误差

时钟源误差主要包括与卫星/长波等时间基准源有关的误差、与信号传播有关的误差及与接收天线有关的误差。其中，与卫星/长波有关的误差包括卫星星历误差、卫星时钟误差和由相对论效应引起的误差；与信号传播有关的误差包括由电离层/对流层的折射和多路径效应引起的误差；与接收天线有关的误差主要是接收天线时钟误差。

该部分误差较小，一般在微秒量级，可以忽略。

2）时间同步过程误差

根据时间同步经历的主要阶段，可以从以下几个阶段分析时间同步过程误差。

（1）发送阶段。在该阶段，发送节点构建并发送同步包，包括内核和协议处理及操作系统的时延。可以认为发送时间是把信息从发送节点（应用层）发送到网络接口（MAC 层出口）的时间。

（2）介质访问阶段。在该阶段，数据包到达 MAC 层之后，等待访问传输信道，从而发生时延。介质访问时间与具体的数据包传输媒介、网络节点采用何种 MAC 协议等有关。

（3）传送阶段。在该阶段，数据包从物理层发送到网络链路。该阶段的时延主要由介质的属性决定，并且与数据包大小、传送速度有关。由于对中断的反应时间不一样，每个节点传送者的软件实现也会有一些细微的变动。不过，有人提出可以使用基于硬件的射频（Radio Frequency，RF）收发器消除这些细微的变动。

（4）传播阶段。在该阶段，从发送节点通过信道把数据包传送给接收节点。和其他阶段的时延相比，该阶段的时延与数据包的长度和电波在介质中的传播速度有关，一般可忽略不计。

（5）接收阶段。在该阶段，接收节点物理层会发生时延。接收者将数据包从传输信道接收进来并传递到 MAC 层。如果接收节点应用了基于硬件的 RF 收发器，则接收的时延会小一些。

（6）接收阶段。在该阶段，数据流被重新组装成数据包并传递给应用层。由于不同操作系统的不同特性，这个阶段的误差也会有所不同。

对于有线网络，传送/接收的时间主要取决于网卡的性能，一般为几十微秒甚至更短。发送/接收的时间主要取决于操作系统、协议栈和应用负载。对于 VxWorks 等强实时操作系统，协议栈处理与线程切换的时间一般在微秒级；对于 Windows 等非实时操作系统，协议栈处理与线程切换的时间具有较大的不确定性，从几毫秒到几十毫秒甚至几百毫秒不等，此时发送/接收的时间误差是网络时间同步的主要误差源之一。

3）振荡器漂移误差

振荡器是时钟的两个基本组件之一（另一个基本组件为计数器），一般是一种产生周期性信号的器件或电路。受温度、压力、湿度、使用时间等因素的影响，振荡器相位存在噪声，使振荡器不能严格按指定的时钟频率工作。由于相位噪声是随机的，因此时间同步误差同样具有随机性。同一个时钟在不同的环境中可能具有不同的时钟频率。这种频率漂移是产生时间同步误差的主要原因。

2.3.1.2 典型网络时间同步误差分析

在上述 3 类网络时间同步误差中，时钟源误差和振荡器漂移误差虽然具有一定的随机性，但只要硬件设备确定，就可以根据设备固有的特性进行估计。

这里主要以典型的 NTP 网络时间同步过程中产生的误差进行分析。

为简便起见，令 $a = T_2 - T_1$，$b = T_4 - T_3$，其中，T_1 为客户端发送 NTP 请求的时间戳（客户端时间）；T_2 为服务器收到 NTP 请求的时间戳（服务器时间）；T_3 为服务器回复 NTP 请求的时间戳（服务器时间）；T_4 为客户端收到 NTP 回复包的时间戳（客户端时间）。则时间同步误差估计值 θ 和传输时延 δ 的计算公式可表示为

$$\begin{cases} \delta = a - b \\ \theta = \dfrac{a+b}{2} \end{cases} \quad (2\text{-}4)$$

假设客户端与服务器之间时间同步误差的真实值为 θ_0。若 x 为报文从服务器发送至客户端的真实网络时延，则 $\theta_0 + x = T_2 - T_1 = a$。因为 $x = a - \theta_0$ 为非负数，可知 $a \geq \theta_0$。同理可得 $b \leq \theta_0$。据此得到

$$b \leq \theta_0 \leq a \Rightarrow \theta - \dfrac{\delta}{2} \leq \theta_0 \leq \theta + \dfrac{\delta}{2} \quad (2\text{-}5)$$

在现实情况下，客户端或服务器所记录的时间戳存在误差。这种误差主要包括由时钟晶振的频率漂移引起的误差和时间戳本身的读取误差。用随机变量 f 表示晶振频率误差，φ 表示在晶振工作寿命内晶振频率的最大容错度。由于晶振频率误差一般随时间缓慢变化，因此在较短的时间段 t 内可将其看作固定值，则 φt 可被看作在时间段 t 内晶振频率的最大误差。时间戳读取误差一般可用服从均匀分布 $U[-\rho, 0]$ 用与晶振频率误差相互独立的随机变量 r 表示，ρ 为最大时间戳读取误差。

在 NTP 算法中，若 ρ_c 和 f_c（ρ_s 和 f_s）分别表示客户端（服务器）时钟的最大读取误差与晶振频率误差，φ_c、φ_s 分别表示两地时钟晶振频率的最大容错度，则 4 个时间戳的误差满足

$$\begin{cases} \varepsilon_1 = n_1 \in U[-\rho_c, 0] \\ \varepsilon_2 = n_2 \in U[-\rho_s, 0] \\ \varepsilon_3 = \varphi_s(T_3 - T_2) + n_3, \ n_3 \in U[-\rho_s, 0] \\ \varepsilon_4 = \varphi_c(T_4 - T_1) + n_4, \ n_4 \in U[-\rho_c, 0] \end{cases} \quad (2\text{-}6)$$

假设 ε_θ 表示时间同步误差估计值 θ 的误差，ε_δ 表示传输时延 δ 的误差，则根据式（2-6）可得

$$\begin{cases} \varepsilon_\theta = \rho_1 - \dfrac{[\varphi_c(T_4 - T_1) - \varphi_s(T_3 - T_2)]}{2} \\ \rho_1 = (n_2 + n_3 - n_1 - n_4)/2 \in U(-\rho_s, \rho_c) \end{cases} \quad (2\text{-}7)$$

由此可知

$$|\varepsilon_\theta| \leqslant \max(\rho_c, \rho_s) + \frac{\varphi_c(T_4 - T_1) + \varphi_s(T_3 - T_2)}{2} \quad (2\text{-}8)$$

同理可得

$$\begin{cases} \varepsilon_\delta = \rho_1 + [\varphi_c(T_4 - T_1) - \varphi_s(T_3 - T_2)] \\ \rho_1 = n_4 - n_1 + n_2 - n_3 \in U(-\rho_s - \rho_c, \rho_s + \rho_c) \end{cases} \quad (2\text{-}9)$$

式中，ρ_1 表示总的时间戳读取误差。

由此可知

$$|\varepsilon_\delta| \leqslant \rho_c + \rho_s + \varphi_c(T_4 - T_1) + \varphi_s(T_3 - T_2) \quad (2\text{-}10)$$

时间同步误差真实值的范围可表示为

$$\theta - \varepsilon_\theta - \frac{\delta + \varepsilon_\delta}{2} \leqslant \theta_0 \leqslant \theta + \varepsilon_\theta + \frac{\delta + \varepsilon_\delta}{2} \quad (2\text{-}11)$$

定义对等最大可能误差为

$$\varepsilon = \varepsilon_\theta + \frac{\varepsilon_\delta}{2} \quad (2\text{-}12)$$

则时间同步误差真实值的范围可表示为以时间同步误差估计值 θ 为中心的区间 $[\theta - \lambda, \theta + \lambda]$。其中，$\lambda = \frac{\delta}{2} + \varepsilon$ 称为同步距离，可作为网络时间同步过程的质量度量。

在进行实际计算时，φ_s 可从服务器应答报文的根离散字段获得，而 φ_c 一般取常数 86400 的倒数，表示本地时钟在连续两次 NTP 校时的时间间隔为 86400s 时。由本地时钟振荡器的漂移误差导致校时过程得到的时间同步误差的最大误差不超过 1s。之所以不采用本地晶振频率的最大容错度 φ_c，是因为本地时钟晶振的短期频率误差不断被网络时间同步过程中的时间系统误差值补偿，对误差的影响被抵消了。

2.3.1.3 主要误差因素分析

在利用 NTP 和 PTP 的同步机制进行一次对时计算时，忽略了两地时钟的不稳定性和测量误差。在实际应用中，客户端请求报文的传输时延与服务器应答报文的传输时延不尽相同，发送、接收的处理时延也可能存在差异。在一个完整的对时过程中，影响网络时间同步的误差主要包括时间戳误差、存储与转换误差、随机误差、往返数据传输速率误差等。

1）时间戳误差

如图 2-7 所示，在网络时间同步过程中，有 3 种获得时间戳的方式：在应用层获取时间戳、在驱动层获取时间戳和在物理层获取时间戳。

在应用层获取时间戳时，客户端/服务器从发送报文到实际从网卡发送出报文的时间，包括应用层、协议栈、网卡等多个环节的处理时间。其中，应用层、协议栈的处理时延因为受应用程序负载、操作系统任务调度、协议栈缓冲处理等因素的影响而具有较大的不确定性（毫秒级）。接收报文涉及的处理环节与发送报文相同，只是顺序相反。

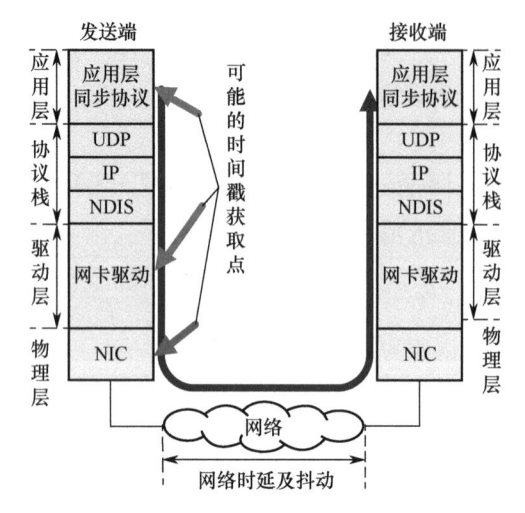

图 2-7 时间戳获取方式

在物理层获取时间戳时，可避免报文从网络接口到应用层传递中诸处理环节的不利影响，其理论时间同步精度可达到纳秒级，但需要硬件支持。IEEE 1588 就是通过专有的电子硬件电路在设备网络接口处获取发送/接收报文戳的一个例子。

在驱动层获取时间戳时，一般在报文发送前或接收后到达协议栈前进行时间戳标记，可避免队列缓冲等软件因素的影响，其时间同步精度介于前两者之间。由于报文从协议栈到网络接口处的处理时间很短，可忽略不计或将其看作传输时延的一部分。

影响时间戳精度的一个重要因素是时间戳的标记方式。在应用层/驱动层获取时间戳时，一般直接采用计算机的系统时间来标记时间戳。对于 Windows、UNIX 等非实时操作系统，通过系统调用获取当前系统时间时，其最低有效位只能达到毫秒级。

2）存储与转换误差

在具有交换机或路由器的传输网内，若一部分采用 10Mb/s 的传输速率，另一部分采用 100Mb/s 的传输速率，那么即使采用物理层时间戳，由于不同报文传送时段的不同，也可能会出现误差。如果定义客户端带宽带来的传输时延误差为 d_A，服务器端带宽带来的传输时延误差为 d_B，路由器接收到报文后才将其转换并发送到接收端，且假定信息交换不会中断，在采用物理层时间戳的情

况下，有

$$\begin{cases} \theta = \dfrac{[(T_2+d_A)-T_1]-[(T_4+d_B)-T_3]}{2} \\ \delta = [(T_4+d_B)-T_1]-[T_3-(T_2+d_A)] \end{cases} \quad (2\text{-}13)$$

将式（2-13）化简以后可以得到，时间同步误差的误差增加了 $\dfrac{d_A-d_B}{2}$，传输时延误差增加了 (d_A+d_B)。当 $d_A=d_B=d$ 时，时间同步误差没有误差，传输时延误差增加了 $2d$。

在上面的分析中，若接收时采用的是应用层时间戳，则有

$$\begin{cases} \theta = \dfrac{[(T_2+d_A+d_B)-T_1]-[(T_4+d_A+d_B)-T_3]}{2} \\ \delta = [(T_4+d_A+d_B)-T_1]-[T_3-(T_2+d_A+d_B)] \end{cases} \quad (2\text{-}14)$$

将式（2-14）化简以后可以得到，时间同步误差并没有产生误差，传输时延误差增加了 $2(d_A+d_B)$。

由以上分析可以看出，不仅客户端与服务器之间时间戳的标记要匹配，还要考虑交换机两边连接线路的传输速率（带宽）。但可以采用传输时间戳使用硬件与接收时间戳采用软件的方法来解决上面的问题。

3）随机误差

网络时间同步过程中的随机误差是指由于硬件设备中元器件性能及传输过程中硬件线路随环境变化而引起的时间抖动误差。这与设备运行时间同步软件时的环境条件有关，因此可以采用性能更好的硬件设备及对采集的数据通过可靠的滤波处理算法进行处理来减小随机误差。

4）往返数据传输速率误差

时间戳的获取是基于报文从客户端到服务器及返回相同的情况下进行分析的，即使不同的部分，传输路径也是相同的，包括传输时延、传输速率、报文长度。如果由于时间戳获取带来的影响因素可以避免，那么同步网络中的数据传输速率就成为影响时间同步精度的一个重要因素，即往返传输路径时延不相等的情况。一个典型的传输路径可能由两个或更多的网络连接部分组成，每部分的传输速率和接收速率可能都不相同，这才是空间网络连接的一般情况。

假定整份报文的传输时延为 $\delta=p+L/r$，其中 p 为单位报文的传输时延，L 为报文长度，r 为传输速率，则报文经过一系列传输后，总的传输时间为

$$\Delta=(p_1+L/r_1)+(p_2+L/r_2)+\cdots+(p_n+L/r_n) \quad (2\text{-}15)$$

式中，n 为报文经过的传输段，若往返路径一致，则总的传输时间不变。如果时间戳采用驱动层时间戳或物理层时间戳，则传输时延是相等的，时间同步误差的精度并没有受到影响。在考虑双向传输路径相同的情况下，往返时间均可

写为

$$\Delta = \sum p_i + L \times \sum (1/r_i) \quad (2\text{-}16)$$

式中，$\sum(1/r_i)$ 为总的传输速率。

在往返路径不同的情况下，令 r_{12} 为报文向外发送过程中的传输速率，r_{34} 为报文由外接收过程中的传输速率，则经过简单计算后可得到系统误差增加的误差为

$$t = \Delta[r_{34}/(r_{12}+r_{34}) - 1/2] \quad (2\text{-}17)$$

2.3.2 基于时频信号的时间同步误差分析

对基于时频信号的时间同步的处理，首先需要一个高稳定的时钟服务器（也是时钟源），时间服务器一方面通过以太网向客户端提供标准的网络时间同步服务（SNTP/NTP），另一方面通过时频电缆向需要信号级时间同步的客户端提供时频信号，典型的包括 1PPS 基准脉冲信号和 10MHz 基准时频信号，两者与简单网络时间协议（Simple Network Time Protocal，SNTP）信号完全同源，保证了时间系统的唯一性。基于时频信号的时间同步结构如图 2-8 所示。

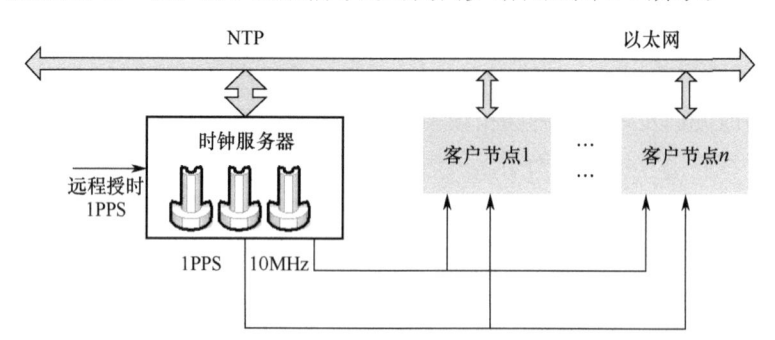

图 2-8 基于时频信号的时间同步结构

该结构同时涵盖了远程（如卫星、罗兰-C、长短波等）和本地两个层次的时间同步模式。在这两个层次中，综合干扰对时频信号的影响是造成时间基准误差的主要原因。

在基于时频信号的时间同步结构基础上，采用网络软件同步 SNTP 和 1PPS 基准脉冲信号相结合的方法。因为单纯的 SNTP 是不能满足信号级信息交互的分布时间同步需求的，而在信号处理节点间仅进行时频信号传输只能保证时钟信号的同源，并不能获得信息处理和数据处理的逻辑时间同步，只有将两者相结合，才能同时满足时钟信号的同源和数据处理的逻辑时间同步。

为实现时频和 NTP 的配合，时间服务器必须依托时钟源信号来控制自己的服务器时钟，通过专门的时钟控制组件，以时钟源作为驱动时钟，更新时钟寄

存器，同时启动监听服务，对网络客户的时间请求进行快速应答。

以秒脉冲时频信号为例，时间服务器必须保证在原子钟秒脉冲的上升沿同步更新时钟寄存器，以确保此时的 NTP 时间服务得到同步更新。

考虑在实际战场环境中，一般很难保证向每个分布节点提供时频电缆，大多数情况下只能通过电缆、无线信号或卫星导航接收设备提供 1PPS 基准脉冲信号，因此本节主要研究在 1PPS 基准脉冲信号条件下的时间同步方法。

时间同步具体包括周期时间校正和初始时间标定两个部分（见图 2-9 和图 2-10）。客户端首先在 1PPS 基准脉冲信号的驱动下通过 NTP 协议访问时间服务器获得 1PPS 基准脉冲信号的初始标定。由于网络时延远远小于 1s，因此非常容易标定 1PPS 基准脉冲信号。锁定 1PPS 基准脉冲信号后，根据自身需要，将 1PPS 基准脉冲信号扩展到本地的时钟部件，按实际步长进行周期触发，同时持续接收 1PPS 基准脉冲信号，对本地时钟部件进行周期时间校正。持续的周期时间校正可以保持长时间的同步效果。

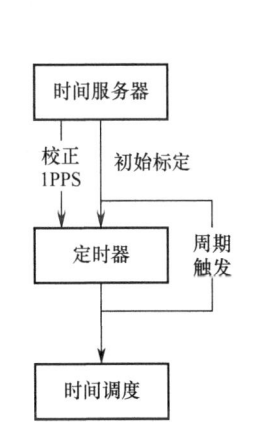

图 2-9　基于 1PPS 基准脉冲信号的周期时间校正

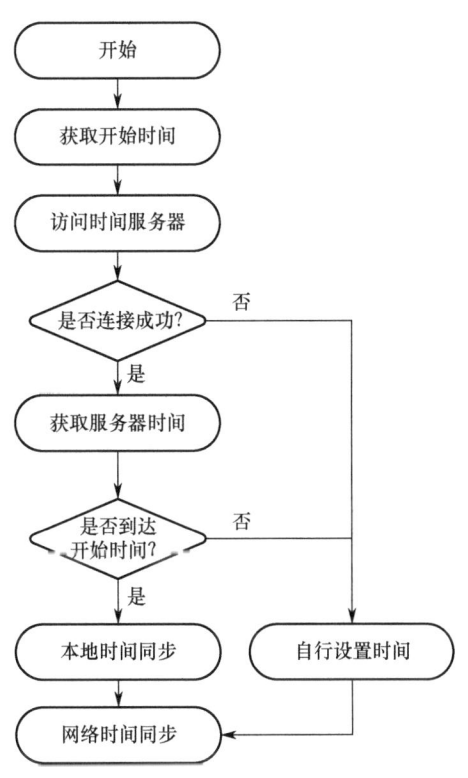

图 2-10　基于 NTP 的初始时间标定

2.3.2.1 时钟源模型

时钟源是统一时间支持体系的时间参考源，为时间同步提供具有溯源唯一性的参考时间。典型时钟源的物理部件是由一个石英振荡电路和一个计数器构成的。振荡电路产生的脉冲（时钟滴答）由计数器记录。计数器的计数值和振荡电路的振荡周期之积为机器时间值。因此，时钟源的物理特性体现在两方面：一是离散特性，机器时间不是连续推进的，而是以时钟滴答为单位递增的；二是系统误差特性，考虑到振荡电路的频率系统误差和漂移，其振荡周期的实际值 T'_m 和标称值 T_m 是有一定差别的，故引入时钟源模型的分辨率和脉冲时间精度两个定量指标来分别刻画时钟源的离散和系统误差特性。

定义1 时钟源模型的分辨率 T_m：时钟源部件产生的电子脉冲的标称时间周期。T_m 刻画了时钟源模型输出的最小时间单位。

定义2 时钟源模型的脉冲时间精度 T_{acc}：时钟源部件产生的电子脉冲的标称时间周期 T_m 和实际时间周期 T'_m 之间的最大误差。T_{acc} 刻画了时钟源模型的输出时间所能达到的最高精度。对于理想时钟源，$T_{acc}=0$。

因此，可以得到时钟源模型 $f_{MT}(t)$ 的一个近似数学描述

$$f_{MT1}(t) = T_m \times \lfloor t/T \rfloor \tag{2-18}$$

式中，$f_{MT1}(t)$ 表示近似的时钟源模型。

显然，这是一个阶梯函数。在实际应用中，时钟源主要用来对自然时间进行模拟。为了更准确地利用时钟源时间来模拟自然时间，需要对时钟源模型加以修正，因此在 $f_{MT1}(t)$ 的基础上引入逻辑修正。

首先考虑 T_m 和 T'_m 的差别 $T'_m = T_m \times c$，故首先引入比例补偿因子 c。然后考虑 $f_{MT1}(t)$ 的初始偏移，引入初始偏移补偿 T_{m0}。于是有

$$f_{MT}(t) = f_{MT2}(t) = T_{m0} + c f_{MT1}(t) \tag{2-19}$$

式中，$f_{MT2}(t)$ 表示修正后的时钟源模型。

从机理上分析，时间精度可以细分为频率准确度和频率稳定度，这两方面的因素可以综合到比例补偿因子 c 上。考虑到时变性，这里以动态比例补偿因子 $c(t)$ 代替常值比例补偿因子 c，即可得到时钟源模型

$$f_{MT}(t) = T_{m0} + c(t) T_m \left\lfloor \frac{t}{T} \right\rfloor \tag{2-20}$$

2.3.2.2 链路授时误差模型

从时钟源输出的 1PPS 时间同步信号一般通过电缆传输给授时对象，必然带来传输时延。由于是纯粹的信号物理传输时延，对于确定的传输链路，这个时延是基本确定的。对计算机应用而言，这个时延和温度相关，抖动很小，可以

用一个叠加小扰动的常数来模拟传输时延,即

$$\delta_T(i) = T_d + d(i) \qquad (2\text{-}21)$$

式中,$\delta_T(i)$ 表示第 i 个时钟脉冲的传输时延;$d(i)$ 表示与小的扰动相对的时延变化;T_d 表示链路的时延。

2.3.2.3 软件响应模型

相比链路时延,软件响应的时延要复杂得多。时钟脉冲到达客户端计算机后,计算机通过接口卡捕获该时钟脉冲,可以采用以下模式进行。

1)查询模式

接口卡通过计数器对时钟脉冲进行计数,计算机通过定时查询计数器确定时钟脉冲的到达时刻。查询一般按一定的时间间隔进行,考虑到计算机的开销,查询频率不能太高,查询间隔一般在毫秒以上,再加上读操作时延,导致响应时延在毫秒以上。考虑到查询模式会给计算机带来额外的开销,现在一般不推荐采用该模式。

2)中断模式

接口卡捕获到时钟脉冲后触发 CPU 中断,由中断响应程序完成时钟逻辑处理,这种模式减少了计算机的开销,是目前主要的时钟脉冲响应模式。

在中断模式下,软件响应时延包括中断响应时延和 I/O 操作时延,时延大小与实时操作系统的选择有较大的关系。对于实时操作系统,选择比较有代表性的 VxWorks,在中断操作中,其相关的实时性指标包括中断响应时延和信号量获取时间,两者的测试结果分别如图 2-11 和图 2-12 所示。

样本量	最小时延/ns	最大时延/ns	时延均值/ns
157	1860	2760	1889.8

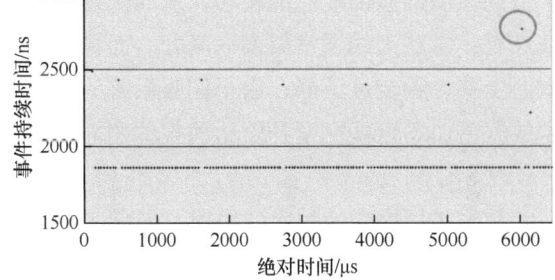

图 2-11 单任务下中断响应时延测试

由图可见,中断响应时延最大为 2.76μs,最小为 1.86μs,均值为 1.89μs,对信号量的操作时间为 200ns 左右。

样本量	最小时延/ns	最大时延/ns	时延均值/ns
8192	180	600	180.1

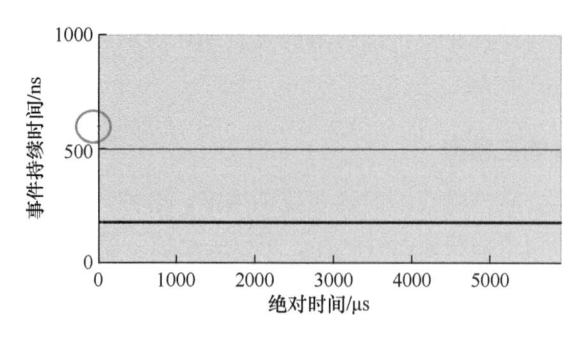

图 2-12　单任务下二进制信号量获取时间测试

2.4　动平台雷达探测时空误差演化

动平台雷达是指搭载在运动载体上的雷达。在实际应用中，典型的运动载体包括舰艇、飞机、车辆、卫星、热气球等，与之相应，它们搭载的雷达分别称为舰载雷达、机载雷达、车载雷达、星载雷达、球载雷达等。本书重点关注舰载雷达。

与固定基座雷达不同，动平台雷达的基座相对于水平面是不稳定的，因为运动载体在运动过程中会发生纵摇、横摇、升沉及艏向改变，尤其是纵摇、横摇和艏向改变对雷达的探测结果具有非常大的影响，因此动平台雷达需要一个稳定的平台来补偿运动载体姿态对雷达测量的影响。

传统方式是将雷达架设在机械稳定平台上。稳定平台在纵摇轴和横摇轴上各有一套伺服与驱动系统，当平台发生纵横摇时，伺服系统接收控制信号，由驱动系统使稳定平台的纵横摇做出相应的转动，从而保持雷达基座始终水平。稳定平台的主要缺点有：雷达天线通常架设在高处，而稳定平台结构笨重，其存在使运动载体重心上移，稳定性下降；由于伺服系统的机械性能制约，稳定平台总会残存一定的误差，不可能完全补偿运动载体的摇摆，从而影响雷达测量的精度。

随着计算机技术和电子扫描雷达技术的发展，出现了电子稳定平台。电子稳定平台并不通过机械手段保持雷达基座的物理水平，而是依据运动载体的纵横摇信息控制雷达波束指向，采用数学手段实时修正运动载体摇摆的影响，将雷达原始测量转换到当地水平面。采用电子稳定平台的好处是明显的。首先，它降低了设备质量，提高了运动载体的稳定性；其次，它没有类似稳定平台的机械运动部件,从而提高了整个雷达的可靠性和维护性;最后,稳定精度不再受限于稳定平台的机械性能,而仅依赖运动载体姿态测量的精度,可以期望获得比机械稳定平台更好的补偿效果。

舰载雷达目标定位示意如图 2-13 所示。首先,雷达在其测量坐标系(天线坐标系)下测得目标的距离、方位、仰角。接着,雷达利用舰艇姿态、艏向信息将天线坐标系下的目标距离、方位、仰角转换为雷达东北天坐标系下的目标距离、方位、仰角。对于机械稳定雷达,由于天线坐标系始终水平,只需利用艏向修正方位即可;对于电子稳定雷达,则需要利用姿态艏向同时修正方位和仰角。然后,进一步将雷达东北天坐标系下的目标定位信息转换到以舰艇为原点的舰艇东北天坐标系下。最后,将舰艇东北天坐标系下的目标定位信息转换到地心地固(Earth-Centered,Earth-Fixed,ECEF)坐标系下,实现目标在全局坐标系的定位。

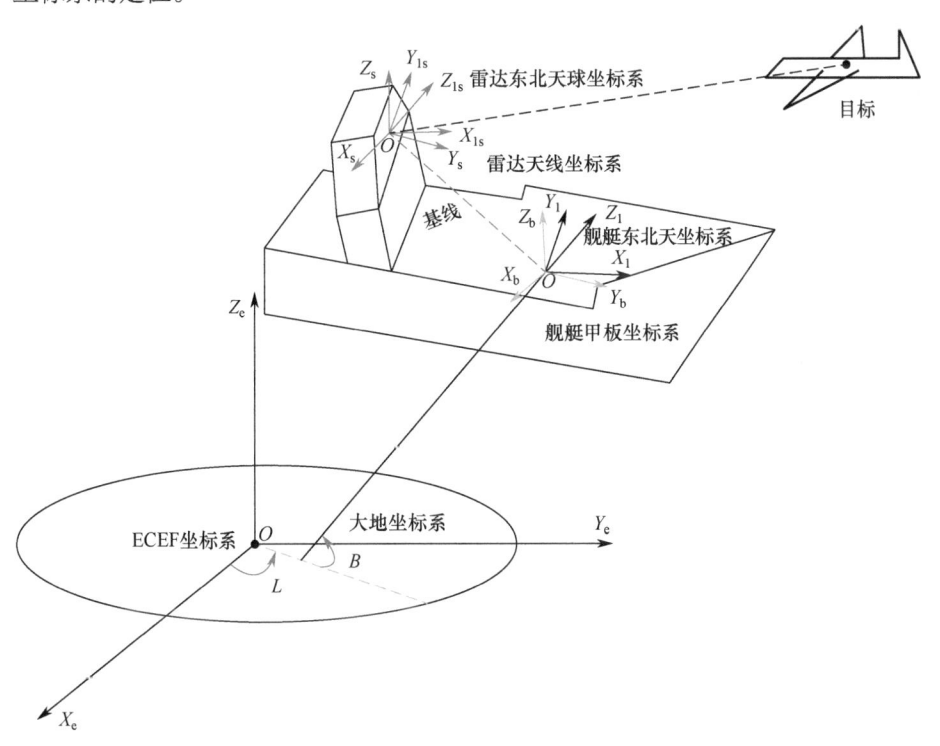

图 2-13 舰载雷达目标定位示意

2.4.1 甲板形变及其影响

机械稳定雷达需要实时获得舰艇纵横摇角以补偿舰艇摇摆的影响。电子稳定雷达也需要实时获取平台纵横摇角以实时控制雷达波束指向。显然,无论是机械稳定雷达还是电子稳定雷达，准确的平台实时姿态信息都是传感器正常工作的基础条件。

如果舰艇是一个绝对刚体，则平台所有部位的姿态与艏向都是一致的。在这种情况下，平台导航中心主惯性设备输出的姿态航向信息对所有部位都是准确的。然而，实际中舰艇不可能是一个绝对刚体，在自身载荷及风浪、日晒等诸多因素的作用下，舰艇将不可避免地发生形变，从而导致各部位和平台导航中心姿态与艏向的失配。

根据形变特点的不同，舰艇甲板形变可以分为静态形变和动态形变两类。静态形变主要由载荷和燃料的变化及船体受到不均匀的日晒等因素引起，其值可达 $1°\sim1.5°$。动态形变主要由海浪的冲击、飞机的起降、船体运动干扰及人为操作等因素引起。其中，航向角的形变可能有几角分，纵摇角的形变达几十角分，横摇角的形变为几分之一角分。英国的 D. H. Titterton 等曾指出舰船上的负载变化和结构老化均将导致船体形变，在日晒的作用下，一天之内船体可能产生 $1°$ 左右的变化。我国曾对某型船在 6 级海况下航行时的形变进行测量，测得的形变数据为：离惯导系统安装位置沿横轴方向±海况和沿纵轴方向±沿纵轴方向处的绕纵摇轴的形变为 $0.05°\sim0.08°$，绕横摇轴的形变为 $0.17°\sim0.2°$；在雷达天线安装处的形变为 $0.38°$，在前后设备安装处的形变为 $0.23°$。栾永年等对航行在 4 级海况下的某船的形变进行了测量，其纵摇角最大形变为 $9.3°$。由此可见，舰船甲板的形变很大，足以成为影响舰载雷达探测精度的主要因素之一。

2.4.2 机械稳定雷达时空基准误差演化模型

2.4.2.1 时空基准误差演化链

时空误差产生于特定的环节，并在后续环节中逐步传递。时空误差从最初的产生，到后续环环相扣的传递，最终以全局坐标系下目标定位误差的形式展现出来，这实际构成了一条脉络清晰的误差传递链条，即时空基准误差演化链。

时空基准误差演化链隐含在具体的信息处理链中。如图 2-14 所示，机械稳定雷达信息处理的基本流程如下。①雷达在其测量坐标系下获得目标原始测量值（如距离、方位、仰角）。②利用舰艇艏向将原始方位转换为相对正北的方位，获得目标在雷达东北天坐标系下的球坐标。③计算目标在雷达东北天坐标系下的直角坐标。④修正基线，计算目标在舰艇东北天坐标系下的直角坐标。⑤利用舰艇位置参数将目标信息转换到 ECEF 直角坐标系，实现目标在全局坐标系下的定位。⑥根据应用的需求进行必要的外推或内插，获得感兴趣时刻的目标位置参数。

第 2 章 时空误差及其演化

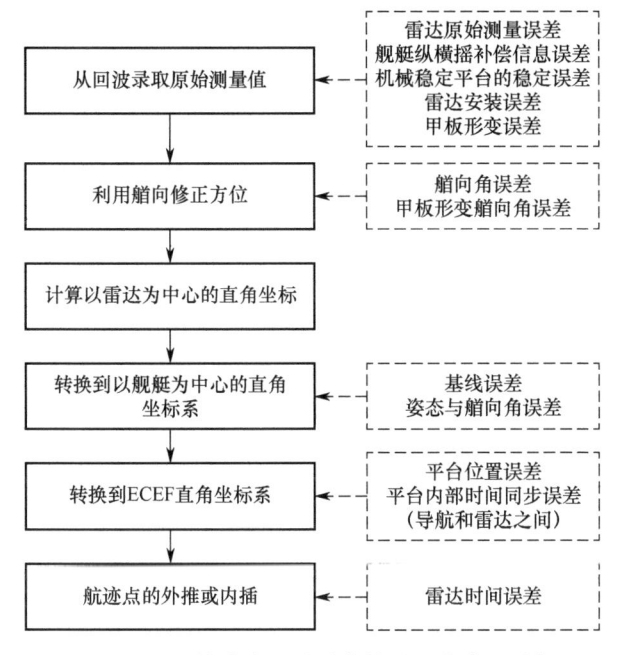

```
从回波录取原始测量值  ←---  雷达原始测量误差
                        舰艇纵横摇补偿信息误差
                        机械稳定平台的稳定误差
                        雷达安装误差
                        甲板形变误差
         ↓
利用艏向修正方位  ←---  艏向角误差
                    甲板形变艏向角误差
         ↓
计算以雷达为中心的直角坐标
         ↓
转换到以舰艇为中心的直角  ←---  基线误差
坐标系                    姿态与艏向角误差
         ↓
转换到ECEF直角坐标系  ←---  平台位置误差
                        平台内部时间同步误差
                        （导航和雷达之间）
         ↓
航迹点的外推或内插  ←---  雷达时间误差
```

图 2-14 机械稳定雷达时空基准误差演化过程

在上述处理流程中，各环节误差的载入情况在图 2-14 已一一标明。在雷达测量坐标系下获取目标原始测量的过程中，雷达测量含有误差，雷达测量坐标系在后续处理中认为测量坐标系是水平的，而实际上稳定平台接收的补偿信号含有误差（惯性设备测量误差），同时舰艇甲板形变可能导致雷达本地姿态与惯性设备输出姿态的失配。此外，稳定平台的伺服控制不可能完全精确，雷达天线坐标系在安装时也不可能做到精确对准，使用中还可能会发生倾斜，这些因素都导致实际的测量坐标系并不是水平的，将其当作水平的自然会引入误差。在方位修正过程中，一方面舰艇艏向的测量含有误差，另一方面甲板形变也会导致雷达处艏向与惯性设备输出艏向的失配。在计算目标在舰艇东北天坐标系下坐标的过程中，主要涉及两个坐标系原点的平移，雷达基线误差将被带入目标定位信息中，同时此步转换严格意义上还需要利用舰艇姿态与艏向。在舰艇东北天坐标系到 ECEF 坐标系的转换过程中，需要利用目标探测时刻的舰艇导航，一方面，导航系统输出的导航含有误差，另一方面，如果导航系统与雷达系统时间不一致，也会带来误差。

从以上分析过程可以看到，机械稳定雷达的每一处理流程均对应一项坐标转换过程（不同坐标系之间的转换或同一坐标系下不同坐标形式的转换），从坐标转换的角度更容易表达和理解时空误差演化链，如图 2-15 所示。鉴于此，下面将依循坐标转换的脉络对时空基准误差的演化进行分析。

```
┌─────────────────┐      ┌─────────────────────┐
│  雷达天线坐标系  │ ←--- │ 雷达原始测量误差      │
└────────┬────────┘      │ 舰艇纵横摇补偿信息误差 │
         │               │ 机械稳定平台的稳定误差 │
         │               │ 雷达安装误差          │
         │               │ 甲板形变误差          │
         ▼               └─────────────────────┘
┌─────────────────┐      ┌─────────────────────┐
│ 雷达东北天球坐标系│ ←--- │ 艏向角误差            │
└────────┬────────┘      │ 甲板形变与艏向角误差   │
         │               └─────────────────────┘
         ▼
┌─────────────────┐
│雷达东北天直角坐标系│
└────────┬────────┘
         │
         ▼
┌─────────────────┐      ┌─────────────────────┐
│舰艇东北天直角坐标系│ ←--- │ 基线误差             │
└────────┬────────┘      │ 姿态与艏向角误差       │
         │               └─────────────────────┘
         ▼
┌─────────────────┐      ┌─────────────────────┐
│  ECEF直角坐标系  │ ←--- │ 平台位置误差          │
└─────────────────┘      │ 平台内部时间同步误差   │
                         │ （导航和雷达之间）     │
                         └─────────────────────┘
```

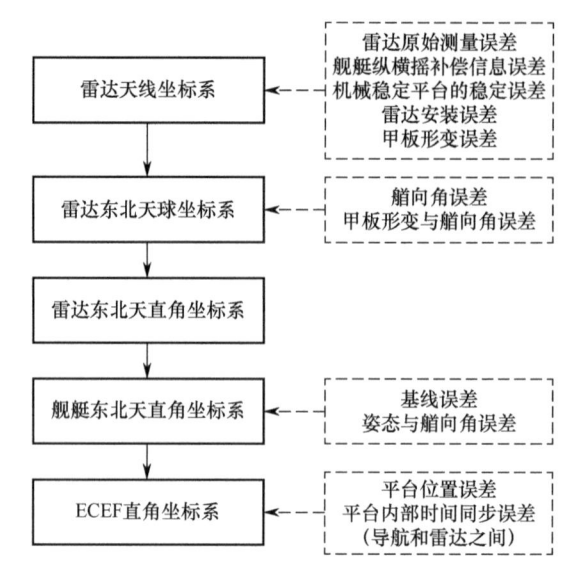

图 2-15 机械稳定雷达时空基准误差演化涉及的坐标系

1）雷达天线坐标系

获取目标在雷达天线坐标系下坐标的过程是雷达的物理测量过程，由于机械稳定平台对舰艇纵横摇的实时补偿，因此理论上机械稳定雷达输出的方位和仰角已经相对于当地水平面。

这一过程载入的误差源较多，如表 2-3 所示。一方面，雷达测量精度和大气折射会直接影响雷达的测量结果；另一方面，角度信息只有相对于一个参考基准才有实际意义，机械稳定雷达输出的方位和仰角理论上已经相对于当地水平面，但由于机械稳定平台接收到的舰艇纵横摇信息不可能完全准确，甲板形变又会导致纵横摇信息的失配，因此机械稳定平台总是存在一定的稳定误差。此外，雷达天线的安装难以完全精确，而目前在雷达系统数据处理中均没有考虑这些因素（认为这些误差不存在），因此，这些因素导致的误差实际被包含在雷达测量中。

表 2-3 机械稳定雷达录取原始测量时引入的误差源

误 差 源	影响误差的主要测量项
雷达原始测量误差	距离、方位、仰角
大气折射	距离、仰角
舰艇纵横摇补偿信息误差	方位、仰角
机械稳定平台稳定误差	方位、仰角
雷达安装误差	方位、仰角
甲板形变误差	方位、仰角

如前所述，该环节引入的误差主要包括雷达原始测量误差、舰艇纵横摇补

偿信息误差、机械稳定平台稳定误差、雷达安装误差和甲板形变误差。

（1）雷达原始测量误差。

雷达的原始测量信息包含系统误差和随机误差，即

$$\begin{bmatrix} r_m \\ \beta_m \\ \varepsilon_m \end{bmatrix} = \begin{bmatrix} r \\ \beta \\ \varepsilon \end{bmatrix} + \begin{bmatrix} \delta r_m \\ \delta \beta_m \\ \delta \varepsilon_m \end{bmatrix} = \begin{bmatrix} r \\ \beta \\ \varepsilon \end{bmatrix} + \begin{bmatrix} \delta r_{ms} \\ \delta \beta_{ms} \\ \delta \varepsilon_{ms} \end{bmatrix} + \begin{bmatrix} \delta r_{mr} \\ \delta \beta_{mr} \\ \delta \varepsilon_{mr} \end{bmatrix} \quad (2\text{-}22)$$

式中，$(r_m, \beta_m, \varepsilon_m)$ 是雷达原始测量值；(r, β, ε) 是雷达原始测量的真值；$(\delta r_m, \delta \beta_m, \delta \varepsilon_m)$ 是雷达原始测量误差，包含系统误差和随机误差两部分；$(\delta r_{ms}, \delta \beta_{ms}, \delta \varepsilon_{ms})$ 是雷达测量系统误差；$(\delta r_{mr}, \delta \beta_{mr}, \delta \varepsilon_{mr})$ 是雷达测量随机误差。

（2）舰艇纵横摇补偿信息误差。

为了维持雷达基座的水平，机械稳定平台依据惯性设备感受到的舰艇纵横摇信息，对舰艇的摇摆运动进行实时补偿。但惯性设备存在测量误差，因此即使机械稳定平台没有任何稳定误差，机械稳定平台提供的水平面也是存在误差的，该误差即舰艇纵横摇补偿信息误差 $(\delta \psi_1, \delta \psi_2)$。其中，$\delta \psi_1$ 为纵摇角系统误差，$\delta \psi_2$ 为横摇角系统误差。

因此，雷达原始测量信息还需要经过如下的旋转才能真正补偿舰艇摇摆运动的影响，即

$$\begin{bmatrix} x_s \\ y_s \\ z_s \end{bmatrix} = \boldsymbol{M}_{\delta \psi} \begin{bmatrix} r \cos \varepsilon \sin \beta \\ r \cos \varepsilon \cos \beta \\ r \sin \varepsilon \end{bmatrix} \quad (2\text{-}23)$$

式中，(x_s, y_s, z_s) 是舰艇稳定坐标系下目标的位置坐标；

$$\boldsymbol{M}_{\delta \psi} = \begin{bmatrix} \cos \delta \psi_2 & 0 & -\sin \delta \psi_2 \\ \sin \delta \psi_1 \sin \delta \psi_2 & \cos \delta \psi_1 & \sin \delta \psi_1 \cos \delta \psi_2 \\ \cos \delta \psi_1 \sin \delta \psi_2 & -\sin \delta \psi_1 & \cos \delta \psi_1 \cos \delta \psi_2 \end{bmatrix}$$

由于 $\delta \psi_1$、$\delta \psi_2$ 都是小角度量，因此 $\boldsymbol{M}_{\delta \psi}$ 可以表示为

$$\boldsymbol{M}_{\delta \psi} \approx \begin{bmatrix} 1 & 0 & -\delta \psi_2 \\ 0 & 1 & \delta \psi_1 \\ \delta \psi_2 & -\delta \psi_1 & 1 \end{bmatrix} \quad (2\text{-}24)$$

于是补偿后的雷达距离、方位、仰角为

$$\begin{cases} r_\psi = r \\ \beta_\psi = \arctan \dfrac{\cos \varepsilon \sin \beta - \sin \varepsilon \delta \psi_2}{\cos \varepsilon \cos \beta + \sin \varepsilon \delta \psi_1} \\ \varepsilon_\psi = \arcsin(\cos \varepsilon \sin \beta \delta \psi_2 - \cos \varepsilon \cos \beta \delta \psi_1 + \sin \varepsilon) \end{cases} \quad (2\text{-}25)$$

因此，由 $(\delta \psi_1, \delta \psi_2)$ 导致的雷达距离误差、方位误差、仰角误差为

$$\begin{cases} \delta r_\psi = 0 \\ \delta \beta_\psi = -\tan\varepsilon\sin\beta\,\delta\psi_1 - \tan\varepsilon\cos\beta\,\delta\psi_2 \\ \delta \varepsilon_\psi = -\cos\beta\,\delta\psi_1 + \sin\beta\,\delta\psi_2 \end{cases} \quad (2\text{-}26)$$

写成矩阵形式为

$$\begin{bmatrix} \delta r_\psi \\ \delta \beta_\psi \\ \delta \varepsilon_\psi \end{bmatrix} = \begin{bmatrix} 0 & 0 & 0 \\ -\tan\varepsilon\sin\beta & -\tan\varepsilon\cos\beta & 1 \\ -\cos\beta & \sin\beta & 0 \end{bmatrix} \begin{bmatrix} \delta\psi_1 \\ \delta\psi_2 \\ 0 \end{bmatrix} \quad (2\text{-}27)$$

（3）机械稳定平台稳定误差。

机械稳定平台依据接收到的信号 (ψ_1,ψ_2) 对舰艇的摇摆运动进行补偿，其中 ψ_1 为机械稳定平台纵摇角，ψ_2 为机械稳定平台横摇角。由于机械工艺等原因，机械稳定平台不可能严格达到信号指示的位置，总是存在一定的稳定误差，即机械稳定平台的稳定误差 $(\delta\varsigma_1,\delta\varsigma_2)$。其中，$\delta\varsigma_1$ 为机械稳定平台纵摇角系统误差，$\delta\varsigma_2$ 为机械稳定平台横摇角系统误差。

与纵横摇补偿信息误差类似，机械稳定平台稳定误差 $(\delta\varsigma_1,\delta\varsigma_2)$ 导致的雷达测量误差为

$$\begin{bmatrix} \delta r_\varsigma \\ \delta \beta_\varsigma \\ \delta \varepsilon_\varsigma \end{bmatrix} = \begin{bmatrix} 0 & 0 & 0 \\ -\tan\varepsilon\sin\beta & -\tan\varepsilon\cos\beta & 1 \\ -\cos\beta & \sin\beta & 0 \end{bmatrix} \begin{bmatrix} \delta\varsigma_1 \\ \delta\varsigma_2 \\ 0 \end{bmatrix} \quad (2\text{-}28)$$

（4）雷达安装误差。

雷达安装时理论上要求其天线坐标系与指定的某个基准（通常为舰艇甲板和艏向，即舰艇甲板坐标系）相一致，但由于各方面的原因，雷达的安装实际不可能完全精确，其天线坐标系与舰艇甲板坐标系之间总是存在一定的误差，该误差可以用雷达天线坐标系相对于舰艇甲板坐标系的 3 个欧拉角 $(\delta\phi_1,\delta\phi_2,\delta\phi_3)$ 描述。其中，$\delta\phi_1$ 为安装艏向系统误差，$\delta\phi_2$ 为安装纵向系统误差，$\delta\phi_3$ 为安装横向系统误差。

显然，雷达的测量实际是相对于天线坐标系这个基准的，而数据处理中的雷达测量被看作是相对于舰艇甲板坐标系的。因此，雷达原始测量信息实际上还要经过3个欧拉角的旋转才能转换到舰艇甲板坐标系，即

$$\begin{bmatrix} x_s \\ y_s \\ z_s \end{bmatrix} = \boldsymbol{M}_{\delta\phi} \begin{bmatrix} r\cos\varepsilon\sin\beta \\ r\cos\varepsilon\cos\beta \\ r\sin\varepsilon \end{bmatrix} \quad (2\text{-}29)$$

式中，

$$M_{\delta\phi} = \begin{bmatrix} \cos\delta\phi_2\cos\delta\phi_3 & \cos\delta\phi_2\sin\delta\phi_3 & -\sin\delta\phi_2 \\ -\cos\delta\phi_1\sin\delta\phi_3+\sin\delta\phi_1\sin\delta\phi_2\cos\delta\phi_3 & \cos\delta\phi_1\cos\delta\phi_3+\sin\delta\phi_1\sin\delta\phi_2\sin\delta\phi_3 & \sin\delta\phi_1\cos\delta\phi_2 \\ \sin\delta\phi_1\sin\delta\phi_3+\cos\delta\phi_1\sin\delta\phi_2\cos\delta\phi_3 & -\sin\delta\phi_1\cos\delta\phi_3+\cos\delta\phi_1\sin\delta\phi_2\sin\delta\phi_3 & \cos\delta\phi_1\cos\delta\phi_2 \end{bmatrix}$$

雷达安装的精度是比较高的，因此 $\delta\phi_1$、$\delta\phi_2$、$\delta\phi_3$ 都是小角度量，于是

$$M_{\delta\phi} \approx \begin{bmatrix} 1 & \delta\phi_3 & -\delta\phi_2 \\ -\delta\phi_3 & 1 & \delta\phi_1 \\ \delta\phi_2 & -\delta\phi_1 & 1 \end{bmatrix} \quad (2\text{-}30)$$

舰艇甲板坐标系下目标真实的距离、方位、仰角为

$$\begin{cases} r_\phi = r \\ \beta_\phi = \arctan\dfrac{\cos\varepsilon\sin\beta+\cos\varepsilon\cos\beta\delta\phi_3-\sin\varepsilon\delta\phi_2}{-\cos\varepsilon\sin\beta\delta\phi_3+\cos\varepsilon\cos\beta+\sin\varepsilon\delta\phi_1} \\ \varepsilon_\phi = \arcsin(\cos\varepsilon\sin\beta\delta\phi_2-\cos\varepsilon\cos\beta\delta\phi_1+\sin\varepsilon) \end{cases} \quad (2\text{-}31)$$

因此，由 3 个欧拉角 $(\delta\phi_1,\delta\phi_2,\delta\phi_3)$ 导致的雷达测量在舰艇甲板坐标系下的距离误差、方位误差、仰角误差为

$$\begin{cases} \delta r_\phi = 0 \\ \delta\beta_\phi = -\tan\varepsilon\sin\beta\delta\phi_1 - \tan\varepsilon\cos\beta\delta\phi_2 + \delta\phi_3 \\ \delta\varepsilon_\phi = -\cos\beta\delta\phi_1 + \sin\beta\delta\phi_2 \end{cases} \quad (2\text{-}32)$$

写成矩阵形式为

$$\begin{bmatrix} \delta r_\phi \\ \delta\beta_\phi \\ \delta\varepsilon_\phi \end{bmatrix} = \begin{bmatrix} 0 & 0 & 0 \\ -\tan\varepsilon\sin\beta & -\tan\varepsilon\cos\beta & 1 \\ -\cos\beta & \sin\beta & 0 \end{bmatrix} \begin{bmatrix} \delta\phi_1 \\ \delta\phi_2 \\ \delta\phi_3 \end{bmatrix} \quad (2\text{-}33)$$

（5）甲板形变误差。

雷达是依照当时的甲板面进行测量安装的，随着时间的推移，舰艇的甲板会发生缓慢的形变（受到波浪、温度等的影响），导致雷达发生一定程度的倾斜，从而影响雷达测量精度。

甲板形变误差可以用形变后甲板相对于原甲板的 3 个欧拉角 $(\delta\omega_1,\delta\omega_2,\delta\omega_3)$ 描述。其中，$\delta\omega_1$ 为甲板形变舷向倾斜，$\delta\omega_2$ 为甲板形变纵向倾斜，$\delta\omega_3$ 为甲板形变横向倾斜。与雷达安装时的对准误差类似，甲板形变误差导致的雷达测量误差为

$$\begin{bmatrix} \delta r_\omega \\ \delta\beta_\omega \\ \delta\varepsilon_\omega \end{bmatrix} = \begin{bmatrix} 0 & 0 & 0 \\ -\tan\varepsilon\sin\beta & -\tan\varepsilon\cos\beta & 1 \\ -\cos\beta & \sin\beta & 0 \end{bmatrix} \begin{bmatrix} \delta\omega_1 \\ \delta\omega_2 \\ \delta\omega_3 \end{bmatrix} \quad (2\text{-}34)$$

（6）总误差。

综合以上几类误差，可知机械稳定雷达在提取目标距离、方位、仰角过程

中的总误差为

$$\begin{bmatrix} \delta r \\ \delta \beta \\ \delta \varepsilon \end{bmatrix} = \begin{bmatrix} \delta r_m \\ \delta \beta_m \\ \delta \varepsilon_m \end{bmatrix} + \begin{bmatrix} \delta \psi_1 \\ \delta \psi_2 \\ 0 \end{bmatrix} + \begin{bmatrix} \delta \varsigma_1 \\ \delta \varsigma_2 \\ 0 \end{bmatrix} + \begin{bmatrix} \delta \phi_1 \\ \delta \phi_2 \\ \delta \phi_3 \end{bmatrix} + \begin{bmatrix} \delta \omega_1 \\ \delta \omega_2 \\ \delta \omega_3 \end{bmatrix} \quad (2\text{-}35)$$

将各误差影响的具体表达式代入式（2-35），可得

$$\begin{bmatrix} \delta r \\ \delta \beta \\ \delta \varepsilon \end{bmatrix} = \begin{bmatrix} \delta r_m \\ \delta \beta_m \\ \delta \varepsilon_m \end{bmatrix} + \begin{bmatrix} 0 & 0 & 0 \\ -\tan\varepsilon\sin\beta & -\tan\varepsilon\cos\beta & 1 \\ -\cos\beta & \sin\beta & 0 \end{bmatrix} \cdot$$

$$\left(\begin{bmatrix} \delta \psi_1 \\ \delta \psi_2 \\ 0 \end{bmatrix} + \begin{bmatrix} \delta \varsigma_1 \\ \delta \varsigma_2 \\ 0 \end{bmatrix} + \begin{bmatrix} \delta \phi_1 \\ \delta \phi_2 \\ \delta \phi_3 \end{bmatrix} + \begin{bmatrix} \delta \omega_1 \\ \delta \omega_2 \\ \delta \omega_3 \end{bmatrix} \right) \quad (2\text{-}36)$$

2）雷达东北天球坐标系

机械稳定雷达在雷达天线坐标系下测得的方位实质是相对舰艇艏艉线的舷角，为此需要利用舰艇艏向信息将该角度转换为相对正北的方位，转换公式为

$$\bar{\beta} = \beta + \psi \quad (2\text{-}37)$$

式中，$\bar{\beta}$是修正后的方位角；β是原始探测方位角；ψ是舰艇艏向角。

方位一般约定取值范围为$[0,2\pi]$，按照式（2-37）获得的$\bar{\beta}$并不一定在这一范围内，因此还需要将$\bar{\beta}$规范到$[0,2\pi]$范围内（只需当$\bar{\beta}$大于2π时减去2π，当$\bar{\beta}$小于0时加上2π即可）。考虑到这对误差演化分析并无本质影响，故不再列出。

不难看出，方位误差为

$$\delta\bar{\beta} = \delta\beta + \delta\psi \quad (2\text{-}38)$$

式中，$\delta\psi$是舰艇艏向角误差。

因此误差演化公式为

$$\begin{bmatrix} \delta\bar{r} \\ \delta\bar{\beta} \\ \delta\bar{\varepsilon} \end{bmatrix} = \begin{bmatrix} \delta r \\ \delta \beta \\ \delta \varepsilon \end{bmatrix} + \begin{bmatrix} 0 & 0 & 0 \\ 0 & 0 & 1 \\ 0 & 0 & 0 \end{bmatrix} \begin{bmatrix} \delta\psi_1 \\ \delta\psi_2 \\ \delta\psi_3 \end{bmatrix} \quad (2\text{-}39)$$

3）雷达东北天直角坐标系

雷达的测量是在球坐标系或极坐标系中进行的，但在球坐标系或极坐标系中对目标进行跟踪时，即使简单的匀速直线运动也是非线性的。因此，通常将目标的跟踪转换到直角坐标系中进行。

球坐标系到东北天直角坐标系的转换公式为

$$\begin{bmatrix} x_{ls} \\ y_{ls} \\ z_{ls} \end{bmatrix} = \begin{bmatrix} r\cos\varepsilon\sin\bar{\beta} \\ r\cos\varepsilon\cos\bar{\beta} \\ r\sin\varepsilon \end{bmatrix} \quad (2\text{-}40)$$

式中，(x_{ls}, y_{ls}, z_{ls}) 是目标在雷达东北天坐标系中的坐标。

如果是 2D 雷达，则式（2-40）应为

$$\begin{bmatrix} x_{ls} \\ y_{ls} \\ z_{ls} \end{bmatrix} = \begin{bmatrix} r\sin\overline{\beta} \\ r\cos\overline{\beta} \\ 0 \end{bmatrix} \quad (2\text{-}41)$$

从转换公式可以看出，对 3D 雷达而言，这一过程本身不会引入新的误差源；但对 2D 雷达来说，这一过程直接将目标高度作为 0 进行处理，当目标高度不为 0 时，该转换就产生了新误差。

相应地，误差演化公式为

$$\begin{bmatrix} \delta x_{ls} \\ \delta y_{ls} \\ \delta z_{ls} \end{bmatrix} = \begin{bmatrix} \cos\overline{\varepsilon}\sin\overline{\beta} & \overline{r}\cos\overline{\varepsilon}\cos\overline{\beta} & -\overline{r}\sin\overline{\varepsilon}\sin\overline{\beta} \\ \cos\overline{\varepsilon}\cos\overline{\beta} & -\overline{r}\cos\overline{\varepsilon}\sin\overline{\beta} & -\overline{r}\sin\overline{\varepsilon}\cos\overline{\beta} \\ \sin\overline{\varepsilon} & 0 & \overline{r}\cos\overline{\varepsilon} \end{bmatrix} \begin{bmatrix} \delta\overline{r} \\ \delta\overline{\beta} \\ \delta\overline{\varepsilon} \end{bmatrix} \quad (2\text{-}42)$$

4）舰艇东北天直角坐标系

雷达通常安装在舰艇桅杆等高处，其中心与舰艇中心（导航中心）往往相隔一段距离，因此，获取了以雷达为中心的目标直角坐标后，还需要将其进一步转换到相对于平台中心。

东北天直角坐标系的坐标轴会随着坐标系原点的变化而发生缓慢的旋转，因此理论上东北天直角坐标系到舰艇东北天直角坐标系的转换不仅需要经过坐标平移，还需要经过坐标旋转，但由于动平台上的雷达基线通常都较小，因此两个坐标系坐标轴指向之间的差异可以忽略不计，从而两者的转换只需要进行平移，即

$$\begin{bmatrix} x_1 \\ y_1 \\ z_1 \end{bmatrix} = \begin{bmatrix} x_{ls} \\ y_{ls} \\ z_{ls} \end{bmatrix} + \boldsymbol{M}_{lb} \begin{bmatrix} \overline{x}_b \\ \overline{y}_b \\ \overline{z}_b \end{bmatrix} \quad (2\text{-}43)$$

式中，(x_1, y_1, z_1) 是目标在舰艇东北天直角坐标系中的坐标；(x_{ls}, y_{ls}, z_{ls}) 是目标在雷达东北天直角坐标系中的坐标；$\boldsymbol{M}_{lb}$ 是舰艇甲板坐标系到舰艇东北天直角坐标系的转换矩阵；$(\overline{x}_b, \overline{y}_b, \overline{z}_b)$ 是舰艇甲板坐标系下的雷达基线（从雷达中心到平台中心）。

从计算公式可以容易地看出，这一过程引入了新的误差源——雷达基线误差。此外，舰艇姿态误差和艏向角误差也将影响 (x_1, y_1, z_1)。

相应地，误差演化公式为

$$\begin{bmatrix} \delta x_1 \\ \delta y_1 \\ \delta z_1 \end{bmatrix} = \begin{bmatrix} \delta x_{ls} \\ \delta y_{ls} \\ \delta z_{ls} \end{bmatrix} + \boldsymbol{M}_{lb} \begin{bmatrix} \delta\overline{x}_b \\ \delta\overline{y}_b \\ \delta\overline{z}_b \end{bmatrix} + \delta\boldsymbol{M}_{lb} \begin{bmatrix} \overline{x}_b \\ \overline{y}_b \\ \overline{z}_b \end{bmatrix} \quad (2\text{-}44)$$

式中，$\delta \boldsymbol{M}_{lb} = \delta \boldsymbol{\Omega}_{lb} \boldsymbol{M}_{lb}$ 是舰艇甲板坐标系到东北天直角坐标系的转换矩阵误差；$(\delta \overline{x}_b, \delta \overline{y}_b, \delta \overline{z}_b)$ 是舰艇甲板坐标系中表示的雷达基线误差。

由于舰艇姿态误差和艏向角误差都较小，同时雷达基线通常不过几十米，因此式（2-44）中等号右边的第三部分很小，可以忽略，于是误差演化公式可写为

$$\begin{bmatrix} \delta x_l \\ \delta y_l \\ \delta z_l \end{bmatrix} = \begin{bmatrix} \delta x_{ls} \\ \delta y_{ls} \\ \delta z_{ls} \end{bmatrix} + \boldsymbol{M}_{lb} \begin{bmatrix} \delta \overline{x}_b \\ \delta \overline{y}_b \\ \delta \overline{z}_b \end{bmatrix} \quad (2-45)$$

5) ECEF 直角坐标系

联合作战需要综合不同平台的探测信息形成统一的战场态势，因此各平台的探测信息需要转换到一个统一的融合坐标系中。虽然融合坐标系可以有多种选择，但由于 ECEF 坐标系在坐标转换中的特殊作用，无论选择哪个坐标系作为融合坐标系，都需要将平台探测信息转换到 ECEF 坐标系。

平台东北天直角坐标系到 ECEF 直角坐标系的转换公式为

$$\begin{bmatrix} x_e \\ y_e \\ z_e \end{bmatrix} = \boldsymbol{M}_{el} \begin{bmatrix} x_l \\ y_l \\ z_l \end{bmatrix} + \begin{bmatrix} x_{ep} \\ y_{ep} \\ z_{ep} \end{bmatrix} \quad (2-46)$$

式中，(x_e, y_e, z_e) 是目标在 ECEF 直角坐标系中的坐标；

$$\boldsymbol{M}_{el} = \begin{bmatrix} -\sin L & -\sin B \cos L & \cos B \cos L \\ \cos L & -\sin B \sin L & \cos B \sin L \\ 0 & \cos B & \sin B \end{bmatrix}$$

是平台东北天直角坐标系到 ECEF 直角坐标系的转换矩阵；

$$\begin{bmatrix} x_{ep} \\ y_{ep} \\ z_{ep} \end{bmatrix} = \begin{bmatrix} (N+H)\cos B \cos L \\ (N+H)\cos B \sin L \\ (N(1-e^2)+H)\sin B \end{bmatrix}$$

是平台在 ECEF 直角坐标系中的坐标，其中，N 为地球卯酉圈曲率半径，e 为参考椭球第一偏心率，(L, B, H) 为平台大地坐标系坐标。

从计算公式可以看出，这一转换依赖平台的大地坐标。实际中，由于平台导航不可能完全精确，因此平台定位误差将在这一过程中被引入。该误差的影响可以分为两部分，一是平台位置本身的误差；二是由位置误差导致的旋转矩阵误差。

对转换公式中的目标坐标 (x_l, y_l, z_l) 和平台坐标 (x_{ep}, y_{ep}, z_{ep}) 要求是相同时刻的。因此，如果平台导航和雷达之间的时间同步存在误差，则该误差将影响最终的转换精度。

误差演化公式为

$$\begin{bmatrix} \delta x_e \\ \delta y_e \\ \delta z_e \end{bmatrix} = \boldsymbol{M}_{el} \begin{bmatrix} \delta x_1 \\ \delta y_1 \\ \delta z_1 \end{bmatrix} + \delta \boldsymbol{M}_{el} \begin{bmatrix} x_1 \\ y_1 \\ z_1 \end{bmatrix} + \begin{bmatrix} \delta x_{ep} \\ \delta y_{ep} \\ \delta z_{ep} \end{bmatrix} \quad (2\text{-}47)$$

式中，$(\delta x_e, \delta y_e, \delta z_e)$ 是目标 ECEF 直角坐标误差；$(\delta x_{ep}, \delta y_{ep}, \delta z_{ep})$ 是平台 ECEF 直角坐标误差；$\delta \boldsymbol{M}_{el} = \delta \boldsymbol{\Omega}_{el} \boldsymbol{M}_{el}$ 是平台东北天直角坐标系到 ECEF 直角坐标系的转换矩阵误差。

式（2-47）等号右边第二部分相对于第三部分是一个很小的值，可以忽略，从而误差演化公式可写为

$$\begin{bmatrix} \delta x_e \\ \delta y_e \\ \delta z_e \end{bmatrix} = \boldsymbol{M}_{el} \begin{bmatrix} \delta x_1 \\ \delta y_1 \\ \delta z_1 \end{bmatrix} + \begin{bmatrix} \delta x_{ep} \\ \delta y_{ep} \\ \delta z_{ep} \end{bmatrix} \quad (2\text{-}48)$$

对转换公式中的目标坐标 (x_1, y_1, z_1) 和平台坐标 (x_{ep}, y_{ep}, z_{ep}) 的要求是相同时刻的。因此，在严格意义上，导航系统和雷达系统的时间同步误差也会对目标信息造成影响。但考虑到目前单平台内部时间同步的精度已经较高，并且舰艇平台运动速度较慢，因此此处不考虑导航系统和雷达系统的时间同步误差对目标信息的影响。

6）航迹外推或内插

经过上述处理流程后，形成了平台探测信息在融合坐标系中的描述 $(P, \dot{P}, \ddot{P}, t_o)$。其中，$P$ 是目标位置信息，$\dot{P}$ 是目标速度信息，$\ddot{P}$ 是目标加速度信息（目前信息传输中实际上没有该项内容，但为了描述的完整性将其列出，并不影响后续分析），t_o 是探测时刻。但是，融合系统需要利用的往往是平台在某一指定时刻 t 的探测信息，因此需要采用航迹外推或内插的方法将 t_o 时刻的平台探测信息变换到 t 时刻。不失一般性，以下只讨论航迹的外推。

航迹外推总是假定目标遵循某个模型运动，匀加速外推公式为

$$P(t) = P(t_o) + \dot{P}(t_o)(t - t_o) + \frac{1}{2} \ddot{P}(t_o)(t - t_o)^2 \quad (2\text{-}49)$$

匀速外推公式为

$$P(t) = P(t_o) + \dot{P}(t_o)(t - t_o) \quad (2\text{-}50)$$

由于外推总是假定目标遵循某个模型运动，而实际上目标运动通常并不会准确地遵循这个模型，因此即使平台探测信息 $(P, \dot{P}, \ddot{P}, t_o)$ 准确无误，航迹外推依然会产生误差。该误差的大小取决于目标实际运动与假定模型的符合程度。

另外，由式（2-49）和式（2-50）可以看出，外推与雷达探测时刻 t_o 有关。因此，如果雷达时间存在误差，则该误差也会导致外推误差。

（1）模型误差导致的外推误差。

即使雷达测量与雷达时间是精确无误的，航迹外推依然会产生误差，因为在进行目标跟踪时总是假定目标遵循某个模型运动，而实际上受各种因素的影响，目标并不会准确地遵循这个模型运动。

记 t 为外推到的时刻，则显然理论上

$$\begin{cases} \dot{P}(t) = \dot{P}(t_o) + \int_{t_o}^{t} \ddot{P}(\tau) \mathrm{d}\tau \\ P(t) = P(t_o) + \int_{t_o}^{t} \dot{P}(\tau) \mathrm{d}\tau \end{cases} \quad (2\text{-}51)$$

实际中，通常假设目标加速度不变来进行外推（匀速运动对应的加速度为0），即

$$\begin{cases} \dot{P}(t) = \dot{P}(t_o) + \ddot{P}(t_o)(t-t_o) \\ P(t) = P(t_o) + \dot{P}(t_o)(t-t_o) + \frac{1}{2}\ddot{P}(t_o)(t-t_o)^2 \end{cases} \quad (2\text{-}52)$$

式（2-52）可以改写为积分形式

$$\begin{cases} \dot{P}(t) = \dot{P}(t_o) + \int_{t_o}^{t} \ddot{P}(t_o) \mathrm{d}\tau \\ P(t) = P(t_o) + \int_{t_o}^{t} \dot{P}(t_o) \mathrm{d}\tau + \int_{t_o}^{t}\int_{t_o}^{\tau} [\ddot{P}(\lambda) - \ddot{P}(t_o)] \mathrm{d}\lambda \mathrm{d}\tau \end{cases} \quad (2\text{-}53)$$

于是外推误差为

$$\begin{cases} \delta\dot{P}(t) = \int_{t_o}^{t} [\ddot{P}(t_o) - \ddot{P}(\tau)] \mathrm{d}\tau \\ \delta P(t) = \int_{t_o}^{t} [\dot{P}(t_o) - \dot{P}(\tau)] \mathrm{d}\tau = \int_{t_o}^{t}\int_{t_o}^{\tau} [\ddot{P}(\lambda) - \ddot{P}(t_o)] \mathrm{d}\lambda \mathrm{d}\tau \end{cases} \quad (2\text{-}54)$$

显然模型误差导致的外推误差的大小主要取决于目标实际运动与假设模型的符合程度。

（2）雷达数据误差导致的外推误差。

雷达提供的目标数据总是存在一定的误差，即

$$\begin{cases} \tilde{P}(t_o) = P(t_o) + \delta P(t_o) \\ \dot{\tilde{P}}(t_o) = \dot{P}(t_o) + \delta\dot{P}(t_o) \\ \ddot{\tilde{P}}(t_o) = \ddot{P}(t_o) + \delta\ddot{P}(t_o) \end{cases} \quad (2\text{-}55)$$

外推时实际利用的就是这些带误差的数据，从而外推显然会产生误差

$$\begin{cases} \delta\dot{P}(t) = \delta\dot{P}(t_o) + \delta\ddot{P}(t_o)(t-t_o) \\ \delta P(t) = \delta P(t_o) + \delta\dot{P}(t_o)(t-t_o) + \frac{1}{2}\delta\ddot{P}(t_o)(t-t_o)^2 \end{cases} \quad (2\text{-}56)$$

（3）时间误差导致的外推误差。

无论是雷达所在系统的时间 t_o 还是情报使用者所在系统的时间 t，都存在误差，即

$$\begin{cases} \tilde{t}_o = t_o + \delta t_o \\ \tilde{t} = t + \delta t \end{cases} \quad (2\text{-}57)$$

从而外推时间段的误差为

$$\tilde{t} - \tilde{t}_o = (t - t_o) + (\delta t - \delta t_o) \triangleq \Delta t + \delta t \quad (2\text{-}58)$$

式中，Δt 是外推时间长度；δt 是时间误差。

因此，时间误差导致的外推误差为

$$\begin{cases} \delta \dot{P}(t) = \ddot{P}(t_o) \delta t \\ \delta P(t) = \dot{P}(t_o) \delta t + \ddot{P}(t_o) \Delta t \delta t \end{cases} \quad (2\text{-}59)$$

（4）总外推误差。

将上述 3 项误差导致的外推误差相加，可以得到完整的外推误差，即

$$\begin{cases} \delta \dot{P}(t) = \int_{t_o}^{t} [\ddot{P}(t_o) - \ddot{P}(\tau)] \mathrm{d}\tau + \delta \dot{P}(t_o) + \delta \ddot{P}(t_o) \Delta t + \ddot{P}(t_o) \delta t \\ \delta P(t) = \int_{t_o}^{t} \int_{t_o}^{\tau} [\ddot{P}(\lambda) - \ddot{P}(t_o)] \mathrm{d}\lambda \mathrm{d}\tau + \delta P(t_o) + \delta \dot{P}(t_o) \Delta t + \\ \qquad \frac{1}{2} \delta \ddot{P}(t_o) \Delta t^2 + \dot{P}(t_o) \delta t + \ddot{P}(t_o) \Delta t \delta t \end{cases} \quad (2\text{-}60)$$

式中，$\int_{t_o}^{t} \int_{t_o}^{\tau} [\ddot{P}(\lambda) - \ddot{P}(t_o)] \mathrm{d}\lambda \mathrm{d}\tau$ 是外推模型误差；$\delta P(t_o)$ 是雷达提供的目标位置误差；$\delta \dot{P}(t_o) \Delta t$ 是跟踪算法外推中使用带误差的目标速度导致的误差；$\frac{1}{2} \delta \ddot{P}(t_o) \Delta t^2$ 是跟踪算法外推中使用带误差的目标加速度导致的误差；$\dot{P}(t_o) \delta t + \ddot{P}(t_o) \Delta t \delta t$ 是使用不正确的时间导致的误差。

这里主要分析时空基准误差的影响，因此不考虑外推模型的误差；同时普通雷达一般都不提供目标的速度测量，目标速度、加速度实际都是通过滤波算法计算出来的，因此目标速度误差和加速度误差与采用的滤波算法有关，此处亦不考虑。这里只考虑雷达时间误差导致的外推误差，即

$$\begin{cases} \delta \dot{P}(t) = \ddot{P}(t_o) \delta t \\ \delta P(t) = (\dot{P}(t_o) + \ddot{P}(t_o) \Delta t) \delta t = \dot{P}(t) \delta t \end{cases} \quad (2\text{-}61)$$

7）完整的演化模型

综合前面的分析可得机械稳定雷达时空基准误差的演化模型为

$$\begin{bmatrix} \delta x_e \\ \delta y_e \\ \delta z_e \end{bmatrix} = \boldsymbol{M}_{el} \begin{bmatrix} \cos\varepsilon\sin(\beta+\psi_3) & r\cos\varepsilon\cos(\beta+\psi_3) & -r\sin\varepsilon\sin(\beta+\psi_3) \\ \cos\varepsilon\cos(\beta+\psi_3) & -r\cos\varepsilon\sin(\beta+\psi_3) & -r\sin\varepsilon\cos(\beta+\psi_3) \\ \sin\varepsilon & 0 & r\cos\varepsilon \end{bmatrix} \begin{bmatrix} \delta r_m \\ \delta \beta_m \\ \delta \varepsilon_m \end{bmatrix} +$$

$$\boldsymbol{M}_{el} \begin{bmatrix} r\sin\varepsilon\sin\psi_3 & -r\sin\varepsilon\cos\psi_3 & r\cos\varepsilon\cos(\beta+\psi_3) \\ r\sin\varepsilon\cos\psi_3 & r\sin\varepsilon\sin\psi_3 & -r\cos\varepsilon\sin(\beta+\psi_3) \\ -r\cos\varepsilon\cos\beta & r\cos\varepsilon\sin\beta & 0 \end{bmatrix} \left(\begin{bmatrix} \delta\varsigma_1 \\ \delta\varsigma_2 \\ 0 \end{bmatrix} + \begin{bmatrix} \delta\phi_1 \\ \delta\phi_2 \\ \delta\phi_3 \end{bmatrix} + \begin{bmatrix} \delta\omega_1 \\ \delta\omega_2 \\ \delta\omega_3 \end{bmatrix} \right) +$$

$$\boldsymbol{M}_{el} \begin{bmatrix} r\sin\varepsilon\sin\psi_3 & -r\sin\varepsilon\cos\psi_3 & r\cos\varepsilon\cos(\beta+\psi_3) \\ r\sin\varepsilon\cos\psi_3 & r\sin\varepsilon\sin\psi_3 & -r\cos\varepsilon\sin(\beta+\psi_3) \\ -r\cos\varepsilon\cos\beta & r\cos\varepsilon\sin\beta & 0 \end{bmatrix} \begin{bmatrix} \delta\psi_1 \\ \delta\psi_2 \\ \delta\psi_3 \end{bmatrix} +$$

$$\boldsymbol{M}_{el}\boldsymbol{M}_{lb} \begin{bmatrix} \delta\overline{x}_b \\ \delta\overline{y}_b \\ \delta\overline{z}_b \end{bmatrix} + \begin{bmatrix} \delta x_{ep} \\ \delta y_{ep} \\ \delta z_{ep} \end{bmatrix} + \boldsymbol{M}_{el} \begin{bmatrix} v_{x_t} \\ v_{y_t} \\ v_{z_t} \end{bmatrix} \delta t$$

(2-62)

式中，$\boldsymbol{M}_{el}$ 是平台东北天直角坐标系到 ECEF 转换矩阵；$\boldsymbol{M}_{lb}$ 是舰艇甲板坐标系到舰艇东北天直角坐标系的转换矩阵；$(\delta x_e, \delta y_e, \delta z_e)$ 是目标 ECEF 坐标误差；$(\delta r_m, \delta \beta_m, \delta \varepsilon_m)$ 是雷达原始测量误差（包含系统误差和随机误差两部分）；$(\delta\varsigma_1, \delta\varsigma_2)$ 是机械稳定平台稳定误差；$(\delta\phi_1, \delta\phi_2, \delta\phi_3)$ 是雷达安装误差；$(\delta\omega_1, \delta\omega_2, \delta\omega_3)$ 是甲板形变误差；$(\delta\psi_1, \delta\psi_2, \delta\psi_3)$ 是舰艇姿态与艏向角误差；$(\delta\overline{x}_b, \delta\overline{y}_b, \delta\overline{z}_b)$ 是舰艇甲板坐标系中表示的雷达基线误差；$(\delta x_{ep}, \delta y_{ep}, \delta z_{ep})$ 是平台 ECEF 坐标误差；(r, β, ε) 是目标在雷达天线坐标系中的位置真值；$(\overline{x}_b, \overline{y}_b, \overline{z}_b)$ 是舰艇甲板坐标系中表示的雷达基线真值；$(v_{x_t}, v_{y_t}, v_{z_t})$ 是目标在舰艇东北天直角坐标系中的真实速度；δt 是雷达时间误差。

可以看出，总共有 8 类误差影响机械稳定雷达的目标探测点迹：雷达原始测量误差、机械稳定平台稳定误差、雷达安装误差、甲板形变误差、雷达基线误差、舰艇姿态与艏向角误差、舰艇位置误差、雷达时间误差，如表 2-4 所示。其中舰艇姿态与艏向角误差和舰艇位置误差以多种误差形式/多处理环节影响目标点迹，其他误差只以一种误差形式影响目标点迹。

表 2-4 机械稳定雷达时空误差源

序 号	误 差	误 差 形 式	产生影响的阶段
1	雷达原始测量误差	测距测角误差 $(\delta r_m, \delta \beta_m, \delta \varepsilon_m)$	回波录取
2	机械稳定平台稳定误差	稳定平台稳定误差 $(\delta\varsigma_1, \delta\varsigma_2)$	机械稳定
3	雷达安装误差	3 个欧拉角误差 $(\delta\phi_1, \delta\phi_2, \delta\phi_3)$	回波录取
4	甲板形变误差	3 个欧拉角误差 $(\delta\omega_1, \delta\omega_2, \delta\omega_3)$	回波录取
5	雷达基线误差	雷达基线误差 $(\delta\overline{x}_b, \delta\overline{y}_b, \delta\overline{z}_b)$	基线修正

续表

序号	误差	误差形式	产生影响的阶段
6	舰艇姿态与艏向角误差	纵横摇角误差 ($\delta\psi_1,\delta\psi_2$)	机械稳定
		艏向角误差 $\delta\psi_3$	方位修正
		旋转矩阵误差 $\delta\boldsymbol{M}_{lb}$	基线修正
7	舰艇位置误差	舰艇位置误差 ($\delta x_{ep},\delta y_{ep},\delta z_{ep}$)	计算目标 ECEF 坐标
		旋转矩阵误差 $\delta\boldsymbol{M}_{el}$	计算目标 ECEF 坐标
8	雷达时间误差	时间误差 δt	航迹外推或者内插

2.4.2.2 显著性分析

本节利用上节建立的时空基准误差演化模型,在一些典型场景下依据目前主流舰艇时空基准误差水平(见表 2-5)对时空基准误差的演化进行定量分析,找出影响目标探测精度的主要误差因素。

表 2-5 目前主流舰艇时空基准误差水平

类别	误差项		单位	标准差
平台	位置	东向位置	m	100
		北向位置	m	100
		垂直位置	m	10
	姿态与艏向	纵摇角误差	(°)	0.05
		横摇角误差	(°)	0.05
	甲板形变	绕 X 轴欧拉角	(°)	0.1
		绕 Y 轴欧拉角	(°)	0.1
		绕 Z 轴欧拉角	(°)	0.1
雷达	基线	基线 x 分量	m	0.5
		基线 y 分量	m	0.5
		基线 z 分量	m	0.5
	测量	距离	m	100
		方位角	(°)	0.3
		俯仰角	(°)	0.3
	天线坐标系	绕 X 轴欧拉角	(°)	0.05
		绕 Y 轴欧拉角	(°)	0.05
		绕 Z 轴欧拉角	(°)	0.05
	稳定误差(机械稳定雷达)	纵摇角稳定误差	(°)	0.05
		横摇角稳定误差	(°)	0.05
	雷达时间误差	δt	s	0.5

设置舰艇姿态曲线如图 2-16 所示。

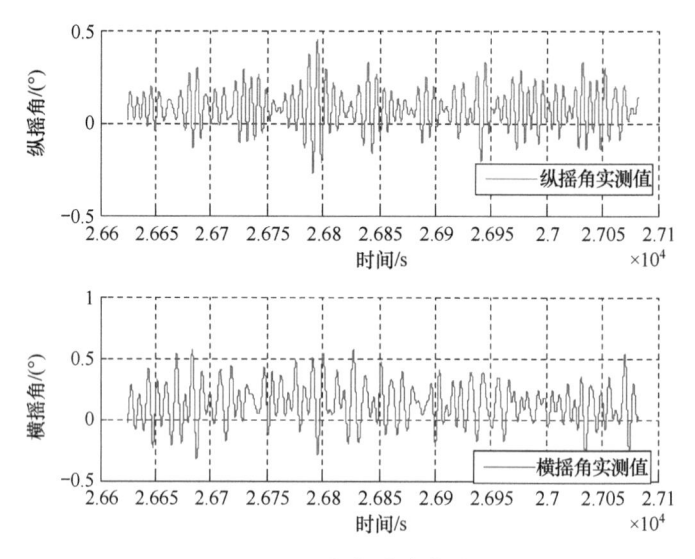

图 2-16 舰艇姿态曲线

1）仿真场景 1

如图 2-17 所示，我方平台自(130°, 30°, 0m)出发以速度(10m/s, 10m/s, 0m/s)匀速航行，一低空目标自(131°, 31°, 500m)以速度(-200m/s, -200m/s, 0m/s)快速向我方平台接近。

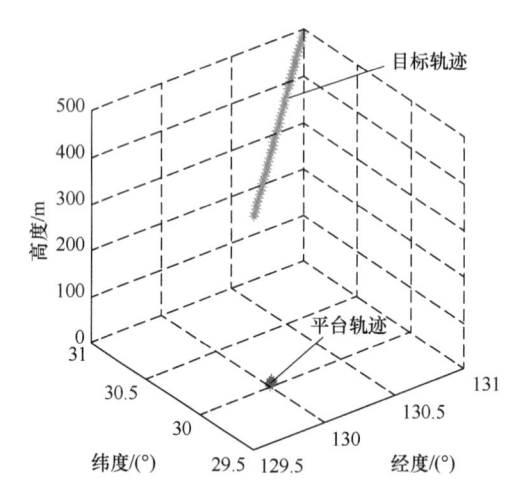

图 2-17 仿真场景 1 态势示意（低空目标）

图 2-18 是在这一过程中，各时空基准误差导致的目标空间误差的演化曲线。

不难看出，雷达原始测量误差和舰艇姿态与艏向角误差是各项误差源中影响最大的。为此，下面绘制出这两大误差源中各分量的具体演化曲线，分别如图 2-19 和图 2-20 所示。

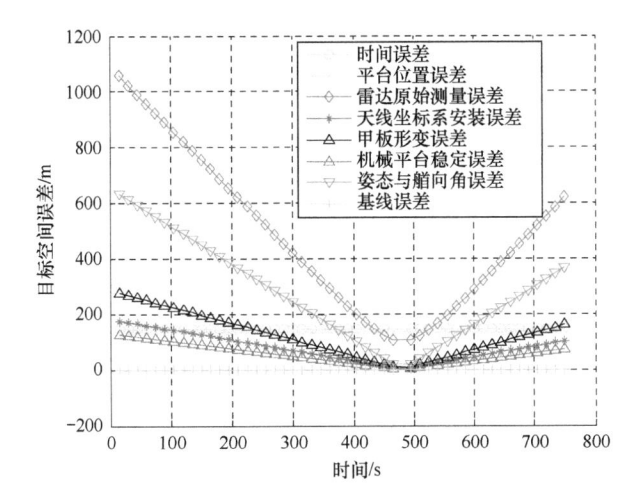

图 2-18 目标空间误差的演化曲线

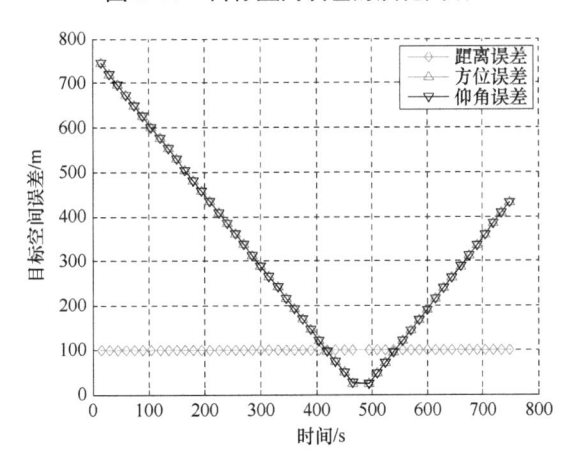

图 2-19 雷达原始测量误差中各分量的演化曲线

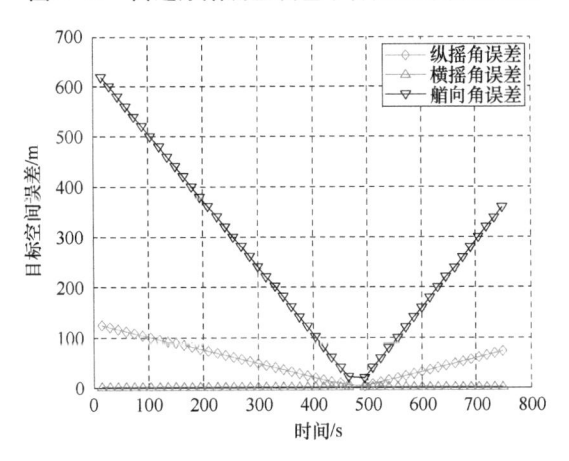

图 2-20 舰艇姿态与艏向角误差中各分量的演化曲线

2）仿真场景 2

如图 2-21 所示，我方平台自(130°, 30°, 50m)出发以速度(10m/s, 10m/s, 0m/s)匀速航行，一高空目标自(131°, 31°, 5000m)以速度(−200m/s, −200m/s, 0m/s)快速向我方平台接近。

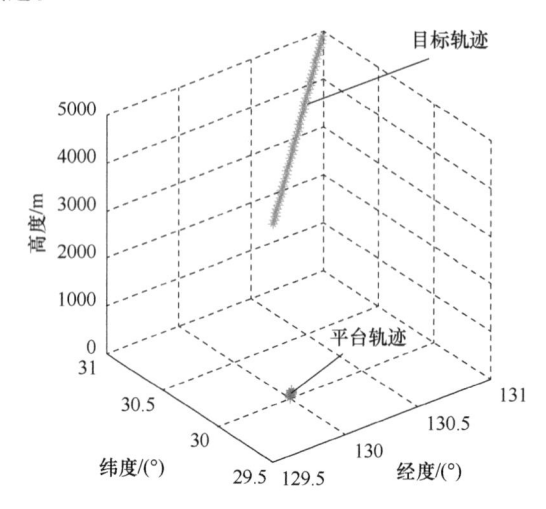

图 2-21　仿真场景 2 态势示意（高空目标）

图 2-22 是在这一过程中，各时空基准误差导致的目标空间误差的演化曲线。

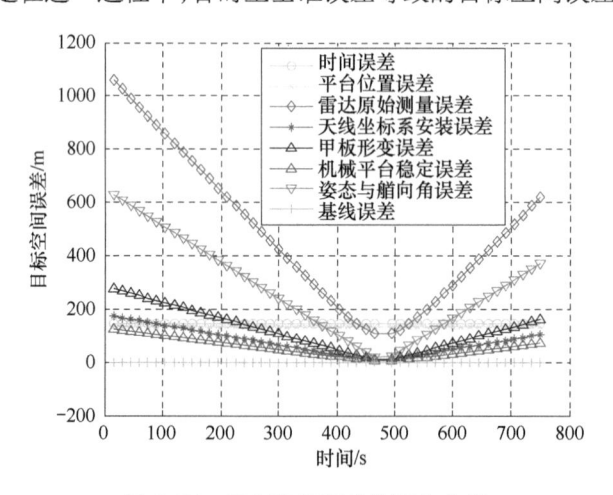

图 2-22　目标空间误差的演化曲线

同样，雷达原始测量误差和舰艇姿态与艏向角误差是各项误差源中影响最大的。为此，下面绘制出这两大误差源中各分量的具体演化曲线，分别如图 2-23 和图 2-24 所示。

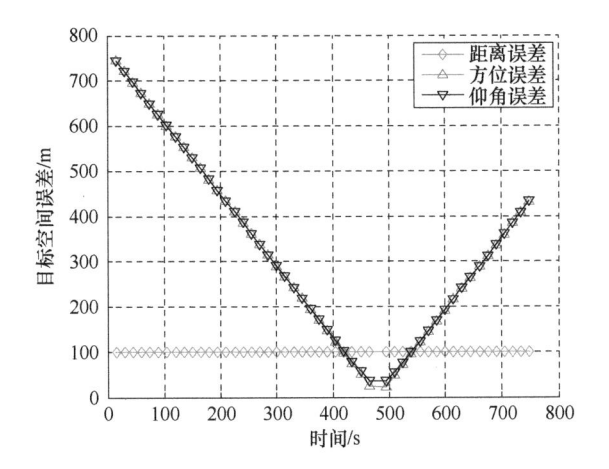

图 2-23 雷达原始测量误差中各分量的演化曲线

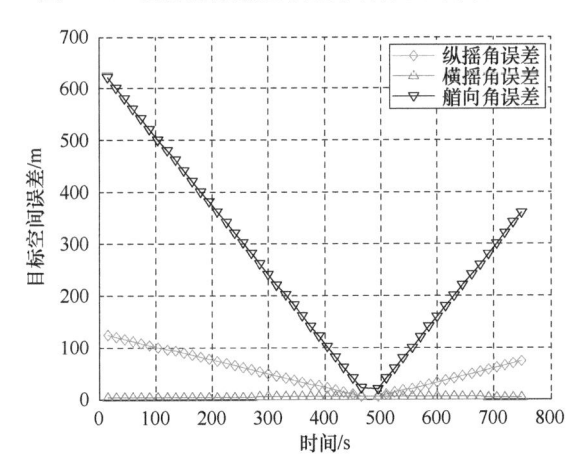

图 2-24 舰艇姿态与艏向角误差中各分量的演化曲线

3）仿真场景 3

如图 2-25 所示，我方平台自(130°, 30°, 0m)出发以速度(10m/s, 10m/s, 0m/s)匀速航行，一低空目标自(131°, 31°, 500m)以速度(0m/s, -200m/s, 0m/s)向南飞行。

图 2-26 是在这一过程中，各时空基准误差导致的目标空间误差的演化曲线。

图 2-27 和图 2-28 分别是雷达原始测量误差中各分量和舰艇姿态与艏向角误差中各分量的具体演化曲线。

4）仿真场景 4

如图 2-29 所示，我方平台自(130°, 30°, 0m)出发以速度(10m/s, 10m/s, 0m/s)匀速航行，一高空目标自(131°, 31°, 5000m)以速度(0m/s, -200m/s, 0m/s)向南飞行。

图 2-30 是在这一过程中，各时空基准误差导致的目标空间误差的演化曲线。

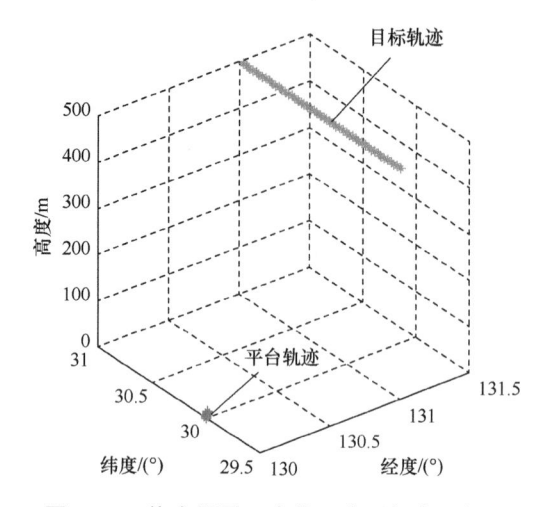

图 2-25 仿真场景 3 态势示意（低空目标）

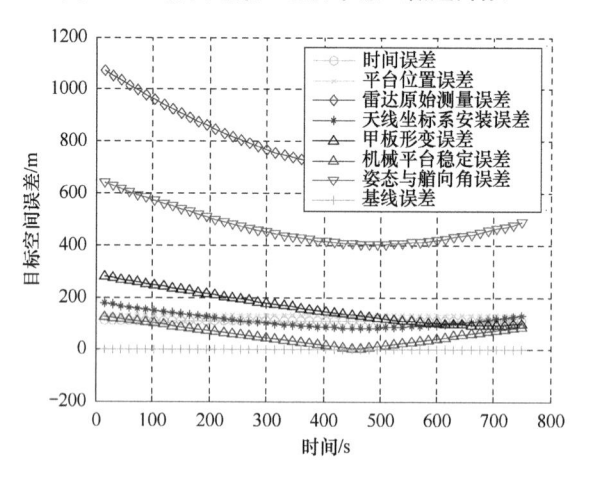

图 2-26 目标空间误差的演化曲线

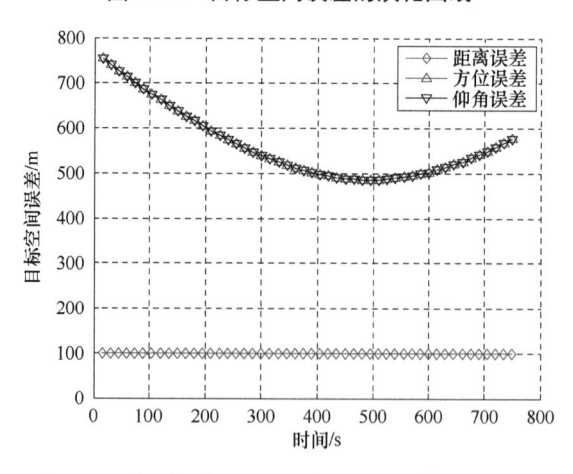

图 2-27 雷达原始测量误差中各分量的演化曲线

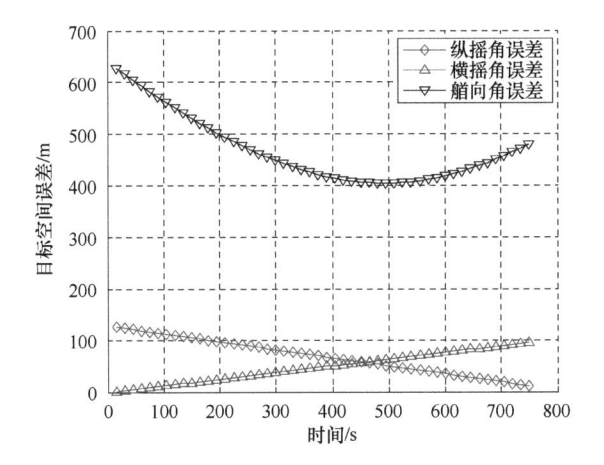

图 2-28　舰艇姿态与艏向角误差中各分量的演化曲线

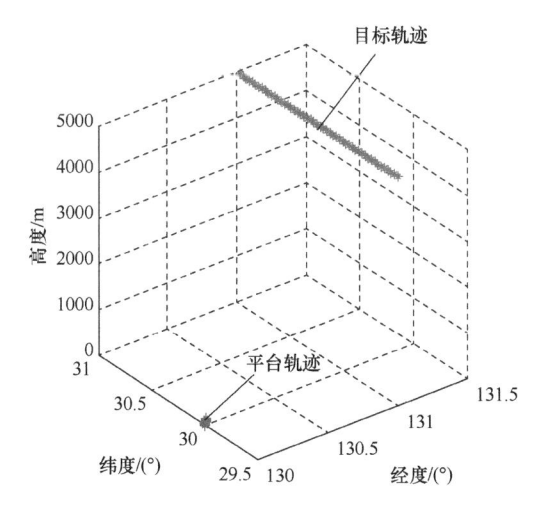

图 2-29　仿真场景 4 态势示意（高空目标）

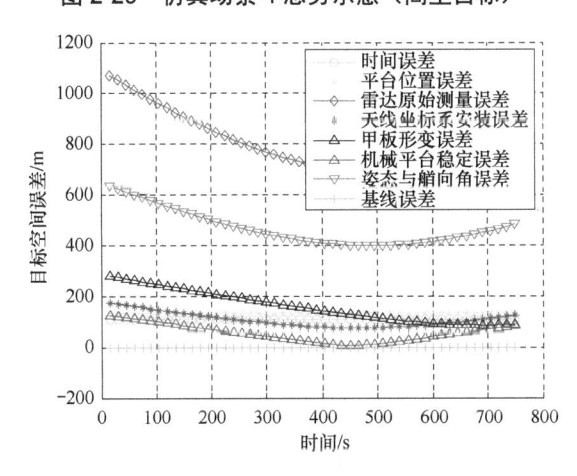

图 2-30　目标空间误差的演化曲线

图 2-31 和图 2-32 分别是雷达原始测量误差中各分量和舰艇姿态与艏向角误差中各分量的具体演化曲线。

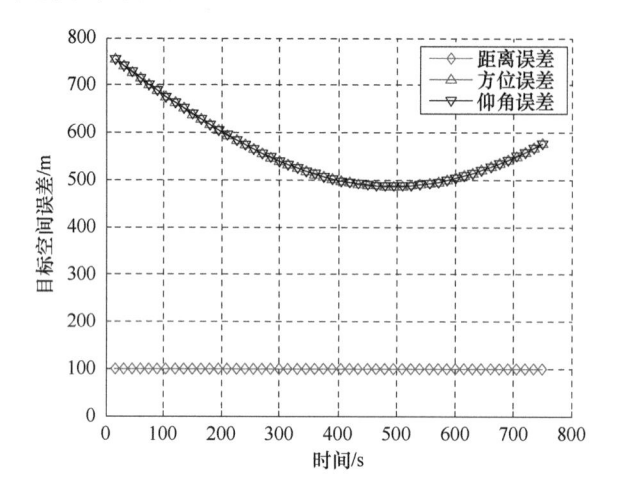

图 2-31　雷达原始测量误差中各分量的演化曲线

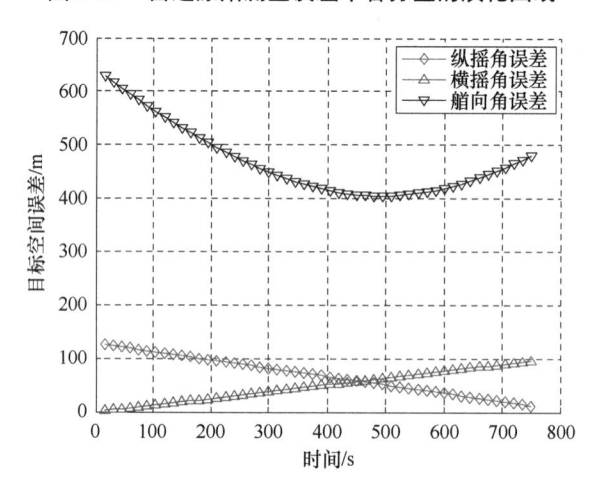

图 2-32　舰艇姿态与艏向角误差中各分量的演化曲线

从以上仿真结果中不难看出，方位误差、仰角误差、平台艏向角误差是影响机械稳定雷达探测精度的主要误差源。

2.4.2.3　基本误差项及其演化

1）基本误差项

从机械稳定雷达时空基准误差的完整演化模型中可以看出，动平台雷达时空基准误差来源众多，演化形式复杂，从模型中很难直接看出各误差具体的演化规律，只有对模型进行深入剖析，才有可能洞悉各误差演化的本质。本节将从时空基准误差的完整演化模型中分离出各误差自身的演化模型，并对各误差的具体演化形式和特点进行分析，为后续的联合分析奠定基础。

雷达时空误差最终体现为目标探测信息的空间误差。无论误差的物理来源及产生影响的阶段是否相同，如果它们最终导致的雷达目标定位误差完全相同或完全相反（共线性），则无法从雷达数据中将其分离。因此，从演化方式分析的角度而言，这些误差应当合并起来作为基本误差项统一分析其演化规律。

上节建立的演化模型主要按照误差源（如雷达测量、平台位置、平台姿态、甲板、天线、时间等）进行分类，其好处是能够比较直观地看出探测环节所引入的误差及其影响，由于每一物理误差源往往由多个分量组成，且各分量的演化互不相同（如雷达测量误差中距离误差、方位误差、俯仰误差的演化各不相同），导致这种形式的演化模型不易看出不同误差源分量之间演化方式的异同。为此，将误差源各分量的演化均独立表达，并将相似项合并，可得最终的误差表达式为

$$\begin{bmatrix} \delta x_e \\ \delta y_e \\ \delta z_e \end{bmatrix} = \boldsymbol{M}_{el} \begin{bmatrix} \cos\varepsilon\sin(\beta+\psi_3) \\ \cos\varepsilon\cos(\beta+\psi_3) \\ \sin\varepsilon \end{bmatrix} \delta r_m + \boldsymbol{M}_{el} \begin{bmatrix} r\cos\varepsilon\cos(\beta+\psi_3) \\ -r\cos\varepsilon\sin(\beta+\psi_3) \\ 0 \end{bmatrix} (\delta\beta_m + \delta\phi_3 + \delta\omega_3 + \delta\psi_3) +$$

$$\boldsymbol{M}_{el} \begin{bmatrix} -r\sin\varepsilon\sin(\beta+\psi_3) \\ -r\sin\varepsilon\cos(\beta+\psi_3) \\ -r\sin\varepsilon\cos(\beta+\psi_3) \end{bmatrix} \delta\varepsilon_m + \boldsymbol{M}_{el} \begin{bmatrix} r\sin\varepsilon\sin\psi_3 \\ r\sin\varepsilon\cos\psi_3 \\ -r\cos\varepsilon\cos\beta \end{bmatrix} (\delta\varsigma_1 + \delta\phi_1 + \delta\omega_1 + \delta\psi_1) +$$

$$\boldsymbol{M}_{el} \begin{bmatrix} -r\sin\varepsilon\cos\psi_3 \\ r\sin\varepsilon\sin\psi_3 \\ r\cos\varepsilon\sin\beta \end{bmatrix} (\delta\varsigma_2 + \delta\phi_2 + \delta\omega_2 + \delta\psi_2) + \begin{bmatrix} 1 \\ 0 \\ 0 \end{bmatrix} \delta x_{ep} + \begin{bmatrix} 0 \\ 1 \\ 0 \end{bmatrix} \delta y_{ep} + \begin{bmatrix} 0 \\ 0 \\ 1 \end{bmatrix} \delta z_{ep} +$$

$$\boldsymbol{M}_{el}\boldsymbol{M}_{lb} \begin{bmatrix} 1 \\ 0 \\ 0 \end{bmatrix} \delta\overline{x}_b + \boldsymbol{M}_{el}\boldsymbol{M}_{lb} \begin{bmatrix} 1 \\ 0 \\ 0 \end{bmatrix} \delta\overline{y}_b + \boldsymbol{M}_{el}\boldsymbol{M}_{lb} \begin{bmatrix} 1 \\ 0 \\ 0 \end{bmatrix} \delta\overline{z}_b + \boldsymbol{M}_{el} \begin{bmatrix} v_{x_t} \\ v_{y_t} \\ v_{z_t} \end{bmatrix} \delta t \quad (2\text{-}63)$$

不难看出，机械稳定雷达总共有 12 类基本误差项。为方便描述，对合并误差项冠以"综合误差"的新称谓（符号顶部加弧线标识），以示与普通非合并误差的区别，具体如表 2-6 和表 2-7 所示。

表 2-6 机械稳定雷达基本误差项

序 号	基本误差项	描述符号	实 际 构 成
1	距离误差	δr	雷达距离误差
2	综合方位误差	$\delta\widehat{\beta}$	雷达方位测量误差
			平台艏向角误差
			天线坐标系绕 Z 轴转动欧拉角误差
			天线坐标系绕 Z 轴甲板形变角

续表

序 号	基本误差项	描述符号	实际构成
3	俯仰误差	$\delta\varepsilon$	雷达俯仰测量误差
4	综合纵摇角误差	$\delta\hat{\psi}$	机械平台纵摇角稳定误差
			舰艇纵摇角误差
			天线坐标系绕 X 轴转动欧拉角误差
			天线坐标系绕 X 轴甲板形变角
5	综合横摇角误差	$\delta\hat{\phi}$	机械平台横摇角稳定误差
			舰艇横摇角误差
			天线坐标系绕 Y 轴转动欧拉角误差
			天线坐标系绕 Y 轴甲板形变角
6	基线 X 误差	$\delta\overline{x}_b$	甲板坐标系下雷达基线 X 误差
7	基线 Y 误差	$\delta\overline{y}_b$	甲板坐标系下雷达基线 Y 误差
8	基线 Z 误差	$\delta\overline{z}_b$	甲板坐标系下雷达基线 Z 误差
9	平台位置 X 误差	δx_{ep}	ECEF 坐标系下平台位置 X 误差
10	平台位置 Y 误差	δy_{ep}	ECEF 坐标系下平台位置 Y 误差
11	平台位置 Z 误差	δz_{ep}	ECEF 坐标系下平台位置 Z 误差
12	雷达时间误差	δt	雷达时间误差

表 2-7 机械稳定雷达时空基准误差耦合项

序 号	合并后称谓及符号	原 始 误 差
1	综合方位误差 $\delta\hat{\beta}$	雷达原始方位测量误差
		舰艇艏向角误差
		天线坐标系绕 Z 轴转动欧拉角误差
		天线坐标系绕 Z 轴甲板形变角
2	综合纵摇角误差 $\delta\hat{\psi}$	机械平台纵摇角稳定误差
		舰艇纵摇角误差
		天线坐标系绕 X 轴转动欧拉角误差
		天线坐标系绕 X 轴甲板形变角
3	综合横摇角误差 $\delta\hat{\phi}$	机械平台横摇角稳定误差
		舰艇横摇角误差
		天线坐标系绕 Y 轴转动欧拉角误差
		天线坐标系绕 Y 轴甲板形变角

显然，对数据级的空间配准来说，综合误差项内部的各误差是完全耦合的、不可观测的，配准时，应当如上述分析所示将这些误差合并，即基本误差项是机械稳定雷达数据级配准的最小粒度误差项。

基本误差项形式的机械稳定雷达时空基准误差的演化模型为

$$\begin{bmatrix} \delta x_e \\ \delta y_e \\ \delta z_e \end{bmatrix} = M_{el} \begin{bmatrix} \cos\varepsilon\sin(\beta+\psi_3) \\ \cos\varepsilon\cos(\beta+\psi_3) \\ \sin\varepsilon \end{bmatrix} \delta r + M_{el} \begin{bmatrix} r\cos\varepsilon\cos(\beta+\psi_3) \\ -r\cos\varepsilon\sin(\beta+\psi_3) \\ 0 \end{bmatrix} \delta\hat{\beta} +$$

$$M_{el} \begin{bmatrix} -r\sin\varepsilon\sin(\beta+\psi_3) \\ -r\sin\varepsilon\cos(\beta+\psi_3) \\ r\cos\varepsilon \end{bmatrix} \delta\varepsilon + M_{el} \begin{bmatrix} r\sin\varepsilon\sin\psi_3 \\ r\sin\varepsilon\cos\psi_3 \\ -r\cos\varepsilon\cos\beta \end{bmatrix} \delta\hat{\psi} + M_{el} \begin{bmatrix} -r\sin\varepsilon\cos\psi_3 \\ r\sin\varepsilon\sin\psi_3 \\ r\cos\varepsilon\sin\beta \end{bmatrix} \delta\hat{\phi} +$$

$$\begin{bmatrix} 1 \\ 0 \\ 0 \end{bmatrix} \delta x_{ep} + \begin{bmatrix} 0 \\ 1 \\ 0 \end{bmatrix} \delta y_{ep} + \begin{bmatrix} 0 \\ 0 \\ 1 \end{bmatrix} \delta z_{ep} + M_{el} M_{lb} \begin{bmatrix} 1 \\ 0 \\ 0 \end{bmatrix} \delta\overline{x}_b + M_{el} M_{lb} \begin{bmatrix} 1 \\ 0 \\ 0 \end{bmatrix} \delta\overline{y}_b + M_{el} M_{lb} \begin{bmatrix} 1 \\ 0 \\ 0 \end{bmatrix} \delta\overline{z}_b +$$

$$M_{el} \begin{bmatrix} v_{x_t} \\ v_{y_t} \\ v_{z_t} \end{bmatrix} \delta t$$

（2-64）

其中基本误差项参见表 2-6。

2）基本误差项演化分析

为了方便分析，定义时空基准误差导致的目标空间误差如下，用以刻画时空基准误差在三维空间对目标点迹的整体影响。

$$\varepsilon_\sigma = \sqrt{\delta x_e^2 + \delta y_e^2 + \delta z_e^2} \tag{2-65}$$

（1）雷达距离误差。

雷达距离误差对机械稳定雷达目标点迹的影响为

$$\begin{bmatrix} \delta x_e \\ \delta y_e \\ \delta z_e \end{bmatrix} = M_{el} \begin{bmatrix} \cos\varepsilon\sin(\beta+\psi_3) \\ \cos\varepsilon\cos(\beta+\psi_3) \\ \sin\varepsilon \end{bmatrix} \delta r \tag{2-66}$$

由于 M_{el} 是单位正交矩阵，不影响后续列矢量的模，可知雷达距离误差导致的目标空间误差 ε_r 为

$$\varepsilon_r = \delta r \tag{2-67}$$

即雷达距离误差会导致同样大小的目标空间误差。

（2）综合方位误差。

综合方位误差对机械稳定雷达目标点迹的影响为

$$\begin{bmatrix} \delta x_e \\ \delta y_e \\ \delta z_e \end{bmatrix} = M_{el} \begin{bmatrix} r\cos\varepsilon\cos(\beta+\psi_3) \\ -r\cos\varepsilon\sin(\beta+\psi_3) \\ 0 \end{bmatrix} \delta\hat{\beta} \tag{2-68}$$

由其导致的目标空间误差 $\varepsilon_{\hat{\beta}}$ 为

$$\varepsilon_{\hat{\beta}} = r\cos\varepsilon\,\delta\hat{\beta} \tag{2-69}$$

由此可知由综合方位误差导致的目标空间误差和目标距雷达的 XY（天线坐标系）平面距离成正比。

（3）俯仰误差。

俯仰误差对机械稳定雷达目标点迹的影响为

$$\begin{bmatrix} \delta x_e \\ \delta y_e \\ \delta z_e \end{bmatrix} = \boldsymbol{M}_{el} \begin{bmatrix} -r\sin\varepsilon\sin(\beta+\psi_3) \\ -r\sin\varepsilon\cos(\beta+\psi_3) \\ r\cos\varepsilon \end{bmatrix} \delta\varepsilon \qquad (2\text{-}70)$$

由其导致的目标空间误差 ε_ε 为

$$\varepsilon_\varepsilon = r\delta\varepsilon \qquad (2\text{-}71)$$

即由俯仰误差导致的目标空间误差和目标斜距成正比。

对于低空/远程目标，$r\cos\varepsilon \approx r$，此时方位测量误差和仰角测量误差导致的目标空间误差基本相同；对于近程高空目标，$r\cos\varepsilon < r$，此时方位测量误差导致的目标空间误差明显小于仰角测量误差。

（4）综合纵摇角误差。

综合纵摇角误差对机械稳定雷达目标点迹的影响为

$$\begin{bmatrix} \delta x_e \\ \delta y_e \\ \delta z_e \end{bmatrix} = \boldsymbol{M}_{el} \begin{bmatrix} r\sin\varepsilon\sin\psi_3 \\ r\sin\varepsilon\cos\psi_3 \\ -r\cos\varepsilon\cos\beta \end{bmatrix} \delta\hat{\psi} \qquad (2\text{-}72)$$

由其导致的目标空间误差 $\varepsilon_{\hat{\psi}}$ 为

$$\varepsilon_{\hat{\psi}} = r\sqrt{\sin^2\varepsilon + \cos^2\varepsilon\cos^2\beta}\,\delta\hat{\psi} \qquad (2\text{-}73)$$

由综合纵摇角误差导致的目标空间误差和目标距雷达的 YZ（天线坐标系）平面距离成正比。

（5）综合横摇角误差。

综合横摇角误差对机械稳定雷达目标点迹的影响为

$$\begin{bmatrix} \delta x_e \\ \delta y_e \\ \delta z_e \end{bmatrix} = \boldsymbol{M}_{el} \begin{bmatrix} -r\sin\varepsilon\cos\psi_3 \\ r\sin\varepsilon\sin\psi_3 \\ r\cos\varepsilon\sin\beta \end{bmatrix} \delta\hat{\phi} \qquad (2\text{-}74)$$

由其导致的目标空间误差 $\varepsilon_{\hat{\phi}}$ 为

$$\varepsilon_{\hat{\phi}} = r\sqrt{\sin^2\varepsilon + \cos^2\varepsilon\sin^2\beta}\,\delta\hat{\phi} \qquad (2\text{-}75)$$

由综合横摇角误差导致的目标空间误差和目标距雷达的 XZ（天线坐标系）平面距离成正比。

（6）雷达基线 $X/Y/Z$ 误差。

雷达基线误差对机械稳定雷达目标点迹的影响为

$$\begin{bmatrix} \delta x_e \\ \delta y_e \\ \delta z_e \end{bmatrix} = \boldsymbol{M}_{el}\boldsymbol{M}_{lb} \begin{bmatrix} \delta \overline{x}_b \\ \delta \overline{y}_b \\ \delta \overline{z}_b \end{bmatrix} \tag{2-76}$$

由其导致的目标空间误差 $(\varepsilon_{\overline{x}_b}, \varepsilon_{\overline{y}_b}, \varepsilon_{\overline{z}_b})$ 为

$$\begin{bmatrix} \varepsilon_{\overline{x}_b} \\ \varepsilon_{\overline{y}_b} \\ \varepsilon_{\overline{z}_b} \end{bmatrix} = \begin{bmatrix} 1 & & \\ & 1 & \\ & & 1 \end{bmatrix} \begin{bmatrix} \delta \overline{x}_b \\ \delta \overline{y}_b \\ \delta \overline{z}_b \end{bmatrix} \tag{2-77}$$

显然，雷达基线误差只会造成同样大小的目标空间误差。

（7）平台位置 X/Y/Z 误差。

平台位置误差对机械稳定雷达目标点迹的影响为

$$\begin{bmatrix} \delta x_e \\ \delta y_e \\ \delta z_e \end{bmatrix} = \begin{bmatrix} \delta x_{ep} \\ \delta y_{ep} \\ \delta z_{ep} \end{bmatrix} \tag{2-78}$$

式中，$(\delta x_{ep}, \delta y_{ep}, \delta z_{ep})$ 是平台 ECEF 坐标误差。

由其导致的目标空间误差 $(\varepsilon_{x_{ep}}, \varepsilon_{y_{ep}}, \varepsilon_{z_{ep}})$ 为

$$\begin{bmatrix} \varepsilon_{x_{ep}} \\ \varepsilon_{y_{ep}} \\ \varepsilon_{z_{ep}} \end{bmatrix} = \begin{bmatrix} 1 & & \\ & 1 & \\ & & 1 \end{bmatrix} \begin{bmatrix} \delta x_{ep} \\ \delta y_{ep} \\ \delta z_{ep} \end{bmatrix} \tag{2-79}$$

显然，平台位置误差近似造成同样大小的目标空间误差。

（8）雷达时间误差。

雷达时间误差对机械稳定雷达目标点迹的影响为

$$\begin{bmatrix} \delta x_e \\ \delta y_e \\ \delta z_e \end{bmatrix} = \boldsymbol{M}_{el} \begin{bmatrix} v_{x_t} \\ v_{y_t} \\ v_{z_t} \end{bmatrix} \delta t = \boldsymbol{M}_{el} v_t \delta t \tag{2-80}$$

由其导致的目标空间误差 ε_t 为

$$\varepsilon_t = v_t \delta t \tag{2-81}$$

易知由雷达时间误差导致的目标空间误差和目标速度成正比。

3）演化分类

从上述分析可知，各误差对目标空间误差的影响形式共有 6 种：①造成同样大小的目标空间误差；②造成的目标空间误差和目标距雷达的 XY（天线坐标系）平面距离成正比；③造成的目标空间误差和目标距雷达的 YZ（天线坐标系）平面距离成正比；④造成的目标空间误差和目标距雷达的 XZ（天线坐标系）平

面距离成正比；⑤造成的目标空间误差和目标距雷达的三维距离成正比；⑥造成的目标空间误差和目标速度成正比。机械稳定雷达时空基准误差演化分类如表 2-8 所示。

表 2-8　机械稳定雷达时空基准误差演化分类

序号	对目标空间误差的影响形式	基本误差项	误差实际来源
1	造成同样大小的目标空间误差	雷达距离误差	雷达距离误差
		雷达基线误差	雷达基线误差
		平台位置误差	平台位置误差
2	造成的目标空间误差和目标距雷达的 XY（天线坐标系）平面距离成正比	综合方位误差	天线坐标系 Z 轴转动欧拉角误差
			天线坐标系 Z 轴甲板形变角
			舰艇艏向角误差
			雷达原始方位测量误差
3	造成的目标空间误差和目标距雷达的 YZ（天线坐标系）平面距离成正比	综合纵摇角误差	纵摇补偿信息
			纵摇角稳定误差
			天线坐标系 X 轴转动欧拉角误差
			天线坐标系 X 轴甲板形变角
4	造成的目标空间误差和目标距雷达的 XZ（天线坐标系）平面距离成正比	综合横摇角误差	横摇补偿信息误差
			横摇角稳定误差
			天线坐标系 Y 轴转动欧拉角误差
			天线坐标系 Y 轴甲板形变角
5	造成的目标空间误差和目标距雷达的三维距离成正比	仰角误差	雷达俯仰测量误差
6	造成的目标空间误差和目标速度成正比	雷达时间误差	雷达时间误差

2.4.2.4　误差演化耦合度度量与分析

1）误差演化耦合度度量

时空基准误差最终表现为雷达目标探测信息的空间误差，其演化方式均可描述为如下所示的通式，不同误差演化的差异体现在 (f_x, f_y, f_z) 取值的不同上，这表明 (f_x, f_y, f_z) 包含了该误差演化的全部信息。

$$\begin{bmatrix} \delta x_e \\ \delta y_e \\ \delta z_e \end{bmatrix} = \begin{bmatrix} f_x \\ f_y \\ f_z \end{bmatrix} \delta \quad (2\text{-}82)$$

式中，(f_x, f_y, f_z) 为误差到各坐标方向的演化因子，通常依赖平台与目标之间的位置关系；δ 为当前分析的某项误差。

从空间几何角度而言，(f_x, f_y, f_z) 代表三维空间的一个矢量（见图 2-33），两个误差的演化因子则代表三维空间的两个矢量，由于矢量的起始点均为目标真实位置（图 2-33 中为了简化，将其平移到了坐标原点），因此它们之间构成一个夹角 θ（见图 2-34）。

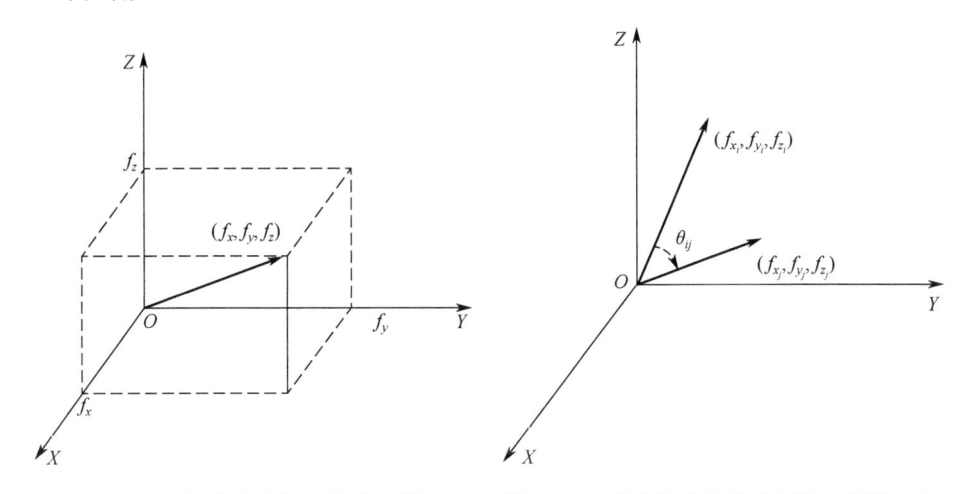

图 2-33　误差演化因子代表三维空间一个矢量

图 2-34　两个误差的演化因子之间的夹角

如果两个误差的演化完全独立，则夹角应为 90°，此时两者导致的目标空间误差完全正交，即互不影响；如果两个误差的演化完全耦合，则夹角应为 0°或 180°，此时两者导致的目标空间误差为 1∶1 的线性叠加，即完全耦合；如果夹角为 0°～90°或 90°～180°，则两者导致的目标空间误差为 $\omega_1:\omega_2$ 且 $\omega_1 \neq \omega_2$ 的线性叠加，说明两者存在一定的耦合。因此，夹角的大小度量了两个误差演化的耦合度。

但直接使用夹角分析误差的耦合度并不方便。一方面，计算夹角需要解反三角函数，导致理论上很难获得直观简洁的度量公式；另一方面，夹角的取值域 $[0,\pi]$ 并不符合统计学中分析变量之间相关性的惯例，统计学上一般使用 $[0,1]$ 或 $[-1,1]$ 来衡量变量之间的相关性。为此，定义误差演化的耦合度为两个误差的演化因子所构成夹角余弦的绝对值，即

$$\chi_{\delta_i\delta_j} = \left|\cos\theta_{ij}\right| = \left|\frac{f_{x_i}f_{x_j} + f_{y_i}f_{y_j} + f_{z_i}f_{z_j}}{\sqrt{f_{x_i}^2 + f_{y_i}^2 + f_{z_i}^2}\sqrt{f_{x_j}^2 + f_{y_j}^2 + f_{z_j}^2}}\right| \quad (2\text{-}83)$$

式中，$(f_{x_i}, f_{y_i}, f_{z_i})$ 为误差 δ_i 的演化因子；$(f_{x_j}, f_{y_j}, f_{z_j})$ 为误差 δ_j 的演化因子。

不难看出，$\chi_{\delta_i\delta_j}$ 的大小度量了误差演化的耦合度：当 $\chi_{\delta_i\delta_j}=0$ 时，误差 δ_i 和 δ_j 的演化完全独立；当 $\chi_{\delta_i\delta_j}=1$ 时，误差 δ_i 和 δ_j 的演化完全耦合；当 $\chi_{\delta_i\delta_j} \in (0,1)$ 时，误差 δ_i 和 δ_j 的演化存在部分耦合。

容易验证，$\chi_{\delta_i\delta_j}$ 具有坐标平移不变性和坐标旋转不变性，因此选择任意空间直角坐标系作为分析坐标系都不会改变分析结果。

2）误差演化耦合度分析

雷达一旦安装，其位置即固定在平台上，无论是甲板形变还是平台运动都不会给雷达带来显著的改变，雷达基线是一个很稳定的值，其误差来源于基线测量。而现有科技手段获取雷达数据处理所需基线的精度并不存在技术困难，所以基线误差采取一定的控制手段即可以忽略。鉴于此，后续耦合性分析中不考虑基线误差。

剔除不分析的误差项（基线误差）后，基本误差项形式的机械稳定雷达时空基准误差演化模型为

$$\begin{bmatrix} \delta x_e \\ \delta y_e \\ \delta z_e \end{bmatrix} = M_{el} \begin{bmatrix} \cos\varepsilon\sin(\beta+\psi_3) \\ \cos\varepsilon\cos(\beta+\psi_3) \\ \sin\varepsilon \end{bmatrix} \delta r + M_{el} \begin{bmatrix} r\cos\varepsilon\cos(\beta+\psi_3) \\ -r\cos\varepsilon\sin(\beta+\psi_3) \\ 0 \end{bmatrix} \delta\widehat{\beta} +$$

$$M_{el} \begin{bmatrix} -r\sin\varepsilon\sin(\beta+\psi_3) \\ -r\sin\varepsilon\cos(\beta+\psi_3) \\ r\cos\varepsilon \end{bmatrix} \delta\varepsilon + M_{el} \begin{bmatrix} r\sin\varepsilon\sin\psi_3 \\ r\sin\varepsilon\cos\psi_3 \\ -r\cos\varepsilon\cos\beta \end{bmatrix} \delta\widehat{\psi} +$$

$$M_{el} \begin{bmatrix} -r\sin\varepsilon\cos\psi_3 \\ r\sin\varepsilon\sin\psi_3 \\ r\cos\varepsilon\sin\beta \end{bmatrix} \delta\widehat{\phi} + \begin{bmatrix} 1 \\ 0 \\ 0 \end{bmatrix} \delta x_{ep} + \begin{bmatrix} 0 \\ 1 \\ 0 \end{bmatrix} \delta y_{ep} + \begin{bmatrix} 0 \\ 0 \\ 1 \end{bmatrix} \delta z_{ep} + M_{el} \begin{bmatrix} v_{x_t} \\ v_{y_t} \\ v_{z_t} \end{bmatrix} \delta t \quad (2\text{-}84)$$

式中，δr 为雷达距离误差；$\delta\widehat{\beta}$ 为综合方位误差；$\delta\varepsilon$ 为俯仰误差；$\delta\widehat{\psi}$ 为综合纵摇角误差；$\delta\widehat{\phi}$ 为综合横摇角误差；$(\delta x_{ep}, \delta y_{ep}, \delta z_{ep})$ 为平台位置误差（ECEF 坐标系下）；δt 为雷达时间误差；其他项含义同前。

容易看到，雷达距离误差、综合方位误差、俯仰误差、综合纵摇角误差、综合横摇角误差、雷达时间误差的演化都依赖共同的因子——地理坐标系到 ECEF 坐标系的旋转矩阵 M_{el}，而前文已经证明在任意坐标系下计算 $\chi_{\delta_i\delta_j}$ 都不会改变计算结果。因此，为了方便分析，将平台位置误差改写为与 M_{el} 相关的形式，于是式（2-84）变为

$$\begin{bmatrix} \delta x_e \\ \delta y_e \\ \delta z_e \end{bmatrix} = M_{el} \begin{bmatrix} \cos\varepsilon\sin(\beta+\psi_3) \\ \cos\varepsilon\cos(\beta+\psi_3) \\ \sin\varepsilon \end{bmatrix} \delta r + M_{el} \begin{bmatrix} r\cos\varepsilon\cos(\beta+\psi_3) \\ -r\cos\varepsilon\sin(\beta+\psi_3) \\ 0 \end{bmatrix} \delta\widehat{\beta} +$$

$$M_{el} \begin{bmatrix} -r\sin\varepsilon\sin(\beta+\psi_3) \\ -r\sin\varepsilon\cos(\beta+\psi_3) \\ r\cos\varepsilon \end{bmatrix} \delta\varepsilon + M_{el} \begin{bmatrix} r\sin\varepsilon\sin\psi_3 \\ r\sin\varepsilon\cos\psi_3 \\ -r\cos\varepsilon\cos\beta \end{bmatrix} \delta\widehat{\psi} +$$

$$\boldsymbol{M}_{\text{el}} \begin{bmatrix} -r\sin\varepsilon\cos\psi_3 \\ r\sin\varepsilon\sin\psi_3 \\ r\cos\varepsilon\sin\beta \end{bmatrix} \delta\hat{\phi} + \boldsymbol{M}_{\text{el}} \begin{bmatrix} 1 \\ 0 \\ 0 \end{bmatrix} \delta x_{\text{lp}} + \boldsymbol{M}_{\text{el}} \begin{bmatrix} 0 \\ 1 \\ 0 \end{bmatrix} \delta y_{\text{lp}} + \boldsymbol{M}_{\text{el}} \begin{bmatrix} 0 \\ 0 \\ 1 \end{bmatrix} \delta z_{\text{lp}} +$$

$$\boldsymbol{M}_{\text{el}} \begin{bmatrix} v_{x_t} \\ v_{y_t} \\ v_{z_t} \end{bmatrix} \delta t \qquad (2\text{-}85)$$

式中，$(\delta x_{\text{lp}}, \delta y_{\text{lp}}, \delta z_{\text{lp}})$ 为地理坐标系下表述的平台位置误差；其他项含义同前。

从耦合度 $\chi_{\delta_i\delta_j}$ 的定义可以看出，$\chi_{\delta_i\delta_j}$ 具有对称性，即 $\chi_{\delta_i\delta_j} = \chi_{\delta_j\delta_i}$，因此，分析时已经出现过的误差组合后续不再重复。

（1）雷达时间误差。

① 雷达时间误差与雷达距离误差的耦合度：

$$\chi_{tr} = \left| \frac{v_{x_t}\cos\varepsilon\sin(\beta+\psi_3) + v_{y_t}\cos\varepsilon\cos(\beta+\psi_3) + v_{y_t}\sin\varepsilon}{v} \right| \qquad (2\text{-}86)$$

② 雷达时间误差与综合方位误差的耦合度：

$$\chi_{t\hat{\beta}} = \left| \frac{v_{x_t}\cos(\beta+\psi_3) + v_{y_t}\sin(\beta+\psi_3)}{v} \right| \qquad (2\text{-}87)$$

③ 雷达时间误差与俯仰误差的耦合度：

$$\chi_{t\varepsilon} = \left| \frac{v_{x_t}\sin\varepsilon\sin(\beta+\psi_3) + v_{y_t}\sin\varepsilon\cos(\beta+\psi_3) + v_{z_t}\cos\varepsilon}{v} \right| \qquad (2\text{-}88)$$

④ 雷达时间误差与综合纵摇角误差的耦合度：

$$\chi_{t\hat{\psi}} = \left| \frac{v_{x_t}\sin\varepsilon\sin\psi_3 + v_{y_t}\sin\varepsilon\cos\psi_3 + v_{z_t}\cos\varepsilon\cos\beta}{v\sqrt{\sin^2\varepsilon + \cos^2\varepsilon\cos^2\beta}} \right| \qquad (2\text{-}89)$$

⑤ 雷达时间误差与综合横摇角误差的耦合度：

$$\chi_{t\hat{\phi}} = \left| \frac{v_{x_t}\sin\varepsilon\cos\psi_3 + v_{y_t}\sin\varepsilon\sin\psi_3 + v_{z_t}\cos\varepsilon\sin\beta}{v\sqrt{\sin^2\varepsilon + \cos^2\varepsilon\sin^2\beta}} \right| \qquad (2\text{-}90)$$

⑥ 雷达时间误差与平台位置误差的耦合度：

$$\chi_{tx_{\text{lp}}} = \left| \frac{v_{x_t}}{v} \right| \qquad (2\text{-}91)$$

$$\chi_{ty_{\text{lp}}} = \left| \frac{v_{y_t}}{v} \right| \qquad (2\text{-}92)$$

$$\chi_{tz_{\text{lp}}} = \left| \frac{v_{z_t}}{v} \right| \qquad (2\text{-}93)$$

从上述公式可以看出，雷达时间误差几乎与其他所有误差都存在耦合，耦合度不仅与目标和平台的几何位置有关（体现为 r、β、ε 等），还与目标速度有关（体现为 v_{x_t}、v_{y_t}、v_{z_t}、v 等），非常复杂，这意味着雷达时间误差很难在雷达数据处理这一层次消除，因此对雷达时间误差应当在前端进行控制。

（2）雷达距离误差。

① 雷达距离误差与综合方位误差的耦合度：

$$\chi_{r\hat{\beta}} = 0 \qquad (2\text{-}94)$$

② 雷达距离误差与俯仰误差的耦合度：

$$\chi_{r\varepsilon} = 0 \qquad (2\text{-}95)$$

③ 雷达距离误差与综合纵摇角误差的耦合度：

$$\chi_{r\hat{\psi}} = 0 \qquad (2\text{-}96)$$

④ 雷达距离误差与综合横摇角误差的耦合度：

$$\chi_{r\hat{\phi}} = 0 \qquad (2\text{-}97)$$

⑤ 雷达距离误差与平台位置误差耦合度。

平台位置误差有 3 个坐标分量。雷达距离误差与平台位置 X 误差的耦合度为

$$\chi_{rx_{\mathrm{lp}}} = \left| \cos\varepsilon \sin(\beta + \psi_3) \right| \qquad (2\text{-}98)$$

一般而言，目标高度较目标距离小得多（近距离目标除外），目标仰角往往较小，$\cos\varepsilon \approx 1$，因此 $\chi_{rx_{\mathrm{lp}}} \approx \left| \sin(\beta + \psi_3) \right|$，说明当目标方位与 X 轴的夹角由 0°变为 90°时，雷达距离误差与平台位置 X 误差逐渐由几乎不耦合变为几乎完全耦合，如图 2-35 所示。

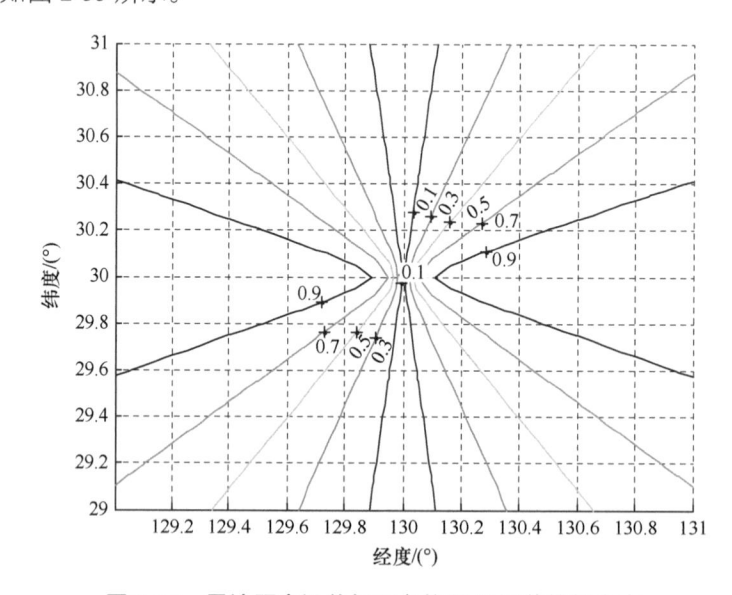

图 2-35　雷达距离误差与平台位置 X 误差的耦合度

雷达距离误差与平台位置 Y 误差的耦合度为

$$\chi_{ry_{lp}} = |\cos\varepsilon\cos(\beta+\psi_3)| \qquad (2\text{-}99)$$

类似地，除了近距离目标，$\cos\varepsilon \approx 1$，因此 $\chi_{ry_{lp}} \approx |\cos(\beta+\psi_3)|$，说明当目标方位与 X 轴的夹角由 0°变为 90°时，雷达距离误差与平台位置 Y 误差逐渐由几乎完全耦合变为几乎不耦合，其变化趋势与 $\chi_{rx_{lp}}$ 正好相反，如图 2-36 所示。

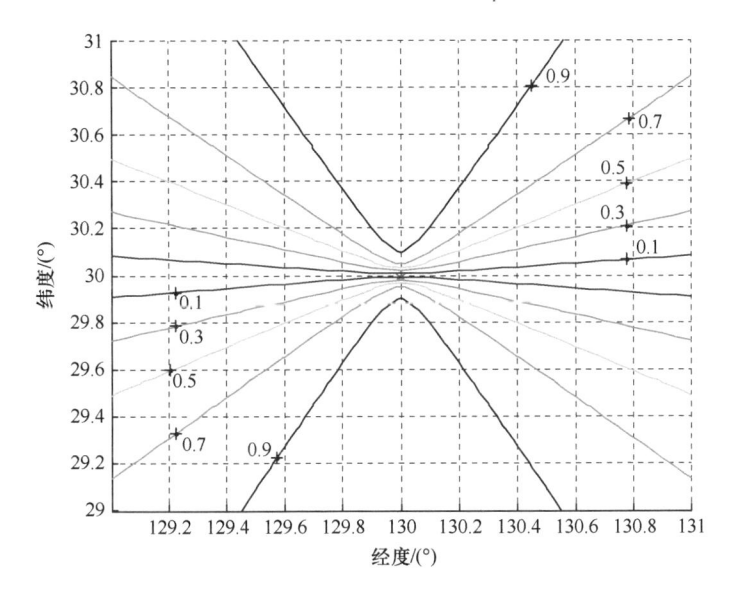

图 2-36　雷达距离误差与平台位置 Y 误差的耦合度

雷达距离误差与平台位置 Z 误差的耦合度为

$$\chi_{rz_{lp}} = |\sin\varepsilon| \qquad (2\text{-}100)$$

容易看出，雷达距离误差与平台位置 Z 误差在近距离时存在严重的耦合，但随着距离的增加，耦合度逐渐减弱，到中等距离时，耦合度已经基本可以忽略，如图 2-37 所示。

雷达距离误差与其他误差项演化的耦合度如表 2-9 所示。

（3）综合方位误差。

① 综合方位误差与俯仰误差的耦合度：

$$\chi_{\hat{\beta}\varepsilon} = 0 \qquad (2\text{-}101)$$

② 综合方位误差与综合纵摇角误差的耦合度：

$$\chi_{\hat{\beta}\hat{\psi}} = \left|\frac{\sin\varepsilon\sin\beta}{\sqrt{\sin^2\varepsilon+\cos^2\varepsilon\cos^2\beta}}\right| = \left|\frac{\sin\beta}{\sqrt{1+\cot^2\varepsilon\cos^2\beta}}\right| \qquad (2\text{-}102)$$

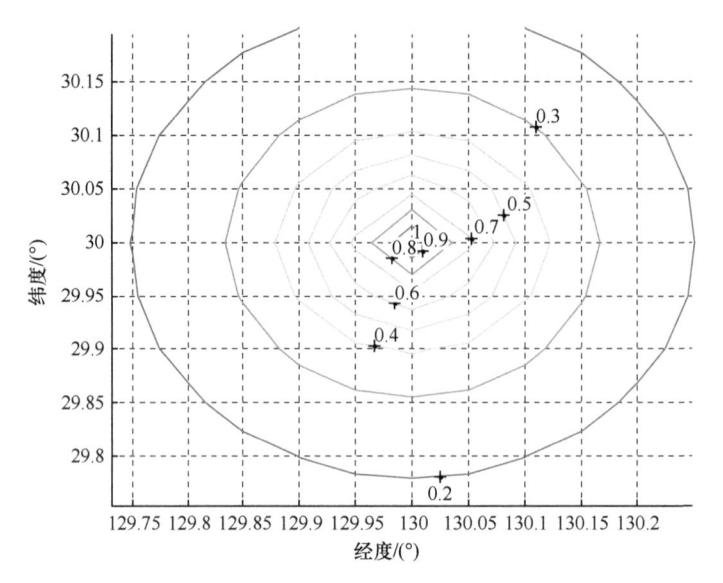

图 2-37　雷达距离误差与平台位置 Z 误差的耦合度

表 2-9　距离误差与其他误差项演化的耦合度

误差项	是否与雷达距离误差耦合	耦合规律（存在耦合时）	空间上整体耦合度（存在耦合时）
综合方位误差	不耦合	—	—
俯仰误差	不耦合	—	—
综合纵摇角误差	不耦合	—	—
综合横摇角误差	不耦合	—	—
平台位置 X 误差	耦合	当目标方位与 X 轴的夹角由 0°变为 90°时，逐渐由几乎不耦合变为几乎完全耦合	中等
平台位置 Y 误差	耦合	当目标方位与 X 轴的夹角由 0°变为 90°时，逐渐由几乎完全耦合变为几乎不耦合	中等
平台位置 Z 误差	耦合	随着目标距离由近及远，逐渐由完全耦合变为几乎不耦合	弱

不难看出，随着目标方位与舰艇艏艉线的夹角由 0°变为 90°，综合方位误差与综合纵摇角误差逐渐由几乎不耦合变为几乎完全耦合。$\left|\dfrac{1}{\sqrt{1+\cot^2\varepsilon\cos^2\beta}}\right|$ 的存在表明，$\chi_{\hat{\beta}\hat{\psi}}$ 并不是在 $\chi_{rx_{\mathrm{lp}}}$（雷达距离误差与平台位置 X 误差的耦合度）的基础上旋转舰向角 ψ_3，$\chi_{\hat{\beta}\hat{\psi}}$ 的变化主要出现在目标方位与舰艇艏艉线垂直处附近，其他区域变化缓慢（见图 2-38），整体上较 $\chi_{rx_{\mathrm{lp}}}$ 弱得多。

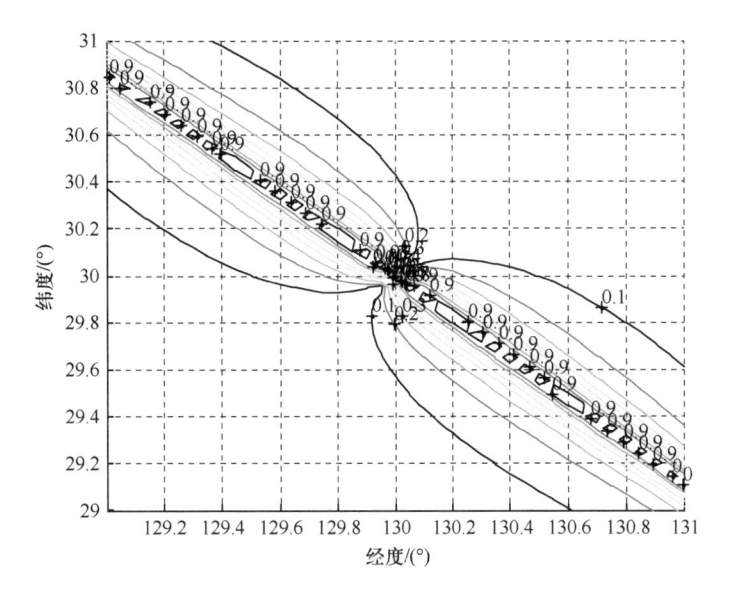

图 2-38　综合方位误差与综合纵摇角误差的耦合度

③ 综合方位误差与综合横摇角误差的耦合度：

$$\chi_{\hat{\beta}\hat{\phi}} = \left|\frac{\sin\varepsilon\cos\beta}{\sqrt{\sin^2\varepsilon + \cos^2\varepsilon\sin^2\beta}}\right| = \left|\frac{\cos\beta}{\sqrt{1+\cot^2\varepsilon\sin^2\beta}}\right| \quad (2\text{-}103)$$

容易看出，当目标方位与舰艇艏艉线夹角由 0°变为 90°时，综合方位误差与综合横摇角误差逐渐由几乎完全耦合变为几乎不耦合。同样，$\chi_{\hat{\beta}\hat{\phi}}$ 也不是在 $\chi_{ry_{lp}}$（雷达距离误差与平台位置 Y 误差的耦合度）的基础上旋转艏向角 ψ_3，$\chi_{\hat{\beta}\hat{\phi}}$ 的变化主要出现在目标方位与舰艇艏艉线平行处附近，其他区域变化缓慢（见图 2-39），整体上较 $\chi_{ry_{lp}}$ 弱得多。

④ 综合方位误差与平台位置误差的耦合度。

综合方位误差与平台位置 X 误差的耦合度为

$$\chi_{\hat{\beta}x_{lp}} = |\cos(\beta+\psi_3)| \quad (2\text{-}104)$$

综合方位误差与平台位置 X 误差的耦合度如图 2-40 所示，可以看出，$\chi_{\hat{\beta}x_{lp}}$ 与 $\chi_{ry_{lp}}$（雷达距离误差与平台位置 Y 误差的耦合度）的变化趋势基本相同，整体上略强于 $\chi_{ry_{lp}}$（后者包含的系数因子 $\cos\varepsilon$ 小于 1，从而有 $\chi_{\hat{\beta}x_{lp}} > \chi_{ry_{lp}}$）。

综合方位误差与平台位置 Y 误差的耦合度为

$$\chi_{\hat{\beta}y_{lp}} = |\sin(\beta+\psi_3)| \quad (2\text{-}105)$$

综合方位误差与平台位置 Y 误差的耦合度如图 2-41 所示。容易发现，$\chi_{\hat{\beta}y_{lp}}$

与 $\chi_{rx_{\mathrm{lp}}}$（雷达距离误差与平台位置 X 误差的耦合度）的变化趋势基本一致，整体上略强于 $\chi_{rx_{\mathrm{lp}}}$（后者包含的系数因子 $\cos\varepsilon$ 小于 1，从而有 $\chi_{\hat{\beta}y_{\mathrm{lp}}} > \chi_{rx_{\mathrm{lp}}}$）。

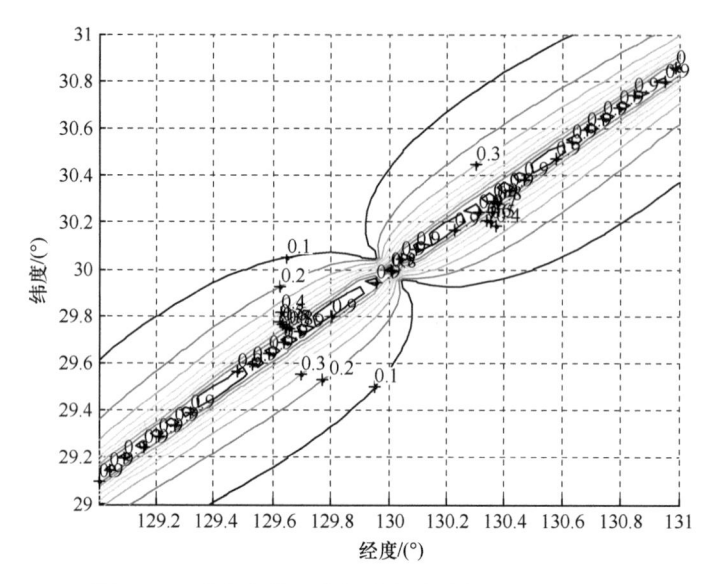

图 2-39　综合方位误差与综合横摇角误差的耦合度

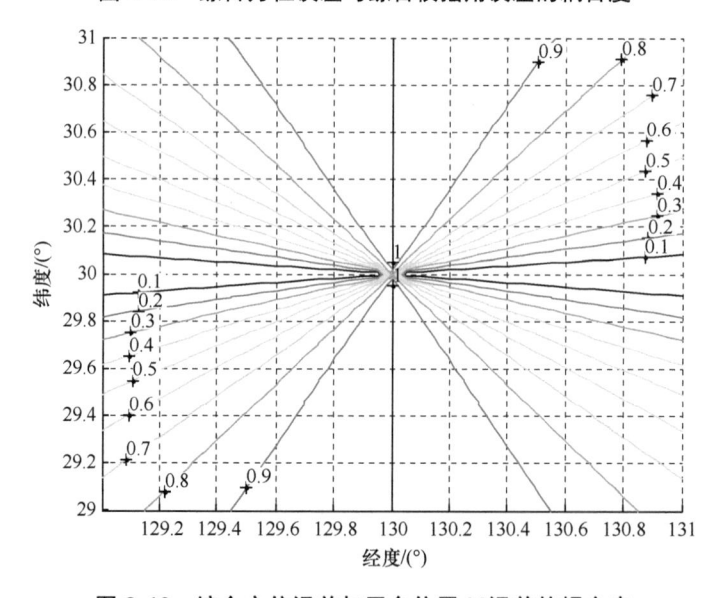

图 2-40　综合方位误差与平台位置 X 误差的耦合度

综合方位误差与平台位置 Z 误差的耦合度为

$$\chi_{\beta z_{\mathrm{lp}}} = 0 \tag{2-106}$$

综合方位误差与其他误差项演化的耦合度如表 2-10 所示。

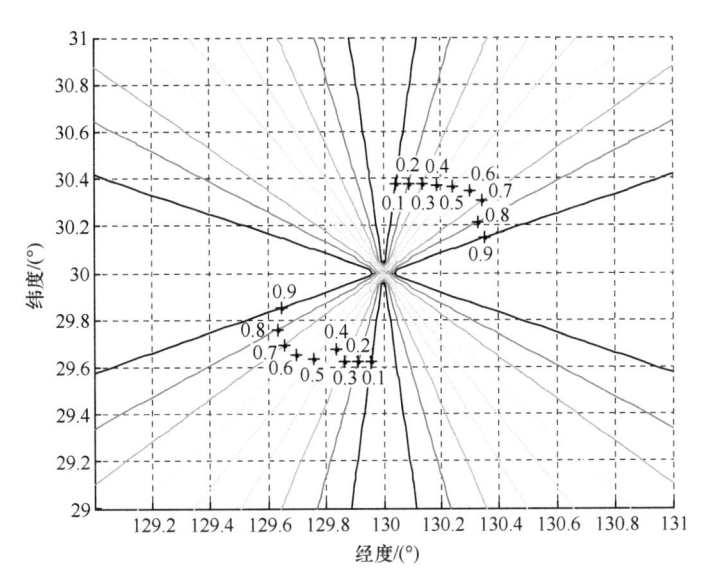

图 2-41　综合方位误差与平台位置 Y 误差的耦合度

表 2-10　综合方位误差与其他误差项演化的耦合度

误差项	是否与综合方位误差耦合	耦合规律（存在耦合时）	空间上整体耦合度（存在耦合时）
雷达距离误差	不耦合	—	—
俯仰误差	不耦合	—	—
综合纵摇角误差	不耦合	当目标方位与舰艇艏艉线的夹角由 0°变为 90°时，逐渐由几乎不耦合变为几乎完全耦合	较弱
综合横摇角误差	不耦合	当目标方位与舰艇艏艉线的夹角由 0°变为 90°时，逐渐由几乎完全耦合变为几乎不耦合	较弱
平台位置 X 误差	耦合	当目标方位与舰艇艏艉线的夹角由 0°变为 90°时，逐渐由几乎完全耦合变为几乎不耦合	中等
平台位置 Y 误差	耦合	当目标方位与舰艇艏艉线的夹角由 0°变为 90°时，逐渐由几乎不耦合变为几乎完全耦合	中等
平台位置 Z 误差	不耦合	—	—

（4）俯仰误差。

① 俯仰误差与综合纵摇角误差的耦合度：

$$\chi_{\varepsilon\hat{\psi}} = \left| \frac{\cos\beta}{\sqrt{\sin^2\varepsilon + \cos^2\varepsilon\cos^2\beta}} \right| = \left| \sqrt{\frac{\cos^2\beta}{1+\cos^2\varepsilon\sin^2\beta}} \right| \qquad (2\text{-}107)$$

当目标方位线与舰艇艏艉线的夹角由 0°变为 90°时，俯仰误差与综合纵摇角误差由几乎完全耦合变为几乎不耦合。从图 2-42 中可以看出，除了目标方位线与舰艇艏艉线垂直的附近区域，俯仰误差与综合纵摇角误差的耦合度非常强。

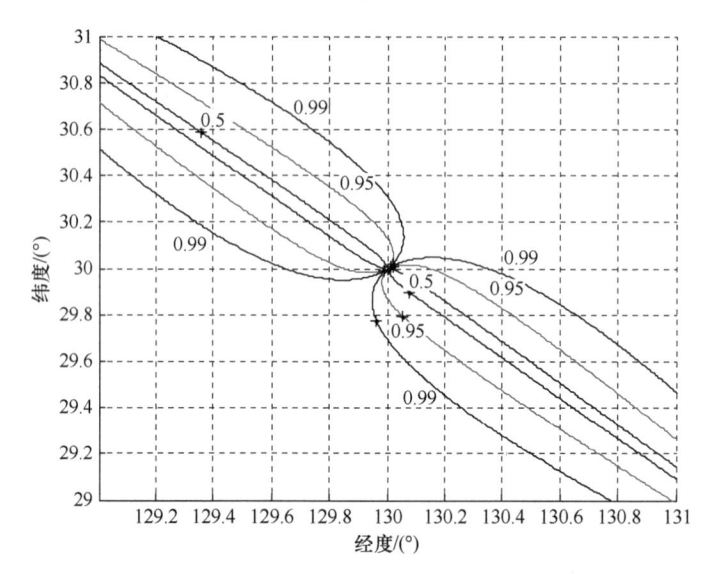

图 2-42 俯仰误差与综合纵摇角误差的耦合度

② 俯仰误差与综合横摇角误差的耦合度：

$$\chi_{\varepsilon\hat{\phi}} = \left| \frac{\sin\beta}{\sqrt{\sin^2\varepsilon + \cos^2\varepsilon\sin^2\beta}} \right| \qquad (2\text{-}108)$$

当目标方位线与舰艇艏艉线的夹角由 0°变为 90°时，俯仰误差与综合横摇角误差由几乎不耦合变为几乎完全耦合。从图 2-43 中可以看出，除了目标方位线与舰艇艏艉线接近平行的区域，俯仰误差与综合横摇角误差的耦合度非常强。

③ 俯仰误差与平台位置误差的耦合度。

俯仰误差与平台位置 X 误差的耦合度为

$$\chi_{\varepsilon x_{\mathrm{lp}}} = \left| \sin\varepsilon \sin(\beta+\psi_3) \right| \qquad (2\text{-}109)$$

由于非近距离目标的仰角较小，因此 $\sin\varepsilon$ 也小，这表明俯仰误差与平台位置 X 误差的耦合度整体上很弱，如图 2-44 所示。

俯仰误差与平台位置 Y 误差的耦合度为

$$\chi_{\varepsilon y_{\mathrm{lp}}} = \left| \sin\varepsilon \cos(\beta+\psi_3) \right| \qquad (2\text{-}110)$$

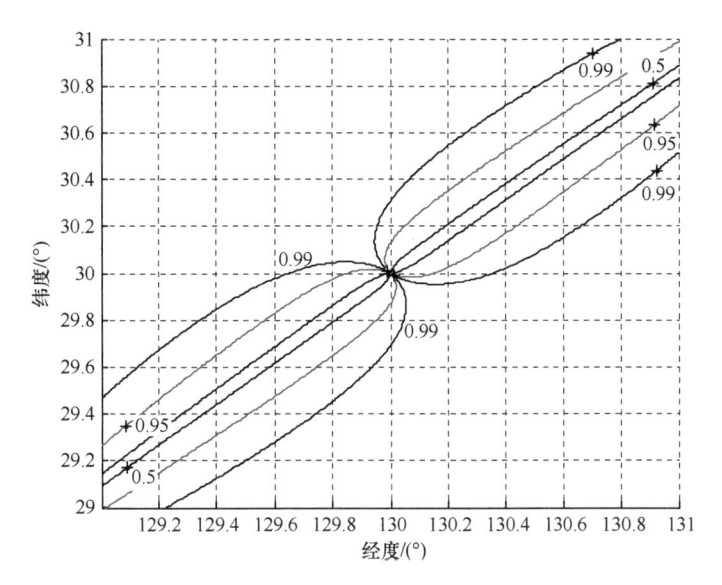

图 2-43　俯仰误差与综合横摇角误差的耦合度

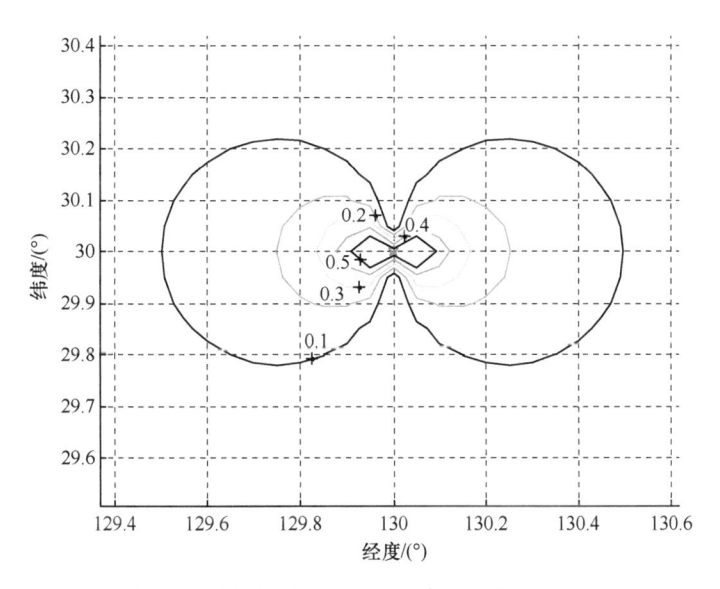

图 2-44　俯仰误差与平台位置 X 误差的耦合度

同样，俯仰误差与平台位置 Y 误差的耦合度整体上很弱，如图 2-45 所示。俯仰误差与平台位置 Z 误差的耦合度为

$$\chi_{\varepsilon z_{\mathrm{lp}}} = |\cos \varepsilon| \qquad (2\text{-}111)$$

不难看出，俯仰误差与平台位置 Z 误差的耦合度很强，如图 2-46 所示。

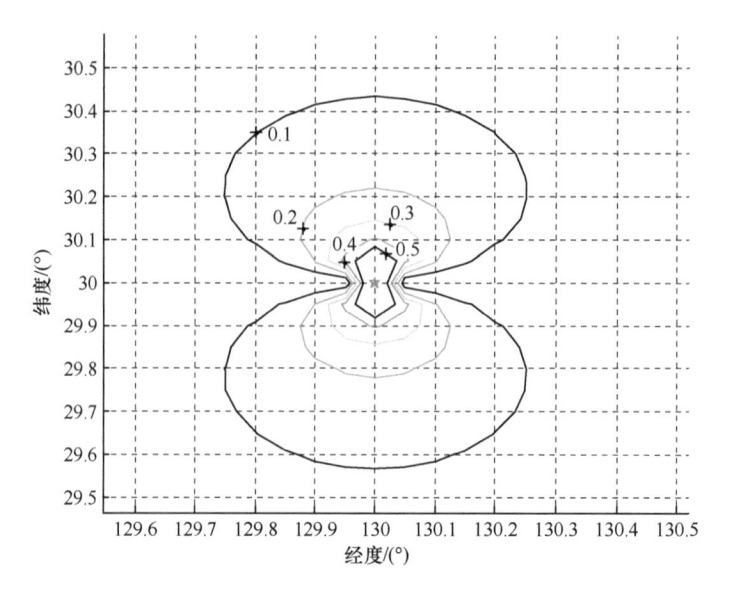

图 2-45　俯仰误差与平台位置 Y 误差的耦合度

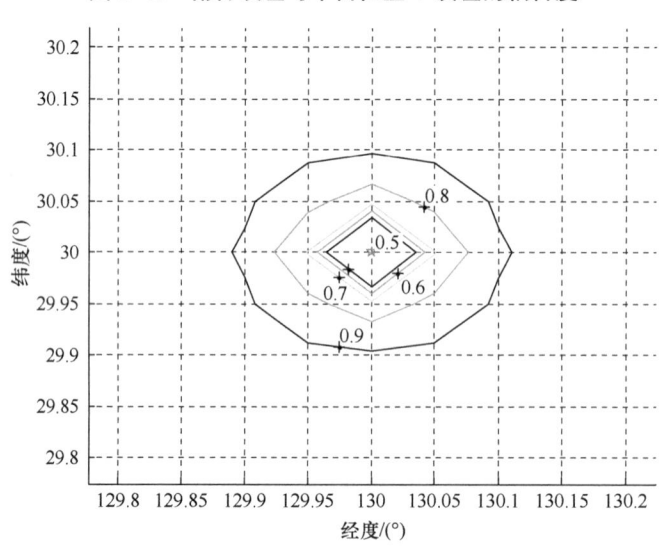

图 2-46　俯仰误差与平台位置 Z 误差的耦合度

俯仰误差与其他误差项演化的耦合度如表 2-11 所示。

表 2-11　俯仰误差与其他误差项演化的耦合度

误　差　项	是否与俯仰误差耦合	耦合规律 （存在耦合时）	空间上整体耦合度 （存在耦合时）
雷达距离误差	不耦合	—	—
综合方位误差	不耦合	—	—

续表

误 差 项	是否与俯仰误差耦合	耦合规律 （存在耦合时）	空间上整体耦合度 （存在耦合时）
综合纵摇角误差	不耦合	当目标方位与舰艇艏艉线的夹角由 0°变为 90°时，由几乎完全耦合变为几乎不耦合	强
综合横摇角误差	不耦合	当目标方位与舰艇艏艉线的夹角由 0°变为 90°时，由几乎不耦合变化为几乎完全耦合	强
平台位置 X 误差	耦合	当目标方位与 X 轴的夹角由 0°变为 90°时，由几乎不耦合变为几乎完全不耦合	弱
平台位置 Y 误差	耦合	当目标方位线与 X 轴的夹角由 0°变为 90°时，由几乎完全耦合变为几乎不耦合	弱
平台位置 Z 误差	耦合	依赖目标仰角的余弦	强

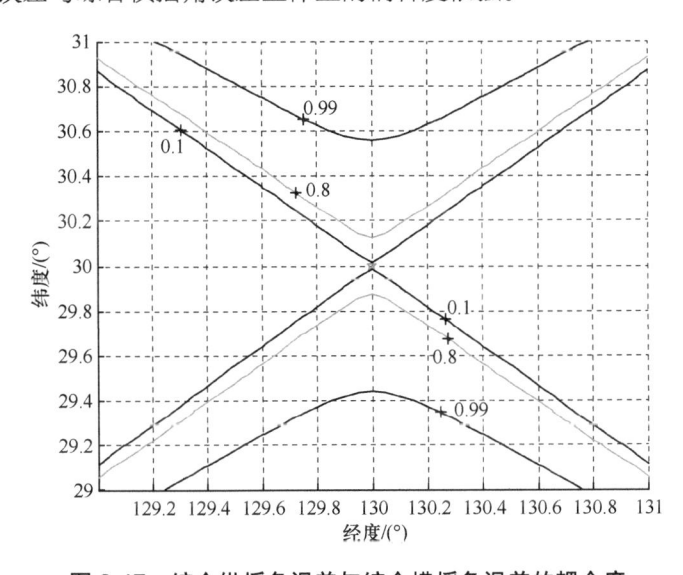

（5）综合纵摇角误差。

① 综合纵摇角误差与综合横摇角误差的耦合度：

$$\chi_{\hat{\psi}\hat{\phi}} = \left| \frac{\cos^2\varepsilon \sin\beta\cos\beta}{\sqrt{\sin^2\varepsilon + \cos^4\varepsilon \sin^2\beta\cos^2\beta}} \right| = \left| \frac{\cos^2\varepsilon \sin 2\beta}{2\sqrt{\sin^2\varepsilon + \cos^4\varepsilon \sin^2\beta\cos^2\beta}} \right| \quad (2\text{-}112)$$

综合纵摇角误差与综合横摇角误差的耦合度如图 2-47 所示。可以看出，综合纵摇角误差与综合横摇角误差整体上的耦合度很强。

图 2-47 综合纵摇角误差与综合横摇角误差的耦合度

② 综合纵摇角误差与平台位置误差的耦合度。

综合纵摇角误差与平台位置 X 误差的耦合度为

$$\chi_{\psi x_{\mathrm{lp}}} = \frac{\sin\varepsilon\sin\psi_3}{\sqrt{\sin^2\varepsilon+\cos^2\varepsilon\cos^2\beta}} \quad (2\text{-}113)$$

由于 $\sin\varepsilon$ 很小,所以综合纵摇角误差与平台位置 X 误差的耦合度很弱,如图 2-48 所示。

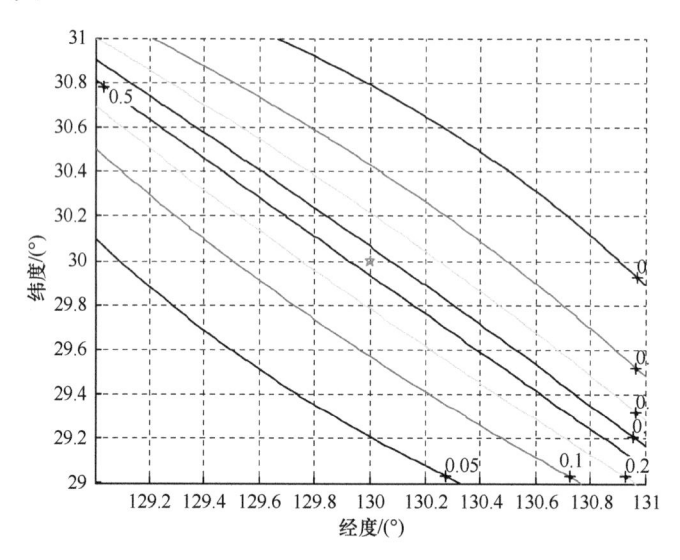

图 2-48　综合纵摇角误差与平台位置 X 误差的耦合度

综合纵摇角误差与平台位置 Y 误差的耦合度为

$$\chi_{\varepsilon y_{\mathrm{lp}}} = \frac{\sin\varepsilon\cos\psi_3}{\sqrt{\sin^2\varepsilon+\cos^2\varepsilon\cos^2\beta}} \quad (2\text{-}114)$$

同理,综合纵摇角误差与平台位置 Y 误差的耦合度也很弱,如图 2-49 所示。

综合纵摇角误差与平台位置 Z 误差的耦合度为

$$\chi_{\varepsilon z_{\mathrm{lp}}} = -\frac{\cos\varepsilon\cos\beta}{\sqrt{\sin^2\varepsilon+\cos^2\varepsilon\cos^2\beta}} \quad (2\text{-}115)$$

综合纵摇角误差与平台位置 Z 误差的耦合度如图 2-50 所示。

(6)综合横摇角误差。

综合横摇角误差与平台位置 X 误差的耦合度为

$$\chi_{\hat{\phi}x_{\mathrm{lp}}} = \left|\frac{\sin\varepsilon\cos\psi_3}{\sqrt{\sin^2\varepsilon+\cos^2\varepsilon\sin^2\beta}}\right| \quad (2\text{-}116)$$

综合横摇角误差与平台位置 X 误差的耦合度如图 2-51 所示。

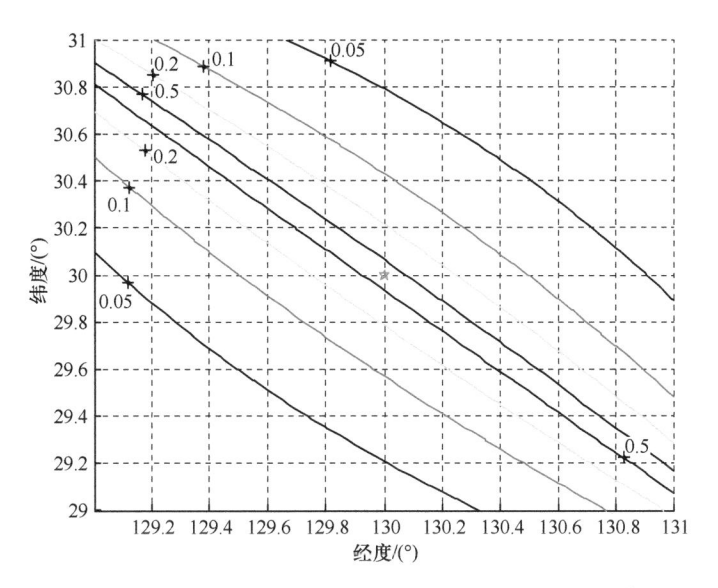

图 2-49　综合纵摇角误差与平台位置 Y 误差的耦合度

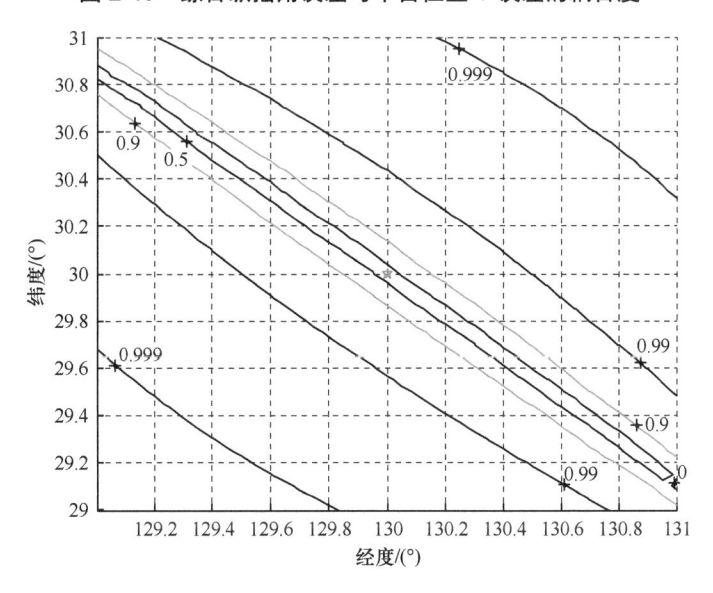

图 2-50　综合纵摇角误差与平台位置 Z 误差的耦合度

综合横摇角误差与平台位置 Y 误差的耦合度为

$$\chi_{\hat{\phi} y_{\mathrm{lp}}} = \left| \frac{\sin \varepsilon \sin \psi_3}{\sqrt{\sin^2 \varepsilon + \cos^2 \varepsilon \sin^2 \beta}} \right| \quad (2\text{-}117)$$

综合横摇角误差与平台位置 Y 误差的耦合度如图 2-52 所示。

综合横摇角误差与平台位置 Z 误差的耦合度为

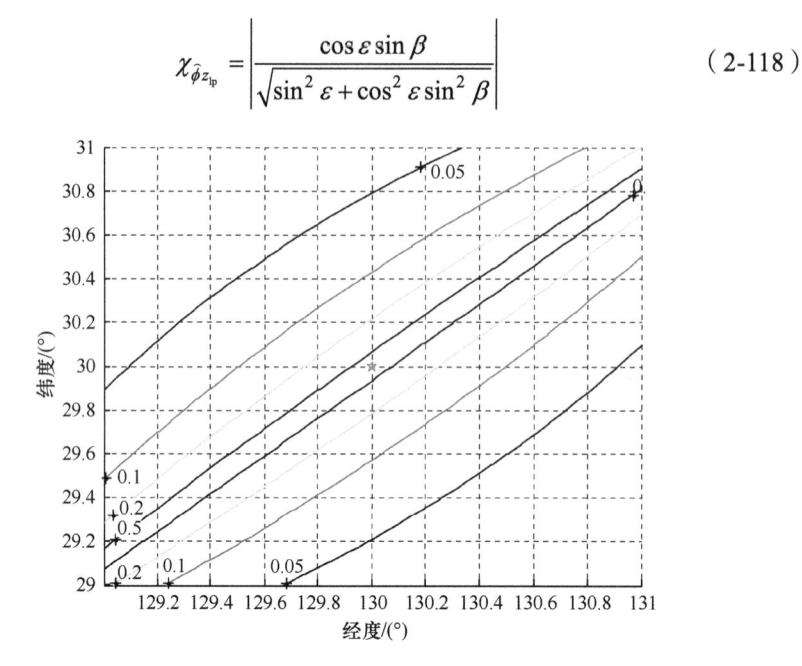

$$\chi_{\hat{\phi} z_{\text{lp}}} = \left| \frac{\cos\varepsilon \sin\beta}{\sqrt{\sin^2\varepsilon + \cos^2\varepsilon \sin^2\beta}} \right| \quad (2\text{-}118)$$

图 2-51 综合横摇角误差与平台位置 X 误差的耦合度

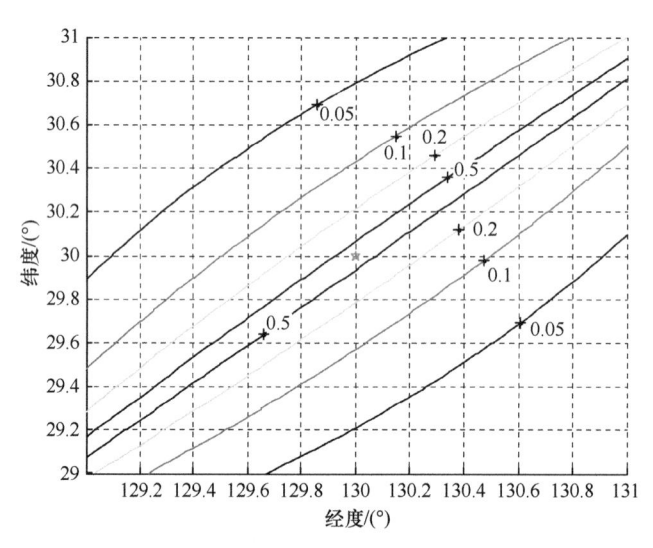

图 2-52 综合横摇角误差与平台位置 Y 误差的耦合度

综合横摇角误差与平台位置 Z 误差的耦合度如图 2-53 所示。

（7）误差耦合矩阵。

综合上述分析结果，可得出机械稳定雷达时空基准误差耦合规律，如表 2-12 所示。表中给出了时空基准误差两两之间耦合度的空间分布规律，但尚未从整体上给出耦合度的强弱。为了从整体上衡量时空基准误差两两之间的耦合度强

弱，定义平均耦合度为雷达威力范围内所有区域耦合度的平均值，即

$$\bar{\chi}_{\delta_i\delta_j} = \sum_{k=1}^{n}\sum_{l=1}^{n}\chi_{\delta_i\delta_j}\Big|_{k,l} \quad (2\text{-}119)$$

式中，$\chi_{\delta_i\delta_j}\big|_{k,l}$ 表示位置(k,l)处时空基准误差的耦合度；(k,l)表示雷达威力范围内的一个采样点。

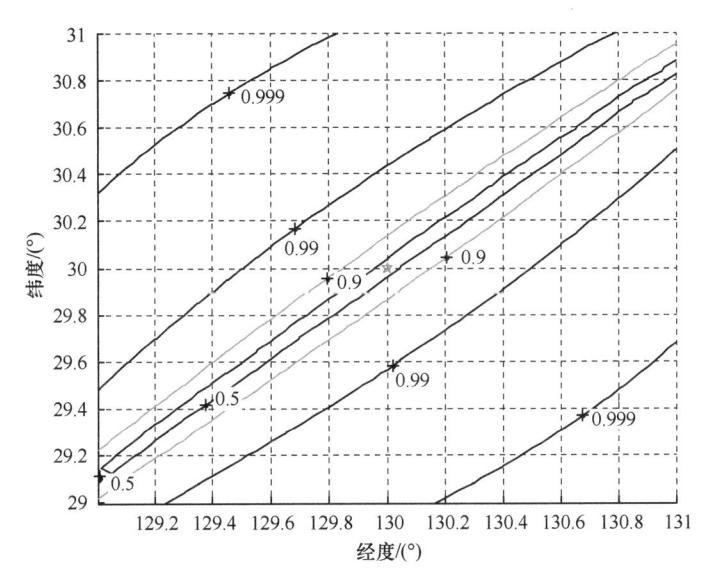

图 2-53 综合横摇角误差与平台位置 Z 误差的耦合度

表 2-12 机械稳定雷达时空基准误差耦合规律

序 号	耦 合 类 型	误 差 对 比
1	完全耦合	综合方位误差，具体见表 2-6
		综合纵摇角误差，具体见表 2-6
		综合横摇角误差，具体见表 2-6
2	不耦合	雷达距离误差和综合方位误差
		雷达距离误差和综合俯仰误差
		雷达距离误差和综合纵摇角误差
		雷达距离误差和综合横摇角误差
		综合方位误差和综合俯仰误差
		综合方位误差和平台位置 Z 误差
		平台位置 X 误差和平台位置 Y 误差
		平台位置 X 误差和平台位置 Z 误差
		平台位置 Y 误差和平台位置 Z 误差

续表

序 号	耦 合 类 型	误 差 对 比
3	耦合度随目标距离的增大而变大/变小（空间分布上关于原点中心对称）	雷达距离误差和平台位置 Z 误差
		俯仰误差和平台位置 Z 误差
4	耦合度随目标方位与舰艇艏向之间夹角的增大而变大/变小（空间分布上关于舰艇艏向对称）	综合方位误差和综合纵摇角误差
		综合方位误差和综合横摇角误差
		俯仰误差和综合纵摇角误差
		俯仰误差和综合横摇角误差
		综合纵摇角误差和综合横摇角误差
		综合纵摇角误差和平台位置 X 误差
		综合纵摇角误差和平台位置 Y 误差
		综合纵摇角误差和平台位置 Z 误差
		综合横摇角误差和平台位置 X 误差
		综合横摇角误差和平台位置 Y 误差
		综合横摇角误差和平台位置 Z 误差
5	耦合度随目标方位与地理坐标系 X 轴夹角的增大而变大/变小（空间分布上关于地理坐标系 X 轴对称）	雷达距离误差和平台位置 X 误差
		雷达距离误差和平台位置 Y 误差
		综合方位误差和平台位置 X 误差
		综合方位误差和平台位置 Y 误差
		俯仰误差和平台位置 X 误差
		俯仰误差和平台位置 Y 误差
6	依赖目标速度和位置	雷达时间误差和其他误差

机械稳定雷达时空基准误差耦合矩阵如表 2-13 所示。

表 2-13　机械稳定雷达时空基准误差耦合矩阵

	雷达距离误差	综合方位误差	俯仰误差	综合纵摇角误差	综合横摇角误差	平台位置 Z 误差	平台位置 X 误差	平台位置 Y 误差	雷达时间误差
雷达距离误差		0	0	0	0	0.07	0.61	0.68	—
综合方位误差			0	0.16	0.16	0	0.69	0.61	—
俯仰误差				0.95	0.95	0.99	0.05	0.05	—
综合纵摇角误差					0.9	0.95	0.12	0.14	—
综合横摇角误差						0.95	0.14	0.13	—
平台位置 Z 误差							0	0	—
平台位置 X 误差								0	—
平台位置 Y 误差									—
雷达时间误差									

从该耦合矩阵可以看出：

① 综合方位误差、综合纵摇角误差、综合横摇角误差、平台位置 Z 误差四者之间存在强耦合度。

② 雷达距离误差、综合方位误差和平台位置 X/Y 误差之间存在较强的耦合度。

③ 其他误差之间的耦合度较弱。

对于这些存在强耦合度的误差，理论上很难将其分离，配准中应将其合并。此外，虽然一些误差之间在整体上耦合度较弱，但从前文的耦合度图和耦合规律中可以看到，它们的耦合度在空间分布上通常是不均匀的，在某些特定区域耦合度仍可能较强，对于这些误差，配准时还需要依据目标所处的区域进行区别化处理。雷达时间误差几乎和其他所有误差一样都存在耦合且耦合度依赖目标运动状态（速度），这一事实说明，雷达时间误差的优化控制问题在雷达数据层是很难解决的。

2.4.3 电子稳定雷达时空基准误差演化模型

2.4.3.1 时空基准误差演化链

电子稳定雷达时空基准误差演化过程如图 2-54 所示。电子稳定雷达时空基准误差演化涉及的坐标系如图 2-55 所示。

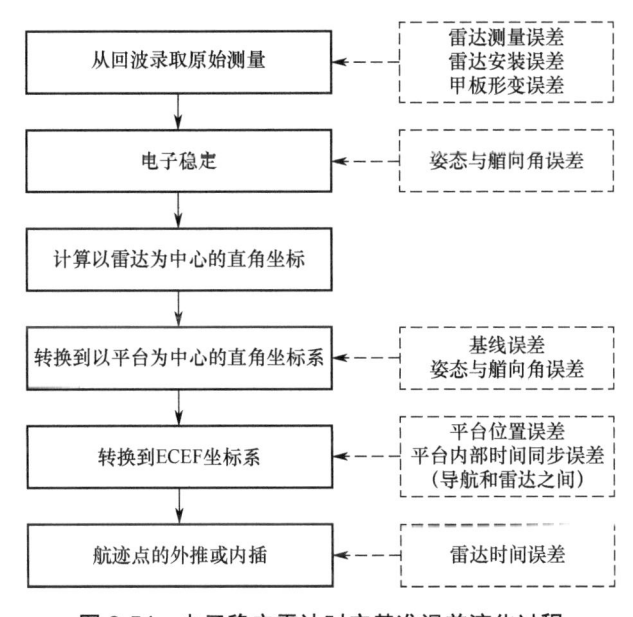

图 2-54 电子稳定雷达时空基准误差演化过程

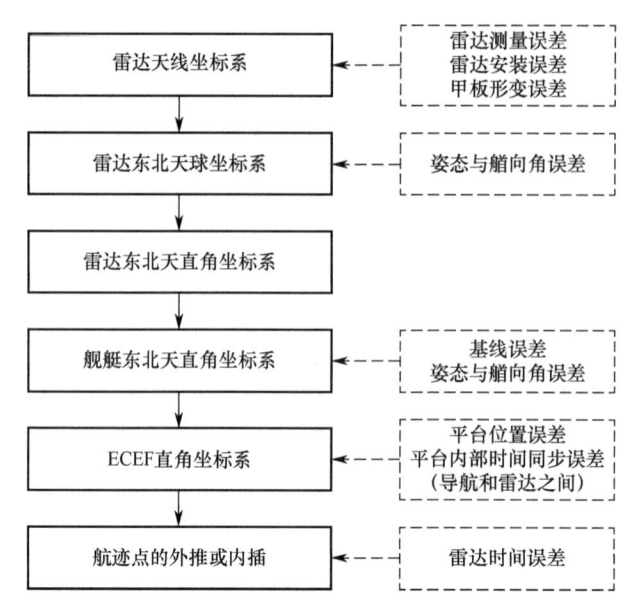

```
雷达天线坐标系  ←--  雷达测量误差
                      雷达安装误差
     ↓                甲板形变误差

雷达东北天球坐标系  ←--  姿态与艏向角误差

     ↓

雷达东北天直角坐标系

     ↓

舰艇东北天直角坐标系  ←--  基线误差
                          姿态与艏向角误差

     ↓

ECEF直角坐标系  ←--  平台位置误差
                     平台内部时间同步误差
                     （导航和雷达之间）

     ↓

航迹点的外推或内插  ←--  雷达时间误差
```

图 2-55　电子稳定雷达时空基准误差演化涉及的坐标系

1）雷达天线坐标系

电子稳定雷达在雷达天线坐标系中进行测量时引入的误差源如表 2-14 所示。一方面，雷达测量精度和大气折射会直接影响雷达的测量结果；另一方面，电子稳定雷达的测量结果理论上是相对于其天线坐标系的，但雷达在安装时不可能完全精确，其实际天线坐标系和理论天线坐标系总会存在一定的系统误差，雷达安装处的甲板形变也会造成天线坐标系倾斜。最终，这些误差都被包含在雷达原始测量中。

表 2-14　电子稳定雷达原始测量录取时引入的误差源

误　差　源	影响的主要测量项
雷达原始测量误差	距离、方位、仰角
大气折射	距离、仰角
雷达安装误差	方位、仰角
甲板形变	方位、仰角

可以看出，与机械稳定雷达相比，电子稳定雷达在回波录取环节少了两个误差源：舰艇纵横摇角误差（该误差在后续的电子稳定中产生影响）和机械稳定平台稳定误差（这正是电子稳定雷达的优点之一）。

电子稳定雷达在该环节引入的误差主要包括雷达原始测量误差、雷达安装和甲板形变误差。

（1）雷达原始测量误差。

雷达的原始测量信息包含系统误差和随机误差，具体为

$$\begin{bmatrix} r_\mathrm{m} \\ \beta_\mathrm{m} \\ \varepsilon_\mathrm{m} \end{bmatrix} = \begin{bmatrix} r \\ \beta \\ \varepsilon \end{bmatrix} + \begin{bmatrix} \delta r_\mathrm{m} \\ \delta \beta_\mathrm{m} \\ \delta \varepsilon_\mathrm{m} \end{bmatrix} = \begin{bmatrix} r \\ \beta \\ \varepsilon \end{bmatrix} + \begin{bmatrix} \delta r_\mathrm{ms} \\ \delta \beta_\mathrm{ms} \\ \delta \varepsilon_\mathrm{ms} \end{bmatrix} + \begin{bmatrix} \delta r_\mathrm{mr} \\ \delta \beta_\mathrm{mr} \\ \delta \varepsilon_\mathrm{mr} \end{bmatrix} \tag{2-120}$$

式中，$(r_\mathrm{m},\beta_\mathrm{m},\varepsilon_\mathrm{m})$ 是雷达原始测量值；(r,β,ε) 是雷达原始测量的真值；$(\delta r_\mathrm{ms},\delta \beta_\mathrm{ms},\delta \varepsilon_\mathrm{ms})$ 是雷达测量系统误差；$(\delta r_\mathrm{mr},\delta \beta_\mathrm{mr},\delta \varepsilon_\mathrm{mr})$ 是雷达测量随机误差。

（2）雷达安装误差。

与机械稳定雷达类似，电子稳定雷达安装误差导致的雷达测量误差为

$$\begin{bmatrix} \delta r_\phi \\ \delta \beta_\phi \\ \delta \varepsilon_\phi \end{bmatrix} = \begin{bmatrix} 0 & 0 & 0 \\ -\tan\varepsilon\sin\beta & -\tan\varepsilon\cos\beta & 1 \\ -\cos\beta & \sin\beta & 0 \end{bmatrix} \begin{bmatrix} \delta\phi_1 \\ \delta\phi_2 \\ \delta\phi_3 \end{bmatrix} \tag{2-121}$$

式中，$(\delta\phi_1,\delta\phi_2,\delta\phi_3)$ 是雷达天线坐标系相对于舰艇甲板坐标系的 3 个欧拉角，其中，$\delta\phi_1$ 为安装艏向系统误差，$\delta\phi_2$ 为安装纵向系统误差，$\delta\phi_3$ 为安装横向系统误差。

（3）甲板形变误差。

电子稳定雷达甲板形变误差导致的雷达测量误差与机械稳定雷达类似，即

$$\begin{bmatrix} \delta r_\omega \\ \delta \beta_\omega \\ \delta \varepsilon_\omega \end{bmatrix} = \begin{bmatrix} 0 & 0 & 0 \\ -\tan\varepsilon\sin\beta & -\tan\varepsilon\cos\beta & 1 \\ -\cos\beta & \sin\beta & 0 \end{bmatrix} \begin{bmatrix} \delta\omega_1 \\ \delta\omega_2 \\ \delta\omega_3 \end{bmatrix} \tag{2-122}$$

式中，$(\delta\omega_1,\delta\omega_2,\delta\omega_3)$ 是形变后甲板相对于原甲板的 3 个欧拉角，其中，$\delta\omega_1$ 为甲板形变艏向倾斜，$\delta\omega_2$ 为甲板形变纵向倾斜，$\delta\omega_3$ 为甲板形变横向倾斜。

（4）总误差。

综合以上几类误差，可知电子稳定雷达在提取目标距离、方位、仰角过程中的总误差为

$$\begin{bmatrix} \delta r \\ \delta \beta \\ \delta \varepsilon \end{bmatrix} = \begin{bmatrix} \delta r_\mathrm{m} \\ \delta \beta_\mathrm{m} \\ \delta \varepsilon_\mathrm{m} \end{bmatrix} + \begin{bmatrix} \delta\phi_1 \\ \delta\phi_2 \\ \delta\phi_3 \end{bmatrix} + \begin{bmatrix} \delta\omega_1 \\ \delta\omega_2 \\ \delta\omega_3 \end{bmatrix} \tag{2-123}$$

将各误差影响的具体表达式代入式（2-123）可得

$$\begin{bmatrix} \delta r \\ \delta \beta \\ \delta \varepsilon \end{bmatrix} = \begin{bmatrix} \delta r_\mathrm{m} \\ \delta \beta_\mathrm{m} \\ \delta \varepsilon_\mathrm{m} \end{bmatrix} + \begin{bmatrix} 0 & 0 & 0 \\ -\tan\varepsilon\sin\beta & -\tan\varepsilon\cos\beta & 1 \\ -\cos\beta & \sin\beta & 0 \end{bmatrix} \left(\begin{bmatrix} \delta\phi_1 \\ \delta\phi_2 \\ \delta\phi_3 \end{bmatrix} + \begin{bmatrix} \delta\omega_1 \\ \delta\omega_2 \\ \delta\omega_3 \end{bmatrix} \right) \tag{2-124}$$

2）雷达东北天球坐标系

由于电子稳定雷达原始测量的方位和仰角并不是相对于当地水平面的，因

此需要利用舰艇的姿态与艏向信息对其进行转换。

根据舰载雷达的电子稳定方程可知

$$\begin{cases} \bar{\beta} = \dfrac{180}{\pi} \arctan \dfrac{\cos\varepsilon\sin\beta\cos\psi_2 + \sin\varepsilon\sin\psi_2}{\cos\varepsilon\sin\beta\sin\psi_1\sin\psi_2 + \cos\varepsilon\cos\beta\cos\psi_1 - \sin\varepsilon\sin\psi_1\cos\psi_2} + \psi_3 \\ \bar{\varepsilon} = \dfrac{180}{\pi} \arcsin(-\cos\varepsilon\sin\beta\cos\psi_1\sin\psi_2 + \cos\varepsilon\cos\beta\sin\psi_1 + \sin\varepsilon\cos\psi_1\cos\psi_2) \end{cases}$$

（2-125）

式中，$\bar{\beta}$是修正后的方位角；$\bar{\varepsilon}$是修正后的仰角。

由于目标方位约定的取值范围为$[0, 2\pi]$，而反正切函数的值域为$[-\pi/2, \pi/2]$，因此式（2-125）中的$\bar{\beta}$实际还需要依据分子和分母的符号变换到$[0, 2\pi]$。但这对后续的流程分析并无本质影响，因此不再列出。

可以看出，在这一过程中，舰艇纵摇角误差、横摇角误差和艏向角误差将被引入目标的方位和仰角信息中。

另外，由式（2-125）还可以知道，方位修正和仰角修正只需利用原始方位角和原始俯仰角即可完成，并不需要利用目标距离。

不难看出，式（2-125）非常复杂，如果直接根据该式进行误差演化分析，则误差公式会非常复杂。为此，下面从电子稳定方程实际蕴含的物理过程出发进行误差演化推导。

电子稳定方程实际是下述3个方程的合成。

$$\begin{bmatrix} x_s \\ y_s \\ z_s \end{bmatrix} = \begin{bmatrix} r\cos\varepsilon\sin\beta \\ r\cos\varepsilon\cos\beta \\ r\sin\varepsilon \end{bmatrix} \quad （2-126）$$

$$\begin{bmatrix} x_{ls} \\ y_{ls} \\ z_{ls} \end{bmatrix} = \boldsymbol{M}_{lb} \begin{bmatrix} x_s \\ y_s \\ z_s \end{bmatrix} \quad （2-127）$$

$$\begin{cases} \bar{r} = r \\ \bar{\beta} = \arctan \dfrac{x_{ls}}{y_{ls}} \\ \bar{\varepsilon} = \arcsin \dfrac{z_{ls}}{r} \end{cases} \quad （2-128）$$

式中，(x_s, y_s, z_s)是目标在雷达天线坐标系中的坐标；(x_{ls}, y_{ls}, z_{ls})是目标在雷达地理坐标系中的坐标；$\boldsymbol{M}_{lb}$是雷达天线坐标系到雷达地理坐标系的旋转矩阵。

式（2-126）~式（2-128）的误差演化公式分别为

$$\begin{bmatrix} \delta x_s \\ \delta y_s \\ \delta z_s \end{bmatrix} = \begin{bmatrix} \cos\varepsilon\sin\beta & r\cos\varepsilon\cos\beta & -r\sin\varepsilon\sin\beta \\ \cos\varepsilon\cos\beta & -r\cos\varepsilon\sin\beta & -r\sin\varepsilon\cos\beta \\ \sin\varepsilon & 0 & r\cos\varepsilon \end{bmatrix} \begin{bmatrix} \delta r \\ \delta\beta \\ \delta\varepsilon \end{bmatrix} \quad (2\text{-}129)$$

$$\begin{bmatrix} \delta x_{ls} \\ \delta y_{ls} \\ \delta z_{ls} \end{bmatrix} = \delta\boldsymbol{M}_{lb} \begin{bmatrix} x_s \\ y_s \\ z_s \end{bmatrix} + \boldsymbol{M}_{lb} \begin{bmatrix} \delta x_s \\ \delta y_s \\ \delta z_s \end{bmatrix} = \delta\boldsymbol{\Omega}_{lb}\boldsymbol{M}_{lb} \begin{bmatrix} x_s \\ y_s \\ z_s \end{bmatrix} + \boldsymbol{M}_{lb} \begin{bmatrix} \delta x_s \\ \delta y_s \\ \delta z_s \end{bmatrix} \quad (2\text{-}130)$$

$$\begin{bmatrix} \delta\bar{r} \\ \delta\bar{\beta} \\ \delta\bar{\varepsilon} \end{bmatrix} = \begin{bmatrix} \cos\bar{\varepsilon}\sin\bar{\beta} & \bar{r}\cos\bar{\varepsilon}\cos\bar{\beta} & -\bar{r}\sin\bar{\varepsilon}\sin\bar{\beta} \\ \cos\bar{\varepsilon}\cos\bar{\beta} & -\bar{r}\cos\bar{\varepsilon}\sin\bar{\beta} & -\bar{r}\sin\bar{\varepsilon}\cos\bar{\beta} \\ \sin\bar{\varepsilon} & 0 & \bar{r}\cos\bar{\varepsilon} \end{bmatrix}^{-1} \begin{bmatrix} \delta x_{ls} \\ \delta y_{ls} \\ \delta z_{ls} \end{bmatrix} \quad (2\text{-}131)$$

式中，$\delta\boldsymbol{M}_{lb} = \delta\boldsymbol{\Omega}_{lb}\boldsymbol{M}_{lb}$ 是雷达天线坐标系到雷达地理坐标系的旋转矩阵误差，其中 $\delta\boldsymbol{\Omega}_{lb} = \begin{bmatrix} 0 & \delta\psi_3 - \sin\psi_1\delta\psi_2 & -\sin\psi_3\delta\psi_1 + \cos\psi_1\cos\psi_3\delta\psi_2 \\ -\delta\psi_3 + \sin\psi_1\delta\psi_2 & 0 & -\cos\psi_3\delta\psi_1 - \cos\psi_1\sin\psi_3\delta\psi_2 \\ \sin\psi_3\delta\psi_1 - \cos\psi_1\cos\psi_3\delta\psi_2 & \cos\psi_3\delta\psi_1 + \cos\psi_1\sin\psi_3\delta\psi_2 & 0 \end{bmatrix}$。

从而可知完整的误差公式为

$$\begin{bmatrix} \delta\bar{r} \\ \delta\bar{\beta} \\ \delta\bar{\varepsilon} \end{bmatrix} = \begin{bmatrix} \cos\bar{\varepsilon}\sin\bar{\beta} & \bar{r}\cos\bar{\varepsilon}\cos\bar{\beta} & -\bar{r}\sin\bar{\varepsilon}\sin\bar{\beta} \\ \cos\bar{\varepsilon}\cos\bar{\beta} & -\bar{r}\cos\bar{\varepsilon}\sin\bar{\beta} & -\bar{r}\sin\bar{\varepsilon}\cos\bar{\beta} \\ \sin\bar{\varepsilon} & 0 & \bar{r}\cos\bar{\varepsilon} \end{bmatrix}^{-1} \cdot \left(\delta\boldsymbol{\Omega}_{lb}\boldsymbol{M}_{lb} \begin{bmatrix} x_s \\ y_s \\ z_s \end{bmatrix} + \boldsymbol{M}_{lb} \begin{bmatrix} \cos\varepsilon\sin\beta & r\cos\varepsilon\cos\beta & -r\sin\varepsilon\sin\beta \\ \cos\varepsilon\cos\beta & -r\cos\varepsilon\sin\beta & -r\sin\varepsilon\cos\beta \\ \sin\varepsilon & 0 & r\cos\varepsilon \end{bmatrix} \begin{bmatrix} \delta r \\ \delta\beta \\ \delta\varepsilon \end{bmatrix} \right) \quad (2\text{-}132)$$

显然，舰艇姿态与艏向角误差造成的影响为

$$\begin{bmatrix} \delta\bar{r} \\ \delta\bar{\beta} \\ \delta\bar{\varepsilon} \end{bmatrix}_\psi = \begin{bmatrix} \cos\bar{\varepsilon}\sin\bar{\beta} & \bar{r}\cos\bar{\varepsilon}\cos\bar{\beta} & -\bar{r}\sin\bar{\varepsilon}\sin\bar{\beta} \\ \cos\bar{\varepsilon}\cos\bar{\beta} & -\bar{r}\cos\bar{\varepsilon}\sin\bar{\beta} & -\bar{r}\sin\bar{\varepsilon}\cos\bar{\beta} \\ \sin\bar{\varepsilon} & 0 & \bar{r}\cos\bar{\varepsilon} \end{bmatrix}^{-1} \delta\boldsymbol{\Omega}_{lb}\boldsymbol{M}_{lb} \begin{bmatrix} x_s \\ y_s \\ z_s \end{bmatrix} \quad (2\text{-}133)$$

即

$$\begin{bmatrix} \delta\bar{r} \\ \delta\bar{\beta} \\ \delta\bar{\varepsilon} \end{bmatrix}_\psi = \begin{bmatrix} \cos\bar{\varepsilon}\sin\bar{\beta} & \bar{r}\cos\bar{\varepsilon}\cos\bar{\beta} & -\bar{r}\sin\bar{\varepsilon}\sin\bar{\beta} \\ \cos\bar{\varepsilon}\cos\bar{\beta} & -\bar{r}\cos\bar{\varepsilon}\sin\bar{\beta} & -\bar{r}\sin\bar{\varepsilon}\cos\bar{\beta} \\ \sin\bar{\varepsilon} & 0 & \bar{r}\cos\bar{\varepsilon} \end{bmatrix}^{-1} \delta\boldsymbol{\Omega}_{lb} \begin{bmatrix} x_{ls} \\ y_{ls} \\ z_{ls} \end{bmatrix} \quad (2\text{-}134)$$

注意到

$$\delta\boldsymbol{\Omega}_{lb} \begin{bmatrix} x_{ls} \\ y_{ls} \\ z_{ls} \end{bmatrix} = \begin{bmatrix} -\sin\psi_3 z_{ls} & \cos\psi_1\cos\psi_3 z_{ls} - \sin\psi_1 y_{ls} & y_{ls} \\ -\cos\psi_3 z_{ls} & -\cos\psi_1\sin\psi_3 z_{ls} + \sin\psi_1 x_{ls} & -x_{ls} \\ \sin\psi_3 x_{ls} + \cos\psi_3 y_{ls} & -\cos\psi_1\cos\psi_3 x_{ls} + \cos\psi_1\sin\psi_3 y_{ls} & 0 \end{bmatrix} \cdot \begin{bmatrix} \delta\psi_1 \\ \delta\psi_2 \\ \delta\psi_3 \end{bmatrix} \quad (2\text{-}135)$$

因此，舰艇姿态与舰向角误差造成的影响为

$$\begin{bmatrix} \delta \overline{r} \\ \delta \overline{\beta} \\ \delta \overline{\varepsilon} \end{bmatrix}_\psi = \begin{bmatrix} \cos\overline{\varepsilon}\sin\overline{\beta} & \overline{r}\cos\overline{\varepsilon}\cos\overline{\beta} & -\overline{r}\sin\overline{\varepsilon}\sin\overline{\beta} \\ \cos\overline{\varepsilon}\cos\overline{\beta} & -\overline{r}\cos\overline{\varepsilon}\sin\overline{\beta} & -\overline{r}\sin\overline{\varepsilon}\cos\overline{\beta} \\ \sin\overline{\varepsilon} & 0 & \overline{r}\cos\overline{\varepsilon} \end{bmatrix}^{-1} \cdot$$

$$\begin{bmatrix} -\sin\psi_3 z_{ls} & \cos\psi_1 \cos\psi_3 z_{ls} - \sin\psi_1 y_{ls} & y_{ls} \\ -\cos\psi_3 z_{ls} & -\cos\psi_1 \sin\psi_3 z_{ls} + \sin\psi_1 x_{ls} & -x_{ls} \\ \sin\psi_3 x_{ls} + \cos\psi_3 y_{ls} & -\cos\psi_1 \cos\psi_3 x_{ls} + \cos\psi_1 \sin\psi_3 y_{ls} & 0 \end{bmatrix} \begin{bmatrix} \delta\psi_1 \\ \delta\psi_2 \\ \delta\psi_3 \end{bmatrix}$$

（2-136）

3）雷达东北天直角坐标系

该部分内容与机械稳定雷达相同。

4）舰艇东北天直角坐标系

该部分内容与机械稳定雷达相同。

5）ECEF 直角坐标系

该部分内容与机械稳定雷达相同。

6）航迹点的外推或内插

该部分内容与机械稳定雷达相同。

7）完整的演化模型

综合前述分析可得电子稳定雷达时空基准误差的演化模型为

$$\begin{bmatrix} \delta x_e \\ \delta y_e \\ \delta z_e \end{bmatrix} = \boldsymbol{M}_{el}\boldsymbol{M}_{lb} \begin{bmatrix} \cos\varepsilon\sin\beta & r\cos\varepsilon\cos\beta & -r\sin\varepsilon\sin\beta \\ \cos\varepsilon\cos\beta & -r\cos\varepsilon\sin\beta & -r\sin\varepsilon\cos\beta \\ \sin\varepsilon & 0 & r\cos\varepsilon \end{bmatrix} \begin{bmatrix} \delta r_m \\ \delta\beta_m \\ \delta\varepsilon_m \end{bmatrix} +$$

$$\boldsymbol{M}_{el}\boldsymbol{M}_{lb} \begin{bmatrix} 0 & -r\sin\varepsilon & r\cos\varepsilon\cos\beta \\ r\sin\varepsilon & 0 & -r\cos\varepsilon\sin\beta \\ -r\cos\varepsilon\cos\beta & r\cos\varepsilon\sin\beta & 0 \end{bmatrix} \left(\begin{bmatrix} \delta\phi_1 \\ \delta\phi_2 \\ \delta\phi_3 \end{bmatrix} + \begin{bmatrix} \delta\omega_1 \\ \delta\omega_2 \\ \delta\omega_3 \end{bmatrix} \right) +$$

$$\boldsymbol{M}_{el}\boldsymbol{M}_{lb} \begin{bmatrix} -\sin\psi_2 r\cos\varepsilon\cos\beta & r\sin\varepsilon & \cos\psi_1\cos\psi_2 r\cos\varepsilon\cos\beta - \sin\psi_1 r\sin\varepsilon \\ \sin\psi_2 r\cos\varepsilon\sin\beta - \cos\psi_2 r\sin\varepsilon & 0 & -\cos\psi_1\cos\psi_2 r\cos\varepsilon\sin\beta - \cos\psi_1\sin\psi_2 r\sin\varepsilon \\ \cos\psi_2 r\cos\varepsilon\cos\beta & -r\cos\varepsilon\sin\beta & \sin\psi_1 r\cos\varepsilon\sin\beta + \cos\psi_1\sin\psi_2 r\cos\varepsilon\cos\beta \end{bmatrix}$$

$$\begin{bmatrix} \delta\psi_1 \\ \delta\psi_2 \\ \delta\psi_3 \end{bmatrix} + \boldsymbol{M}_{el}\boldsymbol{M}_{lb} \begin{bmatrix} \delta\overline{x}_b \\ \delta\overline{y}_b \\ \delta\overline{z}_b \end{bmatrix} + \begin{bmatrix} \delta x_{ep} \\ \delta y_{ep} \\ \delta z_{ep} \end{bmatrix} + \boldsymbol{M}_{el} \begin{bmatrix} v_{x_t} \\ v_{y_t} \\ v_{z_t} \end{bmatrix} \delta t \qquad （2-137）$$

式中，$\boldsymbol{M}_{el}$ 是平台地理坐标系到 ECEF 坐标系的转换矩阵；$\boldsymbol{M}_{lb}$ 是舰艇甲板坐标系到舰艇地理坐标系的转换矩阵；$(\delta x_e, \delta y_e, \delta z_e)$ 是目标 ECEF 坐标误差；

$(\delta r_m, \delta \beta_m, \delta \varepsilon_m)$ 是雷达原始测量误差（包含系统误差和随机误差）；$(\delta \phi_1, \delta \phi_2, \delta \phi_3)$ 是雷达天线坐标系安装误差；$(\delta \omega_1, \delta \omega_2, \delta \omega_3)$ 是甲板形变误差；$(\delta \psi_1, \delta \psi_2, \delta \psi_3)$ 是舰艇姿态艏向角误差；$(\delta \overline{x}_b, \delta \overline{y}_b, \delta \overline{z}_b)$ 是舰艇甲板坐标系中表示的雷达基线误差；$(\delta x_{ep}, \delta y_{ep}, \delta z_{ep})$ 是平台 ECEF 坐标误差；(r, β, ε) 是目标在雷达天线坐标系中的位置真值；$(v_{x_t}, v_{y_t}, v_{z_t})$ 是目标在舰艇地理坐标系中的真实速度；δt 是雷达时间误差。

不难看出，共有 7 类误差影响电子稳定雷达的目标探测点迹：雷达原始测量误差、雷达安装误差、甲板形变误差、雷达基线误差、舰艇姿态与艏向角误差、舰艇位置误差、雷达时间误差，如表 2-15 所示。

表 2-15　电子稳定雷达时空误差源

序号	误差	误差形式	产生影响的阶段
1	雷达原始测量误差	测距测角误差 $(\delta r_m, \delta \beta_m, \delta \varepsilon_m)$	回波录取
2	雷达安装误差	3 个欧拉角误差 $(\delta \phi_1, \delta \phi_2, \delta \phi_3)$	回波录取
3	甲板形变误差	3 个欧拉角误差 $(\delta \omega_1, \delta \omega_2, \delta \omega_3)$	回波录取
4	雷达基线误差	雷达基线误差 $(\delta \overline{x}_b, \delta \overline{y}_b, \delta \overline{z}_b)$	基线修正
5	舰艇姿态与艏向角误差	纵横摇角及艏向角误差 $(\delta \psi_1, \delta \psi_2, \delta \psi_3)$	电子稳定
5	舰艇姿态与艏向角误差	旋转矩阵误差 $\delta \boldsymbol{M}_{lb}$	基线修正
6	舰艇位置误差	舰艇位置误差 $(\delta x_{ep}, \delta y_{ep}, \delta z_{ep})$	计算目标地心地固坐标
6	舰艇位置误差	旋转矩阵误差 $\delta \boldsymbol{M}_{el}$	计算目标地心地固坐标
7	雷达时间误差	雷达时间误差 δt	航迹点外推或者内插

2.4.3.2　显著性分析

本节利用上节建立的时空基准误差演化模型，在一些典型场景下依据目前主流舰艇时空基准误差水平（见表 2-16）对时空基准误差的演化进行定量分析，找出影响目标探测精度的主要误差因素。

表 2-16　目前主流舰艇时空基准误差水平

类别	误差项		单位	标准差
平台	位置	东向位置	m	100
平台	位置	北向位置	m	100
平台	位置	垂直位置	m	10
平台	姿态与艏向	纵摇角误差	(°)	0.05
平台	姿态与艏向	横摇角误差	(°)	0.05
平台	姿态与艏向	艏向角误差	(°)	0.25

续表

类别	误差项		单位	标准差
平台	甲板形变	绕 X 轴欧拉角	(°)	0.1
		绕 Y 轴欧拉角	(°)	0.1
		绕 Z 轴欧拉角	(°)	0.1
雷达	基线	基线 x 分量	m	0.5
		基线 y 分量	m	0.5
		基线 z 分量	m	0.5
	测量	距离	m	100
		方位角	(°)	0.3
		俯仰角	(°)	0.3
	天线坐标系	绕 X 轴欧拉角	(°)	0.05
		绕 Y 轴欧拉角	(°)	0.05
		绕 Z 轴欧拉角	(°)	0.05
	雷达时间误差	δt	s	0.5

1）仿真场景 1

如图 2-56 所示，我方平台自(130°, 30°, 0m)出发以速度(10m/s, 10m/s, 0m/s)匀速航行，一低空目标自(131°, 31°, 500m)以速度(−200m/s, −200m/s, 0m/s)快速向我方平台接近。

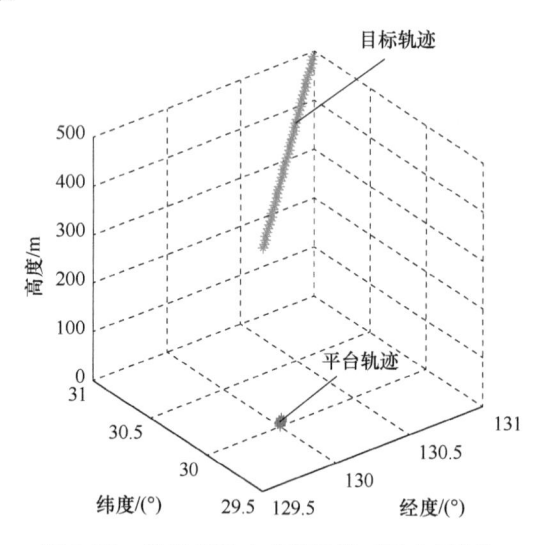

图 2-56　仿真场景 1 态势示意（低空目标）

图 2-57 是在这一过程中，各时空基准误差导致的目标空间误差的演化曲线。

不难看出，雷达原始测量误差和舰艇姿态与艏向角误差是各项误差源中影响最大的。为此，下面绘制出这两大误差源中各分量的具体演化曲线，分别如图 2-58 和图 2-59 所示。

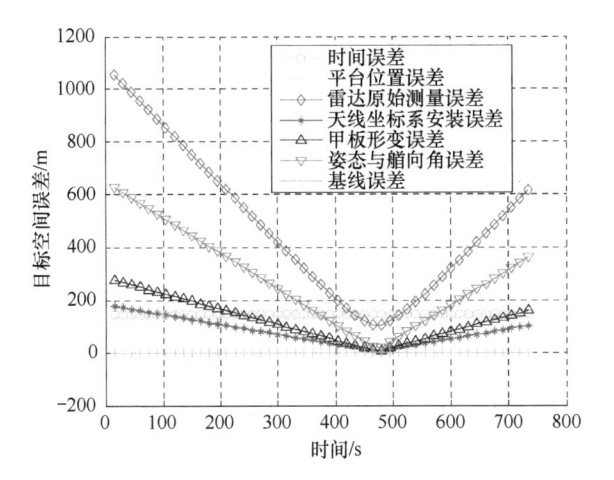

图 2-57　目标空间误差的演化曲线

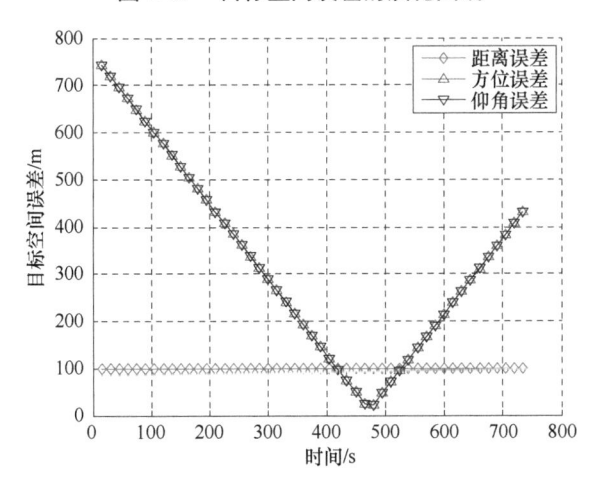

图 2-58　雷达原始测量误差中各分量的演化曲线

2）仿真场景 2

如图 2-60 所示，我方平台自(130°, 30°, 0m)出发以速度(10m/s, 10m/s, 0m/s)匀速航行，一高空目标自(131°, 31°, 5000m)以速度(-200m/s, -200m/s, 0m/s)快速向我方平台接近。

图 2-61 是在这一过程中，各时空基准误差导致的目标空间误差的演化曲线。

同样，雷达原始测量误差和舰艇姿态与艏向角误差是各项误差源中影响最大的。为此，下面绘制出这两大误差源中各分量的具体演化曲线，分别如图 2-62 和图 2-63 所示。

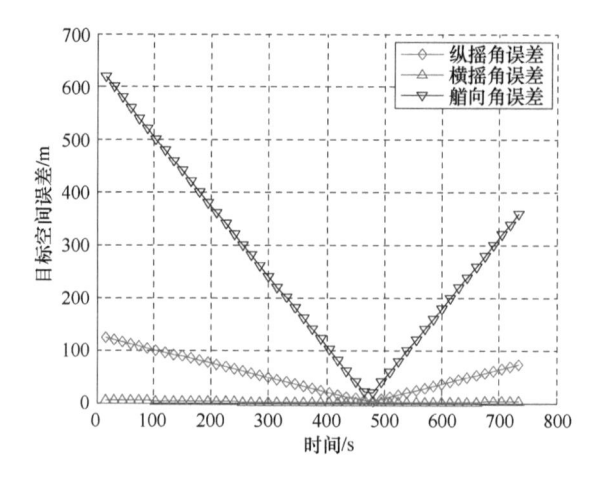

图 2-59　舰艇姿态与艏向角误差中各分量的演化曲线

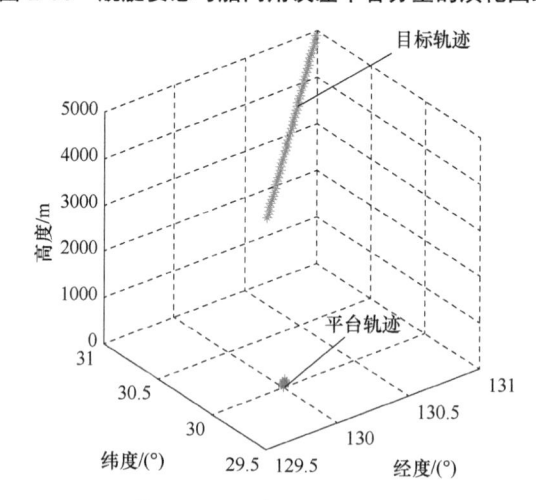

图 2-60　仿真场景 2 态势示意图（高空目标）

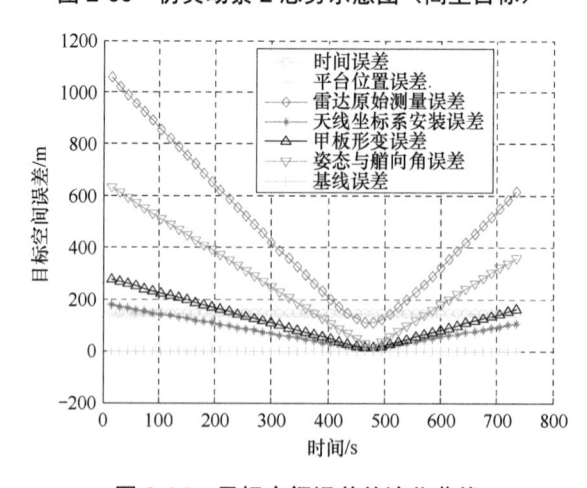

图 2-61　目标空间误差的演化曲线

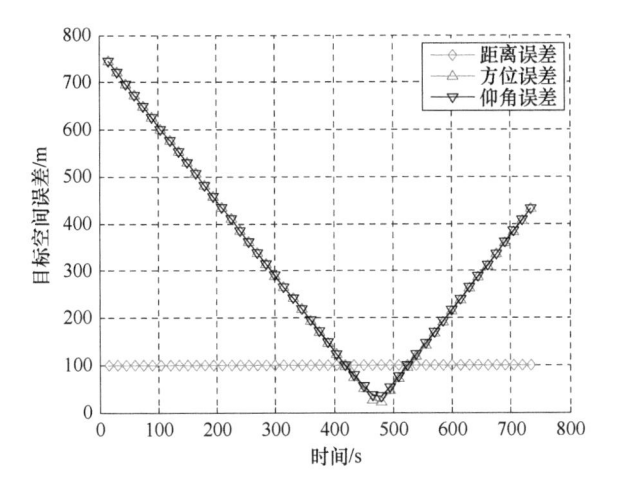

图 2-62 雷达原始测量误差中各分量的演化曲线

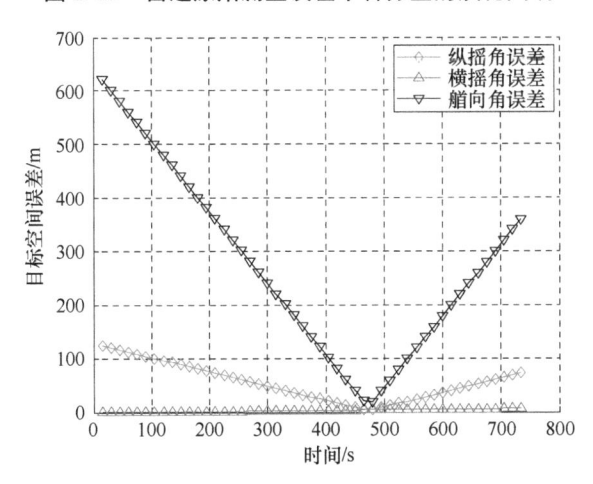

图 2-63 舰艇姿态与艏向角误差中各分量的演化曲线

3）仿真场景 3

如图 2-64 所示，我方平台自(130°, 30°, 0m)出发以速度(10m/s, 10m/s, 0m/s)匀速航行，一低空目标自(131°, 31°, 500m)以速度(0m/s, -200m/s, 0m/s)向南飞行。

图 2-65 是在这一过程中，各时空基准误差导致的目标空间误差的演化曲线。

图 2-66 和图 2-67 分别是雷达原始测量误差中各分量和舰艇姿态与艏向角误差的具体演化曲线。

4）仿真场景 4

如图 2-68 所示，我方平台自(130°, 30°, 0m)出发以速度(10m/s, 10m/s, 0m/s)匀速航行，一高空目标自(131°, 31°, 5000m)以速度(0m/s, -200m/s, 0m/s)向南飞行。

图 2-69 是在这一过程中，各时空基准误差导致的目标空间误差的演化曲线。

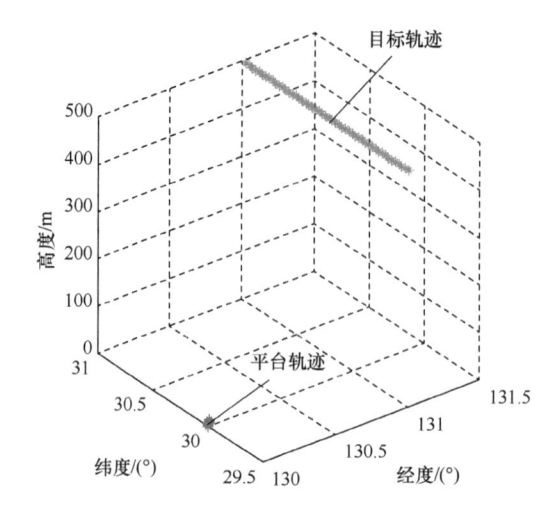

图 2-64 仿真场景 3 态势示意（低空目标）

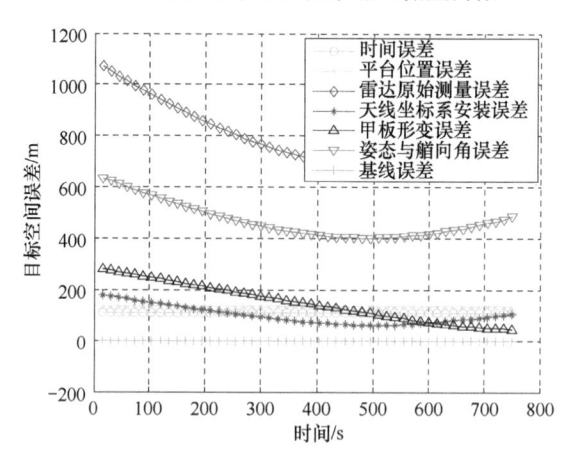

图 2-65 目标空间误差的演化曲线

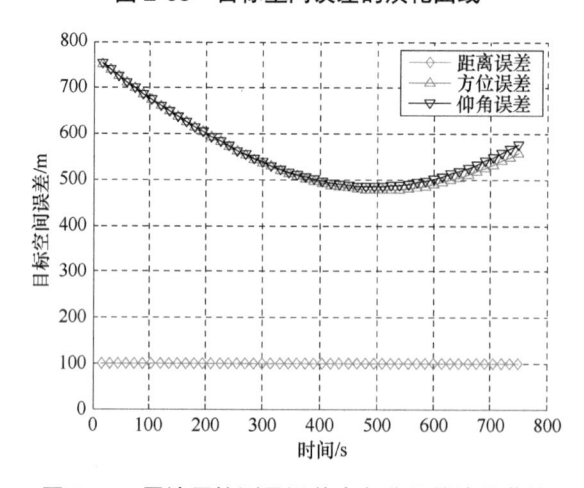

图 2-66 雷达原始测量误差中各分量的演化曲线

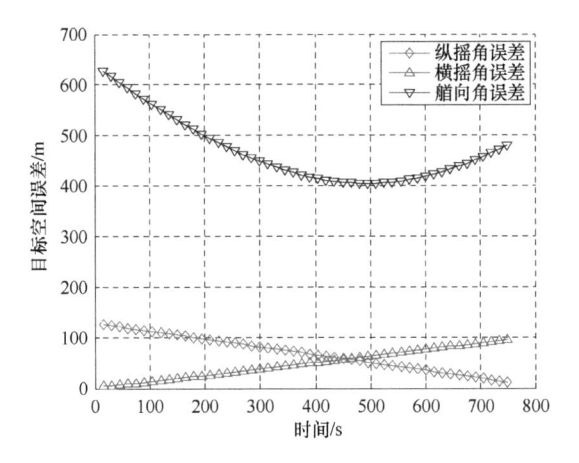

图 2-67　舰艇姿态与舷向角误差中各分量的演化曲线

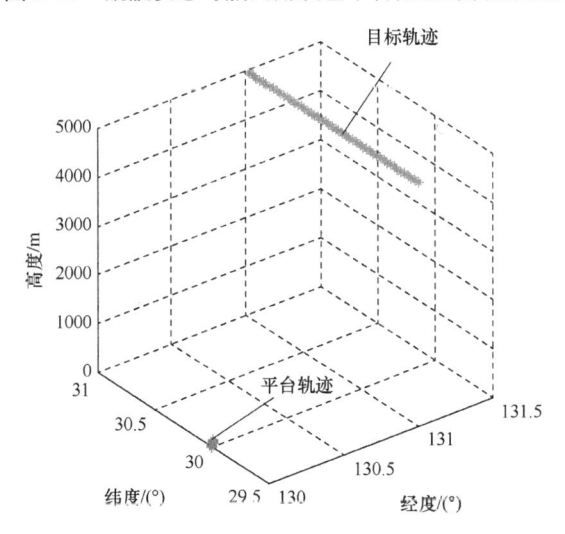

图 2-68　仿真场景 4 态势示意（高空目标）

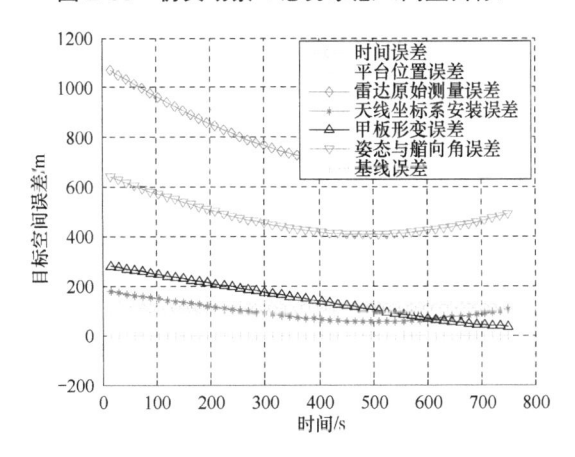

图 2-69　目标空间误差的演化曲线

图2-70和图2-71分别是雷达原始测量误差中各分量和舰艇姿态与艏向角误差的具体演化曲线。

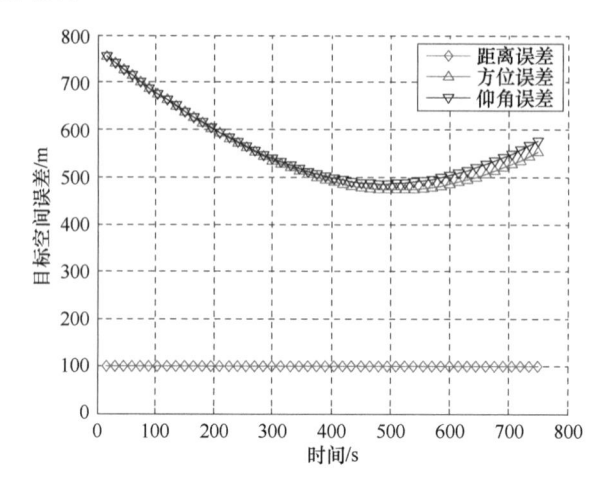

图2-70 雷达原始测量误差中各分量的演化曲线

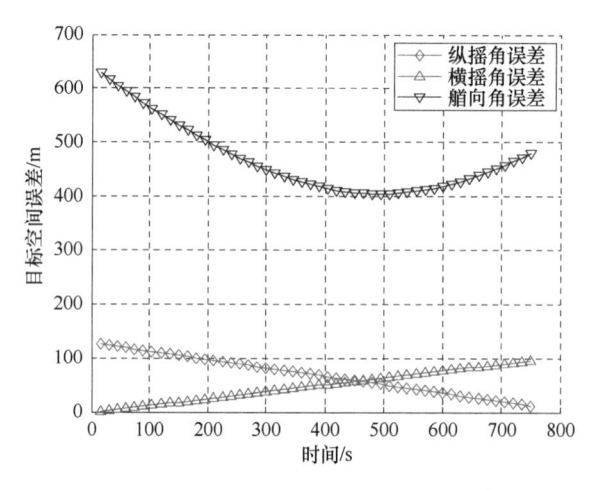

图2-71 舰艇姿态与艏向角误差中各分量的演化曲线

从以上仿真结果中不难看出：①当平台纵横摇角不大时，电子稳定雷达时空基准误差的演化和机械稳定雷达非常类似；②方位误差、仰角误差、艏向角误差是影响雷达探测精度的主要误差源。

2.4.3.3 基本误差项及其演化

1）基本误差项

将误差源各分量的演化独立表达并归纳相似项后，电子稳定雷达时空基准误差的演化模型为

$$\begin{bmatrix} \delta x_e \\ \delta y_e \\ \delta z_e \end{bmatrix} = \boldsymbol{M}_{el}\boldsymbol{M}_{lb}\begin{bmatrix} \cos\varepsilon\sin\beta \\ \cos\varepsilon\cos\beta \\ \sin\varepsilon \end{bmatrix}\delta r + \boldsymbol{M}_{el}\boldsymbol{M}_{lb}\begin{bmatrix} r\cos\varepsilon\cos\beta \\ -r\cos\varepsilon\sin\beta \\ 0 \end{bmatrix}(\delta\beta + \delta\phi_3 + \delta\omega_3) +$$

$$\boldsymbol{M}_{el}\boldsymbol{M}_{lb}\begin{bmatrix} -r\sin\varepsilon\sin\beta \\ -r\sin\varepsilon\cos\beta \\ r\cos\varepsilon \end{bmatrix}\delta\varepsilon + \boldsymbol{M}_{el}\boldsymbol{M}_{lb}\begin{bmatrix} 0 \\ r\sin\varepsilon \\ -r\cos\varepsilon\cos\beta \end{bmatrix}(\delta\phi_1 + \delta\omega_1) +$$

$$\boldsymbol{M}_{el}\boldsymbol{M}_{lb}\begin{bmatrix} -r\sin\varepsilon \\ 0 \\ r\cos\varepsilon\sin\beta \end{bmatrix}(\delta\phi_2 + \delta\omega_2 - \delta\psi_2) + \boldsymbol{M}_{el}\boldsymbol{M}_{lb}\begin{bmatrix} -\sin\psi_2 r\cos\varepsilon\cos\beta \\ \sin\psi_2 r\cos\varepsilon\sin\beta - \cos\psi_2 r\sin\varepsilon \\ \cos\psi_2 r\cos\varepsilon\cos\beta \end{bmatrix}\delta\psi_1 +$$

$$\boldsymbol{M}_{el}\boldsymbol{M}_{lb}\begin{bmatrix} \cos\psi_1\cos\psi_2 r\cos\varepsilon\cos\beta - \sin\psi_1 r\sin\varepsilon \\ -\cos\psi_1\cos\psi_2 r\cos\varepsilon\sin\beta - \cos\psi_1\sin\psi_2 r\sin\varepsilon \\ \sin\psi_1 r\cos\varepsilon\sin\beta + \cos\psi_1\sin\psi_2 r\cos\varepsilon\cos\beta \end{bmatrix}\delta\psi_3 + \boldsymbol{M}_{el}\boldsymbol{M}_{lb}\begin{bmatrix} \delta\overline{x}_b \\ \delta\overline{y}_b \\ \delta\overline{z}_b \end{bmatrix} +$$

$$\begin{bmatrix} \delta x_{ep} \\ \delta y_{ep} \\ \delta z_{ep} \end{bmatrix} + \boldsymbol{M}_{el}\begin{bmatrix} v_{x_t} \\ v_{y_t} \\ v_{z_t} \end{bmatrix}\delta t \qquad (2\text{-}138)$$

不难看出,与机械稳定雷达不同的是,除非平台纵横摇角为零,否则电子稳定雷达平台艏向角误差与综合方位误差之间、平台纵摇角误差与综合纵摇角误差之间不是完全耦合的。这样,电子稳定雷达总共有14类基本误差项。为方便描述,同样对合并误差项冠以"综合误差"的新称谓,以示与普通非合并误差的区别,具体如表2-17和表2-18所示。

表 2-17 电子稳定雷达基本误差项

序 号	基本误差项	描述符号	具体构成
1	雷达距离误差	δr	雷达距离误差
2	综合方位误差	$\delta\hat{\beta}$	雷达方位测量误差
			天线坐标系绕 Z 轴转动欧拉角误差
			天线坐标系绕 Z 轴甲板形变角
3	俯仰误差	$\delta\varepsilon$	雷达俯仰测量误差
4	综合纵摇角误差	$\delta\hat{\psi}$	天线坐标系绕 Y 轴转动欧拉角误差
			天线坐标系绕 Y 轴甲板形变角
5	综合横摇角误差	$\delta\hat{\phi}$	天线坐标系绕 X 轴转动欧拉角误差
			绕 X 轴甲板形变角
			平台横摇角误差
6	平台艏向角误差	$\delta\beta_p$	舰艇艏向角误差
7	平台纵摇角误差	$\delta\psi_p$	舰艇纵摇角误差
8	基线 X 误差	$\delta\overline{x}_b$	甲板坐标系下雷达基线 X 误差

续表

序号	基本误差项	描述符号	具体构成
9	基线 Y 误差	δy_b	甲板坐标系下雷达基线 Y 误差
10	基线 Z 误差	δz_b	甲板坐标系下雷达基线 Z 误差
11	平台位置 X 误差	δx_{ep}	ECEF 坐标系下平台位置 X 误差
12	平台位置 Y 误差	δy_{ep}	ECEF 坐标系下平台位置 Y 误差
13	平台位置 Z 误差	δz_{ep}	ECEF 坐标系下平台位置 Z 误差
14	雷达时间误差	δt	雷达时间误差

表 2-18 电子稳定雷达时空基准误差耦合项

序号	合并后称谓及符号	原始误差
1	综合方位误差 $\delta\hat{\beta}$	雷达原始方位测量误差
		天线坐标系绕 Z 轴转动欧拉角误差
		天线坐标系绕 Z 轴甲板形变角
2	综合纵摇角误差 $\delta\hat{\psi}$	天线坐标系绕 X 轴转动欧拉角误差
		天线坐标系绕 X 轴甲板形变角
3	综合横摇角误差 $\delta\hat{\phi}$	舰艇横摇角误差
		天线坐标系绕 Y 轴转动欧拉角误差
		天线坐标系绕 Y 轴甲板形变角

基本误差项是电子稳定雷达数据级配准的最小粒度误差项。同时,虽然电子稳定雷达平台舾向角误差与综合方位误差之间、平台纵摇角误差与综合纵摇角误差之间不是完全耦合的,但从其表达式可以看出,其耦合度很强(具体见第 3 章详细的定量分析),要想从数据级配准中将它们辨识出来非常困难。

基本误差项形式的电子稳定雷达时空基准误差的演化模型为

$$\begin{bmatrix} \delta x_e \\ \delta y_e \\ \delta z_e \end{bmatrix} = \boldsymbol{M}_{el}\boldsymbol{M}_{lb} \begin{bmatrix} \cos\varepsilon\sin\beta \\ \cos\varepsilon\cos\beta \\ \sin\varepsilon \end{bmatrix} \delta r + \boldsymbol{M}_{el}\boldsymbol{M}_{lb} \begin{bmatrix} r\cos\varepsilon\cos\beta \\ -r\cos\varepsilon\sin\beta \\ 0 \end{bmatrix} \delta\hat{\beta} +$$

$$\boldsymbol{M}_{el}\boldsymbol{M}_{lb} \begin{bmatrix} -r\sin\varepsilon\sin\beta \\ -r\sin\varepsilon\cos\beta \\ r\cos\varepsilon \end{bmatrix} \delta\varepsilon + \boldsymbol{M}_{el}\boldsymbol{M}_{lb} \begin{bmatrix} 0 \\ r\sin\varepsilon \\ -r\cos\varepsilon\cos\beta \end{bmatrix} \delta\hat{\psi} +$$

$$\boldsymbol{M}_{el}\boldsymbol{M}_{lb} \begin{bmatrix} -r\sin\varepsilon \\ 0 \\ r\cos\varepsilon\sin\beta \end{bmatrix} \delta\hat{\phi} + \boldsymbol{M}_{el}\boldsymbol{M}_{lb} \begin{bmatrix} -\sin\psi_2 r\cos\varepsilon\cos\beta \\ \sin\psi_2 r\cos\varepsilon\sin\beta - \cos\psi_2 r\sin\varepsilon \\ \cos\psi_2 r\cos\varepsilon\cos\beta \end{bmatrix} \delta\psi_p +$$

$$\boldsymbol{M}_{el}\boldsymbol{M}_{lb} \begin{bmatrix} \cos\psi_1\cos\psi_2 r\cos\varepsilon\cos\beta - \sin\psi_1 r\sin\varepsilon \\ -\cos\psi_1\cos\psi_2 r\cos\varepsilon\sin\beta - \cos\psi_1\sin\psi_2 r\sin\varepsilon \\ \sin\psi_1 r\cos\varepsilon\sin\beta + \cos\psi_1\sin\psi_2 r\cos\varepsilon\cos\beta \end{bmatrix} \delta\beta_p + \begin{bmatrix} 1 \\ 0 \\ 0 \end{bmatrix} \delta x_{ep} +$$

$$\begin{bmatrix} 0 \\ 1 \\ 0 \end{bmatrix} \delta y_{ep} + \begin{bmatrix} 0 \\ 0 \\ 1 \end{bmatrix} \delta z_{ep} +$$

$$\boldsymbol{M}_{el}\boldsymbol{M}_{lb}\begin{bmatrix} 1 \\ 0 \\ 0 \end{bmatrix}\delta\overline{x}_b + \boldsymbol{M}_{el}\boldsymbol{M}_{lb}\begin{bmatrix} 1 \\ 0 \\ 0 \end{bmatrix}\delta\overline{y}_b + \boldsymbol{M}_{el}\boldsymbol{M}_{lb}\begin{bmatrix} 1 \\ 0 \\ 0 \end{bmatrix}\delta\overline{z}_b + \boldsymbol{M}_{el}\begin{bmatrix} v_{x_t} \\ v_{y_t} \\ v_{z_t} \end{bmatrix}\delta t \qquad (2\text{-}139)$$

2）基本误差项演化分析

（1）雷达距离误差。

雷达原始测量误差对电子稳定雷达目标点迹的影响为

$$\begin{bmatrix} \delta x_e \\ \delta y_e \\ \delta z_e \end{bmatrix} = \boldsymbol{M}_{el}\boldsymbol{M}_{lb}\begin{bmatrix} \cos\varepsilon\sin\beta \\ \cos\varepsilon\cos\beta \\ \sin\varepsilon \end{bmatrix}\delta r \qquad (2\text{-}140)$$

由其导致的目标空间误差 ε_r 为

$$\varepsilon_r = \delta r \qquad (2\text{-}141)$$

雷达距离误差会导致同样大小的目标空间误差。

（2）综合方位误差。

综合方位误差对电子稳定雷达目标点迹的影响为

$$\begin{bmatrix} \delta x_e \\ \delta y_e \\ \delta z_e \end{bmatrix} = \boldsymbol{M}_{el}\boldsymbol{M}_{lb}\begin{bmatrix} r\cos\varepsilon\cos\beta \\ -r\cos\varepsilon\sin\beta \\ 0 \end{bmatrix}\delta\widehat{\beta} \qquad (2\text{-}142)$$

由其导致的目标空间误差 $\varepsilon_{\widehat{\beta}}$ 为

$$\varepsilon_{\widehat{\beta}} = r\cos\varepsilon\,\delta\widehat{\beta} \qquad (2\text{-}143)$$

易知由综合方位误差导致的目标空间误差和目标距雷达的 XY（天线坐标系）平面距离成正比。

（3）俯仰误差。

俯仰误差对电子稳定雷达目标点迹的影响为

$$\begin{bmatrix} \delta x_e \\ \delta y_e \\ \delta z_e \end{bmatrix} = \boldsymbol{M}_{el}\boldsymbol{M}_{lb}\begin{bmatrix} -r\sin\varepsilon\sin\beta \\ -r\sin\varepsilon\cos\beta \\ r\cos\varepsilon \end{bmatrix}\delta\varepsilon \qquad (2\text{-}144)$$

由其导致的目标空间误差 ε_ε 为

$$\varepsilon_\varepsilon = r\delta\varepsilon \qquad (2\text{-}145)$$

可知由俯仰误差导致的目标空间误差和目标斜距成正比。

对于低空目标/远程目标，$r\cos\varepsilon \approx r$，此时方位测量误差和仰角测量误差导致的目标空间误差基本相同；但对于近程高空目标，$r\cos\varepsilon < r$，此时方位测量

误差导致的目标空间误差明显小于仰角测量误差。

（4）综合纵摇角误差。

综合纵摇角误差对机械稳定雷达目标点迹的影响为

$$\begin{bmatrix} \delta x_e \\ \delta y_e \\ \delta z_e \end{bmatrix} = \boldsymbol{M}_{el} \begin{bmatrix} r\sin\varepsilon\sin\psi_3 \\ r\sin\varepsilon\cos\psi_3 \\ -r\cos\varepsilon\cos\beta \end{bmatrix} \delta\hat{\psi} \qquad (2\text{-}146)$$

由其导致的目标空间误差 $\varepsilon_{\hat{\psi}}$ 为

$$\varepsilon_{\hat{\psi}} = r\sqrt{\sin^2\varepsilon + \cos^2\varepsilon\sin^2\beta}\,\delta\hat{\psi} \qquad (2\text{-}147)$$

由综合纵摇角误差导致的目标空间误差和目标距雷达的 YZ（天线坐标系）平面距离成正比。

（5）综合横摇角误差。

综合横摇角误差对电子稳定雷达目标点迹的影响为

$$\begin{bmatrix} \delta x_e \\ \delta y_e \\ \delta z_e \end{bmatrix} = \boldsymbol{M}_{el}\boldsymbol{M}_{lb} \begin{bmatrix} 0 \\ r\sin\varepsilon \\ -r\cos\varepsilon\cos\beta \end{bmatrix} \delta\hat{\phi} \qquad (2\text{-}148)$$

由其导致的目标空间误差 $\varepsilon_{\hat{\phi}}$ 为

$$\varepsilon_{\hat{\phi}} = r\sqrt{\sin^2\varepsilon + \cos^2\varepsilon\sin^2\beta}\,\delta\hat{\phi} \qquad (2\text{-}149)$$

由综合横摇角误差导致的目标空间误差和目标距雷达的 XZ（天线坐标系）平面距离成正比。

（6）平台艏向角误差。

平台艏向角误差对电子稳定雷达目标点迹的影响为

$$\begin{bmatrix} \delta x_e \\ \delta y_e \\ \delta z_e \end{bmatrix} = \boldsymbol{M}_{el}\boldsymbol{M}_{lb} \begin{bmatrix} \cos\psi_1\cos\psi_2 r\cos\varepsilon\cos\beta - \sin\psi_1 r\sin\varepsilon \\ -\cos\psi_1\cos\psi_2 r\cos\varepsilon\sin\beta - \cos\psi_1\sin\psi_2 r\sin\varepsilon \\ \sin\psi_1 r\cos\varepsilon\sin\beta + \cos\psi_1\sin\psi_2 r\cos\varepsilon\cos\beta \end{bmatrix} \delta\beta_p \qquad (2\text{-}150)$$

由其导致的目标空间误差 ε_{β_p} 为

$$\varepsilon_{\beta_p} = r\cos\bar{\varepsilon}\,\delta\beta_p \qquad (2\text{-}151)$$

（7）平台纵摇角误差。

平台纵摇角误差对电子稳定雷达目标点迹的影响为

$$\begin{bmatrix} \delta x_e \\ \delta y_e \\ \delta z_e \end{bmatrix} = \boldsymbol{M}_{el}\boldsymbol{M}_{lb} \begin{bmatrix} -\sin\psi_2 r\cos\varepsilon\cos\beta \\ \sin\psi_2 r\cos\varepsilon\sin\beta - \cos\psi_2 r\sin\varepsilon \\ \cos\psi_2 r\cos\varepsilon\cos\beta \end{bmatrix} \delta\psi_p \qquad (2\text{-}152)$$

由其导致的目标空间误差 ε_{ψ_p} 为

$$\varepsilon_{\psi_p} = r\sqrt{\sin^2\bar{\varepsilon} + \cos^2\bar{\varepsilon}\cos^2\beta} \qquad (2\text{-}153)$$

(8)雷达基线 $X/Y/Z$ 误差。

雷达基线误差对电子稳定雷达目标点迹的影响为

$$\begin{bmatrix} \delta x_e \\ \delta y_e \\ \delta z_e \end{bmatrix} = \boldsymbol{M}_{el}\boldsymbol{M}_{lb} \begin{bmatrix} \delta \overline{x}_b \\ \delta \overline{y}_b \\ \delta \overline{z}_b \end{bmatrix} \quad (2-154)$$

由其导致的目标空间误差 $(\varepsilon_{\overline{x}_b}, \varepsilon_{\overline{y}_b}, \varepsilon_{\overline{z}_b})$ 为

$$\begin{bmatrix} \varepsilon_{\overline{x}_b} \\ \varepsilon_{\overline{y}_b} \\ \varepsilon_{\overline{z}_b} \end{bmatrix} = \begin{bmatrix} 1 & & \\ & 1 & \\ & & 1 \end{bmatrix} \begin{bmatrix} \delta \overline{x}_b \\ \delta \overline{y}_b \\ \delta \overline{z}_b \end{bmatrix} \quad (2-155)$$

显然,雷达基线误差只会造成同样大小的目标空间误差。

(9)平台位置 $X/Y/Z$ 误差。

平台位置误差对电子稳定雷达目标点迹的影响为

$$\begin{bmatrix} \delta x_e \\ \delta y_e \\ \delta z_e \end{bmatrix} = \begin{bmatrix} \delta x_{ep} \\ \delta y_{ep} \\ \delta z_{ep} \end{bmatrix} \quad (2-156)$$

式中,$(\delta x_{ep}, \delta y_{ep}, \delta z_{ep})$ 是平台 ECEF 坐标误差。

由其导致的目标空间误差 $(\varepsilon_{x_{ep}}, \varepsilon_{y_{ep}}, \varepsilon_{z_{ep}})$ 为

$$\begin{bmatrix} \varepsilon_{x_{ep}} \\ \varepsilon_{y_{ep}} \\ \varepsilon_{z_{ep}} \end{bmatrix} = \begin{bmatrix} 1 & & \\ & 1 & \\ & & 1 \end{bmatrix} \begin{bmatrix} \delta x_{ep} \\ \delta y_{ep} \\ \delta z_{ep} \end{bmatrix} \quad (2-157)$$

显然,平台位置误差近似造成同样大小的目标空间误差。

(10)雷达时间误差。

雷达时间误差对电子稳定雷达目标点迹的影响为

$$\begin{bmatrix} \delta x_e \\ \delta y_e \\ \delta z_e \end{bmatrix} = \boldsymbol{M}_{el} \begin{bmatrix} v_{x_t} \\ v_{y_t} \\ v_{z_t} \end{bmatrix} \delta t = \boldsymbol{M}_{el} v_t \delta t \quad (2-158)$$

由其导致的目标空间误差 ε_t 为

$$\varepsilon_t = v_t \delta t \quad (2-159)$$

易知由雷达时间误差导致的目标空间误差和目标速度成正比。

3)演化归类

从以上分析易知,当舰艇的纵横摇角较小时,时空基准误差对目标空间误差的影响形式共有 6 种:①造成同样大小的目标空间误差;②造成的目标空间误差和目标距雷达的 XY(天线坐标系)平面距离成正比;③造成的目标空间误

差和目标距雷达的 YZ（天线坐标系）平面距离成正比；④造成的目标空间误差和目标距雷达的 XZ（天线坐标系）平面距离成正比；⑤造成的目标空间误差和目标距雷达的三维距离成正比；⑥造成的目标空间误差和目标速度成正比，如表 2-19 所示。

表 2-19　电子稳定雷达时空基准误差演化分类（当纵横摇角较小时）

序　号	对目标空间误差的影响形式	基本误差项	误差实际来源
1	同样大小的目标空间误差	雷达距离误差	雷达距离误差
		雷达基线误差	雷达基线误差
		平台位置误差	平台位置误差
2	造成的目标空间误差和目标距雷达的 XY（天线坐标系）平面距离成正比	天线坐标系统 Z 轴转动欧拉角误差	雷达安装误差
		天线坐标系统 Z 轴甲板形变角	甲板形变误差
		舰艇艏向角误差	平台姿态与艏向角误差
		雷达原始方位测量误差	雷达方位测量误差
3	造成的目标空间误差和目标距雷达的 YZ（天线坐标系）平面距离成正比	天线坐标系统 X 轴转动欧拉角误差	雷达安装误差
		天线坐标系统 X 轴甲板形变角	甲板形变误差
		舰艇纵摇角误差	平台姿态与艏向角误差
4	造成的目标空间误差和目标距雷达的 XZ（天线坐标系）平面距离成正比	天线坐标系统 Y 轴转动欧拉角误差	雷达安装误差
		天线坐标系统 Y 轴甲板形变角	甲板形变误差
		舰艇横摇角误差	平台姿态与艏向角误差
5	造成的目标空间误差和目标距雷达的三维距离成正比	雷达原始仰角测量误差	雷达俯仰测量误差
6	造成的目标空间误差和目标速度成正比	雷达时间误差	雷达时间误差

当舰艇的纵横摇角较大时，纵摇角误差导致的目标空间误差不再和雷达天线坐标系的 YZ 平面距离成正比，而是和舰艇地理坐标系顺时针旋转艏向角所形成舰艇稳定坐标系的 YZ 平面距离成正比；艏向角误差导致的目标空间误差也与之类似，不再和雷达天线坐标系的 XY 平面距离成正比，而是和舰艇地理坐标系

顺时针旋转艏向角所形成坐标系的 XY 平面距离成正比。此时,时空基准误差对目标空间误差的影响形式变为 8 类,如表 2-20 所示。

表 2-20　电子稳定雷达时空基准误差演化分类（当纵横摇角较大时）

序号	对目标空间误差的影响形式	基本误差项	误差实际来源
1	造成同样大小的目标空间误差	雷达距离误差	雷达距离误差
		雷达基线误差	雷达基线误差
		平台位置误差	平台位置误差
2	造成的目标空间误差和目标距雷达的 XY（天线坐标系）平面距离成正比	天线坐标系绕 Z 轴转动欧拉角误差	雷达安装误差
		天线坐标系绕 Z 轴甲板形变角	甲板形变误差
		雷达原始方位测量误差	雷达方位测量误差
3	造成的目标空间误差和目标距雷达的 XY（舰艇稳定坐标系）平面距离成正比	舰艇艏向角误差	平台姿态与艏向角误差
4	造成的目标空间误差和目标距雷达的 YZ（天线坐标系）平面距离成正比	天线坐标系绕 X 轴转动欧拉角误差	雷达安装误差
		天线坐标系绕 X 轴甲板形变角	甲板形变误差
5	造成的目标空间误差和目标距雷达的 YZ（舰艇稳定坐标系）平面距离成正比	舰艇纵摇角误差	平台姿态与艏向角误差
6	造成的目标空间误差和目标距雷达的 XZ（天线坐标系）平面距离成正比	天线坐标系绕 Y 轴转动欧拉角误差	雷达安装误差
		天线坐标系绕 Y 轴甲板形变角	甲板形变误差
		舰艇横摇角误差	平台姿态与艏向角误差
7	造成的目标空间误差和目标距雷达的三维距离成正比	雷达原始仰角测量误差	雷达俯仰测量误差
8	造成的目标空间误差和目标速度成正比	雷达时间误差	雷达时间误差

4）电子稳定雷达与机械稳定雷达的对比

从前面的分析可以看出,由于采用的稳定方式不同,机械稳定雷达和电子稳定雷达时空基准误差的演化存在差异。机械稳定雷达由于稳定平台的物理隔离作用,其时空基准误差的演化和平台纵横摇角大小基本无关；电子稳定雷达时空基准误差的演化则受平台纵横摇角大小的影响,平台纵横摇角越大,与机械稳定雷达时空误差的演化差异就越大,具体如表 2-21 所示。

表 2-21　机械稳定雷达和电子稳定雷达时空基准误差演化对比

序　号	误　差　项	具体误差形式	演化异同
1	雷达原始测量误差	距离误差	相同
		方位误差	纵横摇角较小时相同，较大时不同
		俯仰误差	纵横摇角较小时相同，较大时不同
2	天线坐标系误差	天线坐标系统 X 轴转动欧拉角误差	纵横摇角较小时相同，较大时不同
		天线坐标系统 Y 轴转动欧拉角误差	纵横摇角较小时相同，较大时不同
		天线坐标系统 Z 轴转动欧拉角误差	纵横摇角较小时相同，较大时不同
3	甲板形变误差	天线坐标系统 X 轴甲板形变角	纵横摇角较小时相同，较大时不同
		天线坐标系统 Y 轴甲板形变角	纵横摇角较小时相同，较大时不同
		天线坐标系统 Z 轴甲板形变角	纵横摇角较小时相同，较大时不同
4	雷达基线误差	雷达基线 $X/Y/Z$ 误差	相同
5	舰艇姿态与舰向角误差	纵摇角误差	纵横摇角较小时相同，较大时不同
		横摇角误差	纵横摇角较小时相同，较大时不同
		舰向角误差	纵横摇角较小时相同，较大时不同
6	雷达位置误差	平台位置 $X/Y/Z$ 误差	相同
7	雷达时间误差	时间误差	相同
8	机械稳定平台稳定误差	纵摇角稳定误差　横摇角稳定误差	电子稳定雷达没有该项误差源

2.4.3.4　误差演化耦合度分析

电子稳定雷达时空基准误差耦合度分析方法与机械稳定雷达是类似的，此处不再列出分析的详细过程，直接给出分析结果，如表 2-22 所示。

从该耦合矩阵可以看出：

（1）原始方位误差和平台舰向角误差之间存在极强的耦合度。

（2）原始俯仰误差、天线纵摇角误差、综合纵横摇角误差、平台位置 Z 误差之间存在强耦合度。

（3）雷达距离误差、原始方位误差和平台位置 X/Y 误差之间存在较强的耦合度。

（4）其他误差之间的耦合度较弱。

表 2-22　电子稳定雷达时空基准误差耦合矩阵（当纵横摇角为 2°时）

误差类型	雷达时间误差	雷达距离误差	原始方位误差	原始俯仰误差	天线纵摇角误差	综合纵摇角误差	综合横摇角误差	平台艏向角误差	平台位置X误差	平台位置Y误差	平台位置Z误差
雷达时间误差											
雷达距离误差			0	0	0	0	0	0	0.61	0.68	0.07
原始方位误差				0	0.15	0.16	0.15	0.999	0.68	0.61	0.03
原始俯仰误差					0.95	0.95	0.95	0.03	0.05	0.06	0.99
天线纵摇角误差						0.98	0.89	0.16	0.13	0.13	0.95
综合纵摇角误差							0.89	0.16	0.13	0.13	0.95
综合横摇角误差								0.16	0.13	0.13	0.95
平台艏向角误差									0.68	0.61	0
平台位置X误差										0	0
平台位置Y误差											0

对于这些存在强耦合度的误差，理论上很难将其分离，在配准中应将其合并；此外，虽然一些误差之间在整体上耦合度较弱，但它们的耦合度在空间分布上通常是不均匀的，在某些特定区域耦合度仍可能较强。对于这些误差，配准时还需依据目标所处的区域进行区别化处理。雷达时间误差几乎和其他所有误差都存在耦合度且耦合度依赖目标运动状态（速度），这一事实说明雷达时间误差的优化控制问题在雷达数据层是很难解决的。

此外，与机械稳定雷达不同的是，电子稳定雷达角度类误差的耦合度与平台纵横摇角大小有关。

2.5　小结

本章比较详细地分析了联合作战中的时空基准误差及其演化。首先剖析了时空基准的实现原理及其误差特点。接着根据基于时频信号的时间同步过程，建立了时间同步模型。然后重点剖析了两类典型动平台传感器——机械稳定雷达和电子稳定雷达的时空基准误差演化规律，得到了各误差演化的显著性分析结果和耦合度分析结果。本章的分析结果为时空基准误差的优化控制尤其是雷达配准提供了有益的理论参考。

参 考 文 献

[1] 童宝润，等. 时间统一技术[M]. 北京：国防工业出版社，2004.

[2] 陈永冰，钟斌. 惯性导航原理[M]. 北京. 国防工业出版社，2007.

[3] SUNDARRAJ D. Ensuring spatio-temporal consistency in distributed networks of smart cameras[C]//Portland: Department of Computer Science Portland State University, in Distributed Systems of Cameras Workshop at ACM Sensys, November, 2006.

[4] JSSEO Department. Sensitivity of track accuracy to navigation, sensor, and time errors within a distributed system[R]. 2004.

[5] JSSEO Department. Sensitivity of track velocity error to data registration and dynamic errors within a distributed system[R]. 2004.

[6] PERRY W, SIGNORI D, BOON J. Exploring information superiority: a methodology for measuring the quality of information and its impact on shared awareness[M]. Santa Monica: RAND Corporation , 2004.

[7] SMEARCHECK M A, Veth M J. Sensor modeling and sensitivity analysis for next generation time-space position information(TSPI) system[C]//Air Force Institute of Technology. ION 2010 International technical meeting, January 25-27, 2010，San Diego, CA.

[8] JSSEO Technical Report 2004-057. track error modeling to support model driven architecture and development[R]. 2004.

[9] 张伯彦，齐润东. 舰载相控阵雷达船摇补偿[J]. 系统工程与电子技术，1998（4）：4-8.

[10] 严武升，刘宏，过润秋. 基于前馈补偿的舰载雷达三轴稳定跟踪的研究[J]. 西安电子科技大学学报，1998，25（5）：650-654.

[11] 冯同玲，陈龙潭. 舰载雷达天线电子稳定方程的推导与分析[J]. 火控雷达技术，2001，30（3）：31-36.

[12] 王小军，李殿璞，赵阳，等. 舰载三轴雷达波束稳定跟踪的研究[J]. 哈尔滨工业大学学报，2002，23（1）：58-63.

[13] 孙国政. 综合导航系统误差对舰载三坐标相控阵雷达精度的影响分析[J]. 现代雷达，2006，28（2）：5-8.

[14] 刘军华，陈真，陈志坚，等. 影响舰载频扫三坐标雷达精度的几种常见因素[J]. 雷达与对抗，2007（2）：19-21.

[15] 周万幸. 舰载雷达的现状及发展趋势分析[J]. 现代雷达，2007，29（9）：1-4.

[16] 杜勇强. 舰载雷达天线安装非理想引入的测向误差分析[J]. 现代雷达，2000，22（4）：62-66.

[17] 郑琦，陈光远，孙国政. 导航数据异常对舰载雷达影响分析及应对[J]. 现代雷达，2009，31（2）：12-16.

[18] 董玫，张守宏，吴向东，等. 舰载雷达天线测角误差分析[J]. 系统仿真学报，2009，21（15）：4607-4612.

[19] 栾永年. 舰艇平台罗经配置的研究[J]. 舰船科学技术，1997（3）：40-45.

第 3 章
时间同步原理与方法

战端一开始，时间就是一个重要因素。

————泰德

3.1 概述

时间同步是一切协作活动的基础，人类很早就有这方面的认知。例如，在古代，人类遵循"日出而作，日落而息"的规律，根据太阳运行规律来安排日常工作和生活。这是人类最早的时间同步系统，伴随人类走过了漫长的早期文明。

随着社会生产力的不断提高，人类活动对时间同步的性能要求越来越高。例如，中国发明了日晷、滴漏等计时装置作为时间基准，以天干作为计时单位，使人们能够协同工作，这种时间同步精度比较粗糙，最高只有几十分钟。中国宋代天文学家苏颂发明了水运仪象台，每天的误差小于 100s，是当时最精确的时钟。欧洲直到 17 世纪仍在使用重锤式机械钟，由于没有采用稳定的周期运动控制，其误差每天可达 15min。

1675 年，荷兰人克里斯蒂安·惠更斯利用单摆运动的等时性，制作出了世界上第一台受周期性重复的单摆运动控制的摆钟，每天有 10s 的误差，是当时世界上最精确的时钟。在这一阶段，人类的航海事业蓬勃发展，对船只在茫茫大海中的位置提出了很高的要求。众所周知，船只所处的纬度是可以通过天文观察的方法测量的，由于地球绕太阳做周期运动，经度的确认与时间的精确测量直接相关，可以说正是航海等人类活动的需要，使人类对时间同步提出了越来越高的要求。1759 年，英国人约翰·哈里森采用温度补偿等方法制造了精密的航海钟，每天的误差小于 0.1s。1920 年，英国人 B. X. 肖特制作出了双摆天文钟，每天的误差小于 0.001s，达到了周期控制的机械钟的顶峰。

近代，随着社会生产力的迅猛提高和科学技术的飞速发展，人们对时间及由时间的基本单位 s 导出的物理量——频率的准确度，提出了越来越高的要求。1927 年，美国人沃伦·马里森发明了石英钟，其每天的误差小于 0.1ms。1945 年，原子钟诞生了，即美国国家标准局的氨分子钟，现在最精确的原子钟每天的误差不到 1ns。

准确的时钟只是基础，为了保证每个时钟时间一致，需要保障各个时钟的计时起点和计时频率保持一致，这就是时间同步。在时钟不准确的古代，大家使用统一的时间参考，如日月星辰、动物生物钟或简单的对时，即可保证时间同步的精度，但是在对时间同步精度要求越来越高的今天，要想将精确的原子钟时间分发给其他用户，需要更加精密的时间同步方法，因此时间同步方法已经成为制约时间同步精度的主要因素。综合来说，时间同步系统包括时间基准、时间同步方法和使用时间的用户 3 部分，如图 3-1 所示。

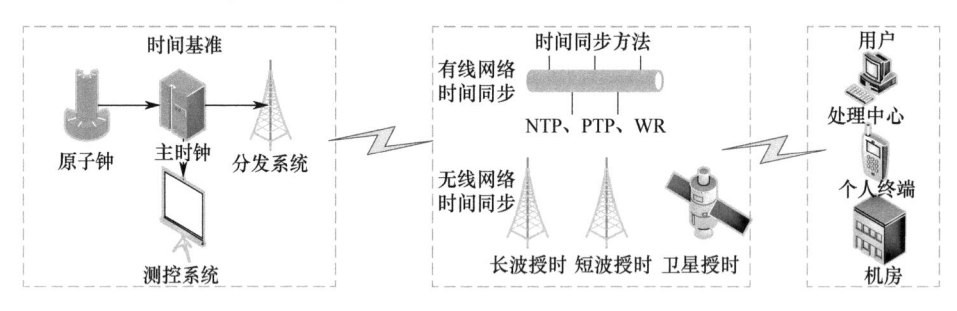

图 3-1 时间同步系统

3.1.1 时间基准

全球时间基准普遍采用的是协调世界时，又称世界统一时间、时间标准时间、国际协同时间。它是国际原子时（TAI）和世界时折中的产物。国际原子时的准确度为纳秒级每天，而世界时的准确度为毫秒级每天。许多应用部门要求时间系统接近世界时，针对这种情况，协调世界时于 1972 年面世。为确保协调世界时与世界时相差不超过 0.9s，在有需要的情况下会在协调世界时内加上正或负闰秒。因此，协调世界时与国际原子时之间会出现若干整数秒的差别，两者之差逐年积累。可以采用跳秒的方法使协调世界时与世界时的时刻接近，其差不超过 1s，从而既能保持时间尺度的均匀性，又能近似反映地球自转的变化。

各国的国家时间基准根据各国情况不同，大多位于天文台、计量部门或时间频率标准实验室。目前发达国家大多采用实验室型铯原子频率标准、氢脉泽原子钟、商业性质的铯原子钟或它们的组合作为国家时间基准。对于某些对时间标准要求较低的应用场景，无须与国家时间基准保持一致，只需维护场景内的时间一致即可。

我国的国家授时中心（陕西天文台）本部地处我国中部腹地——陕西临潼，这里承担着我国标准时间的产生和保持任务，并采用多种手段与国际时间保持同步，同时这里拥有一支时频领域的科研队伍。授时台位于陕西蒲城，主要有短波和长波专用无线电标准时频发播台（代号分别为 BPM 和 BPL）。

国家授时中心负责确定和保持我国原子时系统和协调世界时，并代表我国参加国际原子时合作。它由一组高精度铯原子钟通过精密比对和计算实现时间基准，并通过卫星共视比对、卫星双向法（TWSTFT）比对等手段与国际原子时相联系，对国际原子时的保持做出贡献，目前的稳定度为 10^{-14}，准确度为 10^{-13}。

短波授时台每天 24 小时连续不断地以 4 种无线电频率（2.5MHz、5MHz、10MHz、15MHz，同时保证 3 种频率）交替发播标准时频信号，天波和地波相结合可以覆盖 3000km，授时精度为毫秒（千分之一秒）级。长波授时台每天定时发播载频为 100kHz 的高精度长波时频信号，地波作用距离 1000～2000km，天波和地波相结合，覆盖全国陆地和近海海域，授时精度为微秒（百万分之一秒）级。长波授时系统的建立，将我国的授时精度由毫秒级提高至微秒级，标志着我国授时技术迈入世界先进行列。

3.1.2 时间同步方法

时间同步是指时间基准将准确的时间发送给用户，用户根据时间基准发送的信息调整本地时间。发送信息需要一定的媒介，根据媒介的不同，时间同步方法可以分为无线时间同步方法和有线时间同步方法。典型的无线时间同步方法有长波授时、短波授时、Wi-Fi 授时、GPS 授时等；典型的有线时间同步方法有广播网络授时、全球使用广泛的 NTP、工业领域使用的 PTP 及科学实验使用的更高精度的时间同步技术"白兔"（White Rabbit，WR）。

3.1.3 用户

目前绝大多数用户使用的时钟为普通计算机、手机等日常应用设备，维护这些时钟的设备一般为普通石英晶振，一般能够支持微秒级的时钟分辨率，其频率稳定性一般在 $20×10^{-6}$ 左右，即 1s 会产生 20μs 的误差，一天会产生几百 ms 的误差。普通计算机在自由运行的时候，其时间与时间基准的时间之间的差距会越来越大。要想获得更加精确的时间，需要质量更好的频率振荡器，并且需要对其频率进行校正。

日常设备采用的最普遍的时间同步方法是 NTP，几乎每台连接互联网的设备都是通过 NTP 与时间基准的时间保持一致的。例如，计算机、手机连接上互联网后，会自动与时间基准进行时间同步。据统计，全球大约拥有几十亿名 NTP 用户，全球通过 NTP 时间同步方法保持时间一致，从而能够使全球的人无障碍地进行交流、商务等活动。对时间同步精度要求更高的工业领域用户和军事领域用户则可以选择采用 PTP、PPS 硬件同步等高精度时间同步方法。

用户除了保持与时间基准的时间同步、维护本地时钟精确运行，在多源信息融合中，还需要进行时间对齐。由于多源信息频率和计时起点一般不一致，为了实现时间对齐，需要对传感器探测的信息进行时间平移和升频降频，并在此过程中保证探测信息的准确性。

在多源信息融合中，时间配准主要关心多传感器时钟与时钟源保持时间一致，以及如何有效利用时间信息。因此，本章主要介绍时间同步方法，之后介绍在传感器融合过程中如何实现有效的时间对齐，以及当前战场时间同步体系设计方法。

3.2 有线网络时间同步方法

有线网络时间同步方法主要包括 NTP 时间同步、PTP 时间同步和 WR 时间同步。目前，NTP 已经成为标准的互联网时间同步协议，可满足一般的应用要求，广泛应用在互联网、通信、电力等行业。通常情况下，NTP 提供的时间同步精度在 WAN 上为数十毫秒，在 LAN 上为毫秒级，采用专用时间服务器时可获得更高的时间同步精度。对于有更高时间同步精度要求的工业网络，需要采用基于 IEEE 1588 的 PTP，通过硬件辅助可以达到 10ns 级的时间同步精度，在电力、通信、军事等行业有广泛的应用。在 PTP 基础上开发的 WR 可以达到皮秒或飞秒级时间同步精度，目前主要用于对时间同步精度要求特别高的科学实验中，如大型天文望远镜等。

3.2.1 NTP 时间同步

NTP 采用层次型树状结构，其体系结构中可有多棵树，每棵树的根节点为直接与 UTC 时间源相连接的一级时间服务器，所有时间服务器按层次排列。NTP 要求时间信息从一级时间服务器传输到分布式网络中的二级时间服务器或客户端，二级时间服务器或客户端将时间信息传输到三级时间服务器或客户端，以此类推。一般需要根据精度和重要性对参与同步的节点进行分级和编号。

为避免过多的层次引起时间同步精度严重下降，一般将层次数限制为 16 级，级号越小，节点的时间精度和重要性越高。整个网络呈典型的树状结构，第 1 级节点为根节点，位于系统的顶端，大多通过卫星导航定位系统（如 GPS、"北斗"等）获得 UTC 时间。除根节点和最低一级节点外，其他每级都有部分节点同时扮演两个重要角色，即作为本级节点服务器的客户端，以及作为下一级时间服务器；同一级的部分节点之间通过时间交互作为备份。时间同步网络的层次结构如图 3-2 所示，NTP 就是基于这种网络层次结构，按照等级规则逐层延伸进行时间传递，为互联网上的用户提供时间服务，其底端可达到 16 级。

NTP 主要采用 Client/Serve 结构，提供了一种实用、灵活、有效的基于 UDP/IP 的时间同步消息交换机制，以适应不同规模、不同网速和不同连接通路情况下的互联网环境。NTP 的设计充分考虑了互联网上影响时间同步精度的主要因素，不仅校正现行时间，而且持续跟踪时间的变化，能够自动进行调节，即使网络发生故障，也能维持时间的稳定。NTP 需要的网络开销很少，并具有保证网络安全的措施，以保证网络用户可以通过互联网获取可靠和相对精确的时间。

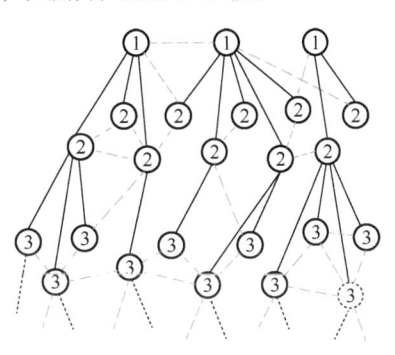

图 3-2 时间同步网络的层次结构

随着网络通信技术的发展，NTP 在使用过程中不断改进、完善和更新，目前已经成为互联网领域公认的时间同步工具。

3.2.1.1 NTP 时间同步机制

在 Client/Serve 结构下工作时，NTP 需要客户端首先发送时间同步请求消息，然后服务器回应包含时间信息的应答消息。NTP 时间同步算法根据服务器和客户端之间往返报文中的时间信息，估计两地时钟的时间偏差和报文的网络传输时延，客户端根据时间偏差调整其本地时间。

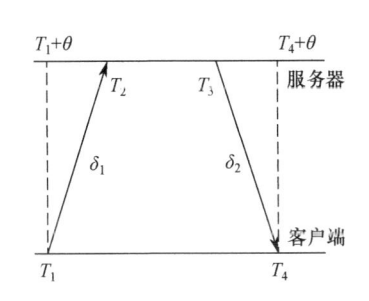

图 3-3 NTP 协议的通信模型（C/S 模式）

如图 3-3 所示，T_1 和 T_4 分别表示客户端记录的时间同步请求报文发送时间和服务器应答报文接收时间，T_2 和 T_3 分别表示服务器记录的时间同步请求报文接收时间和服务器应答报文发送时间。

若客户端时钟与服务器时钟的时间偏差为 θ，从客户端到服务器的路径时延为 δ_1，从服务器到客户端的路径时延为 δ_2，则可得到两个方程式。

$$\begin{cases} T_2 - T_1 = \delta_1 + \theta \\ T_4 - T_3 = \delta_2 - \theta \end{cases} \quad (3\text{-}1)$$

如果从客户端到服务器的路径时延和从服务器到客户端的路径时延相等（$\delta_1 = \delta_2 = \delta$），根据式（3-1）即可得到时间偏差与传输时延的计算公式。

$$\begin{cases} \theta = \dfrac{(T_2 - T_1) - (T_4 - T_3)}{2} \\ \delta = (T_2 - T_1) + (T_4 - T_3) = (T_4 - T_1) - (T_3 - T_2) \end{cases} \quad (3\text{-}2)$$

可以看出，θ 和 δ 的值只与 $(T_2 - T_1)$ 和 $(T_4 - T_3)$ 有关，与服务器对请求消息进行处理的时间无关。在假定客户端与服务器同步报文往返时延相等（$\delta_1 = \delta_2$）的情况下，时间偏差和传输时延的估计精度主要取决于时间戳的准确度。

3.2.1.2 NTP 时间同步算法

按照服务器的个数，NTP 时间同步算法可分为以下两种。

1）单服务器网络的时间同步算法

对于只有一个时间服务器的小型简单网络，NTP 采用一种称为数据过滤的方法，以改善网络时延和时间偏差的估计准确度。

客户端每隔一个固定的时间间隔向服务器发送一次校时请求，在服务器返回应答报文之后，计算当前的网络时延和时间偏差。多次校时得到的网络时延和时间偏差按滑窗存储，根据其中网络时延最小者对应的时钟偏差对本地时间进行校正；同时对滑窗内的数据进行统计，计算时钟源的时间质量评价因子。这种简单可靠的过滤算法是一种收敛算法，在满足客户实时校时的同时可保证一定的校时精度。

2）多服务器网络的时间同步算法

对于配置了多个时间服务器的大型多层网络，时间同步的关键路径上存在多种误差，同时存在网络碰撞、多路径路由等情况，此时时间同步算法还需要实时地选择最佳的服务器（时钟源）、合适的同步周期和时钟调整方法。

除了按照服务器的个数进行分类，还可以按照算法功能将 NTP 时间同步算法细分为 4 种，即滤波算法、选择算法、聚类算法和时钟调节算法。在这 4 种算法中，滤波算法和选择算法对时间同步精度的影响最大，因为它们能够有效减少网络结构、参考时钟源或传播介质等不确定性因素对最终用于客户端校时的时间偏差估计值的不利影响。

并非所有的时钟源和客户端都需要执行这些算法。例如，对于某些对时间同步精度和可靠性要求不高的小型简单网络，可免于使用滤波算法和选择算法或其中一种算法；对于大学校园或科研单位等有一定规模、网速延迟明显的网络，可能需要同时采用这两种算法，以保证校时精度。

3.2.1.3　NTP 时间同步的特点

在 NTP 时间同步网络体系中，通常由第一层时间服务器从 UTC 获取标准时间，通过 NTP 为互联网上的设备发送标准时间并提供校时服务。NTP 时间同步的主要特点如下。

（1）采用 UTC 作为统一的时间基准源。NTP 获得 UTC 时间的来源，可以是原子钟、天文台、卫星或连接在互联网上的时间服务器。

（2）时间信息从根节点分层逐级传递。时间信息从顶层（连接外部 UTC 时间源）时间服务器开始，逐级向下单向传递，下一层时间服务器从上一层时间服务器获取时间，所有时间服务器在逻辑上形成树状结构。

（3）滤波算法选择最佳时间信息传递路径，选择算法选取最佳时钟源。客户端计算机可与多个时间服务器连接，利用统计算法过滤来自不同服务器的时间包，选择最佳路径和来源来校正主机时间。

（4）鉴权机制可防止干扰和恶意破坏。为防止对时间服务器的恶意破坏，NTP 使用了鉴权机制，用于检查对时信息是否真正来自它所宣称的时间服务器并检查返回路径，提供了一种对抗干扰的保护措施。

NTP 时间同步的最大优点是网络上需要同步的节点的设备无须改动，只要在软件中加入同步协议即可。但由于同步过程中发送报文和接收报文的时间戳是从应用层软件加入的，同步过程中往返报文的通信受网络流量、系统环境及网络负载的影响较大，因此时间同步精度受到一定的限制。

3.2.1.4　NTP 时间同步改进方法

在 NTP 中，计算客户端与服务器时间偏差所用的时间戳是从应用层直接获取的。根据对同步误差因素的分析可知，时间戳误差是 NTP 时间同步精度不高的主要原因。因此，在 NTP 时间同步机制及滤波算法、选择算法的基础上，通过改进时间戳获取方法、时间校正方法等是提高时间同步精度的一个有效途径。

1）提高时间戳获取精度

为了降低时间戳误差给时间同步带来的影响，通过改进时间戳获取位置，建立一个与系统时间关联的、支持时间偏差修正与高精度系统时间获取的虚拟时钟来提高时间戳的获取精度。

（1）改进时间戳获取位置。

从时间戳误差的分析可知，时间戳获取点离网络端口越近，获得的时间戳精度就越高，但其对软硬件的要求也随之提高。在不改变硬件的基础上，可在网卡驱动层通过软件改进获取时间戳位置来提高时间戳精度。

对于装备网络中广泛使用的终端用户计算机，通过其本身提供的 RDTSC 指令获得自计算机系统上电以来的时间计数器值（其表示精度可达到纳秒级）。这样在网卡驱动中发送/接收同步报文时，可通过驱动程序读取该报文发出/到达的精确时间计数器值。在获取系统的主频信息后，只要确定当前时刻时间计数器值与系统时间之间的精确对应关系，即可获得同步报文发送/接收时的精确时间戳。

（2）建立时间计数器与系统时间之间的关系。

终端用户计算机的时钟频率可以通过系统函数调用来获取。但随着器件的老化，获得的标称时钟频率值通常会发生变化。如果时间计数器继续使用这个标称时钟频率，就会降低时间间隔计算的精确度。因此，需要重新计算标定出时钟频率值，并在定时的时间两端分别调用时间计数器以取得时间计数器数值，两次数值的差值通过时钟频率即可换算成时间间隔，如图 3-4 所示。

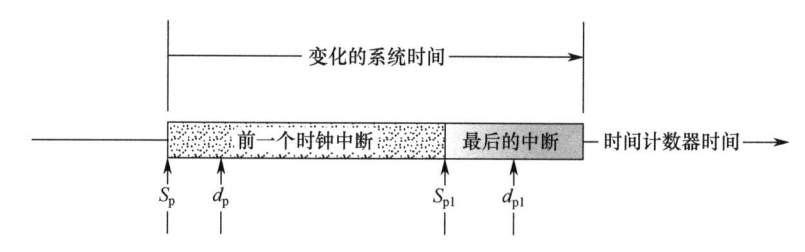

图 3-4　时间计数器与系统时间之间的关系

假定系统开始时通过系统函数取得的时间计数器值为 S_p，通过驱动获取的时间计数器值为 d_p，一个系统任务中断后通过系统函数取得的时间计数器值为 S_{p1}，通过驱动获取的时间计数器值为 d_{p1}，令 σ_s 为通过系统函数取得的时间计数器值之差，σ_d 为通过驱动获取的时间计数器值之差，则

$$\sigma_s = S_{p1} - S_p \tag{3-3}$$

$$\sigma_d = d_{p1} - d_p \tag{3-4}$$

设通过系统函数取得的时钟频率为 λ，系统实际时钟频率为 λ_r，则

$$\lambda_r = \sigma_s \lambda / \sigma_d \tag{3-5}$$

设通过系统函数取得的操作系统时间 t 为参考时间，t_n 为后续时间戳，通过驱动获取的时间计数器值为 d_{pn}，则

$$t_n = t + (d_{pn} - d_p) / \lambda_r \tag{3-6}$$

2）滤波算法

滤波算法的作用是从同一个时钟源的多次对时估计结果中，选出效果最好的时间偏差采样值。它包括健全性校验和滤波两个部分。

（1）健全性校验。具体校验数据包的唯一性、数据包内容的符合性、服务器工作是否正常、往返时延和离差数值是否合理。如果协议配置了安全性要求，则还需要进行鉴权处理。

（2）滤波。根据历次对时过程中记录的时间参数，计算并记录样本的滤波离差、同步距离等，它备有一个时间参数寄存器数组，其深度 N 根据系统配置设置。当前的时间参数根据消息交换时的发送起始时间、对端接收时间、对端回送时间和收到回送时间 4 个时间戳信息计算得出，以 $(\theta,\delta,\varepsilon)$ 表示，其中 θ 表示时钟偏移，δ 和 ε 分别表示相应的往返时延和离散度）。

滤波算法根据当前时间参数 $(\theta,\delta,\varepsilon)$，参照门限要求和时间参数寄存器数组中的历史信息，计算求得样本，并且更新时间参数寄存器数组。θ 和 ε 表示当前时间的偏移和离散度，在后续的选择算法中将作为参数用于时钟源的选择。在典型情况下，该算法可使时间偏差的均方误差降低 18dB。

3）选择算法

在有多个时钟源的情况下，因为不同时钟源在精度等时间信息的品质方面可能存在较大的差异，客户端需要从中选取最佳时钟源，并根据客户端与该时钟源之间的时间偏差估计结果进行时间校正。选择算法依据滤波算法的结果（滤波离差和同步距离），确定一个时间阈值（称为交越值），然后对所有时钟源逐一进行检验，剔除落在交越值规定范围外的时钟源。

选择算法包含两部分：交集算法和聚合算法。

（1）交集算法。

交集算法的计算过程是挑选出所有适合与本地时钟源时间同步的时钟源。根据滤波算法得到每个时钟源时间同步结果的最佳估计值，并据此计算出每个时钟源的时间同步误差区间。然后根据所有时钟源的时间同步误差区间得到一个可靠的交集区间，这个交集区间覆盖了大多数时钟源时间同步误差区间的一部分或全部，真实的时间就存在于这个交集区间中。可能有少数时钟源的时间同步误差区间没有重叠。

在 NTP 机制中，拥有共同交集的大多数时钟源被称为和谐报时者，那些没有重叠的时间同步误差区间的时钟源称为虚假报时者。与和谐报时者相比，虚假报时者的误差太大，将被弃用。交集算法的目的就是得到一个可靠的误差区间的交集，并对所有时钟源进行分类。

（2）聚合算法。

聚合算法在系统内部有一张时钟源的表格，记录了可供访问的所有时钟源。在这些时钟源中，只有最优秀的才能作为候选者进入时钟源的优选目录。从可靠性和效率的折中角度考虑，通常选取 10 个最佳时钟进入优选目录。聚类算法根据时间滤波算法和时间选择算法的结果，对优选目录中的时钟源进行重新选择。选择时钟源的标准（阈值）是分级、离差、时延、偏移及偏移的一次导数等参数的加权组合。当前的候选时钟源如能通过聚类算法则被保留下来，否则被剔除出优选目录，并在其他时钟源中补选一个最佳者加入优选目录。通常保存精度最高的 m 个时钟源（$10 \geqslant m \geqslant 1$）的估计参数，并记录其中性能最好的时钟源作为主时钟源，本地计算机与主时钟源之间的时间偏差被用于本地时钟的校正。

但是，在时间同步网络中，经常出现由于 NTP 报文发送和接收的路径不对称，导致时间偏差存在较大的误差（其范围在微秒级到秒级之间）。实验证明，多个时钟源的时间偏差的合并结果可以大幅抵消该误差。合并算法就是为了实现这个实现目的而产生的。虽然只有一个时钟源被挑选为主时钟源，本地时钟的最终修正值还是受到了所有通过聚合算法的时钟源的影响。

聚合算法的主要作用在于降低网络时间漂移的不良影响。其具体步骤如下。

① 依次判断每个和谐报时者的时间偏差是否落在允许的区间内。若是，则该时钟源被选中，否则弃用。

② 将所有被选中的时钟源形成一个新的列表，记录时钟源的 ID 及其品质因素，并按品质因素重新排列。

$$d = 16n + \varLambda \qquad (3-7)$$

式中，n 为时间同步等级；$\varLambda$ 为同步距离；16 表示对等最大可能误差的上限。

③ 计算每个时钟源的选择误差（计算方法与滤波算法类似）。

$$\varepsilon_{\xi j} = \sum_{i=0}^{m-1} |\theta_j - \theta_i| w^{m-i} \qquad (3-8)$$

式中，$\varepsilon_{\xi j}$ 为第 j 个时钟源的选择误差；$w = 0.75$ 为加权因子。

④ 更新每个时钟源与本地时钟校时的对等最大可能误差。

$$\varepsilon_j = \varepsilon_{\sigma j} + (t - T_j)\varphi \qquad (3-9)$$

式中，ε_j 为第 j 个时钟源的对等最大可能误差；$\varepsilon_{\sigma j}$ 为第 j 个时钟源的选择误差的标准差；t 为本地客户端的当前时间；T_j 为第 j 个时钟源的最新时间。

⑤ 剔除误差最大的时钟源。

如果最大的选择误差小于最小的对等误差，且列表的记录个数 $m > 1$，则具有最大的选择误差的时钟源被剔出列表，列表重组，回到步骤③；否则，进入步骤⑥。

⑥ 确定主时钟源。

若原先的主同步时钟源也在列表中，且其层级数最小或在列表第一位，则主同步时钟源不变；否则，选用在列表第一位的时钟源作为本次选中的主同步时钟源。保存列表中所有时钟源的数据,算法结束。

从上述步骤可以看出,聚合算法偏重那些靠近表头的选项,因为它们层级数小、同步距离短,能提供更加精确稳定的时间。

4)客户端时间校正

(1)计算时钟漂移率。

对于现有网络中广泛使用的计算机,每台计算机都有一个时间计数器,该时间计数器每秒中断 H 次,当时间计数器溢出时,中断处理程序就将软件时钟加 1。如将时钟值称为 C,则当 UTC 时间为 t 时,机器 p 的时钟值为 $C_p(t)$。理想情况下,对于所有的 p 和 t 应有 $C_p(t)=1$,即 $dC/dt=1$。

实际上,并不是每台计算机的时间计数器每秒都能准确地中断 H 次。从理论上说,当 $H=60$ 时,时间计数器应每小时生成 216 000 次中断;而时间计数器芯片晶振频率的相对误差约为 10^{-5},即一台特定计算机每小时实际的中断数范围为 215 998~216 002 次。通常情况下,存在一个常数 ρ,当下式成立时,就可以认为该时间计数器是正常工作的。

$$1-\rho \leqslant dC/dt \leqslant 1+\rho \qquad (3\text{-}10)$$

常数 ρ 是由时间计数器的生产者指定的,称为最大时钟漂移率。图 3-5 给出了精确时钟和快慢时钟之间的关系。

时钟漂移率具有相对稳定性。获得了时钟漂移率,就可以估计出时钟频率偏差。时钟漂移率可以通过在一定时间内获得连续时间戳数据的方法,利用线性拟合获得。

设 n 组时间偏差样本值为 $\{(t_i,\theta_i), i=1\sim n\}$,其中 t_i 代表接收到的来自服务器的第 i 个时间戳,θ_i 代表即时时间偏差。根据线性模型可得

$$\theta = b_0 + b_1 t \qquad (3\text{-}11)$$

式中,b_0 表示截距;b_1 表示时间漂移率。相应的最小二乘估计结果为

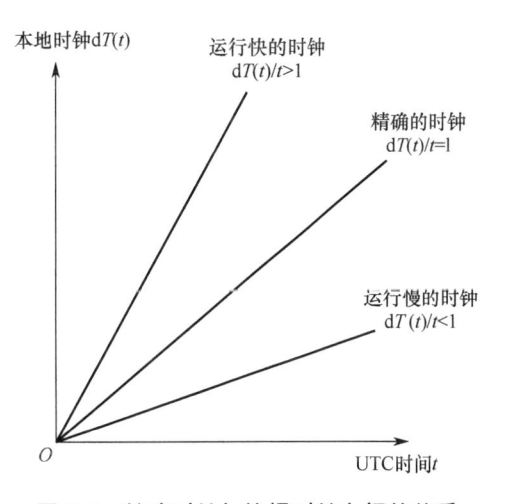

图 3-5 精确时钟与快慢时钟之间的关系

$$\begin{cases} \hat{b}_1 = \dfrac{\sum\limits_{i=1}^{n}(t_i-\overline{t})(\theta_i-\overline{\theta})}{\sum\limits_{i=1}^{n}(t_i-\overline{t})^2} \\ \hat{b}_0 = \overline{\theta} - b_1 \overline{t} \end{cases} \qquad (3\text{-}12)$$

式中，$\bar{t} = \frac{1}{n}\sum_{i=1}^{n} t_i$；$\bar{\theta} = \frac{1}{n}\sum_{i=1}^{n} \theta_i$。

（2）校正时钟频率误差。

得到时钟漂移率之后，即可定时校正系统时钟频率。校正系统时钟频率的具体方法和步骤如下。

① 获取 n 组时间偏差样本值为 $(t_1,\theta_1),(t_2,\theta_2),\cdots,(t_n,\theta_n)$，采用最小二乘法即可求得漂移率 η_0。

② 取 int(η_0) 校正时钟频率，int(η_0) 表示取整。然再获取 n 组时间偏差样本值为 $(t_1,\theta_1),(t_2,\theta_2),\cdots,(t_n,\theta_n)$，采用最小二乘法即可求得时钟漂移率 η_1。

③ 重复步骤②，得到时钟漂移率 η_2。判断 η_2 是否大于门限 Ω，若大于则算法停止，否则继续执行步骤②。

（3）校正系统时间。

系统时间的校正通常有两种方法：粗校正和渐进校正。

① 粗校正。对于由 NTP 算法得到的时间偏差较大的情况，可以先进行粗校正。直接将时间偏差加到本地时钟上，使时间能在一定误差范围内保持同步。经过粗校正能快速达到时间同步目的，但是容易引起时钟频率的抖动，不易实现准确同步。

② 渐进校正。渐进校正也称线性连续分摊技术，其基本原理是，时钟在经过粗校正后，把发送时间偏差信息的周期按照一定的规则分成若干时钟校正间隔，并把时间偏差均分，这样就可以把每份时间偏差缓慢地增加到本地时钟上。这样做能最大限度地降低抖动误差。

渐进校正实现的具体步骤如下。

① 经过 NTP 算法得到时间偏差 θ（单位为 s），每次时钟校正后的残差为 sys_residual。

② 令

$$\theta_{\text{temp}} = \theta + \text{sys\_residual} \tag{3-13}$$

如果 $|\theta_{\text{temp}}| < 500 \times 10^{-6}$，则 $|\theta_{\text{temp}}| = 500 \times 10^{-6}$。

③ 把 θ_{temp} 转化为以微秒为单位的量。

$$\theta\mu_{\text{temp}} = \theta_{\text{temp}} \times 10^{-6} \tag{3-14}$$

式中，μ_{temp} 为用微秒表示的时间偏差。

④ 得到校正间隔段数量。设本地时钟中断间隔为 clockperiod，1s 内的时钟中断数即校正间隔段数量，以 ppm_per_adj_unit 表示，则

$$\text{ppm\_per\_adj\_unit} = 1 \times 10^{-6} / \text{clockperiod} \tag{3-15}$$

⑤ 得到均分时间偏差。以 TimeAdj 表示，这里 TimeAdj 是一个取整的量，则

$$\text{TimeAdj} = (\text{long})(\theta\mu_{\text{temp}} / \text{ppm\_per\_adj\_unit} + ((\theta\mu_{\text{temp}} > 0) ? -0.5 : 0.5)) \tag{3-16}$$

⑥ 得到校正残差量 sys_residual。因为均分时间偏差是一个取整的量，所以必然会留下残余量，那么

$$\text{sys\_residual} = \theta\mu_{\text{temp}} - \text{TimeAdj} \times \text{ppm\_per\_adj\_unit} \tag{3-17}$$

⑦ 校正系统时间。令 θ_{adj} 为每次校正系统时间，则

$$\theta_{\text{adj}} = \text{TimeAdj} + \text{clockperiod} \tag{3-18}$$

在典型有线网络环境的时间同步过程中，通过采用 NTP 时间同步改进方法，将有效改善网络时间同步精度。在某典型有线局域网络环境中，配置一台计算机作为服务器，其他十余台计算机作为客户端。采用 NTP 时间同步改进方法实现该局域网内客户端与服务器时间同步时，其中一台计算机的时间同步效果如图 3-6 所示。

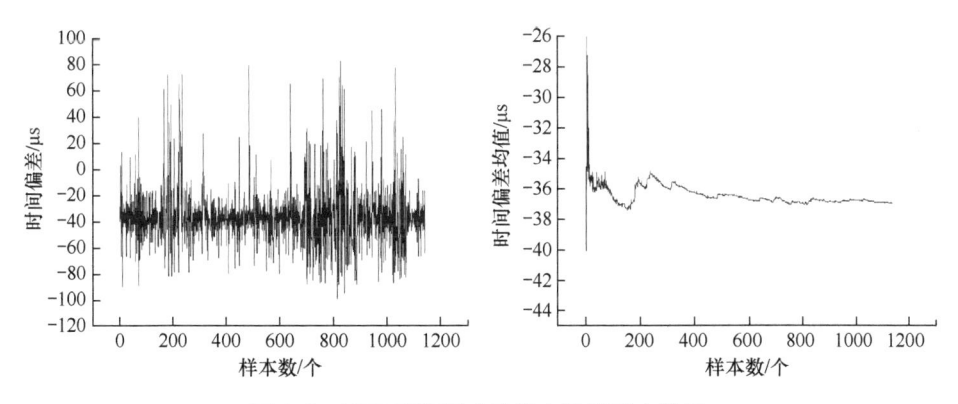

图 3-6 NTP 时间同步改进方法的同步效果

3.2.2 PTP 时间同步

PTP 主要用于同步分布式网络上各节点的时钟，尤其适用于对时间同步精度要求很高的控制和测量领域。

在 PTP 之前，最常用的时间同步方式是 SNTP 和 NTP，这两种时间同步方式适合局域网或互联网环境，时间同步精度在毫秒级。另一种被广泛使用的时间同步方式是，给每台设备发送高精度的脉冲信号，如每秒通过独立的信道或线路向每台设备发送一个信号。脉冲信号方式虽然能达到相当高的时间同步精度，但要求较多的额外线路承担脉冲传送任务，致使布线比较困难，特别是在特殊的环境中（如在飞机上）。

PTP 系统是一个分布式系统，系统中的节点分为普通时钟节点、边界时钟

节点、E2E 透传时钟节点、P2P 透传时钟节点及管理节点等类型，其中边界时钟节点和管理节点可选。在同一通信通道上的所有 PTP 时钟均可直接使用端口发送 PTP 消息进行通信。

3.2.2.1　PTP 时间同步机制

PTP 时间同步的基本原理是通过最佳主时钟算法自动选择最精确的时钟，以校正或同步其他时钟。PTP 将网络中的时钟分为主时钟（用于同步其他时钟）和从时钟（被同步的时钟）两类。理论上，系统中的所有时钟都有可能成为主时钟或从时钟。在现实情况下，网络中的主时钟通常是相对固定的，从时钟通过与主时钟之间的时间同步信息交换来估计其时间偏差，进而校准自己的时间。这一过程包括偏移校准和时延校准两个阶段。

1）偏移校准

偏移校准是指测量主时钟和从时钟的时间偏移，并在从时钟上消除该时间偏移。

偏移校准的过程如下。

（1）主时钟端向从时钟端发送一个同步报文，从时钟记录该报文的接收时间。该报文中包含一个发送时刻的估计值。发送完成后，主时钟端可以获得发送时刻的精确测量值。

（2）主时钟端随后向从时钟端发送一个跟随报文。该报文包含上次主时钟端获得的发送时刻测量值。

（3）从时钟端根据同步报文的接收时间，以及跟随报文中的发送时刻测量值，计算主、从两端的时间偏移。

$$\theta = TS1 - TM1 - \delta \qquad (3-19)$$

式中，δ 为在时延校准过程中得到的传输时延估计值（在开始进行时延校准之前其初始值为 0）。

（4）从时钟端根据最终的时间偏移值对本地时钟进行校正。

如图 3-7 所示，主时钟端发送同步报文并获得发送时刻测量值 TM1（1551）；从时钟端在 TS1（1502）时刻接收同步报文。随后主时钟端发送包含发送时刻测量值 TM1 的跟随报文。从时钟端在接收到跟随报文后，计算得到时间偏移值（-49）并用于校正其本地时间。

可以看出，在不考虑传输延迟的理想情况下，在下次发送同步报文时，主、从两端的时钟已经是同步的了。

2）时延校准

时延校准用于确定主、从两端的帧传输过程中的时延。这里有一个前提，即从时钟端到主时钟端的时延和主时钟端到从时钟端的时延是相等的，这是因为在本系统中没有使用到第三层的路由功能，而且网络拓扑结构相对简单。如果在类似互联网的复杂环境下，则需要考虑网络路径的不对称性。

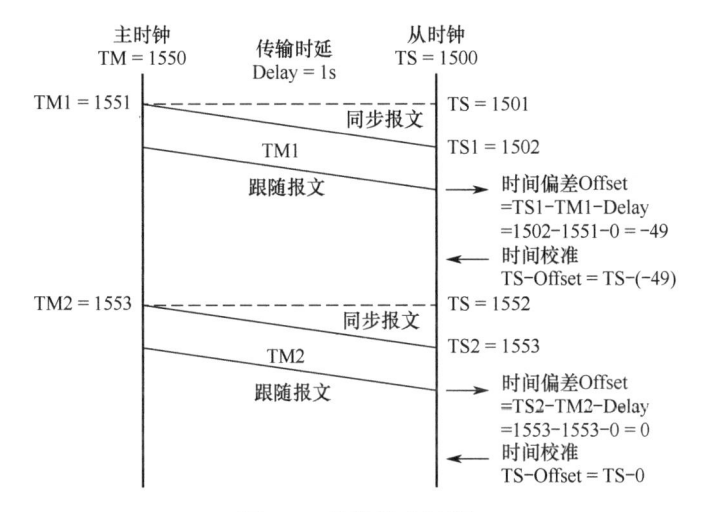

```
        主时钟        传输时延      从时钟
        TM = 1550    Delay = 1s    TS = 1500

TM1 = 1551 ─────────同步报文──────→ TS = 1501
                                    TS1 = 1502
            ─────────TM1──────────→
                    跟随报文         → 时间偏差Offset
                                      =TS1-TM1-Delay
                                      =1502-1551-0 = -49
                                    ← 时间校准
                                      TS-Offset = TS-(-49)

TM2 = 1553 ─────────同步报文──────→ TS = 1552
                                    TS2 = 1553
            ─────────TM2──────────→
                    跟随报文         → 时间偏差Offset
                                      =TS2-TM2-Delay
                                      =1553-1553-0 = 0
                                    ← 时间校准
                                      TS-Offset = TS-0
```

图 3-7　偏移校准过程

时延校准的过程如下。

（1）从时钟端发送时延请求帧到主时钟端，并记录完全发送出该帧的时间。

（2）主时钟端接收时延请求帧，将接收的精确时间以时延响应帧的形式发送回从时钟端。

（3）从时钟端根据发送/接收时间差计算传输时延的具体时间，以用于下次偏移校准过程的校正时间值计算。

如图 3-8 所示，从时钟端在 TS3（1580）时刻发送时延请求，主时钟端在 TM3（1582）时刻接收到该请求报文。在两端时延相等的假定条件下，计算得到单向的时延值为 1［(TM3-TS3)/2］。主时钟端在 TM4 时刻发送同步报文与跟随报文，从时钟端接收到跟随报文后，根据计算得到的偏移值和该时延值，计算从时钟端调整所需要的校正值。可以看出，在理想情况下，TM5 时刻主、从两端的时间已经一致了。

因为网络拓扑结构不会经常发生改变，特别是在相对固定的网络中（如一个没有冲突的以太局域网），时延没有显著变化，所以时延校准不需要频繁进行，可以有效减少网络通信量。时延校准的执行周期可比偏移校准的周期长一些，通常为 4~60s。

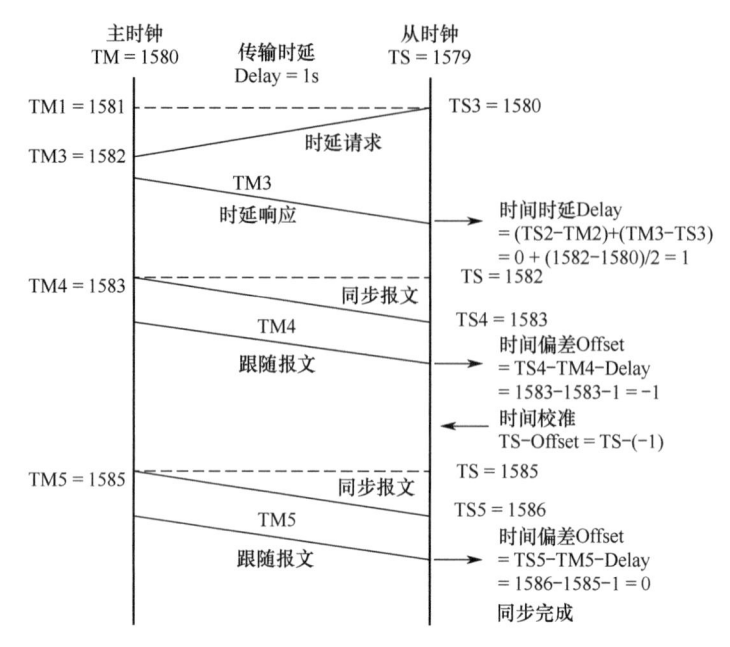

```
主时钟                      从时钟
TM = 1580    传输时延       TS = 1579
             Delay = 1s
TM1 = 1581 - - - - - - - - → TS3 = 1580
                时延请求
TM3 = 1582       TM3
                时延响应    时间时延Delay
                          = (TS2-TM2)+(TM3-TS3)
                          = 0 + (1582-1580)/2 = 1
                            TS = 1582
TM4 = 1583 - - - 同步报文 - → TS4 = 1583
                 TM4
                跟随报文    时间偏差Offset
                          = TS4-TM4-Delay
                          = 1583-1583-1 = -1
                            时间校准
                            TS-Offset = TS-(-1)
TM5 = 1585 - - - 同步报文 - → TS = 1585
                 TM5         TS5 = 1586
                跟随报文    时间偏差Offset
                          = TS5-TM5-Delay
                          = 1586-1585-1 = 0
                            同步完成
```

图 3-8 时延校正过程

3.2.2.2 PTP 时间同步算法

为了达到最佳的时间同步效果，PTP 采用了最佳主时钟（Best Master Clock，BMC）算法。BMC 算法的目的是计算出每个时钟端口的状态，从而确立网络中的最佳主时钟，以实现时钟之间的最佳时间同步效果。

BMC 算法本身由两部分组成：状态决定算法和数据集比较算法。利用这两种算法进行计算所需要的信息主要来自时钟端口的默认数据集和时钟端口接收到的同步报文中包含的信息。

1) 状态决定算法

状态决定算法是 BMC 算法的基础，其目的是计算每个时钟端口的状态。

在 IEEE 1588 中，通常将时钟分为 0、1、2、3、4 和 255 共 6 个等级供用户使用，数值越大，时钟的等级越低，属性越差，其中等级为 1、2 的时钟在 IEEE 1588 中被推荐为标准的时钟源，而等级为 255 的时钟只能作为从时钟。在两个根节点时钟属性相近的情况下，若其中一个为系统的推荐时钟，即使它的其他属性较差，也会被评定为质量较优的时钟。

状态决定算法首先判断的就是时钟是否为系统的推荐时钟，然后根据时钟的等级，通过调用数据集比较算法比较时钟集和时钟端口数据集之间的关系，从而判断 PTP 子域内时钟端口的状态。

2）数据集比较算法

数据集比较算法主要用来计算两个相关时钟端口数据集的二进制关系，并为状态决定算法提供必要的数据信息。

在数据集比较算法中，需要进行计算和比较的信息除了本地主时钟自身的信息，还有大量与本地主时钟相连的根节点时钟的信息。采用这种算法的原因主要有两个方面。

第一个原因是为了保证算法和时间同步系统的稳定性。首先，根节点时钟作为各个节点时钟的时间同步源头，在网络中的状态一般不会轻易发生变动，可以说是整个 PTP 域的根本。其次，作为时间同步源头，根节点时钟的信息在每个节点时钟的父数据集中都有记录，便于数据集比较算法对网络中任意两个相关节点时钟之间的数据集关系进行比较。最后，也是最重要的，数据集比较算法虽然流程较为复杂，但其在各个节点上运行时比较的主要是节点时钟自身与根节点时钟之间的关系。因此，这种比较具有全局性，即网络中的所有节点时钟都以根节点时钟为参照对象，从而选出各个子域中与根节点时钟联系最密切的节点时钟作为子域的主时钟。这样，当某个节点时钟发生变化时，其影响将主要限制在其子域内，而不会导致网络中其他子域的节点时钟发生连锁反应，从而有效地保证算法和时间同步系统的稳定性。

第二个原因是为了尽可能减少接收时间同步报文时出现的差异。由于各节点时钟与根节点时钟之间的距离并不完全相同，以及网络时延的存在，因此每个节点时钟接收到同步报文的时间会出现差异，通过比较两个节点时钟与根节点时钟之间的传输路径数值和报文发出的代码，就可以比较出两个节点时钟在路径上哪个更占优势。

由上述分析可以看出，数据集比较算法的核心主要归结为以下两点。

（1）选择与根节点时钟同步精度最高的节点时钟作为 PTP 子域的主时钟，而不是只根据本地时钟的属性进行选取，这样有利于保证算法和时间同步系统的稳定性。

（2）在根节点时钟相同或等效的情况下，应根据本地时钟与根节点时钟的远近及接收根节点时钟同步报文的频率，判别时钟的优劣，再利用状态决定算法选出合适的时钟作为主时钟。

3.2.2.3 PTP 时间同步的特点

一个 PTP 系统包括多个节点，每个节点都代表一个时钟，各时钟之间由网络连接。按照工作原理不同，时钟可以分为普通时钟、边界时钟、E2E 透传时钟、P2P 透传时钟 4 种。普通时钟只有一个 PTP 端口。边界时钟包括多个 PTP

端口。E2E 透传时钟像路由器或交换机一样转发所有的 PTP 消息。P2P 透传时钟与 E2E 透传时钟只是对 PTP 时间消息的修正和处理方法不同，在其他方面是完全一样的。P2P 透传时钟可以和 E2E 透传时钟一样与普通时钟合在一起作为一个网络单元。在网络中，每个时钟都可能处于下面 3 种状态之一：从时钟、主时钟和原主时钟。

　　PTP 系统结构的特别之处在于软硬件部分与协议的分离，因此，其在运行时对处理器的要求很低。PTP 体系结构如图 3-9 所示。硬件部分由一个高度精确的实时时钟和一个用来产生时间标签的时间标签单元组成，软件部分通过与实时时钟和时间标签单元的联系实现时钟的时间同步。

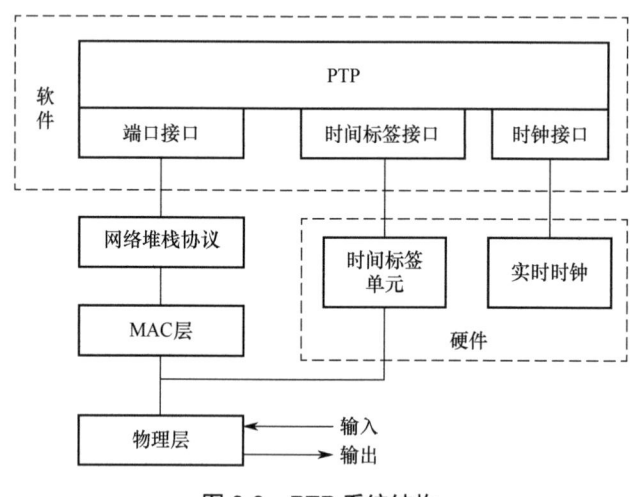

图 3-9　PTP 系统结构

　　PTP 主要通过软硬件配合，记录同步时钟信息的发出时间和接收时间，并且给每条信息加上时间标签，有了时间记录，接收方就可以计算出自己在网络中的时间偏差和时延，从而实现网络上从设备的内时钟与主控机的主时钟的时间同步，时间同步精度可达到纳秒级。与 NTP 网络时间同步相比，PTP 网络时间同步精度有显著提高。

　　一个简单的 PTP 系统包括一个主时钟和多个从时钟。如果同时存在多个潜在的主时钟，那么将根据最佳主时钟算法选取最精确的时钟来同步所有其他时钟。所有的时钟不断地与主时钟比较时钟属性，如果新时钟加入系统或现存的主时钟与网络断开，则其他时钟会重新选择主时钟。

　　时间标签接口用来给 PTP 提供 Sync 和 Delay-Req（时延请求）信息中的时间标签。根据对时间同步精度需求的不同，时间标签既可以由硬件部分生成，也可以由软件部分产生。时钟接口用来读取和调整本地时钟，并且包含用来控制时间同步质量的算法，包括准确度、稳定度及瞬变切换。端口接口用来调度或接收 PTP 信息，PTP 的报文采用 UDP/IP 多播包，因此它不局限于以太网，只要支持多播的总线系统，就可以采用 PTP，在任何 IP 协议栈的套接字上都可以发送和接收信息。PTP 节点上也无须进行地址管理，所以 PTP 可以支持多个节点。

PTP 系统结构可以支持一种完全脱离操作系统的软件组成模型。根据抽象程度不同，PTP 可分为三层结构：协议层、OS 抽象层和 OS 层，如图 3-10 所示。

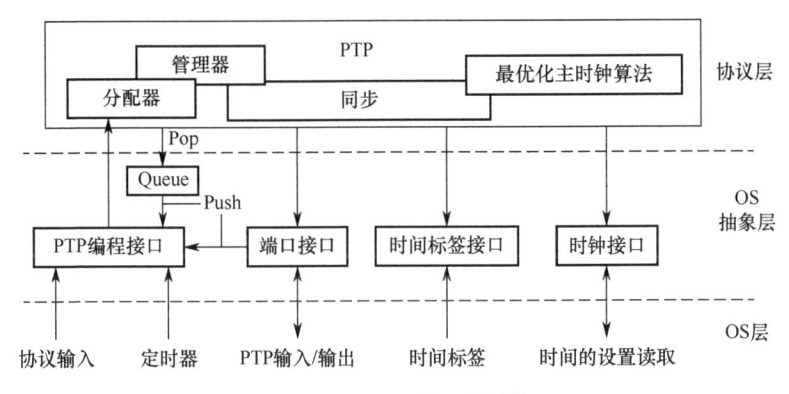

图 3-10 PTP 的三层结构

协议层包含完成网络时间同步的 PTP，它能运用在不同的通信元件（如 PC、集线器、路由器等）中。协议层使用的仅是 ANSI/ISO C 中的基本函数，因此无须对不同平台的接口功能函数有很深的了解，就能很容易地移植 PTP。协议层与 OS 抽象层之间的通信是通过一个序列和 3 个被精确定义的接口实现的。

OS 抽象层包含基于操作系统的功能函数，这一层中包含 PTP 的 3 个通信接口：时间标签接口、时钟接口、端口接口。时间标签接口通过对 Sync 和 Delay_Req 信息加盖时间标签来提供 PTP，同时根据时间同步精度的需求决定到底是由硬件还是由软件产生时间标签。由软件产生时间标签的最好方法是依赖操作系统的 NIC 网络接口卡驱动，并且时间标签越接近传输媒介越好。通过时钟接口能够对本地时钟进行读取和更改的操作。当然，这些操作是建立在熟知各类功能函数的基础上的。时钟接口包含与时间同步质量（如精确度、稳定度等）密切相关的控制算法。端口接口用来分配/接收 PTP 信息。

OS 层是 PTP 与操作系统之间的接口层，它负责实现 PTP 在特定操作系统中的具体功能。OS 层直接与操作系统的硬件和软件资源交互，如网络接口、系统时钟等，以实现 PTP 所需的时间同步功能。这一层通常包括操作系统中的设备驱动程序、系统调用和 API，它们为 PTP 提供必要的支持和服务。

这种模块化的软件平台在 Windows 与 Linux 中的应用是通过软件中的时间

标签实现的。纯粹的软件实现也能达到大约 100μs 的精度，甚至很有可能达到小于 10μs。

当整个同步系统稳定时，在一条 PTP 通信通道上，存在一个时间值最准确的时钟节点，称为主时钟。与主时钟进行同步的时钟节点称为从时钟。主时钟定期发送同步消息，消息中包含主时钟发送同步消息的时间及某些主时钟的参数信息。

在线路上接收 PTP 包之后，对它们进行处理的每种器件都会增加同步误差。由于处理器件负载和与处理中断有关的时延都会影响处理同步请求的速度，因此大多数误差是由软件增加的。仅有某些 PTP 操作是与时序有关的。对时序要求最严格的 PTP 操作是记录 PTP 包的时间标记、调节和维持本地时间同步及使用同步 I/O 端口。

如图 3-11 所示，在以太网物理层（PHY）中放置这些器件，一旦线路上有 PTP 包，就能被 DP83640 精密 PHYTER（IEEE 1588 标准中的 PTP 收发器）读取。因此，精密 PHYTER 是实现时间同步少于 10ns 的关键器件。仅需替换以太网物理层并增加 PTP 软件，便可将这种解决方案加到现有的产品设计中，从而避免转换到新的处理器系列或开发辅助现场可编程阵列逻辑（Field Programmable Gate Array，FPGA）的复杂过程。

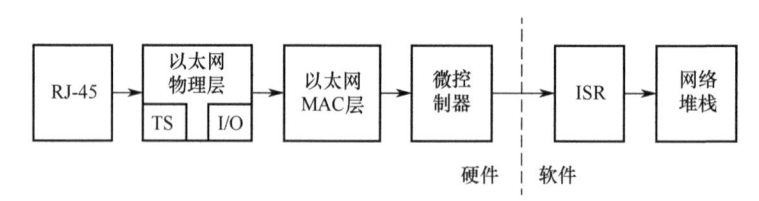

图 3-11 精密 PHYTER IEEE 1588 时间同步的主要环节

PTP 系统的特点主要有以下几个。

（1）时钟控制精度至少在微秒级，最高可达到纳秒级。

（2）对网络、设备计算能力、硬件资源的要求很低，可应用于几乎所有的设备。

（3）实现 PTP 的子网只需要很少的管理开销。

（4）使用 IP 多播方式以简化协议的实现过程，除以太网外，支持多播的其他总线系统也能实现 PTP，但地址解析等网络管理功能不需要在 PTP 节点中实现。

（5）PTP 已经成为标准，便于生产商对协议进行改进和交流。

3.2.2.4　提高 PTP 系统时间同步精度的方法

能够显著影响 PTP 系统时间同步精度的主要因素如下。

1）网络协议栈时延波动

PTP 系统最简单的实现方式是在应用层作为普通应用运行，时间戳在应用层获取，网络协议栈时延波动导致这些时间戳中的误差，误差为百微秒到几毫秒。可以在中断层而非应用层生成时间戳，此时网络协议栈时迟波动通常能够减小到 10μs 级，具体取决于其他应用对中断的具体使用和网络上业务流量的情况。通过硬件辅助技术可以获得最小的网络协议栈时延波动，该技术在协议栈物理层生成时间戳，网络协议栈时延波动为纳秒级。误差来自从输入数据流中恢复时钟和数据同步的物理层芯片所属的相位锁定特征。

2）网络转发时延波动

网络组件在消息的传播过程中引入波动，直接影响了时间偏差和传输时延数值的准确度，高优先级业务转发时延波动较小，支持流量优先级的网桥和路由器，可以设置发送的 PTP 事件消息相对其他数据而言更高的优先级。现在普遍使用的商用交换机，其转发时延波动范围为几十纳秒到微秒。

3）时间戳的精度

生成 PTP 要求时间戳的时钟分辨率必须和理想准确度保持一致，对于透传时钟和从时钟，其本地时钟分辨率往往和主时钟存在差异，将影响时间戳的精度。当使用系统时间作为时间戳时，操作系统的时间同步精度决定了 PTP 系统的时间同步精度。典型地，Windows 系统的时间同步精度为毫秒级，其 PTP 系统的时间同步精度为 1ms 级；Linux 系统的时间同步精度为 1μs 左右，其 PTP 系统的时间同步精度可以达到 1μs；舰船上用心跳记录时间，其时间同步精度一般为 1ms，因此其 PTP 系统的时间同步精度最高为 1ms。

4）时钟晶振的稳定

对于被引入时间偏差和传输延中的波动，可通过对本地时钟同步伺服算法的适当设计而减小，但是必须在平均次数（采样数）和响应速度之间进行权衡。本地时钟的基本时间稳定性必须与所要求的同步周期和精度规范一致。在比平均值算法间隔小的时间间隔中，用来减小时延波动的算法不校正本地时钟的漂移，伺服算法不能校正同步频率内发生的随机漂移。在高精度情况下，要想满足本地振荡器用来驱动本地时钟的稳定性规范十分困难，需要在成本与稳定性之间进行权衡。

一般来说，本地晶振器是石英晶体，石英晶体的频率受到热量、机械和老化的影响，会产生漂移。在这些影响中，热量的影响是大多数应用中最难解决的。例如，一个典型无补偿的晶体的热规格为 $1×10^{-6}$/℃，2s 的同步周期内会产生大约 $2×10^{-6}$/℃ 的时间偏差，因此，几十纳秒范围内的时间同步精度意味着，通过更好的晶体热规格、缩减的同步周期和更好的热管理的一些组合来降低两个数量级的热漂移。

随着对计算和网络带宽要求的提高，PTP 可以将同步周期降低到秒级以下。1PPS/℃ 以下的晶体热规格越来越难以达到，必须认真管理温度环境的控制工作，尤其在高精度实现中。一般来说，很长的平均时间需要耐高温晶体或使用更稳定的振荡器。经常通过周围设备的散热、节点内的冷却方式、增加振荡器的热稳定性和类似技术来管理 PTP 系统的短时热漂移和典型平均时间。

在 PTP 系统时间同步精度的影响因素中，各个因素所占的比重不同，不同时间同步精度的系统的制约因素也不一样，图 3-12 简单地演示了在单层局域网络下 PTP 系统的时间同步过程中各因素对时间同步精度的影响。

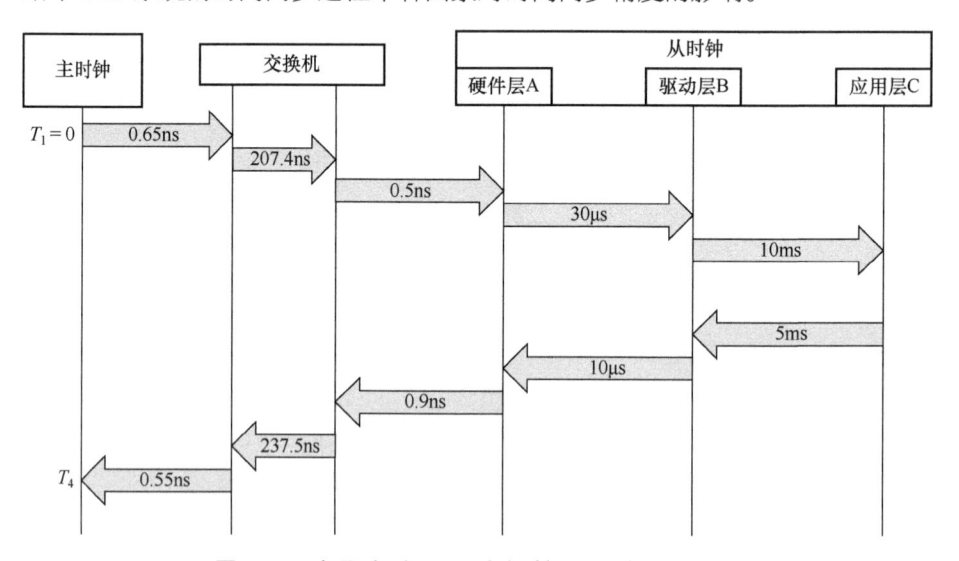

图 3-12　各因素对 PTP 系统时间同步精度的影响

假设主时钟是一个理想的时钟，从时钟与主时钟相差 25.5ns，从时钟收到同步报文后马上发送时延请求报文。主时钟发送同步报文，经过交换机的转发到达从时钟，从时钟根据时间戳不同的点，在硬件层 A、驱动层 B 和应用层 C 收到同步报文，下面对不同情况进行分析。

当从时钟在应用层 C 获取时间戳时，同步报文到达从时钟的时间 T_2=30234.05ns，PTP 系统计算出的传输时延为

mean_path_delay
= (0.65ns + 207.4ns + 0.5ns + 30μs + 10ms + 5ms + 10μs + 0.9ns + 237.5ns + 0.55ns) / 2
= 7520223.75ns

（3-20）

时间偏差为

$$\begin{aligned}
\text{offset\_from\_master} &= T_2 - \text{mean\_path\_delay} \\
&= 30234.05\text{ns} - 7520223.75\text{ns} \\
&= -7489989.7\text{ns}
\end{aligned} \quad (3\text{-}21)$$

实际时间偏差为 25.5ns，这样计算出的误差约为-7.49ms。可以看出，由于协议栈对时延抖动的影响达到毫秒级，因此 PTP 系统会有毫秒级的精度误差。

当从时钟在驱动层 B 获取时间戳时，同步报文到达从时钟的时间 T_2=30234.05ns，PTP 系统计算出的传输时延为

$$\begin{aligned}
&\text{mean\_path\_delay} \\
&= (0.65\text{ns} + 207.4\text{ns} + 0.5\text{ns} + 30\mu\text{s} + 10\mu\text{s} + 0.9\text{ns} + 237.5\text{ns} + 0.55\text{ns})/2 \\
&= 20223.75\text{ns}
\end{aligned} \quad (3\text{-}22)$$

时间偏差为

$$\begin{aligned}
\text{offset\_from\_master} &= T_2 - \text{mean\_path\_delay} \\
&= 30234.05\text{ns} - 20223.75\text{ns} \\
&= 10100.3\text{ns}
\end{aligned} \quad (3\text{-}23)$$

相较于实际时间偏差 25.5ns，PTP 系统计算出的误差为 10μs 左右。当去除协议栈的时延抖动后，PTP 系统的时间同步误差降低到 10μs 级。

当从时钟在硬件层 A 获取时间戳时，同步报文到达从时钟的时间 T_2=234.05ns，PTP 系统计算出的传输时延为

$$\begin{aligned}
&\text{mean\_path\_delay} \\
&= (0.65\text{ns} + 207.4\text{ns} + 0.5\text{ns} + 0.9\text{ns} + 237.5\text{ns} + 0.55\text{ns})/2 \\
&= 223.75\text{ns}
\end{aligned} \quad (3\text{-}24)$$

时间偏差为

$$\begin{aligned}
\text{offset\_from\_master} &= T_2 - \text{mean\_path\_delay} \\
&= 234.05\text{ns} - 223.75\text{ns} \\
&= 10.3\text{ns}
\end{aligned} \quad (3\text{-}25)$$

当使用硬件时钟辅助时，PTP 系统计算出的时间偏差与实际时间偏差相比已经降低到 10ns 级。在这种情况下，时间同步误差主要是由路径时延和交换机时延抖动造成的。当交换机上采用透传时钟时，交换机会将转发时的驻留时间记录在报文中，从时钟可以根据驻留时间信息更加精确地计算单向时延。同步报文到达从时钟的时间 T_2=234.05ns，PTP 系统计算出的传输时延为

$$\begin{aligned}
&\text{mean\_path\_delay} \\
&= (0.65\text{ns} + 0.5\text{ns} + 0.9\text{ns} + 0.55\text{ns})/2 \\
&= 1.3\text{ns}
\end{aligned} \quad (3\text{-}26)$$

PTP 系统根据路径时延和交换机的驻留时间计算出的时间偏差为

$$\begin{aligned}
\text{offset\_from\_master} &= T_2 - \text{mean\_path\_delay} - \text{rtime} \\
&= 234.05\text{ns} - 1.3\text{ns} - 210.4\text{ns} \\
&= 22.35\text{ns}
\end{aligned} \quad (3\text{-}27)$$

式中，rtime 为驻留时间。

PTP 计算结果与实际时间偏差 25.5ns 相差 2.15ns。这部分主要是由于路径不对称导致的，当可以估计路径不对称性时，可以消除这 2.15ns 的时统误差。

经过以上分析可知，要想实现更高精度的时间同步，需要测量更精准的网络传输时间，减少造成网络波动的因素。本节在采用高精度软件计时器、使用可以精确测量网络转发时间的 PTP 交换机和移动 AP 等能够降低测量网络传输时间抖动的措施基础上，采用了底层时间戳和滤波的方式来降低网络波动对网络传输时间的影响，从而提高测量网络传输时间的精度，并提高时间同步精度。

底层时间戳获取位置可以消除网络协议栈引起的网络传输抖动对时间同步精度的影响。时间戳获取位置如图 3-13 所示。经过测试，在简单的网络中，在 C 处获取时间戳，由于网络协议栈对时间同步精度的影响，PTP 系统的时间同步精度为几百微秒到几毫秒；在 B 处获取时间戳，由于网络硬件发送拥塞，PTP 同步精度为几微秒到几十微秒；借助硬件在 A 处获取时间戳，PTP 系统的时间同步精度可以达到纳秒级。不同的操作系统所提供的最高时间同步精度是不一样的，Windows 操作系统提供的时间同步精度最高为毫秒级，Linux 操作系统最高提供精度为微秒级的时钟，VxWorks 操作系统提供的时间同步精度最高为毫秒级。如果只使用系统时间，会限制 PTP 系统时间同步精度，要想提高 PTP 系统时间同步精度，必须重新设计具有高时间同步精度的时钟。

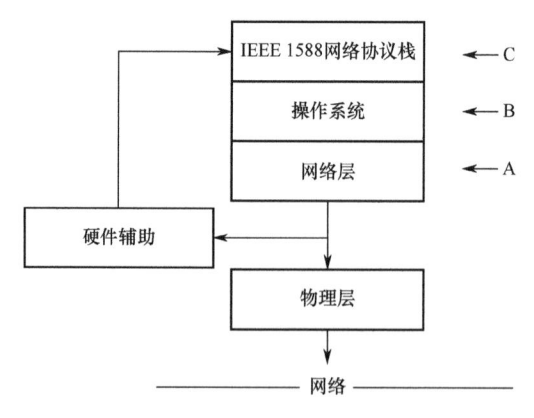

图 3-13 时间戳获取位置

当网络复杂、系统任务多时，每次时间同步信息传播的时间是不同的，有时候可能差异会比较大，采用合适的滤波算法可以减少这种不确定性，降低网络抖动对时间同步精度的影响。常见的滤波器有 FIR 滤波器、IIR 滤波器、卡尔曼（Kalman）滤波器等。在不同的情况下，各种滤波器的性能各有不同，一般来说，当网络简单、处理器性能不足时采用 FIR 滤波器和 IIR 滤波器能显著提高 PTP 系统时间同步精度；当网络复杂时，Kalman 滤波器的效果更好，但是会占用大量的计算资源。因此，需要根据不同的情况选择合适的滤波器，在时间同步精度和资源占用之间找到平衡点。

NTP/PTP 时间同步方法比较如表 3-1 所示。

表 3-1 NTP/PTP 时间同步方法比较

名 称	NTP	软件 PTP	硬件辅助 PTP	
协 议	NTP	IEEE 1588	IEEE 1588	
通 信	TCP/IP/UDP	TCP/IP/UDP	TCP/IP/UDP	
MAC 形式	标准 MAC		标准 MAC 定制/FPGA 或微控制器	
物理形式	标准 PHY	PHYTER	带硬件时间标记的精密 PHYTER+时钟+GPIO	
控制方式	人工控制	过程控制	动作控制	精密控制
时间同步精度	10～100ms	10～100μs	50～100ns	5ns

3.2.2.5 IEEE 1588—2019 的变化

IEEE 1588 于 2019 年发布了新版本 IEEE 1588—2019，也称 PTPv2.1。该版本在保证与 IEEE 1588—2008（也称 PTPv2）具有较好兼容性的基础上，修正了一些技术错误，提高了协议的稳固性和时间同步的精度。IEEE 1588—2019 相较于 IEEE 1588—2008 的变化主要有以下几项。

1）时间同步模型的修订

IEEE 1588—2019 对 IEEE 1588—2008 中的时间同步模型进行了修订，主要包含两部分内容。一方面，用分层模型代替了 IEEE 1588—2008 中的结构模型。新模型中引入了一种新的 PTP 端口，称为特殊端口。该特殊端口允许包含基于提供固有定时支持技术的网络链路，而不是使用 PTP 定时报文。此外，分层模型允许不同 PTP 域之间进行原则性交互。另一方面，删除了 IEEE 1588—2008 中关于不同时间同步模型的讨论内容。但是，这些变化并不会对 IEEE 1588—2019 和 IEEE 1588—2008 之间的兼容性产生影响。

2）术语的修订

虽然 IEEE 1588—2008 中已指出 PTP 网络支持多个 PTP 域，但是该规范主要针对的是单域系统。因此，当将 IEEE 1588—2008 应用于多域 PTP 网络时，其中定义的很多术语会出现表达不一致和定义不清晰的问题。IEEE 1588—2019 对 IEEE 1588—2008 中的部分术语进行了重新定义，同时增加了一些新的术语，纠正了这些问题。

3）可选功能的更新与扩展

IEEE 1588—2008 中的可选功能较少，通用可选功能只有 3 个，状态配置可选功能只有 5 个。IEEE 1588—2019 不仅对 IEEE 1588—2008 中现有的一些可选功能进行了更新，还新增了一些可选功能，其中，通用可选功能增加得最多，增加后达到 14 个。除了备用时标和可接受主时钟之外，其他大部分新增加的通用可选功能不会对两个版本的兼容性产生影响。

备用时标方面，新增内容主要是通过边界时钟对 ALTERNATE_TIME_OFFSET_INDICATOR TLV 的澄清，以及对使用此功能的澄清。

可接受主时钟方面，其表示从协议地址更改为端口身份，以纠正 IEEE 1588—2008 中可能存在的缺陷，这与透传时钟是 PTP 网络拓扑的一部分有关。例如，在一个包含透传时钟的网络内，根据 IEEE 802.1 中的规范更新源地址，符合 IEEE 1588—2008 的 PTP 实例可能会错误地拒绝接收从已配置的可接受主时钟传来的消息；而符合 IEEE 1588—2019 的 PTP 实例将正确地接收消息，不管网络内是否包括透传时钟。

4）透传时钟规范的修订

IEEE 1588—2019 的透传时钟规范相比 IEEE 1588—2008 主要有两处变化。一是使用 defaultDS 和 portDS 数据集中的属性取代了 IEEE 1588—2018 中的透传时钟可选数据集；二是 IEEE 1588—2019 的透传时钟规范明确针对每个 PTP 实例，且与特定域相关，而在 IEEE 1588—2008 中，透传时钟规范至少在数据集方面是与域独立的。

5）特殊端口

特殊端口是 IEEE 1588—2019 中新增加的内容。特殊端口在使用时，必须直接连接到另一个与其兼容的特殊端口上。因此，具有特殊端口的 PTP 实例不能在网络中使用，除非有以下两种情况。

（1）特殊端口未连接到网络。

（2）特殊端口直接连接到另一个特殊端口上。

6）域规范的修订

IEEE 1588—2019 中对域的规范在 IEEE 1588—2008 的基础上做了部分调整，主要包括两个字段：domainNumber 和 sdoId。其中，sdoId 的一部分是自 2008 年起重新调整用途的 transportSpecific 字段，sdoId 的结构可以与 IEEE 1588—2019 中的兼容。

7）PTP 端口状态管理配置的新可选功能

IEEE 1588—2019 中新增了 PTP 实例的 PTP 端口状态外部配置机制、状态集和外部主时钟列表特征使用缩减两个可选功能，用来在 PTP 实例中对 PTP 端口状态进行外部配置，这些变化与 IEEE 1588—2008 中的规范是兼容的。但是，由于 IEEE 1588—2008 中设备的端口状态是由 BMCA 而非配置决定的，因此在符合 IEEE 1588—2019 的 PTP 实例的 PTP 网络中，如果存在符合 IEEE 1588—2019 的实现，则可能会限制这些新增可选功能在控制 PTP 网络拓扑中的效用。

8）clockIdentity 的新规则

在 PTP 网络中使用 IEEE 1588—2008 的实现可能会引入重复时钟标识，因此 IEEE 1588—2019 重新定义了 clockIdentity 的规则。所有 clockIdentity 值均应按照以下条款之一进行构造。

（1）clockIdentity 不是协议地址，而是一个标识符。

（2）不能将 clockIdentity 值解释为必须从协议地址形成。

在使用 IEEE 1588—2019 的实现时，无法将时钟标识部分解释为协议地址，虽然可以使用 MAC 地址（数据链路层协议地址）构建时钟标识，但这不是必需的。此外，IEEE 1588—2019 删除了 IEEE 1588—2008 中的 non-IEEE EUI-64 clockIdentity 值和使用 EUI-48 创建 EUI-64 clockIdentity 两部分内容，因为这两部分内容在某些情况下不能保证时钟标识的唯一性。

9）PTP 数据集规范的修订

针对 PTP 数据集规范的修订主要分为两部分，包括一个被作为构建管理工具基础的信息模型和 PTP 协议操作中使用的数据定义。例如，基于 MIB 或 YANG 模型的管理工具就可以根据该规范进行构建。

10）用于增强同步性能的新可选功能和默认 Profile

IEEE 1588—2019 定义了时间戳的可配置更正、时延不对称估计和基于 L1 的同步性能增强 3 个新的可选功能，同时定义了一个高精度时延请求响应默认 PTP Profile。应用了这些新的可选功能或 Profile 的 PTP 实例可以在符合 IEEE 1588—2008 的 PTP 网络中正确地运行，但是由于 IEEE 1588—2008 的设备中没有应用这些可选功能，所以这种情况下的时间同步精度不如所有 PTP 实例都应用了这些功能的 PTP 网络。

3.2.3　WR 时间同步

WR 技术最初是欧洲核子研究组织和德国重离子研究中心共同提出并发明的一项技术，旨在解决大型对撞机中由于时间传递精度过低而导致的误差问题。该技术在同步以太网和 PTP 的基础上，采用了相位返回和全数字鉴相技术实现主、从节点的频率锁定与时间戳同步,能够实现数千米范围内多节点亚纳秒级精度的时钟分发,以及长距离多节点之间的频率锁相和纳秒级精度的时间同步,保证全局同步数据获取及控制过程的实现。

WR 技术将现有的网络时间同步技术的指标提高了一个量级。经过近年来的发展,WR 技术已经广泛应用于分布式网络测控、时间统一系统、工业自动化控制、分布式基站和远端射频系统、电力电网同步、自适应阵列天线、多基地雷达、室内定位等多种场合。

从技术上讲,WR 技术是通过扩展 PTP 时间同步技术实现的。其网络是一个带有 VLAN(IEEE 802.1Q)的桥接局域网,它使用以太网(IEEE 802.3)来互联交换机和节点,并使用 PTP 来同步它们。IEEE 1588—2019 将 WR 技术作为高精度时延请求响应默认 PTP Profile 和一些新的可选功能纳入进来,实现了 WR 技术的标准化,WR 技术也正式成为 PTP 时间同步技术的扩展项,因此也可以将其称为 WRPTP。

3.2.3.1　WR 技术基本原理

WR 技术综合了同步以太网、PTP 和数字鉴相技术等多项成熟技术,解决了 IEEE 1588—2008 中限制 PTP 系统精度的一些问题,将时间同步精度提高到亚纳秒级,甚至皮秒级。WR 时间同步过程主要包括 3 部分:一是时钟频率的同步;二是时间戳的同步,三是时间戳相位的同步。其中,通过同步以太网实现了时钟频率的同步,解决了 IEEE 1588—2008 中所有节点的时钟相互独立、各时钟振荡器频率不一致的问题;通过 PTP 实现了时间戳的同步,建立了 WR 同步链路模型,解决了 IEEE 1588—2008 中未考虑传输介质非对称性的问题;通过数字双混频时差法实现了时间戳相位的同步,进一步提高了时间同步精度。下面从 3 个方面论述 WR 技术的基本原理。

1)同步以太网

同步以太网(SyncE)是物理层时钟分布技术的一个典型应用,在 WR 技术中扮演的是将时钟频率发布到整个 WR 网络的角色。利用成熟的同步以太网技术通过低成本电缆或光纤传输时钟和数据是 WR 技术的一大特点。普通以太网和同步以太网的对比如图 3-14 所示。

由图 3-14 可知,普通以太网是一种标准的点对点结构,网络中所有节点的时钟都是相互独立的,通过各自的晶振独立运行。而同步以太网是一种层次结构,顶层节点称为系统根时钟。系统根时钟使用其输出频率对输出数据流进行编码,子节点或子交换机使用锁相环(Phase Locked Loop,PLL)从输入数据流中恢复时钟,同时消除恢复电路的抖动,恢复的时钟既作为该节点的系统时钟,也作为下一级节点的参考时钟。

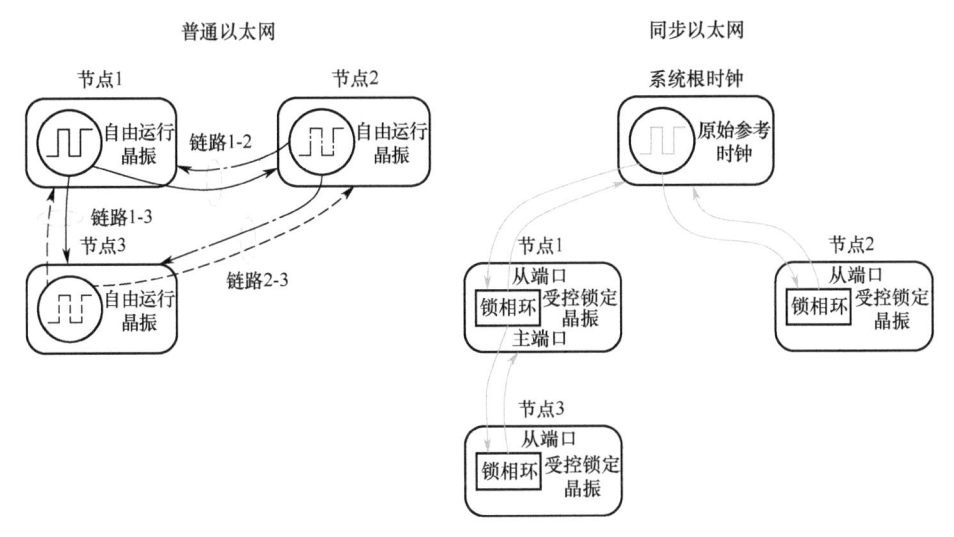

图 3-14 普通以太网和同步以太网的对比

通过应用同步以太网，整个 WR 网络中所有节点的时钟频率都能够与顶层节点的系统根时钟频率保持一致。这种频率同步技术将时钟信息编码在数据中，随数据流一起发送和接收，具有不占用链路带宽和成本较低的优点。但是，由于同步以太网使用级联锁相环在整个网络中传播参考频率，因此需要采取特定的措施防止峰值效应。此外，在 WR 网络中，还需要使用数字滤波器控制锁相环的频率响应。

2）WR 同步链路模型

为了更加精确地计算主、从节点之间的时间偏差，建立了 WR 同步链路模型，将主、从节点之间的链路进一步细化，如图 3-15 所示。WR 往返链路的总时延主要由以下 3 部分组成。

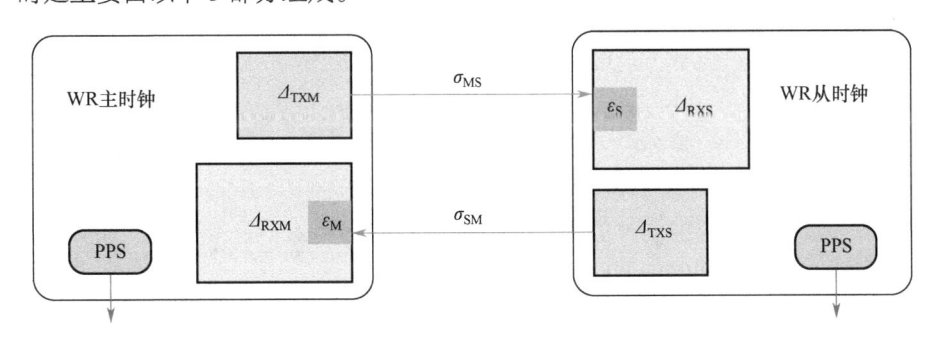

图 3-15 WR 同步链路模型

（1）主、从节点收发电路的硬件时延（Δ_{TXM}、Δ_{RXM}、Δ_{TXS}、Δ_{RXS}），包括 FPGA 内部逻辑的确定性时延、FPGA 内部走线时延、PCB 走线时延、高速串行

收发器和光纤收发器的时延。这部分时延可以认为是相对固定的。

（2）比特位滑动时延（$\varepsilon_M, \varepsilon_S$），这是由于串并转换电路在进行字对齐操作时引起的比特位滑动。这部分时延在光纤链路建立连接后保持不变，可以在每次链路建立后通过比特位滑动状态机自动获取。

（3）光纤链路传输时延（δ_{MS}, δ_{SM}）。这部分时延对温度波动非常敏感，需要实时测量并补偿。

因此，WR 往返链路的总时延表示为

$$\text{delay}_{MM} = \delta_{MS} + \delta_{SM} + \Delta + \varepsilon_M + \varepsilon_S \tag{3-28}$$

式中，$\Delta = \Delta_{TXM} + \Delta_{RXS} + \Delta_{TXS} + \Delta_{RXM}$。

在 WR 主时钟得到 WR 往返链路的总时延 delay_{MM} 后，可以计算出光纤链路传输的往返时延为

$$\delta_{MS} + \delta_{SM} = \text{delay}_{MM} - (\Delta + \varepsilon_M + \varepsilon_S) \tag{3-29}$$

同时，为了进一步计算出光纤链路传输的单向时延，需要考虑光纤链路的非对称性，而在 IEEE 1588—2008 中未考虑传输介质非对称性的影响，这也是 WR 技术的一大改进。WR 技术采用单模光纤作为主、从节点之间的传输介质，引入波分复用技术实现了全双工通信。该技术一方面可以节约成本，另一方面它的单根光纤中往返链路的长度是完全一致的，因此这种光纤链路的时延不对称性完全取决于不同波长的光的光纤折射率。为了量化折射率的影响，WR 技术定义了光纤非对称系数 α，其表达式为

$$\alpha = \frac{\delta_{MS}}{\delta_{SM}} - 1 = \frac{n_{1490}}{n_{1310}} - 1 \tag{3-30}$$

式中，n_{1490} 和 n_{1310} 分别为两种波长的光纤折射率，由于不同的光纤折射率会受到生产因素的影响，因此需要提前做好光纤非对称系数的标定。

标定光纤非对称系数后，可以进一步计算出主、从链路的单向总时延。

$$\begin{aligned}\text{delay}_{MS} &= \delta_{MS} + \Delta_{TXM} + \Delta_{RXM} + \varepsilon_S \\ &= \frac{1+\alpha}{2+\alpha}(\text{delay}_{MM} - \Delta - \varepsilon_M - \varepsilon_S) + \Delta_{TXM} + \Delta_{RXM} + \varepsilon_S\end{aligned} \tag{3-31}$$

从而可以计算出主、从时钟之间的时间偏差。

$$\text{offset}_{MS} = t_1 - t_2 + \text{delay}_{MS} + \Delta_{TXM} + \Delta_{RXM} + \varepsilon_S \tag{3-32}$$

最后，通过时间偏差调整从时钟，步骤如下：

① TAI 时间校正。offset_{MS} 中整秒的时间偏差通过校正 TAI 计时器完成。

$$\text{corr}_{TAI} = \left[\frac{\text{offset}_{MS}}{1s}\right] \tag{3-33}$$

式中，1s 表示取整数秒。

② 时钟周期计数器校正。调整时钟周期计数器，补偿整数倍（8ns）的时

间偏差。

$$\text{corr}_{\text{cnt}} = \left[\frac{\text{offset}_{\text{MS}} - \text{corr}_{\text{TAI}}}{8\text{ns}}\right] \quad (3\text{-}34)$$

③ 相位调整。对于小于一个时钟周期的时间偏差，由从节点的锁相环进行相位调整。

$$\text{corr}_{\text{phase}} = \text{offset}_{\text{MS}} - [\text{offset}_{\text{MS}}] \quad (3\text{-}35)$$

以上是通过 WR 同步链路模型完成主、从时钟时间同步的主要过程。此外，$\text{offset}_{\text{MS}}$ 的值会受到温度的影响随时间发生变化，因此需要定期测量主、从节点之间时间偏差的变化，并将其补偿到当前相位上。

3）数字双混频时差法

双混频时差法是高精度频率测量最常用的方法之一，其测量系统的设计主要分为传统的模拟双混频时差法和新发展的数字双混频时差法。传统的模拟双混频时差法虽然能提供很好的分辨率和线性度，但是需要多个外部离散组件（如混频器和滤波器等），这一点在 WR 交换机这种多端口应用中会尤其麻烦。幸运的是，数字双混频时差鉴相器的应用可以很好地避免这些麻烦。

WR 技术采用数字双混频时差（Digital Dual Mixer Time Difference，DDMTD）法，实现数据恢复时钟与本地时钟的相位同步，并对时间戳进行校正，将基于 IEEE 1588—2008 的时间同步精度提高至亚纳秒级。DDMTD 测量结构如图 3-16 所示，其中输入信号是方波，混频器被简单的 D 触发器代替，偏移时钟由一个输入时钟的锁相环生成。时钟 CLK_A 或 CLK_B 输入的测试信号与偏置时钟 CLK_{off} 进行混频，其中 CLK_A 和 CLK_B 的时钟频率等于 f_0，CLK_{off} 的时钟频率为 f_{PLL}。偏置时钟 CLK_{off} 的作用是将 A、B 两个时钟之间极小的相位差放大 N 倍，从而方便测量，这一原理与游标卡尺非常类似。

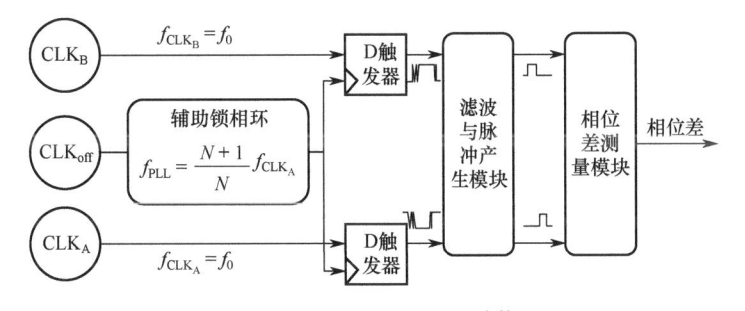

图 3-16　DDMTD 测量结构

根据数学运算，数字双混频时差法的测量分辨率为

$$\varPhi[\text{ns}] = \frac{n_{\text{cycles}}}{N+1} \cdot \frac{1}{f_0} \quad (3\text{-}36)$$

式中，n_{cycles} 为该系统输出的相差周期数。

DDMTD 法具有模拟双混频时差法的所有优点，同时只需要一个外部组件（产生偏移时钟的振荡器），该外部组件在所有测量通道之间共享，这为低成本 FPGA 的实现开辟了道路。如果不需要皮秒级时间同步精度，甚至可以使用集成在 FPGA 中的锁相环，从而节省了所有外部组件。

3.2.3.2　WR 网络拓扑结构

WR 网络主要包含 3 部分：外部主时钟、WR 交换机和 WR 节点。一个典型的 WR 网络拓扑结构如图 3-17 所示。

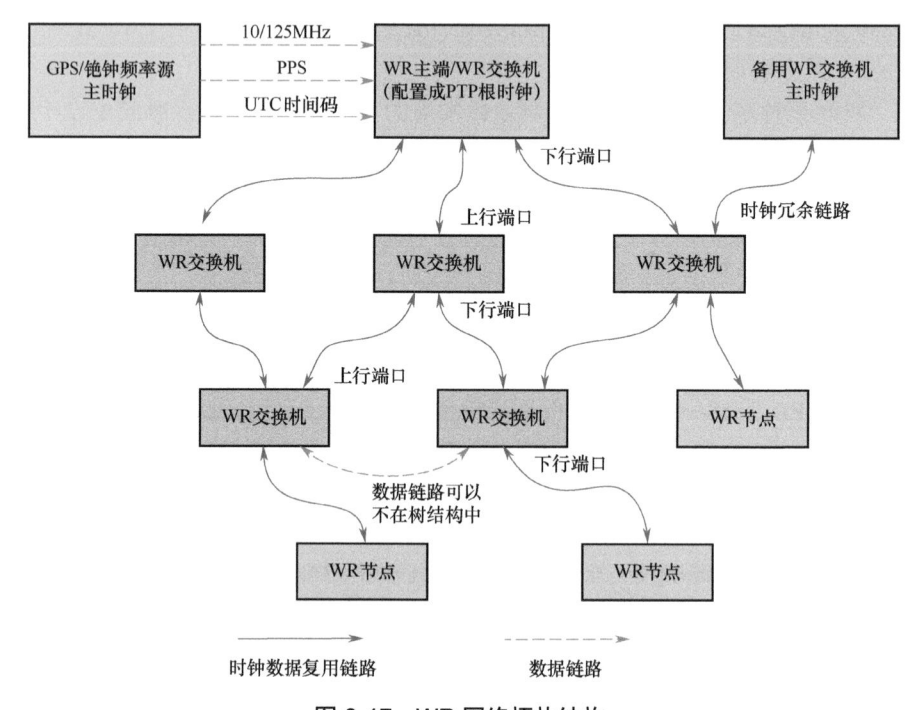

图 3-17　WR 网络拓扑结构

从数据方面来看，WR 网络是一个标准的以太网交换网络，其中的任意一个节点都可以与其他节点通信。网络中的 WR 交换机主要完成时钟的跨界同步，功能上类似 PTP 中的边界时钟，一方面作为从时钟通过上行端口与上级时钟进行同步，另一方面作为主时钟通过下行端口与下级时钟进行同步。网络中的顶层 WR 交换机可以通过 TTL 秒脉冲（1PPS）和 10MHz 的频率输入接收时间信息，同时初始化其内部国际原子时计数器的时间码。

在 WR 网络中，所有节点的时钟最终都可以溯源同步到外部主时钟。在简单的应用中，可以使用顶层交换机的内部振荡器和时间信息作为全网络参考频率与参考时间；而在高精度应用中，可以使用独立的外部主时钟，如铷原子钟或铯原子钟,作为外部参考频率,GPS/北斗接收机或长短波授时装置作为外部参考时间,这样既能提高 WR 网络中频率与时间信息的精度,也能提供多个 WR 网络之间同步的手段。

3.2.3.3 WR 同步流程

WR 同步流程如图 3-18 所示。图中展示了 WR 实现和保持单个 WR 链路同步的步骤,以及每一步的目的和可以得到的测量值。可以看出,WR 同步过程主要分为两个部分:一是初始化同步,该过程计算了 offset_{MS} 和 phase_S 的值,同

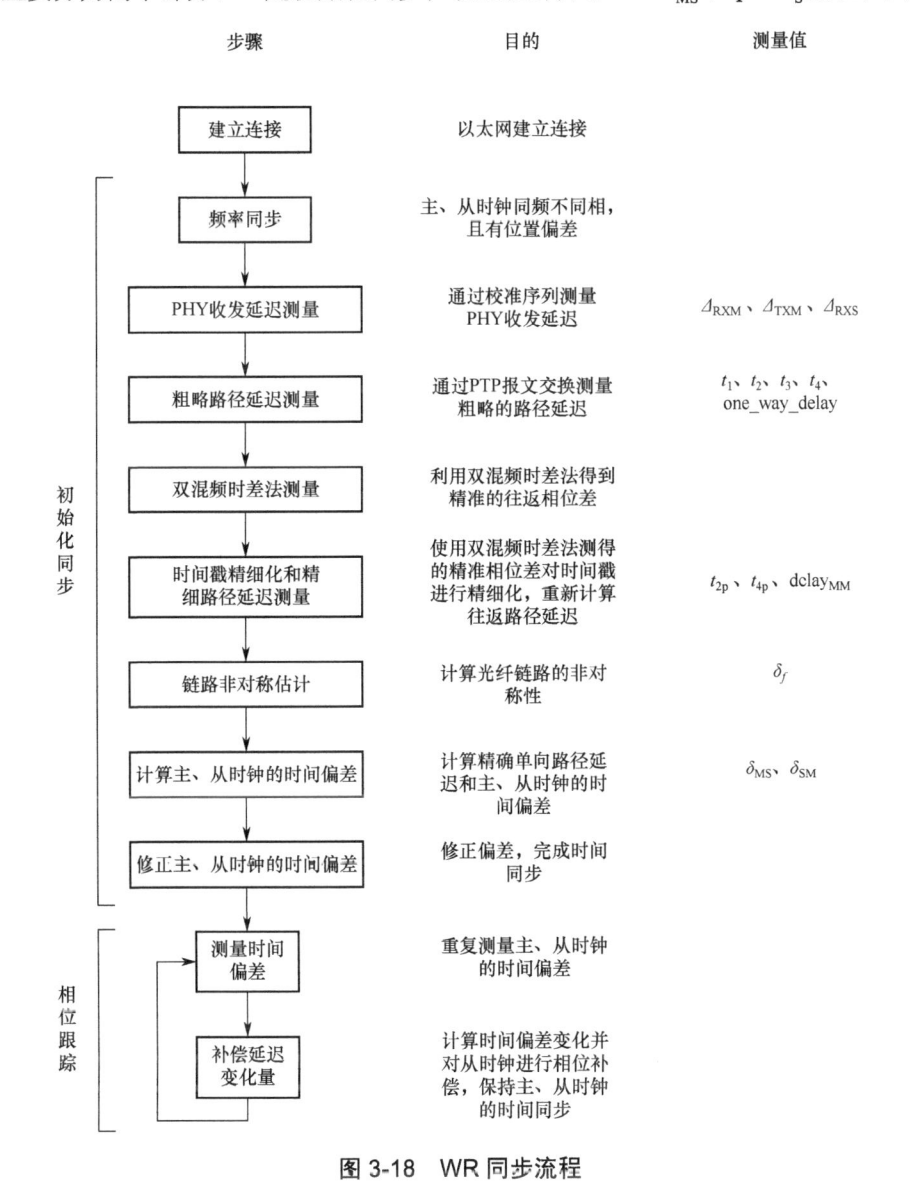

步骤	目的	测量值
建立连接	以太网建立连接	
频率同步	主、从时钟同频不同相,且有位置偏差	
PHY收发延迟测量	通过校准序列测量 PHY收发延迟	Δ_{RXM}、Δ_{TXM}、Δ_{RXS}
粗略路径延迟测量	通过PTP报文交换测量粗略的路径延迟	t_1、t_2、t_3、t_4、one_way_delay
双混频时差法测量	利用双混频时差法得到精准的往返相位差	
时间戳精细化和精细路径延迟测量	使用双混频时差法测得的精准相位差对时间戳进行精细化,重新计算往返路径延迟	t_{2p}、t_{4p}、dclay_{MM}
链路非对称估计	计算光纤链路的非对称性	δ_f
计算主、从时钟的时间偏差	计算精确单向路径延迟和主、从时钟的时间偏差	δ_{MS}、δ_{SM}
修正主、从时钟的时间偏差	修正偏差,完成时间同步	
测量时间偏差	重复测量主、从时钟的时间偏差	
补偿延迟变化量	计算时间偏差变化并对从时钟进行相位补偿,保持主、从时钟的时间同步	

前面步骤属于初始化同步,后两步属于相位跟踪。

图 3-18 WR 同步流程

时使用 $phase_S$ 进行时钟偏移的补偿，从而完成主、从时钟之间的同步；二是相位跟踪，该过程实时监测相位 $phase_{MM}$ 随时间的变化，并针对性地调节相位补偿量 $phase_S$，从而保持主、从时钟之间持续高精度的时间同步。

3.2.3.4　WR 技术的优缺点

1）WR 技术的优点

WR 技术发展至今共发布过 4 个版本，并将最新的 2.0 版本以默认 PTP Profile 和可选功能的形式纳入 IEEE 1588—2019 中，实现了 WR 技术的标准化，WR 技术已经成为解决高精度时间同步问题最长期、最稳定的方案之一。WR 技术的主要优点如下。

（1）时间同步精度高，可以达到亚纳秒级，甚至皮秒级。

（2）网络功能强大，可以同时连接数千个节点，实现长距离（10km）的频率分布和时间同步，数据传输率达到千兆级。

（3）硬件、固件和软件完全开放，使用人员可以很方便地对 WR 的硬件和软件等进行自由改进或重新设计。

（4）维护和升级成本较低，这主要得益于 WR 中的所有元素都尽可能地实现了模块化设计。

（5）兼容性好，可以很好地与其他网络混合，WR 交换机可以作为普通交换机使用，当不需要特别高的时间同步精度，或者不需要使用 WR 中的特有功能时，WR 可以直接作为 PTP 使用。

（6）商业可用性强，很容易进行扩展和推广应用。

2）WR 技术的缺点

随着 WR 技术的应用，一些问题也逐渐暴露出来。幸运的是，开发者们已经意识到了这些问题，并给出了相应的解决办法。以最新的 WR 2.0 版本为例，其问题和相应的解决办法如下。

（1）无效的时间戳。当 WR 主时钟调整其时间时，发出同步报文的时间戳是无效的，如果此时 WR 交换机或 WR 节点使用这个无效的时间戳进行时间同步，会产生不正确的结果。解决方案是，如果 WR 主时钟意识到时间戳无效，则不发送跟随报文，同时重新发送同步报文。

（2）基于 BMC 算法的 WR 网络自动配置。为了精确地控制 WRPTP 网络的配置，使异常设备（WR 节点和 WR 交换机）不会破坏系统的时序层次结构，WR 网络中边界时钟的某些端口（WR 交换机）将永远不能成为主端口，而另一个端口也将永远不能成为从端口。在 PTP 中，只能在普通时钟中设置主从模式。解决方案是，给每个端口都设置一个配置标志（WR_SLAVE_ONLY、WR_

MASTER_ONLY 或 WR_MASTER_AND_SLAVE），这些标志仅限制 WRPTP。这样一来，仅配置了 WR_SLAVE_ONLY 的端口永远不会成为 WR SLAVE，但可以成为标准的 PTP SLAVE。同时，这些配置标志的设置也会影响 PTP 的功能，仅当为端口设置了 WR_MASTER_AND_SLAVE 时，才能使用 BMC 算法，否则会跳过该算法。

（3）单光纤与双光纤的选用。WR 可以用两根单独的光纤一起实现 R_X 和 T_X，只是当链路长度超过一定范围时，性能才会下降。关于何时该选用单光纤或双光纤，解决方案中明确指出，只有单光纤才能达到亚纳秒级的时间同步精度，但双光纤也可以工作，只是性能较差。

3.3 无线网络时间同步方法

无线网络时间同步根据网络规模、节点特点可以分为普通无线网络时间同步和无线传感器网络时间同步。在普通无线网络中，无线网络节点往往是一个系统，系统中的主节点通过无线电、卫星等无线网络与时间基准进行时间同步后可以通过有线网络与系统中的子节点进行时间同步。而在无线传感器网络中，各节点造价低、体积小，除无线通信模块和本地振荡器外，不能安装更多可用于时间同步的器件。同时，传感器节点主要依靠部署时携带的有限能量在特定的无人值守环境中维持工作。因此，能耗、成本与体积成为无线传感器网络时间同步的主要约束条件。传统的长波授时、卫星授时等时间同步机制，主要考虑如何提高时间同步精度，很少考虑信息处理与通信的能耗，以及无线网络广播通信本身的特点。因此，无线网络的时间同步机制需要在传统时间同步机制的基础上进行修改或重新设计。

3.3.1 普通无线网络时间同步方法

3.3.1.1 长波授时

国外长波授时技术大约有 70 年的发展历史，2001 年 9 月，美国政府鉴于 GPS 的脆弱性，决定重新启用罗兰系统，将其作为 GNSS 的备份。近年来，美国、俄罗斯、英国和韩国等国家都在完成 eLoran 系统改造建设的基础上，开始罗兰差分站的研究和设计，力图使无线电授时系统的授时精度和 GNSS 相比拟。

我国从 20 世纪 70 年代开始建设自己的专门用于时频传递的罗兰-C 体制长波授时台，呼号为 BPL，其载频信号由我国授时中心铯原子钟组产生。BPL 从 1978 年开始小功率发播，1983 年起开始大功率发播。为进一步提升长波授时系统的功能与性能，2008 年中国科学院国家授时中心完成了长波授时系统的现代化技术改造，用固态发射机取代电子管发射机，对发播控制系统进行了全面的升级改造，并且采用 Eurofix 技术增加了时码信息等数据，改造后长波系统的授时精度为 $0.5\mu s$ 左右。

1) BPL 长波授时系统的组成

BPL 长波授时系统由时频基准、发播系统和监控系统 3 部分组成。

（1）时频基准。

BPL 长波授时系统的时频基准设置在国家授时中心陕西临潼总部，时频基准部分所产生的时频信号通过 2GC-60 微波系统传递到设置在陕西蒲城的长波授时台。时频基准框架如图 3-19 所示。

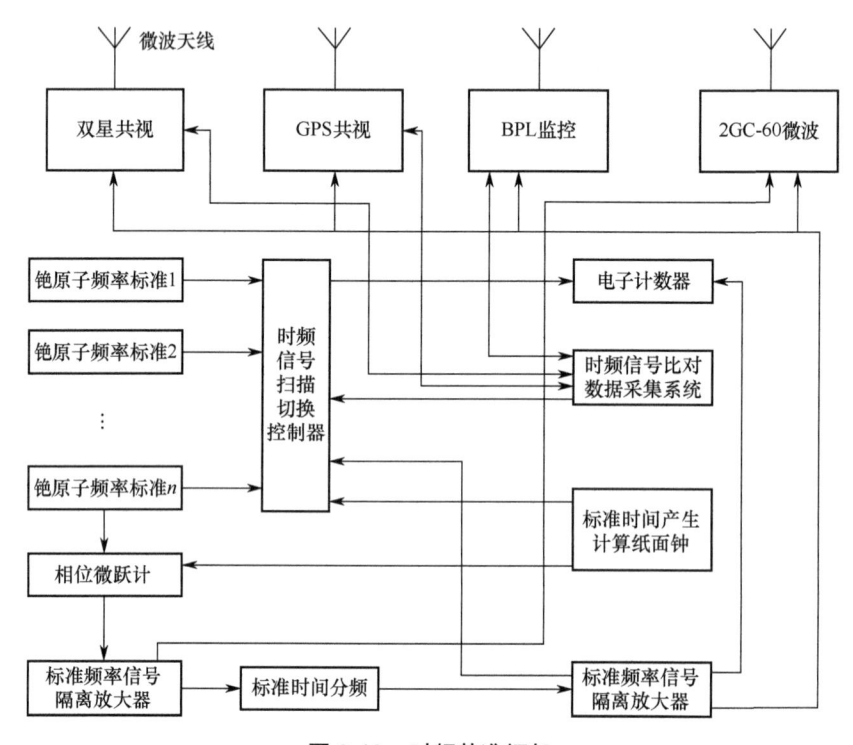

图 3-19　时频基准框架

（2）发播系统。

BPL 长波授时台的发播系统由长波发射机、天线和信号控制设备、工作钟、定时器等部分组成，它的任务是将国家授时中心所产生并保持的标准时间信号以一定的程式和足够的公路不失真地发播出去，提供符合高精度要求的授时信息，供用户接收使用。

（3）监控系统。

BPL 长波授时监控系统是高精度长波授时系统的一个重要组成部分。只有信号的脉冲编码发射体制和相应的接收技术与设备相结合，才能实现高精度时频信息的传递。

BPL 长波授时监控系统包括一套冗余的 BPL 定时器（罗兰-C 信号产生器）、BPL 信号发射激励器、发播控制系统和 BPL 信号接收监控系统。

2）长波定时

长波定时主要靠专用的长波接收机，其基本原理如图 3-20 所示。

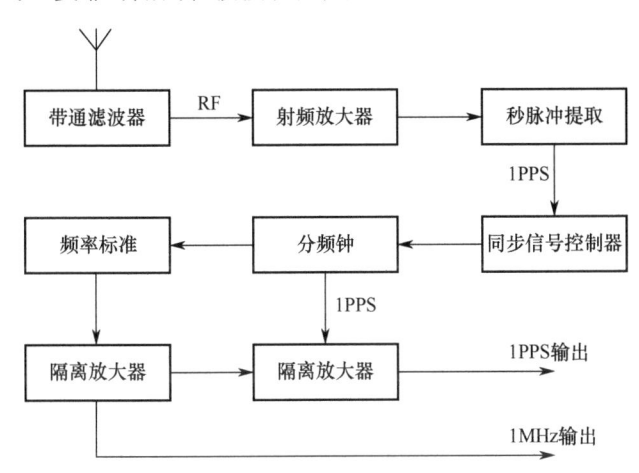

图 3-20 长波接收机基本原理

3.3.1.2 短波授时

短波授时是最早利用短波无线电信号发播标准时频信号的授时手段，其授时的基本方法是由无线电台发播时间信号（以下简称"时号"），用户用无线电接收机接收时号，然后进行本地对时。由于覆盖面广、发送简单、价格低廉、使用方便，短波授时受到了广大时频用户的欢迎。利用短波时号进行时频传递与校准是一种廉价而方便的方法，对于要求时间同步精度在 1ms 级的用户特别有利。同时，对于某些具有高精度同步要求的用户，将短波授时作为粗同步方法也是必不可少的。

国际电信联盟规定，在短波频段，用于短波授时的频率分别为 2.5MHz、5MHz、10MHz 和 15MHz。由于历史原因，也有一些短波时号没有按照国际电信联盟规定的频率发播，如我国目前还有 9351kHz 和 5430kHz 的民用对海授时频率。

授时频率的划分，使无线电授时信号不受通信等无线电信号的干扰，但是由于都使用国际电信联盟规定的载荷频率带宽，势必引起同频率带宽时号之间的相互干扰。为了保护短波授时不受通信等无线电信号的干扰，国际电信联盟建议所有标准时频信号的发播都尽可能与 UTC 保持一致，其时号与 UTC 时号的时间偏差应小于 1ms，载频与标准频率的偏差应小于 1×10^{-10}。但是为了区分两个距离接近且载频相同的授时信号，减少它们之间的干扰，有些国家的授时台未执行该建议。例如，我国的 BPM 和印度的 ATA，其 UTC 时号分别超前 20ms 和 50ms 播发。

从国内外短波授时的发展情况可以看出，虽然目前短波授时已经不再是授时精度最高的授时手段，但其对广大用户来说，仍然是最简便和廉价的授时手段，并且一直运用在卫星发射、探月工程、导弹发射、科学研究等领域，因此短波授时在国内外还有一定的应用价值。

1）短波授时的特点

BPM 短波时号的传播方式有 2 种：地波传播和天波传播。地波传播是沿着地球表面传播的，传播路径稳定，适合标准时间信号的传递需要。但由于地球表面是有电阻的导体，当电波在地球表面行进时，有一部分电磁能量被消耗，而且随着频率的增加，地波损耗逐渐增大。因此，地波传播主要应用于长波频段、中波频段和短波频段低端的 1.5～5MHz 频率范围。在距离授时台 100km 的范围内，可以使用地波接收时间信号。天波是依靠电离层对短波的多次反射实现传播的，可以将信号传播到很远的地方，BPM 授时信号的 4 个频率昼夜交替发播，可以覆盖近 3000km 的范围，因此 BPM 短波授时台可以覆盖我国大部分地区。

短波的传播存在多径效应。一是由于电离层受太阳照射的影响比较大，电离层的高度是时刻变化的，因此电波传播的路径也是时刻变化的；二是电离层对短波的反射可以是一次、两次，甚至是多次，且经不同次数反射的短波到达用户的路径有很大的差别。短波的多径效应对标准时间信号的传递是十分不利的，因为其传播路径很难准确地获得，因此从授时台到用户的传播时延值存在较大的误差，导致短波时间传递的精度只有毫秒级。

电离层对短波的传播还存在最低可用频率和最高可用频率，并且两者是随时间变化的，对于不同的频率有不同的寂静区。对于在固定点发播标准时间信号的授时台来说，不同的载频点随着时间的变化有着不同的覆盖区。此外，短波授时和其他短波通信一样存在噪声大、干扰多、衰落明显，以及由电离层影响引起的突然中断等问题。

在接收点能否收到足够强度的电波信号与电波能否被电离层反射、电波传播路径上的衰减及电离层内的吸收有关。由授时台发射天线辐射的电波信号在电波传播过程中发生各种各样的衰减损耗，到达接收点的信号强度就减弱了，主要原因在于电波的强度与传播距离成反比。在传播过程中，电波能量在空间扩散引起的场强减弱是不可避免的，传播距离增加一倍，场强就减弱一半。

2）短波授时台

我国的 BPM 短波授时台位于陕西蒲城，地理坐标为：北纬 35°00′，东经 109°31′。BPM 短波授时台由微波站、工作钟房、发射控制设备、发射机、天线交换开关、发射天线和监测设备组成，如图 3-21 所示。

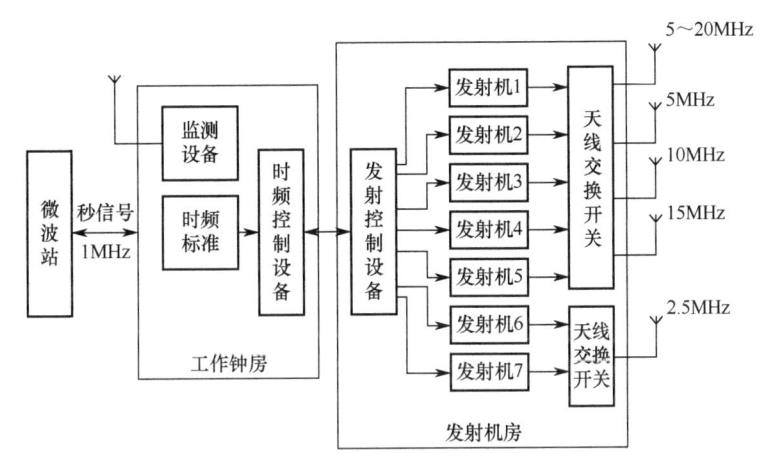

图 3-21　BPM 短波授时台的组成

（1）微波站。微波站通过微波信道将 BPM 发播的标准频率与 NTSC 基准频率进行比对，使 BPM 信号输出的频率和相位与 NTSC 基准频率保持一致。

（2）工作钟房。工作钟房为 BPM 发播短波提供各种标准时频信号，配备有 UTC 分频钟、UT1 分频钟和发播程序产生器，按设定的短波授时程序提供标准时频信号。

（3）发射控制设备。发射控制设备主要接收工作钟房的标准时频信号和程序信号，经放大、匹配后送往各发射机使用，它不但控制各发射机的开机、关机、频率预置，还控制天线交换开关。

（4）发射机。BPM 短波发射机共有 7 部，其中有 5 台 10kW 发射机（其中 2 台可全频段工作，另外 3 台的工作频率分别为 5MHz、10MHz 和 15MHz）和 2 台 1.5kW 发射机（工作频率为 2.5MHz）。

（5）天线交换开关。天线交换开关是发射机转换到天线上的中转站，利用它可以使任一台发射机准确、灵活地转换到所需要的天线上去，充分发挥设备和天线的性能，提高利用率。

（6）发射天线。BPM 授时台共有 5 副天线，其中 2.5MHz、5MHz、10MHz 和 15MHz 对应的水平振子角笼天线各一副，5~20MHz 宽带变形对称偶极子天线一副。

（7）监测设备。工作钟房有一套专门用于监测 BPM 授时信号的设备，主要由 BPM 短波接收机、示波器等组成，监测设备接收本台发射的各载频时号，接收机用来观测信号的调制度，示波器用来观测信号的调制波形和失真度。现有的监测设备不能自动监测、统计各载频的阻断时间，需每隔一定时间由值班人员查看并记录各项监测数据。

3）短波定时

短波定时主要依靠短波定时设备，典型的定时设备有 BPM-Ⅲ型短波定时器和 PO23 型定时器。短波定时基本原理如图 3-22 所示。

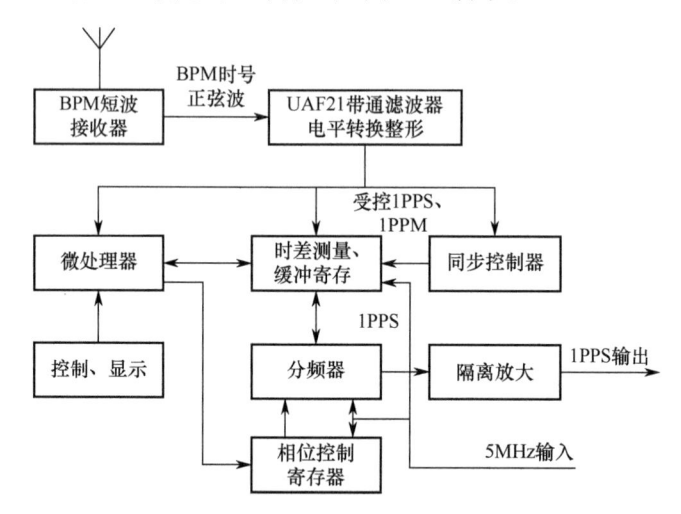

图 3-22　短波定时基本原理

3.3.1.3　卫星授时

1）卫星授时的分类

目前的卫星授时主要指卫星导航系统的授时。卫星导航系统虽然是一种导航定位系统，但导航定位的基本原理是时间同步。因此，卫星导航系统也具有授时功能，并且是目前应用最广泛的授时系统之一。现有的卫星导航系统主要有美国 GPS、俄罗斯的 GLONASS、欧盟的 Galileo 和我国的北斗。

2）卫星授时的原理

导航卫星上都搭载了原子钟（铯原子钟或铷原子钟）。有了精确的时钟，加上地面站的不断校正，卫星系统的时间非常准确。卫星会在报文中播发一个时间，播发这个时间的信号边沿和这个时间值严格对应。通过测量这个边沿，可以在本地恢复出一个精确的变化边沿，这个变化边沿与发射时刻同步，从而获得准确的时刻。导航报文中提供了当前时刻所在的周数，这个周数从北斗或 GPS 卫星导航系统的起始时间开始计数。通过计算调制在载波上的伪随机码信息，可以知道当前的周内秒。有了这些信息，就可以实现授时功能。

卫星授时就是利用卫星作为时间基准源或转发中介，通过接收卫星信号和进行时延补偿的方法，在本地恢复出原始时间的过程。根据工作原理不同，卫星授时可分为卫星无线电导航业务（Radio Navigation Satellite Service，RNSS）授时和卫星无线电测定业务（Radio Determination Satellite Service，RDSS）授时两种方式。

如果卫星载有高精度时间源，其导航信号根据该时间源产生，用户通过接收多颗卫星信号实现伪距测量和定位解算，从而实现自身的时间同步。这种定位或授时方式称为 RNSS 定位或 RNSS 授时，GPS、Galileo、北斗等卫星导航系统属于 RNSS 授时。

RNSS 授时又可分为定位定时和位置保持定时两种方式，定位定时是指用户在实现定位解算时实现时间同步；位置保持定时是指用户在位置不变的情况下，只需接收到 1~2 颗卫星即可维持给定精度的定时。

如果卫星本身没有高精度时间源，则转发地面站的信号进行授时。该过程称为 RDSS 授时或转发式授时，如 CAPS、北斗等卫星导航实验系统。

单从授时出发，不难理解系统发播时间的精确控制是不可缺少的。而对于导航定位，系统内部钟（星载钟、地面监测和控制台站的钟）的同步就极为关键。没有原子钟的支持，没有时间同步与保持技术的支持，是不可能实现星基导航和定位的。在完成精确时间传递的过程中，需要对传播时延进行精确的修正，要实现这一点，需要知道用户的精确地理位置。

3）卫星授时系统的组成

卫星授时系统主要由卫星接收天线、中心母钟、子钟、通信控制器、时间服务器、时钟监管系统组成，如图 3-23 所示。

（1）卫星接收天线。卫星接收天线位于主控中心的前端，用于为卫星接收机提供信号，从而使一级母钟获得高精度时间参考，为其他时钟系统提供准确的时间信息。卫星接收天线包括卫星信号接收天线及其天线馈线、相关的避雷和接地措施。

（2）中心母钟。高稳石英中心母钟内置高稳振荡器，可接收多种外部参考

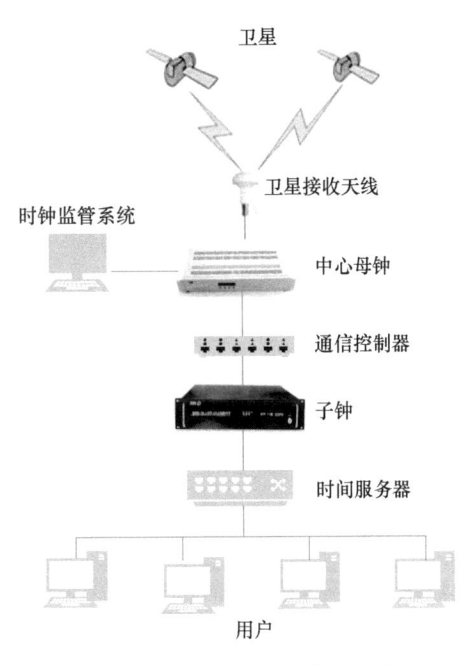

图 3-23 卫星授时系统的组成

信号，支持手动/自动双机热备份功能。

（3）子钟。子钟依靠上级母钟接收的精确时间进行准确的走时，同时自身有较强的守时能力，用于提高时间服务能力。

（4）通信控制器。通信控制器是母钟系统的通信枢纽，要求其具备很高的可靠性。

（5）时钟监管系统。时钟监管系统主要完成对时钟系统设备的监测管理，检测收集母钟、子钟及其他的运行状态信息，对时钟系统的工作状态、故障状态进行显示，并对全系统时钟进行点对点控制，对该系统中任何一个子钟进行必要的操作（校对、停止、复位、对时、倒计时、关闭、亮度调节、设备 ID 地址修改等）。主要监控及显示的内容包括各种主要设备、子钟及传输通道的工作状态，对时钟系统的控制、故障记录及打印输出等。该系统的功能有：当系统出现故障时发出声光报警，指示故障部位；方便用户查看维护指南，提供在线帮助；设有设备维修档案，记录每个故障发生的具体位置、时间、类型、维修情况等；当某个时钟工作不正常时，系统可调出它的档案，供维修人员参考。

3.3.2 无线传感器网络时间同步方法

与传统的分布式系统相比，无线传感器网络节点多、功耗低，对时间同步精度要求比较高，特别是在一些与时间同步密切相关的应用中，如节点定位、数据融合、无线信道时分复用、低功耗设计、网络协议的实现、传感时间排序等。

杰里米·埃尔森和凯·罗默在 2002 年 8 月的 HotNets-I 国际会议上首次提出了传感器网络中的时间同步机制研究课题，在传感器网络研究领域引起了关注。大学和科研机构纷纷开始对这个领域进行深入研究，提出了多种时间同步方法，如基于参考广播的时间同步（Reference Broadcast Synchronization，RBS）方法、传感器网络时间同步（Timing-sync Protocol for Sensor Networks，TPSN）方法、基于层次结构参考的时间同步（Hierarchy Referencing Time Synchronization，HRTS）方法、泛洪时间同步（Flooding Time Synchronization Protocol，FTSP）方法、微小型时间同步（Tiny/Mini Synchronization，Tiny/Mini-Sync）方法、基于全球时钟同步的时间同步（Global Clock Synchronization，GCS）方法等。下面介绍几种常见的无线传感器网络时间同步协议，并分析其特点。

3.3.2.1 典型无线传感器网络时间同步方法

1）RBS 方法

RBS 方法充分利用了无线数据链路层的广播信道特性，引入一个节点作为辅助节点，由该节点广播一个参考分组，在广播域内的一组接收节点接收到这个参考分组，通过比较各自接收到消息的本地时间实现它们之间的时间同步。其中，最典型的是 RBS 方法。

RBS 方法是由美国加利福尼亚大学的杰里米·埃尔森等于 2002 年提出的，该机制基于"第三方广播"的思想，让参照节点利用物理层广播周期性地向网络中的其他节点发送参照广播。广播域中的节点用自己的本地时钟记录各自的包接收时间，然后相互交换记录的时间信息。通过这种方式，接收节点能够知道彼此之间的时钟偏移量，然后利用偏移矩阵计算相对其他所有节点时钟偏移的平均值。当每个节点都取得相对其他所有节点时钟偏移量的平均值时，所有接收到同一参照广播消息的接收节点便获得了一个相对网络时间。

RBS 方法的优点是，广播消息相对于所有接收节点而言，其发送时间和介质访问时间都是相同的。通过比较各接收节点之间的时间，能够从消息时延中抵消广播消息的发送时间和访问时间，从而显著提高局部网络内的时间同步精度。而影响 RBS 机制性能的因素包括接收节点之间的时钟频率偏差、接收节点的数量等。此外，在多跳网络中，随着跳数的增加，同步误差会累积，而且 RBS 方法的复杂度也会相应增加。

2）TPSN 方法

TPSN 方法基于双向报文交换机制，借鉴了传统网络中时间同步协议的分层思想，将 NTP 时间同步方法引入无线网络，能够实现全网范围内各节点之间的时间同步。

与 RBS 方法相比，TPSN 方法考虑了传播时间和接收时间，利用双向报文交换计算报文的平均时延，提高了时间同步精度。但是其计算复杂，功耗较大，并且时间同步精度受到报文传输时延和双向传输不对称性的影响。TPSN 方法的一个显著不足是没有考虑根节点失效问题。此外，当新的节点加入网络时，需要初始化其层次发现阶段，级别的静态特性降低了算法的鲁棒性。

3）HRTS 方法

TPSN 方法具有时间同步精度高的优点，但一次只能同步一对节点。n 个节点的单跳网络需要 $n-1$ 次同步操作，同步能耗大。RBS 方法只需要一次同步过程就可以完成一个单跳网络内所有节点的同步，同步能耗较低，但时间同步精度相对较差。于是，结合 TPSN 方法和 RBS 方法的优点，有研究者提出了 HRTS 方法。

在多跳网络中，多跳同步协议首先按照和多跳 TPSN 相同的方式建立最短生成树拓扑。在同步时，生成树的根节点，按照单跳 HRTS 协议同步邻居节点。这些节点被同步之后，继续同步其邻居节点。按此方式，最终网络中所有节点都实现了同步。然而，这种同步方式降低了没有被指定为应答节点的节点的时间同步精度。HRTS 方法充分利用了无线传输的广播特性，加入了时钟漂移的动态估计功能，与 RBS 方法类似，HRTS 方法通过估算对方时间而不是直接对节点本地时间进行修改来使时间连续平缓地变化。

4）FTSP 方法

FTSP 方法基于双向报文交换机制。该方法利用 MAC 层时戳技术，发送节点在报文中的多个位置嵌入不同的时戳，根据标记的多个时戳，接收节点估算出中断等待时间和设定的用以补偿接收时戳的静态编解码时间，得到更精确的同步点。

多跳 FTSP 协议采用泛洪的方法广播时间基准节点的时间。当网络中的时间基准节点正常工作时，每过一段时间广播一个报文。报文中含有一个报文流水号，接收节点可据此判断报文的有效性。对于有效的新报文，接收节点按照单跳 FTSP 协议将新的同步点记录到缓冲区中，计算出当前时间基准节点的时间并与其保持同步，否则就丢弃接收报文。随后那些已同步的接收节点再同步其他接收节点，这个过程反复进行，最终所有接收节点都和时间基准节点实现同步。若在一段时间内接收节点接收不到任何新的报文，说明时间基准节点失效，此时根据 FTSP 协议的约定，接收节点通过竞争提升某一接收节点为新的时间基准节点，从而保证协议的健壮性。

FTSP 方法是现有的典型时间同步方法中精度最高的方法，且具有良好的健壮性。但 FTSP 方法需要利用 MAC 层时戳技术来提高时间同步精度，导致其通用性不强，且其所采用的泛洪方式能耗较大。

5）Tiny/Mini-Sync 方法

Tiny/Mini-Sync 是两种适用于无线网络的轻量级时间同步方法。其基于一个假设：传感器网络中的时钟频率恒定且线性相关。该方法采用双向报文交换来估计相对时钟漂移和相对时钟偏移。Mini-Sync 方法是对 Tiny-Sync 方法的扩展，其思路是防止丢弃可能在未来能够给出更小的上下界的数据点。设计者给出了一个标准来判断一个约束是否有可能被用于计算最优边界，只有当确认某个约束不会被用到的时候才将其丢弃。这样在提高计算复杂度的情况下保证找到最优解。Tiny/Mini-Sync 方法非常符合无线网络的特征，即只需要极少的存储空间和计算资源，同时对带宽的要求也很低。但其假设传感器网络节点时钟的时钟漂移和时钟偏移恒定，这在低成本的传感器网络节点上很难达到。

6）GCS 方法

GCS 方法有 3 种时间同步模式：节点遍历模式、聚类分层模式、扩散模式（包括同步扩散和异步扩散）。其中节点遍历模式的方法为：把所有的节点组织成一个环状的拓扑结构,然后分两个阶段——游走阶段和时钟校准阶段,同步所有的节点。在游走阶段,一个同步报文从某个节点出发遍历该环,这个节点记录下本次遍历过程的开始时间和结束时间,其他节点仅转发报文,并对遍历路径段数进行逐一增数。在时钟校准阶段,包含上次遍历过程的开始时间、结束时间和环段数等信息的报文沿着相同的路径再次遍历该环,且在假设环上的每段耗时相等的前提下,环上的每个节点在接收到该时钟校准报文后,根据其携带的信息计算并调整本地时间。节点遍历模式的同步方法简单易操作,但是其假设的前提条件太过理想化,同时没有考虑节点之间的时钟漂移等因素,因此具有一定的局限性。

3.3.2.2 不同时间同步方法的性能对比

无线传感器网络多样化的应用场合决定了其对时间同步有不同的要求,但总体来说,各时间同步方法的性能指标主要包括以下几个方面。

1)能量消耗

无线传感器网络自身的特点决定了其在设计时间同步方法时必须以节能为前提,低功耗的时间同步方法是保证整个网络系统低功耗的必要条件。

2)时间同步精度

时间同步精度是衡量时间同步方法性能优劣的主要指标。针对不同的应用场合,无线传感器网络对时间同步精度的要求也不同。例如,在一些对时间敏感的工业无线传感器网络中,其时间同步精度通常需要达到微秒级或亚微秒级。

3)可扩展性

时间同步方法需要对网络拓扑变化有一定的适应能力,应该支持网络节点数目或密度的有效扩展,并保证当有节点"死亡"时,网络系统仍能实现有效的时间同步。

4)收敛时间

同步的收敛时间对网络的能量消耗有影响,其限制了网络从启动到开始工作所需的最短时间。

几种典型的无线传感器网络时间同步方法的性能对比如表 3-2 所示。

表 3-2 典型无线传感器网络时间同步方法对比

时间同步方法	RBS 方法	TPSN 方法	FTSP 方法	HRTS 方法	Ting/Mini-Sync 方法	GCS 方法
能 耗	较高	较高	低	低	低	较高
时间同步精度	较高	较高	高	低	中	低
可拓展性	一般	差	较强	一般	一般	较强
收敛时间	一般	一般	短	短	短	高

通过比较可以看出，不同的时间同步方法都有各自的优缺点，在实际应用中，无线传感器网络系统可以根据具体的应用需求选择合适的时间同步方法。

3.4 多源信息时间对齐

在多源信息融合系统的实际应用中，通过有线或无线的方式对各个传感器进行时间同步只是多源信息时间对齐的基础，因为即使进行了硬件时间同步，各个传感器仍然存在时间不匹配的情况，目前在对多传感器时间对齐的研究中，一般认为造成多源信息时间无法对齐的原因主要有两个。

一是各传感器的采样周期和开机时间不同。由于任务的不同和传感器本身性能的差异，各传感器的采样周期和开机时间可能不同，而且各传感器对目标的采样可能是均匀采样，也可能是非均匀采样。如图 3-24 所示，传感器 1 和传感器 2 的开机时间不一致，导致这两个传感器存在时间偏差，传感器 1 和传感器 3 虽然开机时间一致，但是采样周期不同，同样存在时间偏差。

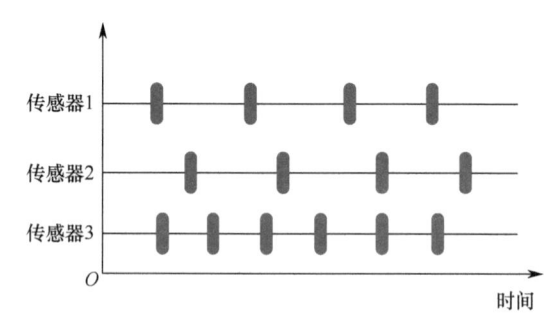

图 3-24 采用周期和开机时间不一致导致的时间偏差

二是各传感器内部信息处理时延不一致。各传感器从探测到目标到输出探测信息需要一定的处理时间，这个处理时间对不同类型的传感器、不同厂家生产的同一类型的传感器来说都是不同的，而各传感器有的在信息处理前打时间戳，有的在信息处理后打时间戳，这就导致即使在时间对齐的情况下，各传感器之间也会形成时间偏差。图 3-25 显示了两个传感器因为信息处理时间不同导致的时间偏差。

由此可见，即使多传感器时间已经同步了，但由于采样周期和开机时间不同、信息处理时间不同，各个传感器之间也存在时间偏差，需要对该时间偏差进行补偿，以满足多传感器探测信息的时间配准需求。对于采样周期和开机时间不同造成的采样数据不匹配问题，解决方法主要有内插外推法、最小二乘虚拟法、插值法、曲线拟合法和串行合并法，在实际应用中较常采用的是内插外推法和最小二乘虚拟法,但这两种方法在算法处理时间间隔内采用的目标运动模型为匀速直线运动模型,比较适合目标速度恒定或缓慢变化的情况。而在实际多传感器应用中,观测目标的机动性较强,运动轨迹较复杂,匀速直线运动模型与实际运动状态相差较大,所以时间对齐误差较大,不能满足对对齐精度要求较高的应用场合。对于信息处理时间不同导致的输出信息时间偏差问题,解决方法主要有特征匹配法、卡尔曼滤波法、最优化法等,在实际应用中主要采用特征匹配法。

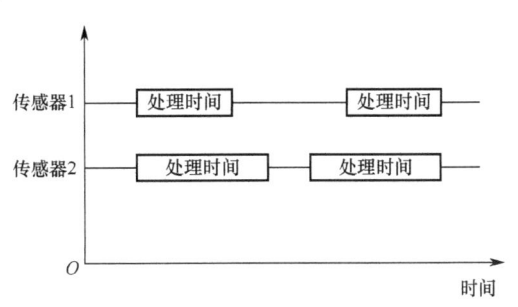

图 3-25　信息处理时间不同导致的时间偏差

3.4.1　时间对齐流程

在实际应用中,由于工作任务的区别和应用环境的不同,对时间对齐的精度和实时性要求也不尽相同。同时由于各传感器本身性能的差异,不同传感器的采样数据具有不同的特点,这些都影响并限制了时间对齐方法和对齐频率的选择。多源信息融合的时间对齐应该根据具体的应用场合和采样数据的特点,在满足对齐要求的前提下,从对齐精度和对齐实时性两方面提高时间对齐的性能。

一般的时间对齐处理单元的主要结构和功能应该包括观测数据分析、先验知识与对齐性能要求、对齐方法选择、对齐频率选择、时间对齐处理、对齐数据分析等。时间对齐功能模块如图 3-26 所示。

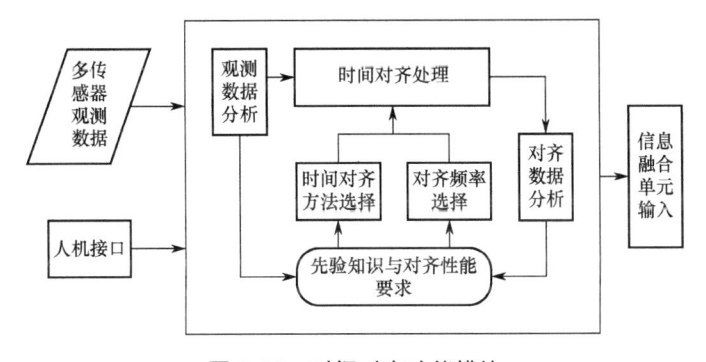

图 3-26　时间对齐功能模块

各模块的主要功能如下。

（1）观测数据分析模块。当多个传感器的观测数据输入时间对齐处理单元时，应在时间对齐处理前对观测数据进行简要的分析，得到进行时间对齐处理所需要的传感器和其采样数据信息，如传感器的数量、类型，采样数据的采样周期和相互之间的时间间隔等。

（2）先验知识与对齐性能要求模块。在该模块中存放有对齐精度和实时性等时间对齐的要求与标准，以及系统中各传感器的一些先验信息，如采样精度、采样周期等。该模块根据观测数据分析模块输入的信息和先验知识，在符合对齐要求的前提下对对齐方法和对齐频率的选择进行限制。同时，该模块能够根据对齐后对齐数据分析模块的反馈信息适当地对相关参数进行调整。

（3）时间对齐方法选择模块。在该模块中包含系统所能使用的时间对齐方法，可根据先验知识与对齐要求模块输入的信息选择合适的对齐方法。

（4）对齐频率选择模块。该模块根据先验知识与对齐要求模块输入的信息选择合适的对齐频率。

（5）时间对齐处理模块。该模块根据选定的时间对齐方法和对齐频率，对原始数据进行时间对齐处理，并将对齐结果输出到信息融合单元。

（6）对齐数据分析模块。该模块对时间对齐后的数据进行分析，计算对齐误差和实时性等对齐指标参数，并将结果反馈给先验知识与对齐性能要求模块。

3.4.2 时频匹配

在多传感器时间对齐中，在有些情况下，后续的信息融合单元对融合后数据的频率有特定的要求，此时进行时间对齐就省去了时间对齐频率选择的环节，直接按照要求的频率进行时间对齐。若信息融合单元对对齐频率没有特定的要求，就应该根据采样数据的特点选择合适的对齐频率。

在进行时间对齐处理时，较多使用的时间对齐方法是将高采样频率传感器的测量数据转换到最低采样频率传感器的采样时刻上，即同步时刻只能在最低采样频率传感器的采样时刻中进行选择，所以同步频率不会高于传感器集合中的最低采样频率。当各传感器之间的采样频率相差较大时，就会导致高采样频率传感器测量数据的浪费。因此，在进行时间对齐前，应首先对同步频率进行合理的选择。

对齐频率是指对信息融合单元的测量数据集合进行时间对齐的频率。由于同步频率与时间对齐的执行频率相同，所以选择同步频率也就是选择对齐频率。

选择对齐频率时主要应考虑以下因素。

（1）对齐计算的实时性。当单次对齐计算所需时间与测量数据集合中的数据数量无关时,对齐频率越高,对齐计算所需的时间越多;对齐频率越低,对齐计算所需的时间越少。当单次对齐计算所需时间与测量数据集合中的数据数量相关时,对齐频率对对齐计算实时性的影响与具体的对齐实现方法相关。

(2)同步频率。对齐频率越高,同步频率越高;对齐频率越低,同步频率越低。

(3)传感器集合中的采样频率极值。对齐频率的最大值应不大于传感器集合中的最高采样频率;对齐频率的最小值可以小于传感器集合中的最低采样频率。

设多传感器信息融合单元的时间对齐频率为 f_t,融合频率的最大值和最小值为 $f_t^{\max}(T_{\max})$ 和 $f_t^{\min}(T_{\max})$,同步频率的最大值和最小值分别为 $f_s^{\max}$ 和 $f_s^{\min}$,系统传感器集合中的最高采样频率为 $f_{\max}$,则考虑对齐计算的实时性时,f_t 要满足

$$f_t^{\min}(T_{\max}) \leqslant f_t \leqslant f_t^{\max}(T_{\max}) \tag{3-37}$$

考虑同步频率时,f_t 要满足

$$f_s^{\min} \leqslant f_t \leqslant f_s^{\max} \tag{3-38}$$

考虑传感器集合中的采样频率极值时,f_t 要满足

$$f_t \leqslant f_{\max} \tag{3-39}$$

如果 $f_t^{\min}(T_{\max}) > f_{\max}$,则所采用的时间对齐算法无法满足多传感器信息融合单元的实时性要求,需要选择实时性更好的时间对齐算法。在多传感器信息融合单元实时性要求得到满足的前提下,式(3-37)和式(3-39)可以合并为

$$f_t^{\min}(T_{\max}) \leqslant f_t \leqslant f_t^{\max}(T_{\max}, f_{\max}) = \min\{f_t^{\max}(T_{\max}), f_{\max}\} \tag{3-40}$$

如果 $f_t^{\min}(T_{\max}) > f_s^{\max}$ 或 $f_t^{\max}(T_{\max}, f_{\max}) < f_s^{\min}$,则同步频率的要求无法满足。当 $f_t^{\min}(T_{\max}) \leqslant f_s^{\max}$ 和 $f_t^{\max}(T_{\max}, f_{\max}) \geqslant f_s^{\min}$ 同时成立时,式(3-38)和式(3-40)可以合并为

$$\max\{f_t^{\min}(T_{\max}), f_s^{\min}\} = f_t^{\min}(T_{\max}, f_s) \leqslant f_t \leqslant f_t^{\max}(T_{\max}, f_{\max}, f_s) \\ = \min\{f_t^{\min}(T_{\max}, f_{\max}), f_s^{\max}\} \tag{3-41}$$

由式(3-41)可知,时间对齐可以采用的对齐频率分布在一个频率区间上,需要根据多传感器信息融合单元的具体需求和传感器的实际特性进行选择。

下面给出选择对齐频率的两种简单方法。

① 取所有传感器采样频率的平均值。

$$f_t = \frac{1}{N} \sum_{i=1}^{N} f_i \tag{3-42}$$

② 取所有传感器采样频率的加权平均值。

$$\begin{cases} f_t = \dfrac{1}{N} \sum_{i=1}^{N} a_i f_i \\ a_i = \dfrac{P_i}{\sum_{i=1}^{N} P_i} \end{cases} \tag{3-43}$$

式中，权值 a_i 由传感器采样精度 P_i 确定。

这两种方法均采用计算传感器采样频率均值的方式获得所需的对齐频率，其主要目的是减小对齐频率与传感器集合中采样频率的累积差值，降低少数较大或较小的采样频率对对齐过程的影响。与方法①相比，方法②在确定对齐频率时考虑了传感器的采样精度，从而降低高采样频率传感器的测量数据对时间对齐的影响。

对齐频率 f_t 确定后，对于相邻的对齐时刻 $T_f(k-1)$ 和 $T_f(k)$，有

$$T_f(k) - T_f(k-1) = 1/f_t \qquad (3-44)$$

对于多传感器观测同一目标情况下的时间对齐，为了避免出现非周期的同步数据，所选择的对齐频率对应的同步周期应为某一传感器采样周期的整数倍，并且对齐计算时刻为该传感器采样时刻集合的子集。对于对齐计算过程中出现的拟合公式缺失和测量数据无法利用的情况，主要是对齐频率过大造成的，因此在进行对齐频率的选择时应适当选择较小的对齐频率。另外，如果选择的对齐频率不合适，有可能导致测量数据无法利用。因为各传感器之间的传输时延可能存在差异，不同传感器的测量数据到达多传感器信息融合单元的先后次序可能与其所对应的采样时刻的先后次序不同。当同步周期小于各传感器之间传输时延的差值时，对齐计算将无法利用传输时延较大的传感器的测量数据。

3.4.3　时间对齐常用方法

3.4.3.1　内插外推法

内插外推法在同一时间片内对各传感器采集的目标观测数据进行内插、外推，将高精度观测时间点上的数据推算到低精度时间点上，以实现各传感器之间的时间对齐。其算法为：先选定时间片，时间片的划分随具体运动目标的状态而异，目标的状态可分为静止、低速运动和高速运动，对应的时间片可以选小时、分钟或秒；然后将各传感器的观测数据按测量精度进行增量排序；最后将各高精度观测数据分别向最低精度时间点内插、外推，从而形成一系列等间隔的目标观测数据以进行融合处理。

设传感器 A 和传感器 B 对同一目标进行观测，在同一时间片内的采样数据序列如图 3-27 所示。传感器 A 在 T_{a_i} 时刻的测量数据为 $(X_{a_i}, Y_{a_i}, Z_{a_i}, V_{x,a_i}, V_{y,a_i}, V_{z,a_i})$，传感器 B 在 T_{b_j} 时刻的测量数据为 $(X_{b_j}, Y_{b_j}, Z_{b_j}, V_{x,b_j}, V_{y,b_j}, V_{z,b_j})$。设由传感器 A 向传感器 B 的采样时刻进行时间对齐，对齐后的数据用 $(X_{a_ib_j}, Y_{a_ib_j}, Z_{a_ib_j})$ 表示。内插外推法的对齐公式为

$$\begin{bmatrix} X_{a_1b_1} & X_{a_2b_1} & \cdots & X_{a_nb_1} \\ X_{a_1b_2} & X_{a_2b_2} & \cdots & X_{a_nb_2} \\ \vdots & \vdots & \ddots & \vdots \\ X_{a_1b_m} & X_{a_2b_m} & \cdots & X_{a_nb_m} \end{bmatrix} = \begin{bmatrix} X_{a_1} & X_{a_2} & \cdots & X_{a_n} \\ X_{a_1} & X_{a_2} & \cdots & X_{a_n} \\ \vdots & \vdots & \ddots & \vdots \\ X_{a_1} & X_{a_2} & \cdots & X_{a_n} \end{bmatrix} + \\ \begin{bmatrix} T_{b_1}-T_{a_1} & T_{b_1}-T_{a_2} & \cdots & T_{b_1}-T_{a_n} \\ T_{b_2}-T_{a_1} & T_{b_2}-T_{a_2} & \cdots & T_{b_2}-T_{a_n} \\ \vdots & \vdots & \ddots & \vdots \\ T_{b_m}-T_{a_1} & T_{b_m}-T_{a_2} & \cdots & T_{b_m}-T_{a_n} \end{bmatrix} \times \begin{bmatrix} V_{xa_1} & 0 & \cdots & 0 \\ 0 & V_{xa_2} & \cdots & 0 \\ \vdots & \vdots & \ddots & \vdots \\ 0 & 0 & \cdots & V_{xa_n} \end{bmatrix} \quad (3-45)$$

$$\begin{bmatrix} Y_{a_1b_1} & Y_{a_2b_1} & \cdots & Y_{a_nb_1} \\ Y_{a_1b_2} & Y_{a_2b_2} & \cdots & Y_{a_nb_2} \\ \vdots & \vdots & \ddots & \vdots \\ Y_{a_1b_m} & Y_{a_2b_m} & \cdots & Y_{a_nb_m} \end{bmatrix} = \begin{bmatrix} Y_{a_1} & Y_{a_2} & \cdots & Y_{a_n} \\ Y_{a_1} & Y_{a_2} & \cdots & Y_{a_n} \\ \vdots & \vdots & \ddots & \vdots \\ Y_{a_1} & Y_{a_2} & \cdots & Y_{a_n} \end{bmatrix} + \\ \begin{bmatrix} T_{b_1}-T_{a_1} & T_{b_1}-T_{a_2} & \cdots & T_{b_1}-T_{a_n} \\ T_{b_2}-T_{a_1} & T_{b_2}-T_{a_2} & \cdots & T_{b_2}-T_{a_n} \\ \vdots & \vdots & \ddots & \vdots \\ T_{b_m}-T_{a_1} & T_{b_m}-T_{a_2} & \cdots & T_{b_m}-T_{a_n} \end{bmatrix} \times \begin{bmatrix} V_{ya_1} & 0 & \cdots & 0 \\ 0 & V_{ya_2} & \cdots & 0 \\ \vdots & \vdots & \ddots & \vdots \\ 0 & 0 & \cdots & V_{ya_n} \end{bmatrix} \quad (3-46)$$

$$\begin{bmatrix} Z_{a_1b_1} & Z_{a_2b_1} & \cdots & Z_{a_nb_1} \\ Z_{a_1b_2} & Z_{a_2b_2} & \cdots & Z_{a_nb_2} \\ \vdots & \vdots & \ddots & \vdots \\ Z_{a_1b_m} & Z_{a_2b_m} & \cdots & Z_{a_nb_m} \end{bmatrix} = \begin{bmatrix} Z_{a_1} & Z_{a_2} & \cdots & Z_{a_n} \\ Z_{a_1} & Z_{a_2} & \cdots & Z_{a_n} \\ \vdots & \vdots & \ddots & \vdots \\ Z_{a_1} & Z_{a_2} & \cdots & Z_{a_n} \end{bmatrix} + \\ \begin{bmatrix} T_{b_1}-T_{a_1} & T_{b_1}-T_{a_2} & \cdots & T_{b_1}-T_{a_n} \\ T_{b_2}-T_{a_1} & T_{b_2}-T_{a_2} & \cdots & T_{b_2}-T_{a_n} \\ \vdots & \vdots & \ddots & \vdots \\ T_{b_m}-T_{a_1} & T_{b_m}-T_{a_2} & \cdots & T_{b_m}-T_{a_n} \end{bmatrix} \times \begin{bmatrix} V_{za_1} & 0 & \cdots & 0 \\ 0 & V_{za_2} & \cdots & 0 \\ \vdots & \vdots & \ddots & \vdots \\ 0 & 0 & \cdots & V_{za_n} \end{bmatrix} \quad (3-47)$$

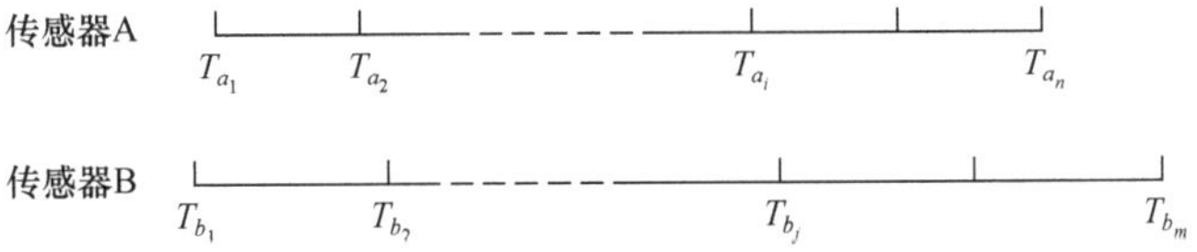

图 3-27 内插外推法的采样数据序列

在实际的多传感器信息融合单元中，有些传感器不能提供采样时刻的目标运动速度信息，所以需要由采样数据计算得到。严朝译在传感器测量数据仅包含位置信息的情况下对内插外推法的对齐公式进行了推广，根据测量数据和采样间隔来估算目标的运动速度，在上述采样数据序列和其他假设下，以 X 方向为例，推广后的内插外推法对齐公式为

$$\begin{bmatrix} X_{a_1b_1} & X_{a_2b_1} & \cdots & X_{a_nb_1} \\ X_{a_1b_2} & X_{a_2b_2} & \cdots & X_{a_nb_2} \\ \vdots & \vdots & \ddots & \vdots \\ X_{a_1b_m} & X_{a_2b_m} & \cdots & X_{a_nb_m} \end{bmatrix} = \begin{bmatrix} X_{a_1} & X_{a_2} & \cdots & X_{a_n} \\ X_{a_1} & X_{a_2} & \cdots & X_{a_n} \\ \vdots & \vdots & \ddots & \vdots \\ X_{a_1} & X_{a_2} & \cdots & X_{a_n} \end{bmatrix} +$$

$$\begin{bmatrix} T_{b_1}-T_{a_1} & T_{b_1}-T_{a_2} & \cdots & T_{b_1}-T_{a_n} \\ T_{b_2}-T_{a_1} & T_{b_2}-T_{a_2} & \cdots & T_{b_2}-T_{a_n} \\ \vdots & \vdots & \ddots & \vdots \\ T_{b_m}-T_{a_1} & T_{b_m}-T_{a_2} & \cdots & T_{b_m}-T_{a_n} \end{bmatrix} \times \begin{bmatrix} \dfrac{X_{a_2}-X_{a_1}}{T_{a_2}-T_{a_1}} & 0 & \cdots & 0 \\ 0 & \dfrac{X_{a_3}-X_{a_2}}{T_{a_3}-T_{a_2}} & \cdots & 0 \\ \vdots & \vdots & \ddots & \vdots \\ 0 & 0 & \cdots & \dfrac{X_{a_{n+1}}-X_{a_n}}{T_{a_{n+1}}-T_{a_n}} \end{bmatrix} \quad (3\text{-}48)$$

内插外推法假设工作目标在每个处理时间间隔内做匀速直线运动,并且运动速度恒等于采样点时刻的速度或平均速度,目标的运动速度在不同处理时间间隔内进行跳变,适用于目标运动速度恒定或变化较慢的情况。内插外推法由于具有应用限制少、计算简便等优点,在实际中应用较广泛。但内插外推法也存在一些不足。例如,对齐后得到的同步数据的频率不会高于传感器集合中的最低采样频率,高采样频率传感器的测量数据有时无法得到充分利用;其假设运动模型过于简单,在目标运动复杂时对齐误差较大。

3.4.3.2 最小二乘虚拟法

假设有两个传感器,分别为传感器 A 和传感器 B,这两个传感器的采样周期分别为 T_a 和 T_b,设 T_b 大于 T_a,且两者之比为整数 N。假设两个传感器对目标的采样数据序列如图 3-28 所示。

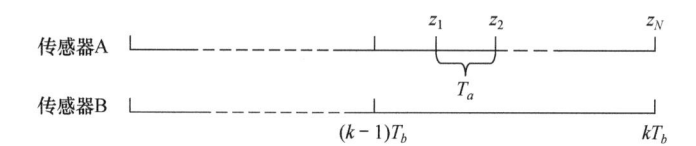

图 3-28 最小二乘虚拟法的采样数据序列

目标状态最近一次更新时刻为 $(k-1)T_b$,下次更新时刻为 $kT_b=[(k-1)T_b+NT_a]$,则在传感器 B 对目标状态的一次更新时间内,传感器 A 有 N 次测量值。因此,可以根据最小二乘准则将传感器 A 的 N 次测量值融合为一个与传感器 B 采样时刻同步的虚拟测量值,然后与传感器 B 的测量值进行融合处理。

用 $\boldsymbol{Z}_N = [z_1, z_2, \cdots, z_N]$ 表示传感器 A 在 $(k-1)T_b$ 至 kT_b 时刻的 N 个测量值集合,z_N 与传感器 B 的测量值同步,若用 $\boldsymbol{U} = [z, z']^\mathrm{T}$ 表示 $z_1, z_2, \cdots, z_N$ 融合以后的

测量值及其导数。则传感器 A 的测量值可以表示为

$$z_i = z + (i-N)T_a \cdot z' + v_i \tag{3-49}$$

式中，v_i 表示测量噪声。将式（3-49）改写成向量形式为

$$\boldsymbol{Z}_N = \boldsymbol{W}_N \boldsymbol{U} + \boldsymbol{V}_N \tag{3-50}$$

式中，$\boldsymbol{V}_N = [v_1, v_2, \cdots, v_N]^T$，其均值为 0，方差为 $E[\boldsymbol{V}_N \boldsymbol{V}_N^T] = \mathrm{diag}(\sigma^2, \cdots, \sigma^2)$，$\sigma^2$ 为测量噪声方差。

$$\boldsymbol{W}_N = \begin{bmatrix} 1 & 1 & \cdots & 1 \\ (1-N)T_a & (2-N)T_a & \cdots & (N-N)T_a \end{bmatrix}^T \tag{3-51}$$

根据最小二乘准则，有

$$J = \boldsymbol{V}_N^T \boldsymbol{V}_N = [\boldsymbol{Z}_N - \boldsymbol{W}_N \boldsymbol{U}]^T [\boldsymbol{Z}_N - \boldsymbol{W}_N \boldsymbol{U}] \tag{3-52}$$

式中，J 为代价函数。要使 J 最小，J 两边对 $\boldsymbol{U}$ 求偏导数并令其等于 0 得

$$\frac{\partial J}{\partial \boldsymbol{U}} = -2(\boldsymbol{W}_N^T \boldsymbol{Z}_N - \boldsymbol{W}_N^T \boldsymbol{W}_N \boldsymbol{U}) = 0 \tag{3-53}$$

所以有 $\boldsymbol{U} = [z, z']^T = [\boldsymbol{W}_N^T \boldsymbol{W}_N] \boldsymbol{W}_N^T \boldsymbol{Z}_N$。

其方差矩阵估值为 $\boldsymbol{R}_U = \sigma^2 [\boldsymbol{W}_N^T \boldsymbol{W}_N]^{-1}$。

融合后得到 kT_b 时刻的测量值及测量噪声方差分别为

$$\begin{cases} z(k) = c_1 \sum_{i=1}^{N} z_i + c_2 \sum_{i=1}^{N} i z_i \\ \mathrm{Var}[z(k)] = \dfrac{2\sigma^2 (2N+1)}{N(N+1)} \end{cases} \tag{3-54}$$

式中，$c_1 = -2/N, c_2 = 6/[N(N+1)]$。

当各传感器采样周期之比不为整数时，一般不能应用最小二乘虚拟法，但当融合周期为所有传感器采样周期的整数倍时可以采用。设有两个传感器 A 和 B，其采样周期之比不为整数，为 M/N，此时可以根据最小二乘准则将传感器 A 的 N 次测量值和传感器 B 的 M 次测量值分别虚拟为采样时刻同步时传感器 A 与传感器 B 的测量值，然后进行融合处理。

最小二乘虚拟法由于对采样周期有特殊的要求，而且要求传感器的采样起始时刻必须相同，所以适用情况比较简单，对齐后数据的时间周期不会小于传感器集合中的最大采样周期，且该方法在采样周期内假设目标做匀速直线运动，当目标的运动状态复杂时，对齐误差较大。

3.4.3.3 拉格朗日插值法

插值法的原理是根据函数的已知数据求出一个解析式，要求通过已知采样点确定近似函数，然后根据函数公式计算所求时刻的数据。利用插值法进行多

传感器时间对齐,就是根据已知采样点数据得到目标运动的轨迹方程,然后根据方程得到对齐时刻的数据。拉格朗日插值法是采用拉格朗日插值多项式估算函数表达式计算时间对齐数据的方法。

假设需要对传感器 A 进行时间对齐处理,传感器 A 的采样数据序列如图 3-29 所示,在时刻 $t_i(i=1,2,\cdots,n)$ 的采样数据为 $z_i=(x_i,y_i,z_i)$。

```
传感器A  |——|————— - - - - - -————|————|
         z₁  z₂                    zᵢ    zₙ
         t₁  t₂                    tᵢ    tₙ
```

图 3-29 拉格朗日插值法的采样数据序列

假设时间对齐时刻为 $t_j(t_i < t_j < t_{i+1})$。时间对齐后的数据用 (x_{ij}, y_{ij}, z_{ij}) 表示,则可以采用拉格朗日线性插值法、拉格朗日抛物线插值法和拉格朗日高次插值法进行对齐计算。

1)拉格朗日线性插值法

拉格朗日线性插值法也称拉格朗日两点插值法,其假设目标在时间对齐时刻所在的采样周期内做匀速直线运动,其插值公式为

$$\begin{cases} x_{ij} = \dfrac{t_j - t_{i+1}}{t_i - t_{i+1}} x_i + \dfrac{t_j - t_i}{t_{i+1} - t_i} x_{i+1} \\ y_{ij} = \dfrac{t_j - t_{i+1}}{t_i - t_{i+1}} y_i + \dfrac{t_j - t_i}{t_{i+1} - t_i} y_{i+1} \\ z_{ij} = \dfrac{t_j - t_{i+1}}{t_i - t_{i+1}} z_i + \dfrac{t_j - t_i}{t_{i+1} - t_i} z_{i+1} \end{cases} \quad (3-55)$$

2)拉格朗日抛物线插值法

拉格朗日抛物线插值法也称拉格朗日三点插值法,其假设目标在单个维度上的运动轨迹为抛物线,其插值公式为

$$\begin{cases} x_{ij} = \dfrac{(t_j - t_i)(t_j - t_{i+1})}{(t_{i-1} - t_i)(t_{i-1} - t_{i+1})} x_{i-1} + \dfrac{(t_j - t_{i-1})(t_j - t_{i+1})}{(t_i - t_{i-1})(t_i - t_{i+1})} x_i + \dfrac{(t_j - t_{i-1})(t_j - t_i)}{(t_{i+1} - t_{i-1})(t_{i+1} - t_i)} x_{i+1} \\ y_{ij} = \dfrac{(t_j - t_i)(t_j - t_{i+1})}{(t_{i-1} - t_i)(t_{i-1} - t_{i+1})} y_{i-1} + \dfrac{(t_j - t_{i-1})(t_j - t_{i+1})}{(t_i - t_{i-1})(t_i - t_{i+1})} y_i + \dfrac{(t_j - t_{i-1})(t_j - t_i)}{(t_{i+1} - t_{i-1})(t_{i+1} - t_i)} y_{i+1} \\ z_{ij} = \dfrac{(t_j - t_i)(t_j - t_{i+1})}{(t_{i-1} - t_i)(t_{i-1} - t_{i+1})} z_{i-1} + \dfrac{(t_j - t_{i-1})(t_j - t_{i+1})}{(t_i - t_{i-1})(t_i - t_{i+1})} z_i + \dfrac{(t_j - t_{i-1})(t_j - t_i)}{(t_{i+1} - t_{i-1})(t_{i+1} - t_i)} z_{i+1} \end{cases} \quad (3-56)$$

3)拉格朗日高次插值法

拉格朗日高次插值法也称拉格朗日多点插值法,其假设目标在单个维度上的运动轨迹为高次多项式曲线,其插值公式为

$$\begin{cases} x_{ij} = \sum_{i=0}^{n}\left(\prod_{\substack{k=0 \\ k\neq i}}^{n} \frac{t_j - t_k}{t_i - t_k}\right) x_i \\ y_{ij} = \sum_{i=0}^{n}\left(\prod_{\substack{k=0 \\ k\neq i}}^{n} \frac{t_j - t_k}{t_i - t_k}\right) y_i \\ z_{ij} = \sum_{i=0}^{n}\left(\prod_{\substack{k=0 \\ k\neq i}}^{n} \frac{t_j - t_k}{t_i - t_k}\right) z_i \end{cases} \qquad (3\text{-}57)$$

拉格朗日插值函数是多项式函数，插值多项式次数太高会使插值函数不稳定，一般情况下插值多项式次数不高于 6 次，即采用插值的节点数不大于 7 个。在实际应用中，应根据目标的运动状态和假设的运动模型选择适当的插值多项式次数。

3.4.3.4 样条函数插值法

样条函数插值法的原理是采用样条函数分段拟合数据点，最终形成经过所有数据点的光滑曲线，然后根据曲线解析式得到所需时刻的数据。利用样条函数插值法进行多传感器时间对齐，就是对已知采样点数据经过样条插值得到一条平滑曲线，然后根据该曲线的解析式求得对齐时刻的数据。实际中较常采用三次样条插值法。该方法的思想是将传感器对目标的测量在整个时间区间按采样时刻划分，根据给定时刻点及对应的观测值构造一个三次样条插值函数。

设传感器 A 在某一时间段 $[a,b]$ 内对目标进行了 $n+1$ 次测量，将整个采样时间区间按采样时刻划分为 $a = t_0 < t_1 < \cdots < t_n = b$，给定的采样时刻 t_i 对应的传感器采样数据值为 $f(t_i) = y_i (i = 0,1,\cdots,n)$，构造一个三次样条插值函数 $s(x)$，使其满足下列条件。

（1） $s(t_i) = y_i$。

（2） $s(t)$ 在每个小区间 $[t_i, t_{i+1}](i=0,1,\cdots,n-1)$ 上是一个三次多项式。

（3） $s(t)$ 在 $[a,b]$ 内具有二阶连续导数。

基于最小二乘的样条函数插值法是指在样条函数空间 $S_k(g)$ 内，找出对于函数 $f(t)$ 关于范数 $\|g\|$ 的最佳逼近，即找到 $\hat{s}(t)$，使

$$\|f - \hat{s}\| = \min_{\hat{s} \in S_k(g)} \|f - s\| \qquad (3\text{-}58)$$

三次样条插值函数的构造过程如下。

记 $m_i = s'(t_i)(i=0,1,\cdots,n)$，在每个小区间 $[t_i, t_{i+1}](i=0,1,\cdots,n-1)$ 上，$h_i = t_{i+1} - t_i$ 为一个采样周期，利用 Hermite 插值公式得到三次样条插值函数 $s(t)$ 的计算公式为

$$s(t) = \left(1 + 2\frac{t-t_i}{h_i}\right)\left(\frac{t_{i+1}-t}{h_i}\right)^2 y_i + \left(1 + 2\frac{t_{i+1}-t}{h_i}\right)\left(\frac{t-t_i}{h_i}\right)^2 y_{i+1} + \\ (t-t_i)\left(\frac{t_{i+1}-t}{h_i}\right)^2 m_i + (t-t_{i+1})\left(\frac{t-t_i}{h_i}\right)^2 m_{i+1}$$
（3-59）

利用条件（3）：$s''(t_i^-) = s''(t_i^+)(i=0,1,\cdots,n-1)$，并附加边界条件 $s''(t_0) = s''(t_n) = 0$，可得方程组

$$\begin{cases} 2m_0 + a_0 m_1 = \beta_0 \\ (1-a_i)m_{i-1} + 2m_i + a_i m_{i+1} = \beta_i \\ (1-a_n)m_{n-1} + 2m_n = \beta_n \end{cases}$$
（3-60）

式中，$a_0 = 1$；$a_i = \dfrac{h_{i-1}}{h_{i-1} - h_i}$；$a_n = 0$；$\beta_0 = \dfrac{3}{h_0}(y_1 - y_0)$；$\beta_n = \dfrac{3}{h_{n-1}}(y_n - y_{n-1})$；$\beta_0 = 3\left(\dfrac{1-a_i}{h_{i-1}}(y_i - y_{i-1}) + \dfrac{a_i}{h_i}(y_{i+1} - y_i)\right)$。

据此得到如下方程组。

$$\begin{cases} 2m_0 + a_0 m_1 = \beta_0 \\ (1-a_1)m_0 + 2m_1 + a_1 m_2 = \beta_1 \\ (1-a_2)m_1 + 2m_2 + a_2 m_3 = \beta_2 \\ \quad\quad\vdots \\ (1-a_i)m_{i-1} + 2m_i + a_i m_{i+1} = \beta_i \\ \quad\quad\vdots \\ (1-a_{n-1})m_{n-2} + 2m_{n-1} + a_{n-1}m_n = \beta_n \\ (1-a_n)m_{n-1} + 2m_n = \beta_n \end{cases}$$
（3-61）

由式（3-61）可知，方程组系数矩阵为三角矩阵，其行列式不为 0，所以方程组的解存在且唯一。

对方程组求解，可得出递推公式：$m_i = a_i m_{i+1} + b_i (i = n, n-1, \cdots, 0)$。其中 $a_i = \dfrac{-a_i}{2 + (1-a_i)a_{i-1}}, b_i = \dfrac{\beta_i - (1-a_i)b_{i-1}}{2 + (1-a_i)a_{i-1}}, a_0 = 0, b_0 = -\dfrac{\beta_0}{2} (i = 0, 1, \cdots, n)$。

运用公式求 a_i，b_i，令 $m_{i+1} = 0$，求出 $m_n, m_{n-1}, \cdots, m_0$，将所给参数 t_i, y_i, m_i 代入式（3-59），即可得到所求的三次样条插值函数。

三次样条插值法较好地解决了数据融合中时间不同步、数据采样频率不一致的问题，并且具有计算简单、速度快等优点，但插值函数严格要求通过所有的给定点，如果给定点的数据中有观测误差，则插值结果保留全部观测误差的影响，导致插值函数不能很好地反映数据集的总体趋势。

3.5 海战场时间同步体系设计

3.5.1 指标需求分析

在海战场时间同步传递的典型环境中,各平台需要进行信息共享和协同作战,时间信息的不同步必然引起信息处理时的混乱。根据海战场不同层次的性能要求,可以从位置时标、目标协同探测及数据处理、时差测量等方面研究时间同步的精度需求。

3.5.1.1 位置时标

时间、位置与属性是平台的 3 个基本要素,而位置与时间是紧密相连且相对应的两个性能参数。位置时标主要包括两种:一是平台自身的位置时标,二是平台探测到的目标位置时标。平台位置时标主要通过惯导、卫星导航定位等系统给出;而目标位置时标主要通过雷达等探测手段获得。

1)平台位置时标

在海战场环境中,平台位置时标主要由惯导系统或卫星导航系统给出。惯导定位的纬度 φ 和经度 λ 的变化方程为

$$\begin{cases} \dot{\varphi}_c = \dfrac{v_y}{R_M} \\ \dot{\lambda}_c = \dfrac{v_x}{R_N} \cdot \sec \varphi_c \end{cases} \quad (3\text{-}62)$$

式中,v_x、v_y 分别代表东向和北向的速度;R_M、R_N 分别代表地球椭球的长半轴和短半轴;下角标 c 代表该变量是模型计算出的值。

由式(3-62)可以看出,平台位置是通过对速度进行积分得到的,平台位置误差与时间误差 Δt 成正比。因此,惯导系统对时间同步精度的要求 Δt 可由以下公式获得。

$$\Delta t = \Delta s / v \quad (3\text{-}63)$$

式中,Δs 表示位置精度需求;v 表示平台航行/飞行速度。

卫星导航系统具有高精度的时间基准,且具有授时功能,其定位时标是由卫星导航系统本身给出的,平台本身对时标的影响较小(微秒级以内),因此这里不做详细讨论。

2)目标位置时标

在海战场环境中,敌方舰艇、飞机等目标的位置主要通过探测传感器获得,其位置时标直接决定了目标的定位精度。目标位置时标与目标的运动速度直接

相关，其对时间同步精度的需求为

$$\Delta t = \Delta s / v \qquad (3\text{-}64)$$

式中，Δs 表示目标测距精度需求；v 表示目标相对探测平台的径向航行/飞行速度。

假定目标测距精度需求为 50m，目标相对探测平台的径向航行/飞行速度为 300m/s，则通过综合计算可知，目标位置时标对时间同步精度的需求在毫秒级。

3.5.1.2 目标协同探测及数据处理

动态目标情报信息在不同平台之间的共享与处理，是海战场平台协同作战的前提条件。数据协同处理对时间同步精度的要求与位置时标类似，主要与探测目标的运动状态有关，另外还与传感器的数据率有关。为了满足实时传输和控制的需求，平台内的传感器一般每几十毫秒就需要传递一次数据，平台之间的数据传递周期为秒级。

对不同传感器之间的数据进行协同处理时，假定传感器自身探测过程中的目标位置时标无误差，当使用不同的传感器测量时与处理中心的同步误差为 $\pm \Delta t$，可能达到的最大误差为 $2\Delta t$。因此，目标协同探测及数据处理对时间同步精度的需求为

$$\Delta t = \Delta s / (v/2) \qquad (3\text{-}65)$$

与目标位置时标需求的假定情况相同，通过综合计算可知，目标协同探测及数据处理对时间同步精度的需求也在毫秒级。

3.5.1.3 时差测量

时差测量的重要目的之一是测量两个不同平台之间的相对距离。无论是雷达对目标的测距，还是通过数据链对编队平台之间的距离进行测量，都需要有高精度的时间基准信息。因为无线电波是以光速传播的，所以时间同步精度直接决定了对距离测量的精度。时差测量对时间同步精度的需求为

$$\Delta t = \Delta s / v \qquad (3\text{-}66)$$

式中，Δs 表示时差测量精度需求；v 表示测量信号的传输速度。

假定时差测量精度的需求为 0.5m，测量信号的传输速度为光速，则通过综合计算可知，时差测量对时间同步精度的需求为纳秒级。

3.5.2 总体架构设计

海战场时间同步传递架构是实现海战场各节点之间时间一致性的基本条件，它要求在同一时间基准下，通过信息共享与交互，使各节点系统内用户的时间标识信息在同一绝对时刻能够稳定在一定的精度水平。在该传递架构中，

各成员系统既能独立运行，彼此之间又要有信息交互，还要通过相应的准入机制使新进入的成员系统融入架构中。

当前正在构建的 PNT 服务体系是基于北斗导航系统的国家基础体系，用户可通过接收 GPNT 服务体系网络的授时信息实现与国家授时中心时间的一致。海战场时间同步传递架构作为 GPNT 服务体系的一部分，各平台之间主要通过无线通信方式进行时间同步，其传递架构如图 3-30 所示。该架构大体上由时间基准、时间分发和用户 3 部分组成。其中，时间基准采用世界各国广泛使用的世界协调时；时间分发主要利用长波、短波、微波等无线发播技术手段将时间基准信息通过发射台向覆盖区域进行时间信息传播；用户主要利用岸上节点、舰艇平台、机载平台等应用平台，通过无线通信手段接收时间分发层的时间基准信息，并通过有线通信方式向平台内各设备终端提供时间同步信息。

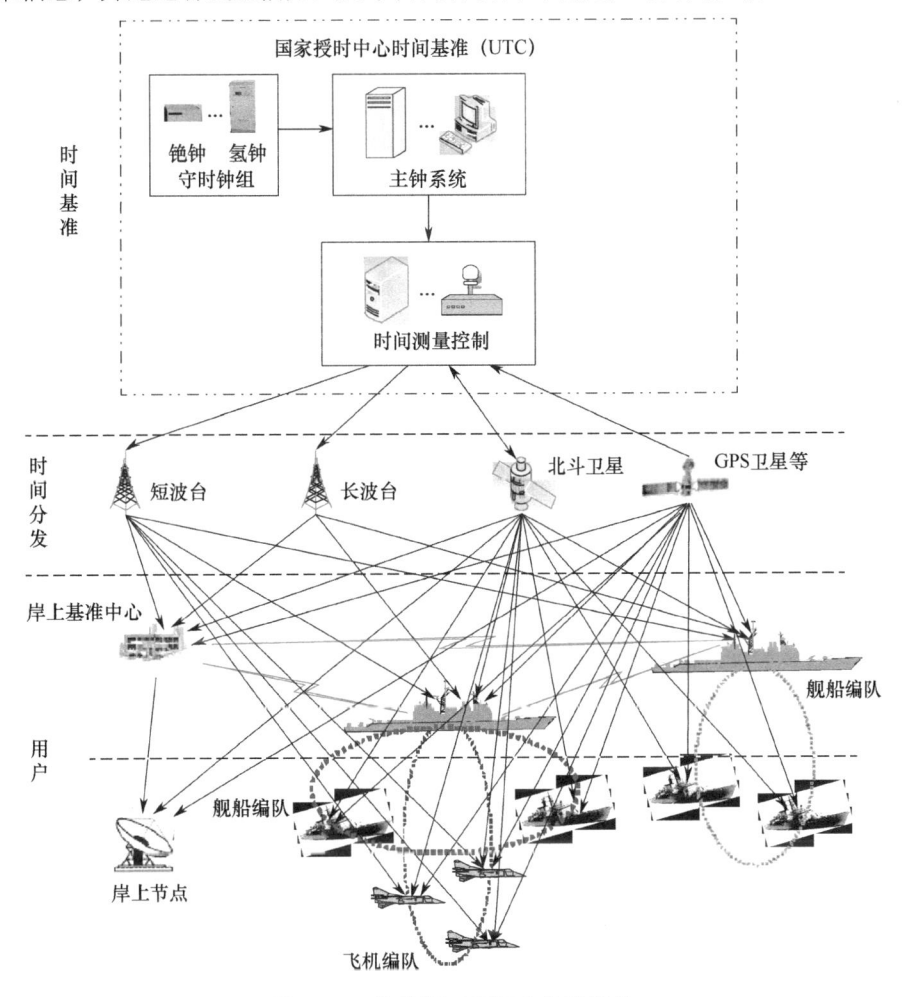

图 3-30 海战场时间同步传递架构

3.5.2.1 时间基准

时间基准是时间产生和保持的基础。时间基准必须具备两个条件：一是稳定性，即时间标准的运动周期要稳定；二是复现性，即时间标准的周期运动在任何地方和任何时候都能重复观察或实验。

我国的时间基准保持系统主要由原子钟组（10台铯原子钟、4台氢原子钟）、时频测量比对系统、国际原子时比对系统（卫星双向比对、GPS共视比对）、时频控制系统组成，由位于陕西临潼的时频基准实验室管理和运行。实时的UTC（NTSC）时频信号通过微波线路传递到BPL长波授时台和BPM短波授时台用于发播控制，同时用于我国北斗卫星定位系统的标校。

原子钟组通常由大铯钟组成，当没有可用的大铯钟时，可以采用氢钟组作为替代方案。我国国家授时中心采用经过独立定标的三台氢脉泽作为参考频率标准，对守时时钟的长期性能和短期性能进行评估，并进行累积时间实验。此外，我国还开发了一套高精度时频测量比对系统，该系统每小时进行一次比对，自动循环运行，其分辨率高达1ns。国际原子时比对系统是一项重要的时频传递技术，它利用卫星双向比对技术和GPS共视比对技术进行高精度的时间比对，实现国家授时中心与国际原子时的时频一致。时频控制系统负责时间基准保持系统的日常运行状态监控及时频对比、国际原子时对比等。

3.5.2.2 时间分发

时间分发是将国家授时中心的精密时间基准信息传递到测控中心时统设备接收机的方式，主要由短波授时、长波授时、卫星授时等多种分发方式组成。

1）短波授时

我国BPM短波授时台（标准时频发播台）位于陕西蒲城，从1981年起正式承担我国短波授时任务，并于1998年完成改造。短波授时台每天以4种频率连续24小时交替发播标准时频信号，覆盖半径超过300km，具有连续工作的能力，发播的频率精度优于$5×10^{-12}$，UTC发播的时间精度优于0.1μs，授时精度为毫秒级。

2）长波授时

我国长波授时系统的时频基准设置在国家授时中心陕西临潼，从1983年开始承担我国高精度标准时频的发播任务，并于2008年完成改造。BPL长波授时系统时频基准的日稳定度达到10^{-14}量级，准确度达到10^{-13}量级。长波授时系统以发射台为中心，采用天波、地波相结合，作用半径可以达到3000km，覆盖我国陆地和近海海域，校时精度可达$1.1×10^{-12}$量级，授时精度为微秒级。

3）卫星授时

目前海战场平台所用的卫星授时系统主要是我国自主研发的"北斗二号"定位授时系统及国外的 GPS 卫星授时系统、GLONASS 卫星授时系统等。"北斗二号"定位授时系统是由我国自主研发的，目前覆盖我国本土及东南亚区域，其标称授时精度为 100ns；GPS 卫星授时系统是由美国开发的，其标称授时精度为 20ns；GLONASS 卫星授时系统是由俄罗斯开发的，其标称授时精度为 50ns。

3.5.2.3 用户

用户部分主要包括用户平台时统设备及与之相连的终端设备。

在海战场时间同步传递架构中，用户平台时统设备由短波定时单元、频标单元、时码控制单元、频标输出驱动单元、监控单元等组成。其作用分别是：①短波定时单元接收本国或外国发播的短波标准时频信号；②频标单元包含校频设备，用于处理卫星、长波的时频信息，并用铷原子频率标准等进行校频；③时码控制单元用于处理并集成短波、长波、卫星等时码信息；④频标输出驱动单元用于接收频标单元的脉冲信息并向终端用户分发脉冲等视频信号；⑤监控单元用于对用户终端设备的时间同步信息进行监视。时统设备向所在平台的计算机、雷达、指挥控制中心、武器等设备提供标准时间信号。

用户平台时统设备的关键体现在时统设备与终端设备的关系上。由于时统设备要向平台内多个设备发送时码信号，而各种设备由于工作原理、设计方案等不同，对时间信号的种类和接口的物理参数的要求各不相同。如果用户所需的各种时间信号都直接由时统设备提供，那么时统设备为了满足各种设备的需求，就要输出很多种类和很多路数的时间信号，这就使时统设备的信号产生和输出部分十分庞杂。另外，时统设备与用户设备之间的这种关系，使用户设备对时统设备的依赖性很强，因为所需的各种信号只要有一路信号出现故障，不管是时统设备的原因还是传输的原因，都会使该用户设备不能正常工作，这样会对台站完成任务造成很大的影响。这种关系的优点是全部时间信号都是由时统设备产生的。这可以避免由于各个用户设备产生自己所需的时间信号而带来的质量莠不齐从而影响时间统一的问题。

3.5.3 编队时间同步体系

编队时间同步的作战节点主要有水面舰艇、作战飞机等移动平台，各作战节点以指挥舰为中心，利用无线通信链路实施协同作战。按照编队内各作战节点的指挥关系，可将舰艇编队时间同步架构分为 3 级，如图 3-31 所示。

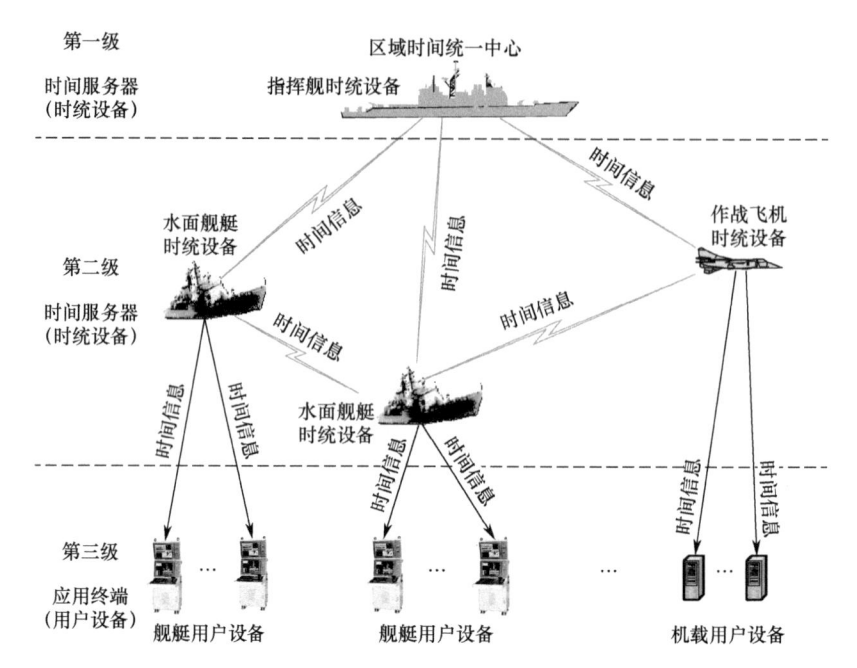

图 3-31 海战场三级时间同步服务架构

其中第一级时间服务器又称海上区域时间统一中心，通常是指挥舰的时统设备，并将其时钟作为海战场时间同步的基准源；其他水面舰艇、飞机等作战节点的时统设备作为第二级时间服务器，通过无线通信链路与第一级时间服务器进行时间信息传递，并设定其中一台时统设备作为第一级时间服务器的备份；节点内用户设备为第三级应用终端，其利用平台网络及硬件线路与第二级时间服务器进行时间同步。

3.5.3.1 组成及功能

按照编队时间同步的三级划分，各级设备的组成及功能如下。

1）第一级时间服务器

第一级时间服务器通常为指挥舰的时统设备，主要由授时接收机、时间守时器件、时间传输设备、时间同步监控台位及相关的网络时统软件组成，主要功能如下。

（1）授时源接收。

利用授时接收机接收北斗卫星、长波/短波授时台发送的授时信息，并通过无线通信端机接收上级指挥所发送的对时信息。

当北斗卫星授时信息有效时，采用北斗卫星接收机接收的时钟源作为时统设备的时间基准信息。当北斗卫星授时信息失效时，在近海长波/短波覆盖范围内，采用长波/短波授时接收机接收的时钟源作为时间基准信息。当需要采用岸基一体化指挥平台系统的时间作为时间同步基准时，可利用无线通信实现远程对时。

（2）守时。

采用铷钟、铯钟等高精度守时器件进行时钟守时，并在无法接收到授时信息时，能够在一段时间内（如一周）保持时统设备的时间同步精度，以满足编队联合作战对时间同步精度的需求。

通常情况下，配置铷钟即可满足要求，对时钟守时能力要求较高（如长期远洋作战）的平台可采用铯钟。

（3）对时及信息传递。

利用无线/有线通信手段实现对时和时间信息的传递。

一是通过无线通信终端进行远程对时，并可作为时间原点向编队内各作战节点提供对时信息，同时能够接收第二级时间服务器发送的时间同步状态信息。

二是通过平台内部网络及专用秒脉冲通道向用户设备传递时码报文和定时脉冲，或者单独通过网络向用户设备发送包含时间戳的时间同步报文，同时能够接收用户设备发送的时间同步状态信息。

（4）状态监控。

利用无线/有线通信手段接收各作战节点/用户设备发送的时间同步状态信息，主要包括同步与否、同步精度、时钟源等内容，并能在时间同步监控设备上显示。

2）第二级时间服务器

编队内除第一级时间服务器外，其他各作战节点时统设备共同构成了海战场的第二级时间服务器。第二级时间服务器同样主要由授时接收机、时间守时器件、时间传输设备、时间同步监控设备及相关的网络时统软件组成，主要功能如下。

（1）授时源接收。

利用授时接收机接收北斗卫星、长波/短波发送的授时信息，并通过无线通信端机接收第一级时间服务器发送的对时信息。

当北斗卫星授时信息有效时，采用北斗卫星接收机接收的时钟源作为时统设备的时间基准信息。当北斗卫星授时信息失效时，在近海长波/短波覆盖范围内，采用长波/短波授时接收机接收到的时钟源作为时间基准信息；远洋时可利用无线通信接收与第一级时间服务器的对时信息。

（2）守时。

采用高稳晶振或铷钟等守时器件进行时钟守时，并在无法接收到授时信息时，能够在一段时间内（如一天）保持时统设备的时间同步精度，以满足作战节点内各用户设备对时间同步精度的需求。

通常情况下，采用恒温晶振即可，当作为第一级时间服务器的备份或对时钟守时能力要求较高时，须采用铷钟进行守时。

（3）对时及信息传递。

利用无线/有线通信手段传递时间信息，与第一级时间服务器、第三级应用终端采用不同的方式进行信息收发。

与第一级时间服务器进行信息传递时，既可接收第一级时间服务器发送的对时信息，又可向第一级状态监控设备发送第二级时间服务器的时间同步状态信息。

与第三级应用终端进行时间信息传递时，通过平台内部网络及专用秒脉冲通道向用户设备传递时码报文和定时脉冲，或者单独通过网络向用户设备发送包含时间戳的时间同步报文，同时能够接收用户设备发送的时间同步状态信息。

（4）状态监控。

通过平台有线网络接收各应用终端发送的时间同步状态信息，主要包括同步与否、同步精度、时钟源等内容，并能在时间同步监控设备上显示。

3）第三级应用终端

各作战平台上的应用终端构成了海战场时间同步体系的第三级，包括时统板卡（如计数器、振荡器）及相关的网络时统软件等，主要功能如下。

（1）时间基准接收。

通过平台网络或硬件线路接收平台时统设备发送的时码报文（或时间同步报文）、秒脉冲等时间基准信息。

正常情况下，各用户设备通过接收秒脉冲（硬件线路）和时码报文（网络）实现时间基准接收。当秒脉冲无法正常工作时，可采用网络时间同步报文完成与时统设备的同步。

（2）守时。

通过晶体振荡器为用户系统时钟守时，通常情况下采用普通的高精度晶振即可。当对时钟要求较高时，可采用温度补偿型晶振或恒温型晶振。

（3）对时及时间信息传递。

通过平台内部网络接收时统设备发送的时码报文或时间同步报文，同时利用硬件专用通道接收时统设备发送的定时秒脉冲，并可向时统设备发送时间同步请求等报文。

（4）同步状态上报。

通过平台网络向第二级时间服务器同步监控设备发送的应用终端的时间同步状态信息，主要包括同步与否、同步精度、时钟源等内容。

3.5.3.2 时间信息传递

根据海战场各作战节点实现时间同步方法的不同，按统一授时方式分析时间信息的传递过程。

如图 3-32 所示，在北斗卫星、陆基长波/短波等授时信息有效的情况下，海战场各作战节点采用接收同一授时源授时信息的方式实现多作战节点间的时间同步。或者，将长波/短波授时发控设备小型化后配置在区域时间统一中心，作为移动长波/短波授时基站实现统一授时服务，如图 3-33 所示。

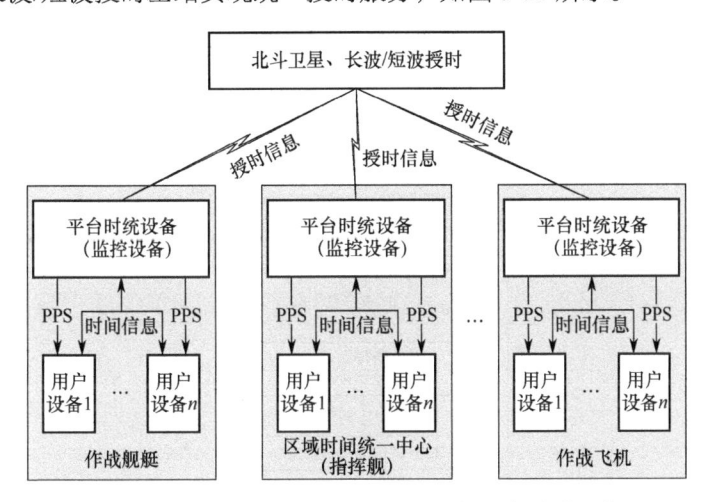

图 3-32 基于统一授时的多节点时间信息传递过程

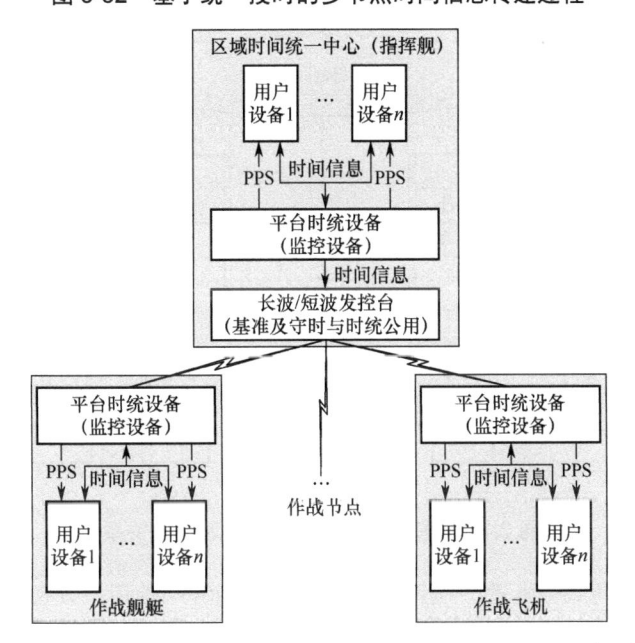

图 3-33 基于区域中心长波/短波统一授时的时间信息传递过程

对于多作战节点统一授时，第一级时间服务器与第二级时间服务器统一接收同一授时源的时间基准信息。对于基于长波/短波区域统一授时，区域时间统一中心作为第一级时间服务器通过授时发播的方式向第二级时间服务器传递时间同步信息。

在统一授时方式受限的情况下（如卫星授时不可用的远海作战条件），可利用平台之间的无线通信链路，基于相对时间原点进行编队各作战节点的时间同步。基于数据链的时间信息传递关系如图 3-34 所示。第一级时间服务器（通常为指挥舰的时统设备）在向本平台内应用终端发送对时信息的同时，也利用数据链设备及其传输网络向第二级时间服务器发送授时信息，通过测量传递过程中的时延，即可为第二级时间服务器的时统设备提供时间统一的校时信息。

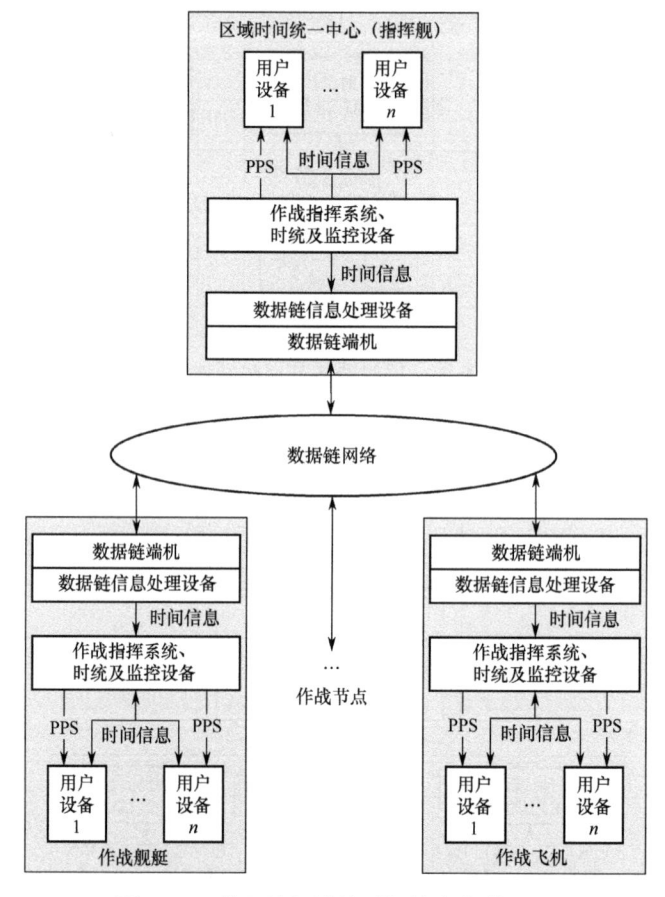

图 3-34　基于数据链的时间信息传递关系

第二级时间服务器的时统设备向第三级应用终端的用户设备也就是作战节点内部的信息传递，可采用当前普遍采用的方式来实现，即时统设备通过秒脉冲/时码报文为用户设备提供对时服务。用户设备也可以利用网络时间同步协议，通过时间同步报文的交互实现与时统设备/服务器的时间同步。

3.5.3.3 时间同步状态监控

时间同步状态不透明是导致海战场各作战节点之间时间不一致的关键因素。在时间同步体系中，区域时统中心（时统设备）对所属节点时统（用户设备）的时间同步精度、时间溯源等信息的收集和处理是解决海战场时间不一致问题的一种重要方法。

如前所述，典型背景下时间同步体系结构本质上是一种树状分层结构，每层都由时间服务器（时统设备）和客户终端（用户设备）组成。时间同步状态监控，主要指通过收集相关信息，每级指挥员都能够适时掌握时间服务器/应用终端等相关设备的实际同步状态，主要包括各作战节点的时间服务器或节点内部相关设备是否已处于同步状态，以及达到的时间同步精度、时间溯源等情况。

1）时间同步精度的分级表示

在标准的 NTP、PTP 等网络时间同步协议报文中，都有相应的字段表示时间服务器或应用终端的级别，有标志位表示其是否处于同步状态，同时时间服务器给出了自身的时间同步精度。下一级时间服务器或应用终端根据其上一级时间服务器的时间同步精度及其采用的滤波算法等，可给出相应的时间同步精度。网络时间控制中心和各端机按照相关标准，将其时间质量划分为 16 级，如表 3-3 所示。

表 3-3 时间质量等级对照表

时间质量等级	时间同步均方差/ns	时间质量等级	时间同步均方差/ns
15	≤15（标准时钟）	7	≤240
14	≤21	6	≤340
13	≤30	5	≤480
12	≤42	4	≤678
11	≤60	3	≤1356
10	≤85	2	≤2712
9	≤120	1	≤5424
8	≤170	0	>5424

各节点的时统设备或用户设备根据其选择的时钟源和同步方式/算法，估计其时间同步精度并计算时间质量等级。该等级及其时钟源标识可随设备状态信息上报。

2）时间同步状态的逐级监控方法

监控设备对下一级时间服务器的监控主要包括时钟源是否符合时间统一要求、时间质量等级是否满足同步要求等。监控设备根据时间同步精度与等级要求采用等级比对的方法，判断该节点时统设备的同步状态是否满足时间同步的要求。当不满足时间同步要求时，根据其时钟源信息状态，及时通过通信报文发出告警信息。

第一级时间服务器对第二级时间服务器的监控，可利用数据链报文格式中包含的时间同步精度/质量等级、时钟源等级等信息，将各作战节点时统设备的时间同步状态信息发送到区域时间统一中心的监控设备。

第二级时间服务器对第三级应用终端的监控，可利用网络服务级别划分及时间同步协议格式中包含的时间同步精度、时钟源等级等信息，将用户设备的时间同步状态信息发到时统监控设备。

时间同步状态监控设备可与时统设备集成，也可嵌入作战指挥系统台位，或者以独立设备的形式进行配置。第一级时间服务器的监控设备既能对第二级时间服务器的时统设备状态进行动态监控，又能对区域时间统一中心所在平台的用户设备实现动态监控。

3）时间同步状态的监控模式

时间同步状态的监控模式可以分为 3 类：定时播报、周期发送、询问应答。这 3 类模式既可根据情况独立使用，也可相互结合使用。

（1）定时播报模式。时统设备或用户设备按照预定的时刻向上一级时间同步监控设备发送时间同步状态报文。在该模式下，监控设备只能被动接收下一级时间同步监控设备的状态信息，不能及时反映时间同步状态的变化过程。

（2）周期发送模式。时统设备或用户设备按照一定的时间间隔，周期性地向上一级时间同步监控设备发送时间同步状态报文。该模式需合理设置发送周期。

（3）询问应答模式。时统设备或用户设备对上一级时间同步监控设备发送的同步状态询问报文进行应答。在该模式下，监控设备可根据需要发送状态询问报文，不会占用太多网络容量。

3.6 小结

高精度时间同步是多源信息融合的基础，时间同步包括时间基准、时间同步方法和用户，在时间基准部分，本章介绍了时间系统、全球时间基准、国家授时中心和原子钟等。在时间同步方法部分，本章按照有线时间同步方法和无线时间同步方法两类，分别介绍了目前常用的 NTP、PTP、WR、卫星授时、短波授时、长波授时等时间同步方法，并分析了无线传感器网络时间同步方法。在用户部分，本章介绍了多传感器融合中的时间对齐方法，并针对不同应用场合给出了典型的海战场时间同步体系设计方法。

参 考 文 献

[1] 赵景斐，李楠，孙海燕，等. 网络时间同步应用现状研究[J]. 数字通信世界，2013（2）：62-65.

[2] 任艳阳，周必磊. 时间同步方法研究与比较[J]. 现代导航，2011（1）：1-6.

[3] 徐海龙，罗双喜. 基于高精度时间的时间同步方法研究[J]. 计算机工程与设计，2012（7）：2591-2595.

[4] MILLS D, DELAWARE U, MARTIN J, et al. Network time protocol version 4: protocol and algorithms specification[EB/OL]. [2024-05-30].https://tools.ietf.org/html/rfc5905.

[5] 湛金华，何佳洲. 一种基于数据链路层的局域网时间同步新机制[J]. 计算机应用，2010，30（5）：1183-1187.

[6] MILLS D L. Internet timekeeping around the globe [C/OL]//Proceedings of the 29th Annual Precise Time and Time Interval Systems and Applications Meeting, 1997: 365-372.

[7] 马继伟，何佳洲，丁春山. 一种基于心跳检测的网络时间同步方法[J]. 指挥控制与仿真，2017（1）：116-121.

[8] Precision clock synchronization protocolfor networked measurement and control systems:IEEE 1588-2002 [S]. IEEE Std, 2002.

[9] 鲁骏. IEEE1588 网络时间同步的研究[D]. 桂林：桂林电子科技大学，2008.

[10] 崔全胜，魏勇，何永吉，等. PTP1588 协议的分析[J]. 电子系统保护与控制，2011，39（10）：148-154.

[11] 王康. 网络精密授时若干关键技术研究[D]. 北京：中国科学院大学，2015.

[12] Precision clock synchronization protocolfor networked measurement and control systems:IEEE 1588-2019[S]. IEEE Std, 2019.

[13] 龚光华，李鸿明. 基于光纤以太网的高精度分布式授时技术[J]. 导航定位与授时，2017，4（6）：68-74.

[14] 李培基，李卫，朱祥维，等. 网络时间同步协议综述[J]. 计算机工程与应用，2019，55（3）：30-38.

[15] WŁOSTOWSKI T. Precise time and frequency transfer in a White Rabbit network[D]. Warsaw: Warsaw University of Technology, 2011.

[16] 彭程锦，杨军，张明，等. WR 技术的发展与应用[J]. 宇航计测技术，2018，38（5）：7-15.

[17] SERRANO J, ALVAREZ P, CATTIN M, et al. The White Rabbit project[C]// Proceedings of ICALEPCS TUC004, Kobe, 2009.

[18] POTTIE G, KAISER W. Wireless integrated network sensors[J]. Communications of the ACM, 2000, 43(5): 51-58.

[19] ELSON J, RÖMER K. Wireless sensor networks: a new regime for time synchronization[J]. Proc. of ACM SIGCOM, 2003, 33(1): 149-154. DOI:10.1145/774763. 774787.

[20] 吴杰. 无线传感器网络时间同步算法研究[D]. 天津：天津大学，2016.

[21] MILLS D L. Internet time synchronization: the network time protocol[M]// Global states and time in distributed systems. New York: IEEE Computer Society Press, 1994.

[22] KIM K, LEE B G. Kalp: a Kalman filter-basedadaptive clock method with low-pass prefiltering forpacket networks use[J]. IEEE Trans. on Comm, 2000, 48(7): 1217-1225.

[23] BLETSAS L. Evaluation of Kalman filtering for network time keeping[J]. IEEE Transactions on Ultrasonics, Ferroelectrics and Frequency Control, 2005, 52(9): 1452-1460.

[24] AULER L F, D'AMORE R. Adaptive Kalman filter fortime synchronization over packet-switched networks: an heuristic approach[R]. 2007 2nd International Conference on Communication Systems Software and Middleware, 2007.

[25] 党钊，唐菱，张晓璐，等. 大型激光装置精密同步系统总体技术研究[J]. 强激光与粒子束，2014，26（8）：1-5.

[26] Naval research Laboratory. Common time reference for naval systems[R]. PTTI Meeting, 2004.

[27] 侯飞雁，权润爱，邰朝阳，等. 量子时间同步协议研究进展回顾[J]. 时间频率学报，2014（2）：65-73.

[28] 施立涛. 多传感器信息融合中的时间配准技术研究[D]. 长沙：国防科技大学，2010.

[29] QIU K, QIN T, PAN J. Real-time temporal and rotational calibration of heterogeneous sensors using motion correlation analysis[J]. IEEE Transactions on Robotics, 2021, 37(2): 587-602.

第 4 章
空间配准原理与方法（上）

> 一场战争到了重大决断的时候，不但形式更简单，而且更符合本质，更没有矛盾，更客观。
>
> ——卡尔·冯·克劳塞维茨

4.1 概述

随着信息技术的发展，信息化装备的使用越来越普遍，特别是以雷达、电子支援测量（Electronic Support Measure，ESM）、声呐、图像等为代表的探测系统，已经成为战场感知的主要手段。为了保证对战场的有效感知，战场指挥控制系统一般接入多个探测源或信息源，形成对监视区域的完全覆盖，在单个探测源的边缘或某些重要区域会出现两重或多重覆盖的情况，因此在各信息源监视重叠区域，战场信息系统可能同时得到公共目标航迹的两份或多份报告。多传感器多目标跟踪系统的主要任务就是，将源于同一公共目标的多个单传感器航迹融合成为单一的、更精确和更可信的系统航迹。然而，在实际应用中，会由于多种原因（如传感器标校不准确、外部环境变化）导致传感器测量误差过大，导致融合中心在目标相关/关联过程中产生错误（错关联、漏关联），从而出现态势混乱现象。因此，传感器空间配准问题是制约战场信息系统能力提高的瓶颈之一。

传感器空间配准实质上是根据传感器的测量信息对其系统误差参数进行估计和补偿修正的处理过程。最早对空间配准进行研究的是 J. Burke，他提出的实时质量控制（Real-Time Quality Control，RTQC）在美国 SAGE 系统中得到使用，该方法采用各传感器所测量数据的平均值作为传感器的观测值，以此为基础估计各传感器的系统误差值。后来，美国 JSSEO 下属的研究机构对影响传感器航迹质量的误差因素进行了深入分析，将此类误差划分为三大类：传感器误差（包括探测误差和姿态误差）、平台导航误差（包括位置误差和姿态误差）、时间误差（包括时间戳误差、时间同步误差和网络时延误差）。然后根据数据的处理流程，在一定的假设下，采用误差传播理论推导出各误差对传感器航迹信息（如位置、速度）的影响模型，并在一些简单的场景下采用美国现役装备进行仿真验证，获得了一些有价值的结果。其研究过程大概可以分为两个阶段：第一阶段，发现问题，标志是 1986 年美国 JSSEO 指挥控制部的 Martin P. Dana 在其提交的科技报告《多传感器监视系统配准技术》中认为配准问题已经成为大多数跟踪监视系统的瓶颈；第二阶段，解决问题，标志是 1995 年美国海上作战中心系统研发和技术部的 J. E. Conte、R. E. Helmick 在科技报告《用于航迹相关和融合的两异步传感器实时偏差估计和对准》中对两传感器异步配准的方法进行了全面介绍与总结，基本解决了两异步传感器相对偏差实时估计和配准问题。1996 年，R. E. Helmick 和 T. R. Rice 在报告《基于 GPS 的传感器绝对配准》中首次将载有 GPS 接收设备的合作目标用于传感器配准，并提出了航迹配准结构和测量配准结构。在有绝对参考基准的条件下，传感器配准问题得到了基本解决。目前，国外已经有成熟的时空配准技术和产品。例如，美国在 SIAP 项目中提出了新型数据配准方法，以改善多传感器的复合跟踪性能，并获得广泛应用。国内，随着北斗及各类监视系统（如 ADS、AIS[①]等）的逐步应用，可供使用的高精度基准数据不断丰富，为基于合作目标的传感器空间配准提供了充足的真值数据。

与目标跟踪时的状态估计类似，空间配准的方法一般分为两类，一类是基于优化模型的批处理参数估计方法，包括 LS/GLS、极大似然（Maximum Likelihood, ML）等配准方法；另一类是基于状态（参数）方程和测量方程的滤波类方法，包括两阶段滤波和直接基于系统误差的测量方程的滤波等配准方法。相关配准方的特点如下。

（1）RTQC 配准方法。该方法是最早、曾经最流行的配准方法，在欧洲和北美洲的很多空中监视雷达组网系统中被广泛使用，如美国 SAGE 系统、北约冰岛情报处理系统等。

（2）LS（包括 GLS、序贯 LS、递推 LS）配准方法和精确极大似然（Exact

[①] ADS，全称为 Automatic Dependent Surveillance，即自动相关监视；AIS，全称为 Automatic Identification System，即自动识别系统。

Maximum Likelihood，EML）配准方法。LS 配准方法和 EML 配准方法均考虑了观测噪声的影响，配准效果比 RTQC 配准方法好。

（3）ML 配准方法。该配准方法可以同时对多个异类传感器进行配准，它克服了 RTQC、LS 等配准方法的缺陷，不要求传感器配对组合使用，且配准精度可接近克拉美罗下界（Cramer-Rao Lower Bound，CRLB）。

（4）扩展卡尔曼滤波（Extended Kalman Filter，EKF）、无迹卡尔曼滤波（Unscented Kalman Filter，UKF）等卡尔曼滤波配准方法。使用这类配准方法时需要结合目标跟踪状态方程，配准结果的有效性依赖目标跟踪状态方程的正确性。

以上配准方法假设系统误差为常值，目标状态观测完整，传感器布站合理，此时只要积累一定数量的观测数据，通常就可以获得比较好的配准结果。

在多平台多传感器系统中，不同传感器的信息质量存在差异，有的传感器测量精度高，有的传感器测量精度比较低；或者有的传感器测距精度高，有的传感器测向精度高等。在实际处理中，传感器空间配准方法一般分为两种：基于合作目标的传感器空间配准方法和基于公共目标的传感器空间配准方法。基于合作目标的传感器空间配准方法将传感器的观测数据与合作目标的高精度定位基准（如 GPS、北斗）进行比较，从而估计出传感器的系统误差，再对传感器的探测进行补偿。这种配准方法估计精度较高，但高精度的参考基准数据有时很难获取。基于公共目标的传感器空间配准方法将各传感器对同一目标的观测数据进行对比，以此估计各传感器探测的系统误差。这种方式又可分为联合估计和独立估计两类方法，其中联合估计方法把各传感器的系统误差和目标的运动状态结合在一起考虑，系统一边跟踪目标一边估计系统误差，两者交互作用；独立估计方法将系统误差估计从目标跟踪过程中分离出来，使误差估计和目标跟踪相互独立。因此，可以考虑将空间配准视为一个三层次的处理过程：当有精度较高的传感器或定位精度较高的目标数据（合作目标）时，以精度高的传感器或合作目标作为参考，对其他各平台的传感器进行配准，简称基于合作目标的空间配准；当没有精度较高的传感器或有效合作目标时，对于同一平台的多个传感器，可以进行相对配准，以达到同一平台各传感器的态势相对统一；在上述两种条件均不满足的情况下，对于不同平台的传感器，可以利用公共目标的数据进行配准。

本章以舰载传感器为例，重点围绕基于合作目标的传感器空间配准进行研究，主要内容包括基于合作目标的传感器空间配准建模、基于合作目标的传感器空间配准系统误差估计方法、传感器系统误差非均匀分布的配准方法等。

4.2 基于合作目标的传感器空间配准建模

假设各平台之间的距离不是太远，处于各自传感器的探测范围之内。各平台通过 GPS/北斗获取精度较高的目标定位信息，并获取 AIS/ADS 的定位信息。这两类信息统称为合作目标信息，其定位精度比传感器的探测精度要高，在有合作目标信息的情况下，可以将其作为参考基准来估计传感器探测的系统误差，并根据估计结果对该传感器报告的其他目标航迹进行修正。以海面舰船目标探测监视系统为例，基于合作目标的传感器空间配准实现架构如图 4-1 所示。

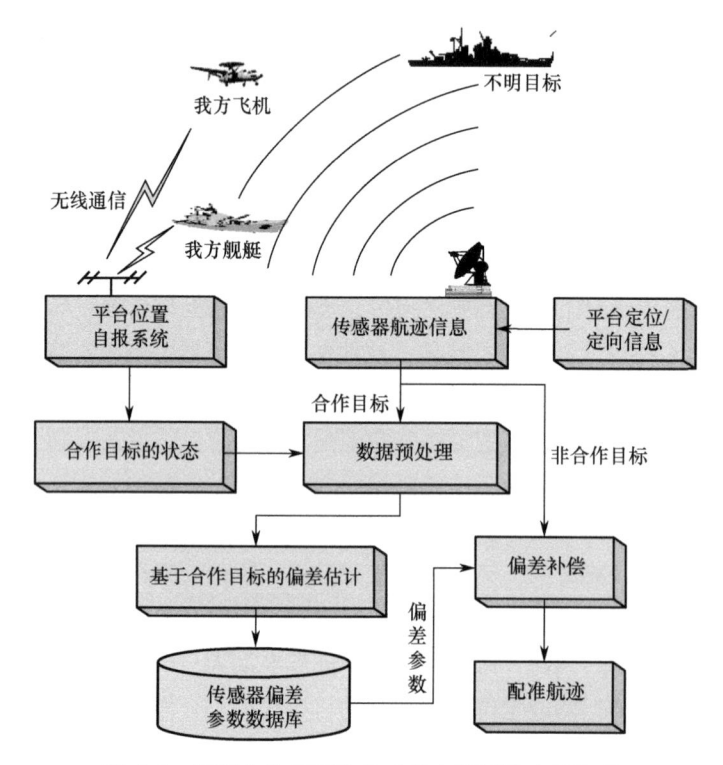

图 4-1 基于合作目标的传感器空间配准实现架构

携带高精度定位设备的合作目标通过无线通信手段（如 AIS、ADS、数据链等），将自身的定位航迹报告给数据处理中心，数据处理中心将其与传感器报告的合作目标航迹进行相关，判断它们是否属于同一目标。若是，则该目标航迹相关成功，数据处理中心将合作目标报告的定位航迹和传感器报告的目标航迹同时传送到系统误差估计模块。系统误差估计模块根据传感器位置及其测量的先验参数，对测量系统误差进行估计。系统误差修正模块估计结果对该传感器报告的目标航迹进行校正。

基于合作目标的传感器系统误差估计与测量补偿流程，如图 4-2 所示，具体内容主要包括以下几项。

（1）确定要进行估计的系统误差参数，如距离误差、距离增益误差系数、方位误差、仰角误差，以及传感器位置误差等。

（2）确定空间配准公共坐标系，实现传感器测量坐标系向公共坐标系的转换。

（3）建立系统误差测量方程，可根据需要进行测量方程线性化。

（4）采用线性或非线性统计方法估计系统误差。

（5）对传感器测量点迹或航迹进行系统误差补偿。

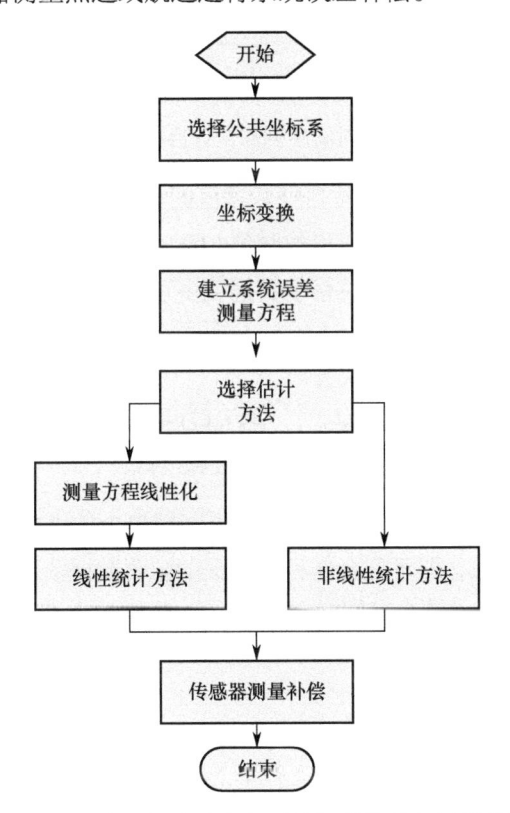

图 4-2　基于合作目标的传感器系统误差估计与测量补偿流程

4.2.1　数据预处理

在进行系统误差估计之前，需要对系统误差配准的传感器数据进行预处理。预处理包括时间对齐和异常值检测与处理。

4.2.1.1　时间对齐

时间对齐是指应用内插、外推、拟合等算法对各传感器的探测时间序列进行处理，使各传感器能在同一时刻提供针对同一目标的探测数据。基于合作目标定位的传感器空间配准选取传感器探测时间序列为参考，将合作目标定位自报系统自报的数据推算到传感器探测数据时间上，以达到传感器探测时间和合作目标定位自报时间的同步。传感器探测时间序列和合作目标定位自报时间序列如图4-3所示。

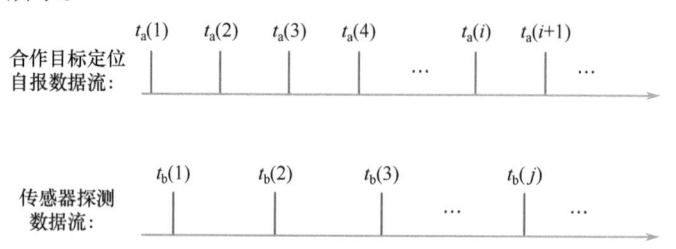

图 4-3 传感器探测时间序列和合作目标定位自报时间序列

由图4-3可见，合作目标定位自报数据区间$[t_a(1), t_a(i+1)]$包含传感器的观测时刻$t_b(j)$，假设合作目标自报在观测时刻$t_a(i)$的观测数据为$(x_a(i), y_a(i), z_a(i))$，取最近n个观测值，使用n次拉格朗日插值多项式求出合作目标自报在观测时刻$t_b(j)$的观测数据$(x_b(j), y_b(j), z_b(j))$，从而完成传感器和合作目标自报在观测时刻$t_b(j)$的时间对齐，计算公式为

$$x_b(j) = \sum_{i=1}^{n} x_a(i) \prod_{\substack{k=1 \\ k \neq i}}^{n} \frac{t_b(j) - t_a(k)}{t_a(i) - t_a(k)} \qquad (4\text{-}1)$$

观察合作目标自报的数据区间，如果该区域包含传感器的观测时刻，则使用式（4-1）进行插值，即可把合作目标自报的观测数据依次推算到传感器观测时间序列上，从而完成整个时间对齐过程；如果两者的观测时刻本来就相同，则无须进行对齐处理。

4.2.1.2 异常值检测与处理

由于受到外部环境和传感器探测频率的影响，接收到的传感器航迹信息和合作目标导航信息会出现一些异常点，需要对其做剔点处理，排除奇异值。

对于多传感器系统，假定以某一传感器为参考，计算其他传感器相对于参考传感器测量坐标系的距离$\hat{r}_i$、方位$\hat{\beta}_i$和俯仰角$\hat{\varepsilon}_i$，按照以下步骤进行异常值检测与处理。

（1）计算对比残差。

$$\begin{cases} \Delta r_i = r_i - \hat{r}_i \\ \Delta \beta_i = \beta_i - \hat{\beta}_i \\ \Delta \varepsilon_i = \varepsilon_i - \hat{\varepsilon}_i \end{cases}$$

（2）确定常数 c。

$$c_\xi = c_1 \operatorname*{med}_{i=1,2,\cdots,n} \{|\xi_1|,|\xi_2|,\cdots,|\xi_n|\}, \xi = \Delta r, \Delta\beta, \Delta\varepsilon$$

式中，$\operatorname*{med}_{i=1,2,\cdots,n}\{\}$ 为样本中值算子。

（3）构造取值范围。

$$\begin{cases} \hat{r}_i - c_{\Delta r} \leqslant r_i \leqslant \hat{r}_i + c_{\Delta r} \\ \hat{\beta}_i - c_{\Delta\beta} \leqslant \beta_i \leqslant \hat{\beta}_i + c_{\Delta\beta} \\ \hat{\varepsilon}_i - c_{\Delta\varepsilon} \leqslant \varepsilon_i \leqslant \hat{\varepsilon}_i + c_{\Delta\varepsilon} \end{cases}$$

（4）检测处理。当 $|\Delta r_i| \leqslant c_{\Delta r}$ 时，认为 r_i 在取值范围之内；否则，认为 r_i 超出了有效范围，是异常点，应做剔除处理。

4.2.2 系统误差

无论是基于合作目标的传感器空间配准还是基于公共目标的传感器空间配准，都需要首先建立空间配准误差模型。而要建立空间配准误差模型，必须先确定系统误差。本节以舰载传感器为例，介绍影响舰载传感器探测精度的各类系统误差，这些系统误差以耦合的形式共同对传感器探测的目标数据产生影响。

对舰载传感器来说，从传感器测量坐标系到融合中心/统一坐标系，存在一系列坐标转换，如图 4-4 所示。

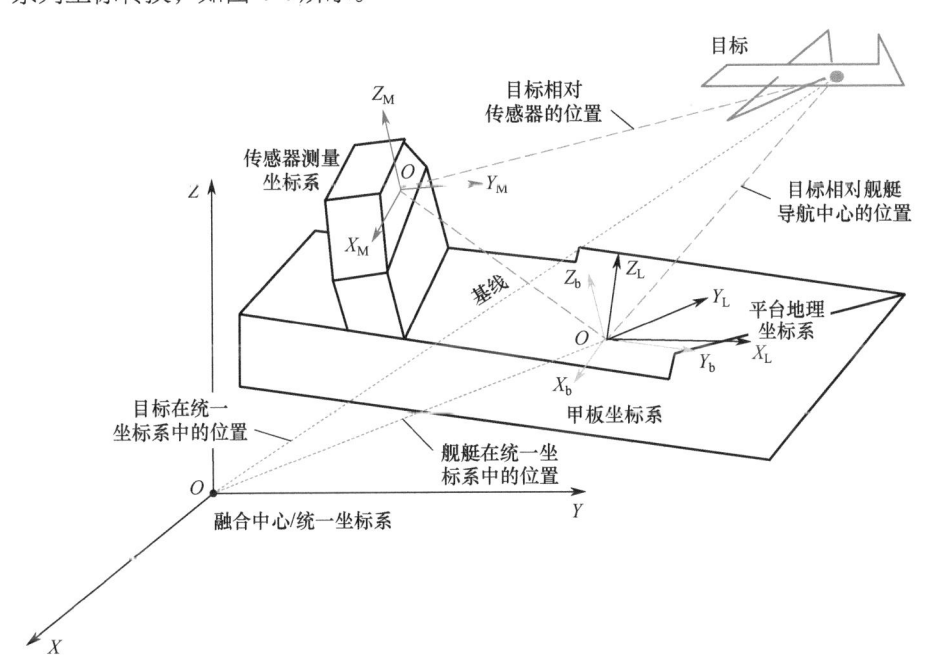

图 4-4 舰载传感器探测涉及的坐标转换

由图 4-4 可知，动平台传感器探测的系统误差主要包括以下几个。
- 传感器测量系统误差，主要是传感器本身因技术体制局限、设计缺陷、器件老化等引起的测量系统误差，包括测距系统误差、测角系统误差等。
- 平台导航定位系统误差，主要由平台导航定位系统引入。舰艇定位系统误差与所选择的导航方式有关。该系统误差主要会给舰艇地理坐标系到融合中心或其他平台坐标系的坐标转换带来系统误差。
- 甲板形变系统误差和平台姿态（如纵摇、横摇、艏向）系统误差，前者会引起测量坐标系与载体坐标系之间坐标轴不重合；后者会给载体坐标系到平台地理坐标系的坐标转换带来系统误差。这两类系统误差可视为测量坐标系到地理坐标系的转换系统误差，为方便后文分析，将它们归结为一类系统误差。
- 基线转换引起的误差。将传感器对目标的探测数据从测量坐标系转换到甲板坐标系时，需要进行基线修正，进一步从甲板坐标系转换到地理坐标系时，姿态误差将带来基线转换的误差，从而出现系统误差。

由于上述系统误差的存在，同一目标由不同传感器测量形成的航迹可能存在系统误差。这些系统误差不同于传感器测量目标的随机误差，可将其看作一种固定/缓慢变化误差（至少在一段时间内不会发生很大的变化）。对于随机误差，采用滤波技术能够减少或控制其影响；而对于系统误差，必须根据合作目标/公共目标的空间配准方法估计出相应的系统误差，然后对各自的航迹进行补偿和修正，从而消除或减小系统误差。

4.2.2.1 传感器测量系统误差

以下以雷达为例，介绍传感器测量系统误差。影响雷达测量精度的因素有很多，但在数据级（目标点迹或航迹）处理中心只能获得雷达报告的目标方位、距离等测量值，只有在有测高雷达或三坐标雷达的情况下，才能获得目标高度或仰角的测量值。各雷达测量系统误差附着在雷达对目标的测量参数上，主要有距离误差 Δr、方位误差 $\Delta \beta$、仰角误差 $\Delta \varepsilon$。由于距离误差 Δr 随距离的增大而增大，故可将其分为基本距离误差 Δr_b 和距离增益误差 Δr_g。因此，雷达测量距离、方位、仰角可表示为

$$\begin{cases} r = r_t + \Delta r = r_t + \Delta r_b + \Delta r_g \times r + \Delta r_n \\ \beta = \beta_t + \Delta \beta = \beta_t + \Delta \beta_b + \Delta \beta_n \\ \varepsilon = \varepsilon_t + \Delta \varepsilon = \varepsilon_t + \Delta \varepsilon_b + \Delta \varepsilon_n \end{cases} \quad (4\text{-}2)$$

式中，$(\Delta r, \Delta \beta, \Delta \varepsilon)$ 为雷达的测量误差，包括系统误差和随机误差两部分；$(\Delta r_b, \Delta r_g, \Delta \beta_b, \Delta \varepsilon_b)$ 为系统误差；$(\Delta r_n, \Delta \beta_n, \Delta \varepsilon_n)$ 为随机误差。

式（4-2）适用于一般情况下的三坐标视距雷达测量系统误差估计。对于其他类型的雷达，需要根据其作用原理和用途，对式（4-2）进行简化。例如，对海监视雷达一般为两坐标雷达，即没有俯仰角量测，其所探测目标的距离、方位 (r, β) 与真值 (r_t, β_t) 之间的关系为

$$\begin{cases} r = r_t + \Delta r = r_t + \Delta r_b + \Delta r_g \times r + \Delta r_n \\ \beta = \beta_t + \Delta \beta = \beta_t + \Delta \beta_b + \Delta \beta_n \end{cases} \quad (4\text{-}3)$$

对于作用距离较近的雷达，可以认为电磁波在传播过程中的衰减对测距精度影响较小，因此可以忽略距离增益误差 Δr_g。

4.2.2.2 平台导航定位系统误差

舰艇平台导航定位系统误差与所选择的导航方式有关，该系统误差会给舰艇地理坐标系到融合中心或其他平台地理坐标系的转换引入系统误差。

假设舰艇平台（导航中心）P 的大地坐标为 (L, B, H)，其中 L 表示平台经度，B 表示平台纬度，H 表示平台高度。记 r_{ep} 为地球中心 O 到 P 的向量，则 r_{ep} 在 ECEF 坐标系下表示为

$$(r_{ep}) = F(L, B, H) = \begin{bmatrix} (N+H)\cos B \cos L \\ (N+H)\cos B \sin L \\ (N(1-e^2)+H)\sin B \end{bmatrix} = \begin{pmatrix} X \\ Y \\ Z \end{pmatrix} \quad (4\text{-}4)$$

式中，$F(L,B,H)$ 为由 L、B、H 计算的该平台在 ECEF 坐标系中的位置函数，$N = \dfrac{a}{(1-e^2 \sin^2 B)^{\frac{1}{2}}}$ 为该点处的地球卯酉圈曲率半径，a 为参考椭球长半轴，e 为参考椭球第一偏心率。

在平台导航定位系统误差较小的情况下，在地理坐标系下，可对平台误差进行泰勒一阶展开。

$$F(B+\Delta B, L+\Delta L, H+\Delta H) \approx F(L,B,H) + \boldsymbol{J}_F \begin{bmatrix} \Delta B \\ \Delta L \\ \Delta H \end{bmatrix} \quad (4\text{-}5)$$

记 $\boldsymbol{J}_F = \begin{bmatrix} -(\hat{N}+H)\sin L \sin B & X & \sin L \cos B \\ -(\hat{N}+H)\cos L \sin B & -Y & \cos L \cos B \\ (\hat{N}+H)\cos B & 0 & \sin B \end{bmatrix}$，$\hat{N} = N(1-e^2)(1-e^2 \sin^2 B)^{-1}$。

简记

$$\begin{bmatrix} \Delta x \\ \Delta y \\ \Delta z \end{bmatrix} = \boldsymbol{J}_F \begin{bmatrix} \Delta B \\ \Delta L \\ \Delta H \end{bmatrix} \quad (4\text{-}6)$$

4.2.2.3 甲板形变系统误差

在理想情况下,雷达测量坐标系与甲板坐标系重合,但由于甲板形变,两个坐标系之间存在坐标旋转变换,因此雷达测量坐标系到甲板坐标系的转换公式为

$$(r_{bt}) = R_{bs}(r_{st}) + (r_{bs}) \tag{4-7}$$

式中,R_{bs} 为雷达测量坐标系到舰艇甲板坐标系的转换矩阵;(r_{st}) 为雷达探测目标的位置信息;(r_{bs}) 为雷达到舰艇甲板中心的基线。通常情况下转换的欧拉角比较小,因此 R_{bs} 可以近似表示为

$$\begin{aligned}R_{bs} &= [\gamma_b][\psi_b][\theta_b] \\ &= \begin{bmatrix} \cos\theta_b\cos\gamma_b + \sin\theta_b\sin\psi_b\sin\gamma_b & \cos\psi_b\sin\gamma_b & \sin\theta_b\cos\gamma_b - \cos\theta_b\sin\psi_b\sin\gamma_b \\ -\cos\theta_b\sin\gamma_b + \sin\theta_b\sin\psi_b\cos\gamma_b & \cos\psi_b\cos\gamma_b & -\sin\theta_b\sin\gamma_b - \cos\theta_b\sin\psi_b\cos\gamma_b \\ -\sin\theta_b\cos\psi_b & \sin\psi_b & \cos\theta_b\cos\psi_b \end{bmatrix}\end{aligned}$$

$$\tag{4-8}$$

4.2.2.4 平台姿态系统误差

对动平台来说,主要考虑甲板坐标系到地理坐标系转换姿态系统误差,姿态测量值与真值之间的关系为

$$\begin{cases} \gamma = \gamma_t + \Delta\gamma \\ \theta = \theta_t + \Delta\theta \\ \psi = \psi_t + \Delta\psi \end{cases} \tag{4-9}$$

式中,γ 为艏向角,顺时针以北向为基准的方位 $0\sim360°$;θ 为横摇角/横倾角,左下为正;ψ 为纵摇角/纵倾角,前上为正;γ_t、ψ_t、θ_t 为相应的真值;$\Delta\gamma$、$\Delta\psi$、$\Delta\theta$ 为导航姿态的系统误差。

4.2.3 各类系统误差对目标定位的影响

4.2.3.1 雷达测量系统误差对目标定位的影响

为了分析各类系统误差的变化对总系统误差的影响,下面建立一个反映系统误差微小变化与总系统误差变化之间比例关系的影响函数。

一般地,对于研究对象 $y(x)$,当自变量 x 发生微小的变化时,必然会导致 y 出现相应的变化。式(4-10)较好地反映了研究对象 y 因 x 变化而变化的灵敏程度。

$$\inf(x,y) = \lim_{x \to x_0} \frac{y(x) - y(x_0)}{x - x_0} \approx \frac{\delta y}{\delta x} \tag{4-10}$$

由坐标转换分析可知,对于有源三坐标雷达,测量系统误差 $\Delta = (\Delta r, \Delta\beta, \Delta\varepsilon)^T$ 对雷达地理坐标系下坐标分量的影响函数具体如下。

1）雷达测量系统误差对雷达地理坐标系下坐标分量 x_1 的影响函数

$$\begin{cases} \inf(r,x_1) = x_s/r(\cos\theta\cos\gamma + \sin\theta\sin\psi\sin\gamma) + y_s/r\cos\psi\sin\gamma + \\ \qquad z_s/r(\sin\theta\cos\gamma - \cos\theta\sin\psi\sin\gamma) \\ \inf(\beta,x_1) = y_s(\cos\theta\cos\gamma + \sin\theta\sin\psi\sin\gamma) - x_s\cos\psi\sin\gamma \\ \inf(\varepsilon,x_1) = -r\sin\beta\sin\varepsilon(\cos\theta\cos\gamma + \sin\theta\sin\psi\sin\gamma) - r\cos\beta\sin\varepsilon\cos\psi\sin\gamma + \\ \qquad r\cos\varepsilon(\sin\theta\cos\gamma - \cos\theta\sin\psi\sin\gamma) \end{cases}$$

（4-11）

2）雷达测量系统误差对雷达地理坐标系下坐标分量 y_1 的影响函数

$$\begin{cases} \inf(r,y_1) = x_s/r(-\cos\theta\sin\gamma + \sin\theta\sin\psi\cos\gamma) + y_s/r\cos\psi\cos\gamma + \\ \qquad z_s/r(-\sin\theta\sin\gamma - \cos\theta\sin\psi\cos\gamma) \\ \inf(\beta,y_1) = y_s(-\cos\theta\sin\gamma + \sin\theta\sin\psi\cos\gamma) - x_s\cos\psi\cos\gamma \\ \inf(\varepsilon,y_1) = -r\sin\beta\sin\varepsilon(-\cos\theta\sin\gamma + \sin\theta\sin\psi\cos\gamma) - r\cos\beta\sin\varepsilon\cos\psi\cos\gamma + \\ \qquad r\cos\varepsilon(-\sin\theta\sin\gamma - \cos\theta\sin\psi\cos\gamma) \end{cases}$$

（4-12）

3）雷达测量系统误差对雷达地理坐标系下坐标分量 z_1 的影响函数

$$\begin{cases} \inf(r,z_1) = x_s/r(-\sin\theta\cos\psi) + y_s/r\sin\psi + z_s/r\cos\theta\cos\psi \\ \inf(\beta,z_1) = y_s(-\sin\theta\cos\psi) - x_s\sin\psi \\ \inf(\varepsilon,z_1) = -r\sin\beta\sin\varepsilon(-\sin\theta\cos\psi) - r\cos\beta\sin\varepsilon\sin\psi + r\cos\varepsilon\cos\theta\cos\psi \end{cases}$$

（4-13）

4.2.3.2 平台导航定位系统误差对目标定位的影响

1）平台导航定位系统误差对测距的影响

在平台导航定位系统误差较小的情况下，平台导航定位系统误差引起的测距误差如式（4-14）所示。假设 $\Delta z = 0$，目标的位置为 (x,y)，则平台导航定位系统误差引起的测距误差为

$$\begin{aligned} \Delta r &= \sqrt{(x-\Delta x)^2 + (y-\Delta y)^2} - \sqrt{x^2 + y^2} \\ &\approx -\Delta x\sin\beta - \Delta y\cos\beta \end{aligned}$$

（4-14）

式中，$\beta = \arctan\dfrac{x}{y}$ 为目标的方位。

当 $\Delta x = 100\mathrm{m}$，$\Delta y = 100\mathrm{m}$ 时，平台导航定位系统误差引起的测距误差如图 4-5 所示。

2）平台导航定位系统误差对测角的影响

在平台地理坐标系下，假设平台导航定位系统误差为 $(\Delta x, \Delta y)$，则其引起的测角误差为

$$\delta\beta = \arctan\left(\frac{x-\Delta x}{y-\Delta y}\right) - \arctan\left(\frac{x}{y}\right)$$

（4-15）

$$\tan(\delta\beta) = \frac{-y\Delta x + x\Delta y}{x^2 + y^2 - x\Delta x - y\Delta y} \tag{4-16}$$

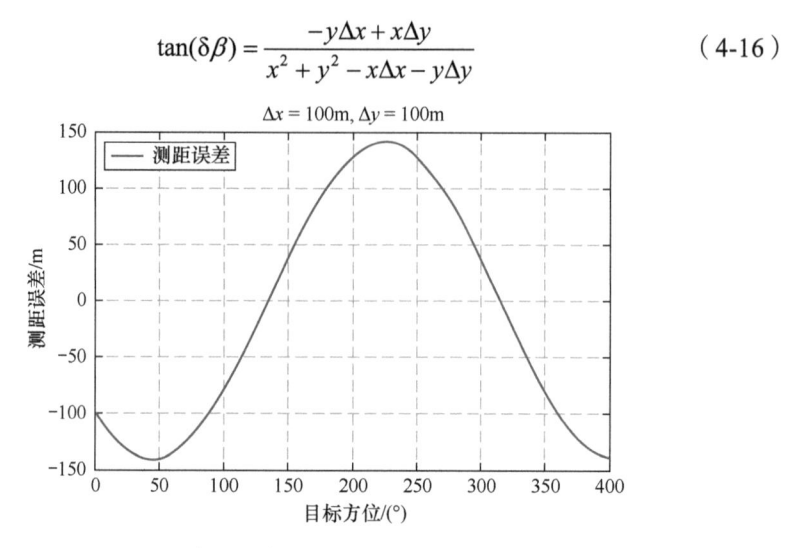

图 4-5　平台导航定位系统误差引起的测距误差

最大测角误差为

$$|\delta\beta|_{\max} = \arctan\left(\left|\frac{-y\Delta x + x\Delta y}{x^2 + y^2 - x\Delta x - y\Delta y}\right|_{\max}\right) \leqslant \arctan\left(\frac{\sqrt{\Delta x^2 + \Delta y^2}}{r - \sqrt{\Delta x^2 + \Delta y^2}}\right) \tag{4-17}$$

式中，$r = \sqrt{x^2 + y^2}$。

当 $\Delta x = 100\text{m}$，$\Delta y = 100\text{m}$ 时，平台导航定位系统误差引起的方位最大误差如图 4-6 所示。

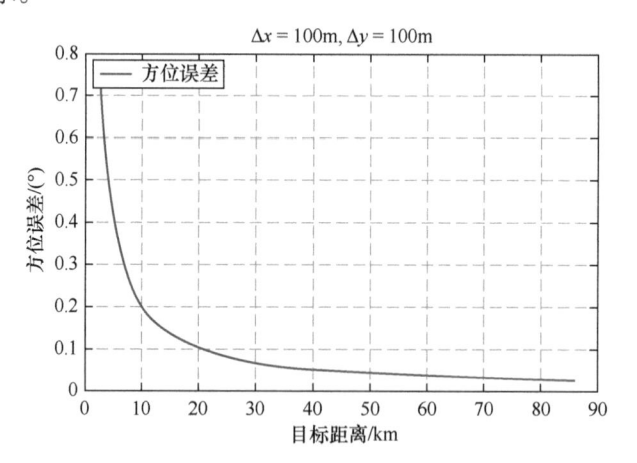

图 4-6　平台导航定位系统误差引起的方位最大误差

当目标距离为 20km 以上，$\Delta x = 100\text{m}$，$\Delta y = 100\text{m}$ 时，平台导航定位系统误差引起的测角误差小于 0.1°，因此当目标距离较远（>20km）时，可以忽略平台导航定位系统误差对测角的影响。

3）平台导航定位系统误差对坐标转换的影响

$$(r_{et}) = (r_{ep}) + M_{le}(r_{lt}) \quad (4\text{-}18)$$

式中，$M_{le}(B,L) = \begin{bmatrix} -\sin L & -\sin B \cos L & \cos B \cos L \\ \cos L & -\sin B \sin L & \cos B \sin L \\ 0 & \cos B & \sin B \end{bmatrix}$ 是地理坐标系到 ECEF 坐标系的转换矩阵。在有系统误差的情况下，可进行如下近似展开。

$$M_{le}(B+\Delta B, L+\Delta L) \approx M_{le}(B,L) + J_B \Delta B + J_L \Delta L \quad (4\text{-}19)$$

式中，$J_B = \begin{bmatrix} 0 & -\cos B \cos L & -\sin B \cos L \\ 0 & -\cos B \sin L & -\sin B \sin L \\ 0 & -\sin B & \cos B \end{bmatrix}$，$J_L = \begin{bmatrix} -\cos L & \sin B \sin L & -\cos B \sin L \\ -\sin L & -\sin B \cos L & \cos B \cos L \\ 0 & 0 & 0 \end{bmatrix}$。

平台 1 三坐标雷达探测可以通过式（4-20）直接转换到平台 2 地理坐标系下。

$$\begin{aligned}(r_{lt})_{12} &= (M_{le}^T)_2 \times ((r_{et})_1 - (r_{ep})_2) \\ &\quad - (M_{le}^T)_2 \times ((r_{ep})_1 - (r_{ep})_2) + (M_{le}^T)_2 \times (M_{le})_1 \times (r_{lt})_1\end{aligned} \quad (4\text{-}20)$$

式中，$(M_{le}^T)_2 \times ((r_{ep})_1 - (r_{ep})_2)$ 为平台 1 在平台 2 地理坐标系中的位置。

假定平台导航定位系统误差一般不超过 200m（平台定位经纬度系统误差不超过 0.002°），雷达最大距离取 $R=300\text{km}$。假定平台 2 的定位没有系统误差，在平台 1 定位有系统误差的情况下，转换矩阵所带来的误差为

$$\delta X \approx (J_{B_1} \Delta B_1 + J_{L_1} \Delta L_1)(r_{lt})_1 \quad (4\text{-}21)$$

其最大误差为

$$\|\delta X\| \leq \|(J_B \Delta B + J_L \Delta L)\| \|(r_{lt})\| \approx 0.002 \times \frac{\pi}{180} \times 300\text{km} \approx 10.5\text{m} \quad (4\text{-}22)$$

因此，基本可以忽略导航定位系统误差对平台地理坐标系到其他平台地理坐标系转换的影响。

4.2.3.3 甲板形变对目标定位的影响

在舰艇甲板坐标系下，容易验证

$$\begin{cases} \beta_b = \beta_s + \gamma_b + \psi_b \sin \beta_s \tan \varepsilon_s + \theta_b \cos \beta_s \tan \varepsilon_s \\ \varepsilon_b = \varepsilon_s + \psi_b \cos \beta_s - \theta_b \sin \beta_s \end{cases} \quad (4\text{-}23)$$

因此，甲板形变引起的系统误差为

$$\begin{cases} \Delta \beta_b = \Delta \beta_s + \gamma_b + \psi_b \sin \beta_s \tan \varepsilon_s + \theta_b \cos \beta_s \tan \varepsilon_s \\ \Delta \varepsilon_b = \Delta \varepsilon_s + \psi_b \cos \beta_s - \theta_b \sin \beta_s \end{cases} \quad (4\text{-}24)$$

对于不同仰角的系统误差最大值为

$$\begin{cases} |\Delta \beta|_{\max} = |\gamma_b| + \sqrt{\psi_b^2 + \theta_b^2} \tan \varepsilon_s \\ |\Delta \varepsilon|_{\max} = \sqrt{\psi_b^2 + \theta_b^2} \end{cases} \quad (4\text{-}25)$$

通常情况下，安装雷达、零位漂移、载体形变引起的系统误差不会太大。表 4-1 列出了在给定甲板形变的情况下引起的最大测角误差，表中仅计算了一种情况。

表 4-1 给定甲板形变引起的最大测角误差

误差	目标仰角/(°)	$\|\Delta\beta\|_{\max}$/(°)	$\|\Delta\varepsilon\|_{\max}$/(°)
$\gamma_b = 0.1°$ $\psi_b = 0.1°$ $\theta_b = 0.1°$	0	0.10	0.15
	10	0.13	0.15
	20	0.16	0.15
	30	0.18	0.15
	40	0.22	0.15
	50	0.27	0.15
	60	0.35	0.15
	70	0.49	0.15
	80	0.90	0.15

雷达安装完成之后，一般来说 $(\gamma_b, \psi_b, \theta_b)$ 为一个恒定值，可以通过仪器进行精确的测量。在知道其大小的情况下，可以通过式（4-24）进行补偿。

4.2.3.4 平台姿态系统误差对目标定位的影响

不考虑甲板形变，雷达实际输出的目标数据可表示为

$$\begin{pmatrix} x_l \\ y_l \\ z_l \end{pmatrix} = \boldsymbol{R}_{bl} \begin{pmatrix} x_b \\ y_b \\ z_b \end{pmatrix} \qquad (4-26)$$

式中，$\boldsymbol{R}_{bl} = [\gamma][\psi][\theta]$，$[\gamma] = \begin{bmatrix} \cos\gamma & \sin\gamma & 0 \\ -\sin\gamma & \cos\gamma & 0 \\ 0 & 0 & 1 \end{bmatrix}$，$[\psi] = \begin{pmatrix} 1 & 0 & 0 \\ 0 & \cos\psi & -\sin\psi \\ 0 & \sin\psi & \cos\psi \end{pmatrix}$，

$[\theta] = \begin{pmatrix} \cos\theta & 0 & \sin\theta \\ 0 & 1 & 0 \\ -\sin\theta & 0 & \cos\theta \end{pmatrix}$。

显然，如果平台姿态数据不存在系统误差，则可以根据对应时刻的姿态数据反算得到 $(x_b, y_b, z_b)^T$，从而实现对姿态角的估计。如果姿态数据本身存在未知的系统误差，原则上也可以先反算得到测量坐标系下的观测数据，然后估计系统误差参数。

在平台姿态数据存在系统误差的情况下，偏航角的姿态误差与舰向角的误差可归结为方位系统误差，假设 3 个欧拉角中的偏航角已经对准，可将其简化，用 (ψ, θ) 表示，因此有

$$\begin{pmatrix} x_1 \\ y_1 \\ z_1 \end{pmatrix} = T \begin{pmatrix} x_b \\ y_b \\ z_b \end{pmatrix} = \begin{pmatrix} \cos\theta & 0 & \sin\theta \\ \sin\theta\sin\psi & \cos\psi & -\cos\theta\sin\psi \\ -\sin\theta\cos\psi & \sin\psi & \cos\theta\cos\psi \end{pmatrix} \begin{pmatrix} x_b \\ y_b \\ z_b \end{pmatrix} \qquad (4\text{-}27)$$

$$T(\psi+\Delta\psi, \theta+\Delta\theta) f(\beta_b, \varepsilon_b) = [\gamma+\Delta\gamma]^{-1} f(\beta_1, \varepsilon_1) = f(\beta_1 - \gamma - \Delta\gamma, \varepsilon_1) \qquad (4\text{-}28)$$

式中 $T = \begin{pmatrix} \cos\theta & 0 & \sin\theta \\ \sin\theta\sin\psi & \cos\psi & -\cos\theta\sin\psi \\ -\sin\theta\cos\psi & \sin\psi & \cos\theta\cos\psi \end{pmatrix}$, $f = \begin{pmatrix} x_b \\ y_b \\ z_b \end{pmatrix}$。

对动平台来说，主要考虑甲板坐标系到地理坐标系转换的姿态系统误差，其引起的转换误差为

$$\begin{aligned} f(r_1, \beta_1 - \gamma - \Delta\gamma, \varepsilon_1) &= T(\psi+\Delta\psi, \theta+\Delta\theta) f(r_s, \beta_s, \varepsilon_s) \\ &\approx T(\psi,\theta) f(r_s, \beta_s, \varepsilon_s) + T(\psi,\theta) J_f \begin{pmatrix} \Delta r_s \\ \Delta \beta_s \\ \Delta \varepsilon_s \end{pmatrix} + \\ & \quad M f(r_s, \beta_s, \varepsilon_s) \Delta\psi + N f(r_s, \beta_s, \varepsilon_s) \Delta\theta \end{aligned} \qquad (4\text{-}29)$$

式中，γ 为艏向角；θ 为横摇角/横倾角；ψ 为纵摇角/纵倾角；$\Delta\gamma$、$\Delta\psi$、$\Delta\theta$ 为三者的系统误差；J_f 为 T 对偏差参数求偏导；$M = \begin{pmatrix} 0 & 0 & 0 \\ 0 & -\sin\psi & -\cos\psi \\ 0 & \cos\psi & -\sin\psi \end{pmatrix} \begin{pmatrix} \cos\theta & 0 & \sin\theta \\ 0 & 1 & 0 \\ -\sin\theta & 0 & \cos\theta \end{pmatrix}$, $N = \begin{pmatrix} 1 & 0 & 0 \\ 0 & \cos\psi & -\sin\psi \\ 0 & \sin\psi & \cos\psi \end{pmatrix} \begin{pmatrix} -\sin\theta & 0 & \cos\theta \\ 0 & 0 & 0 \\ -\cos\theta & 0 & -\sin\theta \end{pmatrix}$。

当横摇角和纵摇角较小时，可以将式（4-29）简化为

$$\begin{pmatrix} \Delta r_1 \\ \Delta \beta_1 \\ \Delta \varepsilon_1 \end{pmatrix} = \begin{pmatrix} \Delta r_s \\ \Delta \beta_s + \sin\beta \tan\varepsilon \Delta\psi + \cos\beta \tan\varepsilon \Delta\theta \\ \Delta \varepsilon_s + \cos\beta \Delta\psi - \sin\beta \Delta\theta \end{pmatrix} \qquad (4\text{-}30)$$

也就是说，计算出雷达测量误差和平台姿态误差之后，可以通过式（4-30）直接对目标的测量值进行修正。

对于不同仰角的误差最大值为

$$\begin{cases} |\Delta\beta|_{\max} = \sqrt{\Delta\psi^2 + \Delta\theta^2} \tan\varepsilon \\ |\Delta\varepsilon|_{\max} = \sqrt{\Delta\psi^2 + \Delta\theta^2} \end{cases} \qquad (4\text{-}31)$$

当 $\Delta\psi=0.1°$，$\Delta\theta=0.1°$ 时，平台姿态误差引起的方位最大误差如图 4-7 所示。

4.2.3.5 平台姿态误差对基线转换的影响

当将雷达对目标的探测数据从测量坐标系转换到甲板坐标系时，需要进行基线修正。当进一步从甲板坐标系转换到地理坐标系时，平台姿态误差将带来基线转换误差。根据式（4-7），若用 (r_{bs}) 表示雷达到平台中心的基线向量，则

基线转换误差是由 $\boldsymbol{R}_{\mathrm{bl}}(\boldsymbol{r}_{\mathrm{bs}})$ 中的姿态误差引起的。假设基线长度不超过 100m，平台姿态误差不超过 0.3°，则此时最大的基线误差满足

$$\|\Delta \boldsymbol{R}_{\mathrm{bl}}(\boldsymbol{r}_{\mathrm{bs}})\| \leqslant \|\Delta \boldsymbol{R}_{\mathrm{bl}}\|\|(\boldsymbol{r}_{\mathrm{bs}})\| \leqslant 0.3° \times \frac{\pi}{180°} \times 100\mathrm{m} \approx 0.52\mathrm{m} \quad (4\text{-}32)$$

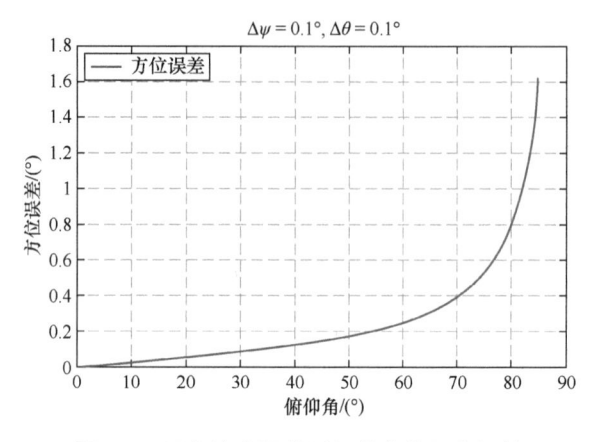

图 4-7 平台姿态误差引起的方位最大误差

因此，可以忽略平台姿态误差对基线转换的影响。

各类系统误差对目标定位精度的影响如表 4-2 所示。

表 4-2 各类系统误差对目标定位精度的影响

目标定位系统误差	系 统 误 差	系统误差对目标定位精度的影响	备　注
距离系统误差 Δr_1	雷达自身测距系统误差 Δr_s	主要因素，直接迭加到距离测量值中	
	平台定位 x 方向系统误差 Δx	次要因素，与目标的方位正弦成正比	
	平台定位 y 方向系统误差 Δy	次要因素，与目标的方位余弦成正比	
方位系统误差 $\Delta \beta_1$	雷达自身方位系统误差 $\Delta \beta_s$	主要因素，直接迭加到方位角测量值中	合并为方位系统误差
	甲板艏向形变 γ_b		
	平台导航舰艏系统误差 $\Delta \gamma$		
	甲板横向形变 θ_b	次要因素，与目标的俯仰正切和方位余弦成正比，当仰角较小时可以忽略	合并为横摇角系统误差
	平台导航横摇角系统误差 $\Delta \theta$		
	甲板纵向形变 ψ_b	次要因素，与目标的俯仰正切和方位余弦成正比，当仰角较小时可以忽略	合并为纵摇角系统误差
	平台导航纵摇角系统误差 $\Delta \psi$		
	平台定位 x 方向系统误差 Δx	可忽略因素，当目标距离为 5km 以上时可以忽略	
	平台定位 y 方向系统误差 Δy		
俯仰系统误差 $\Delta \varepsilon_1$	雷达自身俯仰系统误差 $\Delta \varepsilon_s$	主要因素，直接迭加到俯仰角测量值中	
	甲板横向形变 θ_b	次要因素，与目标的方位正弦成正比	
	平台导航横摇角系统误差 $\Delta \theta$		
	甲板纵向形变 ψ_b	次要因素，与目标的方位余弦成正比	
	平台导航纵摇角系统误差 $\Delta \psi$		

4.2.4 空间配准系统误差测量方程及等效系统误差模型

4.2.4.1 测量方程

舰载雷达空间配准系统误差测量方程涉及的坐标系转换过程如图 4-8 所示。

雷达测量坐标系 → 舰艇甲板坐标系 → 舰艇地理坐标系 → ECEF 直角坐标系/融合中心坐标系

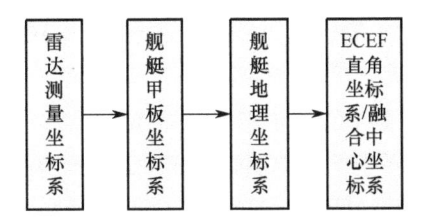

图 4-8 系统误差测量方程涉及的坐标系转换过程

1）雷达测量坐标系到直角坐标系的转换

$$(\boldsymbol{r}_{\mathrm{st}}) = f(r+\Delta r, \beta+\Delta\beta, \varepsilon+\Delta\varepsilon) = \begin{bmatrix} (r+\Delta r)\sin(\beta+\Delta\beta)\cos(\varepsilon+\Delta\varepsilon) \\ (r+\Delta r)\cos(\beta+\Delta\beta)\cos(\varepsilon+\Delta\varepsilon) \\ (r+\Delta r)\sin(\varepsilon+\Delta\varepsilon) \end{bmatrix} = \begin{pmatrix} x_{\mathrm{s}} \\ y_{\mathrm{s}} \\ z_{\mathrm{s}} \end{pmatrix} \quad (4\text{-}33)$$

2）雷达测量坐标系到舰艇甲板坐标系的转换

目标数据从雷达测量坐标系转换到舰艇甲板坐标系，其转换公式参考式（4-7）。

结合雷达测量坐标系到直角坐标系的转换公式，目标在舰艇甲板坐标系中的坐标为

$$\begin{pmatrix} x_{\mathrm{b}} \\ y_{\mathrm{b}} \\ z_{\mathrm{b}} \end{pmatrix} = [\gamma_{\mathrm{b}}][\psi_{\mathrm{b}}][\theta_{\mathrm{b}}] \begin{pmatrix} x_{\mathrm{s}} \\ y_{\mathrm{s}} \\ z_{\mathrm{s}} \end{pmatrix} + (\boldsymbol{r}_{\mathrm{bs}}) \quad (4\text{-}34)$$

3）舰艇甲板坐标系到舰艇地理坐标系的转换

目标数据从雷达测量坐标系转换到舰艇甲板坐标系之后，需要再从舰艇甲板坐标系转换到舰艇地理坐标系，转换公式为

$$(\boldsymbol{r}_{\mathrm{lt}}) = \boldsymbol{R}_{\mathrm{bl}}(\boldsymbol{r}_{\mathrm{bt}}) = \begin{pmatrix} x_{\mathrm{l}} \\ y_{\mathrm{l}} \\ z_{\mathrm{l}} \end{pmatrix} \quad (4\text{-}35)$$

式中，$(\boldsymbol{r}_{\mathrm{bt}})$ 为舰艇甲板坐标系下的坐标；$(\boldsymbol{r}_{\mathrm{lt}})$ 为舰艇地理坐标系下的坐标；$\boldsymbol{R}_{\mathrm{bl}}$ 为舰载甲板坐标系到舰载地理坐标系的转换矩阵，可以通过 3 个欧拉角旋转矩阵来表示。

$$\boldsymbol{R}_{\mathrm{bl}} = [\gamma+\Delta\gamma][\psi+\Delta\psi][\theta+\Delta\theta] \quad (4\text{-}36)$$

式中，$[\gamma+\Delta\gamma]=\begin{bmatrix}\cos(\gamma+\Delta\gamma) & \sin(\gamma+\Delta\gamma) & 0\\-\sin(\gamma+\Delta\gamma) & \cos(\gamma+\Delta\gamma) & 0\\0 & 0 & 1\end{bmatrix}$；$[\psi+\Delta\psi]=\begin{bmatrix}1 & 0 & 0\\0 & \cos(\psi+\Delta\psi) & -\sin(\psi+\Delta\psi)\\0 & \sin(\psi+\Delta\psi) & \cos(\psi+\Delta\psi)\end{bmatrix}$；$[\theta+\Delta\theta]=\begin{bmatrix}\cos(\theta+\Delta\theta) & 0 & \sin(\theta+\Delta\theta)\\0 & 1 & 0\\-\sin(\theta+\Delta\theta) & 0 & \cos(\theta+\Delta\theta)\end{bmatrix}$，$\gamma$、$\psi$、$\theta$ 分别为偏航角、纵摇角、横摇角。

4）舰艇地理坐标系到 ECEF 坐标系的转换

目标数据从舰艇甲板坐标系转换到舰艇地理坐标系之后，需要再从舰艇地理坐标系转换到融合中心坐标系（本节以 ECEF 坐标系为融合中心坐标系），转换公式为

$$\begin{pmatrix}x_e\\y_e\\z_e\end{pmatrix}=\boldsymbol{M}_{le}\begin{pmatrix}x_l\\y_l\\z_l\end{pmatrix}+(\boldsymbol{r}_{ep})\tag{4-37}$$

式中，$\boldsymbol{M}_{le}(B,L)$ 为地理坐标系到 ECEF 坐标系的转换矩阵；$\boldsymbol{r}_{ep}$ 为平台在 ECEF 坐标系中的位置。

通过上述分析可知，目标数据从雷达测量坐标系到 ECEF 坐标系的转换公式可以表示为

$$\begin{pmatrix}x_e\\y_e\\z_e\end{pmatrix}=\boldsymbol{M}_{le}\boldsymbol{R}_{bl}(\boldsymbol{R}_{bs}(\boldsymbol{r}_{st})+(\boldsymbol{r}_{bs}))+(\boldsymbol{r}_{ep})\tag{4-38}$$

根据雷达测量坐标系到直角坐标系的转换公式和舰艇地理坐标系到 ECEF 坐标系的转换公式，得到平台导航定位系统误差、平台姿态系统误差和雷达测量系统误差的非线性测量方程为

$$\begin{pmatrix}x_e\\y_e\\z_e\end{pmatrix}=(\boldsymbol{r}_{ep})+\boldsymbol{M}_{le}[\gamma+\Delta\gamma][\psi+\Delta\psi][\theta+\Delta\theta][\gamma_b][\psi_b][\theta_b]\begin{pmatrix}x_s\\y_s\\z_s\end{pmatrix}$$

$$=F(B+\Delta B,L+\Delta L,H+\Delta H)+$$

$$\boldsymbol{M}_{le}[\gamma+\Delta\gamma][\psi+\Delta\psi][\theta+\Delta\theta][\gamma_b][\psi_b][\theta_b]\begin{bmatrix}(r+\Delta r)\sin(\beta+\Delta\beta)\cos(\varepsilon+\Delta\varepsilon)\\(r+\Delta r)\cos(\beta+\Delta\beta)\cos(\varepsilon+\Delta\varepsilon)\\(r+\Delta r)\sin(\varepsilon+\Delta\varepsilon)\end{bmatrix}$$

$$\tag{4-39}$$

4.2.4.2 线性化测量方程

由于系统误差的测量方程为非线性函数，为了降低测量方程和配准方法的复杂性，需要对测量方程进行线性化。线性化方法采用泰勒展开式（忽略二阶

及以上的高阶项），将系统误差估计问题转化为线性估计问题。测量方程的线性化主要包括下列 3 个步骤。

1）雷达测量系统误差的一阶近似

$$(r_{st}) = f(r + \Delta r, \beta + \Delta\beta, \varepsilon + \Delta\varepsilon) = \begin{bmatrix} (r+\Delta r)\sin(\beta+\Delta\beta)\cos(\varepsilon+\Delta\varepsilon) \\ (r+\Delta r)\cos(\beta+\Delta\beta)\cos(\varepsilon+\Delta\varepsilon) \\ (r+\Delta r)\sin(\varepsilon+\Delta\varepsilon) \end{bmatrix} \approx f(r,\beta,\varepsilon) + J_f \begin{bmatrix} \Delta r \\ \Delta\beta \\ \Delta\varepsilon \end{bmatrix}$$

（4-40）

2）雷达测量坐标系到舰艇甲板坐标系转换的一阶近似

$$R_{bs} = [\gamma_b][\psi_b][\theta_b] \approx \begin{bmatrix} 1 & \gamma_b & \theta_b \\ -\gamma_b & 1 & -\psi_b \\ -\theta_b & \psi_b & 1 \end{bmatrix} \quad (4\text{-}41)$$

3）舰艇甲板坐标系到舰艇地理坐标系转换的一阶近似

$$R_{bl}(\gamma, \psi+\Delta\psi, \theta+\Delta\theta) = [\gamma][\psi+\Delta\psi][\theta+\Delta\theta] \\ \approx R_{bl}(\gamma,\psi,\theta) + M\Delta\psi + N\Delta\theta \quad (4\text{-}42)$$

$$T(\psi+\Delta\psi, \theta+\Delta\theta) = [\psi+\Delta\psi][\theta+\Delta\theta] \approx T(\psi,\theta) + M\Delta\psi + N\Delta\theta \quad (4\text{-}43)$$

则雷达测量坐标系转换到 ECEF 坐标系之后的一阶近似表达式为

$$\begin{pmatrix} x_e \\ y_e \\ z_e \end{pmatrix} = \begin{pmatrix} X \\ Y \\ Z \end{pmatrix} + \begin{bmatrix} \Delta x \\ \Delta y \\ \Delta z \end{bmatrix} +$$

$$M_{le}[\gamma+\Delta\gamma](T(\psi,\theta) + M\Delta\psi + N\Delta\theta)\begin{bmatrix} 1 & \gamma_b & \theta_b \\ -\gamma_b & 1 & -\psi_b \\ -\theta_b & \psi_b & 1 \end{bmatrix}\left(f(r,\beta,\varepsilon) + J_f\begin{bmatrix}\Delta r \\ \Delta\beta \\ \Delta\varepsilon\end{bmatrix}\right)$$

（4-44）

不考虑平台导航定位系统误差，上述 3 个一阶近似引起的剩余误差为

$$\delta_{12}(r_{bt}) = R_{bl}(\gamma, \psi+\Delta\psi, \theta+\Delta\theta)(R_{bs}f(r+\Delta r, \beta+\Delta\beta, \varepsilon+\Delta\varepsilon) + (\vec{r}_{bs})) -$$

$$(R_{bl}(\gamma,\psi,\theta) + M\Delta\psi + N\Delta\theta)\begin{bmatrix} 1 & \gamma_b & \theta_b \\ -\gamma_b & 1 & -\psi_b \\ -\theta_b & \psi_b & 1 \end{bmatrix}\left(f(r,\beta,\varepsilon) + J_f\begin{bmatrix}\Delta r \\ \Delta\beta \\ \Delta\varepsilon\end{bmatrix}\right) + (r_{bs})$$

（4-45）

假设目标仰角为 6°，雷达的测距误差为 500m，方位误差为 3°，俯仰误差为 1°，天线倾斜和平台纵横摇角误差均取为 0.1°，对于上述 3 个一阶近似引起的误差如图 4-9 和图 4-10 所示。

由图 4-9 和图 4-10 可以看出，雷达测量系统误差、甲板形变系统误差和平台姿态系统误差一阶近似引起的目标定位误差为米级，远低于随机误差带来的影响；在距离上的误差为米级，在方位和俯仰上的误差为 0.0001°级，远小于雷达的观测随机误差。

(a) 一阶近似引起的 X、Y、Z 方向总误差

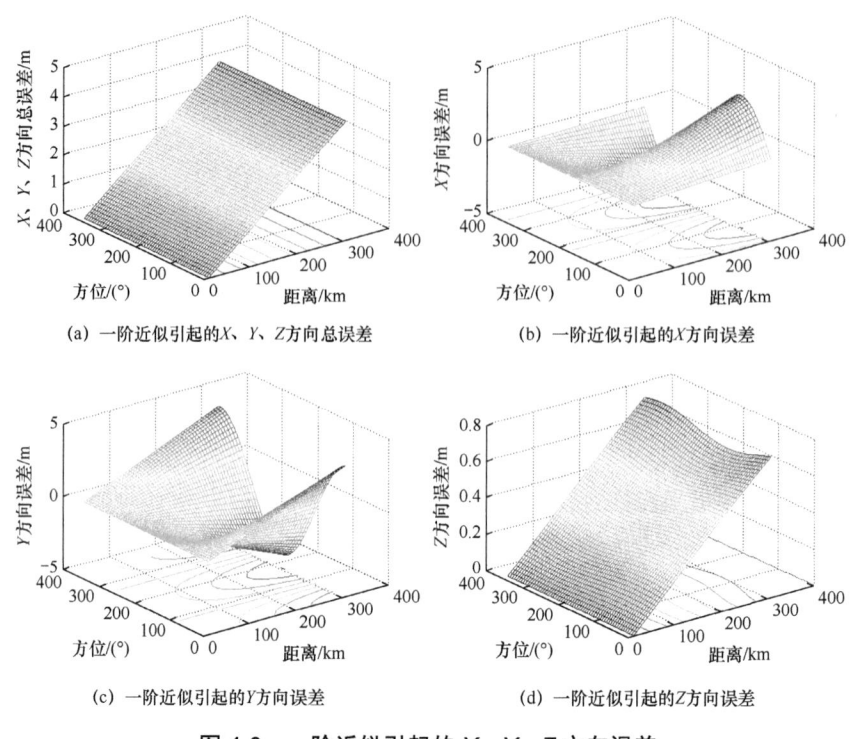

(b) 一阶近似引起的 X 方向误差

(c) 一阶近似引起的 Y 方向误差

(d) 一阶近似引起的 Z 方向误差

图 4-9　一阶近似引起的 X、Y、Z 方向误差

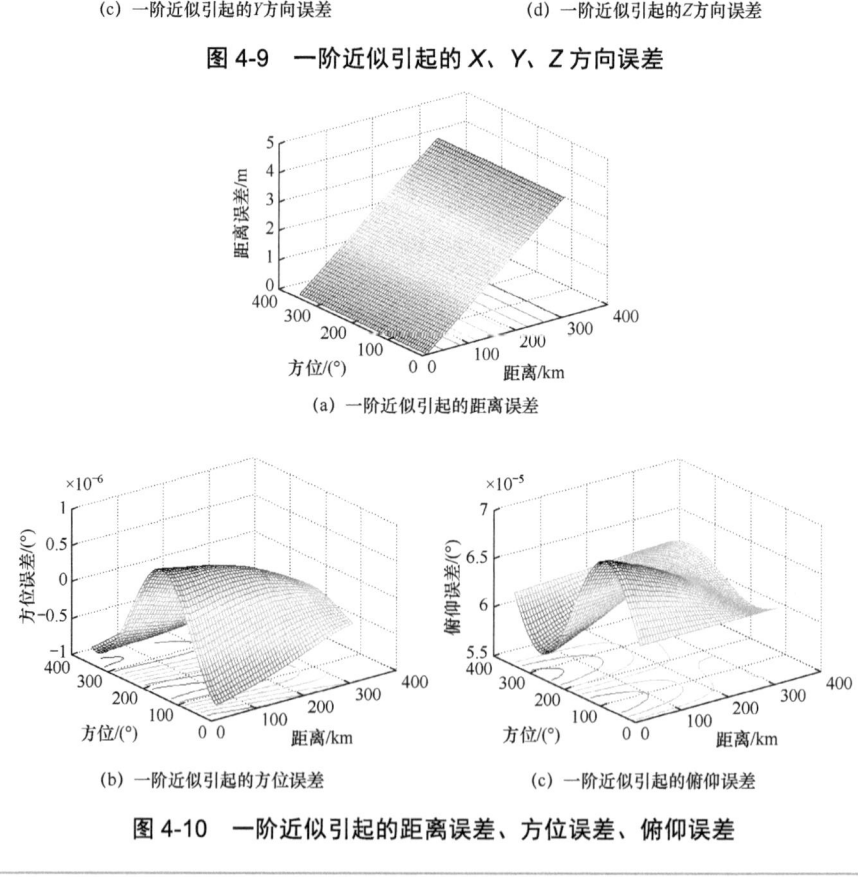

(a) 一阶近似引起的距离误差

(b) 一阶近似引起的方位误差

(c) 一阶近似引起的俯仰误差

图 4-10　一阶近似引起的距离误差、方位误差、俯仰误差

4.2.4.3 等效系统误差模型

前文在 ECEF 坐标系下建立了各类系统误差的测量方程并进行了线性化。其中每个动平台雷达涉及的系统误差参数多达 12 个。这 12 个系统误差参数中有些是相互耦合的，在利用雷达测量数据进行系统误差估计时，需要对这些耦合的系统误差参数进行合理的合并或简化。

由雷达测量坐标系到 ECEF 坐标系的转换公式可知，需要简化的部分主要是从雷达测量坐标系到舰艇稳定地理坐标系的转换公式。动平台雷达输出的目标信息有两种情况，一是雷达的安装位置有稳定平台，此时雷达直接输出舰艇稳定地理坐标下的目标距离、方位、俯仰数据；二是当没有稳定平台时，雷达输出测量坐标系下的目标距离、舷角、俯仰数据，经数据处理后转换为舰艇稳定地理坐标系下的距离、方位、俯仰数据。对于第一种情况，若要直接估计雷达测量坐标系下的系统误差参数，需要将输出信息转换到雷达测量坐标系下进行建模，系统误差修正也必须在雷达测量坐标系下进行，且修正后需要将数据再转换到 ECEF 坐标系下。

为此，根据雷达测量坐标系到 ECEF 坐标系的转换公式，在经过比较复杂的分析和简化处理后，将舰艇稳定地理坐标系下总的距离系统误差、方位系统误差、俯仰系统误差表示为除平台位置系统误差外的其他系统误差参数的线性化计算公式，使每个系统误差参数的系数是方位/俯仰、纵横摇角等相关测量参数的函数。这样，在进行误差修正时，根据这些系数可直接计算得到相应的舰艇在平台稳定地理坐标系下的距离系统误差值、方位系统误差值、俯仰系统误差值，然后直接对舰艇稳定地理坐标系下的距离、方位、俯仰进行修正，这样既减少了待估计的参数个数，又降低了误差修正处理的复杂性。

在平台地理坐标系下，动平台测量误差可由以下等效系统误差模型表示。

$$\begin{pmatrix} \Delta\beta_1 - \Delta\gamma \\ \Delta\varepsilon_1 \end{pmatrix} = G \left(\begin{pmatrix} \Delta\beta_s \\ \Delta\varepsilon_s \end{pmatrix} + \begin{pmatrix} \cos\beta_s \tan\varepsilon_s \\ -\sin\beta_s \end{pmatrix}(\Delta\theta + \theta_b) + \begin{pmatrix} \sin\beta_s \tan\varepsilon_s \\ \cos\beta_s \end{pmatrix}\Psi_b + \begin{pmatrix} -\sin\theta + \sin\beta_s \tan\varepsilon_s \cos\theta \\ \cos\beta_s \cos\theta \end{pmatrix}\Delta\psi \right) \quad (4\text{-}46)$$

式中，

$$G = \frac{1}{\cos\varepsilon_1} \begin{bmatrix} \cos(\beta_1 - \gamma) & -\sin(\beta_1 - \gamma) & 0 \\ 0 & 0 & 1 \end{bmatrix} [\psi][\theta] J_s$$

$$J_s = \begin{pmatrix} \cos\beta_s \cos\varepsilon_s & -\sin\beta_s \sin\varepsilon_s \\ -\sin\beta_s \cos\varepsilon_s & -\cos\beta_s \sin\varepsilon_s \\ 0 & \cos\varepsilon_s \end{pmatrix}$$

在纵横摇角较小的情况下，式（4-46）可简化为

$$\begin{pmatrix} \Delta r_1 \\ \Delta \beta_1 \\ \Delta \varepsilon_1 \end{pmatrix} = \begin{pmatrix} \Delta r + \Delta r_g \times r \\ \Delta \beta \\ \Delta \varepsilon \end{pmatrix} + \begin{pmatrix} 0 \\ \cos \beta_s + \tan \varepsilon_s \\ -\sin \beta_s \end{pmatrix} \Delta \theta + \begin{pmatrix} 0 \\ -\sin \theta + \sin \beta_s \tan \varepsilon_s \cos \theta \\ \cos \beta_s \cos \theta \end{pmatrix} \Delta \psi \quad (4\text{-}47)$$

式中，$\Delta \beta = \Delta \beta_s + \Delta \gamma$ 为综合后的方位系统误差；$\Delta \theta$ 为综合后的横摇角系统误差；$\Delta \psi$ 为综合后的纵摇角系统误差。在不混淆的前提下，分别简称三者为方位系统误差、横摇角系统误差、纵摇角系统误差。

式（4-47）可表示为矩阵形式

$$\begin{bmatrix} \Delta r_1 \\ \Delta \beta_1 \\ \Delta \varepsilon_1 \end{bmatrix} = \boldsymbol{Cb} \quad (4\text{-}48)$$

式中，

$$\boldsymbol{b} = (\Delta r, \Delta r_g, \Delta \beta, \Delta \varepsilon, \Delta \theta, \Delta \psi)^{\mathrm{T}}$$

$$\boldsymbol{C} = \mathrm{diag}\left\{ \begin{bmatrix} 1 & 0 \\ 0 & r_1 \end{bmatrix}, \boldsymbol{G}\begin{bmatrix} 1 & 0 & \cos \beta_s \tan \varepsilon_s & -\sin \theta + \sin \beta_s \tan \varepsilon_s \cos \theta \\ 0 & 1 & -\beta_s & \cos \beta_s \cos \theta \end{bmatrix} \right\} \quad (4\text{-}49)$$

综合考虑平台导航定位系统误差，动平台测量误差的等效系统误差修正模型为

$$f(r - \Delta r_1, \beta - \Delta \beta_1, \varepsilon - \Delta \varepsilon_1) \approx f(r, \beta, \varepsilon) - \boldsymbol{J}_f \begin{bmatrix} \Delta r_1 \\ \Delta \beta_1 \\ \Delta \varepsilon_1 \end{bmatrix} - \boldsymbol{J}_F \begin{bmatrix} \Delta B \\ \Delta L \\ \Delta H \end{bmatrix} \quad (4\text{-}50)$$

假设甲板形变为 $\gamma_b = \psi_b = \theta_b = 0.1°$，平台姿态系统误差为 $\Delta \gamma = 0.5°$，$\Delta \psi = 0.1°$，$\Delta \theta = 0.1°$，雷达测量系统误差为 $\Delta \beta_b = 0.1°$，$\Delta \varepsilon_b = 0.5°$，目标仰角为 10°、20°、30°，对于不同的纵横摇角，其等效系统误差剩余残差最大值如表 4-3 所示。

由表 4-3 可以看出：

（1）方位等效系统误差剩余误差最大值随纵横摇角的增大而增大，随目标仰角的增大而增大；当姿态角不超过 20°时，方位等效系统误差剩余误差最大值不超过 0.1°；只有当姿态角超过 20°，目标仰角为 30°时，方位等效系统误差剩余误差最大值才可能超过 0.1°。

（2）俯仰等效系统误差剩余误差最大值随姿态角的增大而增大；当姿态角不超过 30°时，俯仰等效系统误差剩余误差最大值不超过 0.05°。

也就是说，对于姿态变化不超过 20°的动平台空间配准，等效系统误差模型所产生的误差可以忽略；当姿态变化超过 30°时，等效系统误差模型将导致超过 0.1°的误差。因此，等效系统误差模型适用的范围要求是姿态变化不超过 20°。

表 4-3 等效系统误差剩余残差最大值

纵横摇角/(°)	目标仰角 10°		目标仰角 20°		目标仰角 30°	
	方位等效系统误差剩余误差最大值/(°)	俯仰等效系统误差剩余误差最大值/(°)	方位等效系统误差剩余误差最大值/(°)	俯仰等效系统误差剩余误差最大值/(°)	方位等效系统误差剩余误差最大值/(°)	俯仰等效系统误差剩余误差最大值/(°)
(0.0,0.0)	0.0013	0.0014	0.0028	0.0024	0.0046	0.0032
(1.0,1.0)	0.0017	0.0030	0.0036	0.0037	0.0058	0.0040
(2.0,2.0)	0.0021	0.0047	0.0044	0.0051	0.007	0.0049
(5.0,5.0)	0.0039	0.0097	0.0074	0.0093	0.011	0.0079
(10.0,10.0)	0.0082	0.018	0.013	0.017	0.021	0.014
(15.0,15.0)	0.014	0.026	0.022	0.025	0.034	0.021
(20.0,20.0)	0.022	0.035	0.034	0.033	0.053	0.029
(30.0,30.0)	0.046	0.050	0.073	0.050	0.127	0.045
(40.0,40.0)	0.089	0.063	0.163	0.064	0.509	0.060

4.3 基于合作目标的传感器空间配准系统误差估计方法

如前所述，在动平台传感器探测数据中的系统误差，表现为传感器输出的目标航迹数据在稳定地理坐标系下的距离、方位和/或俯仰上的系统误差，而平台姿态系统误差和传感器所处位置的形变会使距离误差和方位误差产生一定程度的变化。由等效系统误差模型可知，不考虑平台导航定位系统误差，对舰载传感器采用如下简化模型。

$$\begin{pmatrix} \Delta r_s \\ \Delta \beta_s \\ \Delta \varepsilon_s \end{pmatrix} + \begin{pmatrix} 0 \\ \cos\beta_s \tan\varepsilon_s \\ -\sin\beta_s \end{pmatrix} \Delta\theta + \begin{pmatrix} 0 \\ \sin\beta_s \tan\varepsilon_s \\ \cos\beta_s \end{pmatrix} \Delta\psi = \begin{pmatrix} \hat{r} - r_s \\ \hat{\beta} - \beta_s \\ \hat{\varepsilon} - \varepsilon_s \end{pmatrix} \quad (4\text{-}51)$$

式中，$\hat{r}$、$\hat{\beta}$、$\hat{\varepsilon}$ 分别为合作目标相对于平台的距离、方位、俯仰；r_s、β_s、ε_s 分别为传感器探测的距离、方位、俯仰。

考虑舰载传感器对合作目标进行探测，假设平台的精确位置已知，则可以采用如下测量模型。

$$z(k) = h(x(k), b) + w(k) \quad (4\text{-}52)$$

式中，$k = 1, 2, \cdots, N$ 表示对合作目标的探测时刻；$z(k)$ 是传感器对合作目标的探测值；$h(x)$ 是非线性转换函数；$x(k) \in \mathbf{R}^p$ 是合作目标的真实位置；b 是传感器探测系统误差；$w(k)$ 是探测噪声。假定 $z(k), h(k), w(k) \in \mathbf{R}^q$，$b$ 是时不变的，独立于 $x(k)$。

基于合作目标的传感器空间配准可以描述为：给定 $\mathbf{Z} = \{z(k); k = 1, 2, \cdots, N\}$

和合作目标的位置 $\tilde{X} = \{\tilde{x}(k); k = 1, 2, \cdots, N\}$，估计系统误差 b。b 的极大似然函数 $p(Z|\tilde{X}, b)$ 为

$$\hat{b} = \arg\max_{b} p(z(1), z(2), \cdots, z(N) | \tilde{X}, b)$$
$$= \arg\max_{b} \{\prod_{k=1}^{N} p(z(k) | \tilde{x}(k), b)\} \quad (4\text{-}53)$$

$$p(z(k) | \tilde{x}(k), b) = K_1 \exp\{-(z(k) - \bar{z}(k))^{\mathrm{T}} \Sigma_{z(k)}^{-1} (z(k) - \bar{z}(k))\} \quad (4\text{-}54)$$

式中，$\bar{z}(k) = h(\tilde{x}(k), b)$；$\Sigma_{z(k)}$ 为协方差矩阵；K_1 为一常数。

对于上述极大似然估计问题，可以转化为如下非线性最小二乘问题进行求解。

$$\hat{b} = \arg\min_{b} \{\Psi(b)\} \quad (4\text{-}55)$$

式中，$\Psi(b) = \sum_{k=1}^{N} ((z(k) - \bar{z}(k))^{\mathrm{T}} \Sigma_{z(k)}^{-1} (z(k) - \bar{z}(k)))$。

4.3.1 线性最小二乘法

由于姿态的转换不会对距离测量产生影响，因此可以对距离系统误差和测角系统误差进行分别估计。

$$\Delta r = \frac{\sum_{i=1}^{N} (\hat{r}_i - r_i)}{N} \quad (4\text{-}56)$$

式中，Δr 为距离系统误差。

假设传感器的方位、俯仰、纵摇、横摇的测量精度分别为 σ_β、σ_ε、σ_ψ、σ_θ，则根据系统误差测量方程，可将角度系统误差估计描述为如下形式的最小二乘估计问题。

$$\begin{pmatrix} A_1 \\ A_2 \\ \vdots \\ A_N \end{pmatrix} \begin{pmatrix} \Delta\beta / \sigma_\beta \\ \Delta\varepsilon / \sigma_\varepsilon \\ \Delta\psi / \sigma_\psi \\ \Delta\theta / \sigma_\theta \end{pmatrix} = \begin{pmatrix} z_1 \\ z_2 \\ \vdots \\ z_N \end{pmatrix} \quad (4\text{-}57)$$

由此可得最小二乘估计结果为

$$\Sigma_b^{-1/2} \hat{b} = \left(\sum_{k=1}^{N} A_k^{\mathrm{T}} A_k\right)^{-1} \left(\sum_{k=1}^{N} A_k^{\mathrm{T}} z_k\right) \quad (4\text{-}58)$$

若令 $\lambda_1 = \dfrac{\sigma_\psi}{\sigma_\beta}$，$\lambda_2 = \dfrac{\sigma_\psi}{\sigma_\varepsilon}$，$\delta_1 = \dfrac{\sigma_\theta}{\sigma_\beta}$，$\delta_2 = \dfrac{\sigma_\theta}{\sigma_\varepsilon}$，则有

$$\sum_k A_k^T A_k = \sum_k \begin{pmatrix} 1 & 0 & \lambda_1 \sin\hat{\beta}_k \tan\hat{\varepsilon}_k & \delta_1 \cos\hat{\beta}_k \tan\hat{\varepsilon}_k \\ 0 & 1 & \lambda_2 \cos\hat{\beta}_k & -\delta_2 \sin\hat{\beta}_k \\ * & * & \lambda_1^2 \sin^2\hat{\beta}_k \tan^2\hat{\varepsilon}_k + \lambda_2^2 \cos^2\hat{\beta}_k & (\lambda_1\delta_1 \tan^2\hat{\varepsilon}_k - \lambda_2\delta_2)\sin\hat{\beta}_k \cos\hat{\varepsilon}_k \\ * & * & * & \delta_1^2 \cos^2\hat{\beta}_k \tan^2\hat{\varepsilon}_k + \delta_2^2 \sin^2\hat{\beta}_k \end{pmatrix}$$

式中，*为其他项。

据此可以看出：

（1）对于低空目标，因为 $\tan\hat{\varepsilon}_k$ 的值很小，此时纵摇角、横摇角系统误差对方位系统误差的影响也小。

（2）当传感器对多个合作目标或同一目标的测量数据关于平台呈对称分布时，上述系数矩阵的非对角元素趋近于 0。

（3）一般情况下，要想保证姿态系统误差的估计精度，必须使系数矩阵的对角元素 $\sum_k \lambda_1^2 \sin^2\hat{\beta}_k \tan^2\hat{\varepsilon}_k + \lambda_2^2 \cos^2\hat{\beta}_k$ 和 $\sum_k \delta_1^2 \cos^2\hat{\beta}_k \tan^2\hat{\varepsilon}_k + \delta_2^2 \sin^2\hat{\beta}_k$ 尽可能保持较大的值。

根据上述分析可知，对于合作目标，要想有效地估计其姿态系统误差，必须保证较大的方位覆盖区域和较大的俯仰测量值，并尽可能使测量数据保持对称分布。这一结论与实际应用中广泛使用的水平度测量方法的基本原理是一致的。

通过对系统误差估计的可观测性分析，为了较好地估计出系统误差，对基于合作目标的传感器空间配准实验的建议是：合作目标围绕被配准传感器平台做圆周飞行，并且保持一定的高度。

假设目标围绕平台做圆周运动，距离为 35km，高度为 5000m，系统误差估计结果如图 4-11 所示。

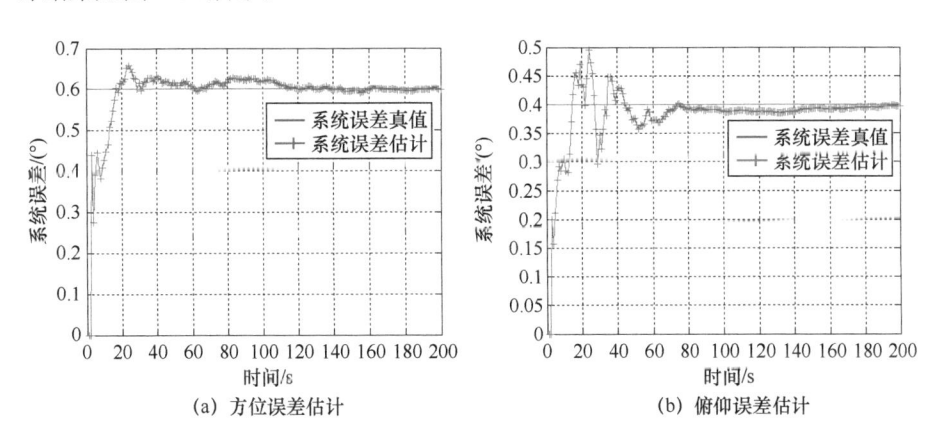

(a) 方位误差估计

(b) 俯仰误差估计

图 4-11　系统误差估计结果

(c) 纵摇角系统误差估计　　　　　(d) 横摇角系统误差估计

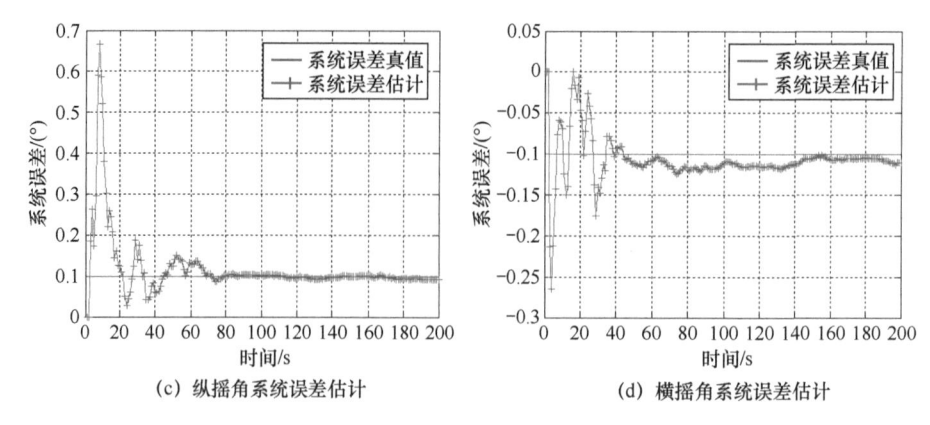

图 4-11　系统误差估计结果（续）

4.3.2　非线性最小二乘的信赖域方法

利用迭代方法计算 $\Psi(\boldsymbol{b})$ 的最小化，对 $\hat{\Psi}(\boldsymbol{b})$ 进行二阶近似。

$$\hat{\Psi}_j(\boldsymbol{b}) = \Psi(\boldsymbol{b}^{(j)}) + \boldsymbol{a}_j^{\mathrm{T}}(\boldsymbol{b}-\boldsymbol{b}^{(j)}) + \frac{1}{2}(\boldsymbol{b}-\boldsymbol{b}^{(j)})^{\mathrm{T}} \boldsymbol{A}_j (\boldsymbol{b}-\boldsymbol{b}^{(j)}) \approx \Psi(\boldsymbol{b}) \quad (4\text{-}59)$$

式中，$\boldsymbol{b}^{(j)}$ 为系统误差估计参数；$\boldsymbol{a}_j$ 和 $\boldsymbol{A}_j$ 分别表示为

$$\boldsymbol{a}_j = \sum_{k=1}^{N}(\boldsymbol{J}_j(k))^{\mathrm{T}} \boldsymbol{\Sigma}_{z(k)}^{-1}(\boldsymbol{z}(k)-\overline{\boldsymbol{z}}(k)) \quad (4\text{-}60)$$

$$\boldsymbol{A}_j = \sum_{k=1}^{N}(\boldsymbol{J}_j(k))^{\mathrm{T}} \boldsymbol{\Sigma}_{z(k)}^{-1} \boldsymbol{J}_j(k) \quad (4\text{-}61)$$

式中，

$$\boldsymbol{J}_j(k) = \left[\frac{\partial(\boldsymbol{z}(k)-\overline{\boldsymbol{z}}(k))}{\partial \boldsymbol{b}_1}, \frac{\partial(\boldsymbol{z}(k)-\overline{\boldsymbol{z}}(k))}{\partial \boldsymbol{b}_2}, \cdots, \frac{\partial(\boldsymbol{z}(k)-\overline{\boldsymbol{z}}(k))}{\partial \boldsymbol{b}_p}\right]_{\boldsymbol{b}=\boldsymbol{b}^{(j)}} \quad (4\text{-}62)$$

系统误差估计的信赖域求解的迭代步骤如下。

（1）给定初始值 $\boldsymbol{b}^{(j)}$，$j=0$。

（2）利用式（4-59）和式（4-60）计算 $\boldsymbol{a}_j$ 和 $\boldsymbol{A}_j$，令 $\Delta_0 = \|\boldsymbol{a}_0\|$。

（3）求解信赖域子问题。

$$\min_{\boldsymbol{s}} q_j(\boldsymbol{s}) = \Psi(\boldsymbol{b}^{(j)}) + \boldsymbol{a}_j^{\mathrm{T}}\boldsymbol{s} + \frac{1}{2}\boldsymbol{s}^{\mathrm{T}}\boldsymbol{A}_j\boldsymbol{s}$$
$$\text{s.t.} \|\boldsymbol{s}\| \leqslant \Delta_j \quad (4\text{-}63)$$

令其解为 $\boldsymbol{s}_j$。

（4）计算 $\Psi(\boldsymbol{b}^{(j)}+\boldsymbol{s}_j)$，$\rho_j = (\Psi(\boldsymbol{b}^{(j)})-\Psi(\boldsymbol{b}^{(j)}+\boldsymbol{s}_j))/(\Psi(\boldsymbol{b}^{(j)})-q_j(\boldsymbol{s}_j))$。

（5）如果 $\rho_j < 0.25$，则 $\Delta_{j+1} = \|\boldsymbol{s}_j\|/4$；如果 $\rho_j > 0.75$ 且 $\|\boldsymbol{s}_j\| = \Delta_j$，则 $\Delta_{j+1} = 2\Delta_j$，否则 $\Delta_{j+1} = \Delta_j$。

（6）如果 $\rho_j \leqslant 0$，则 $\boldsymbol{b}^{(j+1)} = \boldsymbol{b}^{(j)}$，$j = j+1$，转步骤（1）；否则 $\boldsymbol{b}^{(j+1)} = \boldsymbol{b}^{(j)} + \boldsymbol{s}_j$，$j = j+1$，转步骤（1）。

4.3.3 均值移动方法

在现有的传感器配准方法中，基本假设传感器系统误差是固定不变的，而在实际装备应用中，由于环境和设备维护等原因，系统误差有可能是动态的、时变的。针对传感器的动态系统误差估计，目前还没有相对成熟的算法，其主要技术难点在于传感器动态系统误差变化规律未知，传感器探测受到杂波和噪声的干扰，传统误差估计方法对此难以进行较好的处理。针对此问题，本节提出了一种基于均值移动的动态系统误差估计方法，简称均值移动方法。

均值移动方法是一种非参数的密度估计方法，不需要任何先验知识，对任意形状的噪声分布都有效，基本的均值移动形式为

$$M_h(x) = \frac{1}{k} \sum_{x_i \in s_h} (x_i - x) \tag{4-64}$$

式中，s_h 表示一个半径为 h 的多维球区域，满足以下关系的 y 点的集合：

$$s_h(x) = \{y : (y-x)^\mathrm{T}(y-x) \leqslant h^2\} \tag{4-65}$$

k 表示落入 s_h 区域的采样点个数；$(x_i - x)$ 表示采样点 x_i 相对于采样点 x 的偏移向量；$M_h(x)$ 表示落入 s_h 区域的采样点相对于采样点 x 的偏移向量均值。从直观上看，如果采样点 x_i 是从一个概率密度函数 $f(x)$ 中采样得到的，由于非零的概率密度梯度指向概率密度函数增加最大的方向，因此从统计意义上来说，s_h 区域内的采样点更多地落在沿概率密度梯度方向，对应的 $M_h(x)$ 应指向概率密度梯度方向。均值移动方法的原理如图 4-12 所示。

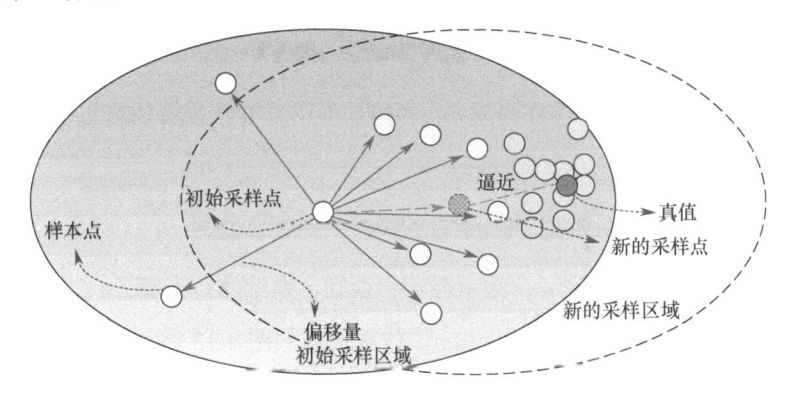

图 4-12 均值移动方法的原理

从式（4-64）可以看出，所有采样点无论距离采样点 x 远近，它对于计算 $M_h(x)$ 的贡献是一样的。然而，一般说来，距离采样点 x 越近的采样点，对估计

采样点 x 周围的统计特性越有效。Y. Cheng 引入核函数概念，对基本均值移动概念进行了扩展，扩展形式为

$$m_h(x) \equiv \frac{\sum_{i=1}^{n} G\left(\frac{x_i - x}{h}\right) w(x_i) x_i}{\sum_{i=1}^{n} G\left(\frac{x_i - x}{h}\right) w(x_i)} \qquad (4\text{-}66)$$

式中，$G(x)$ 是一个单位核函数；h 是带宽系数；$w(x_i) \geqslant 0$ 是赋给采样点 x_i 的权重。

当有 N 个测量值时，可以获取的系统误差观测样本集为 $(\Delta r(k), \Delta \beta(k), \Delta \varepsilon(k))$，$k = 1, 2, \cdots, N$。

$$\begin{pmatrix} \Delta r(k) \\ \Delta \beta(k) \\ \Delta \varepsilon(k) \end{pmatrix} = \begin{pmatrix} r_{1b}(k) - r_{2b}(k) \\ \beta_{1b}(k) - \beta_{2b}(k) \\ \varepsilon_{1b}(k) - \varepsilon_{2b}(k) \end{pmatrix}$$

对式（4-66）取如下核函数。

$$G\left(\frac{x_i - x}{h}\right) = \exp\left(-\frac{1}{2}\left\|\frac{x_i - x}{h}\right\|^2\right) \qquad (4\text{-}67)$$

$w(x_i)$ 根据采样点时间与最新采样点时间确定：

$$w(x_i) = \lambda^{\kappa \|t_i - t_k\|} \qquad (4\text{-}68)$$

式中，λ 为 $(0,1)$ 范围内的一个常数；κ 为非负常数；t_i 为采样时间；t_k 为当前时间。

将式（4-66）等号右边的第一项记为 $m_h(x)$，即

$$m_h(x) = \frac{\sum_{i=1}^{n} G\left(\frac{x_i - x}{h}\right) w(x_i) x_i}{\sum_{i=1}^{n} G\left(\frac{x_i - x}{h}\right) w(x_i)} \qquad (4\text{-}69)$$

给定一个初始值 x，容许误差 ε，利用均值移动方法循环执行以下 3 步，直至满足结束条件。

（1）计算 $m_h(x)$。

（2）把 $m_h(x)$ 赋给 x。

（3）如果 $\|m_h(x) - x\| < \varepsilon$，结束循环；否则，继续执行步骤（1）。

假设传感器 1 的位置为 $[0, 0, 0]$m，仿真场景如图 4-13 所示，目标运动高度为 1000m。

设系统误差初值 $\Delta r_1 = -200$m，$\Delta \beta_1 = 0.7°$，$\Delta \varepsilon_1 = 0.3°$，噪声 $\sigma_{r_1} = 100$m，$\sigma_{\beta_1} = 0.3°$，$\sigma_{r_1} = 0.1°$。

当系统误差发生缓变时，其系统误差估计结果如图 4-14 所示。

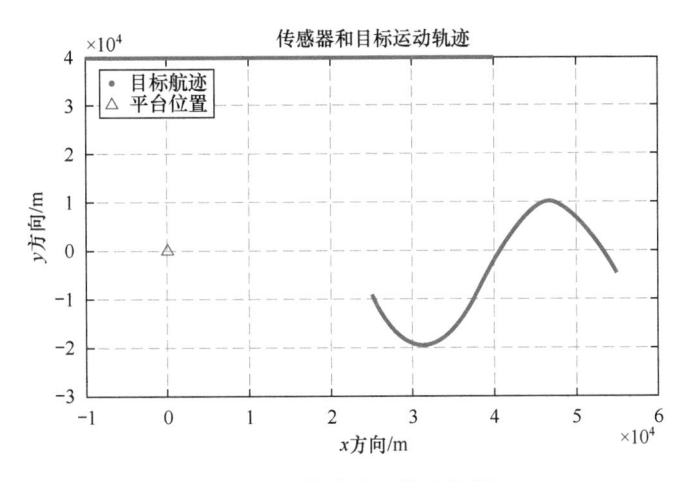

图 4-13 传感器 1 仿真场景

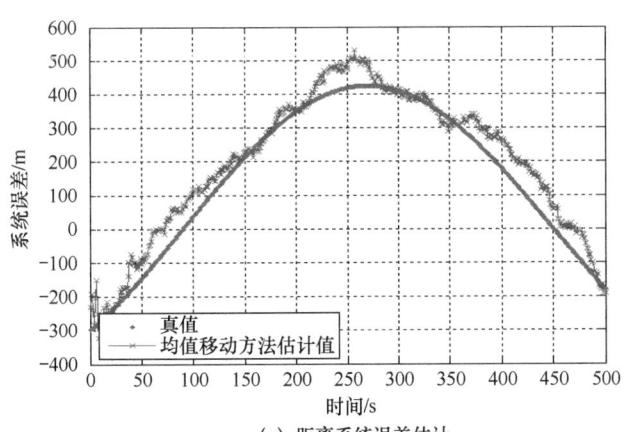

(a) 距离系统误差估计

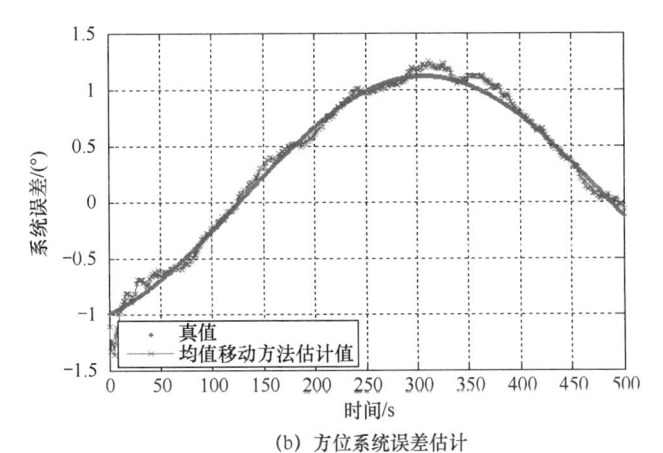

(b) 方位系统误差估计

图 4-14 系统误差估计结果

(c) 俯仰系统误差估计

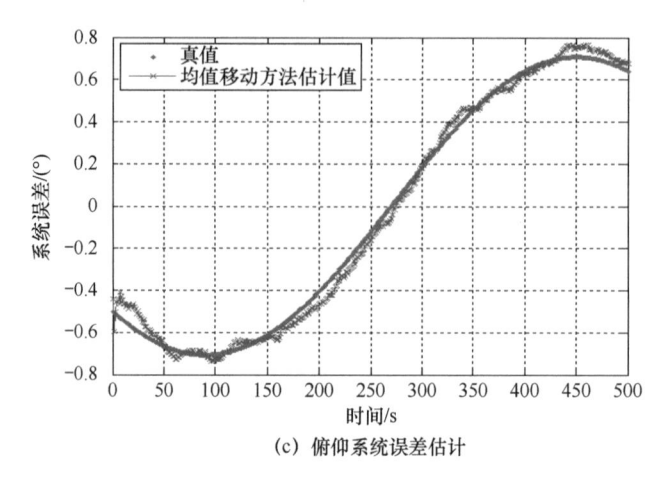

图 4-14　系统误差估计结果（续）

实时配准消除的系统误差（采样统计值）如表 4-4 所示。

表 4-4　实时配准消除的系统误差

系 统 误 差	距离误差/（%）	方位误差/（%）	俯仰误差/（%）
百分比	92.2	94.5	90.2

4.4　传感器系统误差非均匀分布的配准方法

在现有理论研究和目前的工程应用中，传统空间配准方法通常假设传感器测量系统误差在其探测空间内是均匀的。然而，当不满足该假设时，传统空间配准方法采用某局部区域采样获得的系统误差参数估计对整个探测空间的目标进行补偿，对其他局部区域内目标航迹的补偿结果可能不到位，甚至误差增大，导致航迹分裂，态势出现混乱现象。

为了解决这一问题，需要建立新假设如下：在充分长的时间内，传感器测量系统误差 Δ 在其探测覆盖空间内是以位置为自变量、缓慢变化的连续函数，即对任意传感器测量 $(\rho_0, \theta_0, \varphi_0)$ 和方向矢量 $\boldsymbol{d}$，函数 Δ 均满足式（4-70）和式（4-71）：

$$\lim_{(\rho, \theta, \varphi) \to (\rho_0, \theta_0, \varphi_0)} \Delta(\rho, \theta, \varphi) = \Delta(\rho_0, \theta_0, \varphi_0) \quad (4\text{-}70)$$

$$\left| \frac{\partial \Delta}{\partial \boldsymbol{d}} \right| < M \quad (4\text{-}71)$$

式中，(ρ, θ, φ) 是传感器测量向量；M 是一个较小的常数。在此假设下，传感器测量系统误差分布被描述为一个随位置缓慢变化的二维曲面。

4.4.1 系统误差网格分区逼近方法

根据前文内容不难看出，系统误差分布受到各种各样的内部因素和外部环境的影响，很难根据这些误差作用原理建立一个综合的、精确的误差分布模型。这里退而求其次，通过建立一个数据模型来描述传感器测量系统误差在其探测空间内的分布。

分区近似估计方法又称网格分区逼近方法，该方法将传感器探测空间按照一定的规则分割成若干区域；将区域采样得到的系统误差估计值看作该区域几何中心点的系统误差值。再采用所获得的多个离散点的系统误差估计值拟合误差分布曲面。

如图 4-15 所示，对于二维正方形网格区域，首先使用网格 i 内的采样计算出该网格中心误差补偿值 a_i。然后利用 4 个相邻的网格中心误差补偿值 a_i（a_1、a_2、a_3、a_4）计算该 4 个网格交点的误差补偿值 $b_i(b_1)$。最后采用插值法或其他方法就能由任意一个 b_i 和其相邻的两个 a_i 进一步计算以它们为顶点的三角形内任意一点的误差值。该方法以多个顶点连接的三角形逼近误差曲面，从而使误差补偿值连续，避免由于缺少采样或估计不准而使跨区校正航迹出现跳跃。

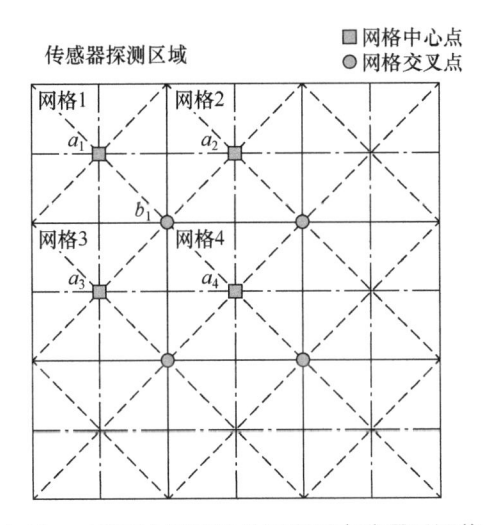

图 4-15　二维正方形网格分区逼近方法逼近误差曲面

如图 4-16 所示三维正立方体网格区域，三维网格中心点和任意一个网格交叉点的误差可由与二维逼近方法类似的三维逼近方法计算得到。

网格分区逼近方法的优点是，不需要传感器测量系统误差在其探测区域内的解析模型，而是使用测量系统误差在每个二/三维网格内的分布来近似误差分布曲面。其缺点是，网格的大小很难选择，网格面积/体积过小，可能导致采样数据不足，从而使统计的系统误差分布数据可信度较低；网格面积/体积过大，无法解决使用相同数值补偿后的航迹分裂问题，此外，对于没有采样或样本量过少的区域，网格分区逼近方法无法提供系统误差补偿值，或者系统误差估计值不可信。因此，如何基于传感器的分辨率、采样间隔、目标的速度范围确定网格划分粒度，以满足系统误差估计精度和测量补偿范围，是一个很难平衡的问题。

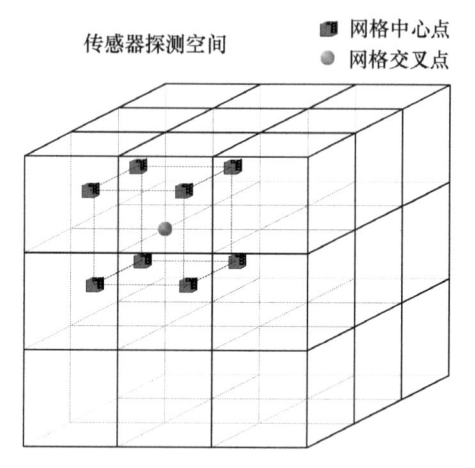

图 4-16　三维正立方体网格分区逼近方法逼近误差曲面

此外，由于系统误差参数附着在测量参数（目标径向距离、方位、俯仰的测量值）上，一种更合理的网格划分方法是与传感器测量极坐标一致的扇形网格分区逼近方法。如图 4-17 所示是一个观测扇面为 120°、最大探测距离为 60 海里（1 海里=1852 米）的雷达探测区域的划分。在邻近网格内均有误差估计值（邻近的网格中心点的误差估计已知）的情况下，任意一点的误差值均可由与其邻近的网格中心点的误差估计值加权得到，即

$$\Delta(P) = \frac{1}{w_c} \sum_{i=1}^{n} w_i \Delta_i \qquad (4-72)$$

式中，$w_c = \sum_{i=1}^{n} w_i$；$w_i = D(P, \text{GridCenter}_i)$。$P$ 是所要求取系统误差的位置；GridCenter_i 是 P 点周围具有误差估计值 Δ_i 的第 i 个网格中心点位置，$D(P_1, P_2)$ 是 P_1 和 P_2 空间内两点之间的距离函数。

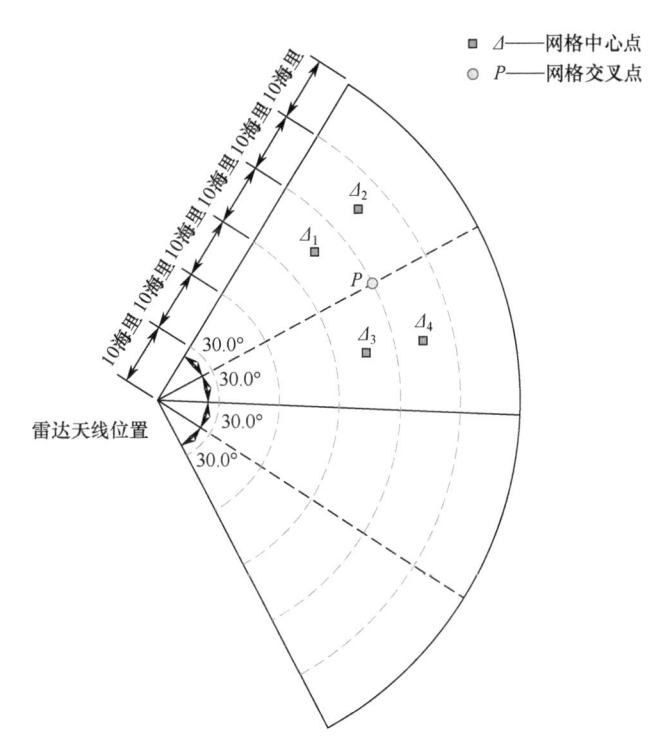

图 4-17 扇形网格分区逼近方法逼近误差曲面

4.4.2 系统误差分布函数拟合方法

4.4.2.1 单变量分布函数的多项式拟合

为了降低分布函数拟合的复杂程度,提高拟合方法的可操作性,进一步假设传感器各测量系统误差参数分别附着在传感器对目标的各测量参数上,也就是说各系统误差分量仅与其测量分量有关,那么单变量分布函数的多项式拟合方程为

$$\Delta\rho = f(\rho) = \sum_{p=0}^{m} a_p \rho^p \quad (4\text{-}73)$$

$$\Delta\theta = g(\theta) = \sum_{q=0}^{n} b_q \theta^q \quad (4\text{-}74)$$

$$\Delta\varphi = h(\varphi) = \sum_{r=0}^{t} c_r \psi^r \quad (4\text{-}75)$$

式中,$f(\cdot)$、$g(\cdot)$、$h(\cdot)$ 是系统误差的单变量分布函数;$\{a_p \mid p=1,2,\cdots,m\}$、$\{b_q \mid q=1,2,\cdots,n\}$、$\{c_r \mid r=1,2,\cdots,t\}$ 是多项式拟合方程中的待估参数;m、n、t 是预先设定的拟合方程的阶数。一般情况下,选择 $m=3$,$n=3\sim9$,$t=0$ 或 1。

4.4.2.2 多变量分布函数的多项式拟合

根据上文的假设，建立传感器局部直角坐标系下系统误差分布函数的多项式拟合方程为

$$\Delta \rho = f(x,y,z) = \sum_{p=0}^{m_\rho}\sum_{q=0}^{n_\rho}\sum_{r=0}^{t_\rho} d_{pqr} x^p y^q z^r \quad (4\text{-}76)$$

$$\Delta \theta = g(x,y,z) = \sum_{p=0}^{m_\theta}\sum_{q=0}^{n_\theta}\sum_{r=0}^{t_\theta} e_{pqr} x^p y^q z^r \quad (4\text{-}77)$$

$$\Delta \varphi = h(x,y,z) = \sum_{p=0}^{m_\varphi}\sum_{q=0}^{n_\varphi}\sum_{r=0}^{t_\varphi} f_{pqr} x^p y^q z^r \quad (4\text{-}78)$$

式中，x、y、z 是传感器局部直角坐标系下的位置；d_{pqr}、e_{pqr}、f_{pqr} 是多项式拟合方程中的待估参数；m_ρ、n_ρ、t_ρ、m_θ、n_θ、t_θ、m_φ、n_φ、t_φ 是预先设定的拟合方程的阶数。由于计算负荷较大，一般拟合方程的阶数不大于 2。

4.4.2.3 分布函数拟合效果评价

计算出分布函数拟合多项式的各参数后，根据式（4-73）～式（4-75）或式（4-76）～式（4-78）可得到传感器探测空间内任意一点的测量系统误差补偿值。传感器修正测量值 (ρ, θ, φ) 可通过式（4-79）计算得到。

$$\begin{cases} \rho = \rho' - \Delta\rho_b \\ \theta = \theta' - \Delta\theta_b \\ \varphi = \varphi' - \Delta\varphi_b \end{cases} \quad (4\text{-}79)$$

式中，ρ'、θ'、φ' 为原始观测值；$\Delta\rho_b$、$\Delta\theta_b$、$\Delta\varphi_b$ 为系统误差。

根据式（4-71）的计算结果可以计算出目标位置修正值 P_{sensor}^c。

本节通过计算传感器探测空间内每个位置的剩余航迹距离系统误差来对传感器空间配准的性能进行评价。

$$d_{\text{residence}}(\rho,\theta,\varphi) = \frac{1}{m}\sum_{k=1}^{m} D(P_{\text{standard}}(k,\rho,\theta,\varphi), P_{\text{sensor}}^c(k,\rho,\theta,\varphi)) \quad (4\text{-}80)$$

式中，$d_{\text{residence}}(\rho,\theta,\varphi)$ 表示剩余航迹距离系统误差；$P_{\text{standard}}(k,\rho,\theta,\varphi)$ 表示没有系统误差的数据；$P_{\text{sensor}}^c(k,\rho,\theta,\varphi)$ 表示传感器第 k 次测量修正后的位置；$D(\cdot,\cdot)$ 表示地球上三维空间内两点之间的距离。

通过式（4-80）可绘制剩余航迹距离系统误差在探测空间内的分布图。对比配准前后的剩余航迹距离系统误差分布情况，即可直观地得到关于分布函数拟合情况的评价。

4.5 小结

本章对基于合作目标的传感器空间配准的理论和方法进行了研究，建立了基于合作目标的传感器空间配准模型，研究了基于合作目标的传感器空间配准系统误差估计方法，讨论了传感器系统误差非均匀分布的配准方法，对实际的装备应用具有较好的指导意义。

（1）在分析动平台传感器测量系统误差、平台导航定位系统误差、甲板形变系统误差和平台姿态系统误差的构成及特点的基础上，根据目标数据的坐标系转换过程及其误差传递过程，对多种耦合的系统误差进行合理的分离、合并，建立了地理坐标系下动平台等效系统误差模型。进一步结合实际系统中系统误差随时间缓变的特性，提出了一种基于均值移动的动态系统误差估计方法，该方法能够较好地适应实际中传感器系统误差随时间缓变的特性，可以比较有效地解决动平台传感器缓变系统误差的配准和补偿问题。

（2）针对传感器测量系统误差在其探测空间内非均匀分布的实际情况，采用先分区配准然后拟合逼近系统误差分布的思想，提出了一种基于合作目标的固定平台传感器（包括有源雷达和无源雷达）非均匀分布系统误差配准方法。相关研究结论都建立在传感器测量系统误差随时间和位置缓慢变化的假设上，故可利用连续的拟合函数得到无样本区域的系统误差估计值。然而，由于实际观测环境的复杂性，该方法是否正确或有效，还需要大量的真实数据来检验。在分区采样、估计和补偿方法中，若将探测覆盖区域划分成若干面积较大的网格，利用系统误差值离散分布近似产生的系统误差分布曲面与真实的曲面会有较大的差异；若将探测覆盖区域划分成绵密的小网格，又会造成某些区域落入的样本量太少且样本位置相对集中，从而影响系统误差的可观测性。因此，在划分传感器探测覆盖区域时需要折中考虑这两种情况。

参 考 文 献

[1] 程志刚. 多雷达组网系统空间配准方法研究[J]. 舰船科学技术，2015，37（12）：131-134.

[2] 潘江怀，李洪梅，何佳洲. 三维传感器组网系统误差估计方法[J]. 火力与指挥控制，2008，4（4）：104-106.

[3] 史江林，周学平，刘长海，等. 基于 EM 算法的联合数据关联与空间配准[J]. 现代雷达，2016，38（1）：51-55.

[4] OKELLO N N, RISTIC B. Maximum likelihood registration for multiple dissimilar

radars[J]. IEEE Transactions on Aerospace and Electronic Systems, 2003, 39(3): 1235-1240.

[5] 吴卫华，江晶. WGS-84 坐标系下多空基无源传感器最大似然配准[J]. 系统工程与电子技术，2015，37（2）：304-309.

[6] HWA-TUNG ONG.Sensor registration using airlanes maximum likelihood solution[C]// Signal and Data Processing of Small Targets 2003, Orlando: SPIE, 2003: 390-401.

[7] 崔亚奇,熊伟,何友. 基于MLR的机动平台传感器误差配准算法[J]. 航空学报,2012，33（1）：118-128.

[8] BO Y, CHEN Z, YIN M, et al. Improved different dimen-sional sensors combined space registration algorithm[J]. Mathematical Problems in Engineering, 2015, 2015(1): 1-9.

[9] 宋强，崔亚奇，何友. 反馈式多目标多传感器系统误差融合估计技术[J]. 宇航学报，2011，32（1）：115-122.

[10] 连峰，韩崇昭，彭一峰，等. 基于广义似然比的自适应在线配准算法[J]. 控制与决策，2009，24（1）：23-28.

[11] 胡勤振，苏洪涛，刘子威. 配准误差下的多基地雷达目标检测算法[J]. 电子与信息学报，2017，39（1）：87-94.

[12] 方峰，蔡远利. 机动目标多传感器组网空间配准方法[J]. 固体火箭技术，2016，39（4）：574-579.

[13] OKELLO N N, CHALL S. A joint radar registration and track-to-track fusion for distributed trackers[J]. IEEE Transactions on Aerospace and Electronic Systems, 2004, 40(3): 808-823.

[14] HERMAN S M, POORE A B. Nonlinear least-squares estimation for radar and navigation biases[J]. Proceedings of SPIE Signal and Data Processing of Small Targets, 2006, 62(6): 1701-1717.

[15] HUANG D, LEUNG H. A pseudo-measurement approach to simultaneous registration and track fusion[J]. IEEE Transactions on Aerospace and Electronic Systems, 2012, 48(3): 2315-2331.

[16] 王成飞，王航宇，石章松，等. 基于高精度导航设备的海上多传感器配准算法[J]. 控制理论与应用，2011，28（4）：497-503.

[17] 李洪梅，潘江怀，何佳洲，等. 舰载雷达探测误差传递与灵敏度分析[J]. 数据采集与处理，2012，27（4）：474-479.

[18] 乔慧，潘江怀. 基于 Mean-Shift 的传感器动态系统误差估计方法[J]. 火力与指挥控制，2011，36（9）：109-111.

[19] PAN J H, HE J Z, LUO S X. On-line absolute sensor registration in 3-D radars networking[C]//Proceeding of 2011 Cross Strait Quad-Regional. Radio S cience and

Wireless Technology Conference, 2011: 1085-1089.

[20] 常清，潘江怀，安瑾. 多雷达距离测量空间定位方法及精度分析[J]. 电光与控制，2012，19（6）：45-48.

[21] STEAFANO F, ALFONSO F, FULVIO G, et al. Least squares estimation and Cramer-Rao type lower bounds for relative sensor registration process[J]. IEEE Transaction on Signal Processing, 2011, 59(3): 1075-1087.

[22] BOER Y, DRIESSEN J N. Multi-target particle filter track before detect application[J]. IEEE Proceedings Radar, Sonar and Navigation, 2004, 151(6): 351-357.

[23] WATSON G A, RICE T R. Sensor alignment and compensation for composite tracking[C]// Signal and Data Processing of Small Targets, Orlando, SPIE, 2002: 354-367.

[24] 何佳洲，潘江怀. 多传感器时空配准问题的研究与思考[J]. 舰船科学技术，2021，43（8）：8-13.

[25] 何佳洲，罗志勇，潘江怀. 舰载传感器测量误差链分析[J]. 火力与指挥控制，2021，46（2）：11-15.

[26] PAN J H, YANG L C. Online spatial registration of 2D/3D sensor networks[C]// Proceedings of 2019 IEEE 8th Data Driven Control and Learning Systems Conference, 2019: 355-359.

[27] 潘江怀，乔慧. 多传感器空间配准的病态性及其稳健估计[J]. 兵工学报，2017，38（10）：1965-1973.

[28] 王珂，蒋保富，张遥. 一种非均匀系统误差的传感器空间配准方法[J]. 指挥信息系统与技术，2010，1（4）：26-31.

[29] 董云龙. 一种非均匀系统误差的雷达分区校准方法[J]. 电光与控制，2019，27（3）：69-74.

[30] 陈林元，何佳洲，罗双喜. 多目标环境下分布未知的系统误差估计方法研究[J]. 计算机与数字工程，2013，41（3）：382-387.

第 5 章
空间配准原理与方法（下）

指挥现代机动战争，首先高级指挥官必须具备机动性之心智，切不可徒恃机动之工具。

——李德·哈特

5.1 概述

在缺少合作目标的情况下，多传感器的空间配准将以基于公共目标测量的配准架构为主，即采用多传感器对同一目标在公共覆盖区域的测量数据进行传感器系统误差估计。基于关联目标观测在同一坐标系中的迭合条件，采用可观测性分析方法，指导传感器及其公共目标观测数据的选取，建立多传感器系统误差估计模型。基于公共目标的多传感器空间配准架构如图 5-1 所示。

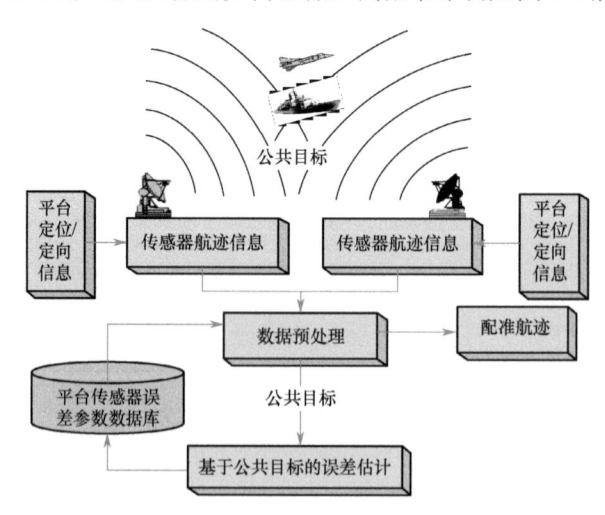

图 5-1 基于公共目标的多传感器空间配准实现架构

第 5 章　空间配准原理与方法（下）

本章重点围绕基于公共目标的多传感器空间配准进行研究，主要内容包括：基于公共目标的多传感器空间配准建模、基于公共目标的传感器空间配准系统误差估计方法、基于多雷达距离测量的空间配准方法、多平台多无源传感器空间配准方法、空间配准可观测性分析、空间配准性能评价等。

5.2 基于公共目标的多传感器空间配准建模

5.2.1 数据预处理

在进行系统误差估计之前，需要对系统误差配准的传感器数据进行预处理，包括时间对齐和异常值检测与处理。与基于合作目标的传感器空间配准的时间对齐不同，基于公共目标的传感器空间配准的时间对齐需要选择一个对齐的参考时间序列。

5.2.1.1 时间对齐

单平台多传感器相对配准时间对齐，可以使各传感器在同一时刻提供对同一目标的观测数据。时间对齐首先需要确定一个参考时间序列。在多传感器相对配准中，为了简化算法，同时满足一定的精度要求，通常选择低数据率传感器的观测时间序列为参考时间序列，而把高数据率传感器的观测数据推算到其上，以达到各传感器观测时间的同步。对于同一目标，只要各传感器的观测时刻相同，就认为时间对齐了，所以用内插的方法直接把高数据率传感器的观测数据推算到低数据率传感器的观测时间序列上，就可以达到时间对齐的目的。如图 5-2 所示为两平台传感器对同一目标航迹的观测时间序列。

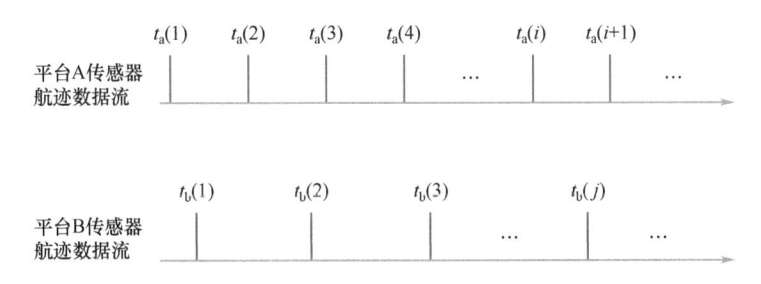

图 5-2　两平台传感器对同一目标航迹的观测时间序列

由图可知，平台 A 传感器对目标航迹的观测区间 $[t_a(1), t_a(i+1)]$ 包含平台 B 传感器对目标航迹的观测时刻 $t_b(j)$。假设平台 A 传感器在 $t_a(i)$ 时刻的观测数据为 $(x_a(i), y_a(i), z_a(i))$，取最近 n 个观测值，使用 n 次拉格朗日插值多项式求出平台 A 传感器在观测时刻 $t_b(j)$ 的观测数据 $(x(j), y(j), z(j))$，从而完成两个平台传

感器在观测时刻 $t_b(j)$ 的时间对齐,计算公式为

$$x(j) = \sum_{i=1}^{n} x_a(i) \prod_{\substack{k=1 \\ k \neq i}}^{n} \frac{t_b(j) - t_a(k)}{t_a(i) - t_a(k)} \quad (5-1)$$

考察平台 A 传感器的各个观测区间,假如其观测区间包含平台 B 传感器的观测时刻,则使用式(5-1)进行插值,即可把平台 A 传感器的观测数据依次推算到平台 B 传感器的观测时间序列上,从而完成整个时间对齐过程。如果两个平台传感器的观测时刻本来就相同,则无须进行对齐处理。

5.2.1.2 异常值检测处理

由于受到外部环境和传感器探测频率的影响,接收到的传感器航迹信息和公共目标导航信息会出现一些异常点,需要对其做剔点处理,排除奇异值。

对于多传感器系统,假定以某一传感器为参考,计算其他传感器相对于参考传感器测量坐标系的距离 $\hat{r}_i$、方位 $\hat{\beta}_i$ 和俯仰 $\hat{\varepsilon}_i$,按照以下步骤进行异常值检测和处理。

(1)计算对比残差。

$$\begin{cases} \Delta r_i = r_i - \hat{r}_i \\ \Delta \beta_i = \beta_i - \hat{\beta}_i \\ \Delta \varepsilon_i = \varepsilon_i - \hat{\varepsilon}_i \end{cases}$$

(2)确定常数 c。

$$c_\xi = c_1 \operatorname*{med}_{i=1,2,\cdots,n} \{|\xi_1|, |\xi_2|, \cdots, |\xi_n|\}, \xi = \Delta r, \Delta \beta, \Delta \varepsilon$$

式中,$\operatorname*{med}_{i=1,2,\cdots,n}\{\}$ 为样本中值算子。

(3)构造取值范围。

$$\begin{cases} \hat{r}_i - c_{\Delta r} \leqslant r_i \leqslant \hat{r}_i + c_{\Delta r} \\ \hat{\beta}_i - c_{\Delta \beta} \leqslant \beta_i \leqslant \hat{\beta}_i + c_{\Delta \beta} \\ \hat{\varepsilon}_i - c_{\Delta \varepsilon} \leqslant \varepsilon_i \leqslant \hat{\varepsilon}_i + c_{\Delta \varepsilon} \end{cases}$$

(4)检测处理。

当 $|\Delta r_i| \leqslant c_{\Delta r}$ 时,认为 r_i 在取值范围之内;否则,认为 r_i 超出了有效范围,是异常点,应做剔除处理。

5.2.2 多平台多传感器通用空间配准模型

在实际应用中,如果融合中心没有有效的合作目标航迹数据,可以采用多传感器对公共覆盖区域内目标(统称公共目标)的观测数据进行多传感器系统误差估计,如图 5-3 所示。

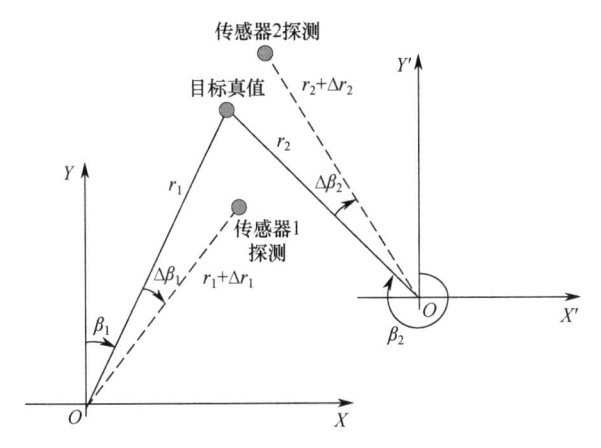

图 5-3　基于公共目标的多平台多传感器观测

根据组网传感器坐标系转换方法，公共目标的系统误差估计方法可以分为基于球极平面投影的系统误差估计方法和基于 ECEF 坐标系的系统误差估计方法。

基于球极平面投影的系统误差估计方法将不同传感器的观测数据采用保角映射的方法投影到一个公共的坐标平面上，再进行误差估计。主要算法有实时质量控制法（Real-Time Quality Control，RTQC）、最小二乘（Least Squares，LS）广义最小二乘法（Generalized Least Square，GLS）、极大似然配准（Maximum Likelihood Registration，ML）等。

基于 ECEF 坐标系的系统误差估计方法将观测数据转换到 ECEF 坐标系中，再进行系统误差估计。其考虑了地球曲率的影响，解决了球极平面投影变换在目标距离较远的情况下估计性能较差的问题。主要算法有 LS/GLS、ML 和精确极大似然（Exact Maximum Likelihood，EML）等。

可以将多平台多传感器空间配准问题描述为：根据给定观测数据来估计传感器的系统误差参数并进行修正，使系统误差对目标跟踪的影响最小化，其核心是系统误差参数的估计。在没有相应先验知识的情况下，可以将系统误差参数估计描述为如下非线性最优化问题。

$$\min_{\boldsymbol{b}} F(\boldsymbol{b}) = \sum_{i=1}^{N} \|\boldsymbol{g}_k(\boldsymbol{b})\|_{\boldsymbol{W}_k(\boldsymbol{b})}^2 \tag{5-2}$$

式中，$\boldsymbol{b} \in \boldsymbol{R}^p$ 为需要估计的空间配准系统误差参数向量；状态差量 $\boldsymbol{g}_k(\boldsymbol{b}) \in \boldsymbol{R}^q$ 为 k 时刻的非线性向量函数；权系数矩阵 $\boldsymbol{W}_k(\boldsymbol{b}) \in \boldsymbol{R}^{q \times q}$ 为非线性对称矩阵函数。

易知式（5-2）取得最优解的条件为

$$\nabla_{\boldsymbol{b}} F = \sum_{k=1}^{N} \left(\frac{\partial \boldsymbol{g}_k}{\partial \boldsymbol{b}}\right)^{\mathrm{T}} \boldsymbol{W}_k \boldsymbol{g}_k + \frac{1}{2}\sum_{k=1}^{N} \begin{pmatrix} (\boldsymbol{g}_k)^{\mathrm{T}} \dfrac{\partial \boldsymbol{W}_k}{\partial \boldsymbol{b}_1} \boldsymbol{g}_k \\ \vdots \\ (\boldsymbol{g}_k)^{\mathrm{T}} \dfrac{\partial \boldsymbol{W}_k}{\partial \boldsymbol{b}_p} \boldsymbol{g}_k \end{pmatrix} = 0 \tag{5-3}$$

式中,

$$\frac{\partial W_k}{\partial b_l} = \left(\frac{\partial W_{i,j,k}}{\partial b_l}(\boldsymbol{b})\right)_{q\times q}, l=1,2,\cdots,p \qquad (5\text{-}4)$$

式(5-4)为关于参数向量 $\boldsymbol{b}$ 的非线性方程,一般采用线性化近似求解,即忽略其泰勒展开式中关于 $\boldsymbol{b}$ 的二阶及以上的高阶项。具体来说,先对 $\boldsymbol{g}_k$、$\boldsymbol{W}_k$ 做一阶近似。

$$\boldsymbol{g}_k(\boldsymbol{b}) \approx \boldsymbol{g}_k(0) + \boldsymbol{J}_k\boldsymbol{b} \qquad (5\text{-}5)$$

$$\boldsymbol{W}_k(\boldsymbol{b}) \approx \boldsymbol{W}_k(0) + \sum_{l=1}^{p} \boldsymbol{J}_l^k \boldsymbol{b}_l \qquad (5\text{-}6)$$

式中,

$$\boldsymbol{J}_k = \frac{\partial \boldsymbol{g}_k}{\partial \boldsymbol{b}}(0) \in \boldsymbol{R}^{q\times p} \qquad (5\text{-}7)$$

$$\boldsymbol{J}_l^k = \left(\frac{\partial \boldsymbol{W}_k}{\partial \boldsymbol{b}_l}(0)\right) = \left(\frac{\partial \boldsymbol{W}_{i,j,k}}{\partial \boldsymbol{b}_l}(0)\right)_{q\times q} \qquad (5\text{-}8)$$

将该近似过程代入式(5-3)可得

$$0 \approx \sum_{k=1}^{N}\left\{(\boldsymbol{J}_k)^{\mathrm{T}}\left(\boldsymbol{W}_k + \sum_{l=1}^{p}\boldsymbol{J}_l^k\boldsymbol{b}_l\right)(\boldsymbol{g}_k + \boldsymbol{J}_k\boldsymbol{b}) + \frac{1}{2}\begin{pmatrix}(\boldsymbol{g}_k+\boldsymbol{J}_k\boldsymbol{b})^{\mathrm{T}}\boldsymbol{J}_1^k(\boldsymbol{g}_k+\boldsymbol{J}_k\boldsymbol{b})\\ \vdots \\ (\boldsymbol{g}_k+\boldsymbol{J}_k\boldsymbol{b})^{\mathrm{T}}\boldsymbol{J}_p^k(\boldsymbol{g}_k+\boldsymbol{J}_k\boldsymbol{b})\end{pmatrix}\right\} \qquad (5\text{-}9)$$

再从式(5-9)中提取关于 $\boldsymbol{b}$ 的线性部分,得到式(5-2)的线性化模型(近似最优解)为

$$\boldsymbol{A}\boldsymbol{b} = \boldsymbol{Z} \qquad (5\text{-}10)$$

式中,

$$\boldsymbol{A} = \sum_{k=1}^{N}\left[(\boldsymbol{J}_k)^{\mathrm{T}}\boldsymbol{W}_k\boldsymbol{J}_k + \begin{pmatrix}(\boldsymbol{g}_k)^{\mathrm{T}}\boldsymbol{J}_1^k\\(\boldsymbol{g}_k)^{\mathrm{T}}\boldsymbol{J}_2^k\\ \vdots\\(\boldsymbol{g}_k)^{\mathrm{T}}\boldsymbol{J}_p^k\end{pmatrix}\boldsymbol{J}_k + (\boldsymbol{J}_k)^{\mathrm{T}}[\boldsymbol{J}_1^k\boldsymbol{g}_k \ \ \boldsymbol{J}_2^k\boldsymbol{g}_k \ \ \cdots \ \ \boldsymbol{J}_p^k\boldsymbol{g}_k]\right] \qquad (5\text{-}11)$$

$$\boldsymbol{Z} = -\sum_{k=1}^{N}\left\{(\boldsymbol{J}_k)^{\mathrm{T}}\boldsymbol{W}_k\boldsymbol{g}_k + \frac{1}{2}\begin{pmatrix}(\boldsymbol{g}_k)^{\mathrm{T}}\boldsymbol{J}_1^k\boldsymbol{g}_k\\(\boldsymbol{g}_k)^{\mathrm{T}}\boldsymbol{J}_2^k\boldsymbol{g}_k\\ \vdots\\(\boldsymbol{g}_k)^{\mathrm{T}}\boldsymbol{J}_p^k\boldsymbol{g}_k\end{pmatrix}\right\} \qquad (5\text{-}12)$$

LS 系统误差估计过程如图 5-4 所示,可采取内/外两层循环的迭代求解方法。内层迭代对固定的 N 个时刻的传感器配对观测数据通过解线性方程组来估计系统误差增量;外层通过收敛性判断对观测数据进行循环控制。

第 5 章 空间配准原理与方法（下）

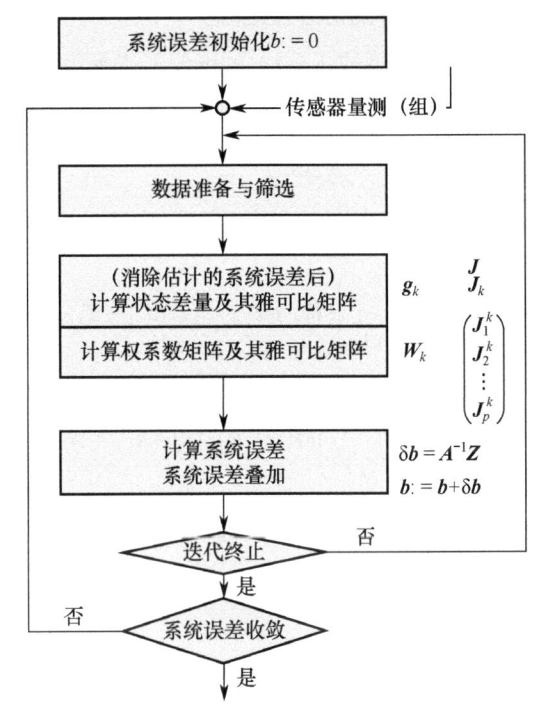

图 5-4 LS 系统误差估计流程

下面分别说明 GLS 配准方法、ML 配准方法，两者均是通用配准模型式（5-2）的特例。

5.3 基于公共目标的多传感器空间配准系统误差估计方法

5.3.1 广义最小二乘配准方法

GLS 配准方法能估计常用配准参数，即距离、方位和仰角的系统误差。对于通用配准模型式（5-2），选取

$$\begin{cases} m = 2 \\ \boldsymbol{b} = (\Delta \boldsymbol{b}_1^\mathrm{T}, \Delta \boldsymbol{b}_2^\mathrm{T})^\mathrm{T}, \Delta \boldsymbol{b}_i = (\Delta r_i, \Delta \beta_i, \Delta \varepsilon_i)^\mathrm{T}, i = 1,2 \\ \boldsymbol{g}_k(\boldsymbol{b}) = [\hat{\boldsymbol{X}}_{1,k} + (\boldsymbol{T}_{1,k} \boldsymbol{J}_{1,k}) \Delta \boldsymbol{b}_1] - [\hat{\boldsymbol{X}}_{2,k} + (\boldsymbol{T}_{2,k} \boldsymbol{J}_{2,k}) \Delta \boldsymbol{b}_2] \\ \boldsymbol{W}_k(\boldsymbol{P}_k^{-1}) = (\boldsymbol{P}_{1,k} + \boldsymbol{P}_{2,k})^{-1}, k = 1,2,\cdots,N \end{cases} \quad （5-13）$$

式中，$\boldsymbol{T}_{i,k}$ 为从传感器本地坐标系到公共坐标系的旋转矩阵；$\boldsymbol{J}_{i,k}$ 为观测值的雅

可比矩阵，$P_{i,k}$ 为观测向量 $\hat{X}_{i,k}$ 的协方差矩阵。

对于此特例，通用配准模型式（5-2）的近似最优解为

$$A\begin{pmatrix}\Delta b_1 \\ \Delta b_2\end{pmatrix} = Z \quad (5\text{-}14)$$

式中，

$$A = \sum_{i=1}^{N}\left\{\begin{pmatrix}(T_{1,k}J_{1,k})^{\mathrm{T}} \\ -(T_{2,k}J_{2,k})^{\mathrm{T}}\end{pmatrix}(P_{1,k}+P_{2,k})^{-1}(T_{1,k}J_{1,k}-T_{2,k}J_{2,k})\right\} \quad (5\text{-}15)$$

$$Z = \sum_{k=1}^{N}\left\{\begin{pmatrix}(T_{1,k}J_{1,k})^{\mathrm{T}} \\ -(T_{2,k}J_{2,k})^{\mathrm{T}}\end{pmatrix}(P_{1,k}+P_{2,k})^{-1}(-\hat{X}_{1,k}+\hat{X}_{2,k})\right\} \quad (5\text{-}16)$$

显然，式（5-13）即 GLS 配准方法的求解公式。特别地，令 $W_k = I$，则式（5-13）退化成普通 LS 配准方法的求解公式。

5.3.2 极大似然配准方法

ML 配准方法能估计常用配准参数，即距离、方位和仰角的系统误差。本节将说明它是非线性配准模型式（5-2）的特例。考虑不完全可观测和完全可观测两种情形。对于不完全可观测的情形，考虑两种具体应用情形，即基于纯角度观测的平面 ML 配准和 2D 雷达组网的空间 ML 配准。

对于通用配准模型式（5-2），选取

$$\begin{cases}b = (b_s^{\mathrm{T}}, b_X^{\mathrm{T}})^{\mathrm{T}}, b_s = (\Delta b_1^{\mathrm{T}}, \Delta b_2^{\mathrm{T}}, \cdots, \Delta b_m^{\mathrm{T}}), b_X = (X_1^{\mathrm{T}}, X_2^{\mathrm{T}}, \cdots, X_N^{\mathrm{T}})^{\mathrm{T}} \\ g_k((g_{1,k})^{\mathrm{T}}, g_{2,k}\cdots(g_{m,k})^{\mathrm{T}})^{\mathrm{T}}, g_{i,k}(b) = X_k - [\hat{X}_{1,k} + (T_{i,k}J_{i,k})\Delta b_i] \\ W_k = \operatorname*{diag}_{i=1,2,\cdots,m}(P_{i,k}^+), J_{i,k}\dfrac{\partial X_{i,k}}{\partial b_{i,k}} = \overline{H}_{i,k}^{-\mathrm{L}}, \overline{H}_{i,k}\left(\dfrac{\partial b_{i,k}}{\partial X_{i,k}}\right) = J_{i,k}^{-R} \\ P_{i,k} = (T_{i,k}J_{i,k})\Sigma_i(T_{i,k}J_{i,k})^{\mathrm{T}} + \Lambda_{i,k}, i=1,2,\cdots,m, k=1,2,\cdots,N\end{cases} \quad (5\text{-}17)$$

式中，$P_{i,k}^+$ 为 $P_{i,k}$ 的广义逆矩阵；$T_{i,k}$ 为从传感器本地坐标系到公共坐标系的旋转矩阵；$J_{i,k}$ 为观测值的雅可比矩阵；Σ_i 为观测误差矩阵；对称半正定矩阵 $\Lambda_{i,k}$ 为平台定位误差矩阵。

对于此特例，通用配准模型式（5-2）的近似最优解为

$$b = \begin{pmatrix}b_s \\ b_X\end{pmatrix} = A^{-1}Z \quad (5\text{-}18)$$

式中，

$$A = \begin{pmatrix} \sum_{k=1}^{N} D_{1,k} & & & -H_{1,1} & \cdots & -H_{1,N} \\ & \ddots & & \vdots & \ddots & \vdots \\ & & \sum_{k=1}^{N} D_{m,k} & -H_{m,1} & \cdots & -H_{m,N} \\ (-H_{1,1})^{\mathrm{T}} & \cdots & (-H_{m,1})^{\mathrm{T}} & \sum_{i=1}^{m} P_{i,1}^{+} & & \\ \vdots & \ddots & \vdots & & \ddots & \\ (-H_{1,N})^{\mathrm{T}} & \cdots & (-H_{m,N})^{\mathrm{T}} & & & \sum_{i=1}^{m} P_{i,N}^{+} \end{pmatrix} \quad (5-19)$$

$$Z = \left(-\sum_{k=1}^{N} H_{1,k} \hat{X}_{1,k}, \cdots, -\sum_{k=1}^{N} H_{m,k} \hat{X}_{m,k}, \sum_{i=1}^{N} P_{i,1}^{+} \hat{X}_{i,1}, \cdots, \sum_{i=1}^{m} P_{i,N}^{+} \hat{X}_{i,N} \right)^{\mathrm{T}} \quad (5-20)$$

式中，

$$H_{i,k} = (T_{i,k} J_{i,k})^{\mathrm{T}} P_{i,k}^{+} \quad (5-21)$$

$$D_{i,k} = (T_{i,k} J_{i,k})^{\mathrm{T}} P_{i,k}^{+} (T_{i,k} J_{i,k}) \quad (5-22)$$

值得注意的是，可不通过求逆矩阵来求解系统误差向量，而采用消去真值状态 X_k 的方法直接得到系统误差向量的解。具体来说，先求得

$$X_k = \hat{X}_k + \left(\sum_{i=1}^{m} P_{i,k}^{+} \right)^{-1} \sum_{i=1}^{m} (H_{i,k})^{\mathrm{T}} \Delta b_i \quad (5-23)$$

$$\hat{X}_k = \left(\sum_{i=1}^{m} P_{i,k}^{+} \right)^{-1} \sum_{i=1}^{m} P_{i,k}^{+} \hat{X}_{i,k} \quad (5-24)$$

将式（5-23）代入式（5-24）消去 X_k，得

$$\sum_{i=1}^{N} \left[D_{i,k} - H_{i,k} \left(\sum_{i=1}^{m} P_{i,k}^{+} \right)^{-1} \sum_{i=1}^{m} [(H_{i,k})^{\mathrm{T}} \Delta b_i] \right] = \sum_{i=1}^{m} \{ H_{i,k} (\hat{X}_k - \hat{X}_{i,k}) \} \quad (5-25)$$

将式（5-25）写成向量形式为

$$b = \begin{pmatrix} \Delta b_1 \\ \vdots \\ \Delta b_m \end{pmatrix} = A^{-1} Z \quad (5-26)$$

此即 ML 配准方法的统一优化模型的求解公式，式中，

$$A = \sum_{k=1}^{N} \left\{ \operatorname*{diag}_{i=1,2,\cdots,m} \{D_{i,k}\} - \begin{pmatrix} H_{1,k} \\ H_{2,k} \\ \vdots \\ H_{m,k} \end{pmatrix} \left(\sum_{i=1}^{m} P_{i,k}^{+} \right)^{-1} ((H_{1,k})^{\mathrm{T}} \ (H_{2,k})^{\mathrm{T}} \ \cdots \ (H_{m,k})^{\mathrm{T}}) \right\} \quad (5\text{-}27)$$

$$Z = \sum_{i=1}^{m} \{H_{i,k}(\hat{X}_k - \hat{X}_{i,k})\} \quad (5\text{-}28)$$

容易看出，对 ML 配准方法这一特例，对式（5-25）求解配准参数时，主要是求解矩阵 $J_{i,k}$ 和 $P_{i,k}^{+}$。

仿真条件如下。

（1）目标 1 初始位置为[121.05°,26.6°,2km]，运动速度为[200m/s,0m/s,0m/s]。

（2）平台 1 初始位置为[121.2°,26.5°,0m]，运动速度为[10m/s,0m/s,0m/s]。

（3）平台 2 初始位置为[121.4°,26.5°,0m]，运动速度为[0m/s,10m/s,0m/s]。

（4）传感器 1 系统误差参数：传感器探测系统误差 $\Delta r_1 = 100\text{m}$，$\Delta \beta_1 = 0.9°$，$\Delta \varepsilon_1 = 0.5°$，噪声误差 $\sigma_{r_1} = 100\text{m}$，$\sigma_{\beta_1} = 0.3°$，$\sigma_{\varepsilon_1} = 0.3°$。

（5）传感器 2 系统误差参数：传感器探测系统误差 $\Delta r_2 = 100\text{m}$，$\Delta \beta_2 = 0.9°$，$\Delta \varepsilon_2 = -0.5°$，噪声误差 $\sigma_{r_2} = 100\text{m}$，$\sigma_{\beta_2} = 0.3°$，$\sigma_{\varepsilon_2} = 0.3°$。

仿真场景如图 5-5 所示。

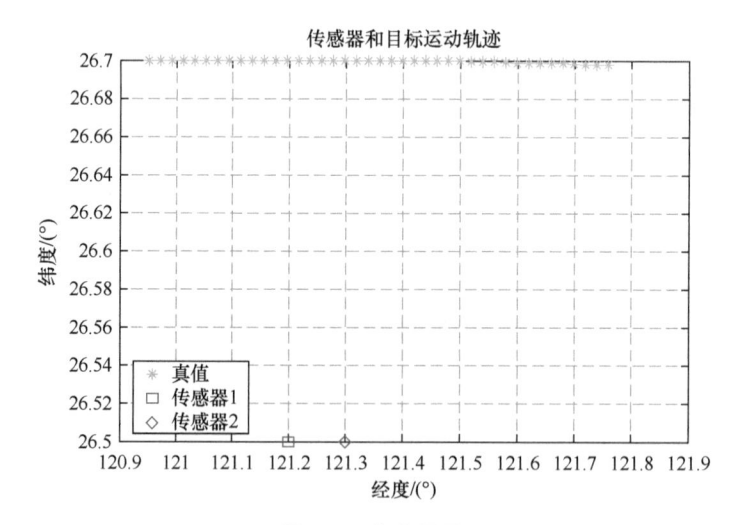

图 5-5 仿真场景

系统误差估计结果如图 5-6 所示。

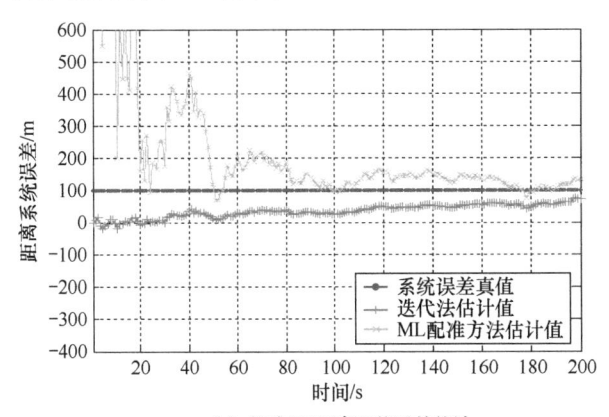

(a) 传感器1距离系统误差估计

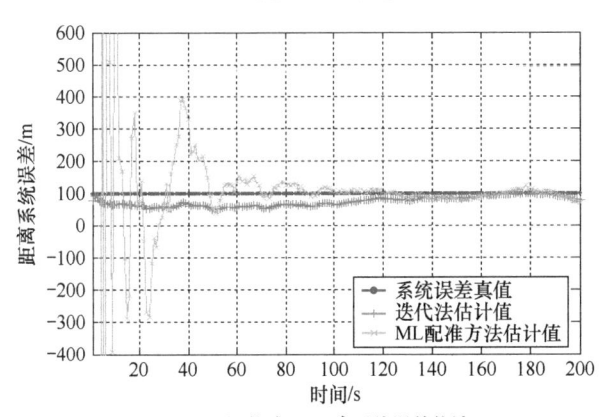

(b) 传感器2距离系统误差估计

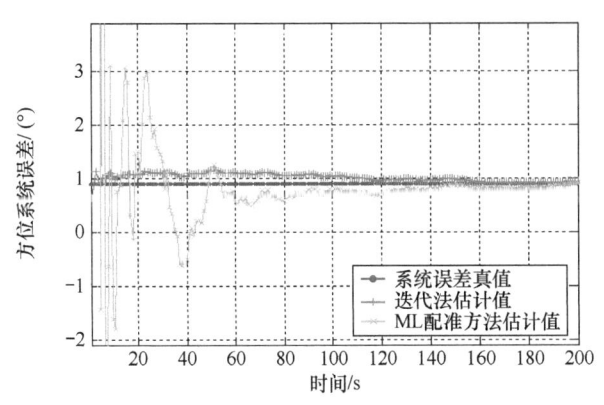

(c) 传感器1方位系统误差估计

图 5-6 系统误差估计结果

(d) 传感器2方位系统误差估计

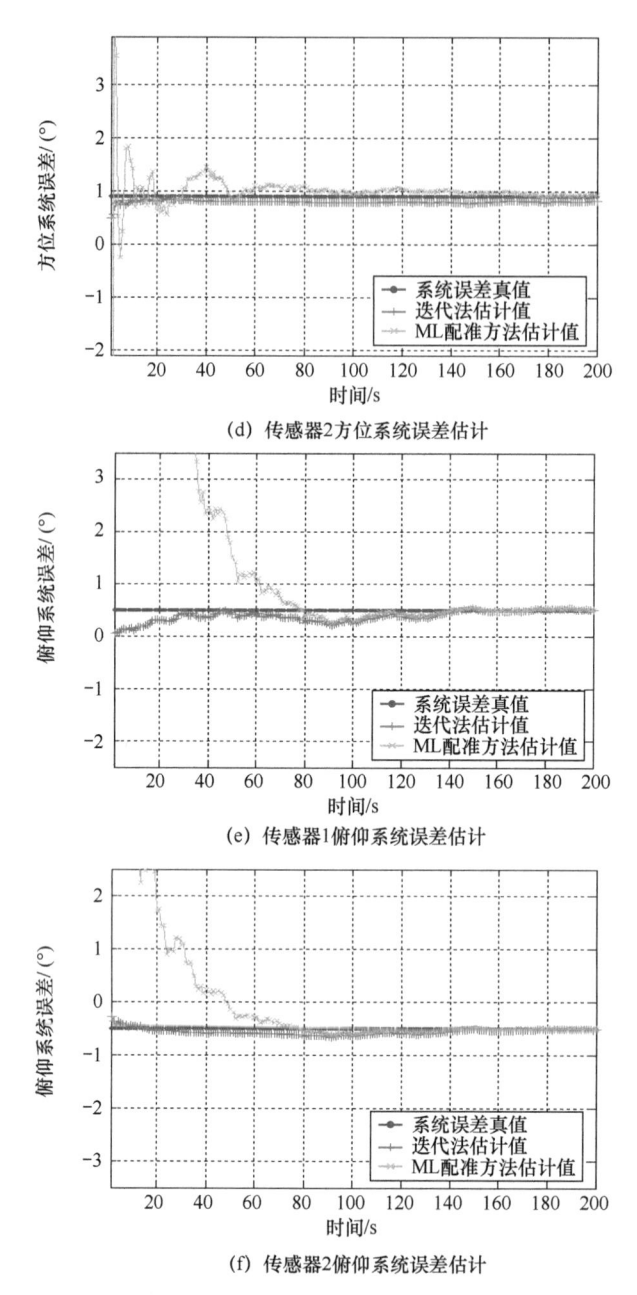

(e) 传感器1俯仰系统误差估计

(f) 传感器2俯仰系统误差估计

图 5-6 系统误差估计结果（续）

5.3.3 基于无迹变换的滤波配准方法

为简化推导过程，以下假设只有两部雷达对同一目标探测。假设雷达 1 和雷达 2 在某时刻所获得的同一目标测量值为 $\boldsymbol{Z}_1(r_1, \beta_1, \varepsilon_1)$ 和 $\boldsymbol{Z}_2(r_2, \beta_2, \varepsilon_2)$，目标在

ECEF 坐标系中的位置为 $\boldsymbol{X}_t(x_t, y_t, z_t)$,则雷达 1 的测量值和目标真实位置的对应关系为

$$\boldsymbol{X}_t = \boldsymbol{T}_1 \boldsymbol{A}_1 \boldsymbol{X}_{s_1} + \boldsymbol{P}_{T_1} \quad (5\text{-}29)$$

式中,$\boldsymbol{A}_1$ 为雷达 1 的姿态角旋转变换矩阵;$\boldsymbol{T}_1$ 为地理坐标系到 ECEF 坐标系旋转矩阵,$\boldsymbol{P}_{T_1}$ 为雷达 1 平台在 ECEF 坐标系中的位置;$\boldsymbol{X}_{s_1}$ 表示将雷达 1 的测量值减去测量误差(包含系统误差和随机误差)后转换到直角坐标系,可通过下式获得。

$$\begin{aligned}\boldsymbol{X}_{s_1} &= [x_{s_1}, y_{s_1}, z_{s_1}]^\mathrm{T}\\ &= \begin{bmatrix} (r_1 - \Delta r_1 - \delta r_1)\cos(\varepsilon_1 - \Delta\varepsilon_1 - \delta\varepsilon_1)\sin(\beta_1 - \Delta\beta_1 - \delta\beta_1) \\ (r_1 - \Delta r_1 - \delta r_1)\cos(\varepsilon_1 - \Delta\varepsilon_1 - \delta\varepsilon_1)\cos(\beta_1 - \Delta\beta_1 - \delta\beta_1) \\ (r_1 - \Delta r_1 - \delta r_1)\sin(\varepsilon_1 - \Delta\varepsilon_1 - \delta\varepsilon_1) \end{bmatrix}\\ &= f_1(\boldsymbol{Z}_1 - \Delta\boldsymbol{Z}_1 - \delta\boldsymbol{Z}_1)\end{aligned} \quad (5\text{-}30)$$

式中,$f_1(\cdot)$ 定义为测量极坐标系到直角坐标系的测量变换函数,$\Delta\boldsymbol{Z}_1$ 和 $\delta\boldsymbol{Z}_1$ 分别为雷达 1 的测量系统误差向量和测量随机误差向量。

如果将 $\boldsymbol{X}_t$ 转换到雷达 2 实际测量极坐标系中,则得到雷达 2 的测量值和目标真实位置的对应关系为

$$\boldsymbol{Z}_2 = h_2[\boldsymbol{A}_2 \boldsymbol{T}_2'(\boldsymbol{X}_t - \boldsymbol{P}_{T_2})] + \Delta\boldsymbol{Z}_2 + \delta\boldsymbol{Z}_2 \quad (5\text{-}31)$$

式中,$\boldsymbol{A}_2$、$\boldsymbol{T}_2$、$\boldsymbol{P}_{T_2}$、$\Delta\boldsymbol{Z}_2$、$\delta\boldsymbol{Z}_2$ 的定义与雷达 1 类似;$h_2(\cdot)$ 表示雷达测量直角坐标到极坐标的测量变换函数,定义为

$$h_2(\boldsymbol{X}) = \begin{bmatrix} \sqrt{x^2 + y^2 + z^2} \\ \arctan(x/y) \\ \arcsin(z/\sqrt{x^2 + y^2 + z^2}) \end{bmatrix} \quad (5\text{-}32)$$

式中,$\boldsymbol{X}(x, y, z)$ 表示目标在测量直角坐标系中的坐标。

基于式(5-31)和式(5-32),可以建立 k 时刻系统误差测量方程为

$$\boldsymbol{Z}_2(k) = h_2\{\boldsymbol{A}_2(k)\boldsymbol{T}_2^\mathrm{T}(k)[\boldsymbol{T}_1(k)\boldsymbol{A}_1^\mathrm{T}(k)f_1(\boldsymbol{Z}_1(k),\Delta\boldsymbol{Z}_1,\delta\boldsymbol{Z}_1) + \boldsymbol{P}_{T_1}(k) - \boldsymbol{P}_{T_2}(k)]\} + \Delta\boldsymbol{Z}_2 + \delta\boldsymbol{Z}_2$$
$$(5\text{-}33)$$

省略随机误差,将式(5-33)进一步简化表示为

$$\boldsymbol{Z}_2(k) = h(\boldsymbol{X}(k), \boldsymbol{Z}_1(k), \Delta\boldsymbol{Z}_1(k), \Delta\boldsymbol{\Omega}(k)) + \Delta\boldsymbol{Z}_2(k) \quad (5\text{-}34)$$

式中,$\Delta\boldsymbol{\Omega}(k)$ 为两部雷达的平台姿态误差向量。

式(5-34)构造的系统误差测量方程是一个复杂的非线性方程,如果采用 EKF 配准方法,容易产生较大的线性化误差,使估计结果不能满足精度要求。本节将讨论如何利用 UKF 配准方法来实现系统误差的有效估计。在此需要考虑的一个问题是,式(5-34)中的测量随机误差并不独立于非线性方程,常规的 UKF 并不能处理该类问题。

假设 k 时刻状态估计向量和状态协方差分别 $\hat{X}(k)$ 和 $P(k)$，则可以利用 UKF 配准方法计算出 $2n_x+1$（n_x 为系统状态向量维数）个采样点 $\xi_i(k|k)$ 和其对应的权值 W_i。根据状态方程，可以得到所有采样点的一步预测为

$$\xi_i(k+1|k) = f[\xi_i(k|k)] \tag{5-35}$$

利用采样点的一步预测 $\xi_i(k+1|k)$ 和权值 W_i，可以得到误差状态预测估计和预测协方差分别为

$$\hat{X}(k+1|k) = \sum_{i=0}^{2n_x} W_i \xi_i(k+1|k) \tag{5-36}$$

$$P(k+1|k) = Q(k) + \sum_{i=0}^{2n_x} W_i \Delta X_i(k+1|k) \Delta X_i^{\mathrm{T}}(k+1|k) \tag{5-37}$$

式中，$Q(k)$ 为误差的协方差矩阵；$\Delta X_i(k+1|k) = \xi_i(k+1|k) - \hat{X}_\varepsilon(k+1|k)$。

定义误差向量 $\delta(k) = [\delta_1(k), \delta_2(k), \delta_{Z_2}(k)]^{\mathrm{T}}$，其误差协方差表示为 R。利用 UKF 配准方法，可以得到 $k+1$ 时刻误差向量 δ 的 $2m_x+1$（m_x 为向量维数）个采样点 $\delta_j(k+1)$ 及其对应的权值 E_j。根据式（5-35），可得到

$$\varsigma_{ij}(k+1|k) = h(\xi_i(k+1|k), \delta_{\varepsilon_j}(k+1))$$

从而可以得到与 $\xi_i(k+1|k)$ 对应的预测量测及其协方差为

$$\varsigma_i(k+1|k) = \sum_{j=0}^{2m_x} E_j \varsigma_{ij}(k+1|k) \tag{5-38}$$

$$P_{\varsigma_i} = \sum_{j=0}^{2m_x} E_j \Delta \varsigma_{ij}(k+1|k) \Delta \varsigma_{ij}'(k+1|k) \tag{5-39}$$

式中，$\Delta \varsigma_{ij}(k+1|k) = \varsigma_{ij}(k+1|k) - \varsigma_i(k+1|k)$。

在式（5-38）和式（5-39）的基础上，可以通过以下两个公式获取预测测量值和相应的协方差。

$$\hat{Z}(k+1|k) = \sum_{i=0}^{2n_x} W_i \varsigma_i(k+1|k) \tag{5-40}$$

$$P_{ZZ} = R_{Z_2} + \sum_{i=0}^{2n_x} W_i (P_{\varsigma_i} + \Delta Z_i \Delta Z_i^{\mathrm{T}}) \tag{5-41}$$

式中，R_{Z_2} 为雷达 2 测量随机误差的协方差。

$$\Delta Z_i = \varsigma_i(k+1|k) - \hat{Z}(k+1|k) \tag{5-42}$$

同样可以得到雷达 1、雷达 2 的测量值和待估计系统误差向量的交互协方差为

$$P_{XZ} = \sum_{i=0}^{2n_x} W_i \Delta X_i(k+1|k) \Delta Z_i^{\mathrm{T}} \tag{5-43}$$

最后得到系统误差估计更新和协方差分别为

$$\hat{X}(k+1) = \hat{X}(k+1|k) + K(k+1)(Z(k+1) - Z(k+1|k)) \quad (5\text{-}44)$$

$$P(k+1) = P(k+1|k) - K(k+1)P_{ZZ}K^{\mathrm{T}}(k+1) \quad (5\text{-}45)$$

式中，$K(k+1) = P_{ZZ}P_{ZZ}^{-1}$。

在不影响仿真结果的条件下，可假设雷达 1 的位置为（120.0°，30.2°，100m），雷达 2 的位置为（120.5°，30.0°，0m）。各雷达的采样周期为 1s。各类误差为固定误差，如表 5-1 所示。

表 5-1 雷达误差设置

误　　差	雷　达　1	雷　达　2
姿态系统误差	（1°，2°，−1°）	（−1°，1°，1.5°）
测量系统误差	（100m，0.5°，1°）	（50m，1°，−2°）
姿态随机误差	（0.1°，0.2°，0.1°）	（0.2°，0.1°，0.1°）
测量随机误差	（10m，0.1°，0.1°）	（10m，0.1°，0.1°）

假设雷达的监视区域内同时存在两个可观测目标。目标在以地心为原点的 ECEF 坐标中的初始状态分别为

$$X_1 = [-2800000\text{m}, 50\text{m/s}, 4800000\text{m}, 85\text{m/s}, 3120000\text{m}, 0\text{m/s}]$$

$$X_2 = [-2780000\text{m}, 100\text{m/s}, 4750000\text{m}, -150\text{m/s}, 3220000\text{m}, 0\text{m/s}]$$

图 5-7～图 5-10 分别为雷达 1 与雷达 2 姿态角系统误差估计、测角系统误差估计和测距系统误差估计的均方误差。整个 Monte-Carlo 仿真次数为 20 次，每次仿真的步长为 120，系统误差估计初始值均假设为 0。从仿真结果可以看出，各类系统误差大约 20 步后，其估计基本收敛。在第 120 步时，雷达 2 测距系统误差的估计精度比较差，达到 40.261m，基本与实际系统误差一致。这是由于在该仿真环境中测角系统误差对雷达探测的影响较大，雷达 2 的测距系统误差较小，容易被其他误差淹没，从而影响估计结果的精度。

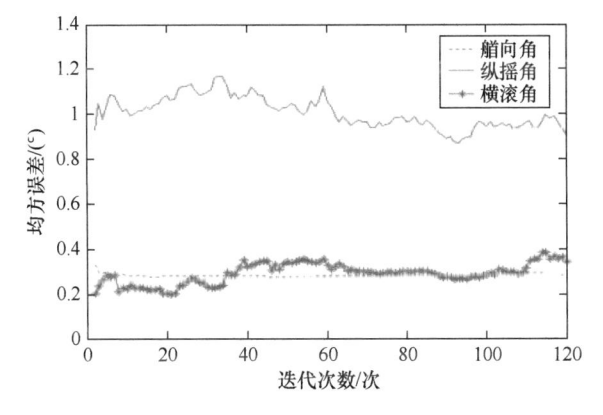

图 5-7 雷达 1 姿态角系统误差估计均方误差

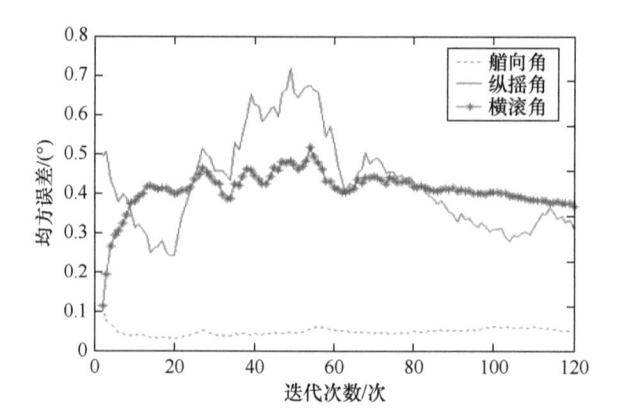

图 5-8 雷达 2 姿态角系统误差估计均方误差

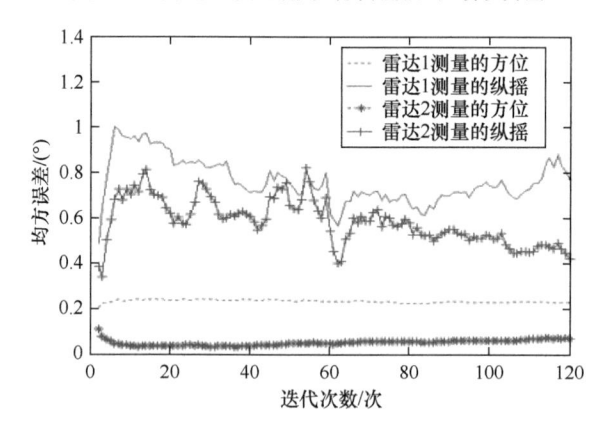

图 5-9 雷达 1 和雷达 2 测角系统误差估计均方误差

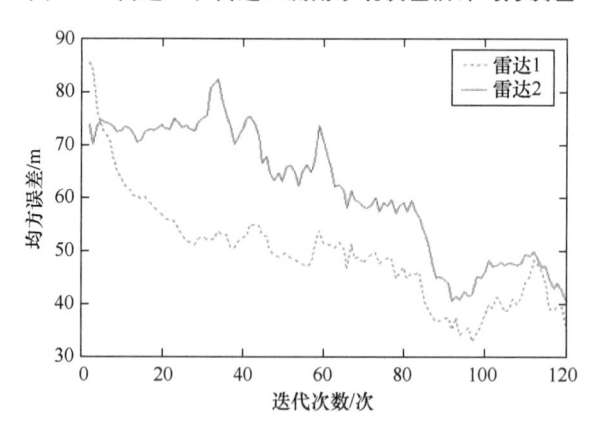

图 5-10 雷达 1 和雷达 2 测距系统误差估计均方误差

图 5-11 和图 5-12 分别为目标 1 与目标 2 在雷达 1 局部笛卡儿坐标系中误差补偿前后的航迹分布。误差补偿时，采用当前估计的误差进行实时配准。由

图 5-11 和图 5-12 可以看出，即使在系统误差估计全部收敛前，利用系统误差估计值对传感器进行误差补偿后也能较好地对测量航迹进行修正。另外也说明在该仿真环境中雷达测距系统误差的估计精度对配准结果影响不大。

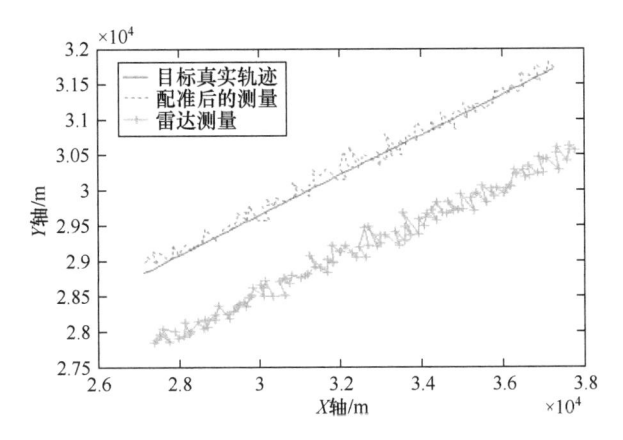

图 5-11　误差补偿前后目标 1 的航迹分布

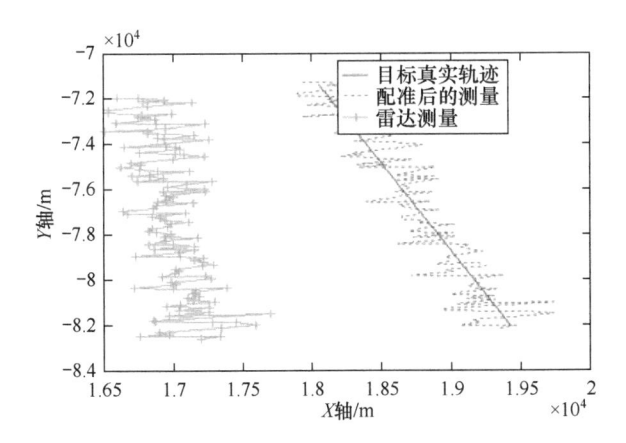

图 5-12　误差补偿前后目标 2 的航迹分布

在仿真过程中，如果改变各类随机误差的大小和目标航迹的相对分布情况，各类系统误差估计的精度将受到影响。该结果与以往文献的结论是一致的。

另外，为保证系统误差的可观测性，需要保证参与配准过程的目标数量在 2 个以上，并位于直角坐标系中的不同象限。根据可观测性结论，易知当满足下列条件之一时，UKF 配准方法不能保证某些系统误差的独立可观测性。

（1）两部雷达相距不太远（$\boldsymbol{T}_2^\mathrm{T} \boldsymbol{T}_1 \approx \boldsymbol{I}$），并且两部雷达载体平台各自对应的姿态系统误差大致相当。

（2）雷达方位测角系统误差和其载体平台偏航系统误差大致相当。

（3）雷达俯仰测角系统误差和其载体平台纵摇角系统误差大致相当。

此时，为保证系统误差估计的准确性，可对非独立可观测的系统误差参数进行联合估计。

5.4 基于多雷达距离测量的空间配准方法

如果雷达测距精度较高，可基于方位辅助的多雷达距离测量定位原理，联合估计空中/水面目标的位置和雷达的测向系统误差。

5.4.1 多雷达距离测量定位模型

假设有 n 部雷达对同一目标进行测距，各雷达的精确位置已知，则可以采用以下测量模型。

$$r(k) = h(x(k)) + b(k) + w(k) \tag{5-46}$$

式中，$k=1,2,\cdots,N$ 是对公共目标的探测时刻；$r(k) = [r_1(k), r_2(k), \cdots, r_n(k)]^T$ 是 n 部雷达对目标的测距，$h(x) = [h_1(x(k)), h_2(x(k)), \cdots, h_n(x(k))]^T$ 是非线性转换函数；$x(k) \in \mathbb{R}^p$ 是目标在 ECEF 坐标系中的真实位置；$b(k) = [b_1(k), b_2(k), \cdots, b_n(k)]^T$ 是雷达测距系统误差；$w(k) = [w_1(k), w_2(k), \cdots, w_n(k)]^T$ 是测距噪声。假定 $r_i, h_i, b_i, w_i \in \mathbb{R}^{q_i} (i=1,2,\cdots,n)$，$b_i$ 独立于 $x(k)$，各雷达的测量噪声 w_i 是独立零均值高斯白噪声。

多雷达距离测量定位问题可以描述为：给定距离集合 $R = \{r(k); k=1,2,\cdots,N\}$，联合估计目标的状态 $X = \{x(k); k=1,2,\cdots,N\}$ 和系统误差向量 b。联合估计的 ML 函数 $p(Z|X,b)$ 为

$$\begin{aligned} \{\hat{X}, \hat{b}\} &= \arg\max_{X,b} p(r(1), r(2), \cdots, r(N) | X, b) \\ &= \arg\max_{b} \{\prod_{k=1}^{N} \max_{x(k)} p(r(k) | x(k), b)\} \end{aligned} \tag{5-47}$$

省略时间变量 k，利用相互独立的假设可以得到如下表达式。

$$\begin{aligned} p(r_1, r_2, \cdots, r_n | x, b) &= \prod_{i=1}^{n} p(r_i | x, b_i) \\ &= K_1 \exp\left\{-\frac{1}{2} \sum_{i=1}^{n} (r_i - \bar{r}_i)^T \Sigma_{r_i}^{-1} (r_i - \bar{r}_i)\right\} \end{aligned} \tag{5-48}$$

式中，

$$\bar{r}_i = h_i(x) + b_i \tag{5-49}$$

则测量转换到目标的状态空间为

$$x_i = h_i^{-L}(r_i - b_i), i=1,2,\cdots,n \tag{5-50}$$

式中上标 –L 表示左逆。利用泰勒一阶级数展开线性化 $h_i(\cdot)$，x_i 的协方差矩阵的

逆为

$$\Sigma_{x_i}^{-1} = H_i^T \Sigma_{r_i}^{-1} H_i \qquad (5\text{-}51)$$

式中，

$$H_i = [\nabla_x h_i(x)^T]^T = \begin{bmatrix} \dfrac{\partial h_{i1}}{\partial x_1} & \dfrac{\partial h_{i1}}{\partial x_2} & \cdots & \dfrac{\partial h_{i1}}{\partial x_p} \\ \dfrac{\partial h_{i2}}{\partial x_1} & \dfrac{\partial h_{i2}}{\partial x_2} & \cdots & \dfrac{\partial h_{i2}}{\partial x_p} \\ \vdots & \vdots & \ddots & \vdots \\ \dfrac{\partial h_{iq_i}}{\partial x_1} & \dfrac{\partial h_{iq_i}}{\partial x_2} & \cdots & \dfrac{\partial h_{iq_i}}{\partial x_p} \end{bmatrix} \qquad (5\text{-}52)$$

雅可比矩阵 $h_i(\cdot)$ 取决于 x，则式（5-48）中的似然函数可以表达为

$$\begin{aligned} p(r_1, r_2, \cdots, r_n \mid x, b) &\approx K_2 \exp\left\{-\frac{1}{2}\sum_{i=1}^{n}(x_i - \bar{x}_i)^T \Sigma_{x_i}^{-1}(x_i - \bar{x}_i)\right\} \\ &= K_2 \exp\left\{-\frac{1}{2}(x - \hat{x})^T\left[\sum_{i=1}^{n}\Sigma_{x_i}^{-1}\right](x - \hat{x}) - \right. \\ &\left. \frac{1}{2}\left(\left[\sum_{i=1}^{n}x_i^T \Sigma_{x_i}^{-1} x_i\right] - \left[\sum_{i=1}^{n}\Sigma_{x_i}^{-1} x_i\right]^T \times \hat{x}\right)\right\} \end{aligned} \qquad (5\text{-}53)$$

式中，

$$\hat{x} \stackrel{\text{def}}{=} \left[\sum_{i=1}^{n}\Sigma_{x_i}^{-1}\right]^{-1}\left[\sum_{i=1}^{n}\Sigma_{x_i}^{-1} x_i\right] \qquad (5\text{-}54)$$

可以看出，式（5-53）在第一项展开式为零的时候取得最大值，此时式（5-54）就是 k 时刻目标状态的 ML 估计值。

式（5-53）中的第二项可以写成

$$\left[\sum_{i=1}^{n}x_i^T \Sigma_{x_i}^{-1} x_i\right] - \left[\sum_{i=1}^{n}\Sigma_{x_i}^{-1} x_i\right]^T \times \hat{x} = X^T(k)\Sigma^{-1}(k)X(k) \qquad (5\text{-}55)$$

式中，$X(k) = [x_1^T(k), x_2^T(k), \cdots, x_n^T(k)]^T$。

$$\Sigma^{-1}(k) = \text{block-diag}\left[\Sigma_{x_1}^{-1}(k), \Sigma_{x_2}^{-1}(k), \cdots, \Sigma_{x_n}^{-1}(k)\right] - \left\{\Sigma_{x_i}^{-1}(k)\left[\sum_{l=1}^{n}\Sigma_{x_l}^{-1}(k)\right]^{-1}\Sigma_{x_j}^{-1}(k)\right\}_{ij} \qquad (5\text{-}56)$$

式中，符号 $\{\cdot\}_{ij}$ 在式（5-38）中代表 $p \times p(ij)(i, j = 1, 2, \cdots, n)$ 子矩阵。

ML 函数只取决于 X 和 b，式（5-53）中的 ML 函数取决于所有 N 个时刻的测量值，即

$$\hat{b} = \arg\max_{b} p(z(1), z(2), \cdots, z(N) \mid \hat{X}, b) \qquad (5\text{-}57)$$

式中，

$$p(z(1),z(2),\cdots,z(N)\mid \hat{X},b) = \bar{K}\exp\left\{-\frac{1}{2}(b-\hat{b})^{\mathrm{T}}\left[\sum_{k=1}^{N}Q^{\mathrm{T}}(k)\Sigma^{-1}(k)Q(k)\right](b-\hat{b})+c\right\}$$

（5-58）

式中，c 为常数；Q 为误差的协方差矩阵。

$$\hat{b} = \left[\sum_{k=1}^{N}Q^{\mathrm{T}}(k)\Sigma^{-1}(k)Q(k)\right]^{-1}\left[\sum_{k=1}^{N}Q^{\mathrm{T}}(k)\Sigma^{-1}(k)\bar{X}_0(k)\right]$$

（5-59）

5.4.1.1 多雷达距离测量定位精度

定义 x_i 的协方差矩阵的逆为

$$\Sigma_{x_i}^{-1} = H_i^{\mathrm{T}}\Sigma_{r_i}^{-1}H_i$$

（5-60）

所以目标定位的 CRLB 为

$$\mathrm{CRLB}_{xyz} = \left[\sum_{i=1}^{n}\Sigma_{x_i}^{-1}\right]^{-1} = \left(\sum_{i=1}^{n}H_i^{\mathrm{T}}\Sigma_{r_i}^{-1}H_i\right)^{-1}$$

（5-61）

定义三维定位精度的几何稀释度（Geometric Dilution of Precision，GDOP）为

$$\mathrm{GDOP}_{xyz} = \sqrt{\mathrm{CRLB}_{xyz}(1,1)+\mathrm{CRLB}_{xyz}(2,2)+\mathrm{CRLB}_{xyz}(3,3)} = \sqrt{\mathrm{tr}(\mathrm{CRLB}_{xyz})}$$

（5-62）

具体表达式为

$$\mathrm{GDOP}_{xyz} = \sqrt{\mathrm{tr}\left(\begin{bmatrix}\sum_{i=1}^{n}\frac{1}{\sigma_i^2}\left(\frac{x-x_i}{r_i}\right)\left(\frac{x-x_i}{r_i}\right) & \sum_{i=1}^{n}\frac{1}{\sigma_i^2}\left(\frac{x-x_i}{r_i}\right)\left(\frac{y-y_i}{r_i}\right) & \sum_{i=1}^{n}\frac{1}{\sigma_i^2}\left(\frac{x-x_i}{r_i}\right)\left(\frac{z-z_i}{r_i}\right) \\ \sum_{i=1}^{n}\frac{1}{\sigma_i^2}\left(\frac{y-y_i}{r_i}\right)\left(\frac{x-x_i}{r_i}\right) & \sum_{i=1}^{n}\frac{1}{\sigma_i^2}\left(\frac{y-y_i}{r_i}\right)\left(\frac{y-y_i}{r_i}\right) & \sum_{i=1}^{n}\frac{1}{\sigma_i^2}\left(\frac{y-y_i}{r_i}\right)\left(\frac{z-z_i}{r_i}\right) \\ \sum_{i=1}^{n}\frac{1}{\sigma_i^2}\left(\frac{z-z_i}{r_i}\right)\left(\frac{x-x_i}{r_i}\right) & \sum_{i=1}^{n}\frac{1}{\sigma_i^2}\left(\frac{z-z_i}{r_i}\right)\left(\frac{y-y_i}{r_i}\right) & \sum_{i=1}^{n}\frac{1}{\sigma_i^2}\left(\frac{z-z_i}{r_i}\right)\left(\frac{z-z_i}{r_i}\right)\end{bmatrix}^{-1}\right)}$$

（5-63）

将式（5-63）表示成方向余弦形式为

$$\mathrm{GDOP}_{xyz} = \sqrt{\mathrm{tr}\left(\begin{bmatrix}\sum_{i=1}^{n}\frac{\cos\theta_{i1}\cos\theta_{i1}}{\sigma_i^2} & \sum_{i=1}^{n}\frac{\cos\theta_{i1}\cos\theta_{i2}}{\sigma_i^2} & \sum_{i=1}^{n}\frac{\cos\theta_{i1}\cos\theta_{i3}}{\sigma_i^2} \\ \sum_{i=1}^{n}\frac{\cos\theta_{i2}\cos\theta_{i1}}{\sigma_i^2} & \sum_{i=1}^{n}\frac{\cos\theta_{i2}\cos\theta_{i2}}{\sigma_i^2} & \sum_{i=1}^{n}\frac{\cos\theta_{i2}\cos\theta_{i3}}{\sigma_i^2} \\ \sum_{i=1}^{n}\frac{\cos\theta_{i3}\cos\theta_{i1}}{\sigma_i^2} & \sum_{i=1}^{n}\frac{\cos\theta_{i3}\cos\theta_{i2}}{\sigma_i^2} & \sum_{i=1}^{n}\frac{\cos\theta_{i3}\cos\theta_{i3}}{\sigma_i^2}\end{bmatrix}^{-1}\right)}$$

（5-64）

式中，$(\cos\theta_{i1},\cos\theta_{i2},\cos\theta_{i3})$ 是目标相对于平台 i 的方向余弦。

$$\text{GDOP}_{xyz} = \sqrt{\text{tr}([\boldsymbol{G}_n^\text{T}\boldsymbol{G}_n]^{-1})} \qquad (5\text{-}65)$$

式中，$\boldsymbol{G}_n = \begin{bmatrix} \dfrac{1}{\sigma_1}\cos\theta_{11} & \dfrac{1}{\sigma_1}\cos\theta_{12} & \dfrac{1}{\sigma_1}\cos\theta_{13} \\ & \vdots & \\ \dfrac{1}{\sigma_n}\cos\theta_{n1} & \dfrac{1}{\sigma_n}\cos\theta_{n2} & \dfrac{1}{\sigma_n}\cos\theta_{n3} \end{bmatrix}$。

5.4.1.2 多雷达距离测量测距系统误差估计精度

测距系统误差估计的 CRLB 为

$$\text{CRLB}_b = \left[\sum_{k=1}^{N} \boldsymbol{Q}^\text{T}(k)\boldsymbol{\Sigma}^{-1}(k)\boldsymbol{Q}(k) \right]^{-1} \qquad (5\text{-}66)$$

对应的 GDOP 为

$$\text{GDOP}_b = \sqrt{\text{tr}\left(\left[\sum_{k=1}^{N} \boldsymbol{Q}^\text{T}(k)\boldsymbol{\Sigma}^{-1}(k)\boldsymbol{Q}(k) \right]^{-1} \right)} \qquad (5\text{-}67)$$

由空间几何知识可知，在同一时刻，对于水面目标，其定位至少需要两个不同站雷达的测距信息；对于空间中的任何一个目标，在没有其他条件的前提下，获取其定位至少需要 3 个不同站雷达的测距信息。

5.4.2 两雷达距离测量平面定位误差分析

两雷达的距离测量方程为

$$\tilde{r}_1 = \sqrt{(x-x_i)^2 + (y-y_i)^2} + \varepsilon_\eta \cdot r_i + \varepsilon_\eta \qquad (5\text{-}68)$$

式中，$r_i = \sqrt{(x-x_i)^2 + (y-y_i)^2}$ 表示真实距离。
则目标位置 (x,y) 的似然函数可以表示为

$$\rho(r_1,r_2,\cdots,r_m \mid x,y) = \prod_{i=1}^{m} \frac{1}{|2\pi\sigma_{r_i}|} \exp\left\{ -\frac{(\tilde{r}_i - r_i)^2}{2\sigma_{r_i}^2} \right\} \qquad (5\text{-}69)$$

于是目标位置 (x,y) 的 ML 估计为

$$(\hat{x},\hat{y}) = \arg\min_p f(x,y) = \arg\min_p \frac{1}{2} \sum_{i=1}^{m} \frac{(\tilde{r}_i - r_i)^2}{2\sigma_{r_i}^2} \qquad (5\text{-}70)$$

从而得到目标位置估计的 Fisher 信息矩阵为

$$\text{FIM}_{xy} = E\nabla_{xy}^2 f(p) = \sum_{i=1}^{m} \frac{1}{\sigma_{r_i}^2} \nabla_{xy} r_i \cdot \nabla_{xy}^\text{T} r_i \cdot \boldsymbol{G}^\text{T}\boldsymbol{G} \qquad (5\text{-}71)$$

式中，$\nabla_{xy} r_i$ 是 r_i 关于 (x,y) 的梯度向量，表示为

$$\nabla_{xy} r_i = \begin{bmatrix} \dfrac{x-x_i}{r} \\ \dfrac{y-y_i}{r} \end{bmatrix} = \begin{bmatrix} \cos\theta_i \\ \sin\theta_i \end{bmatrix} \quad (5\text{-}72)$$

式中，θ_i 是平台 i 观测目标的视线角。

$$\boldsymbol{G} = \begin{bmatrix} \dfrac{1}{\sigma_1} & & \\ & \ddots & \\ & & \dfrac{1}{\sigma_m} \end{bmatrix} \cdot \begin{bmatrix} \dfrac{x-x_1}{r_1} & \dfrac{y-y_1}{r_1} \\ \vdots & \vdots \\ \dfrac{x-x_m}{r_m} & \dfrac{y-y_m}{r_m} \end{bmatrix} = \begin{bmatrix} \dfrac{1}{\sigma_1}\cdot\dfrac{x-x_1}{r_1} & \dfrac{1}{\sigma_1}\cdot\dfrac{y-y_1}{r_1} \\ \vdots & \vdots \\ \dfrac{1}{\sigma_m}\cdot\dfrac{x-x_m}{r_m} & \dfrac{1}{\sigma_m}\cdot\dfrac{y-y_m}{r_m} \end{bmatrix}$$

目标定位的 CRLB 为

$$\text{CRLB}_{xy} = \textbf{FIM}_{xy}^{-1} = (\boldsymbol{G}^{\text{T}}\boldsymbol{G})^{-1} \quad (5\text{-}73)$$

因此 $\textbf{FIM}_{xy}$ 的具体表达式为

$$\textbf{FIM}_{xy} = \begin{bmatrix} \sum\limits_{i=1}^{m}\dfrac{1}{\sigma_i^2}\cos^2\theta_i & \sum\limits_{i=1}^{m}\dfrac{1}{\sigma_i^2}\cos\theta_i\sin\theta_i \\ \sum\limits_{i=1}^{m}\dfrac{1}{\sigma_i^2}\cos\theta_i\sin\theta_i & \sum\limits_{i=1}^{m}\dfrac{1}{\sigma_i^2}\sin^2\theta_i \end{bmatrix} \quad (5\text{-}74)$$

从而可知

$$\text{GDOP} = \dfrac{\sqrt{\sum\limits_{i=1}^{m}\dfrac{1}{\sigma_i^2}}}{\sqrt{\sum\limits_{i=1}^{m}\sum\limits_{j=i+1}^{m}\dfrac{1}{\sigma_i^2\sigma_j^2}\sin^2(\theta_i-\theta_j)}} \quad (5\text{-}75)$$

由图 5-13 可以看出，$(\theta_i-\theta_j)$ 实际是目标到两平台连线（或平台视线）的夹角，即图中的 $\Delta\theta_{ij}$，因此，GDOP 可进一步写成具有明显几何意义的形式，即

$$\text{GDOP} = \dfrac{\sqrt{\sum\limits_{i=1}^{m}\dfrac{1}{\sigma_i^2}}}{\sqrt{\sum\limits_{i=1}^{m}\sum\limits_{j=i+1}^{m}\dfrac{1}{\sigma_i^2\sigma_j^2}\sin^2\Delta\theta_{ij}}} \quad (5\text{-}76)$$

式中，$\Delta\theta_{ij}$ 是平台视线之间的夹角。

特别地，当只有两个平台时，

$$\text{GDOP} = \dfrac{\sqrt{\dfrac{1}{\sigma_1^2}+\dfrac{1}{\sigma_2^2}}}{\sqrt{\dfrac{1}{\sigma_1^2\sigma_2^2}\sin^2\Delta\theta_{12}}} = \dfrac{\sqrt{\sigma_2^2+\sigma_1^2}}{\sin\Delta\theta_{12}} \quad (5\text{-}77)$$

如果各平台的测距精度是相同的（$\sigma_i=\sigma, i=1,2,\cdots,m$），则式（5-77）可

简化为

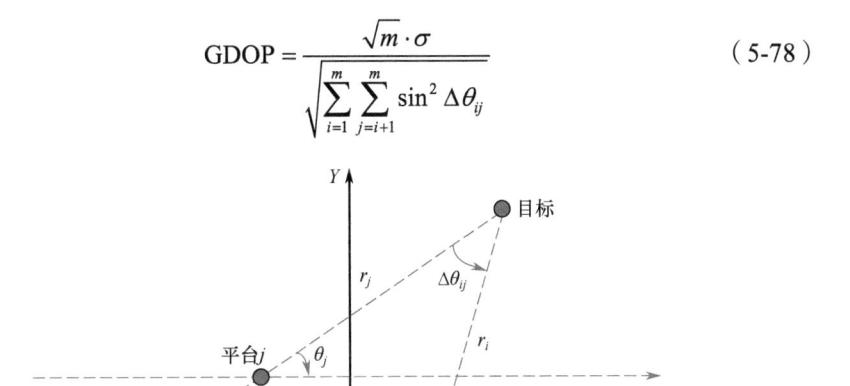

$$\text{GDOP} = \frac{\sqrt{m} \cdot \sigma}{\sqrt{\sum_{i=1}^{m}\sum_{j=i+1}^{m}\sin^2 \Delta\theta_{ij}}} \quad (5\text{-}78)$$

图 5-13 平台视线之间的夹角

5.4.3 三雷达距离测量空间定位分析

三雷达距离测量空间定位算法采用空间距离交会的直接解法。三雷达距离测量空间定位示意如图 5-14 所示。

图中，1、2、3 为 3 个位置已知的平台；r_1、r_2、r_3 为各平台对目标的测距；D_{12}、D_{13}、D_{23} 为两平台之间的距离；G_1、G_2 为各垂足点；h 为目标到传感器所在平面的高度；S 为目标。x_i、y_i、z_i（$i=1,2,3$）为传感器 i 的平台位置。

由空间定位可知

$$\begin{cases} r_1^2 = (x-x_1)^2 + (y-y_1)^2 + (z-z_1)^2 \\ r_2^2 = (x-x_2)^2 + (y-y_2)^2 + (z-z_2)^2 \\ r_3^2 = (x-x_3)^2 + (y-y_3)^2 + (z-z_3)^2 \end{cases} \quad (5\text{-}79)$$

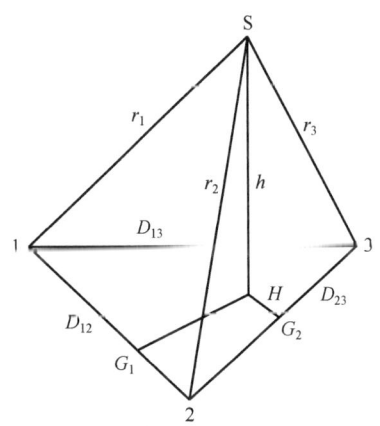

图 5-14 三雷达距离测量空间定位示意

已知 r_i^2、x_i、y_i、z_i ($i=1,2,3$)，求目标 S 的空间位置 (x,y,z)。

通过对式（5-79）求解可得

$$\begin{cases} x = k_1 z + \Delta_1 \\ y = k_2 z + \Delta_2 \\ z = \dfrac{-b \pm \sqrt{b^2 - 4ac}}{2a} \end{cases} \quad (5\text{-}80)$$

式中,

$$\begin{cases} a = 1 + k_1^2 + k_2^2 \\ b = 2(k_1(\Delta_1 - x_3) + k_2(\Delta_2 - y_3) - z_3) \\ c = (\Delta_1 - x_3)^2 + (\Delta_2 - y_3)^2 + z_3^2 - r_3^2 \\ k_1 = -\dfrac{z_1 - z_2 - (y_1 - y_2)k_2}{x_1 - x_2} \\ \Delta_1 = \dfrac{1}{2} \dfrac{r_2^2 - r_1^2 - z_2^2 + z_1^2 - y_2^2 + y_1^2 - x_2^2 + x_1^2}{x_1 - x_2} - \dfrac{y_1 - y_2}{x_1 - x_2} \Delta_2 \\ k_2 = \dfrac{(x_1 - x_2)(z_3 - z_2) - (x_3 - x_2)(z_1 - z_2)}{(x_3 - x_2)(y_1 - y_2) - (x_1 - x_2)(y_3 - y_2)} \\ \Delta_2 = \dfrac{1}{2}\left(\dfrac{(x_3 - x_2)(r_2^2 - r_1^2 - z_2^2 + z_1^2 - y_2^2 + y_1^2 - x_2^2 + x_1^2)}{(x_3 - x_2)(y_1 - y_2) - (x_1 - x_2)(y_3 - y_2)} - \right. \\ \left. \dfrac{(x_1 - x_2)(r_2^2 - r_3^2 - z_2^2 + z_3^2 - y_2^2 + y_3^2 - x_2^2 + x_3^2)}{(x_3 - x_2)(y_1 - y_2) - (x_1 - x_2)(y_3 - y_2)}\right) \end{cases} \quad (5\text{-}81)$$

对于解算出来的两个解,可以使用某雷达的方位进行判定,以确定唯一的目标位置(x, y, z)。再利用求得的目标位置(x, y, z)和各雷达平台的位置来求解各雷达对目标的方位、俯仰,并以此为真值,计算各雷达探测的方位、俯仰误差,即

$$\begin{cases} \beta_i' = \arctan \dfrac{x - x_i}{y - y_i} \\ \varepsilon_i' = \arctan \dfrac{z - z_i}{\sqrt{(x - x_i)^2 + (y - y_i)^2}} \end{cases} \quad (5\text{-}82)$$

计算相应的测向误差,可得

$$\begin{cases} \Delta \beta_i(k) = \beta_i(k) - \beta_i'(k) \\ \Delta \varepsilon_i(k) = \varepsilon_i(k) - \varepsilon_i'(k) \end{cases} \quad (5\text{-}83)$$

5.4.3.1 三雷达距离测量空间定位精度分析

由上述求解过程可知,系统误差的估计精度取决于目标的定位精度,因此以下重点对三雷达距离测量空间定位精度进行分析。根据各平台雷达给出的三雷达距离测量空间的测距信息,可直接由三雷达距离测量空间的精度计算出目标的位置精度。测距误差方程为

$$\begin{cases} V = AX \\ v_i = \cos\alpha_i dx + \cos\beta_i dy + \cos\gamma_i dz \end{cases} \quad (5\text{-}84)$$

式中，$\cos\alpha_i$、$\cos\beta_i$、$\cos\gamma_i$ 为平台到目标的方向余弦，式（5-84）表示成矩阵形式为

$$\begin{pmatrix} v_1 \\ v_2 \\ v_3 \end{pmatrix} = \begin{bmatrix} \cos\alpha_1 & \cos\beta_1 & \cos\gamma_1 \\ \cos\alpha_2 & \cos\beta_2 & \cos\gamma_2 \\ \cos\alpha_3 & \cos\beta_3 & \cos\gamma_3 \end{bmatrix} \begin{pmatrix} dx \\ dy \\ dz \end{pmatrix} \quad (5\text{-}85)$$

下面分等精度测距和不等精度测距两种情况进行分析。

1）等精度测距

当各平台雷达测距精度相近时（假设测距精度为 μ^2），则目标点位置误差为

$$M_s^2 = \mu^2 Q_{ss} = \mu^2 \text{tr}(Q_{xx}) = \mu^2 \text{tr}(A^T A)^{-1} \quad (5\text{-}86)$$

根据矩阵迹的性质可知

$$\begin{cases} \text{tr}(AB) = \text{tr}(BA) \\ Q_{ss} = \text{tr}(A^T A)^{-1} = \text{tr}(AA^T)^{-1} \end{cases} \quad (5\text{-}87)$$

$$\begin{cases} AA^T = \begin{bmatrix} 1 & \cos\varphi_{12} & \cos\varphi_{13} \\ \cos\varphi_{12} & 1 & \cos\varphi_{23} \\ \cos\varphi_{13} & \cos\varphi_{23} & 1 \end{bmatrix} \\ N = |AA^T| = |A||A^T| = |A|^2 \end{cases} \quad (5\text{-}88)$$

则

$$|A| = \sqrt{N} = \sqrt{\sin^2\varphi_{12} + \sin^2\varphi_{13} + \sin^2\varphi_{23} + 2\cos\varphi_{12}\cos\varphi_{13}\cos\varphi_{23} - 2} \quad (5\text{-}89)$$

式中，φ_{12}、φ_{13}、φ_{23} 分别为测距 r_1 与 r_2、r_1 与 r_3、r_2 与 r_3 之间的空间夹角。

$$(AA^T)^{-1} = \frac{1}{N}\begin{bmatrix} \sin^2\varphi_{23} & q_{12} & q_{13} \\ q_{21} & \sin^2\varphi_{13} & q_{23} \\ q_{31} & q_{32} & \sin^2\varphi_{12} \end{bmatrix} \quad (5\text{-}90)$$

所以

$$Q_{ss} = \text{tr}(A^T A)^{-1} = \frac{1}{N}(\sin^2\varphi_{12} + \sin^2\varphi_{13} + \sin^2\psi_{23})$$

$$M_s^2 = \mu^2 \frac{\sin^2\varphi_{12} + \sin^2\varphi_{13} + \sin^2\varphi_{23}}{\sin^2\varphi_{12} + \sin^2\varphi_{13} + \sin^2\varphi_{23} + 2\cos\varphi_{12}\cos\varphi_{13}\cos\varphi_{23} - 2} \quad (5\text{-}91)$$

由式（5-91）可知，目标 S 的精度除受测距精度的影响外，还取决于测距交会的空间关系，而空间关系以各测距之间的交会角表示。因此，一旦知道距离的量测，便可立即估计 M_s^2，不需要目标的近似坐标，对误差的分析计算更加直接，对各平台的优化布局具有指导意义。

2）不等精度测距

当各平台雷达测距精度相差较大时，对各平台雷达测距设定一个加权系数 $P_i = \dfrac{\mu^2}{\sigma_i^2}$，$\mu$ 为单位权系数，σ_i^2 为各平台雷达测距精度，则目标点位置误差为

$$\begin{cases} M_s^2 = \mu^2 Q_{ss} = \mu^2 \mathrm{tr}(Q_{xx}) = \mu^2 \mathrm{tr}(A^T P A)^{-1} = \mu^2 \mathrm{tr}(AA^T P)^{-1} \\ AA^T P = \begin{bmatrix} P_1 & P_2 \cos\varphi_{12} & P_3 \cos\varphi_{13} \\ P_1 \cos\varphi_{12} & P_2 & P_3 \cos\varphi_{23} \\ P_1 \cos\varphi_{13} & P_2 \cos\varphi_{23} & P_3 \end{bmatrix} \end{cases} \quad (5\text{-}92)$$

$$\begin{cases} N' = |AA^T P| = P_1 P_2 P_3 N \\ (AA^T P)^{-1} = \dfrac{1}{N'} \begin{bmatrix} P_2 P_3 \sin^2 \varphi_{23} & q'_{12} & q'_{13} \\ q'_{21} & P_1 P_3 \sin^2 \varphi_{13} & q'_{23} \\ q'_{31} & q'_{32} & P_1 P_2 \sin^2 \varphi_{12} \end{bmatrix} \end{cases} \quad (5\text{-}93)$$

可得误差公式为

$$M_s^2 = \mu^2 \left(\frac{\sin^2 \varphi_{12}}{P_3 N} + \frac{\sin^2 \varphi_{13}}{P_2 N} + \frac{\sin^2 \varphi_{23}}{P_1 N} \right) = \frac{\sin^2 \varphi_{23}}{N} \sigma_1^2 + \frac{\sin^2 \varphi_{13}}{N} \sigma_2^2 + \frac{\sin^2 \varphi_{12}}{N} \sigma_3^2 \quad (5\text{-}94)$$

当 $\sigma_1^2 = \sigma_2^2 = \sigma_3^2 = \mu^2$ 时，不等精度测量公式与等精度测量公式一致。式（5-91）和式（5-94）都是评定空间目标位置精度的公式，对于同样的测距精度和交会关系，这两个公式给出的结果是等价的。

5.4.3.2 三雷达距离测量空间定位最优交会点计算

因为当 $\sigma_1^2 = \sigma_2^2 = \sigma_3^2 = \mu^2$ 时，不等精度测量公式与等精度测量公式一致，因此为简化起见，在三雷达距离测量空间定位最优交会点的分析上，只讨论等精度测距。等精度测距交会点误差可表示为

$$M_s^2 = \frac{\sigma_r^2}{1 + 2W} \quad (5\text{-}95)$$

式中，$W = \dfrac{\cos\varphi_{12} \cos\varphi_{13} \cos\varphi_{23} - 1}{\sin^2 \varphi_{12} + \sin^2 \varphi_{13} + \sin^2 \varphi_{23}}$。

由式（5-95）可知，当测距精度一定时，M_s^2 由 W 确定。因此，最佳交会点问题变成求 W 的极值问题，令

$$\begin{cases} \dfrac{\partial W}{\partial \varphi_{12}} = -\dfrac{1}{Q} \sin\varphi_{12} \cos\varphi_{13} \cos\varphi_{23} - \dfrac{1}{Q^2} \sin 2\varphi_{12} (\cos\varphi_{12} \cos\varphi_{13} \cos\varphi_{23} - 1) = 0 \\ \dfrac{\partial W}{\partial \varphi_{13}} = -\dfrac{1}{Q} \sin\varphi_{13} \cos\varphi_{12} \cos\varphi_{23} - \dfrac{1}{Q^2} \sin 2\varphi_{13} (\cos\varphi_{12} \cos\varphi_{13} \cos\varphi_{23} - 1) = 0 \\ \dfrac{\partial W}{\partial \varphi_{23}} = -\dfrac{1}{Q} \sin\varphi_{23} \cos\varphi_{12} \cos\varphi_{13} - \dfrac{1}{Q^2} \sin 2\varphi_{23} (\cos\varphi_{12} \cos\varphi_{13} \cos\varphi_{23} - 1) = 0 \end{cases} \quad (5\text{-}96)$$

式中，$Q = \sin^2 \varphi_{12} + \sin^2 \varphi_{13} + \sin^2 \varphi_{23}$。

对式（5-96）化简得

$$\cos \varphi_{12} = \cos \varphi_{13} = \cos \varphi_{23} = \cos \varphi \quad (5\text{-}97)$$

将式（5-97）代入式（5-96）中的第一式，可得

$$\sin \varphi \cos \varphi (\cos \varphi - 1)^2 (\cos \varphi + 2) = 0 \quad (5\text{-}98)$$

此即为最佳交会点满足的条件，式中 $\varphi \neq 0$，所以

$$\sin \varphi (\cos \varphi - 1)^2 (\cos \varphi + 2) \neq 0 \quad (5\text{-}99)$$

因此，$\cos \varphi = 0$，即

$$\varphi_{12} = \varphi_{13} = \varphi_{23} = 90° \quad (5\text{-}100)$$

说明当交会角相等且都为 90° 时，$W = W_{\max}$，$\boldsymbol{M}_s^2 = \boldsymbol{M}_{s\min}^2$，最佳关系为 3 条测距互相垂直，测站与目标组成交会角为 90° 的四面体。

当 $\varphi_{12} = \varphi_{13} = \varphi_{23} = 90°$ 时，有

$$\begin{cases} r_1^2 + r_2^2 = D_{12}^2 \\ r_3^2 + r_2^2 = D_{23}^2 \\ r_1^2 + r_3^2 = D_{13}^2 \end{cases} \quad (5\text{-}101)$$

方程（5-101）有唯一解，说明三平台雷达的最佳交会点是唯一的。而且通过解析几何可知，利用简单的几何关系就可以计算出取得最优交会点的最优边长。通过最优边长的计算也可以粗略地估计测量精度。在测量中，应优化平台位置，使被测物体尽量位于最佳交会点附近。

定理 5-1：当 S 为最佳交会点时，三平台雷达组成的平面三角形必须为锐角三角形。

证明：当 S 点为最佳交会点时，平面角度有如下方程。

$$\cos \angle 213 = \frac{D_{12}^2 + D_{13}^2 - D_{23}^2}{2 D_{12} D_{13}} = \frac{r_1^2}{\sqrt{(r_1^2 + r_2^2)(r_1^2 + r_3^2)}} > 0 \quad (5\text{-}102)$$

所以 $0° < \angle 213 < 90°$。同理，$0° < \angle 123 < 90°$，$0° < \angle 132 < 90°$。即：当 S 为最佳交会点时，三平台雷达组成的平面三角形必须为锐角三角形。证毕。

定理 5-2：当 S 为最佳交会点时，3 条测距相对于平台平面的夹角 $(\varepsilon_1, \varepsilon_2, \varepsilon_3)$ 满足 $\sin^2 \varepsilon_1 + \sin^2 \varepsilon_2 + \sin^2 \varepsilon_3 = 1$。

证明：当 S 点为最佳交会点时，3 个平台雷达位置组成的平面方程为

$$\frac{x}{r_1} + \frac{y}{r_2} + \frac{z}{r_3} = 1 \quad (5\text{-}103)$$

S 点至三平台雷达平面的距离为

$$h = \frac{1}{\sqrt{\dfrac{1}{r_1^2} + \dfrac{1}{r_2^2} + \dfrac{1}{r_3^2}}} = \frac{r_1 r_2 r_3}{\sqrt{r_1^2 r_2^2 + r_1^2 r_3^2 + r_2^2 r_3^2}} \quad (5\text{-}104)$$

3 条测距相对于三平台雷达平面的夹角为

$$\begin{cases} \sin\varepsilon_1 = \dfrac{h}{r_1} = \dfrac{r_2 r_3}{\sqrt{r_1^2 r_2^2 + r_1^2 r_3^2 + r_2^2 r_3^2}} \\ \sin\varepsilon_2 = \dfrac{h}{r_2} = \dfrac{r_1 r_3}{\sqrt{r_1^2 r_2^2 + r_1^2 r_3^2 + r_2^2 r_3^2}} \\ \sin\varepsilon_3 = \dfrac{h}{r_3} = \dfrac{r_1 r_2}{\sqrt{r_1^2 r_2^2 + r_1^2 r_3^2 + r_2^2 r_3^2}} \end{cases} \quad (5\text{-}105)$$

即有 $\sin^2\varepsilon_1 + \sin^2\varepsilon_2 + \sin^2\varepsilon_3 = 1$。证毕。

假设三平台雷达构成等边三角形,待测目标 S 在三角形的正上方变动。则待测目标 S 至各平台的距离误差方程可写成

$$V_s = -\cos\varepsilon\cos\beta \mathrm{d}x - \cos\varepsilon\sin\beta \mathrm{d}y - \sin\varepsilon \mathrm{d}z \quad (5\text{-}106)$$

式中,ε 为平台雷达对目标的俯仰角;β 为平台雷达对目标的方位角。将 ε 和 β 组成法方程,并消去交叉项,得到方程系数矩阵

$$\boldsymbol{N} = \begin{bmatrix} \dfrac{3}{2}\cos^2\varepsilon & 0 & 0 \\ 0 & \dfrac{3}{2}\cos^2\varepsilon & 0 \\ 0 & 0 & 3\sin^2\varepsilon \end{bmatrix} \quad (5\text{-}107)$$

则待测目标 S 的位置误差为

$$\begin{aligned} m_x = m_y &= \boldsymbol{M}_s \sqrt{\dfrac{2}{3}} \dfrac{1}{\cos\varepsilon} \\ m_z &= \boldsymbol{M}_s \sqrt{\dfrac{1}{3}} \dfrac{1}{\sin\varepsilon} \end{aligned} \quad (5\text{-}108)$$

待测目标 S 的平面位置中误差及三维点位中误差为

$$\begin{cases} m_{xy} = \boldsymbol{M}_s \sqrt{\dfrac{4}{3}} \dfrac{1}{\cos\varepsilon} \\ m_p = \boldsymbol{M}_s \sqrt{\dfrac{4}{3\cos^2\varepsilon} + \dfrac{1}{3\sin^2\varepsilon}} \end{cases} \quad (5\text{-}109)$$

由上述分析可知:

(1)待测目标的精度不仅与各雷达的测距精度 σ_r^2 有关,还与平台和目标的测距交会的空间关系有关,这里空间关系用各测距之间的交会角表示。

(2)当雷达俯仰角 ε 越小时,平面位置精度越高,但高程精度大幅度降低;当 ε 越大时,平面位置精度越低,但高程精度较高。当雷达测距精度为 $\sigma_r = 50\mathrm{m}$ 时,各精度指标随 ε 变化的曲线如图 5-15 所示。

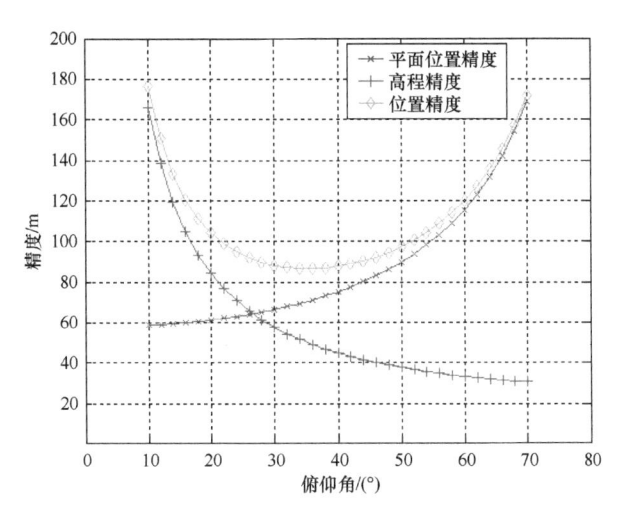

图 5-15 三雷达距离测量定位精度随俯仰角变化的曲线

5.4.4 仿真验证

（1）平台 1 初始位置为[0m,0m,0m]，运动速度为[0m/s,0m/s,0m/s]。

（2）平台 2 初始位置为[25km,0km,0km]，运动速度为[0m/s,0m/s,0m/s]。

（3）传感器 1 系统误差参数：传感器探测误差 $\Delta r_1 = 30\text{m}$，$\Delta \beta_1 = 0.8°$，$\Delta \varepsilon_1 = 0°$，噪声误差 $\sigma_{r_1} = 100\text{m}$，$\sigma_{\beta_1} = 0.3°$，$\sigma_{\varepsilon_1} = 0.3°$。

（4）传感器 2 系统误差参数：传感器探测误差 $\Delta r_2 = -30\text{m}$，$\Delta \beta_2 = -0.8°$，$\Delta \varepsilon_2 = 0°$，噪声误差 $\sigma_{r_2} = 100\text{m}$，$\sigma_{\beta_2} = 0.3°$，$\sigma_{\varepsilon_2} = 0.3°$。

仿真场景如图 5-16 所示。

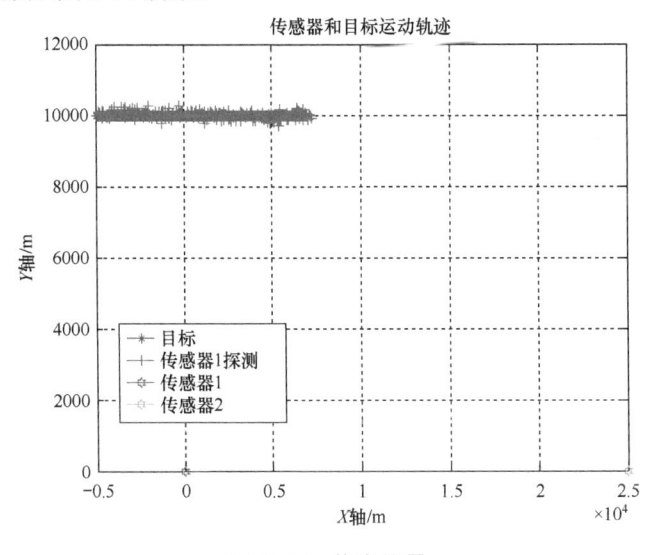

图 5-16 仿真场景

方位系统误差估计结果如图 5-17 所示。

(a) 传感器1方位系统误差估计

(b) 传感器2方位系统误差估计

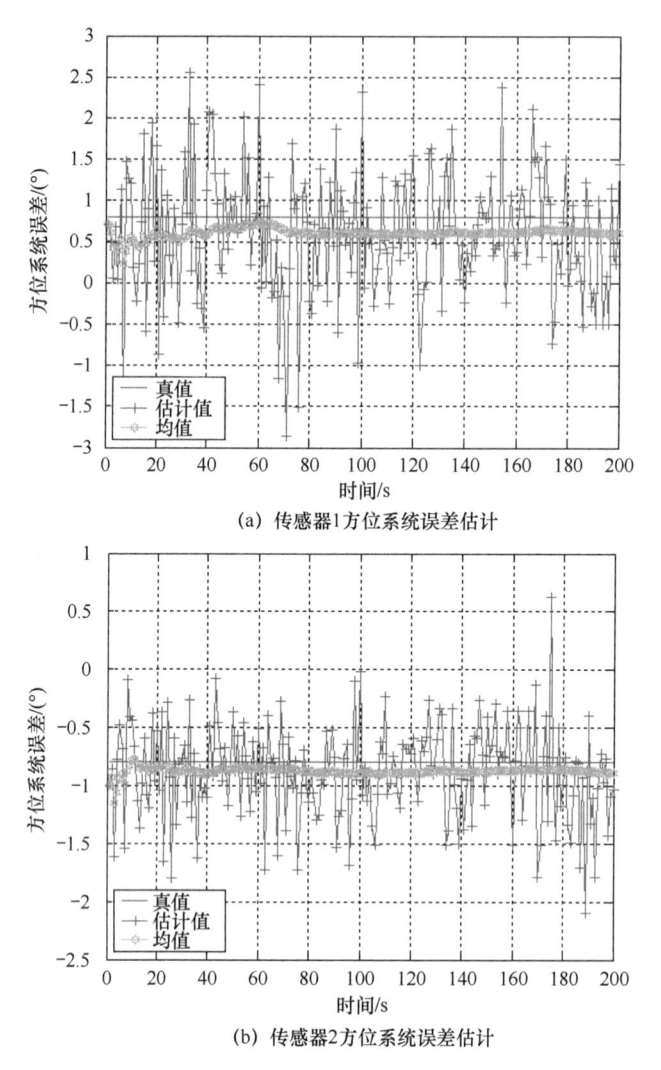

图 5-17　方位系统误差估计结果

采用测距定位后，对传感器的系统误差进行实时配准，配准消除的系统误差如表 5-2（采样统计值）所示。

表 5-2　实时配准消除的系统误差

传感器 1 系统误差/%	传感器 2 系统误差/%
74.8	80.2

5.5 多平台多无源传感器空间配准方法

在多平台多无源传感器信息融合中,研究最多的就是同步融合问题,即假设各无源传感器同步对目标进行测量,并将数据同步传送到融合中心。国内外对无源传感器空间配准的研究也主要是针对同步测量情况下的 LS、EKF、UKF、EML 等配准方法进行的。但实际的多无源传感器对目标的探测往往是异步进行的,而目前国内外对异步测量情况下的无源传感器空间配准研究较少。因此,要想研究异步测量情况下的无源传感器空间配准问题,建立有效的异步测量无源传感器空间配准模型是关键。如图 5-18 所示,多异步无源传感器空间配准主要包括两部分内容:方位测量时间对齐和无约束优化配准方法。

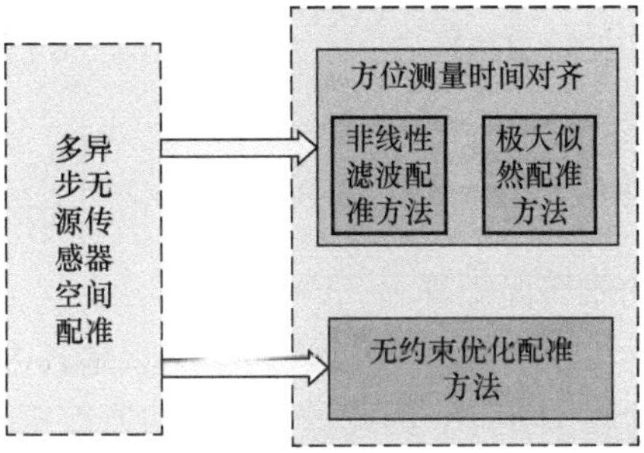

图 5-18 多异步无源传感器空间配准内容

在公共坐标系中,k 时刻无源传感器 i 的测量方程为

$$\beta_i(k) = \arctan \frac{x_i(k) - u_i}{y_i(k) - v_i} + \Delta\beta_i + w_i(k) \qquad (5\text{-}110)$$

式中,$\beta_i(k)$ 为方位测量值;$x_i(k)$ 和 $y_i(k)$ 为目标状态;u_i 和 v_i 为平台在 xy 平面的位置坐标;$\Delta\beta_i$ 为系统误差;$w_i(k)$ 为测量噪声;下标 $i=1,2,\cdots,S$ 为各固定平台 ESM 传感器编号。由式(5-110)可以看出:

(1)对于异步测量的情况,由于组成式(5-110)的方程组是欠定的,只能在附加的约束条件(如目标做匀速直线运动)下求解。

(2)对于同步测量的情况,S 个 ESM 传感器在 N 个测量时刻可以获得 $S\times N$ 个测量方程,未知参数包括 $2N$ 个目标状态变量和 S 个系统误差参数。当 $S=2$ 时,问题显然不可求解;当 $S \geqslant 3$ 时,只有满足 $(S-2)N \geqslant S$,式(5-110)才构成典型的非线性最小二乘问题。

5.5.1 基于二维平面交叉定位的误差配准方法

5.5.1.1 误差配准模型

通过 3 个传感器之间的两两组合,可以得到 3 组定位信息,分别表示为

$$\begin{cases} x' = x_1 + \Delta x_1 + \mathrm{d}x_1 \\ x' = x_2 + \Delta x_2 + \mathrm{d}x_2 \\ x' = x_3 + \Delta x_3 + \mathrm{d}x_3 \end{cases} \qquad (5\text{-}111)$$

$$\begin{cases} y' = y_1 + \Delta y_1 + \mathrm{d}y_1 \\ y' = y_2 + \Delta y_2 + \mathrm{d}y_2 \\ y' = y_3 + \Delta y_3 + \mathrm{d}y_3 \end{cases} \quad (5\text{-}112)$$

式中，下标 1 表示传感器 1 和传感器 2 的组合结果；下标 2 表示传感器 1 和传感器 3 的组合结果；下标 3 表示传感器 2 和传感器 3 的组合结果。

根据式（5-111）和式（5-112），可以构造如下线性关系。

$$\boldsymbol{Z}(k) = \boldsymbol{H}(k)\boldsymbol{\beta} + \boldsymbol{W}(k) \quad (5\text{-}113)$$

式中，$\boldsymbol{Z}(k) = \begin{bmatrix} x_i(k) - x_j(k) \\ y_i(k) - y_j(k) \end{bmatrix}, i \neq j \in 1,2,3$（$i$、$j$ 分别表示不同的组合情况）；

$\boldsymbol{\beta}(k) = [\Delta\alpha_1 \ \Delta\alpha_2 \ \Delta\alpha_3]$；$\boldsymbol{H}(k) = \begin{bmatrix} h_{11} & h_{12} & h_{13} \\ h_{21} & h_{22} & h_{23} \end{bmatrix}$，$\boldsymbol{H}(k)$ 为关于对偏差参数求导的雅可比矩阵。

由于式（5-113）中的 $\boldsymbol{W}$ 只是其中的一部分随机误差，另一部分随机误差包含在 $\boldsymbol{H}\boldsymbol{\beta}$ 中，因此随机测量协方差矩阵 $\boldsymbol{R}$ 可通过对式（5-113）左侧的 $\boldsymbol{Z}$ 求偏导获得。

$$\boldsymbol{R} = \begin{bmatrix} \delta_{x_i}^2 + \delta_{x_j}^2 & \\ & \delta_{y_i}^2 + \delta_{y_j}^2 \end{bmatrix} \quad (5\text{-}114)$$

以 $i=1$ 为例，δ_x^2、δ_y^2 可分别根据以下两个公式获得。

$$\sigma_x^2 = \frac{d_1^2 \sec^4\theta_1}{(\tan\theta_1 - \tan\theta_2)^4}\sigma_{\theta_1}^2 + \frac{d_2^2 \sec^4\theta_2}{(\tan\theta_1 - \tan\theta_2)^4}\sigma_{\theta_2}^2 \quad (5\text{-}115)$$

$$\sigma_y^2 = \frac{d_1^2 \sec^4\theta_1 \tan^2\theta_2}{(\tan\theta_1 - \tan\theta_2)^4}\sigma_{\theta_1}^2 + \frac{d_2^2 \sec^4\theta_2 \tan^2\theta_1}{(\tan\theta_1 - \tan\theta_2)^4}\sigma_{\theta_2}^2 \quad (5\text{-}116)$$

式中，$d_1 = [(x_2 - x_1)\tan\theta_2 + (y_1 - y_2)]$；$d_2 = [(x_1 - x_2)\tan\theta_1 + (y_2 - y_1)]$。

式（5-114）给出的线性关系是针对某一时刻 k 的，对于 K 个时刻，有

$$\boldsymbol{Z} = \boldsymbol{H}\boldsymbol{\beta} + \boldsymbol{W} \quad (5\text{-}117)$$

式中，

$$\boldsymbol{Z} = [Z(1), Z(2), \cdots, Z(K)]^\mathrm{T} \quad (5\text{-}118)$$

$$\boldsymbol{H} = [H(1), H(2), \cdots, H(K)]^\mathrm{T} \quad (5\text{-}119)$$

$$\boldsymbol{W} = [W(1), W(2), \cdots, W(K)]^\mathrm{T} \quad (5\text{-}120)$$

根据 GLS 估计可得

$$\hat{\boldsymbol{\beta}} = (\boldsymbol{H}^\mathrm{T}\boldsymbol{R}^{-1}\boldsymbol{H})^{-1}\boldsymbol{H}^\mathrm{T}\boldsymbol{R}^{-1}\boldsymbol{Z} \quad (5\text{-}121)$$

$$\mathrm{cov}(\hat{\boldsymbol{\beta}}) = (\boldsymbol{H}^\mathrm{T}\boldsymbol{R}^{-1}\boldsymbol{H})^{-1} \quad (5\text{-}122)$$

由式（5-122）可知，系统误差估计的精度与定位精度和航迹的空间分布有关。又因为 $\boldsymbol{R}$ 是分块对角矩阵，所以

$$H^{\mathrm{T}}R^{-1}H = \sum_{k=1}^{K} H^{\mathrm{T}}(k)R^{-1}(k)H(k) \tag{5-123}$$

$$H^{\mathrm{T}}R^{-1}Z = \sum_{k=1}^{K} H^{\mathrm{T}}(k)R^{-1}(k)Z(k) \tag{5-124}$$

当 K 很大时，式（5-123）和式（5-124）可以有效提高算法的运算速度。

当 k 时刻的传感器测量到达后，首先分别计算 3 个传感器之间的两两组合定位信息。为了使交会定位精度满足要求，传感器与目标之间的交会角应该满足一定的条件。因此，为了保证估计的精度，之后需要根据各传感器之间交会角的大小选取合适的定位组合。最后根据式（5-124）构造线性方程，并通过式（5-121）估计 $\hat{\beta}$。

5.5.1.2 仿真分析

3 部传感器的位置分别为(300km,-200km)、(80km,75km)、(0,-200km)，系统误差分别为 $\Delta\alpha_1 = -2.0°$，$\Delta\alpha_2 = 4.0°$，$\Delta\alpha_3 = -5.0°$。传感器的测量噪声服从零均值高斯分布，其标准系统误差分别为 $\delta_{\alpha_1} = 0.5°$，$\delta_{\alpha_2} = 1.0°$，$\delta_{\alpha_3} = 1.0°$。在仿真过程中考虑如下 3 种目标运动轨迹。目标运动轨迹分布和传感器分布如图 5-19 所示。

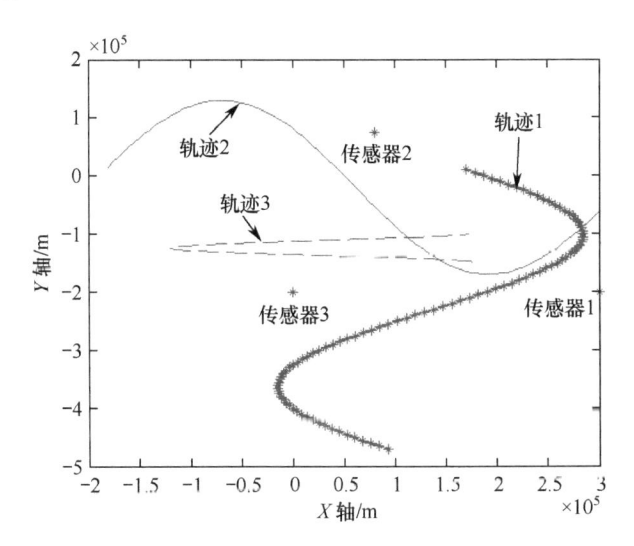

图 5-19 目标运动轨迹分布和传感器分布

（1）$\begin{cases} x_1(k) = 135000 + 150000\sin(0.06k) \\ y_1(k) = 30000 - 5000k \end{cases}$。

（2）$\begin{cases} x_2(k) = -200000 + 5000k \\ y_2(k) = -30000 + 150000\sin(0.06k) \end{cases}$。

（3）$\begin{cases} x_3(k) = 30000 + 150000\cos(0.06k) \\ y_3(k) = -150000 + 500k \end{cases}$。

由式（5-122）可知，协方差矩阵 $\boldsymbol{R}$ 随目标位置和传感器位置的变化而不同，这说明式（5-121）给出的误差配准结果与目标运动轨迹分布和传感器分布有直接关系。图 5-20 和表 5-3 中的结果表明，系统误差的配准精度与目标运动轨迹分布有直接关系，并进一步给出了不同传感器分布情况下的误差配准精度。在仿真过程中，目标运动轨迹采用图 5-19 中的轨迹 1，传感器的其他两种分布分别为：(250km,−400km)、(80km,75km)、(0,−200km)；(300km,−200km)、(150km,−200km)、(0,−200km)。结果表明系统误差的配准精度也与传感器分布有直接关系。

(a) 目标运动轨迹1下的系统误差配准结果

(b) 目标运动轨迹2下的系统误差配准结果

(c) 目标运动轨迹3下的系统误差配准结果

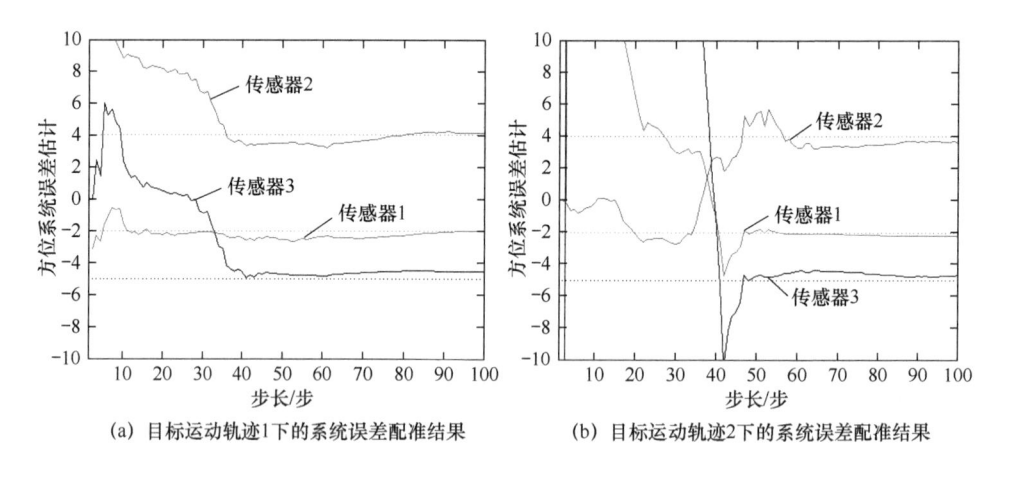

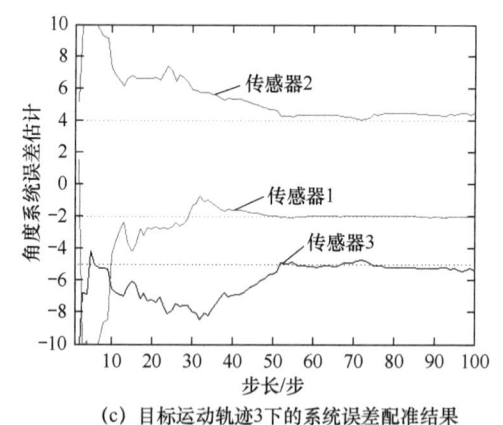

图 5-20　不同目标运动轨迹下的系统误差配准结果

表 5-3 不同目标运动轨迹下 100 步的系统误差估值

目标运动轨迹	传感器 1/(°)	传感器 2/(°)	传感器 3/(°)
轨迹 1	−1.9887	4.1120	−4.5447
轨迹 2	−2.1754	3.6203	−4.6713
轨迹 3	−2.0327	4.4455	−5.3529

5.5.2 基于 ECEF 坐标系交叉定位的误差配准方法

传统定位模型同时用多个 ESM 传感器测量同一目标的方位信息，在平面直角坐标系下基于三角定位来估计目标的位置信息。设传感器 i 的大地坐标为 (L_i, B_i)，$i = 1, 2, \cdots, m$，在 k 时刻对同一目标的方位测量值为 $\beta_i(k)$，该方位测量值能够确定一个方位面，并且其相应的法线方向数为 $\mathbf{n}_i = (\cos\beta_i(k), -\sin\beta_i(k), 0)^\mathrm{T}$。利用该方位面的相交可确定当前时刻目标的位置信息 $\mathbf{X}(k) = (x(k), y(k), z(k))^\mathrm{T}$，即求解如下线性方程组。

$$\begin{cases} \mathbf{n}_1^\mathrm{T}(\mathbf{X}(k) - \boldsymbol{\omega}_1) = 0 \\ \mathbf{n}_2^\mathrm{T}(\mathbf{X}(k) - \boldsymbol{\omega}_2) = 0 \\ \vdots \\ \mathbf{n}_m^\mathrm{T}(\mathbf{X}(k) - \boldsymbol{\omega}_m) = 0 \end{cases} \quad (5\text{-}125)$$

式中，$\boldsymbol{\omega}_i = (\omega_{ix}, \omega_{iy}, \omega_{iz})^\mathrm{T}$ 为传感器 i 在融合中心东北天坐标系下的坐标。

传统定位模型中实际上默认了各传感器东北天坐标系平行的假设条件。当各传感器相距较远时，受地球曲率的影响，各传感器的东北天坐标系并不平行，因此利用式（5-125）进行定位获得的结果具有较大的模型误差。

以下将通过一个例子来说明。

例 5-1：设 3 个传感器的位置分别为传感器 1(120°, 27°)、传感器 2(120.5°, 27.0°)、传感器 3(121°, 27°)，不考虑传感器测向随机噪声与系统误差，设目标真实轨迹为

$$\begin{cases} x = 117.5° + 0.0002°t \\ y - 28.5° \end{cases}$$

取轨迹上的一组点集，利用该点集获得相应传感器的方位测量值并定位，将获得的经纬度与目标真实经纬度作差进行比较，结果如图 5-21 所示。

由以上例子可以看到，当各传感器之间相距较远时，因为没有考虑地球曲率的影响，所以传统定位模型式（5-125）存在较大的模型误差。本书将介绍另一种定位模型——基于 ECEF 坐标系交叉定位模型，并对其 GDOP 进行分析。

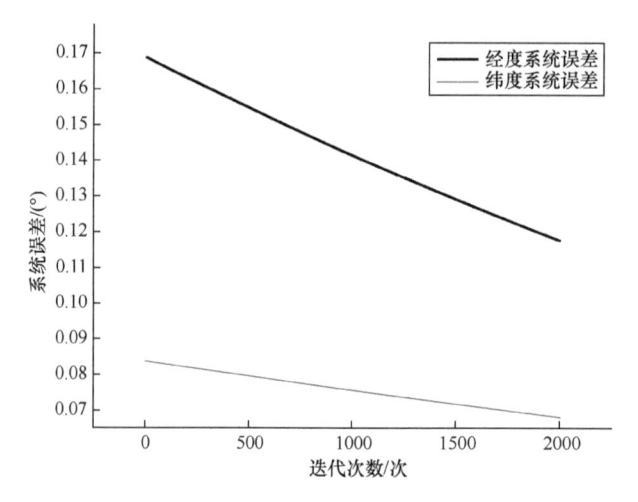

图 5-21 经纬度系统误差

5.5.2.1 基于 ECEF 坐标系交叉定位模型

设融合中心的大地坐标为 (L_0, B_0)，为克服地球曲率带来的模型误差，用传感器地理坐标系的 z 轴和测向线构成相应地理坐标系下的测向面，并利用其法线将该测向面转到融合中心的地理坐标系下，即

$$(\boldsymbol{n}_i')^{\mathrm{T}}(\boldsymbol{X}(k) - \boldsymbol{\omega}_i) = 0$$

式中，

$$\boldsymbol{n}_i' = \boldsymbol{T}_i \cdot \boldsymbol{n}_i, \quad \boldsymbol{T}_i = \begin{pmatrix} t_{11} & t_{12} & t_{13} \\ t_{21} & t_{22} & t_{23} \\ t_{31} & t_{32} & t_{33} \end{pmatrix} = \boldsymbol{T}_{i1}\boldsymbol{T}_{i2}\boldsymbol{T}_{i3}, \quad \boldsymbol{T}_{i1} = \begin{pmatrix} 1 & 0 & 0 \\ 0 & \cos L_0 & -\sin L_0 \\ 0 & \sin L_0 & \cos L_0 \end{pmatrix},$$

$$\boldsymbol{T}_{i2} = \begin{pmatrix} \cos \Delta L & 0 & \sin \Delta L \\ 0 & 1 & 0 \\ \cos \Delta L & 0 & \cos \Delta L \end{pmatrix}, \quad \boldsymbol{T}_{i3} = \begin{pmatrix} 1 & 0 & 0 \\ 0 & \cos L_0 & \sin L_0 \\ 0 & -\sin L_0 & \cos L_0 \end{pmatrix}, \quad \Delta L = L_0 - L_i \, 。$$

各方位面相交即可获得目标的位置信息，求解如下线性方程组。

$$\begin{cases} (\boldsymbol{n}_1')^{\mathrm{T}}(\boldsymbol{X}(k) - \boldsymbol{\omega}_1) = 0 \\ (\boldsymbol{n}_2')^{\mathrm{T}}(\boldsymbol{X}(k) - \boldsymbol{\omega}_2) = 0 \\ \vdots \\ (\boldsymbol{n}_m')^{\mathrm{T}}(\boldsymbol{X}(k) - \boldsymbol{\omega}_m) = 0 \end{cases} \quad （5-126）$$

为了更清楚地对比模型式（5-125）与模型式（5-126）的定位效果，用例 5-1 中的数据进行计算，并给出经纬度系统误差，如图 5-22 所示。

由图可知，模型式（5-126）得到的结果精度要比模型式（5-125）高，在一定程度上消除了由地球曲率引起的模型误差，因此在各传感器之间相距较远的情况下，模型式（5-125）比模型式（5-126）具有更好的定位效果。

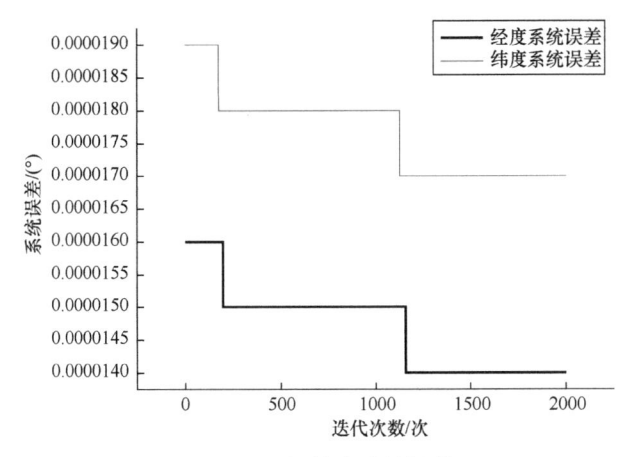

图 5-22 经纬度系统误差

以上模型的讨论没有考虑传感器的测向系统误差，当各传感器有测向系统误差时，模型式（5-125）的定位精度会受到很大影响。以下将分析测向系统误差对多无源传感器协同定位精度的影响。

5.5.2.2 模型 GDOP 分析

GDOP 经常用于衡量无源传感器的定位精度。该参数描述的是定位误差的二维几何分布，即定位误差与几何的关系，表达式为

$$\text{GDOP} = \sqrt{\sigma_x^2 + \sigma_y^2}$$

式中，σ_x^2、σ_y^2 分别表示 x、y 方向定位误差的方差。

下面以典型的三站无源传感器为例，三角形布站，站距 30km±10m，各传感器具有相同的测量噪声 2°。图 5-23～图 5-26 是在不同观测条件下（不同的系统误差和目标高度）的 GDOP 分布情况。

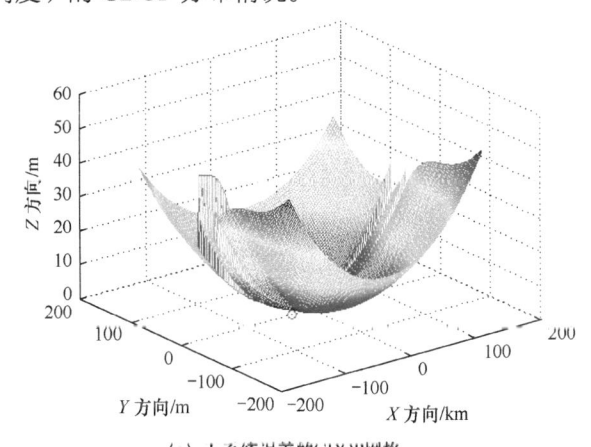

(a) 无系统误差的 GDOP 网格

图 5-23 目标高度 $H_T = 0.1$km、$\sigma_s = 0$ 条件下的 GDOP 网格

(b) 无系统误差的GDOP等高线

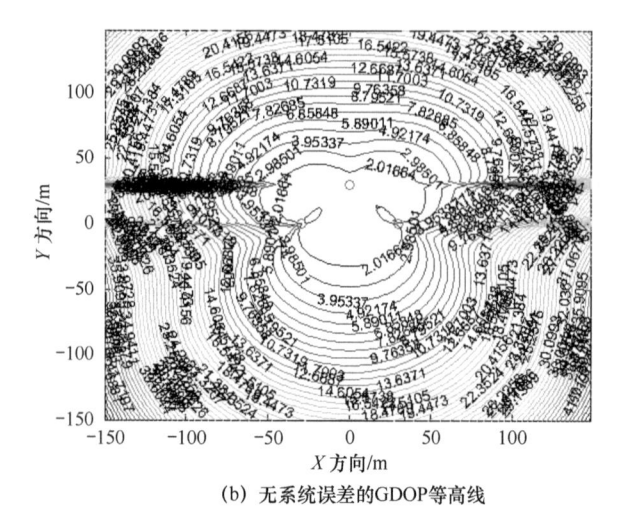

图 5-23 目标高度 $H_T=0.1\text{km}$、$\sigma_s=0$ 条件下的 GDOP 网格（续）

(a) 有系统误差的GDOP网格

(b) 有系统误差的GDOP等高线

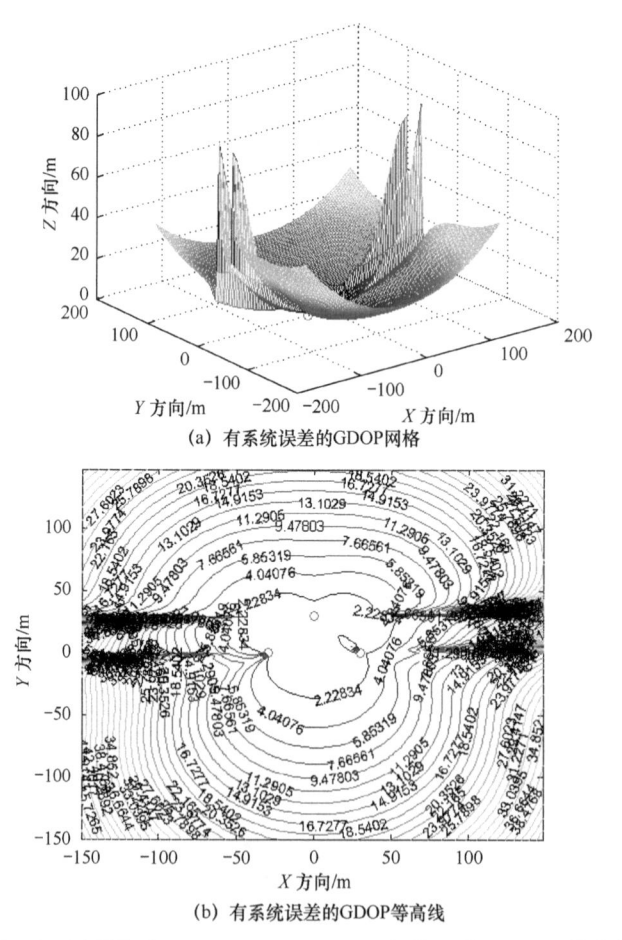

图 5-24 目标高度 $H_T=0.1\text{km}$、$\sigma_s=2°$ 条件下的 GDOP 等高线

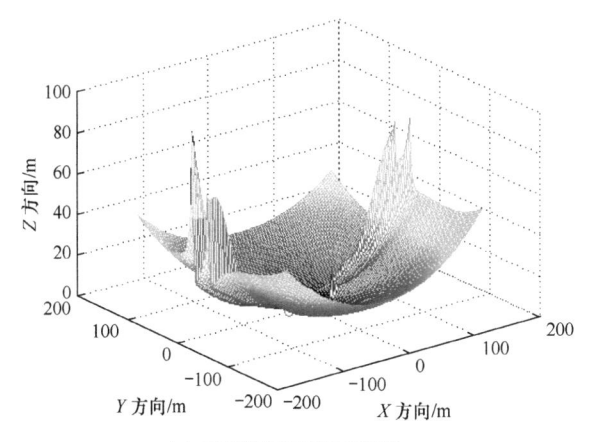

(a) 无系统误差的GDOP网格

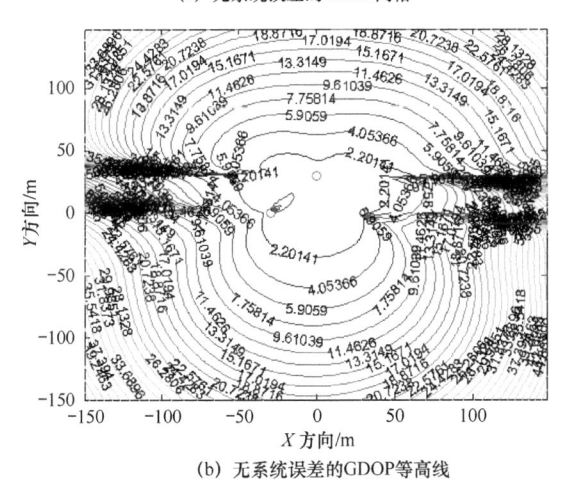

(b) 无系统误差的GDOP等高线

图 5-25 目标高度 $H_T = 10$km、$\sigma_s = 0°$ 条件下的 GDOP 网格

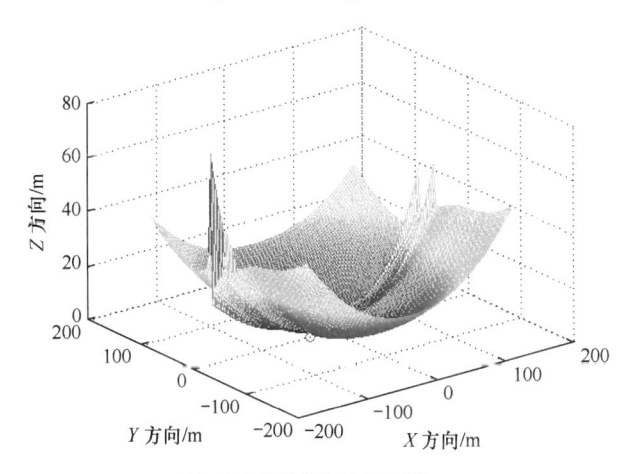

(a) 有系统误差的GDOP网格

图 5-26 目标高度 $H_T = 10$km、$\sigma_s = 2°$ 条件下的 GDOP 等高线

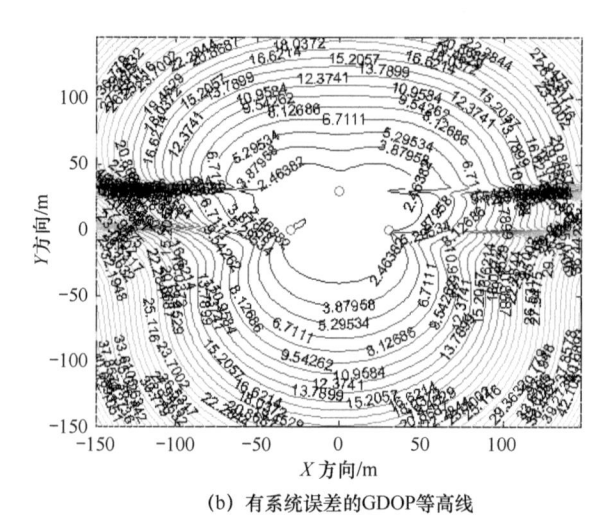

(b) 有系统误差的GDOP等高线

图 5-26　目标高度 $H_T = 10$km、$\sigma_s = 2°$ 条件下的 GDOP 等高线（续）

由图 2-23～图 2-26 可以看出，在相同的目标高度下，系统误差的存在对定位精度（GDOP 值）具有明显的影响——定位精度明显降低，而且定位盲区面积扩大。随着目标由近及远，有无系统误差的定位精度的差距逐渐加大。当目标高度为 0.1km 时，系统误差导致目标在 ±75km 左右的观测区域处，定位精度从 5km 降至 8km 以下，如图 5-23 所示；在 ±150km 处的侧边区，GDOP 峰值从 40km 增至 60km，如图 5-24 所示。当目标高度 10km 时，目标在 ±75km 左右的观测区域处，定位精度从 10km 降至 13km 以下，如图 5-25 所示；在 ±150km 处的侧边区，GDOP 峰值从 70km 增至 80km，如图 5-26 所示。

比较图 5-23 和图 5-24 可以看到，即使不存在系统误差，随着目标高度的增加，GDOP 值也会逐渐增大（定位精度逐渐下降）。随着目标由近及远，目标高度 0.1km 与目标高度 10km 的远近 GDOP 差值逐渐增大，即目标高度越高，越远处目标的定位精度越低。而系统误差的存在更是扩大了这一差距。比较图 5-25 和图 5-26 可以看出，定位误差扩大了一倍。

综上所述，随着系统误差的增大，不仅整个区域内的 GDOP 值增大，而且定位误差较大的区域明显扩大。可见，系统误差是影响定位精度的主要因素之一。

为了消除测向系统误差的影响，可以继续对模型式（5-126）进行修正。假设传感器 i 的测向系统误差为 $\Delta\beta_i$，那么相应测向面的法线方向数为

$$\boldsymbol{n}_i'' = \boldsymbol{T}_i \begin{pmatrix} \cos(\beta_i(k) - \Delta\beta_i) \\ -\sin(\beta_i(k) - \Delta\beta_i) \\ 0 \end{pmatrix} \approx \begin{pmatrix} u_{i1}(k) + v_{i1}(k)\Delta\beta_i \\ u_{i2}(k) + v_{i2}(k)\Delta\beta_i \\ u_{i3}(k) + v_{i3}(k)\Delta\beta_i \end{pmatrix} \quad (5\text{-}127)$$

式中，

$$\begin{cases} u_{i1}(k) = t_{11}\cos\beta_i(k) - t_{12}\sin\beta_i(k) \\ v_{i1}(k) = t_{11}\sin\beta_i(k) + t_{12}\cos\beta_i(k) \\ u_{i2}(k) = t_{21}\cos\beta_i(k) - t_{22}\sin\beta_i(k) \\ v_{i2}(k) = t_{21}\sin\beta_i(k) + t_{22}\cos\beta_i(k) \\ u_{i3}(k) = t_{31}\cos\beta_i(k) - t_{32}\sin\beta_i(k) \\ v_{i3}(k) = t_{31}\sin\beta_i(k) + t_{32}\cos\beta_i(k) \end{cases}$$

则相应的方位面为

$$(u_{i1}(k) + v_{i1}(k)\Delta\beta_i)(x(k) - \omega_{ix}) + (u_{i2}(k) + v_{i2}(k)\Delta\beta_i)(y(k) - \omega_{iy}) + (u_{i3}(k) + v_{i3}(k)\Delta\beta_i)(z(k) - \omega_{iz}) = 0 \quad (5\text{-}128)$$

整理得

$$\gamma_i(k)\boldsymbol{X}(k) + \pi_i(k)\Delta\beta_i - \phi_i = 0 \quad (5\text{-}129)$$

式中,

$$\gamma_i(k) = (u_{i1}(k), u_{i2}(k), u_{i3}(k))$$
$$\boldsymbol{X}(k) = (x(k), y(k), z(k))^{\mathrm{T}}$$
$$\pi_i(k) = (v_{i1}(k), v_{i2}(k), v_{i3}(k))\boldsymbol{X}(k) - (v_{i1}(k)\omega_{ix} + v_{i2}(k)\omega_{iy} + v_{i3}(k)\omega_{iz})$$
$$\phi_i = u_{i1}(k)\omega_{ix} + u_{i2}(k)\omega_{iy} + u_{i3}(k)\omega_{iz}$$

最后将所有传感器的 k 时刻方位平面联立并写成矩阵形式,可得

$$\boldsymbol{A}(k)\boldsymbol{\chi}(k) + \boldsymbol{B}(k)\Delta\boldsymbol{B} - \boldsymbol{\eta}(k) = 0 \quad (5\text{-}130)$$

式中,

$$\boldsymbol{A}(k) = \mathrm{diag}(\gamma_1(k), \gamma_2(k), \cdots, \gamma_m(k))$$
$$\boldsymbol{\chi}(k) = (\boldsymbol{X}(k), \boldsymbol{X}(k), \cdots, \boldsymbol{X}(k))^{\mathrm{T}}$$
$$\boldsymbol{B}(k) = \mathrm{diag}(\pi_1(k), \pi_2(k), \cdots, \pi_m(k))$$
$$\Delta\boldsymbol{B} = (\Delta\beta_1, \Delta\beta_2, \cdots, \Delta\beta_m)^{\mathrm{T}}$$
$$\boldsymbol{\eta} = (\phi_1(k), \phi_2(k), \cdots, \phi_m(k))^{\mathrm{T}}$$

从而可以建立精确极大似然(EML)配准模型,即

$$\boldsymbol{J} = \min\sum_{k=1}^{K}\boldsymbol{J}_k = \min\sum_{k=1}^{K}\|\boldsymbol{A}(k)\boldsymbol{\chi}(k) + \boldsymbol{B}(k)\Delta\boldsymbol{B} - \boldsymbol{\eta}(k)\|^2 \quad (5\text{-}131)$$

EML 配准模型式(5-131)是 $\boldsymbol{\chi}(k)$ 和 $\Delta\boldsymbol{B}$ 的非线性函数,通常难以获得解析解。但是由于式(5-131)中 $\boldsymbol{\chi}(k)$ 和 $\Delta\boldsymbol{B}$ 是分离的,因此可以利用两阶段优化算法序贯完成对 $\boldsymbol{\chi}(k)$ 和 $\Delta\boldsymbol{B}$ 的优化。该算法在两阶段之间迭代,直到收敛为止,步骤如下。

第一步:通过位置信息 $\boldsymbol{\chi}(k)$ 估计 $\Delta\boldsymbol{B}$,其中 $k = 1, 2, \cdots, K$,因为 $\Delta\boldsymbol{B}$ 是给定 $\boldsymbol{\chi}(k)$ 下的最小值,所以有

$$\frac{\partial\boldsymbol{J}}{\partial\Delta\boldsymbol{B}} = 0 \quad (5\text{-}132)$$

即

$$\Delta \hat{\boldsymbol{B}} = \left(\sum_{k=1}^{K} \boldsymbol{B}(k)^{\mathrm{T}} \boldsymbol{B}(k) \right)^{-1} \left(\sum_{k=1}^{K} \boldsymbol{B}(k)^{T} \left(\boldsymbol{\eta}(k) - \boldsymbol{A}(k) \boldsymbol{\chi}(k) \right) \right) \quad (5\text{-}133)$$

第二步：在式（5-131）中，用 $\Delta \hat{\boldsymbol{B}}$ 代替 $\Delta \boldsymbol{B}$，通过极小化 J_k，即

$$\min \left\| \boldsymbol{A}(k) \boldsymbol{\chi}(k) + \boldsymbol{B}(k) \Delta \hat{\boldsymbol{B}} - \boldsymbol{\eta}(k) \right\|^2 \quad (5\text{-}134)$$

获得 k 时刻的目标位置信息 $\boldsymbol{X}(k)$。关于 $\boldsymbol{X}(k)$ 的求解实际上相当于求解一个常规线性最小二乘问题。这里要说明的是，由于只有方位测量值，所以 $\boldsymbol{X}(k)$ 中的 $z(k)$ 是不可求解的，因此求解过程中令 $z(k)$ 为 0。

综上，EML 配准方法的步骤可总结如下。

（1）设定阈值 ε，令迭代步数为 p，置 $p=0$，令 $\Delta \hat{\boldsymbol{B}}^{(p)} = 0$。

（2）利用式（5-131）求目标位置 $\boldsymbol{X}^{(p+1)}(k)$，$k = 0, 1, \cdots, K$，再利用位置信息估计 $\Delta \hat{\boldsymbol{B}}^{(p+1)}$。

（3）若 $\left\| \Delta \hat{\boldsymbol{B}}^{(p+1)} - \Delta \hat{\boldsymbol{B}}^{(p)} \right\| \leqslant \varepsilon$，则退出；否则，$p = p+1$，转步骤（2）。

此外，EML 配准方法还有以下几个良好的性质（证明过程略，可参考周逸峰的论文《数据融合的精确极大似然配准算法》）。

（1）$\Delta \hat{\boldsymbol{B}}$ 与 $\boldsymbol{X}(k)$ 至少收敛到一个局部极小点。

（2）EML 算法对 $\Delta \hat{\boldsymbol{B}}$ 的估计具有一致性。

（3）EML 算法对 $\Delta \hat{\boldsymbol{B}}$ 和 $\boldsymbol{X}(k)$ 的估计是渐进无偏的。

（4）EML 算法对 $\Delta \hat{\boldsymbol{B}}$ 的估计是渐进有效的。

5.5.2.3 仿真数据分析

以下将给出 3 个例子来说明如下观点：EML 算法的收敛性依赖目标和传感器的几何关系，在两者几何关系较好的情况下收敛速度较快，否则收敛速度较慢甚至不收敛。

例 5-2：设传感器 1 的位置为 $(120°, 27°)$，传感器 2 的位置为 $(120.5°, 29.5°)$，传感器 3 的位置为 $(121°, 27°)$，3 个传感器的测向随机噪声均为 $0.5°$，目标真实轨迹为

$$\begin{cases} x = 120.5° \\ y = 28.5° - 0.0002°t \end{cases}$$

取轨迹上的一组点集，并利用该点集获得相应传感器的方位测量值。

（1）测向系统误差分别为 $0.0°$、$0.0°$、$0.0°$，利用 EML 配准方法得到的系统误差估计结果如图 5-27 所示。

（2）测向系统误差分别为 $2.5°$、$3.5°$、$1.5°$，利用 EML 配准方法得到的系统误差估计结果如图 5-28 所示。

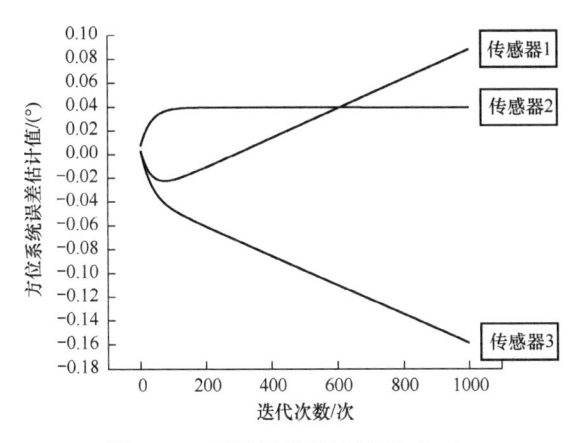

图 5-27　系统误差估计结果（一）

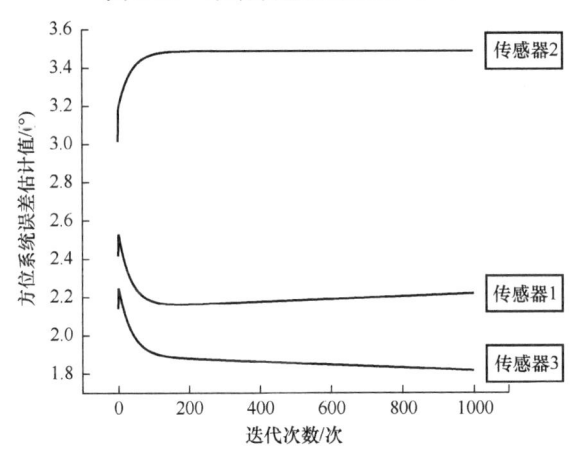

图 5-28　系统误差估计结果（二）

（3）测向系统误差分别为 4°、2°、5°，利用 EML 配准方法得到的系统误差估计结果如图 5-29 所示。

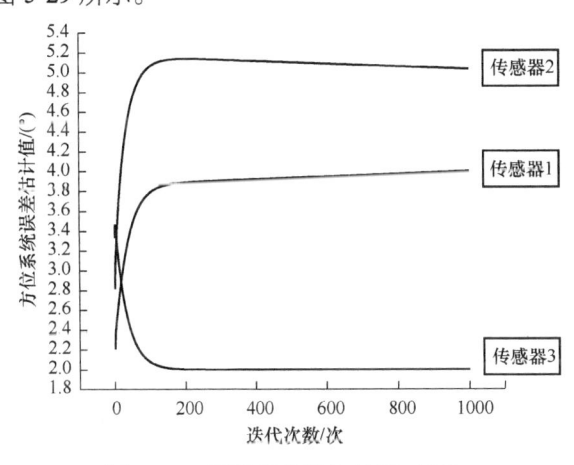

图 5-29　系统误差估计结果（三）

例 5-3：设传感器 1 的位置为 $(120°,27°)$，传感器 2 的位置为 $(120.5°,27°)$，传感器 3 的位置为 $(121°,27°)$，3 个传感器的测向随机噪声为 $0.5°$，目标真实轨迹为

$$\begin{cases} x = 120.5° \\ y = 28.5° - 0.0002°t \end{cases}$$

取轨迹上的一组点集，并利用该点集获得相应传感器的方位测量值。

（1）测向系统误差分别为 $0.0°$、$0.0°$、$0.0°$，利用 EML 配准方法得到的系统误差估计结果如图 5-30 所示。

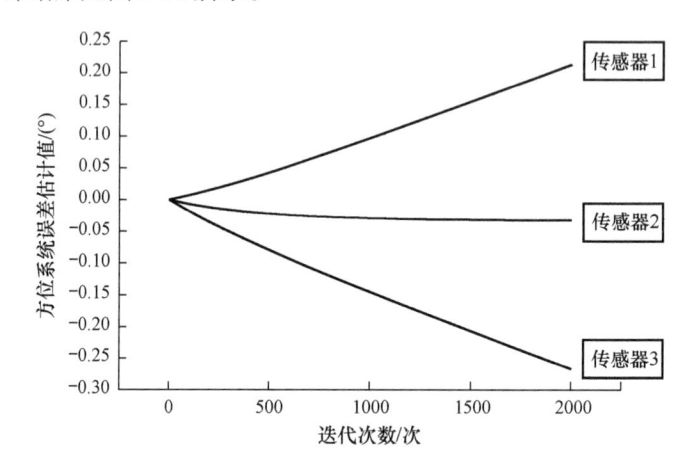

图 5-30 系统误差估计结果（四）

（2）测向系统误差分别为 $1.5°$、$1.5°$、$1.5°$，利用以上 EML 配准方法得到的测向系统误差估计结果如图 5-31 所示。

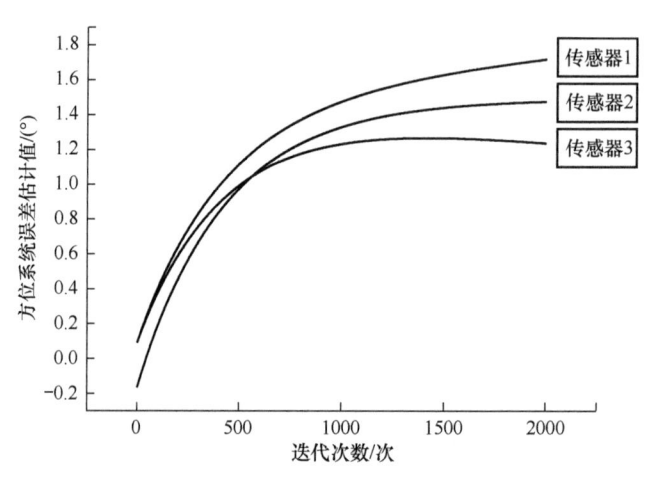

图 5-31 方位系统误差估计结果（五）

（3）测向系统误差分别为 3.0°、5.0°、4.0°，利用 EML 配准方法得到的测向系统误差估计结果如图 5-32 所示。

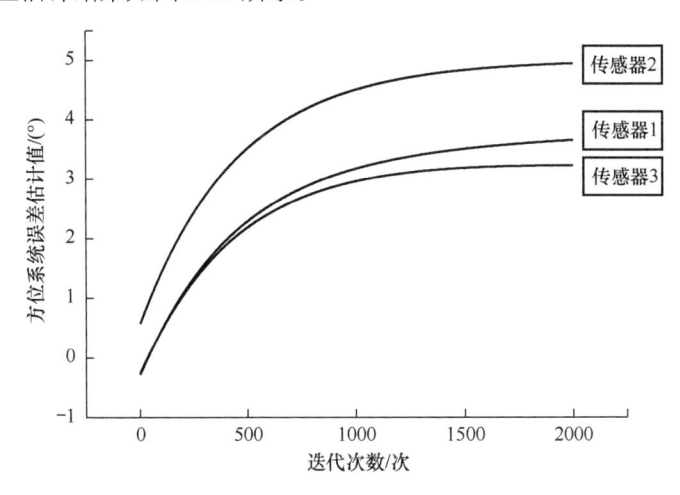

图 5-32　方位系统误差估计结果（六）

例 5-4：设传感器 1 的位置为(120°,27°)，传感器 2 的位置为(120.5°,27°)，传感器 3 的位置为(121°,27°)，3 个传感器的测向随机噪声为 0.5°，目标真实轨迹为

$$\begin{cases} x = 120.25° + 0.0002°t \\ y = 28.5° \end{cases}$$

取轨迹上的一组点集，并利用该点集获得相应传感器的方位测量值。

（1）测向系统误差分别为 0.5°、0.5°、0.5°，利用 EML 配准方法得到的系统误差估计结果如图 5-33 所示。

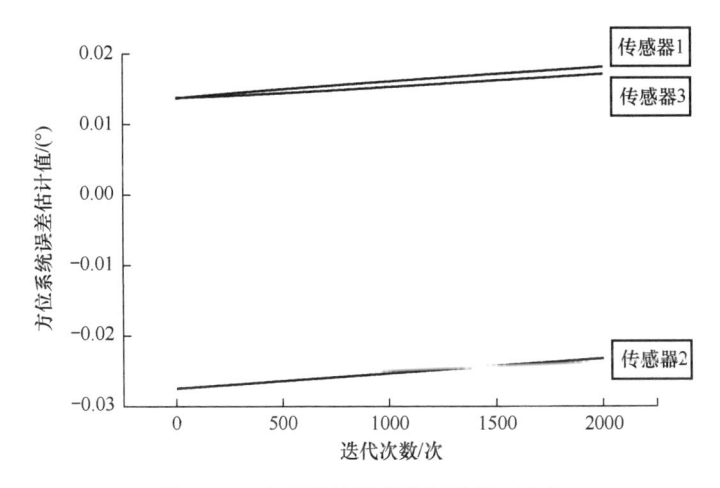

图 5-33　方位系统误差估计结果（七）

（2）测向系统误差分别为 0.0°、0.0°、0.0°，利用 EML 配准方法得到的系统误差估计结果如图 5-34 所示。

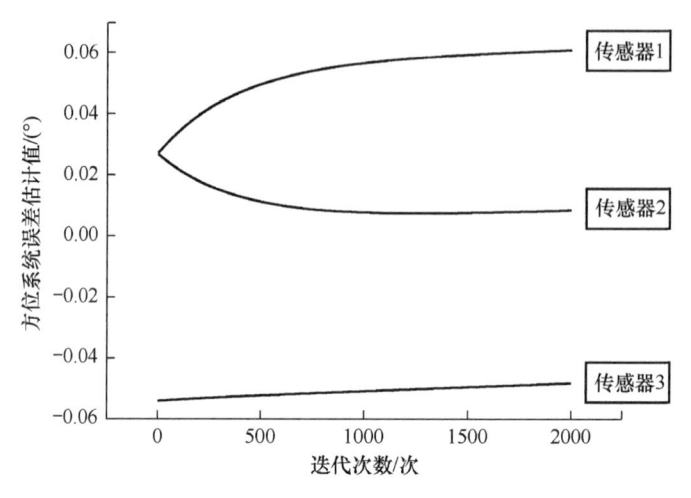

图 5-34　方位系统误差估计结果（八）

（3）测向系统误差分别为 2.0°、2.0°、2.0°，利用 EML 配准方法得到的系统误差估计结果如图 5-35 所示。

由例 5-2～例 5-4 可以看出，对于例 5-2，EML 配准方法收敛速度较快；对于例 5-3，EML 配准方法收敛速度较慢；对于例 5-4，EML 配准方法并没有估计出传感器的测向系统误差。

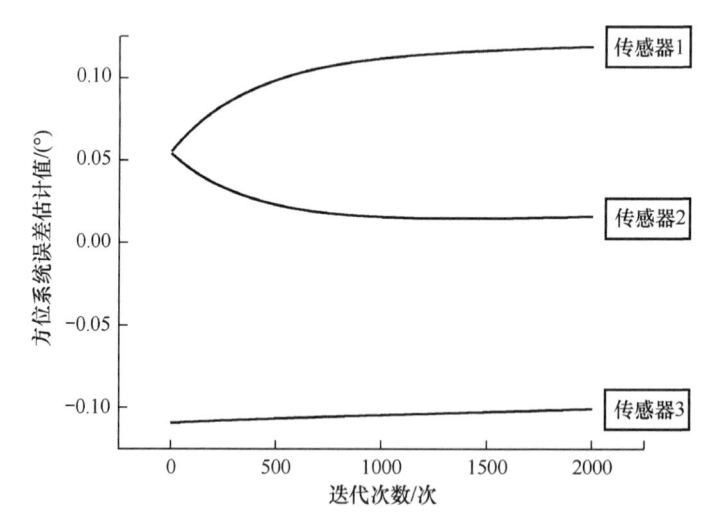

图 5-35　方位系统误差估计结果（九）

5.5.3 目标运动假定条件下的异步无源传感器空间配准方法

在目标做匀速运动等假定条件下，可应用扩维滤波类方法对多站 ESM 传感器的系统误差向量进行估计。基于式（5-92）的测量模型，定义扩维状态向量为

$$X(k) = [x(k), y(k), v_x(k), v_y(k), \Delta\beta_1, \Delta\beta_2, \cdots, \Delta\beta_n]^T \quad (5-135)$$

式中，$x(k), y(k), v_x(k), v_y(k)$ 为目标基本状态向量；$\Delta\beta_1, \Delta\beta_2, \cdots, \Delta\beta_n$ 为扩维部分，是各 ESM 传感器的系统误差。

当传感器较多时，状态方程的大维数将导致计算量较大。对此可采用计算量较小且不影响估计精度的两级滤波配准方法（见图 5-36），即基于运动状态的非线性 UKF 结合独立系统误差估计的卡尔曼滤波（Kalman Filtering，KF）两级滤波器，先利用 UKF 估计目标状态 $X^{(1)}(k)$，然后利用 KF 估计各传感器的角度系统误差 $X^{(2)}(k)$。

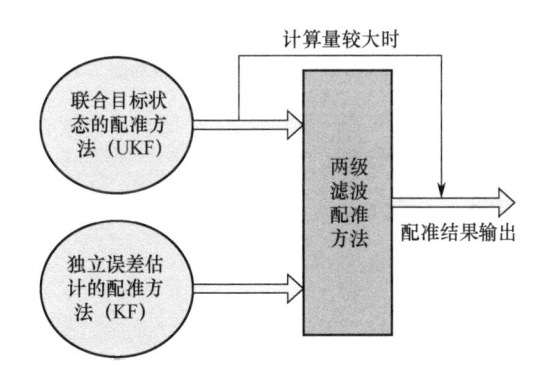

图 5-36 两级滤波配准方法

当传感器观测异步时，在目标做匀（加）速直线等运动假定条件下，配准问题可转化为如下形式的非线性参数估计问题。

$$\mathop{\arg\min}\limits_{\substack{x_0, y_0, v_x, v_y, \\ \Delta\beta_i, i=1,2,\cdots,S}} f(x) = \sum_{k=1}^{N}\left(\frac{z(k) - \arctan\dfrac{x_0 + v_x(t_k - t_0)}{y_0 + v_y(t_k - t_0)} - \Delta\beta_i}{\sigma_{i_k}}\right)^2 = \sum_{k=1}^{N}[r_k(x)]^2 \quad (5-136)$$

式中，未知向量 $x = [x_0, y_0, v_x, v_y, \Delta\beta_i]^T$；$k_i \in \{1, 2, \cdots, S\}$ 为 t_k 时刻的方位量测对应的 ESM 传感器编号；σ_i 为相应的方位均方差。

可以采用最速下降法或变尺度算法求解非线性函数 $f(x)$ 的最优值。

仿真计算结果：3 个传感器之间的间距约为 60km，系统误差分别为 3°、

4°、5°,目标做匀速直线运动,测量噪声为 2°,采样间隔为 1s,采样 600 次。无约束优化配准结果如图 5-37 所示。

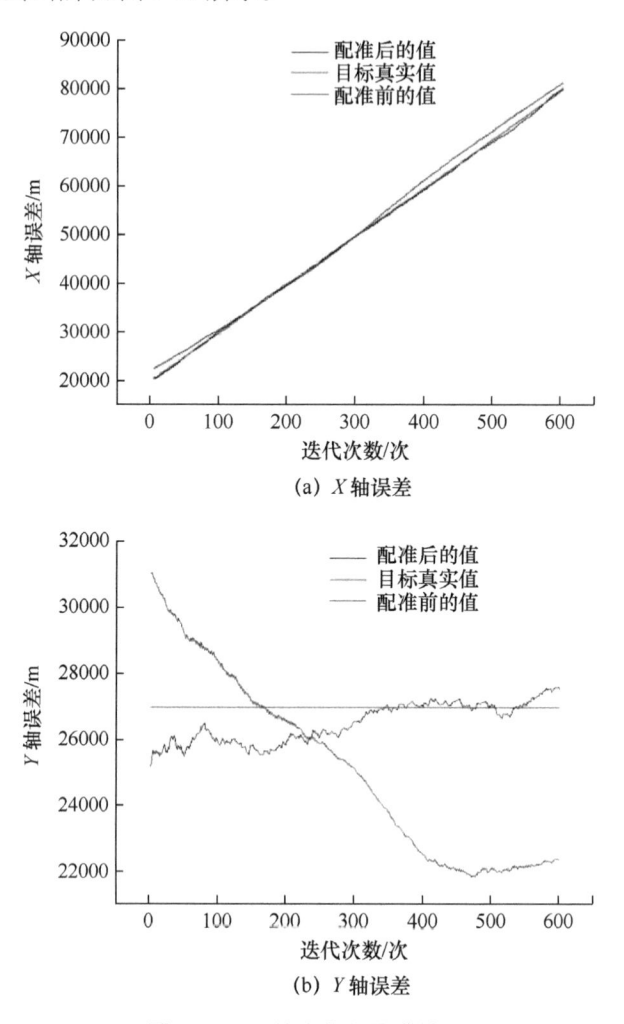

(a) X 轴误差

(b) Y 轴误差

图 5-37　无约束优化配准结果

5.5.4　基于测向测时差的传感器误差配准方法

假设定位跟踪系统由两个无源被动传感器组成,且两个传感器均能获得对目标的回波到达方位和时差的测量值。设传感器 1 和传感器 2 在局部笛卡儿坐标系中的位置分别为 $(0,0)$、$(L,0)$,而目标的真实位置为 $(x(k),y(k))$。设 k 时刻目标到传感器 1 和传感器 2 的真实方位角分别为 $\theta_1(k)$、$\theta_2(k)$,两个传感器获得的目标方位角测量值分别为 $\theta_1^m(k)$、$\theta_2^m(k)$,相应的测量随机误差分别为 $\delta\theta_1(k)$、$\delta\theta_2(k)$,测向系统误差分别为 $\Delta\theta_1$、$\Delta\theta_2$。k 时刻目标辐射源信号到达传感器 1

与传感器 2 之间的时差测量值为 $\Delta \text{TOA}^m(k)$，设其真实值为 $\Delta \text{TOA}(k)$，相应的测量随机误差为 $\delta T(k)$，时差测量系统误差为 ΔT。

有

$$\begin{cases} \theta_1(k) = \theta_1^m(k) - \delta\theta_1(k) - \Delta\theta_1 \\ \theta_2(k) = \theta_2^m(k) - \delta\theta_2(k) - \Delta\theta_2 \\ \Delta\text{TOA}(k) = \Delta\text{TOA}^m(k) - \delta T(k) - \Delta T \end{cases} \quad (5\text{-}137)$$

如图 5-38 所示，目标与两个传感器之间的几何关系为

$$\theta_1(k) = \arctan\frac{x(k)}{y(k)} \quad (5\text{-}138)$$

$$\theta_2(k) = \arctan\frac{x(k) - L}{y(k)} \quad (5\text{-}139)$$

若设 k 时刻目标与两个传感器之间的距离分别为 $R_1(k)$、$R_2(k)$，那么有

$$\Delta\text{TOA}(k) = \frac{R_1(k) - R_2(k)}{c} \quad (5\text{-}140)$$

式中，c 表示光速，且

$$R_1(k) = \sqrt{x(k)^2 + y(k)^2} \quad (5\text{-}141)$$

$$R_2(k) = \sqrt{(x(k) - L)^2 + y(k)^2} \quad (5\text{-}142)$$

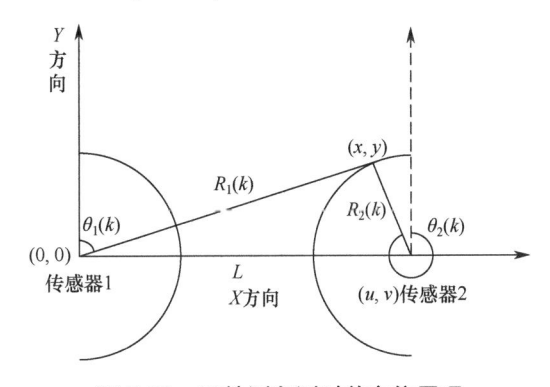

图 5-38 双站测向测时差定位原理

联立式（5-137）～式（5-139），即可由传感器 1 的真实方位角 $\theta_1(k)$ 和系统真实时差 $\Delta\text{TOA}(k)$ 获得 k 时刻一组目标的定位解为

$$\begin{cases} x_1(k) = \dfrac{(c^2\Delta\text{TOA}(k)^2 - L^2)\sin(\theta_1(k))}{2(c\Delta\text{TOA}(k) - L\sin(\theta_1(k)))} \\ y_1(k) = \dfrac{(c^2\Delta\text{TOA}(k)^2 - L^2)\cos(\theta_1(k))}{2(c\Delta\text{TOA}(k) - L\sin(\theta_1(k)))} \end{cases} \quad (5\text{-}143)$$

同样，联立式（5-137）～式（5-139），即可由传感器 2 的真实方位角 $\theta_2(k)$

和系统真实时差 $\Delta\mathrm{TOA}(k)$ 获得 k 时刻另一组目标的定位解为

$$\begin{cases} x_2(k) = \dfrac{(c^2\Delta\mathrm{TOA}(k)^2 - L^2)\sin(\theta_2(k))}{2(c\Delta\mathrm{TOA}(k) - L\sin(\theta_2(k)))} \\ y_2(k) = \dfrac{(c^2\Delta\mathrm{TOA}(k)^2 - L^2)\cos(\theta_2(k))}{2(c\Delta\mathrm{TOA}(k) - L\sin(\theta_2(k)))} \end{cases} \quad (5\text{-}144)$$

这样,在不考虑测量随机误差和测量系统误差的情况下,有

$$\begin{cases} x_1(k) = x_2(k) \\ y_1(k) = y_2(k) \end{cases} \quad (5\text{-}145)$$

然而,在实际定位时,由于无法获得目标真实到达角和时差信息,只能用相应的测量值来替代,这就引入了各传感器的随机误差和系统误差。虽然随机误差可通过滤波处理进行一定程度的消除,但系统误差始终存在,这将造成目标定位航迹远远偏离真实航迹,使式(5-145)不成立。

为此,需要对各传感器的系统误差进行估计,以补偿目标测量信息,从而获得真实反映目标位置的航迹测量信息。

设 $\theta_1''(k)$、$\theta_2''(k)$ 分别为 k 时刻不考虑随机误差时传感器 1 和传感器 2 对目标的方位角测量值,而 $\Delta\mathrm{TOA}''(k)$ 为 k 时刻不考虑随机误差时系统获得的传感器 1 和传感器 2 之间的目标测量时差,并令 $\boldsymbol{Z}(k) = [\theta_1''(k), \theta_2''(k), \Delta\mathrm{TOA}''(k)]^\mathrm{T}$ 表示两个传感器不包含随机误差的测量向量,$\boldsymbol{\beta} = [\Delta\theta_1, \Delta\theta_1, \Delta T]^\mathrm{T}$ 表示两个传感器的系统误差向量。

这样,当不考虑随机误差时,由传感器 1 的方位角测量值和时差测量值得到的目标定位解为

$$\begin{cases} x_1''(k) = \dfrac{(c^2(\Delta\mathrm{TOA}''(k) - \Delta T)^2 - L^2)\sin(\theta_1''(k) - \Delta\theta_1)}{2(c(\Delta\mathrm{TOA}''(k) - \Delta T) - L\sin(\theta_1''(k) - \Delta\theta_1))} \\ y_1''(k) = \dfrac{(c^2(\Delta\mathrm{TOA}''(k) - \Delta T)^2 - L^2)\cos(\theta_1''(k) - \Delta\theta_1)}{2(c(\Delta\mathrm{TOA}''(k) - \Delta T) - L\sin(\theta_1''(k) - \Delta\theta_1))} \end{cases} \quad (5\text{-}146)$$

同样,不考虑随机误差,由传感器 2 的方位角测量值和时差测量值得到的目标定位解为

$$\begin{cases} x_2''(k) = L + \dfrac{(c^2(\Delta\mathrm{TOA}''(k) - \Delta T)^2 - L^2)\sin(\theta_2''(k) - \Delta\theta_2)}{2(-c(\Delta\mathrm{TOA}''(k) - \Delta T) + L\sin(\theta_2''(k) - \Delta\theta_2))} \\ y_2''(k) = \dfrac{(c^2(\Delta\mathrm{TOA}''(k) - \Delta T)^2 - L^2)\cos(\theta_2''(k) - \Delta\theta_2)}{2(-c(\Delta\mathrm{TOA}''(k) - \Delta T) + L\sin(\theta_2''(k) - \Delta\theta_2))} \end{cases} \quad (5\text{-}147)$$

令

$$f(\mathbf{Z}(k),\boldsymbol{\beta}) = \begin{bmatrix} \Delta x(k) \\ \Delta y(k) \end{bmatrix} = \begin{bmatrix} x_1''(k) \\ y_1''(k) \end{bmatrix} - \begin{bmatrix} x_2''(k) \\ y_2''(k) \end{bmatrix} \quad (5\text{-}148)$$

对 $f(\mathbf{Z}(k),\boldsymbol{\beta})$ 在两个传感器对目标测量向量(包含随机误差和系统误差)和系统误差初始估计向量进行一阶泰勒展开,忽略高阶项,有

$$f(\mathbf{Z}(k),\boldsymbol{\beta}) \approx f(\mathbf{Z}^{\mathrm{T}}(k),\boldsymbol{\beta}^{\mathrm{T}}) + \nabla_{\beta}[f(\mathbf{Z}^{\mathrm{T}}(k),\boldsymbol{\beta}^{\mathrm{T}})](\boldsymbol{\beta}-\boldsymbol{\beta}^{\mathrm{T}}) + \nabla_{Z}[f(\mathbf{Z}^{\mathrm{T}}(k),\boldsymbol{\beta}^{\mathrm{T}})](\mathbf{Z}(k)-\mathbf{Z}^{\mathrm{T}}(k)) \quad (5\text{-}149)$$

式中,$\mathbf{Z}^{\mathrm{T}}(k)$ 为两个传感器在 k 时刻对目标的测量向量(包含随机误差和系统误差),而 $\boldsymbol{\beta}^{\mathrm{T}}$ 为系统误差初始估计向量,在无先验信息的情况下,可假设 $\boldsymbol{\beta}^{\mathrm{T}} = [0,0,0]^{\mathrm{T}}$。$\nabla_{Z}[f(\mathbf{Z}^{\mathrm{T}}(k),\boldsymbol{\beta}^{\mathrm{T}})]$ 和 $\nabla_{\beta}[f(\mathbf{Z}^{\mathrm{T}}(k),\boldsymbol{\beta}^{\mathrm{T}})]$ 可分别表示为

$$\nabla_{Z}[f(\mathbf{Z}'(k),\boldsymbol{\beta}')] = \nabla_{Z}(k) = \begin{bmatrix} \dfrac{\partial \Delta x(k)}{\partial \theta_1''(k)} & \dfrac{\partial \Delta x(k)}{\partial \theta_2''(k)} & \dfrac{\partial \Delta x(k)}{\partial \Delta \mathrm{TOA}''(k)} \\ \dfrac{\partial \Delta y(k)}{\partial \theta''(k)} & \dfrac{\partial \Delta y(k)}{\partial \theta_2''(k)} & \dfrac{\partial \Delta x(k)}{\partial \Delta \mathrm{TOA}''(k)} \end{bmatrix} \quad (5\text{-}150)$$

$$\nabla_{\beta}[f(\mathbf{Z}'(k),\boldsymbol{\beta}')] = \nabla_{\beta}(k) = \begin{bmatrix} \dfrac{\partial \Delta x(k)}{\partial \Delta \theta_1} & \dfrac{\partial \Delta x(k)}{\partial \Delta \theta_2} & \dfrac{\partial \Delta x(k)}{\partial \Delta T} \\ \dfrac{\partial \Delta y(k)}{\partial \Delta \theta_1} & \dfrac{\partial \Delta y(k)}{\partial \Delta \theta_2} & \dfrac{\partial \Delta x(k)}{\partial \Delta T} \end{bmatrix} \quad (5\text{-}151)$$

对于同一目标,有 $f(\mathbf{Z}(k),\boldsymbol{\beta}) = [0,0]'$,则式(5-149)可表示为

$$\nabla_{\beta}(k)\boldsymbol{\beta}' - f(\mathbf{Z}'(k),\boldsymbol{\beta}') = \nabla_{\beta}(k)\boldsymbol{\beta} + \nabla_{Z}(k)\delta \mathbf{Z}(k) \quad (5\text{-}152)$$

式中,$\delta \mathbf{Z}(k) = \mathbf{Z}(k) - \mathbf{Z}'(k)$,由于 $\mathbf{Z}(k)$ 包含测量随机误差,但未包含测量系统误差,所以有

$$\delta \mathbf{Z}(k) = [\delta \theta_1(k), \delta \theta_2(k), \delta T(k)]' \quad (5\text{-}153)$$

显然,可将式(5-153)中的等号左边理解为 k 时刻的观测信息,在进行 N 个时刻观测后,有

$$\mathbf{Y} = \mathbf{H}\boldsymbol{\beta} + \mathbf{W} \quad (5\text{-}154)$$

式中,

$$\mathbf{Y} = [\nabla_{\beta}(1)\boldsymbol{\beta}' - f(\mathbf{Z}'(1),\boldsymbol{\beta}'), \nabla_{\beta}(2)\boldsymbol{\beta}' - f(\mathbf{Z}'(2),\boldsymbol{\beta}'), \cdots, \nabla_{\beta}(N)\boldsymbol{\beta}' - f(\mathbf{Z}'(N),\boldsymbol{\beta}')]' \quad (5\text{-}155)$$

$$\mathbf{H} = [\nabla_{\beta}(1), \nabla_{\beta}(2), \cdots, \nabla_{\beta}(N)]' \quad (5\text{-}156)$$

$$\mathbf{W} = [\nabla_{Z}(1)\delta \mathbf{Z}(1), \nabla_{Z}(2)\delta \mathbf{Z}(2), \cdots, \nabla_{Z}(K)\delta \mathbf{Z}(K)]' \quad (5\text{-}157)$$

基于 GLS 准则,可得

$$\hat{\boldsymbol{\beta}} = (\mathbf{H}'\mathbf{R}^{-1}\mathbf{H})^{-1}\mathbf{H}'\mathbf{R}^{-1}\mathbf{Z} \quad (5\text{-}158)$$

$$\operatorname{cov}(\hat{\boldsymbol{\beta}}) = (\boldsymbol{H}'\boldsymbol{R}^{-1}\boldsymbol{H})^{-1} \qquad (5\text{-}159)$$

式中,

$$\boldsymbol{R} = E[\boldsymbol{WW}'] = \{\nabla_{\boldsymbol{Z}}(i)E[\delta \boldsymbol{Z}(i)\delta \boldsymbol{Z}(j)']\nabla_{\boldsymbol{Z}}(j)' \mid i,j=1,2,\cdots,N\} \qquad (5\text{-}160)$$

由于不同时刻之间测量随机噪声不相关,因此 $\boldsymbol{R}$ 可以表示为分块对角矩阵,即

$$\begin{aligned}\boldsymbol{R} &= \operatorname{diag}[\boldsymbol{R}(1),\boldsymbol{R}(2),\cdots,\boldsymbol{R}(N)] \\ &= \operatorname{diag}[\nabla_{\boldsymbol{Z}}(1)\bar{\boldsymbol{R}}\nabla_{\boldsymbol{Z}}(1)',\nabla_{\boldsymbol{Z}}(2)\bar{\boldsymbol{R}}\nabla_{\boldsymbol{Z}}(2)',\cdots,\nabla_{\boldsymbol{Z}}(N)\bar{\boldsymbol{R}}\nabla_{\boldsymbol{Z}}(N)']\end{aligned} \qquad (5\text{-}161)$$

式中, $\bar{\boldsymbol{R}} = \operatorname{diag}[\sigma_{\theta_1}^2,\sigma_{\theta_2}^2,\sigma_T^2]$, σ_{θ_1}、σ_{θ_2} 分别为传感器 1 和传感器 2 的测向精度, σ_T 为系统的测时差精度。

当 N 很大时,采用式(5-161)估计测向测时差系统误差的运算量比较大,可能导致算法的实时性得不到保证。为此,由于 $\boldsymbol{R}$ 是分块对角矩阵,可将式(5-161)分解为 K 个小矩阵进行运算,以提高算法的运算速度,具体如下。

$$\boldsymbol{H}'\boldsymbol{R}^{-1}\boldsymbol{H} = \sum_{k=1}^{N}\boldsymbol{H}'(k)\boldsymbol{R}^{-1}(k)\boldsymbol{H}(k) \qquad (5\text{-}162)$$

$$\boldsymbol{H}'\boldsymbol{R}^{-1}\boldsymbol{Z} = \sum_{k=1}^{N}\boldsymbol{H}'(k)\boldsymbol{R}^{-1}(k)\boldsymbol{Z}(k) \qquad (5\text{-}163)$$

设定蒙特卡罗仿真次数为 100 次,仿真时长为 3000s,测量采样间隔为 1s,设两个传感器的局部笛卡儿坐标分别为(0km, 0km)、(65km, 0km)。在仿真过程中设定不同的测量精度,各传感器的测向精度均设置为 $K\times 0.1°$,定位系统的测时差精度设置为 $(K\times 5)\mathrm{ns}(K=1,2,\cdots,5)$;各传感器的测向系统误差均设置为 0.5°,定位系统的测时差系统误差设置为 20ns。

设两个传感器监视区域内有一运动目标,目标初始状态为[2.5km,20m/s, 32.5km,0m/s],其在监视区域内做一定程度的机动运动。

采用本章给出的系统误差估计算法对各传感器的测向系统误差和定位系统的测时差系统误差进行估计,并用系统误差估计结果对目标定位航迹进行补偿。

图 5-39 给出了在单次仿真中,当 K=2 时,在进行系统误差补偿前,利用各传感器的测向量测和定位系统的测时差测量值进行目标定位获得的航迹。相应地,图 5-40 给出了采用本算法得到的估计结果对系统误差进行补偿后,利用各传感器的测向量测和定位系统的测时差测量值进行目标定位获得的航迹。表 5-4 给出了在不同测量精度下,蒙特卡罗仿真中测向系统误差和测时差系统误差的估计值。

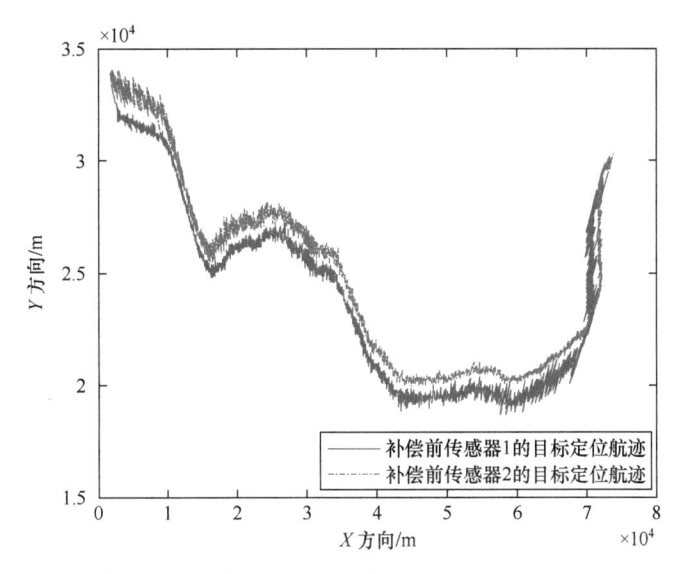

图 5-39　进行系统误差补偿前各传感器的目标定位航迹（目标 1）

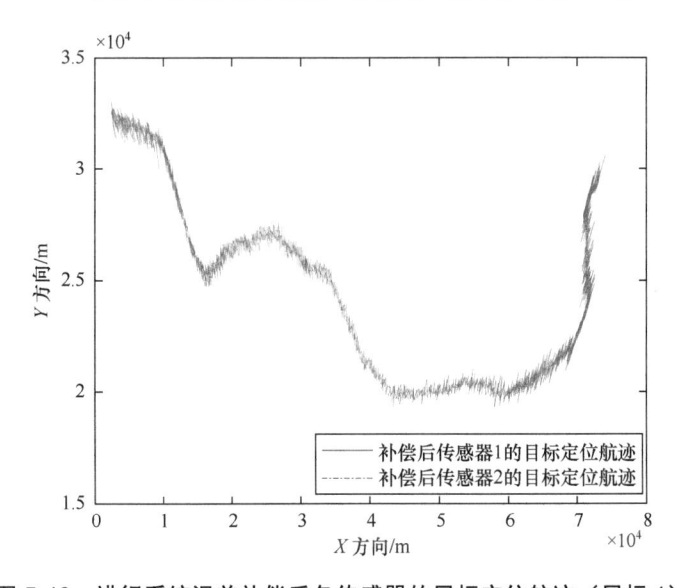

图 5-40　进行系统误差补偿后各传感器的目标定位航迹（目标 1）

表 5-4　不同测量精度下各系统误差估计值

测 量 精 度	$\Delta\theta_1 / (°)$	$\Delta\theta_2 / (°)$	$\Delta\text{TOA} /\text{ns}$
$K=1$	0.5309	0.5199	16.231
$K=2$	0.5316	0.5198	16.252
$K=3$	0.5325	0.5198	16.278
$K=4$	0.5322	0.5188	16.272
$K=5$	0.5317	0.5168	16.246

由图 5-39 可以看出，由于受测向系统误差与测时差系统误差的影响，两个传感器通过式（5-147）获得的目标航迹之间出现了严重偏离，此时若使用滤波处理方法，虽然能降低随机误差的影响，但不能消除系统误差，目标定位航迹仍将受到系统误差的影响。由图 5-40 可以看出，对系统误差进行补偿后，两个传感器的目标定位航迹能对齐，这充分说明了本节所提误差配准方法对系统误差估计的有效性。

由表 5-4 可以看出，在不同的量测精度下，本节所提误差配准方法对各系统误差均能较好地进行估计，其中对传感器 2 的系统误差估计效果最好，而对传感器 1 系统误差的估计效果稍差，这主要是因为估计精度受目标的空间分布影响。在本次仿真中，目标被设置在两个传感器连线的上方。当目标被设置在两个传感器连线的下方时，通过仿真发现，传感器 1 的系统误差估计效果略优于传感器 2。因此，在具体的工程应用中，应有选择地挑选有利于各传感器系统误差估计效果的空间分布目标航迹参与系统误差估计，使各传感器方位角的系统误差估计效果均为最优。对于定位系统的时差测量系统误差，本节所提误差配准方法的估计值接近系统误差真实值，但性能还有待进一步提高。另外，通过对表 5-4 中不同测量精度下的系统误差估计结果进行对比可以发现，本节所提误差配准方法的估计性能受测量精度的影响较小，基本可以忽略不计，这充分说明了本节所提误差配准方法在不同情况下估计性能的稳定性。

5.6 空间配准可观测性分析

5.6.1 可观测性

可观测性这一概念最初来自卡尔曼滤波理论和自动控制理论。对于如式（5-164）所示的典型线性系统形式，系统状态的可观测性定义为：如果根据观测值 $Z(k)$（$k_0 \leq k \leq k_1$），能够唯一地确定系统在 k_0 时刻的状态 $X(k_0)$，则称该线性系统的状态在 k_0 时刻是可观测的。如果对任意初始时刻 k_0，系统都完全可观测，则称系统为完全可观测的。

$$\begin{cases} X(k+1) = F(k)X(k) + G(k)u(k) + V(k) \\ Z(k+1) = H(k+1)X(k+1) + W(k+1) \end{cases} \quad (5\text{-}164)$$

式中，$X(k)$ 是 k 时刻的系统状态；$u(k)$ 是 k 时刻对系统的控制量；$F(k)$ 和 $G(k)$ 是系统参数，对于多模型系统，它们为矩阵；$Z(k)$ 是 k 时刻的测量值，$H(k)$ 是测量系统的参数，对于多测量系统，它为矩阵；$W(k)$、$V(k)$ 分别表示过程噪声和测量噪声，它们被假设成高斯白噪声，它们的协方差分别是 Q 和 R（这里假设它们不随系统状态变化而变化)。

系统误差参数的估计问题也可表示为上述线性系统的形式。因为配准方法通常假定系统误差参数是不变的，所以此时相应的状态矩阵为单位矩阵。

由此，系统误差参数的可观测性可定义为：对于给定的传感器观测样本，能否唯一估计/确定系统误差参数，如果能则称该系统误差参数是可观测的；否则是不可观测的。

下面结合前文介绍的配准模型及相应的计算公式来进行阐述，以便更直观形象地说明可观测性概念。为方便起见，暂忽略平台定位随机误差的影响，且仅考虑传感器的距离系统误差和方位系统误差。

经过适当的尺度变换后，配准公式为

$$\left[\sum_{k=1}^{N} M_k\right] \mathrm{diag}(\Sigma_i^{-1/2}) b = \begin{pmatrix} \Sigma_1^{-1/2} H_{ik}(\hat{X}_{1k} - \hat{X}_k) \\ \vdots \\ \Sigma_m^{-1/2} H_{mk}(\hat{X}_{mk} - \hat{X}_k) \end{pmatrix} \quad (5\text{-}165)$$

由式（5-165）中等号右边的向量可直接计算，系统误差的可观测度主要取决于矩阵

$$A = \sum_{k=1}^{N} M_k \quad (5\text{-}166)$$

对于不完全测量的情形，因为 M_k 与相应的定位模型/方法有关，因此表现出与定位精度相似的情况。对于两个纯方位传感器，由于 $M_k = 0$，因此系统误差是完全不可观测的。对于多个纯方位传感器，方位系统误差的可观测性主要取决于目标与传感器之间的相对位置关系，即目标与传感器连线之间的夹角大小：当夹角较大时，可观测性好；当夹角接近 0 或目标与传感器接近共线时，可观测性差。

对于完全测量的情形，已知 M_k 为幂等的对称半正定矩阵。

（1）如果只有一组观测值（$N=1$），则 1 和 0 都是 M_k 的特征值，即矩阵 A 的特征值之间存在鸿沟（突变），式（5-165）不可求解，即不可观测。

（2）当观测数据集中于局部区域时，各时刻的 M_k 近似相等，因此矩阵 A 不可逆或有接近 0 的特征值。此时系统误差参数向量的可观测性差。

（3）当观测数据较多且分布较广泛时，尽管单个 M_k 是不可逆的，但矩阵 A 是可逆的且条件数较小，或者矩阵 A 的最小特征值与最大特征值可比拟，相当于不同时刻的观测将单个 M_k 的特征值之间的鸿沟填平了。此时系统误差参数向量是完全可观测的。

（4）当目标与传感器之间的相对位置分布较好时，并非单个观测数据点对配准具有更大的贡献，而是各 M_k 的特征值变化快，即如果两组数据点在空间的

相对分布相同，则相对位置分布较好的观测数据所对应的 M_k 的特征值/特征向量差异更明显，因此矩阵 A 的条件数更小。

5.6.2 噪声扰动分析

为了比较直观地对空间配准的噪声扰动进行分析，对 LS 配准方法中系统误差估计的求解进行适当的简化，将其求解问题表示为如下高斯-马尔可夫估计问题。

$$\begin{cases} Z = AX + \Delta \\ E(\Delta) = 0, D(\Delta) = \sigma_0^2 P^{-1} \end{cases} \quad (5\text{-}167)$$

式中，Z 为 $n \times 1$ 观测值，A 为 $n \times m$ 观测矩阵，X 为 $m \times 1$ 未知的系统误差参数，Δ 为观测噪声向量，σ_0^2 为单位权方差，P 为权矩阵，则 X 的 LS 解为

$$\hat{X} = (A^{\mathrm{T}}PA)^{-1}A^{\mathrm{T}}PZ = N^{-1}W \quad (5\text{-}168)$$

式中，$N = A^{\mathrm{T}}PA$，$W = A^{\mathrm{T}}PZ$。

将信息矩阵 N 进行谱分解可得

$$A^{\mathrm{T}}PA = Q\Lambda Q^{\mathrm{T}} = Q\begin{bmatrix} \lambda_1 & & \\ & \ddots & \\ & & \lambda_m \end{bmatrix}Q^{\mathrm{T}} \quad (5\text{-}169)$$

式中，Q 为正交矩阵；$\Lambda = \mathrm{diag}(\lambda_1, \lambda_2, \cdots, \lambda_m), \lambda_1 \geq \lambda_2 \geq \cdots \geq \lambda_m > 0$，为信息矩阵的谱矩阵。$\lambda_1, \lambda_2, \cdots, \lambda_m$ 为信息矩阵的特征值（或谱）。

对式（5-169）中的等号两端求逆，有

$$(A^{\mathrm{T}}PA)^{-1} = Q\Lambda^{-1}Q^{\mathrm{T}} = Q\begin{bmatrix} \lambda_1^{-1} & & \\ & \ddots & \\ & & \lambda_m^{-1} \end{bmatrix}Q^{\mathrm{T}} \quad (5\text{-}170)$$

与谱分解相应的 LS 解为

$$\begin{aligned}\hat{X} &= Q\Lambda^{-1}Q^{\mathrm{T}}A^{\mathrm{T}}PZ \\ &= Q\begin{bmatrix} \lambda_1^{-1} & & \\ & \ddots & \\ & & \lambda_m^{-1} \end{bmatrix}Q^{\mathrm{T}}A^{\mathrm{T}}PZ \end{aligned} \quad (5\text{-}171)$$

在式（5-168）中，当 N 非奇异时，解存在且唯一。假设 N、W 有微小的扰动，分别为 δN、δW，引起估计量 $\hat{X}$ 有系统误差 $\delta \hat{X}$，可表达为

$$\hat{X} + \delta\hat{X} = (N + \delta N)^{-1}(W + \delta W) \quad (5\text{-}172)$$

根据 Banach 引理的推论可知，只要 $\|N^{-1}\|\|\delta N\| < 1$，则矩阵 $N + \delta N$ 总是非奇异的。

很显然，δN、δW 对 $\delta \hat{X}$ 的影响与 N^{-1} 密切相关。如果 N 的条件数比较大，

根据式（5-172）可以判定，N、W 有一个微小的变化，参数解相应将产生较大的变化。

定理 5-3 设 $\|\cdot\|$ 是 $R^{n \times n}$ 上的一个满足条件 $\|I\| = 1$ 的矩阵范数，假定 $X \neq 0$，N 非奇异，且满足 $\|N^{-1}\|\|\delta N\| < 1$，对于小扰动引起的估计相对系统误差有如下关系：

若 $\|\delta N\| = 0$，$\|\delta W\| \neq 0$，则有

$$\frac{\|\delta X\|}{\|X\|} \leq \text{cond}\{N\} \frac{\|\delta W\|}{\|W\|} \quad (5-173)$$

若 $\|\delta N\| \neq 0$，$\|\delta W\| = 0$，则有

$$\frac{\|\delta X\|}{\|X + \delta X\|} \leq \text{cond}\{N\} \frac{\|\delta N\|}{\|N\|} \quad (5-174)$$

定义 5-1：当 N 非奇异时，N 的条件数可以定义为

$$\text{cond}\{N\} - \|N\|\|N^{-1}\| \quad (5-175)$$

条件数在一定程度上刻画了扰动对方程组解的影响程度。从式（5-175）可以看出，当条件数较大时，则 N 和 W 只要有较小的扰动 δN、δW，就会引起参数解值的较大扰动。此时称式（5-168）为病态方程，对应的矩阵 N 称为病态矩阵；反之，则式（5-168）为良态方程，对应的矩阵 N 为良态矩阵。

由矩阵范数的等价性容易推出，一个矩阵在 α 范数下是病态的时，则它在 β 范数下也是病态的。通常，当 N 非奇异时，N 的条件数可以定义为

$$\text{cond}\{N\} = \max_i |\lambda_i(N)| \Big/ \min_i |\lambda_i(N)| \quad (5-176)$$

可见，信息矩阵 N 的特征值越离散，$\text{cond}\{N\}$ 越大，从而解向量 $\hat{X}$ 的相对误差越大。因此，为降低解向量的相对误差，主要应考虑缩小 $\text{cond}\{N\}$。

5.6.3 可观测度

可观测度是指系统误差参数的可观测程度，通常用一个可量化计算的指标（如系数矩阵的条件数）来表示。

根据前文的噪声扰动分析可知，当观测矩阵的部分列向量之间存在线性相关关系时，观测矩阵有一个接近 0 的特征值。条件数是观测矩阵的最大特征值与最小特征值的比值，反映的是最坏的病态性程度，不能反映观测矩阵的哪些列向量之间具有相关性，因此它是一个对系统误差参数向量可观测性的整体性度量指标。

在对多个系统误差参数进行估计时，不同参数的可观测度可能存在较大的差异，往往需要关心每个参数的可观测度。为此，引入条件指标定义。

定义 5-2：设 $\{\lambda_k; k = 1 \sim n\}$ 是观测矩阵 A 的所有特征值，有

$$\eta_k = \frac{\max_j |\lambda_j|}{|\lambda_k|} \quad (5\text{-}177)$$

称 η_k 为观测矩阵的第 k 个条件指标，显然 $\eta_k \geq 1$。

条件指标直接反映了具体的系统误差参数估计受测量噪声干扰的影响程度。如果出现高条件指标，则当矩阵 A 的该列元有微小扰动时，该系统误差参数项的估计结果将出现相当大的变化，此时认为观测矩阵 A 的数据列之间存在相关关系。因此，可以用条件指标来度量系统误差参数的可观测性。

对于 ML 配准方法，其观测矩阵是无量纲的。大量的仿真模拟结果表明，当观测矩阵的病态性很弱时，其条件指标小于 100；当观测矩阵的病态性较强时，其条件指标为 100～1000；当观测矩阵的病态性极强时，其条件指标达到 1000 以上。

与条件数相比，条件指标可以更准确地定量反映每个系统误差参数的可观测度。5.6.4 节将研究如何将条件指标用于指导对可观测度较低的系统误差参数进行修正估计，以提高低可观测度下系统误差参数的估计精度。

多传感器系统误差估计的问题最终可以转换为以下系统误差参数最优估计问题：利用给定的观测 $Z \in R^n$ 来估计未知参数 $b \in R^m$，其中 Z 和 b 之间的关系是由 Z 的密度函数 $p(Z|b)$ 和 b 刻画的。多传感器系统误差估计的有效性主要受到以下 4 个因素的影响。

（1）模型线性化引入的误差。

（2）观测数据代替真值引入的误差。

（3）Fisher 信息矩阵的病态性。

（4）系统误差估计算法。

已经知道对于一个确定的参数所做的任何无偏估计，无论是线性估计还是非线性估计，该估计的方差都以 CRLB 为下界。然而，很多估计方法（如正则化方法）得到的估计是有偏的，其方差就不以 CRLB 为下界。有偏的 CRLB 并不直接依赖系统误差，而是依赖系统误差的梯度矩阵。给定一个系统误差的梯度矩阵，有偏的 CRLB 就是具有这种系统误差的梯度矩阵的所有估计可以得到的最小方差。

在实际应用中，选定某个系统误差的梯度进行估计并不容易。在这种情况下，考虑系统误差的梯度矩阵满足某些条件下所做估计的方差可以达到下界有意义。由于系统误差和估计的方差都很重要，为了权衡两者，有文献提出了一个统一的 CRLB（UCRLB），即当系统误差的梯度矩阵的范数不超过某个常数时，对某个确定的参数所做的任意估计方差具有 UCRLB。对于线性高斯模型，研究表明，由线性估计可以达到 UCRLB。对于泊松模型，是渐进地逼近 UCRLB。

对于一般的模型，则达不到 UCRLB。

在实际运算过程中，目标的真值很难获得，通常采用观测数据进行估计，因此矩阵中包含了观测数据的随机测量噪声。以下对观测存在扰动时的线性 LS 估计影响进行分析。

对于线性方程组

$$Z = Ab \quad (5\text{-}178)$$

当方程组有微小的扰动时，即

$$Z + \delta Z = (A + \delta A)(b + \delta b) \quad (5\text{-}179)$$

$$\delta b = (A + \delta A)^{-1}(\delta Z - \delta Ab) = (I + A^{-1}\delta A)^{-1} A^{-1}(\delta Z - \delta Ab) \quad (5\text{-}180)$$

根据定理 5-3，假定 $b \neq 0$，A 非奇异，且满足 $\|A^{-1}\|\|\delta A\| < 1$，对于小扰动引起的估计相对系统误差有如下关系：$\dfrac{\|\delta b\|}{\|b\|} \lessapprox \text{cond}\{A\}\left(\dfrac{\|\delta A\|}{\|A\|} + \dfrac{\|\delta Z\|}{\|Z\|}\right)$。

当 A 非奇异时，A 的条件数可以定义为

$$\text{cond}\{A\} = \max_i |\lambda_i(A)| / \min_i |\lambda_i(A)| \quad (5\text{-}181)$$

可见，系数矩阵 A 的特征值越离散，$\text{cond}\{A\}$ 越大，从而解向量 $\hat{b}$ 的相对误差越大。因此，为降低解向量的相对误差，主要应考虑缩小 $\text{cond}\{A\}$。

条件数是一个相对数，它衡量的是最小特征值相对于最大特征值"小"的程度，从某种程度上度量了病态的严重程度。容易知道，观测矩阵 A 的数据列之间存在一个精确的线性相关关系，则信息矩阵 $A^{\mathrm{T}}PA$ 就存在一个零特征值。由此，陈希儒指出，如果观测矩阵 A 的数据列之间存在一个相关关系，则信息矩阵就有一个很小的特征值，但遗憾的是，他对什么是"小"没有给出具体的解释和说明。此外，条件数不能判定观测矩阵 A 的数据列之间存在几个相关关系，也不能确切地判定每个相关关系到底存在于哪些数据列之间，而这些信息对于全面把握病态性产生的机理和实质，以及判定系统误差参数可观测度的高低具有重要的参考价值。

定义多传感器系统误差估计的可观测度为该系统误差参数对应的条件指标，通过对该条件指标的定量分析，可以确定多传感器系统误差估计参数的可观测度，用于指导对于可观测度较低的系统误差参数项的修正估计。

5.6.4 低可观测度下系统误差估计方法

5.6.4.1 常见的低可观测度场景

系统误差估计的条件是信息矩阵 $J = A^{\mathrm{T}}A$ 可逆，即 A 列满秩。当 A 的列线性相关或弱相关时，方程是病态的。在多传感器系统误差估计中，常见的低可

观测度场景有如下两种。

1）传感器平台相距较近

当两个传感器平台相距较近时，其对同一目标探测的距离、方位、俯仰近似相等，有 $(r_1(k), \beta_1(k), \varepsilon_1(k)) \approx (r_2(k), \beta_2(k), \varepsilon_2(k))$，如图 5-41 所示。矩阵 A 的系数完全由传感器对目标探测的距离、方位、俯仰所决定，这会导致矩阵 A 的列向量具有相关性，从而使信息矩阵 J 存在病态。

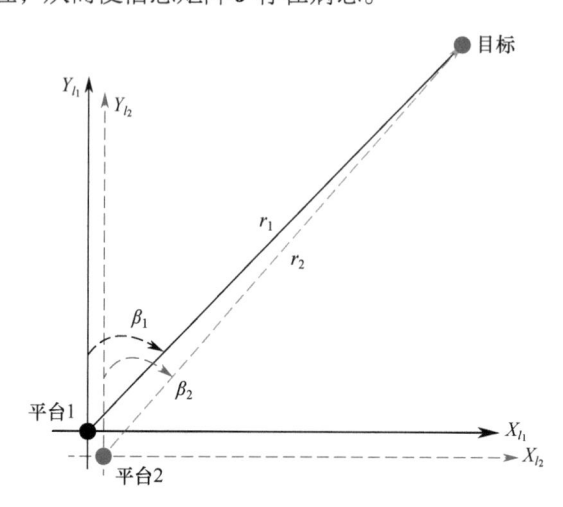

图 5-41 传感器平台相距较近

2）观测数据少/密集

当目标相对于传感器平台静止不动或活动范围很小时，即传感器在观测时间内对目标探测的距离、方位、俯仰近似相等，有 $(r_1(1), \beta_1(1), \varepsilon_1(1)) \approx (r_1(2), \beta_1(2), \varepsilon_1(2)) \approx \cdots \approx (r_1(n), \beta_1(n), \varepsilon_1(n))$，如图 5-42 所示。此时，矩阵 A 的列向量具有相关性，从而使信息矩阵 J 存在病态。

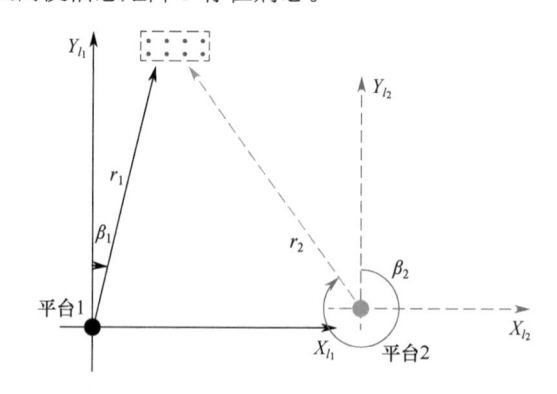

图 5-42 观测数据少/密集

5.6.4.2 降低病态性影响的方法

当确知信息矩阵为病态的时，必须设法消除或降低病态性的影响，以提高误差估计的精度。在系统误差估计中，为了降低病态性的影响，可以采用的方法主要有超椭球约束下的 LS 估计法、岭估计法、正则化方法、奇异值分解方法等。这些方法均是有偏估计，主要通过选择合适的约束条件或直接对信息矩阵的奇异值进行修正来降低病态性。

1）超椭球约束下的 LS 估计法

对待估计系统误差参数进行约束

$$\boldsymbol{b}^\mathrm{T}\boldsymbol{D}\boldsymbol{b} \leqslant 1 \tag{5-182}$$

式（5-182）称为超椭球约束条件，式中 $\boldsymbol{D} = \mathrm{diag}(1/d_1^2, 1/d_2^2, \cdots, 1/d_n^2)$。

超椭球约束条件的意义在于：当所求 $\boldsymbol{b}^\mathrm{T}\boldsymbol{D}\boldsymbol{b} > 1$ 时，在该约束条件下的极小值问题可转化为在椭球面上的 LS 问题，即

$$\begin{cases} \min(\boldsymbol{Z} - \boldsymbol{A}\boldsymbol{b})^\mathrm{T} \boldsymbol{P}(\boldsymbol{Z} - \boldsymbol{A}\boldsymbol{b}) \\ \boldsymbol{b}^\mathrm{T}\boldsymbol{D}\boldsymbol{b} = 1 \end{cases} \tag{5-183}$$

其估计结果为

$$\hat{\boldsymbol{b}}(\alpha) = (\boldsymbol{A}^\mathrm{T}\boldsymbol{P}\boldsymbol{A} + \alpha\boldsymbol{D})^{-1} \boldsymbol{A}^\mathrm{T}\boldsymbol{P}\boldsymbol{Z} \tag{5-184}$$

2）岭估计法

对于系统误差估计方程，LS 估计量为

$$\hat{\boldsymbol{b}} = (\boldsymbol{A}^\mathrm{T}\boldsymbol{P}\boldsymbol{A})^{-1} \boldsymbol{A}^\mathrm{T}\boldsymbol{P}\boldsymbol{Z} \tag{5-185}$$

取 $0 \leqslant \alpha < \infty$，采用岭估计法将式（5-185）改写为

$$\hat{\boldsymbol{b}}(\alpha) = (\boldsymbol{A}^\mathrm{T}\boldsymbol{P}\boldsymbol{A} + \alpha\boldsymbol{I})^{-1} \boldsymbol{A}^\mathrm{T}\boldsymbol{P}\boldsymbol{Z} \tag{5-186}$$

式（5-186）是岭估计的表达式，与 LS 解相比，式（5-186）中等号右边的求逆部分增加了 $\alpha\boldsymbol{I}$ 一项。正是由于它的参与，解方程的病态性才得到抑制，$(\boldsymbol{A}^\mathrm{T}\boldsymbol{P}\boldsymbol{A} + \alpha\boldsymbol{I})$ 的求逆变得正常，因此能得到可靠的估值。

3）正则化方法

正则化方法是通过附加"全部或部分参数加权平方和极小"的条件（即相当于增加约束），补充先验求解信息，将病态问题转化为稳定问题，使解唯一。对于系统误差估计方程，其相应的正则化估计准则为

$$\left\|\boldsymbol{A}\hat{\boldsymbol{b}} - \boldsymbol{Z}\right\|^2 + \alpha\Omega(\hat{\boldsymbol{b}}) = \left\|\boldsymbol{A}\hat{\boldsymbol{b}} - \boldsymbol{Z}\right\|^2 + \alpha\hat{\boldsymbol{b}}^\mathrm{T}\boldsymbol{R}\hat{\boldsymbol{b}} = \min \tag{5-187}$$

式中，α 是正则化参数或平滑因子；$\boldsymbol{R}$ 是正则化矩阵；$\Omega(\hat{\boldsymbol{b}})$ 是稳定函数。

超椭球约束下的 LS 估计法和岭估计法都是以不同的方式补充先验求解信息的不足，从而尽可能获得接近真值的近似解。从这个意义上讲，它们均可归结到正则化方法。

4）奇异值分解方法

根据矩阵奇异值分解定理，对于任意矩阵式 $A_{m\times n}$，存在正交矩阵 $U_{m\times m}$、$V_{n\times n}$，使

$$A = USV^{T} \quad (5\text{-}188)$$

式中，$S = \begin{bmatrix} \Sigma & 0 \\ 0 & 0 \end{bmatrix}$，$\Sigma = \text{diag}(\lambda_1, \lambda_2, \cdots, \lambda_r)$，$\lambda_1 \geq \lambda_2 \geq \cdots \geq \lambda_r > 0$，$\lambda_i$ 为矩阵 A 的特征值，$r \leq \min(m, n)$。矩阵 U 和矩阵 V 可用矩阵的列向量表示为 $U = (u_1, u_2, \cdots, u_m)$，$V = (v_1, v_2, \cdots, v_n)$。

矩阵 A 的 Mooer-Penrose 广义逆为

$$A^{+} = VS^{-1}U^{T} \quad (5\text{-}189)$$

式中，$S^{-1} = \text{diag}(\lambda_1^{-1}, \lambda_2^{-1}, \cdots, \lambda_r^{-1}, 0, \cdots, 0)$，则估计量的方差为

$$D(\hat{X}) = \sigma_0^2 V S^{-2} V^{T} \quad (5\text{-}190)$$

式（5-190）的向量形式为

$$\text{var}(\hat{X}) = \sigma_0^2 \sum_{i=1}^{r}(v_i / \lambda_i)^2 \quad (5\text{-}191)$$

若参数估计为病态的，有 $\lambda_i \to 0$，则 $1/\lambda_i \to \infty$，由式（5-191)可以看出观测 Z 的噪声将被放大，参数的方差也将随之放大。在这种情况下，参数的求解是极不稳定的，其结果不可靠甚至完全错误。为此，需要对 λ 进行修正，主要方法有截断奇异值分解（Truncated Singular Value Decomposition，TSVD）法和修正奇异值分解（Modified Singular Value Decomposition，MSVD）法。

TSVD 法是将把较小的奇异值截掉，即在 $\Sigma = \text{diag}(\lambda_1, \lambda_2, \cdots, \lambda_r)$ 中舍弃较小的，使其为 0，目的是减少参数解的方差，提高解算的稳定性。若令 $D_{r_1} = \text{diag}(\lambda_1, \lambda_2, \cdots, \lambda_{r_1})$ $(r_1 < r)$，$U = (U_{m\times r_1}, U_{m\times (r-r_1)})$，$V = (V_{n\times r_1}, V_{n\times (r-r_1)})$，则

$$\hat{X} = V_1 D_{r_1}^{-1} U_1^{T} Z \quad (5\text{-}192)$$

式（5-192）的向量形式为

$$\text{var}(\hat{X}) = \sum_{i=1}^{r_1} \frac{u_i^{T} Z}{\lambda_i} v_i \quad (5\text{-}193)$$

采用 TSVD 法时，主要需要考虑按什么原则截断奇异值。

MSVD 也是出于上述目的，对 λ_i 的大小进行修正而不是舍弃，因此 λ_i 的个数不会减少。修正 λ_i 的方法较多，其中较为简单的修正形式是 $\bar{\lambda}_i = \lambda_i + \alpha/\lambda_i$，$\alpha$ 为大于零的数。修正后的 S^{-1} 表达形式为

$$S^{-1} = \text{diag}\left(\frac{\lambda_1}{\lambda_1^2 + \alpha_1}, \frac{\lambda_2}{\lambda_2^2 + \alpha_2}, \cdots, \frac{\lambda_r}{\lambda_r^2 + \alpha_r}, 0, \cdots, 0\right) \quad (5\text{-}194)$$

参数估计的方差为

$$\mathrm{var}(\hat{\boldsymbol{X}}_\alpha) = \sigma_0^2 \sum_{i=1}^{r} v_i^2 / (\lambda_i + \alpha/\lambda_i)^2 \qquad (5\text{-}195)$$

从式（5-195）可以看出，适当地选择 α 可以减少参数估计的方差，提高估计的稳定性。但 MSVD 法存在如下缺陷：当奇异值分布呈均匀下降型时，MSVD 法对不可靠的成分进行了抑制，但它不仅修正了较小的奇异值，还修正了相对较大的奇异值，这样就使模型中的确定成分受到畸变，同时降低了分辨率。

从统计学的观点可知，正则化方法和奇异值分解方法均具有有偏性和方差最小性，采取适当选取正则参数等措施，参数估计的均方误差小于普通 LS 估计法，即抗噪声扰动性能比普通 LS 估计法强，但有偏估计降低了估计的分辨率，解决分辨率降低问题和减少解的方差是相互矛盾的。正则化方法和奇异值分解方法对系统误差估计造成的稳定性影响不同，相比之下，奇异值分解方法具有较好的稳定性。

5.6.4.3　GSVD 稳健估计算法

从以上分析可知，TSVD 法把小于方差阈值的奇异值全部截掉，会导致分辨率明显降低；MSVD 法会使模型中的确定成分受到畸变，同时降低分辨率。两者都有缺点。

理想的做法是修正较小的奇异值，而对较大的奇异值不进行修正或给予不同于较小奇异值的修正。为此，综合 TSVD 法和 MSVD 法的优点，提出一种新的奇异值修正方案——广义奇异值分解（General Singular Value Decomposion, GSVD）法，对大的奇异值尽量用类似 TSVD 法进行修正，对小的奇异值类似用 MSVD 法进行修正。具体做法为：设 t 为 TSVD 法保留的条件指标的阈值，q 为对应小于 t 的奇异值个数，用式（5-196）进行奇异值修正，即

$$\begin{cases} \alpha_k = \dfrac{\lambda_1}{t}, & k \geqslant q \\ \alpha_k = \lambda_k, & k < q \end{cases} \qquad (5\text{-}196)$$

相应的修改后的奇异值为

$$\boldsymbol{\Sigma}_\alpha = \mathrm{diag}(\alpha_1, \alpha_2, \cdots, \alpha_r) \qquad (5\text{-}197)$$

解估计的表达式为

$$\hat{\boldsymbol{X}} = \boldsymbol{V}_1 \boldsymbol{\Sigma}_\alpha^{-1} \boldsymbol{U}_1^\mathrm{T} \boldsymbol{Z} \qquad (5\text{-}198)$$

1）GSVD 解估计的分辨率和方差

式（5-198）修正后的协方差为

$$\boldsymbol{R} = \boldsymbol{V}_1 \boldsymbol{\Sigma}_\alpha^{-1} \boldsymbol{\Sigma} \boldsymbol{V}_1^\mathrm{T} \qquad (5\text{-}199)$$

当 $k \geqslant q$ 时，矩阵 $\boldsymbol{\Sigma}_\alpha^{-1} \boldsymbol{\Sigma}$ 的对角元素为 $\dfrac{\lambda_k}{\alpha_k} = \dfrac{\lambda_k}{\lambda_1} t < 1$；当 $k < q$ 时，矩阵 $\boldsymbol{\Sigma}_\alpha^{-1} \boldsymbol{\Sigma}$

的对角元素为 $\dfrac{\lambda_k}{\alpha_k}=1$。与广义逆解的分辨率相比，式（5-199）解估计的分辨率降低了。

当 $k \geqslant q$ 时，式（5-199）解估计的方差为

$$\operatorname{Var}(\hat{\boldsymbol{X}}) = \sum_{j=1}^{m}\left(\dfrac{V_{kj}}{\alpha_j}\right)^2 = \sum_{j=1}^{q}\left(\dfrac{V_{kj}}{\lambda_j}\right)^2 + \sum_{j=q}^{m}\left(\dfrac{V_{kj}}{\lambda_j}t\right)^2 < \sum_{j=1}^{m}\left(\dfrac{V_{kj}}{\lambda_j}\right)^2 \qquad (5\text{-}200)$$

由式（5-200）可以看出，与广义逆解的方差相比较，新的解估计的方差减小了。GSVD 法兼取了 TSVD 法和 MSVD 法的优点，通过降低分辨率，减小了解的方差，提高了解估计的质量。

2）GSVD 最小奇异值阈值 t 的确定

判断病态测量方程式（5-188）的信息矩阵 $\boldsymbol{A}^{\mathrm{T}}\boldsymbol{A}$ 的条件数大于阈值 T，可以得到

$$\operatorname{cond}\{\boldsymbol{A}^{\mathrm{T}}\boldsymbol{A}\} = \left(\dfrac{\lambda_1}{\lambda_m}\right)^2 > T \qquad (5\text{-}201)$$

设奇异值 $\lambda_i (i=1,2,\cdots,m-1)$ 满足

$$\left(\dfrac{\lambda_1}{\lambda_i}\right)^2 < T < \left(\dfrac{\lambda_1}{\lambda_{i+1}}\right)^2 \qquad (5\text{-}202)$$

则选择最小奇异值阈值 t 为

$$t = \lambda_i \qquad (5\text{-}203)$$

5.6.4.4 仿真验证

1）仿真验证 1（可观测性较好的场景）

（1）目标 1 初始位置为[121.05°,26.6,2km]，运动速度为[200m/s,0m/s,0m/s]。

（2）平台 1 初始位置为[121.2°,26.5°,0m]，运动速度为[10m/s,0m/s,0m/s]。

（3）平台 2 初始位置为[121.4°,26.5°,0m]，运动速度为[0m/s,10m/s,0m/s]。

（4）传感器 1 系统误差参数：传感器探测系统误差 $\Delta r_1=-100\mathrm{m}$，$\Delta \beta_1=-0.9°$，$\Delta \varepsilon_1=0.5°$，平台姿态系统误差 $\Delta \gamma_1=0.1°$，$\Delta \psi_1=0.1°$，$\Delta \theta_1=0.1°$，甲板形变系统误差 $\gamma_{b_1}=\psi_{b_1}=\theta_{b_1}=0.1°$。

（5）传感器 2 系统误差参数：传感器探测系统误差 $\Delta r_2=100\mathrm{m}$，$\Delta \beta_2=0.9°$，$\Delta \varepsilon_2=-0.5°$，平台姿态系统误差 $\Delta \gamma_2=0.3°$，$\Delta \psi_2=-0.1°$，$\Delta \theta_2=-0.1°$，甲板形变系统误差 $\gamma_{b_2}=\psi_{b_2}=\theta_{b_2}=-0.1°$。

传感器 1 和传感器 2 的探测噪声均为 $\sigma_r=100\mathrm{m}$，$\sigma_\beta=0.3°$，$\sigma_\varepsilon=0.3°$。

仿真场景如图 5-43 所示。

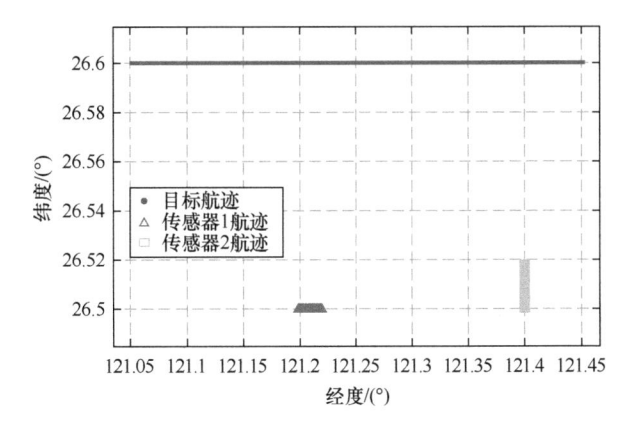

图 5-43 仿真场景

系统误差估计结果如图 5-44 和图 5-45 所示。

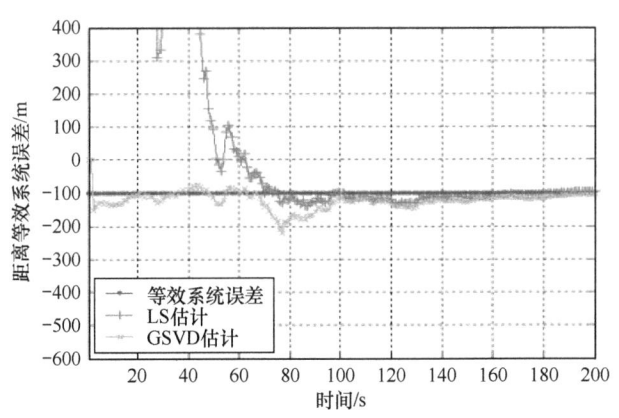

(a) 传感器1距离等效系统误差估计结果

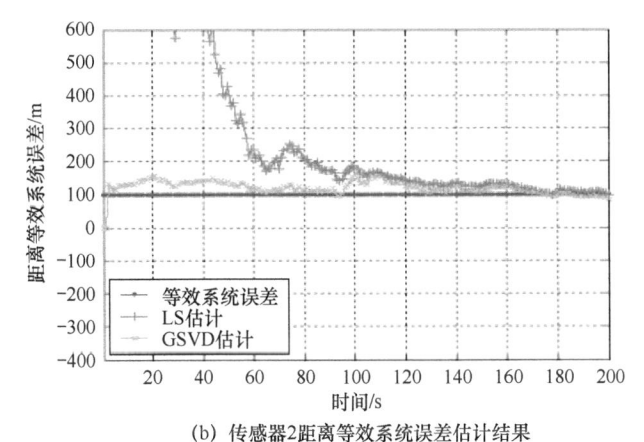

(b) 传感器2距离等效系统误差估计结果

图 5-44 等效系统误差估计结果

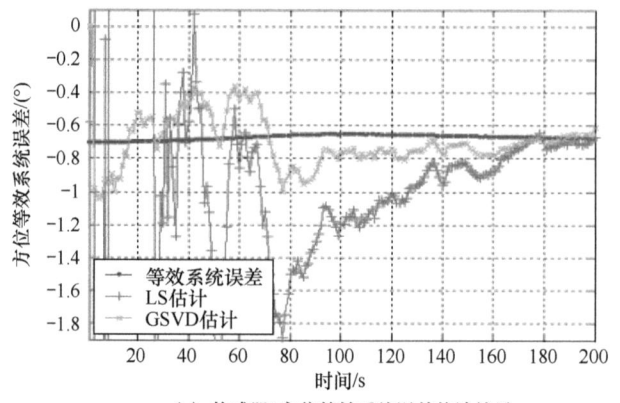

(c) 传感器1方位等效系统误差估计结果

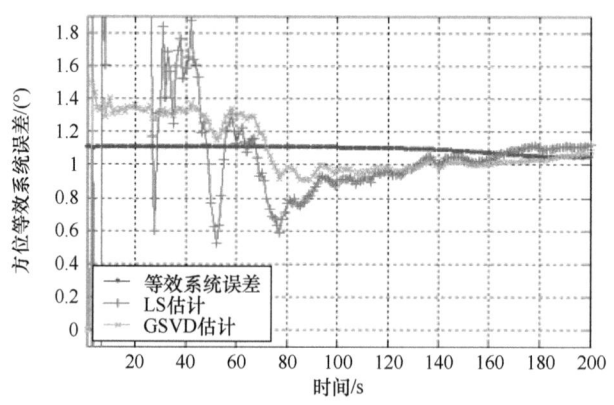

(d) 传感器2方位等效系统误差估计结果

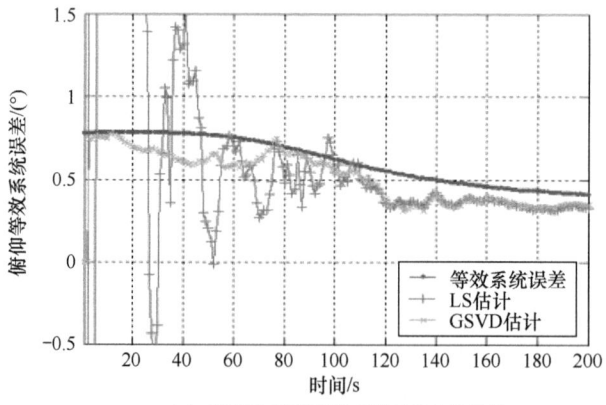

(e) 传感器1俯仰等效系统误差估计结果

图 5-44　等效系统误差估计结果（续）

(f) 传感器2俯仰等效系统误差估计结果

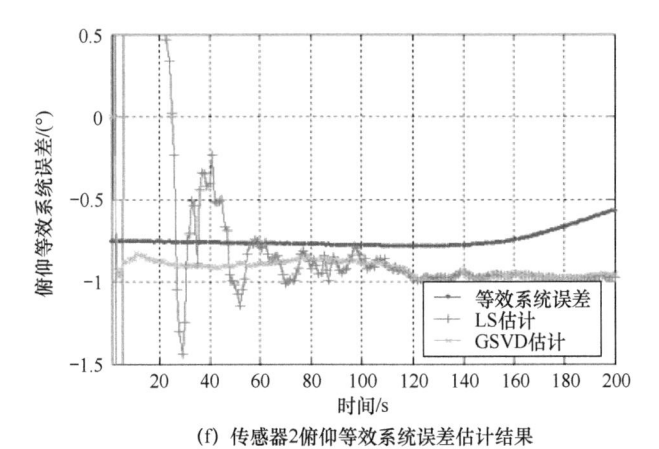

图 5-44　等效系统误差估计结果（续）

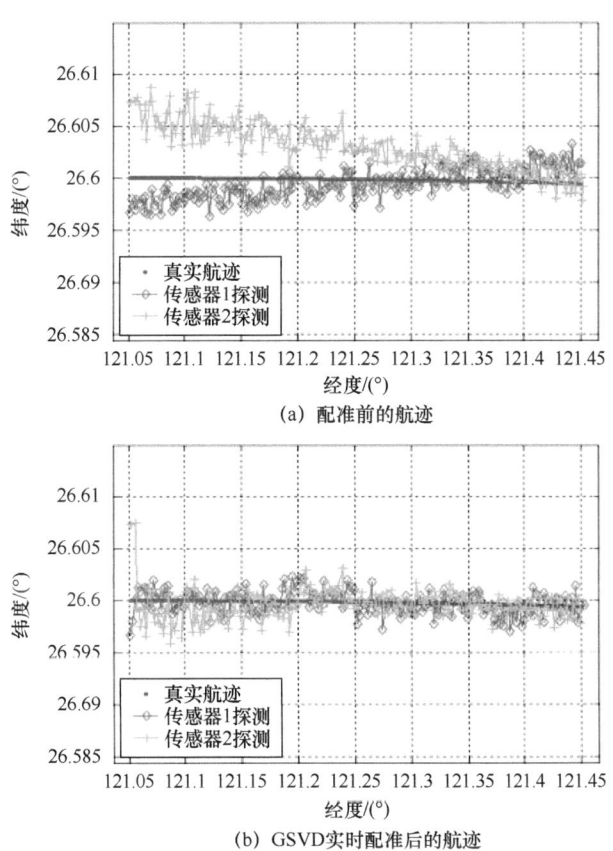

(a) 配准前的航迹

(b) GSVD实时配准后的航迹

图 5-45　配准前后目标航迹对比

实时配准消除的系统误差如表 5-5 所示（采样统计值）。

表 5-5 实时配准消除的系统误差（可观测性较好场景）

传感器 1 系统误差/（%）	传感器 2 系统误差/（%）
56.5	63.6

2）仿真 2（可观测性较差的场景）

（1）目标 1 初始位置为[120.95°,26.6°,2km]，运动速度为[0m/s,200m/s,0m/s]。

（2）平台 1 初始位置为[121.2°,26.5°,0m]，运动速度为[10m/s,0m/s,0m/s]。

（3）平台 2 初始位置为[121.4°,26.5°,0m]，运动速度为[0m/s,10m/s,0m/s]。

（4）传感器 1 系统误差参数：传感器探测系统误差 $\Delta r_1 = -100\text{m}$，$\Delta \beta_1 = -0.9°$，$\Delta \varepsilon_1 = 0.5°$，平台姿态系统误差 $\Delta \gamma_1 = 0.1°$，$\Delta \psi_1 = 0.1°$，$\Delta \theta_1 = 0.1°$，甲板形变系统误差 $\gamma_{b_1} = \psi_{b_1} = \theta_{b_1} = 0.1°$。

（5）传感器 2 系统误差参数：传感器探测系统误差 $\Delta r_2 = 100\text{m}$，$\Delta \beta_2 = -0.9°$，$\Delta \varepsilon_2 = -0.5°$，平台姿态系统误差 $\Delta \gamma_2 = -0.3°$，$\Delta \psi_2 = -0.1°$，$\Delta \theta_2 = -0.1°$，甲板形变系统误差 $\gamma_{b_2} = \psi_{b_2} = \theta_{b_2} = -0.1°$。

传感器 1 和传感器 2 的探测噪声均为 $\sigma_r = 100\text{m}$，$\sigma_\beta = 0.3°$，$\sigma_\varepsilon = 0.3°$。

仿真场景如图 5-46 所示。

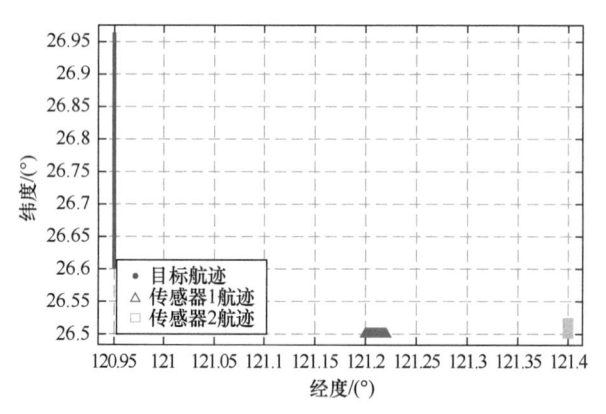

图 5-46 仿真场景

系统误差估计结果如图 5-47 和图 5-48 所示。

实时配准消除的系统误差如表 5-6 所示（采样统计值）。

在可观测性较好的情况下，普通 LS 估计法和 GSVD 法的估计结果较好，GSVD 法最后的估计结果和 LS 估计法相当。

在可观测性较差的情况下，普通 LS 估计法几乎不能给出有效的估计结果，而 GSVD 法的估计结果比较稳健。

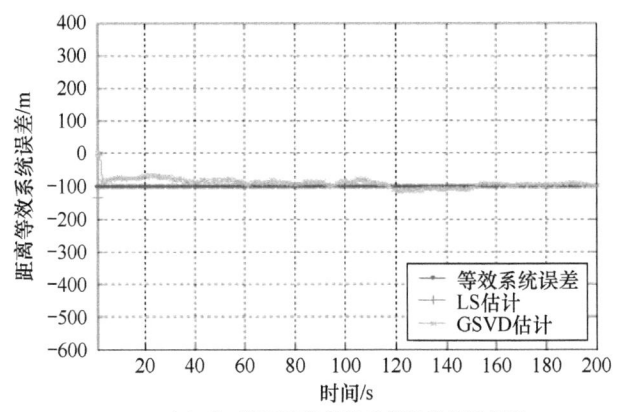

(a) 传感器1距离等效系统误差估计结果

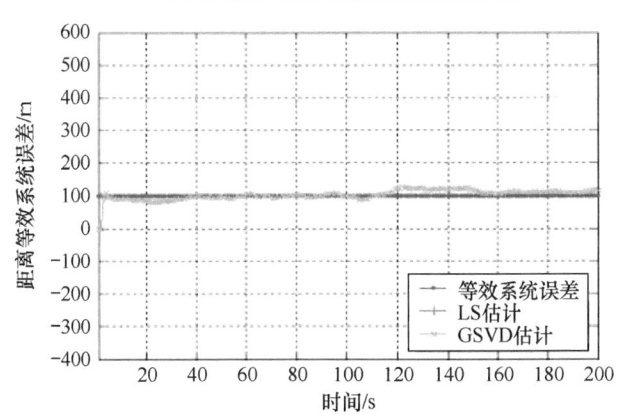

(b) 传感器2距离等效系统误差估计结果

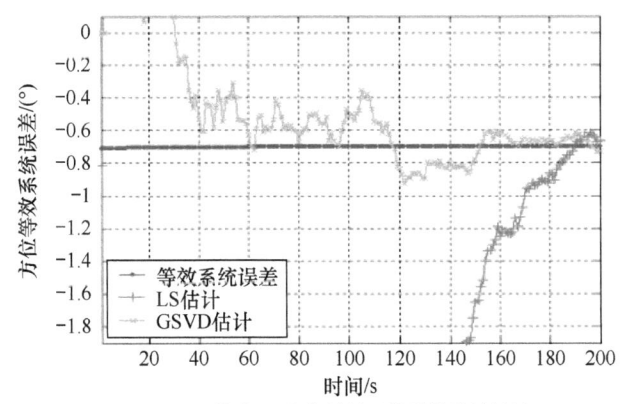

(c) 传感器1方位等效系统误差估计结果

图 5-47　等效系统误差估计结果

(d) 传感器2方位等效系统误差估计结果

(e) 传感器1俯仰等效系统误差估计结果

(f) 传感器2俯仰等效系统误差估计结果

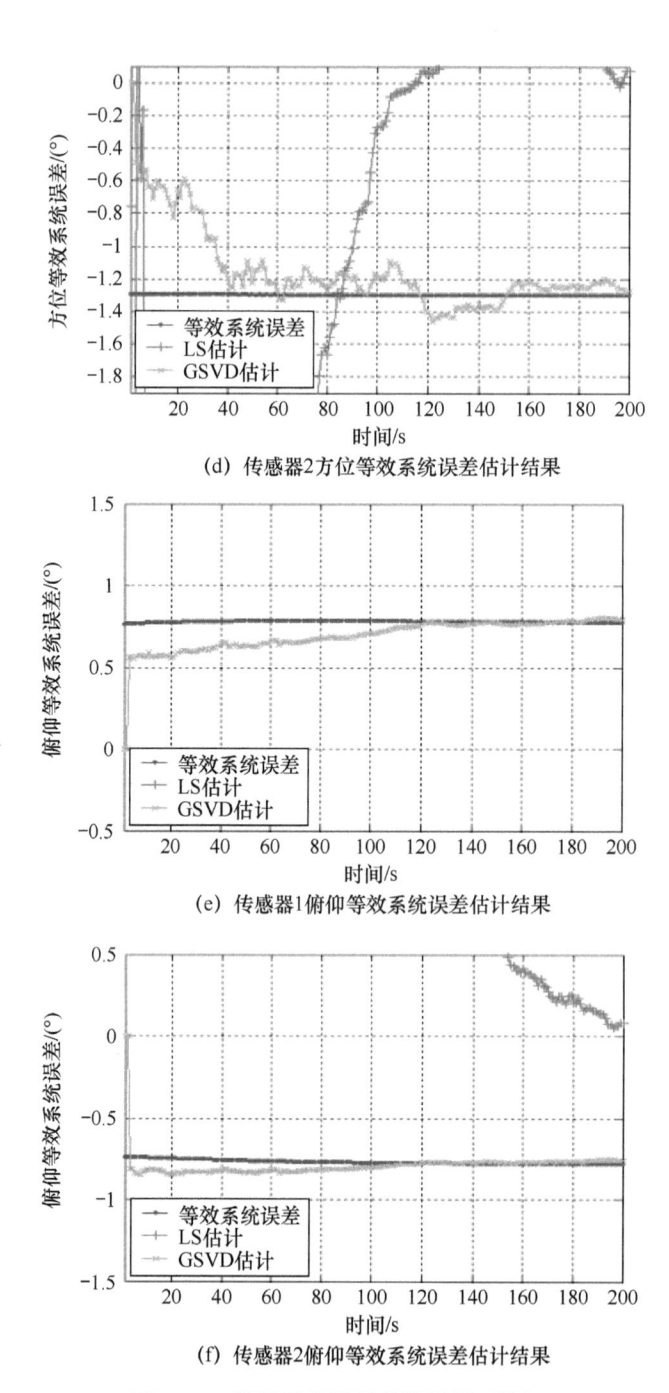

图 5-47 等效系统误差估计结果（续）

(a) 配准前的航迹

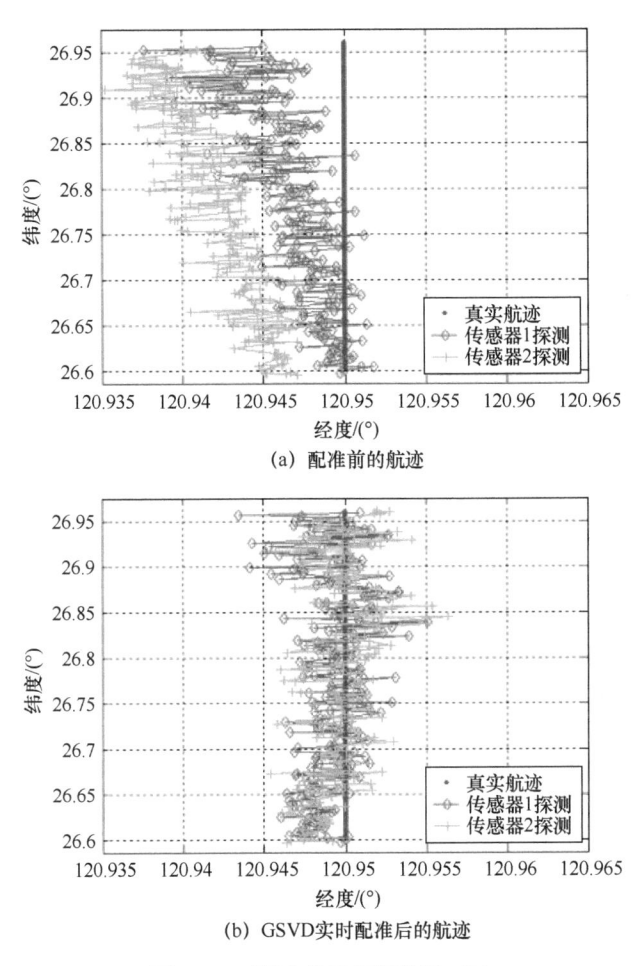

(b) GSVD实时配准后的航迹

图 5-48　配准前后目标航迹对比

表 5-6　实时配准消除的系统误差（可观测性较差场景）

传感器 1 系统误差/（%）	传感器 2 系统误差/（%）
46.8	72.6

5.7　空间配准性能评价

对于雷达探测系统误差参数的配准问题，系统误差参数的收敛性包括两个方面，一是随着观测数据样本数量的增加，通过配准方法获得的系统误差参数序列是否收敛，即算法收敛性；二是系统误差参数序列是否收敛到真实的系统误差值。对于后者，系统误差参数序列的估计精度可由 UCRLB 来度量。

5.7.1 配准方法收敛性分析

配准方法的收敛性主要包括迭代过程中的线性方程组的求解,以及内层迭代过程的算法收敛性和系统误差参数收敛性。大多数配准方法的内层迭代可归结为系统误差向量的线性方程组的求解。

对于线性方程组的求解,当线性方程组的系数矩阵可逆且条件数较小时,可直接采用高斯消去法、矩阵三角分解法、QR 分解法等进行求解;否则可采取正则化方法等进行求解。

对于前文所述的变尺度配准方法、ML 配准方法,配准过程的内层迭代实质上是一个高斯-牛顿迭代过程。根据相应的最优化理论,容易证明如下的收敛性。

定理 5-4:对于配准模型,给定一组观测数据 $\{g_k; k=1\sim N\}$,如果满足:① $F(b)$ 连续两次可微且存在稳定点(导数为 0)b^*;② 矩阵 A 和 $F(b)$ 的二阶导数 $G(b)$ 满足利浦希茨条件;③ $A^{-1}(b)$ 存在且有界,则高斯-牛顿迭代有定义,且有

$$\left\|h^{(k+1)}\right\| \leqslant \left\|A^{-1}(b^*)S(b^*)\right\| \cdot \left\|h^{(k)}\right\| + O(\left\|h^{(k)}\right\|^2)$$

式中,$S(b) = G(b) - A(b)$;$h^{(k)} = b^{(k)} - b^*$,$b^{(k)}$ 为第 k 次迭代后的系统误差估计结果。

定理 5-4 说明:

(1)高斯-牛顿迭代收敛与否,直接取决于二阶导数(矩阵)的省略部分 S_k 的大小。

(2)当 $\left\|A^{-1}(b^*)S(b^*)\right\| \leqslant \delta < 1$ 时,高斯-牛顿迭代局部收敛。

(3)如果内层迭代收敛,则收敛速度取决于 $\left\|A^{-1}(b^*)S(b^*)\right\|$ 的大小,即当 $S(b^*)=0$ 时,二次收敛,否则迭代算法线性收敛。收敛速度的快慢取决于相对的非线性程度或残差的相对大小。

至于渐进收敛性,主要是指随着传感器测量数据组个数 N 的增加,偏差估计结果是否收敛于真实偏差值,以及其与真实偏差值的偏离程度。对于这一点,可利用 5.7.2 节的 UCRLB 理论来分析。

5.7.2 系统误差估计的下界

对于空间配准问题,利用测量 Z 估计目标的状态 X 和传感器系统误差 b,简记为 $\Theta_0 = [b, X]$,其中 Z 和 X、b 的关系是由 Z 的密度函数 $p(Z|\Theta_0)$ 和 Θ_0 刻画的。$p(Z|\Theta_0)$ 满足一定的正则化条件。对于 Θ_0 任意的无系统误差估计 $\hat{\Theta}$ 的协方差以 CRLB 为下界;对于有偏估计的协方差则以有偏的 CRLB 为下界,即所谓有偏 CRLB。假设 $\hat{\Theta}$ 为 Θ_0 的任意一个估计,其中系统误差为

$$d(\boldsymbol{\Theta}_0) = E(\hat{\boldsymbol{\Theta}}) - \boldsymbol{\Theta}_0 \qquad (5\text{-}204)$$

其估计的协方差为

$$\boldsymbol{C}_{\hat{\boldsymbol{\Theta}}} = E\{(\hat{\boldsymbol{\Theta}} - E(\hat{\boldsymbol{\Theta}}))(\hat{\boldsymbol{\Theta}} - E(\hat{\boldsymbol{\Theta}}))^{\mathrm{T}}\} \qquad (5\text{-}205)$$

那么，协方差 $\boldsymbol{C}_{\hat{\boldsymbol{\Theta}}}$ 一定满足

$$\boldsymbol{C}_{\hat{\boldsymbol{\Theta}}} \geqslant (1+\boldsymbol{D})\boldsymbol{J}^{+}(1+\boldsymbol{D})^{\mathrm{T}} = \boldsymbol{C}(\boldsymbol{D}) \qquad (5\text{-}206)$$

即关于 $\boldsymbol{\Theta}_0$ 的任意线性或非线性估计 $\hat{\boldsymbol{\Theta}}$ 的总方差以 $\mathrm{tr}(\boldsymbol{C}_{\hat{\boldsymbol{\Theta}}}) \geqslant \mathrm{tr}((1+\boldsymbol{D})\boldsymbol{J}^{+}(1+\boldsymbol{D})^{\mathrm{T}})$ 为下界。其中 $\boldsymbol{J}$ 是 Fisher 信息矩阵，定义为

$$\boldsymbol{J} \stackrel{\mathrm{def}}{=} E\{[\nabla_{\boldsymbol{\Theta}}\boldsymbol{\Lambda}][\nabla_{\boldsymbol{\Theta}}\boldsymbol{\Lambda}]^{\mathrm{T}}\} \qquad (5\text{-}207)$$

$\boldsymbol{J}$ 可以是奇异的。此处 $E\{\cdot\}$ 是求期望的运算，$\boldsymbol{\Lambda}$ 是 $-\log$ 似然函数，定义为

$$\boldsymbol{\Lambda} = -\log p(\boldsymbol{Z}|\boldsymbol{\Theta}_0) \qquad (5\text{-}208)$$

$\boldsymbol{D}$ 是系统误差的梯度矩阵，定义为

$$\boldsymbol{D} = \frac{\partial d(\boldsymbol{\Theta}_0)}{\partial \boldsymbol{\Theta}} \qquad (5\text{-}209)$$

由于联合估计 $\boldsymbol{b}$、$\boldsymbol{X}$ 的 ML 函数较难用显式表示出来，假设目标状态估计 $\boldsymbol{X}$ 已知，对于系统误差估计 $\boldsymbol{b}$ 的似然函数，可以得到传感器系统误差的 CRLB，此下界能够预测出系统误差估计最好的估计效果。

$$\boldsymbol{\Lambda} = -\log \overline{K} + \frac{1}{2}[(\boldsymbol{b}-\hat{\boldsymbol{b}})^{\mathrm{T}}[\sigma_b^2]^{-1}(\boldsymbol{b}-\hat{\boldsymbol{b}}) + C] \qquad (5\text{-}210)$$

系统误差估计 $\boldsymbol{b}$ 的 Fisher 信息矩阵为

$$\boldsymbol{J} = \boldsymbol{A}^{\mathrm{T}}\boldsymbol{P}\boldsymbol{A} \qquad (5\text{-}211)$$

式中，$\boldsymbol{A}$ 为观测矩阵；$\boldsymbol{P}$ 为协方差矩阵。

则系统误差参数估计的 UCRLB 为

$$\mathrm{UCRLB} = (1+\boldsymbol{D})\boldsymbol{J}^{+}(1+\boldsymbol{D})^{\mathrm{T}} = (1+\boldsymbol{D})(\boldsymbol{A}^{\mathrm{T}}\boldsymbol{P}\boldsymbol{A})^{+}(1+\boldsymbol{D})^{\mathrm{T}} \qquad (5\text{-}212)$$

当 Fisher 信息矩阵可逆或奇异时，可以直接采用式（5-212）来对待估系统误差 $\boldsymbol{b}$ 的估计精度进行度量。

5.7.3 系统误差估计收敛性分析

在应用配准方法时，为保证配准后传感器航迹的平稳性，往往需要对系统误差估计结果是否收敛进行判断，以便确定何时可以开始进行系统误差补偿修正。对于离线配准方法，往往采取人工的方法进行判断，有时甚至需要根据经验对配准结果进行局部调整后才可将其用于系统偏差的修正。对于实时配准方法，常用的收敛性判断方法主要包括统计判断法和 CRLB 判断法。

5.7.3.1 统计判断法

当配准结果趋近于真实系统误差时，通常邻近时刻的配准结果不会出现较大的波动。统计判断法就是通过对配准方法得到的系统误差估计序列在给定时间窗口内的波动（方差）进行统计，并与设定的阈值进行比较，来判断系统误差结果是否收敛。

例如，三坐标雷达的系统误差估计序列为 $\{(\Delta r(i), \Delta \beta(i), \Delta \varepsilon(i))\}$，则有

$$\begin{cases} \Sigma_r^2(i) = \dfrac{1}{N-1}\sum_{i=l}^{N}(\Delta r(i) - \overline{\Delta r(i)})^2 \\ \Sigma_\beta^2(i) = \dfrac{1}{N-1}\sum_{i=l}^{N}(\Delta \beta(i) - \overline{\Delta \beta(i)})^2 \\ \Sigma_\varepsilon^2(i) = \dfrac{1}{N-1}\sum_{i=l}^{N}(\Delta \varepsilon(i) - \overline{\Delta \varepsilon(i)})^2 \end{cases} \quad (5\text{-}213)$$

当估计的方差小于给定的阈值 $\varGamma$ 时，可以认为估计的系统偏差收敛。

$$\begin{cases} \Sigma_r(i) \leqslant \varGamma_r \\ \Sigma_\beta(i) \leqslant \varGamma_\beta \\ \Sigma_\varepsilon(i) \leqslant \varGamma_\varepsilon \end{cases} \quad (5\text{-}214)$$

5.7.3.2 CRLB 判断法

取 UCRLB 的主对角元素来判断其所对应的系统误差估计的收敛性，即

$$\text{UCRLB}(i,i) < \varGamma_i \quad (5\text{-}215)$$

当主对角元素小于给定的阈值时，即可以认为该主对角元素对应的系统误差估计收敛。采用 GSVD 稳健估计算法来验证结果是否收敛，验证结果如图 5-49 和图 5-50 所示。

(a) 距离系统误差CRLB

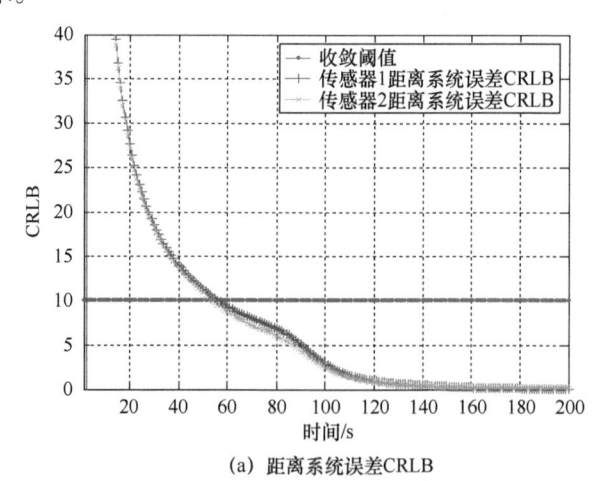

图 5-49　CRLB 收敛性判断

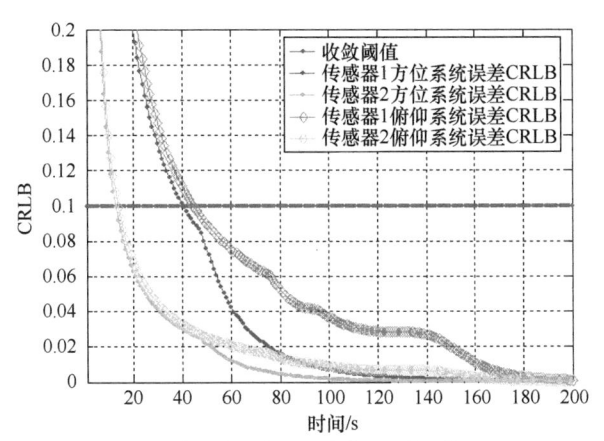

(b) 方位系统误差CRLB和俯仰系统误差CRLB

图 5-49　CRLB 收敛性判断（续）

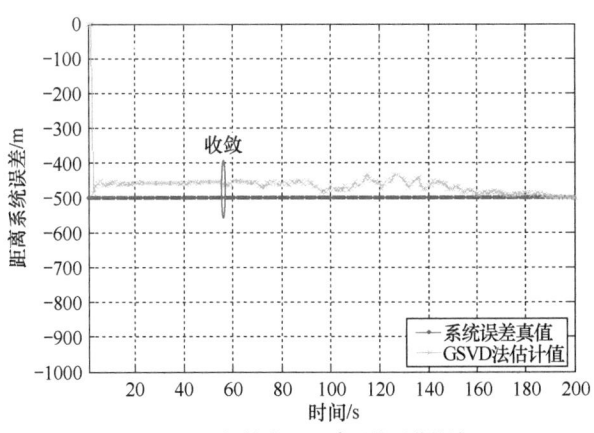

(a) 传感器1距离系统误差估计

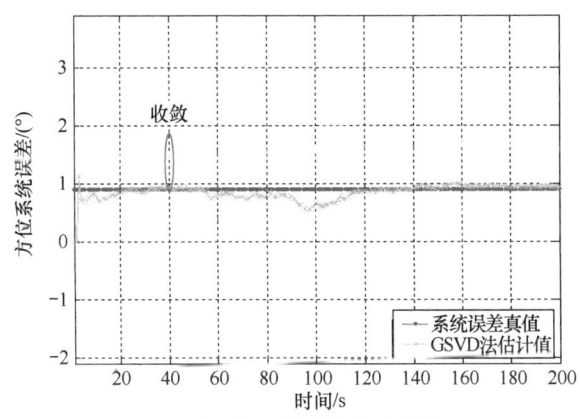

(b) 传感器1方位系统误差估计

图 5-50　系统误差估计收敛判定

5.7.4 空间配准性能在线评价

对于给定的配准方法,其性能主要包括配准估计的精度和收敛速度。对于配准精度的评价,根据是否有系统误差真值,可将评价方法分为直接评价和间接评价两类。直接评价是指将配准结果与系统误差真值进行比较;间接评价是指通过系统误差补偿前后(合作目标配准)传感器航迹与目标真实航迹之间或(公共目标配准)传感器航迹之间的统计距离来体现配准的效果。

5.7.4.1 直接评价

直接评价时,一般可采用偏差分量的估计值与对应系统误差真值的比率或比率范围来评价。例如,两坐标雷达的距离系统误差、方位系统误差用向量表示为 $\boldsymbol{b} = (b_r, b_\beta)^T$,估计结果为 $\hat{\boldsymbol{b}} = (\hat{b}_r, \hat{b}_\beta)^T$,则距离系统误差、方位系统误差的消除比例分别为 $\left|\dfrac{\hat{b}_r}{b_r}\right|$ 和 $\left|\dfrac{\hat{b}_\beta}{b_\beta}\right|$。

因为受目标与传感器之间的相对位置关系,以及随机误差、干扰、数据准备处理方法等各种因素的影响,实际配准方法的估计结果往往有波动或变化,所以更常见的方法是,针对典型目标、航路,通过多次统计得到的上述比率变化范围(区间)来评价配准性能。

5.7.4.2 间接评价

1)合作目标配准的性能评价

定义配准前后的航迹与合作目标报告的航迹之间的统计平均距离为

$$d = \sqrt{\frac{1}{N}\sum_{k=1}^{N}\frac{1}{M_k}\sum_{i=1}^{M_k}(\boldsymbol{X}_i(k)-\boldsymbol{X}(k))^T \boldsymbol{P}_{ik}^{-1}(\boldsymbol{X}_i(k)-\boldsymbol{X}(k))} \quad (5\text{-}216)$$

式中,M_k 为探测的航迹个数;$\boldsymbol{X}_i(k)$、$\boldsymbol{X}(k)$ 分别为 k 时刻传感器对第 i 个目标的航迹和相应合作目标航迹的位置向量;$\boldsymbol{P}_{ik}$ 为传感器航迹在 k 时刻关于第 i 个目标的方差,当 $\boldsymbol{P}_k$ 难以获得时,可以简单地取为单位矩阵。

对于只有一个目标的情况,式(5-216)可以写为

$$d = \sqrt{\frac{1}{N}\sum_{k=1}^{N}(\boldsymbol{X}_1(k)-\boldsymbol{X}(k))^T \boldsymbol{P}_k^{-1}(\boldsymbol{X}_1(k)-\boldsymbol{X}(k))} \quad (5\text{-}217)$$

2)公共目标配准的性能评价

对于公共目标配准,原则上可以采用相应的归一化后的优化目标函数来衡量配准性能,相应的评价函数为

$$d = \sqrt{\frac{1}{N}\sum_{k=1}^{N}(\boldsymbol{X}_{1k}^{\mathrm{T}} \quad \boldsymbol{X}_{2k}^{\mathrm{T}} \quad \cdots \quad \boldsymbol{X}_{mk}^{\mathrm{T}})\boldsymbol{Q}_{k}\begin{pmatrix}\boldsymbol{X}_{1k}\\\boldsymbol{X}_{2k}\\\vdots\\\boldsymbol{X}_{mk}\end{pmatrix}} \quad (5\text{-}218)$$

式中，$\boldsymbol{X}_{ik}$ 为传感器 i 在 k 时刻对目标探测航迹的位置向量。

为避免与具体配准方法产生关联，常用的方法是采用各传感器配准前后探测目标航迹之间的距离作为评价指标，即

$$d = \frac{1}{N}\sqrt{\sum_{k=1}^{N}\sum_{i=1}^{M}\sum_{j=i+1}^{M}\left\|\boldsymbol{X}_{i}(k)-\boldsymbol{X}_{j}(k)\right\|^{2}} \quad (5\text{-}219)$$

式中，$\boldsymbol{X}_{1}(k),\boldsymbol{X}_{2}(k),\cdots,\boldsymbol{X}_{M}(k)$ 分别表示 k 时刻各传感器对目标探测航迹的位置向量；N 是采样时间内测量的总数，M 为传感器个数；$\|\cdot\|$ 表示两航迹之间的距离，该距离是对同一目标相同时刻的多传感器航迹之间距离的统计量，它刻画了航迹分裂程度。传感器空间配准消除了传感器探测系统误差中固定不变的部分，因此在进行误差补偿后，传感器测量仍然存在部分剩余误差。通过比较配准前后的航迹距离系统误差值，可以判断传感器空间配准性能。

5.7.4.3 系统误差估计收敛速度评价

对于配准收敛速度的评价，可采用自动控制理论中系统响应时间的评价方法，即连续 N 次出现系统误差估计值与系统误差实际值的误差小于系统误差实际值的 1/2 时配准方法所花费的时间，即

$$T_{k_0} = \min\left\{T_k \mid \left|b_{i(t+s)}-b_i\right|\leq\frac{|b_i|}{2}, i=1\sim N, s=1\sim N, \forall t\geq k\right\} \quad (5\text{-}220)$$

式中，b_i 表示第 i 个系统误差；$b_{i(t+s)}$ 表示配准方法在 T_{t+s} 时刻对 b_i 的估计结果。

两传感器配准性能评价如图 5-51 所示。

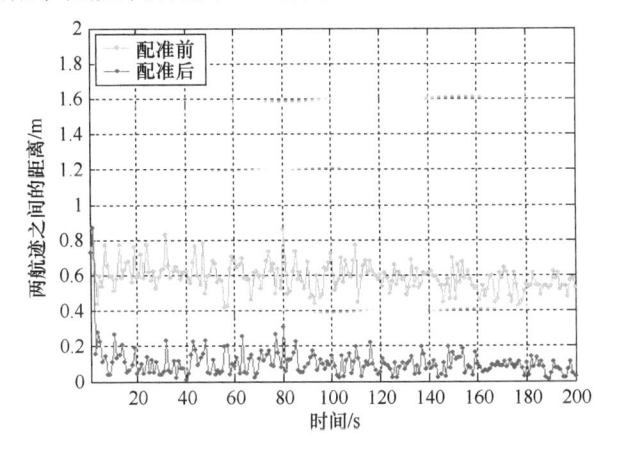

图 5-51　两传感器配准性能评价

5.8 小结

多传感器空间配准是信息融合系统的一个重要组成部分，也是信息融合的首要条件，在武器系统、导航、空中交通管制、机器人、计算机视觉等军用和民用领域有着广泛的应用。多传感器空间配准结果将直接影响后续信息融合的效果。本章针对基于公共目标的传感器空间配准的理论和方法进行了研究，重点解决基于公共目标的多传感器系统误差建模、多平台多雷达距离测量的空间配准、多平台舰载雷达探测等效系统误差建模等问题，提出了多传感器系统误差估计的可观测性概念，以及多传感器系统误差估计收敛性判断准则及空间配准性能评价指标。

（1）建立了多传感器空间配准系统误差通用配准模型，并指出了 GLS 配准方法、ML 配准方法均是通用配准模型的特例。

（2）针对动平台雷达测距精度高、测向精度相对较低的特点，提出了一种基于公共目标多雷达距离测量的空间配准方法。该方法利用多雷达测距对公共目标进行交会定位，获取公共目标的位置估计值，从而将公共目标配准转换为合作目标配准，对雷达方位系统误差进行估计。该方法可以有效地对雷达方位系统误差进行配准。

（3）传统多无源传感器配准方法忽略地球曲率的影响，在球极平面坐标系进行配准，配准精度受到限制。本章提出了一种基于 ECEF 坐标系交叉定位的误差配准方法，既消除了地球曲率对配准精度的影响，又保留了基于二维平面交叉定位的误差配准方法的简洁性，相比传统配准方法具有显著优势。

（4）结合系统可观测理论，给出了空间配准可观测性和可观测度两个概念，指出了条件指标可以直接反映具体的系统误差参数估计受测量噪声干扰的影响程度，定义条件指标以度量系统误差参数的可观测度，揭示了低可观测度下多传感器系统误差估计的实质，为采取有效措施提高估计精度提供了重要依据。

（5）针对低可观测度下动平台传感器配准的信息矩阵奇异值分布特点，提出了一种基于奇异值修正的系统误差估计方法——GSVD，根据条件指标对信息矩阵的部分奇异值进行修正，从而提高估计精度，缩短收敛时间。仿真验证表明，该方法比正则化方法收敛速度更快，在超椭球约束下的 LS 估计法等无效的情况下，该方法能将系统误差有效且稳定地收敛到真实系统误差值。

（6）为了定量分析配准方法的配准性能，针对空间配准系统误差的有偏估计和无偏估计，提出了 UCRLB，从系统误差估计收敛性和空间配准性能在线评价两个方面进行了研究，分析了配准方法的收敛性、系统误差估计下界，建立了系统误差估计收敛性判断准则和空间配准性能在线评价方法,为定量地评价配准方法的配准性能提供了依据。

参 考 文 献

[1] 程志刚. 多雷达组网系统空间配准方法研究[J]. 舰船科学技术,2015,37(12): 131-134.

[2] 潘江怀,李洪梅,何佳洲. 三维传感器组网系统误差估计方法[J]. 火力与指挥控制,2008,4(4): 104-106.

[3] 史江林,周学平,刘长海,等. 基于 EM 算法的联合数据关联与空间配准[J]. 现代雷达,2016,38(1): 51-55.

[4] OKELLO N N, RISTIC B. Maximum likelihood registration for multiple dissimilar radars[J]. IEEE Transactions on Aerospace and Electronic Systems, 2003, 39(3): 1235-1240.

[5] 吴卫华,江晶. WGS-84 坐标系下多空基无源传感器最大似然配准[J]. 系统工程与电子技术,2015,37(2): 304-309.

[6] HWA-TUNG ONG. Sensor registration using airlanes maximum likelihood solution[C]// Signal and Data Processing of Small Targets 2003, Orlando: SPIE, 2003: 390-401.

[7] 崔亚奇,熊伟,何友. 基于 MLR 的机动平台传感器误差配准算法[J]. 航空学报,2012,33(1): 118-128.

[8] BO Y, CHEN Z, YIN M, et al. Improved different dimen-sional sensors combined space registration algorithm[J]. Mathematical Problems in Engineering, 2015, 2015(1): 1-9.

[9] 宋强,崔亚奇,何友. 反馈式多目标多传感器系统误差融合估计技术[J]. 宇航学报,2011,32(1): 115-122.

[10] 连峰,韩崇昭,彭一峰,等. 基于广义似然比的自适应在线配准算法[J]. 控制与决策,2009,24(1): 23-28.

[11] 胡勤振,苏洪涛,刘子威. 配准误差下的多基地雷达目标检测算法[J]. 电子与信息学报,2017,39(1): 87-94.

[12] 方峰,蔡远利. 机动目标多传感器组网空间配准方法[J]. 固体火箭技术,2016,39(4): 574-579.

[13] OKELLO N N, CHALL S. A joint radar registration and track-to-track fusion for distributed trackers[J]. IEEE Transactions on Aerospace and Electronic Systems, 2004, 40(3): 808-823.

[14] HERMAN S M, POORE A B. Nonlinear least-squares estimation for radar and navigation biases[J]. Proceedings of SPIE Signal and Data Processing of Small Targets, 2006, 62(6): 1701-1717.

[15] HUANG D, LEUNG H. A pseudo-measurement approach to simultaneous registration and track fusion[J]. IEEE Transactions on Aerospace and Electronic Systems, 2012, 48(3): 2315-2331.

[16] 王成飞, 王航宇, 石章松, 等. 基于高精度导航设备的海上多传感器配准算法[J]. 控制理论与应用, 2011, 28（4）: 497-503.

[17] 李洪梅, 潘江怀, 何佳洲, 等. 舰载雷达探测误差传递与灵敏度分析[J]. 数据采集与处理, 2012, 27（4）: 474-479.

[18] 乔慧, 潘江怀. 基于 Mean-Shift 的传感器动态系统误差估计方法[J]. 火力与指挥控制, 2011, 36（9）: 109-111.

[19] PAN J H, HE J Z, LUO S X. On-line absolute sensor registration in 3-D radars networking[C]//Proceeding of 2011 Cross Strait Quad-Regional. Radio Science and Wireless Technology Conference, 2011: 1085-1089.

[20] 常清, 潘江怀, 安瑾. 多雷达距离测量空间定位方法及精度分析[J]. 电光与控制, 2012, 19（6）: 45-48.

[21] STEAFANO F, ALFONSO F, FULVIO G, et al. Least squares estimation and Cramer-Rao type lower bounds for relative sensor registration process[J]. IEEE Transaction on Signal Processing, 2011, 59(3): 1075-1087.

[22] BOER Y, DRIESSEN J N. Multi-target particle filter track before detect application[J]. IEEE Proceedings of Radar, Sonar and Navigation, 2004, 151(6): 351-357.

[23] WATSON G A, RICE T R. Sensor alignment and compensation for composite tracking [C]. Signal and Data Processing of Small Targets, Orlando, SPIE, 2002: 354-367.

[24] 何佳洲, 潘江怀. 多传感器时空配准问题的研究与思考[J]. 舰船科学技术, 2021, 43（8）: 8-13.

[25] 何佳洲, 罗志男, 潘江怀. 舰载传感器测量误差链分析[J]. 火力与指挥控制, 2021, 46（2）: 11-15.

[26] PAN J H, YANG L C. Online spatial registration of 2D/3D sensor networks[C]// Proceedings of 2019 IEEE 8th Data Driven Control and Learning Systems Conference, 2019: 355-359.

[27] 潘江怀, 乔慧. 多传感器空间配准的病态性及其稳健估计[J]. 兵工学报, 2017, 38（10）: 1965-1973.

[28] 斯科尼克. 雷达手册（原书第三版）[M]. 中文增编版. 马林, 孙俊, 方能航, 等译. 北京: 电子工业出版社, 2022.

[29] 何友, 王国宏, 陆大䇮, 等. 多传感器信息融合及应用[M]. 2 版. 北京: 电子工业出版社, 2007.

[30] 何友, 修建娟, 刘瑜, 等. 雷达数据处理与应用[M]. 4 版. 北京: 电子工业出版社,

2022.

[31] 韩崇昭, 朱洪艳, 段战胜, 等. 多源信息融合[M]. 3版. 北京: 清华大学出版社, 2022.

[32] 郑大钟. 线性系统理论[M]. 2版. 北京: 清华大学出版社, 2002.

[33] 欧阳志宏, 杨宏文, 胡卫东, 等. 一种基于可观测度检测的雷达系统误差估计算法[J]. 现代电子技术, 2008, 31 (9): 57-60.

[34] 杨宏文, 郁文贤, 胡卫东, 等. 基于可测度分析的雷达系统误差估计[J]. 国防科技大学学报, 1999, 21 (5): 53-56.

[35] 杨宏文, 郁文贤, 胡卫东, 等. 基于数据补偿的雷达系统误差估计[J]. 火力与指挥控制, 2000, 25 (2): 23-27.

[36] 袁振超, 沈云中, 周泽波. 病态总体最小二乘模型的正则化算法[J]. 大地测量与地球动力学, 2009, 29 (22): 131-134.

[37] 王珂, 陈玥文. 低可观测度条件下多传感器系统空间配准技术探讨[J]. 指挥信息系统与技术, 2010, 1: 84-98.

[38] MARTIN P D. Registration techniques for multiple sensor surveillance[C]//Proceedings of the 9th MIT/LIDS Workshop on C3 Systems[S.l.]: MIT, 1986.

[39] CONTE J E, HELMICK R E. Real-time bias estimation and alignment of two asynchronous sensors for track association and fusion[R]. Virginia:Naval Surface Warfare Center Dahlgren Division,1995.

[40] HELMICK R E, RICE T R. Absolute alignment of sensors[R]. Virginia:Naval Surface Warfare Center Dahlgren Division, 1996.

第 6 章
时空配准的应用与发展

"科学的目的,不是打开无穷智慧的大门,而是在无休止的谬误前面画一道界线。

——贝托尔特·布莱希特

6.1 概述

前面几章重点讨论了时空配准的定义、需求和应用基础性问题,分析了时空误差演化机理,讨论了时间同步原理与方法、空间配准原理与方法(合作目标和非合作目标)等,本章将从系统和体系的角度,对多传感器时空配准的应用与发展进行全面的研究、分析和解读。

随着有线/无线网络技术的飞速发展,各种传感器网络和信息系统网络逐渐渗透到人们生活的方方面面,同时不断颠覆现代战争的形式。战争双方在对抗与反对抗、欺骗与反欺骗环境中,相互牵制对方、制约对方。多传感器时空配准也在这种背景下变得更加复杂。自 1997 年美军提出"导航战"作战概念后,世界各国的研究人员和军事专家对卫星导航信号的脆弱性认识不断加强,尽管各类军用抗干扰和反欺骗技术不断进步,但在高对抗的战场环境下,谁也无法保证己方导航系统(如卫星导航)的可用性。这也使高度依赖卫星导航系统的现行装备体系面临巨大挑战,由此凸显了时空配准问题的艰巨性和复杂性。

鉴于此,本章首先通过梳理雷达网、海军战术数据系统等的发展脉络,剖析了网格锁定系统的定义、方法、装备等,揭示了美军装备体系中此类"不起眼"的时空配准装备的作用和意义。然后通过对导航战的定义和实践等的梳理,阐述了导航战对未来战争的影响,并通过梳理美军的弹性 PNT 体系、全源定位导航技术等的最新发展,揭示了美军对 PNT 顶层体系架构不断迭代加强的决心。

最后总结了时空配准体系方面的一些思考和相关发展建议。

6.2 网格锁定系统

在过去的几个世纪，3个简单的地理位置问题对战场上的所有作战人员（无论是士兵还是指挥官）都至关重要："我在哪里？""我的部队和友军部队在哪里？""敌人在哪里？攻击他们的最佳路线是什么？"战争的结果、部队的命运或者说生存状态完全取决于回答上述问题的能力。

鉴于网格锁定系统对解决美军防空系统中时空配准问题所起到的不可替代的作用，本节通过梳理半自动地面环境防空系统、海军战术数据系统、舰队协调防空作战项目等，剖析网格锁定系统的定义和内涵、采用的方法及典型应用等，揭示该系统在美军装备和技术发展中的作用和意义。

6.2.1 源自半自动地面环境防空系统

6.2.1.1 半自动地面环境防空系统

1949年9月3日，美国空军第375气象侦察中队的一架WB-29飞机带着在苏联堪察加半岛东部采集的滤纸样本，降落在阿拉斯加艾尔森空军基地。对样本的测试表明，空气中的放射性碎片含量异常高，高到只能用原子弹爆炸来解释。后经多方证实，苏联确实在1949年8月29日成功引爆了第一颗原子弹（当时美方普遍认为苏联完成第一颗原子弹爆炸至少还需要3年）。至此，苏联不仅拥有原子弹，还拥有能够通过北极航线到达美国的远程轰炸机。根据美国相关部门的评估，苏联轰炸机可以从高空飞越北极地区，在接近目标时下降从低空进入。苏联轰炸机在高空飞行时，能够在地面雷达检测到它之前发现地面雷达，然后下降到低空，在雷达波束下飞行，从而避免被发现。美国在第二次世界大战期间研发的用来防御常规武器攻击的地面拦截控制雷达实际上没有提供任何防御和保护能力。其对来袭敌机的探测能力有限，导致携带核武器的苏联轰炸机可以很容易逃避探测。

上述情况迫使美国国防部重新评估国家防空系统对核攻击的防御能力，并成立了美国空军国家防空系统能力提升项目。评估委员会认为，原国家防空系统中最薄弱的环节来自探测低空飞行飞机的雷达。鉴于20世纪50年代尚无法实现空中或天基监视，唯一的解决方案是将地面雷达系统连成一个整体。该解决方案主要面临两个技术难题：①为了解译来自大量雷达的信号，必须有一台中央计算机，汇总处理各雷达传输的数据；②考虑到探测和拦截敌机，计算机必须实时分析数据，引导战斗机进行拦截。半自动地面环境防空系统由此诞生。

半自动地面环境（Semi-Automatic Ground Environment，SAGE）防空系统，简称 SAG 系统作为美国第一个防空系统，从 1951 年项目启动到 1963 年全面部署，其规模和范围均超过了"曼哈顿计划"。SAGE 系统的顶层架构如图 6-1 所示，主要包括雷达网和其他数据源、数字计算机系统。该系统的主要任务是：接收雷达和其他信息以检测、跟踪飞机；处理航迹数据以形成完整的空中态势；引导武器摧毁敌机。

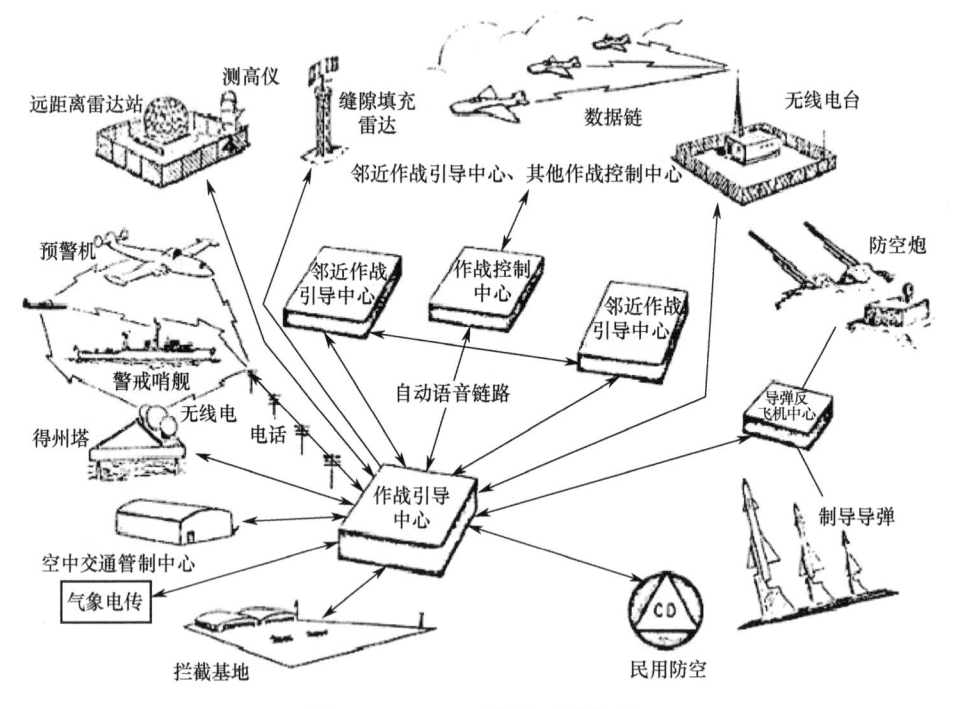

图 6-1 SAGE 系统的顶层架构

SAGE 系统开创了自动防空系统在现代作战中的应用，当敌方轰炸机编队从任何方向进入美国大陆时，都将被大型雷达网络自动发现，雷达探测数据通过电话线传输到最近的 SAGE 作战引导中心，简称引导中心，由 AN/FSQ-7 计算机处理。作战引导中心支持雷达技术升级，能够快速处理来自多部雷达的数据；同时负责识别飞机的敌我属性，具体采用 Mark X（IFF）系统、多走廊识别系统（Multiple Corridor Identification System，MCIS）和军用/商用飞行计划 3 种不同的方法进行识别。3 种方法的识别方式分别为：如果一架进场的飞机配备了 Mark X 系统，那么系统会自动将其识别为友方；安装 MCIS 的军用飞机在识别区必须采用特定的验证码和技术动作；将军用/商用飞行计划输入 AN/FSQ-7 计算机，通过雷达进行自动跟踪，如果飞机偏离指定航线，计算机会自动记录并通知相关人员。作战引导中心对空中监视数据进行处理、评估，形成区域空中态势，并据此进行威胁评估、武器分配和恰当的武器引导命令。

此后，作战引导中心将向最适合拦截敌方轰炸机的空军基地及一组地对空导弹连发送拦截指令和持续的目标位置信息。同时，作战引导中心还可以向其他邻近作战引导中心发送数据并从邻近作战引导中心接收数据，将态势感知信息发送到作战控制中心。当空军基地的战斗机起飞并升空时，作战引导中心将继续处理来自多部雷达的航迹数据，并更新和传输目标位置，以便将拦截飞机引向目标。拦截飞机拦截迫近的敌方轰炸机后，会将突袭评估信息传回作战引导中心，以确定是否需要使用其他飞机或导弹拦截目标。

为了充分发挥 AN/FSQ-7 作战引导中心强大的武器控制和数据处理能力，需要一种半自动的手段来评估和监督各作战引导中心构建的整体性空中态势。为了满足这一需求，每个师辖地理分区均设有一个作战控制中心，简称控制中心。各师下辖的每个作战引导中心承担生成其责任区域的空中态势图的任务，同时态势数据会自动转发到控制中心。由控制中心负责将几个作战引导中心的空中态势图组合起来，呈现辖区整体空情。各责任区域的空情变化会实时显示在作战引导中心的显示屏上，从而全面展现整个师的总体空中态势。

控制中心的 AN/FSQ-8 计算机与 AN/FSQ-7 计算机相同相比，无须接收原始数据，减少了一些输入和输出设备，主要功能包括：①评估威胁的性质、强度和方向；②监督空战；③向各部门分配武器、部署武器和协调部队实施增援；④与其他控制中心协调；⑤对师部的警报进行排序；⑥对各分区武器的总体状态进行分类排序；⑦手动绘制远程预警信息；⑧向民事和军事机构分发防御告警；⑨实施空中交通安全控制和无线电辐射控制计划；⑩向师级以上指挥部报送前方空中态势。

全面部署的 SAGE 系统由遍布美国的 100 多部地面雷达、24 个作战引导中心和 3 个控制中心组成。作战引导中心与 100 多个机场和地对空导弹基地相连，提供多层次的参与行动。每个作战引导中心都装有一台双冗余 AN/FSQ-7 计算机，该计算机是由麻省理工学院 20 世纪 50 年代的实验性旋风计算机演变而来的。这些计算机运行的程序超过 500000 行代码，执行超过 25000 条指令，是当时有史以来最大的计算机程序。作战引导中心自动处理来自多部远程雷达的数据，为拦截飞机和地对空导弹基地提供控制信息，并为每个作战引导中心的 100 多个操作站提供指挥和控制及态势感知显示。

每台 AN/FSQ-7 计算机重 250t，包含 3000kW 的电源和 49000 个真空管。为了确保连续运行，每台计算机都采用双工模式，即实际由两台机器组成。两台机器因维护而停机的时间百分比为 0.043%，即平均 3.77h/年，从而确保系统运行的可靠性。1955 年 6—11 月，该计算机系统以 97.8%的可靠性每周 7 天 24小时运行。这种可靠性水平即使在计算机技术高度发展的今天，也不容易达到。

SAGE 系统在美苏"冷战"对抗中极大地稳定了美国人民的信心，特别是在美国对抗苏联空袭的"盾牌"行动中发挥了关键作用。在第二次世界大战结束后的一段时期，确保美国空域安全的任务由人工地面环境系统执行，探测、评估和拦截功能完全依赖人类操作，而 SAGE 系统使美军防空系统进入了计算机时代，能全天候应对当时的空中威胁，最典型的应用案例是 SAGE 系统在成功化解古巴导弹危机中发挥了巨大作用。

毋庸置疑，SAGE 系统在雷达、通信、数字计算机、大屏显示、磁芯存储器、计算机软件编程等方面开辟了新天地，对之后计算机和互联网技术的发展产生了极其深远的影响。据统计，当时美国约有 80%的程序员在为该项目服务；因为 SAGE 系统而发展壮大的实验室和企业如林肯实验室、MITRE、IBM 等，至今仍在影响和改变世界。

SAGE 系统为了消除杂波，采用雷达数据过滤技术，进一步剔除移动目标指示器未消除的杂波，并将电话线噪声控制在可接受的范围内。此外，为了填充远距离雷达之间的间隙，SAGE 系统通过数字雷达中继，配置小功率雷达填充缝隙，提高了雷达的覆盖能力，实现了全覆盖。为了确保对目标跟踪轨迹的完整性、连贯性，时空配准技术也在 SAGE 系统中首次被提出和应用。

6.2.1.2 雷达联网处理规程

最早的空中预警雷达网出现在第二次世界大战时期。在不列颠战役期间，英军构建的"国土链"多雷达网承担着防空部队对德军空袭飞机的预警探测任务。当时雷达精度较差（约几英里），覆盖重叠区域也少（超过未覆盖区域），其数据处理基本上依赖人工。尽管如此，由于当时对普通轰炸机反应时间和跟踪精度要求低，该系统被证明非常有效。

"冷战"期间，如果对携带原子弹的轰炸机威胁出现漏警，后果任何一个国家都将难以承受。由此，SAGE 系统面临的最大挑战本质上是如何把分布在美国各地的雷达探测数据组合成一个实时完整的空中目标态势图。多雷达联网不仅能扩大远程雷达空域覆盖范围，特别是通过填充雷达可以解决低空空域间隙覆盖不足的问题，而且可以通过对不同剖面雷达探测数据的组合，提升对目标机动段的跟踪性能，减小跟踪误差。同时，对于关键区域，扩大雷达覆盖范围还可以提升对目标探测的可靠性，杜绝因单部雷达误判和失能造成目标漏警的风险。

SAGE 系统应用自动计算技术，通过电话线把分布在美国各地的雷达探测数据进行联网处理，首次提出了解决多雷达数据配准问题的方法，并制定了多雷达数据处理规程，在很多侦察监视领域被广泛应用。处理规程如下。

（1）对于某一作战空域，性能最高的传感器被指定为一级传感器，其他传感器根据性能差异依次被确定为二级传感器、三级传感器等。

（2）空域中某个目标轨迹仅根据最高等级传感器的探测数据进行更新（也称主站法），如果该传感器数据质量（根据扫描点或检测概率度量）低于阈值，则切换到下一级传感器。

（3）在不同传感器主要覆盖空域之间的边界区域，目标轨迹通常会出现较大的不连续性。跟踪软件则通过编程忽略此问题，操作员们经训练适应该状况。

该处理规程在当时的美国联邦航空局（Federal Aviation Adminstration, FAA）民航雷达跟踪系统中得到应用。不过在 FAA 应用中，要求飞机按照规定的航线飞行，此时人们关注和最终要测量的是飞机距离规定航线的位置和时间，而不是飞机轨迹本身的位置。

6.2.1.3 自配准算法

第 1 章讨论了各类系统误差产生的原因，尽管从原理来说每种系统误差均可以通过更加精准的安装、校准实现最小化，但是一种更具吸引力的想法是，为适应动态变化的战术情况，通过计算机程序自动实现网络中各个传感器数据的配准。即在任何情形下，均可以运用算法评估实现系统在线配准。

基于 SAGE 系统的需求和特点，林肯实验室开发了一种自配准算法，其基本思想是：接收到某个雷达的北向基准和获取的目标位置最优估计值，将其与网络中其他传感器获得的目标信息进行比对，通过自动调整、校准误差的修正值，实现该雷达与系统中探测数据的配准。随着满足目标/传感器几何关系的目标数量的增加，系统误差修正量将逐渐收敛到最优值。修正量包括天线指向的校准、距离系统误差和距离时钟系统误差、传感器位置误差。假设两个传感器的覆盖范围重叠，并且各自完成了必要的预处理，均能提供各飞机目标中心点报告（距离、方位角、高度和时间），则 SAGE 系统中的自配准算法流程如图 6-2 所示。

1）经过平滑和变换形成超点

采用两个传感器探测同一飞机目标，对探测的数据进行系统误差估计，此时两个传感器探测的目标报告在时间上必须一致。采用 4 次正交多项式曲线拟合，对距离和方位角的时间导数做一阶近似；选择持续约 1min 的短航迹段，确保对飞机机动段的跟踪。采用独立子程序分别实现距离、方位角和高度的平滑。具体步骤如下。

（1）确定曲线拟合轨迹段的必要条件是，两个传感器探测到的目标关联点的时间间隔至少满足指定的时间段（通常需要 10~12 个观测值）。

```
              ┌──────────┐
              │   开始   │
              └────┬─────┘
                   │
         ┌─────────▼──────────┐          ┌─────────────────────┐
         │  经过平滑和变换     │          │ 根据两个传感器超点  │
         │  形成超点          │          │ 计算协方差矩阵      │
         └─────────┬──────────┘          └──────────┬──────────┘
                   │                                │
         ┌─────────▼──────────┐          ┌──────────▼──────────┐
         │ 根据设定的系统误   │          │ 用ML法迭代          │
         │ 差对超点进行预校准 │          │ 估计系统误差值      │
         └─────────┬──────────┘          └──────────┬──────────┘
                   │                                │
         ┌─────────▼──────────┐          ┌──────────▼──────────┐
         │ 对传感器探测距离   │          │ 估计系统误差        │
         │ 进行大气折射修正   │          │ 方差矩阵            │
         └─────────┬──────────┘          └──────────┬──────────┘
                   │                                │
                   └────────────────────────────────┤
                                                    ▼
                                               ┌────────┐
                                               │  结束  │
                                               └────────┘
```

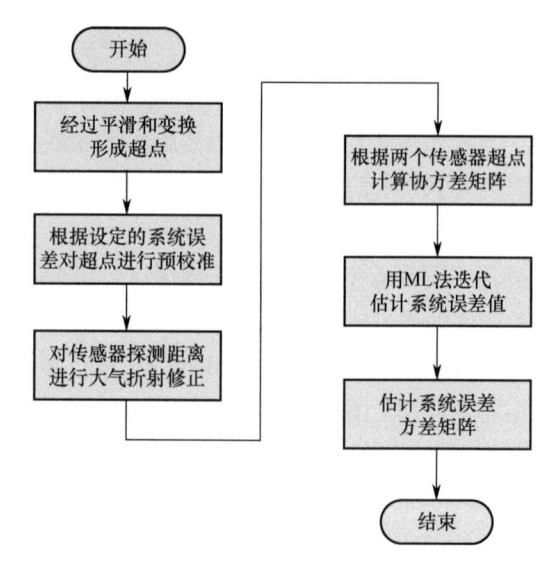

图 6-2 SAGE 系统中的自配准算法流程

（2）将拟合后残差的均方差与根据预期随机测量误差为每个分量定义的阈值进行比较，如果均方差超过阈值，则丢弃最小二乘多项式拟合点中误差最大的观测值，并再次拟合剩余数据；如果均方差仍然太大，则跳过两个传感器的时间间隔，控制返回步骤（1）。

（3）根据两个传感器公共测量点的时间拟合出多项式，得到超点，包括时间、距离、距离速率、方位角，以及方位角速率和高度。

2）根据设定的系统误差对超点进行预校准

在有些情况下，可以预先知道近似系统误差值。例如，通过绘制飞机在陡坡上机动轨迹的高度起伏，可以估计出两个传感器之间的时间偏移。有关调整超点系统误差的初始设定值及其迭代估计程序的计算公式，将在自配准算法的第 5 步（用 ML 法迭代估计误差值）描述。

3）对传感器探测距离进行大气折射修正

由于地球大气折射导致的时延，观测到的目标距离要大于实际距离。大气折射修正是指通过查找基于理想化标准的大气距离修正表实现目标测量距离的修正，若无法从表中直接找到修正值，则可采用对数插值计算获得修正值。

例如，距离为 100km、仰角为 5°的目标，其距离校正约为 108m。几十米的系统误差是我们在研究中经常遇到的目标距离修正的典型大小。

考虑到修正值的误差处于传感器的固有测量误差水平之内，SAGE 系统并没有试图获得与实际传感器位置和任务时间的大气密度相对应的大气折射修正表。

4）根据两个传感器超点计算协方差矩阵

两个传感器观测误差的协方差矩阵是两个传感器测量误差协方差矩阵之和。由于测量误差协方差矩阵的元素是距离和方位的函数，因此在系统误差估计过程中，无论在任何时刻修改距离和方位，都应重新计算这些元素，这将额外增加计算机的负担。原因有二。①系统中的系统误差一般比较小，且可以进行初始近似估计。在这种情况下，由于距离和方位的小增量，矩阵元素的相对变化相应较小。②事实上，传感器测量误差也包含在协方差矩阵中，并且它们的值通常很难达到完全准确。

为此，在计算测量误差协方差矩阵的元素之前，首先对超点进行已知估计系统误差的修正，然后进行大气折射修正。

5）用 ML 法迭代估计误差值

给定两个传感器超点集合，估计传感器的系统误差参数，是一个典型的 ML 估计问题。在 SAGE 系统中，由于高度信息是通过特定的测高雷达获得的，因此，这里重点讨论二维雷达系统误差估计问题。

设球极坐标系下两个雷达的 N 个超点集合 $r_i^j = (D_i^j, B_i^j)$ $(i=1,2,\cdots,N; j=1,2)$，其中 i 为 i 采样时刻，j 为雷达 1 和雷达 2。直角坐标为 X_i^j，$X_i^j = (x_i^j, y_i^j)^T$。有

$$\begin{cases} x_i^j = D_i^j \sin B_i^j \\ y_i^j = D_i^j \cos B_i^j \end{cases} \tag{6-1}$$

为了方便讨论，暂时省略上下标 i 和 j。假定每组距离 D 和方位 B 的测量误差各自服从零均值高斯正态分布，其协方差矩阵为

$$C_{DB} = \begin{bmatrix} \sigma_D^2 & 0 \\ 0 & \sigma_B^2 \end{bmatrix} \tag{6-2}$$

根据非线性协方差传递原则，可以得到

$$C_{xy} = F C_{DB} F^T \tag{6-3}$$

式中，

$$F = \begin{bmatrix} \dfrac{\partial x}{\partial D} & \dfrac{\partial x}{\partial B} \\ \dfrac{\partial y}{\partial D} & \dfrac{\partial y}{\partial B} \end{bmatrix} \tag{6-4}$$

将式（6-4）代入式（6-3），可以得到

$$C_{xy} = \begin{bmatrix} \sin^2 B \sigma_D^2 + D^2 \cos^2 B \sigma_B^2 & \sin B \cos B (\sigma_D^2 - D^2 \sigma_B^2) \\ \sin B \cos B (\sigma_D^2 - D^2 \sigma_B^2) & \cos^2 B \sigma_D^2 + D^2 \sin^2 B \sigma_B^2 \end{bmatrix} \tag{6-5}$$

雷达 1 和雷达 2 在 i 时刻对某架飞机观测值的差假定为 $\Delta X_i = (x_i^1 - x_i^2, y_i^1 -$

$y_i^2)^T$，则其概率密度函数可以表示为

$$p(\Delta X_i) = \frac{1}{|C_i|^{1/2} 2\pi} e^{-\frac{1}{2}(\Delta X_i^T C_i^{-1} \Delta X_i)} \quad (6\text{-}6)$$

假定雷达对飞机的 N 个观测值互相独立，则联合概率密度函数可以表示为

$$p(\Delta X_1, \Delta X_2, \cdots, \Delta X_N) = \frac{1}{\prod_{i=1}^{N}|C_i|^{1/2}(2\pi)^N} e^{-\frac{1}{2}\sum_{i=1}^{N}(\Delta X_i^T C_i^{-1} \Delta X_i)} \quad (6\text{-}7)$$

于是系统误差估计实质就是选取适当的系统误差值，使式（6-7）中的联合概率密度函数取最大值，从而可以等价于寻找以下函数的最小值。

$$S = \sum_{i=1}^{N}(\Delta X_i^T C_i^{-1} \Delta X_i) \quad (6\text{-}8)$$

式中，S 是组合测量误差残差向量的平方和。假定两部雷达之间的测量值互相独立，得到残差的协方差矩阵可以表示为两个传感器测量误差协方差矩阵之和，则有

$$C_i = C_{xy}^1 + C_{xy}^2 \quad (6\text{-}9)$$

在 SAGE 系统中，基于二次函数收敛性和共轭向量的特性，可采用鲍威尔共轭方向法对目标函数求极值，该方法可加快收敛速度，且无须对函数进行求导。

假设要求解 M 个系统误差量，则算法以系统误差向量的初始估计为初值，M 个线性独立坐标方向逐一计算。S 沿共轭方向的每次最小化都是通过两遍增量搜索过程完成的。第一遍，将系统误差量递增，直到找到最小值的第一近似值；第二遍，增量步长缩短到原来的 1/10，重复搜索直到检测到新的最小值。最后，采用三点抛物线插值法求解最终最小值的系统误差向量。

S 的最小值可利用给定数据集的系统误差拟合优度来度量。S 为服从 $v=2N-M-1$ 自由度卡方分布的统计量，因此，如果准确地获得了距离和方位角的测量系统误差，则 $S_v=S/v$ 的期望值为 1.0，方差为 $2/v$（对于较大的 N）。

6）估计系统误差方差矩阵

考虑到配准误差方差估计的复杂性，本章参考文献[5]中的附录 D 给出了系统误差方差估计的说明性推导，将配准误差的方差估计等同于求解 Hessian 矩阵或曲率矩阵 H 的逆。假设 ε_{ii} 为 H 逆矩阵对角线上的元素，则

$$\sigma_{a_i}^2 = \frac{S_{\min}}{v} \varepsilon_{ii} \quad (6\text{-}10)$$

被视为第 i 个系统误差估计中方差的一阶近似。注意，在理想条件下，S/v 的期望值约为 1.0，方差仅取决于系统误差之间的交叉耦合程度。

SAGE 多传感器配准方法也被同步应用于海军战术数据系统，通过大型海

军舰艇上的雷达联网自动化处理，实现战术指挥和控制信息的分发。到 20 世纪 80 年代，配准软件经过 20 多年的应用完善，形成了一系列网格锁定和关联算法，可实现同一舰艇平台上多雷达数据的在线校准，配准精度总体上能达到 1 海里量级，满足了当时海军作战使用要求。

与此同时，SAGE 自配准方法在陆军导弹警戒系统、空军战术空中控制系统和海军陆战队空中指挥控制系统中得到应用，较好地解决了其中的多雷达数据配准难题。

6.2.2 成形于海军战术数据系统

美国国会调查委员会认为，美军之所以在珍珠港遭遇重大灾难，关键原因是驻扎在夏威夷的陆海军没有及时利用现有武器进行有效作战。根据美国海军作战部的分析，在所罗门群岛战役中，特别是在瓜达尔卡纳尔岛战斗期间，美国海军遭受的很多损失都是由于指挥规程和组织流程混乱所致的。由此，作战信息中心（Combat Information Center，CIC）在雷达标绘板的基础上逐步形成，并随着雷达、数据处理规程、作战经验和需求在第二次世界大战中逐步成长。切斯特·威廉·尼米兹担任太平洋舰队总司令之后，利用 CIC 实施指挥，在马里亚纳群岛战役（历史上规模最大的航母战役）中彻底击溃了日本联合舰队。

第二次世界大战后期，美国海军的几乎每艘舰船都设置了 CIC，用于收集、分类和传输该舰获取的战场信息。其中，雷达和声呐操作手向 CIC 发送相关目标信息，CIC 参谋人员利用这些信息更新和共享战情图，由指挥官下达武器目标分配指令。但该系统存在两个问题。①每艘舰船都有自己的 CIC，独立于特遣队中的其他舰船，这导致了兵力分配问题——为特定目标分配对应武器的舰艇的传感器可能看不到该目标，或者两艘舰艇可能试图攻击同一目标而忽略另一目标。②第一个问题虽然可以通过舰艇上的无线电或旗语信号来解决，但工作量巨大，需要增加人力，这就带来了舰船空间不足的问题。

由此，美国海军通过深入研究，认为远程高速飞机协同攻击将成为严重威胁。为了给特遣部队预留足够的反应时间来应对此类威胁，在离舰队一定距离的地方部署一艘警戒哨舰，用它的雷达探测目标，然后通过语音将目标信息传递给部队中的其他舰船；或者将雷达轨迹数据表示为一系列脉冲电压，使用脉冲编码调制方法实现舰-舰传输。但这些努力均难以取得理想的效果。数字计算机能提供另一种解决方案，它可以直接将一艘舰船绘制的战情图数据传输并复制到另一艘舰船的计算机上，这就是海军战术数据系统（Naval Tactical Data System，NTDS）。差不多同时期，美国军方有更多业务提出了对自动化计算机能力的迫切需求，如海军对密码的破译需求和火炮射表计算需求。当时，一位技术人员用台式计算器计算火炮的一条弹道大约需要 20h，而每门火炮的射表需要计算大约 500 条弹道。因此，通常对一种新型火炮射表设计的手动计算过程耗时约一个月。这样即使到了 1943 年，新型火炮也经常在没有完整射表的情况下交付给欧洲战区。

1944 年 8 月，美国的约翰·W. 莫奇利（John W. Mauchly）博士和电子工程师维翰·P. 埃克特（John P. Eckert）共同完成了现代通用计算机的结构设计，并将原型机命名为电子数字积分计算机（Electronic Numerical Integrator and Computer，ENIAC）。该计算机首次将指令和数据存储在存储器中，速度足以与电子中央处理单元一起工作。美国陆军弹道研究实验室的联络官赫尔曼·H. 戈德斯汀（Herman H. Goldstine）中尉支持他们想法和发明，并将这台计算机更名为电子离散变量自动计算机（Electronic Discrete Variable Automatic Computer，EDVAC），同时安排普林斯顿大学著名数学家约翰·冯·诺依曼（John Von Neumann）博士担任顾问，为他们提供必要的支持。在后续设计过程中，冯·诺依曼做了大量笔记。他在 1945 年 6 月将笔记浓缩为一份 101 页的工作文件，命名为《EDVAC 报告初稿》，由于冯·诺伊曼是该文件的唯一署名者，因此通用计算机结构被称为冯·诺伊曼结构。

20 世纪 50 年代，加拿大皇家海军启动了自动化数字跟踪和判决（Digital Automated Tracking and Resolving，DATAR）项目。遗憾的是，该项目使用了电子管计算机，计算机安装后几乎占据了班戈级扫雷舰上的所有可用空间。后来加拿大皇家海军又拟建造晶体管型 DATAR 项目，但因为没有资金而终止。借鉴加拿大皇家海军的这次经历，美国海军建造了自己的电子数据系统，并在 1953 年成功研制出一种新型空中指挥系统——拦截跟踪和控制台，该系统可以跟踪两个进入的编队和两个离开的编队。然而，该系统规模巨大，且不具备舰与舰之间的传输能力，因此只在少数航空母舰上得到应用。

20 世纪 50 年代中期，鉴于海军对密码破解计算机的长期兴趣，以及新型晶体管和核心存储器技术逐渐成熟，计算机的发展使海军版 SAGE 防空网络的实现成为可能。1956 年，海军开始使用晶体管数字计算机开发 NTDS 系统，负责计算机研制的工程师西摩·克雷（Seymour Cray）于 1957 年制造出一台 24 位字长、具有 4000 字磁芯存储器的新机器 AN/USQ-17，其体积仅为 77.8 立方英尺，质量仅为 800 磅，作为 NTDS 原型计算机，如图 6-3 所示。1961 年形成最终交付产品 AN/USQ-20，如图 6-4 所示，此时的产品已经具有很高的可靠性。数据链、显示器、雷达系统自动化改造等系列工作也在同步进行。

如果说在庞大的 SAGE 系统中，实现联网雷达校准的自配准只是算法，那么在后续应用中，该算法竟然演变成为一类非常重要的战术性网格锁定系统，成为美军网络指挥信息系统中的标配。考虑到海上舰船和飞机的实际需求，其发展具有必然性。

图 6-3 AN/USQ-17

图 6-4 AN/USQ-20

6.2.2.1 海军战术数据系统

NTDS 由发射机、接收机、密码设备、高速数字计算机、磁带、磁盘和各种显示器组成。图 6-5 显示了 NTDS 设备分组及其与舰艇武器、传感器的接口。图 6-6 给出了 NTDS 的输入和输出。NTDS 计算机为作战信息中心的控制系统协调收集各种来源的数据，如舰船上传感器的数据（包括雷达、声呐和导航输入等），以及通过通信链路接收的舰船外的数据，处理和关联这些数据形成更完整的战情图提供给 CIC 指挥员，同时支持将处理后的数据作为可用输入分发给其他系统和子系统。显示器允许操作员与系统进行交互。NTDS 集成了所有系统和子系统，提供基本作战系统功能，包括：①探测和数据记录；②跟踪和识别；③威胁评估和武器分配；④交战和交战评估。

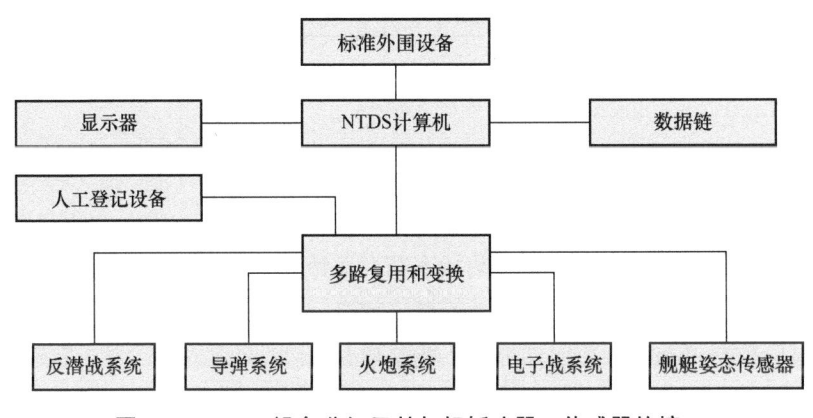

图 6-5 NTDS 设备分组及其与舰艇武器、传感器的接口

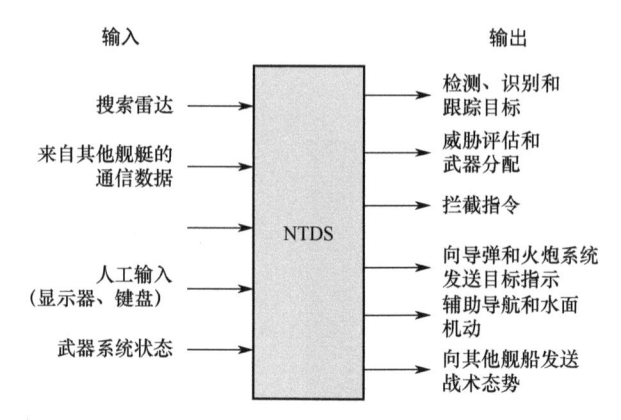

图 6-6 NTDS 的输入和输出

NTDS 通过 3 种数据链路来实现与其他舰船、飞机节点之间的战术数据通信，如图 6-7 所示。这 3 种数据链能够快速地将格式化数据传输给其他舰船、飞机和岸上设施，这些信息包括来自显示器、传感器和其他数据链的各种数据。

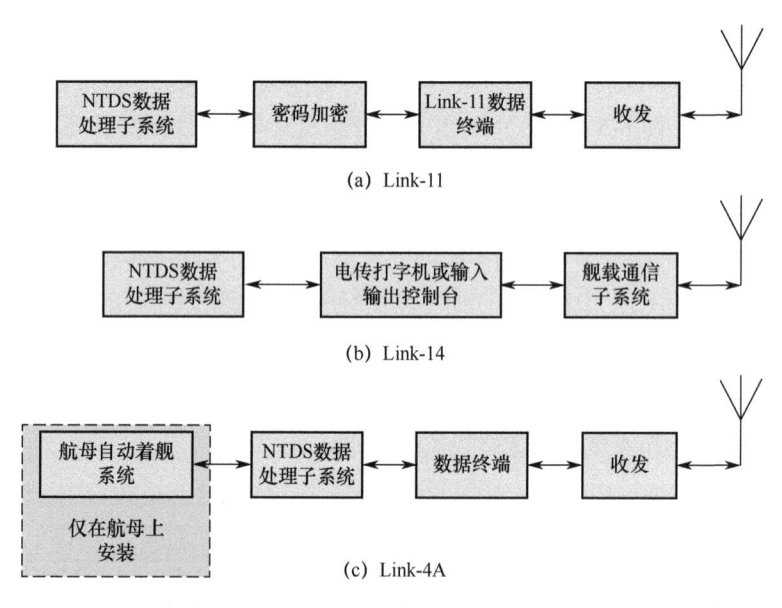

(a) Link-11

(b) Link-14

(c) Link-4A

图 6-7 用于实现 NTDS 与舰船及飞机节点之间战术通信的 3 种数据链

数据链为战场指挥官提供了高速、准确的战术通信。Link-11 为所有战术数据系统提供战术信息、命令和部队状态在高速计算机之间的传输。传输的信息类型为地面、地下、空中和电子战等航迹信息，以及友方、敌方和未知目标的航迹身份数据。Link-14 可以向那些不能参与 Link-11 网络的单元发送航迹信息。Link-4A 允许计算机通过自动驾驶方式控制飞机，同时支持在某些情形下控制飞机，如在无须飞行员操作的情况下，控制飞机飞往打击区，并支持其返回基地。

当然，飞行员还可以不使用数据链，而是通过头盔视觉显示器实现拦截控制。此外，航母自动着舰系统（Automatic Carrier Landing System，ACLS）也可以使用该数据链辅助实现着舰引导功能。

在应用 NTDS 系统之后的很长一段时间内，多艘舰艇传感器之间可行校准的质量只能保持在基本可接受水平，传感器探测目标的位置修正值无法及时估计，一般每隔 30~45 分钟估计一次，当人工观察到航迹误差超过预计范围时，再结合手动方式，利用有限的计算资源进行估计。这种方法存在如下几个不足之处。

（1）统计分析表明，手动处理只能用到有限的航迹数据，因此在估计时无法考虑航迹空间之间的差异性，从而对系统误差估计得不够充分，这就导致对新进入系统探测范围的新航迹做出不正确的修正。为此，网格锁定算法应当支持运用所有航迹数据进行系统误差统计。

（2）NTDS 中的旧版网格锁定处理主要针对 X 方向和 Y 方向的转换系统误差，某些情况下也会考虑常值旋转系统误差。但对两两实际站点雷达数据的分析表明，仅估计这 3 类系统误差无法充分保证站点雷达之间的精确配准。

（3）从用户的观点看，特别重要的一点是，NTDS 中的旧版网格锁定处理无法评价配准的实际效果，也就是说操作手可以显示位置修正值，但无法判断该修正值是否正确。因此，亟待研发网格锁定效果的度量方法，以支持高层指挥员的决策。

6.2.2.2　网格锁定：由概念到系统

1）概念分析

网格锁定是指通过比较本地传感器获得的航迹/点迹数据与已经获得的指定网格锁定参考单元校准的同一目标的远程航迹/点迹数据，确定本地航迹/点迹的配准改正值。在很多应用场景中，可以将网格锁定理解为动态调整舰队海上兵力坐标框架的过程，即通过各传感器航迹数据之间的精确校准，实现部队兵力和行动的协调。或者说，通过精确交换从各自位置获得的报告，实现战斗群所有参与者对目标的协同跟踪。如图 6-8 所示为四艘舰应用网格锁定前后的融合态势图对比。

网格锁定的实质就是传感器配准，即通过基于公共探测目标的航迹配对确定各雷达位置和方向的系统误差，将来自多个雷达的属于某一目标的多个探测数据组合成一个目标数据。网格锁定的目的是减小导航误差和传感器探测之间的失配误差，将一个传感器的轨迹数据准确地转换到另一个传感器的坐标系中，有时也称为雷达校准。在实际应用中，大量显著性统计分析表明，对于未知和

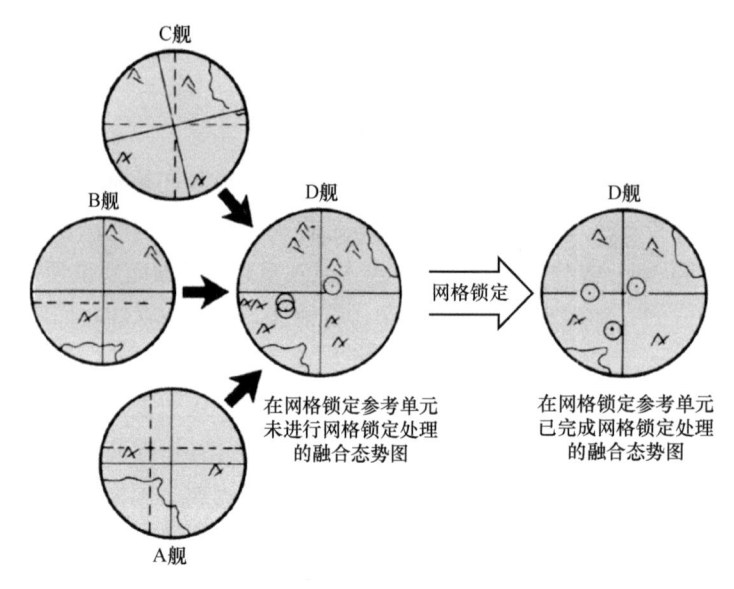

图 6-8 四艘舰应用网格锁定前后的融合态势图对比

未校准的雷达，当组合来自不同雷达的目标以生成战区图像时，不同雷达之间的航迹失配将导致非常严重的错误。从本质上说，网格锁定是一种具有预测-校正结构的数据处理算法，通常使用卡尔曼滤波或加权最小二乘法等技术分析比较不同雷达之间公共探测目标航迹配对的位置和方向误差，估计出系统误差。由此，计算出给定雷达报告的航迹位置修正量，然后经坐标系转换调整传感器的航迹，匹配战区选择的坐标系。若公共探测航迹对中的一条航迹被丢弃（或被组合），该雷达的剩余航迹（包括特有航迹）将共同用于更新战区态势图。网格锁定中隐藏的一个难题是，当确定用于描述公共探测目标的航迹对出现误相关时，基于公共探测目标的航迹对显然无法成功实现一雷达与另一雷达的网格锁定。例如：若航迹粗相关存在失配，网格锁定程序将两部雷达重叠区域内每组单独航迹对（包括错误配对）的距离、速度进行统计和比较，估计极小化距离系统误差和方向系统误差。此时，错误配对不仅会增加计算量，而且难以实现多雷达（信息源）整体配准误差极小化。

2）典型系统验证

（1）舰载网格锁定系统。

舰载网格锁定系统（Shipboard Gridlock System，SGS）的首次验证是在"宙斯盾"上，通过将本地 AN/SPY-1 航迹数据与其他非"宙斯盾"舰船上的 3D 空中监视雷达 AN/SPS48C 的航迹数据进行比对实现动态校准。最初，SGS 由一个单独的终端控制，要求操作员输入作战系统中已有的数据，但因缺乏与"宙斯盾"作战系统的直接交互，导致本舰和网格锁定参考单元（Gridlock Reference

Unit，GRU）之间出现航迹的双轨控制，即 SGS 无法向作战系统提供这些校准后的航迹数据。尽管 SGS 实现了空中航迹图的高精度校准，但由于采用水面目标航迹评估 SGS 的性能，而水面目标航迹并非来自校准的空中航迹传感器，因此 SGS 的效果并不明显。

为了解决上述问题，在应用物理实验室（Applied Physics Laboratory，APL）、多地舰队作战指挥系统支持活动（Fleet Combat Direction System Support Activity，FCDSSA）中心等的联合努力下，设计了"宙斯盾"作战系统和网格锁定系统之间的接口，具体包括：APL 扩展了网格锁定功能，增加了本地航迹到远程航迹的自动关联功能，支持本地水面目标（手动或自动）锁定，支持数据链静默模式，自动提供己舰导航位置、数据链参考点及不确定位置的编号等。自此，舰载网格锁定系统在航空母舰、两栖攻击舰、"宙斯盾"舰、非"宙斯盾"巡洋舰等舰船上得到了广泛应用。

（2）机载网格锁定系统。

在很长一段时间里，网格锁定系统仅安装在水面作战单元上。由于海军大量装备机载监视设施，如 E-2C，为此，网格锁定系统被重新改造成一个更小（重约 9 磅）的机载型计算机处理装置，可以与 E-2C 机载战术数据系统连接，为这些空中作战单元提供与水面作战单元相同的能力。之后圣地亚哥 FCDSSA 中心对机载网格锁定系统（Airborne Gridlock System，AGS）进行了性能测试，将其成功安装在"卡尔·文森"号航空母舰（CVN-70）的 E-2C 飞机上。

6.2.3 成为构建舰队协调交战能力的基石

今天，"体系工程""网络中心战""互操作性""协同作战能力"等名词术语在军事领域已广为人知，但技术的发展演变过程仍然值得我们认真梳理。从 20 世纪 60—70 年代开始，美军在国防部的授权下，以约翰·霍普金斯大学应用物理实验室作为军方探索性开发项目的技术指导机构，先后提出或指导策划了"战斗群协调防空作战"（Battle Group Anti-Air Warfare Coordination，BGAAWC）、"防空作战兵力协调技术"（Force AAW Coordination Technology，FACT）、"协同作战能力"（Cooperative Engagement Capability，CEC）和"区域防空司令能力"（Area Air Defense Commander Capability，AADC）等一系列项目和计划，着眼构建统一、相互支持、具有凝聚力的防空系统，由此获得了一系列重大创新。虽然其中很多创新（如与计算机相关的计算和存储技术）随着技术的进步已经消亡，但有些创新至今仍焕发着勃勃生机。例如，数据链中的航迹质量报告机制、警戒雷达检测数据变换、网格锁定和航迹自动关联等技术的应用使空中态势获得了极大的稳定性，从而较好地支撑了自动识别系统；进一步激发了大量的数据收集和分析活动，提升了 Link-11 数据链的平均连接可靠性，促进了频率分集和改进的信号处理技术，发展了多频链路概念；战斗群空中图像清晰度的提升，不仅提高了兵力威胁评估和武器分配能力，还使执行远程战术数字信息链（Tactical Digital Information Link，TADIL）航迹交战和武器控制成为可能，从而提高了决策和交战效率；等等。这些技术逐渐成为美国海军区域协同防空作战系统的基石。战场兵力协调反空作战技术计划和发展脉络如图 6-9 所示。

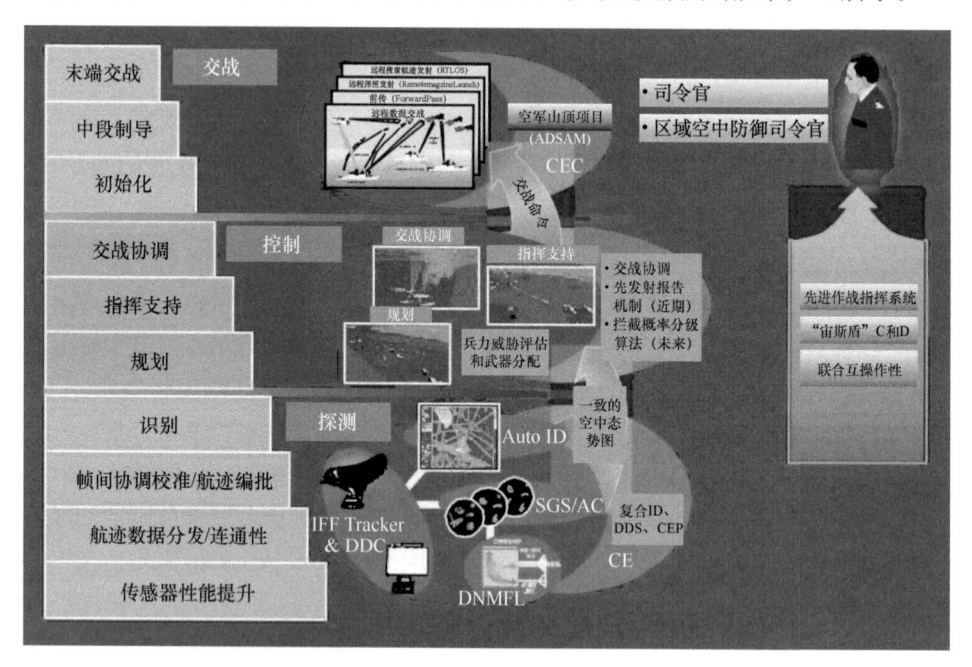

图 6-9　战场兵力协调反空作战技术计划和发展脉络

下面重点讨论网格锁定和航迹自动关联的技术特点和应用情况。

6.2.3.1　网格锁定与航迹自动关联概述

20 世纪 70—80 年代 GPS 尚未得到全面应用，舰船和飞机的导航精度只能精确到几英里，边跟边扫雷达正北基准经常发生错位现象，机载预警机也存在类似的问题。AN/SPS-48C 雷达持续改进后，尤其是采用了检测数据变换技术之后，它能提供可靠的自动探测和跟踪能力。紧接着"宙斯盾"防空系统开始服役，加上 Link-11 数据链的联通能力，舰艇战斗群拥有了协同防空作战的潜力。

然而，当 Link-11 数据链参与者的地理位置与雷达方位基准不一致时，不同节点雷达产生的目标航迹难以正确地关联。在这种情况下，通过 TADIL 进行作战单元交互时，每架飞机或每枚导弹都会产生多条航迹，从而使战斗群的战术态势图混淆不清，企图通过作战单元互相支持维持雷达航迹、提升连续性更不可能实现。事实上，通过 Link-11 交换的雷达航迹数据中存在导航信息和方位失配。为了确保整个战斗群中的航迹能够正确地相关和融合，需要采用一种机制来自动和准确地纠正战斗群参与者之间的导航和雷达方位系统误差。

起初，所有作战单元都通过将其参考坐标原点对准某一作战单元中心，实现坐标系的统一。当防御范围在视距内时，这种相对松散的网格锁定对齐机制效果较好。但是，随着自动化远程探测跟踪雷达和导弹武器的应用，加上有效管理战场的需要，要求最大限度地减少作战空间中各作战单元自相残杀的可能性，因此实现可靠、精准的网格锁定变得至关重要。

相对于单个 GRU 模式，精准的网格锁定要求自动实现航迹的正确关联（判断出来自不同传感器的两条航迹属于同一目标，并建立相关关系），在战斗群及其周边战场空间的密集航迹群中将航迹错误关联（来自两个传感器的描述两个不同目标的两条航迹被误判属于同一目标，并建立相关关系）最小化至关重要。此时，通过操作员输入的粗略平移和旋转系统误差，无法实现和保持所需的网格锁定对齐。实现多雷达航迹校准所需的计算复杂性，体现在同时实现高置信度自动关联和形成融合航迹上，这推动了自动网格锁定技术的发展。为了解决这一难题，APL 研制了带自动关联功能的舰载网格锁定系统（Shipboard Gridlock System with Automatic Correlation，SGS/AC）。

SGS/AC 是一个计算机程序，它自动接收本地 3D 雷达航迹和 TADIL 参与者的远程航迹。SGS/AC 支持在 GRU 和本地雷达跟踪报告的航迹组合测量误差范围内，快速实现自动网格锁定，能达到≥98%的正确相关率和<1%的错误相关率，生成高可信度的战术空中图像。

精确网格锁定系统的目的是，估计两个或多个作战单元航迹数据之间的对齐校正参数，难点是如何识别出对齐作战单元和 GRU 的互航迹（公共航迹）。如果没有网格锁定，识别互航迹将是一个难题。SGS/AC 首先采用了一种粗略系统误差估计（Coarse Bias Estimation，CBE）算法，旨在通过在本地航迹和 GRU 航迹之间生成粗相关来解决该难题。CBE 作为一种鲁棒算法，能适应极端情形下的平移和旋转失准，它能快速产生一个足够准确的解决方案，以支持高精度的卡尔曼滤波算法所需的互航迹处理。通过卡尔曼滤波器估计出精确的网格锁定校正值，包括 GRU 飞机（如机载预警机）的速度，估计结果通常非常精确和稳定。所采用的卡尔曼滤波器形式也相当通用，可自适应扩展到新的系统误差源。但 CBE 算法为启发式算法，且计算量大，因此通常只适用于少数偏置源。这里，CBE 算法和卡尔曼滤波器同时工作，通过 CBE 算法核对确保卡尔曼滤波器没有偏离有效的解决方案，特别是当有且仅有几条可用互航迹时。

采用网格锁定后，自动航迹关联过程被激活，使用标准的 TADIL 协议，通过多航迹消解为每个目标建立一条航迹，清晰地表示每架飞机或每枚导弹。自动航迹关联过程通过与防空系统计算机之间的通信完成，从而确保与系统数据库的同步，同时保证推荐的候选航迹与防空系统内的活动有效关联。

6.2.3.2　网格锁定与航迹自动关联在舰艇战斗群中的应用

在完成 SGS/AC 的演示验证后，美国海军要求立即在所有现役战斗群中部署安装该系统，并授权尽快形成能力，具体包括：①尽快将实验室开发的技术转让给海军和工业部门研制形成产品；②构建一套额外的 SGS/AC 原型系统，将其预置在战斗群的轮换池中，并在系统产品完成研制之前进行先期部署。

SGS/AC 技术以计算机程序的形式移交给美国海军现役工程师，以在海军 AN/UYK-20 计算机内运行的方式实现。同时，美国海军启动了详细的开发、测试、评估和训练计划，以确保这些能力成为舰艇作战系统的标准组成部分。到 2002 年，SGS/AC 已安装在 70 多艘舰船上，成为"宙斯盾"驱逐舰作战系统的一项重要功能。

为了在产品研制完成前形成能力，美国海军在实验室建立了一组 8 套用于部署的由 SGS/AC 构成的轮换池，其中 4 套用于正在部署的战斗群，4 套用于正在训练即将部署的战斗群。计划安装 SGS/AC 的舰艇包括导弹巡洋舰、导弹驱逐舰和航空母舰。预计 SGS/AC 轮换池中的原型系统在 7 年内将部署安装到 17 个战斗群（61 艘舰艇）中，直到舰队完整配属正式产品。为了支持 SGS/AC 轮换池的部署，实验室进行了所有系统安装，并对人员进行了操作培训。

SGS/AC 轮换池的能力显著提高了战斗群的作战能力，提高了防空部队之间实现作战协同的能力，起到了总体大于部分之和的兵力倍增效果，同时也有效地降低了"宙斯盾"驱逐舰新增能力与舰队之间的整合难度。

除了应对舰队的紧急需求，SGS/AC 轮换池还为建立"海上实验室"提供了验证环境。通过原型系统，APL 和海军能够评估复杂作战条件下的系统性能，确保在敌对环境下的作战能力，并总结了许多经验教训，有利于及时对 SGS/AC 能力进行改进。

此外，许多 APL 工程师和科学家通过深入了解战斗群防空工程中的难题，更加熟悉在作战环境中运行的舰艇和战斗群系统。这将有助于他们更好地理解 BGAAWC 计划任务，促进战斗群能力的健康发展。

随着 DDC、SGS/AC 等新增能力的应用，空中态势获得了极大的稳定，这不仅提供了在战斗群内进行进一步改进的机会，而且进一步提出了战斗群其他方面的能力需求。

至此，舰载 SGS/AC 已经成为各类舰载作战系统的标准配置，主要提供以下舰队之间通用的联网数据配准能力：①Link-11 GRU 之间的网格锁定；②Link-16 GRU 之间的网格锁定；③公共相关/解相关；④为近期和未来的需求提供公共网格锁定应用的体系结构；⑤协调规划数据配准和相关功能分配。增加相关能力后的设备配置如图 6-10～图 6-13 所示。

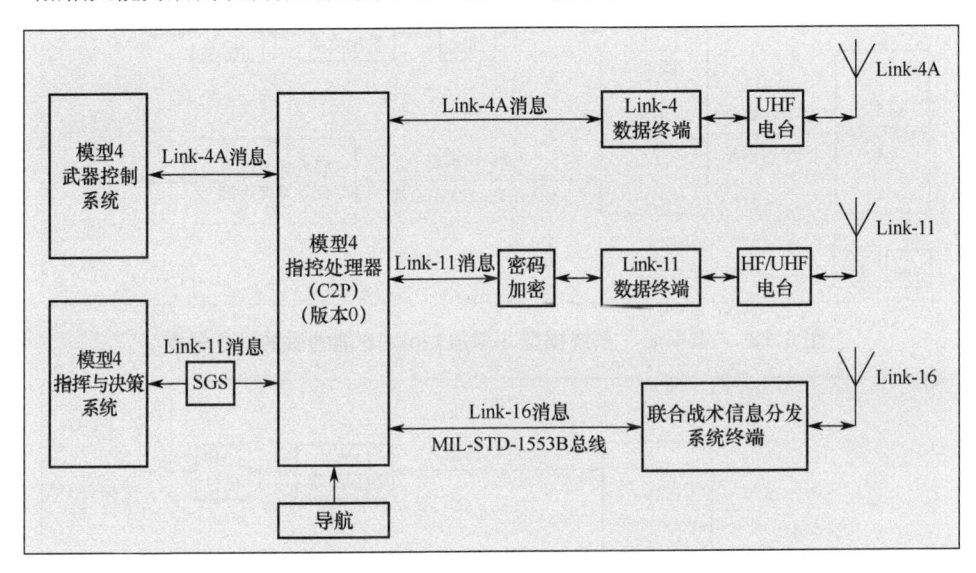

图 6-10 "宙斯盾"系统模型 4 增加 Link-16 能力后的设备配置

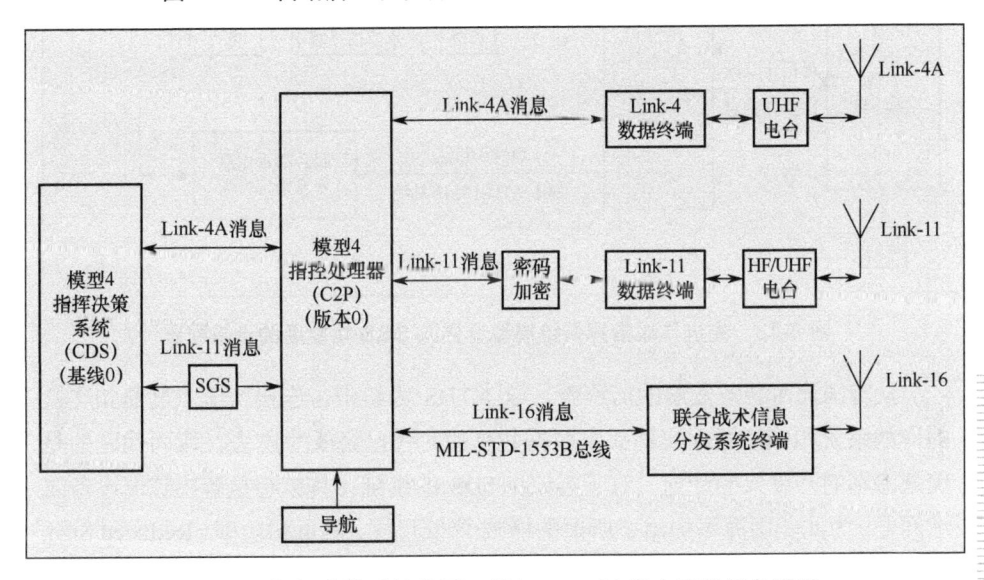

图 6-11 指挥决策系统模型 4 增加 Link-16 能力后的设备配置

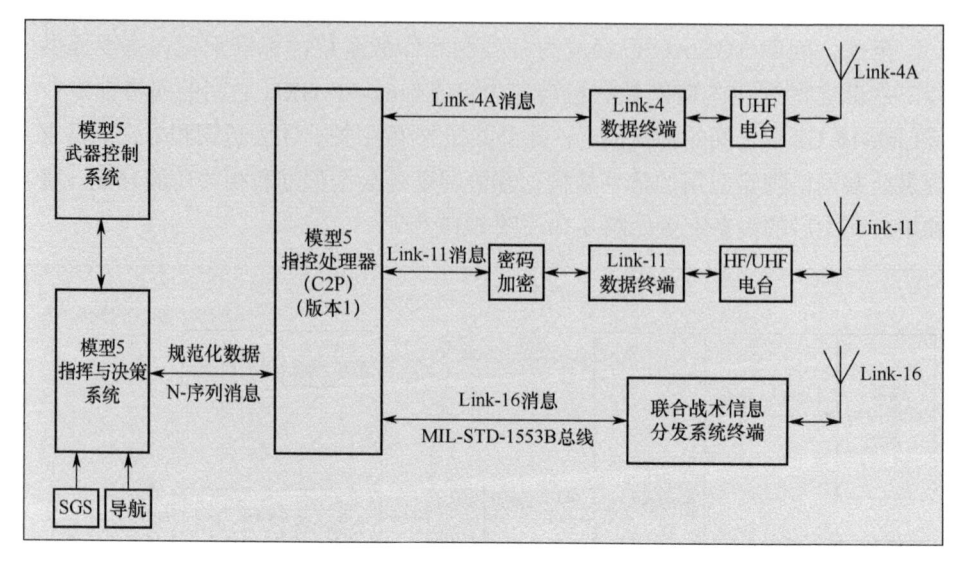

图 6-12 "宙斯盾"系统模型 5 增加 Link-16 能力后的设备配置

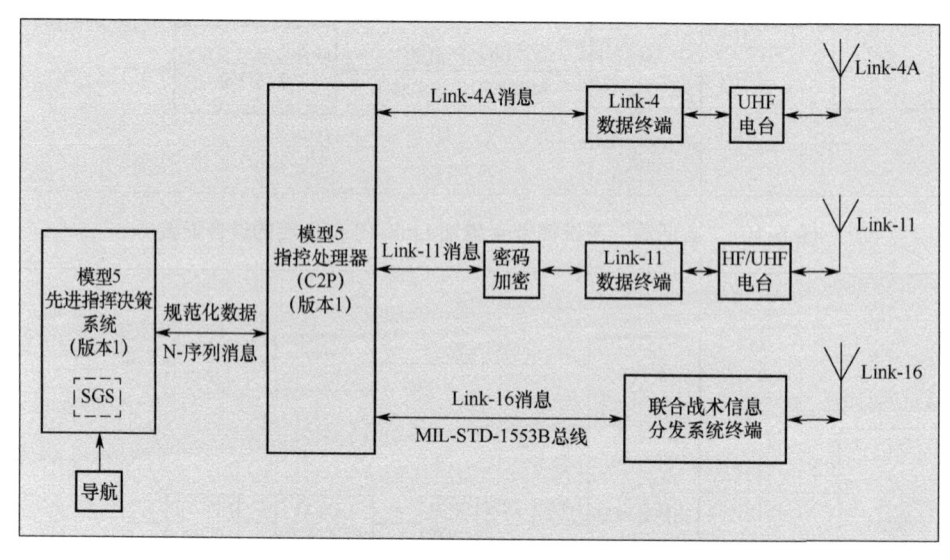

图 6-13 先进作战指挥系统模型 5 嵌入 SGS 功能后的设备配置

从美国海军装备发展的历程看，以 NTDS 为纽带，连接跨节点舰艇和飞机的作战系统和传感器，实现战术数据共享的时代已经成为过去，取而代之的是美国海军的开放架构计划。对于类似 NTDS 的系统，其核心是解决陈旧设备改造问题，为此美国海军提出了所谓的缩减/降低尺寸、质量和功率（Reduced Size, Weight, and Power，SWaP）技术，这项技术不仅极大地降低了成本，而且推动了老旧系统升级换代的速度。就 NTDS 而言，开发商 Sabtech 公司（近期更名为 IXI Technology）通过技术升级，能将系统尺寸缩减 50%~90%，质量减轻

30%~90%，功耗降低 25%~70%，从而使系统的可靠性提高 10 倍。美国海军认为，故障率高的首要原因是功率耗散引起的热量增加，因此，采用 SWaP 技术可以显著提高系统的可靠性。

作为海军"宙斯盾"中期扩展计划的一部分，Sabtech 公司研制的舰载外围设备替代系统（Shipboard Peripheral Replacement System，SPRS）已被美国海军采用，取代已有的 NTDS 及其升级版 ACDS 相关的舰载网格锁定系统、火炮武器系统和垂直发射系统等所有外围设备。

自空军第一个 SAGE 防空基地于 1958 年 7 月在麦奎尔空军基地投入使用，到最后一个基地于 1961 年 12 月在艾奥瓦州苏城进入战备值班，SAGE 系统被安装在各地空军基地的无窗混凝土建筑中。在这些占地约 1 英亩（约 $4047m^2$）的四层楼建筑中，仅两台 AN/FSQ-7 计算机就占了一层楼，占据约 $3700m^2$ 的面积，需使用 300 万瓦的电力。这些电力主要消耗在真空管灯丝和运行大型空调的冷却灯丝上。每个站点的计算机常年正常运行的时间平均超过 97%，并一直运行到 1984 年 2 月。1961 年，美国海军 NTDS 第一台舰载计算机的产品机 AN/USQ-20 开始装舰应用。可见，国防需求在推动计算机小型化和微型化发展进程中发挥了决定性作用，这些努力起初最重要的目的是编织陆地和海上防空网，以减少国土和海上战场可能出现的不确定性因素（而目标的时空信息又是其中最基本的一类不确定性因素），从而降低大国核对抗的风险。

近年来，美军分布式杀伤、联合火力、联合全域作战、马赛克战等新型作战概念被陆续提出，主要目的是实现任务、计划和行动等的联合与协同，本质是提升人员、武器和传感器所依赖的数据、信息、知识乃至理解等在不同尺度上的时空一致性水平，而网格锁定系统作为破解时空配准乃至时空一致性难题的关键，在未来将扮演重要的角色。

6.3 弹性 PNT 体系结构

GPS 和其他全球导航卫星系统（Global Navigation Satellite Systems，GNSS）的发展使 PNT 服务广泛应用于现代社会的方方面面。PNT 服务已成为许多关键基础设施服务部门运营的一类无形但必不可少的公用基础事业，包括电网、通信、交通、农业、金融和应急等服务。因此，PNT 系统的中断或干扰有可能对个人、企业乃至国家的经济和军事安全造成非常不利的影响。

前文主要从美国构建国土和海上防空网的视角讨论了时空配准方法的应用与发展情况，本节将从更大的范围、更全面的视角审视并分析美国时间和空间服务体系的研究与进展情况，以及其中更加广泛的时空配准理念和方法。

6.3.1 源起导航战

以军事应用为例,卫星导航系统(如美国的 GPS、俄罗斯的 GLONASS、欧盟的 Galileo 和中国的北斗)能为战争双方提供高精度的导航和计时基准。然而,随着对此类系统获取的位置和时间基准的依赖程度不断加深,军事行动越来越容易受到来自对手的干扰,面临的威胁也越来越多。本质上,天基导航系统存在的弱点是:卫星和接收器之间相隔 20000~30000km(以 GPS 卫星为例,其类似 25W 的灯泡发射的光线从 20180km 远的地方照射地球,当光线抵达地球时功率已经非常弱,大约只有 1.6×10^{-16}W),这意味着它们的信号与大多数商用无线电信号(干扰机)相比要弱得多,由于干扰机通常只要传播几十或几百千米,因此在 GNSS 的接收器频段,干扰机可通过发射同频段的抑制噪声实现低成本的干扰。导航战由此产生,其实质就是在自身获取 GNSS 信号的同时,拒绝对手使用此类系统的信号。所采用的具体手段可归结为干扰和欺骗,有关导航战及其技术发展详见相关参考文献。

近年来,美军针对未来战场上出现的导航战场景,提出了"竞争环境"的特殊区域概念,以实战方式进行推演,由此制定了相关战术和条令。实施导航战的目的是在未来战争中确保美军及其盟军的卫星导航系统能够正常运作,在阻止敌方使用卫星导航系统的同时尽可能降低对民用用户的影响,从而确保美军的 PNT 优势。

除了简单干扰,竞争对手还能开发 GNSS 数据的欺骗设备,操纵接收器位置和定时系统。干扰只是消除了竞争对手接收 GNSS 信号的能力,而欺骗更具隐蔽性,它通过产生错误的定位和时间数据影响竞争对手的决策和行动。如今,军事团体和民间团体有能力轻而易举地伪造未加密的 GNSS 信号。虽然在没有加密密钥的先验知识的情况下,传统的欺骗技术对加密的军用 GNSS 系统无效,但是这些加密信号很容易受到另一种被称为掩蔽信标的欺骗的攻击。这种技术使用信号中继器来捕获和重播具有时间偏移的真实信号,这对那些即使具有内置信号完整性检查功能的高级接收器来说也具有挑战性。

在过去的 10 多年里,GPS 受到干扰和欺骗的案例比比皆是。例如,2013 年 4 月,在韩国首都首尔,韩国飞机导航系统和移动电话网络被一个 50W 的干扰系统严重干扰;据报道,2017 年黑海发生一次恶搞袭击,导致大约 20 艘船的 AIS 将它们定位在距离实际位置约 40km 的地方;2018 年 10 月,在香港维多利亚港的一场精心设计的灯光秀中,GPS 受到干扰,导致 46 架无人机从空中坠落;2019 年 3 月,来自先进防御中心的一份报告称,俄罗斯及其周边地区一年内出现了近 10000 起 GPS 欺骗事件。

鉴于干扰和欺骗成本低且实施简单，GNSS 拒止可能成为非对称战争条件下敌对组织的一种有力的攻击手段。在战略层面的冲突中，GNSS 星座本身可能成为攻击目标，造成导航功能彻底或永久丧失。因此，未来大国对抗必须做好在没有全球定位系统的情况下实施作战的准备。

2019 年 4 月 6 日，一项价值 5 亿美元的支持纽约市政府运营的无线电系统因 GPS 接收器配置不当而崩溃并离线数天，同一天，由于同样的配置错误，数十个国际航班被取消。该事件作为标志性事件，直接导致了弹性 PNT 总统令的颁布。

2020 年 2 月，唐纳德·特朗普总统签署了一项行政命令，题为"通过负责任地使用定位、导航和授时服务增强国家 PNT 系统的弹性"。该行政命令认为，对 PNT 系统的攻击是关键基础设施面临的主要威胁，并可能会危及公共健康和安全，要求美国国家标准与技术研究所为 PNT 系统制定与网络安全风险管理框架相适应的网络安全标准。

2021 年 2 月，按照该行政令，美国国家标准与技术研究所发布了《基础 PNT 概要：应用网络安全框架构建负责的定位、导航和授时（PNT）应用服务》。该文件为使用 PNT 服务时的风险管理提供了一个灵活的框架。它认识到 PNT 系统容易受到干扰和操纵（无论是自然的还是人为的、是有意的还是无意的），并就用户如何发现干扰和操纵对服务、设备、数据的威胁提供了指导性框架。文件内容还包括：帮助相关组织机构检测针对 PNT 服务的攻击信息，如干扰和欺骗，以及如何有效应对各类系统的中断并及时恢复。

2022 年 5 月，美国国土安全部科学与技术理事会发布"弹性 PNT 一致性框架"，一方面为弹性 PNT 设备的预期功能提供指导；另一方面提供一个通用的框架来促进这些功能的开发，并由此改进风险管理、确定适当的缓解措施，从而指导用户决策。

2022 年 6 月，美国国土安全部科学与技术理事会发布"弹性 PNT 参考体系结构"，不仅将现代网络安全原则（零信任体系结构）与弹性 PNT 概念相结合，构建了下一代弹性 PNT 系统体系结构，而且着眼指导系统设计，提供了映射到弹性 PNT 一致性框架的范例。

美国国土安全部作为推动弹性 PNT 体系构建的具体部门，发布了一系列指导性文件，包括对弹性 PNT 总体架构进行了详尽描述的弹性 PNT 一致性框架和弹性 PNT 参考体系结构。下面是对相关研究工作的综述。

6.3.2 弹性 PNT 体系结构设计

因导航战而起，以总统令形式发布推动的弹性 PNT 研究，目的是为各种关键基础设施应用提供持续可靠的定位、导航和授时信息服务。大多数 PNT 用户设备在设计时并没有将弹性作为优先考虑事项，因此很容易受到无意中断和针对性攻击的影响，对此，PNT 体系主导者之一美国国土安全部从弹性的概念、功能、分级和用户边界等方面梳理出了完整的弹性 PNT 一致性框架，并在此基础上，基于商业用户的网络安全零信任原则，给出了弹性 PNT 用户系统的参考体系结构。弹性 PNT 一致性框架与弹性 PNT 参考体系结构之间的关系如图 6-14 所示。

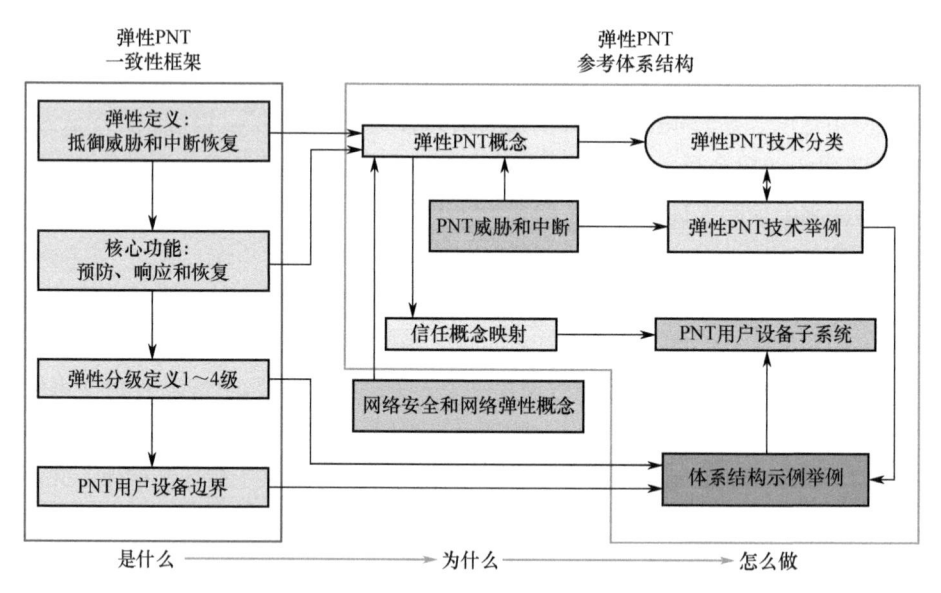

图 6-14　弹性 PNT 一致性框架与弹性 PNT 参考体系结构之间的关系

6.3.2.1　弹性 PNT 一致性框架

美国国土安全部科学与技术理事会、网络安全与基础设施安全局(Cybersecurity and Infrastructure Security Agency，CISA)，会同政府和行业合作伙伴成立了一个工作组，共同设计了弹性 PNT 一致性框架，具体包括：强调了总统行政命令中对弹性的定义；重点采用了 3 个核心功能来阐述实施弹性的具体方法；分别描述了 4 个级别的弹性概念及其相关需求。其中，为了鼓励创新，弹性 PNT 一致性框架中的分级概念并不是很规范；同时，这些级别的设计也考虑了市场采用率和可行性，以确保用户设备当前可用的功能能顺利过渡到下一代弹性 PNT 架构中。

1）弹性的定义

2013 年 2 月，美国政府颁布 21 号总统政策指令(Presidential Policy Directive，PPD-21)《关键基础设施安全和弹性》，给弹性下了一个明确的定义：弹性是指做好准备适应条件的不断变化及抵御中断且能快速恢复的能力。或者说，弹性即抵御蓄意攻击、事故或自然发生的威胁,并能从各种威胁中恢复的能力。

这里的抵御威胁是指 PNT 用户设备系统在受到恶意攻击或发生意外中断后,仍能提供持续的 PNT 解决方案;恢复是指 PNT 用户设备系统因攻击而中断后,能够恢复之前的典型性能。PNT 用户设备系统的典型性能指的是系统的固有能力,该能力可能受到典型 PNT 差错的限制。例如,时钟的典型 PNT 差错包括正常运行漂移,而非典型 PNT 差错包括在规定的置信区间内超出了系统校准允许的不确定度范围,该差错可能是由威胁或故障引起的。非典型 PNT 差错还包括由于操作错误导致的预期性能差错等。

依据上述定义,评估人员可以基于 PNT 用户设备系统从攻击或中断中恢复的能力、对 PNT 信息降级或丢失的耐受程度,对 PNT 用户设备系统的弹性给予评级。

2)弹性的 3 项核心功能

依据弹性的定义,弹性 PNT 一致性框架明确了弹性的 3 项核心功能:预防、响应和恢复,目的是对 PPD-21 定义的恢复能力进行更广泛、可行的分类。

(1)预防功能。预防功能是指防止非典型 PNT 差错和任何原因的 PNT 源损坏。这是 PNT 用户设备系统的第一道防线,如果预防成功,就没有必要对此类非典型 PNT 差错做出反应并从中恢复。

(2)响应功能。响应功能是指对检测到的异常做出适当的反应,如报告、缓解、包容和备份等。对非典型 PNT 差错的响应,要求 PNT 用户设备系统尽可能避免触发恢复功能。

(3)恢复功能。恢复功能是指 PNT 用户设备系统应始终具有从威胁和中断中恢复的能力。恢复功能作为最后一道防线,所有弹性 PNT 用户设备系统都必须能够恢复典型性能,并返回到适当的工作状态。恢复是 PNT 弹性的核心功能和最重要技术,也是弹性定义的重要组成部分。

3)弹性的分级

弹性 PNT 一致性框架定义了 4 个的弹性级别,对弹性有不同要求的各类关键基础设施,其应用程序和 PNT 用户可根据需求选择所需的弹性级别。这些级别还为系统集成商和制造商提供了一个相互交流的框架,以生产满足用户特定需求的弹性 PNT 用户设备,因为提高 PNT 用户设备系统的弹性水平无疑将增加复杂性和成本。表 6-1 给出了每个弹性级别的最低性能要求,包括能力和总体性能,并给出了各个级别与 3 项核心功能之间的对应关系。

从表中可以看出,弹性级别是累积的,即每一较高级别都包含了该级别以下级别所有的要求。随着时间的推移,实施成本的降低和技术可用性等因素可能会推动 PNT 用户设备系统的逐步升级。用于关键基础设施的较高层级 PNT

用户设备系统，可以通过集成较低弹性级别相应的基本 PNT 测量设备来构建。

表 6-1 累积 PNT 弹性级别需求

弹性级别	性能需求	预防、响应、恢复能力需求及与序号对应关系
1级	在威胁解除后，具有确保恢复的能力，具体包括①~③项能力	① 必须能根据已建立的标准对外部数据的价值和格式进行校验（预防） ② 必须支持全系统恢复（响应、恢复） ③ 必须包括安全重加载和固件更新能力（恢复）
2级*	在威胁存续期间，能提供一种能力不受限退化解决方案。具体包括①~⑤项能力	④ 必须能识别出那些因受到威胁而失能的 PNT 源，同时阻止它们提供错误的 PNT 服务（预防、响应） ⑤ 必须支持自动恢复功能（响应、恢复）
3级	在威胁存续期间，能提供一种有限能力退化解决方案，具体包括①~⑦项能力	⑥ 必须确保来自一个已被破坏的 PNT 源的数据不会损坏另一个 PNT 源的数据（预防） ⑦ 必须能对来自所有 PNT 源的解决方案进行交叉验证（预防）
4级	在威胁存续期间，能提供一种无退化解决方案，具体包括①~⑧项能力。	⑧ 必须具有多样化的 PNT 源且具有缓解威胁的技术（预防、响应、恢复）

备注：*关键基础设施最低需要 2 级弹性。

6.3.2.2 弹性 PNT 参考体系结构

弹性 PNT 参考体系结构通过整合具有较强适用性的现代网络安全原则，进一步深化了 PNT 弹性的概念。这里，我们假设 PNT 用户设备不仅会遭遇攻击和中断，而且其中一些攻击会穿透用户设备的防御措施。为了解决这一问题，弹性 PNT 参考体系结构围绕 7 个 PNT 弹性概念，采用托管信任的核心原则（零信任原则），有效控制渗透性攻击对系统的影响。该参考体系结构的目的是为下一代弹性 PNT 体系提供一种整体性解决方案，通过提出增强弹性的概念和技术，构建具有高度弹性的 PNT 用户设备以应对当前乃至未来的 PNT 威胁，提高国家关键基础设施的弹性和可用性。

1）零信任原则

典型企业的基础设施变得越来越复杂。一家企业可以运营多个内部网络，拥有本地基础设施的分支机构、远程办公和/或移动办公的员工等。这种复杂性已经超过了传统的基于边界的网络安全方法，因为企业没有单一的、易于识别的边界。即使是基于周界的网络安全，也被证明是不够的，因为一旦攻击者突破边界，进一步的横向移动就不会受阻碍。这就带来了被称为"零信任"的新型网络安全模式的发展。零信任安全模式假设攻击者存在于环境中，并且企业拥有的环境与任何非企业所拥有的环境没有什么不同，或者说并不更值得信任。

在这种新型范式中，企业必须不断分析和评估其资产和业务功能面临的风险，然后制定保护措施来降低这些风险。

零信任体系结构是一种基于零信任原则的企业网络安全架构，旨在防止数据泄露和限制内部横向移动。零信任体系结构的设计和部署遵循以下基本零信任原则。

（1）所有数据源和计算服务都被视作资源。网络可以由多类型的设备和服务组成，包括向聚合器/存储器发送数据的设备、软件即服务、向执行器发送指令或执行其他功能的设备等。此外，如果个人拥有的设备可以访问企业资源，则企业可以决定将其归类为资源。

（2）所有通信都是安全的，无论网络位置如何。网络位置本身并不意味着信任。不应基于设备位于企业网络基础设施之中而自动授予其信任度。所有通信都应以最安全的方式进行，并提供源身份验证，以保护机密性和完整性。

（3）访问单个企业资源的权限基于每次会话授予。在授予访问权限之前，评估请求者的信任度，且访问权限应该以完成任务所需的最低权限设定。对一个资源的身份验证和授权不会自动授予其他资源。

（4）访问资源由动态策略确定，包括客户端身份、应用程序/服务和请求资源状态，以及其行为和环境属性。组织通过定义其拥有的资源、成员（包括联合社区用户及身份验证能力），以及这些成员需要什么样的资源访问权限来保护资源。对于零信任，客户端身份包括用户账户（或服务标识）和企业分配给该账户或工件的相关行为属性，以实现验证过程自动化；请求资源状态包括设备特征，如安装的软件版本、网络位置、请求时间/日期、前期观测到的行为和安装凭据；行为属性包括但不限于自动受试者分析、设备分析及由使用模式引起的测量偏差；环境属性可能包括请求方网络位置、时间、报告的主动攻击等因素。动态策略是一组基于组织分配给用户、数据资源或应用程序的属性的访问规则。通过采用最低访问权限原则限制资源的可见性和可访问性。

（5）企业监测和度量所有自有/相关资源的完整性及安全状况。没有任何资源是天生值得信赖的。实施零信任体系结构的企业应建立持续诊断和缓解系统或类似系统，以监测设备和应用程序的状态，及时更新补丁/修复程序，确保各类设备处于最安全的状态。因此，需要一个强大的监控和报告系统，以提供有关企业资源当前状态的可操作数据。

（6）所有资源认证和授权都是动态的，且在允许访问之前被强制严格执行。这是一个不间断的循环，包括获取访问权限、扫描和评估威胁、适应并不断重新评估正在进行的通信信任。实施零信任体系结构的企业应具备身份、凭证、访问及资源管理系统，包括多因素身份验证、基于策略实施用户事务的持续监控等，并可能会重新进行身份验证和授权，以实现安全性、可用性、易用性和成本效益的平衡。

（7）企业应收集尽可能多的关于资源、网络基础设施和通信状态的信息，并利用这些信息来改善其安全状况。企业应该收集有关资源安全状况、网络流量和访问请求的数据，处理这些数据，并利用所获得的洞察来提升对策略的创建和执行能力。

2）弹性概念的扩展

从网络安全视角，零信任原则认为，传统网络边界内外都可能存在威胁，因此应在用户之间强制执行最低权限访问决策。零信任体系结构消除了对任何用户或服务的隐含信任，强制要求持续验证。在弹性 PNT 参考体系结构中，可信度是系统对用户设备合理完整性的判断。这里的合理完整性包括行为符合预期、质量保证和避免被操纵等特性。在系统可信核心和不可信周边之间建立边界，从而对不同的组件和功能进行隔离。PNT 信息从不可信周边进入系统时，通过受控验证过程转换到可信核心，成为 PNT 系统解决方案的一部分。该受控验证过程采用不同的方法监测边界接口处出现的异常。由此，提出了与 7 类弹性概念对应的弹性技术。

（1）假设外部输入受到攻击或中断。外部输入中的所有 PNT 服务都可能受到攻击或破坏，在输入过程中，PNT 信息可能出现部分或全部阻塞，因此弹性 PNT 用户设备系统应该为外部输入因降级或不存在而导致的中断做好准备。PNT 接收机接收的信息也可能被拦截或操纵欺骗，因此，PNT 接收机接收的任何外部信息都可能不正确。此外，PNT 用户设备系统的任何部分都可能由于其内部错误或外部攻击而失败。系统设计者应评估可能的威胁、漏洞和故障，在设计 PNT 用户设备系统时，采用 PNT 整体弹性方法，做好预防、响应和恢复准备。

（2）应用纵深防御。纵深防御是指将不同类型的弹性技术分层，以降低攻击彻底破坏系统防御功能的可能性。采用具有不同的优点和缺点的弹性技术以互相弥补各自的不足，在特定防御层被击穿时，通过其他防御层来阻止攻击，从而形成比单层防御更好的保护。

（3）最大限度地减少受攻击的可能。PNT 用户设备系统的设计者应该让访问系统变得困难，应当确定 PNT 用户设备系统的攻击面，尽可能降低威胁的影响，同时限制对外部输入的依赖，这样也有助于缓和 PNT 服务受到威胁和中断的影响。此外，还可以通过增加内部 PNT 源来降低外部输入的影响，如增加本地时钟，可使外部威胁欺骗 PNT 用户设备系统变得困难。

（4）从边界到核心 PNT 源的信任托管。托管信任的概念来自网络安全中的零信任架构，它采用不同类型的弹性技术来限制外部输入的使用，核心是通过组件相互隔离防止错误信息的垂直或横向传播。对于不接受外部输入的组件，特别是内部 PNT 源，因其具备固有的可信度，任何时候都应确保其完整性得到充分保护。

（5）保护内部 PNT 源。该技术也与托管信任有关。内部 PNT 源包括提供相对时间的本地时钟，如铷原子钟或铯原子钟、惯性传感器。内部 PNT 源的 PNT 解决方案本质上更值得信赖，因此应保持内部 PNT 源的独立性，保护它们免受攻击。有时系统会通过接收外部 PNT 源的输入克服内部 PNT 源的漂移，这会减少对内部 PNT 源的保护。应尽可能降低外部 PNT 源的影响，最佳方案是将内部 PNT 源与外部 PNT 源完全隔离，允许它们自由运行。PNT 用户设备系统可将校正（配准）技术用于解决 PNT 源漂移问题，从而根据来自不同 PNT 源的 PNT 状态信息的组合，构建 PNT 系统化解决方案。

（6）使用广泛适用的威胁缓解措施。更通用的缓解措施可以消除更深层次防御中出现的负面影响，如通过设计隔离组件阻止坏信息在系统组件之间传播。系统可以采用不同类型的 PNT 源，以避免共模故障。这样当攻击针对一种类型的 PNT 源或信号，或者中断影响特定类型的 PNT 服务时，可以确保系统仍然可以从未受影响的其他类型的 PNT 源中获得基准信息。

（7）需要时恢复。任何防御都可能失败，或者出现新类型的威胁、问题或故障。在被攻击期间，系统如果继续运行，可能会导致性能下降，无法按预期执行相应的功能和应对一些特定的威胁等。因此，任何时候都应将系统可靠地恢复到适当的工作状态，并确保恢复典型性能，将其作为最后一道防线。为此，系统弹性技术要能识别何时需要恢复，同时监控何时可以安全恢复，并确认恢复已经成功。同时，应明确采用哪类技术（如托管信任和纵深防御等）支持这些能力的恢复。

图 6-15 描述了实现 PNT 系统弹性的整体性方法，其中，整体弹性取决于单个组件、子系统及整个系统集成的弹性。只有综合应用这些概念时，PNT 弹性概念才完全涵盖弹性 PNT 一致性框架中弹性的核心功能。

3）下一代弹性 PNT 系统参考视图

下面以高级别弹性为例，讨论 PNT 系统的体系结构。对于 3 级和 4 级弹性，必须采用额外硬件和严格软件保证，包括对 PNT 源的隔离措施。通常 3 级弹性所需的交叉验证需要使用 3 个或以上 PNT 源，这也是为了预防本地 PNT 源在服务期间因遭受攻击或中断而丢失已被验证过的外部输入。4 级弹性则明确要求配置不同类型的 PNT 源，确保不出现共模故障。

图 6-16 以授时系统为例，给出了包含上述需求的体系结构示例，其中，"PNT 方案综合""确定正确的系统时间综合方案""交叉验证"是为了满足 3 级需求；"其

他 PNT 源"则是为了满足 4 级需求。3 级和 4 级之间的差异来自总体性能要求，4 级要求在系统受到威胁或中断的情况下不出现性能退化，3 级则允许有一定的退化。

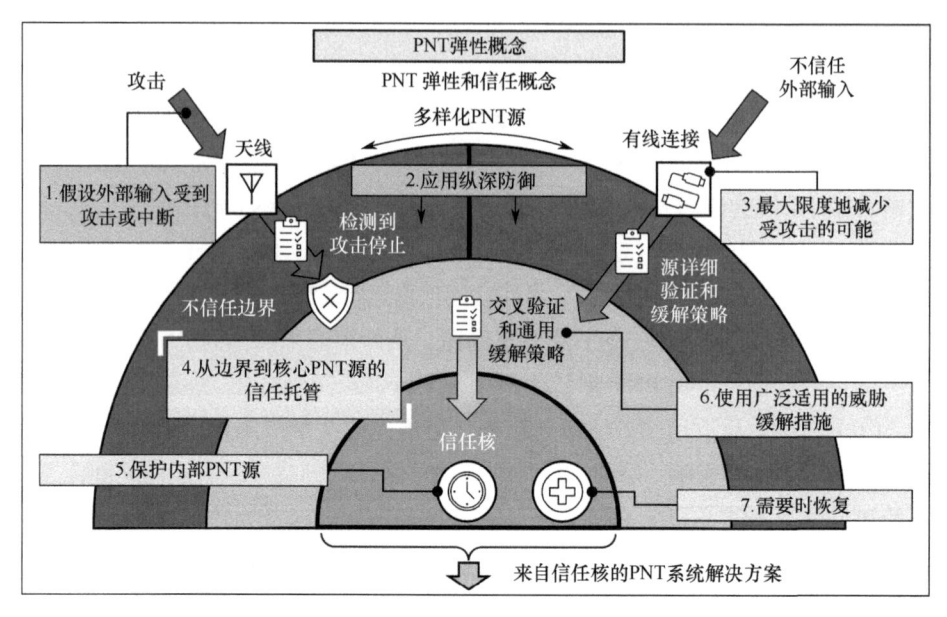

图 6-15 PNT 弹性概念和信任在 PNT 用户设备系统中的概念化描述

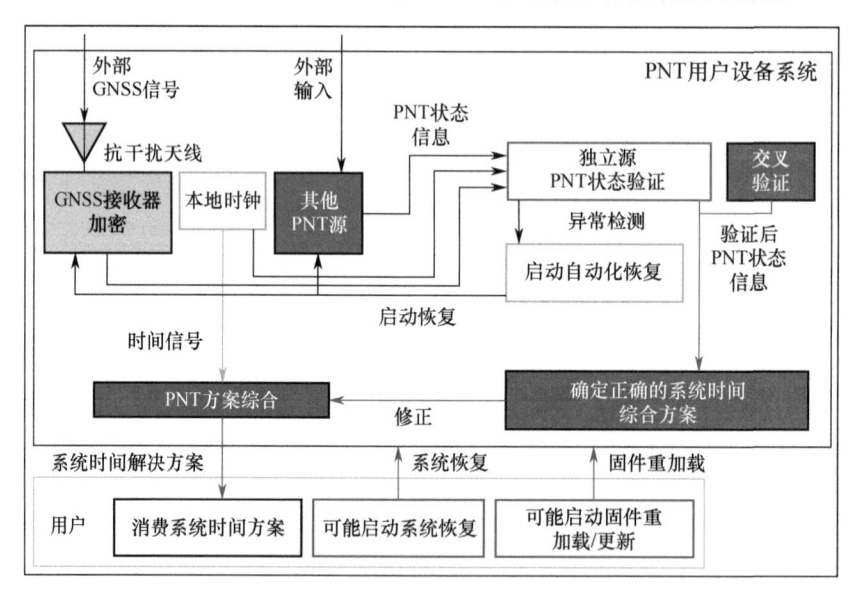

图 6-16 3 级和 4 级授时系统体系结构示例

由图 6-16 可知，为了获得 GNSS 时间基准的长期稳定性优势，当运行时间同步算法进行校正时，任何未通过验证的 PNT 状态信息都将被忽略。如果发现 GPS 或其他 PNT 源受到损害并且瞬时完整性可能不确定，则需要回溯到以前的校正同步状态，从而防止和缓解来自受损 PNT 源时间基准信息对授时方案的影响。

增加 PNT 源的数量可以减少共模故障，但需要注意的是，每个额外的不同 PNT 源都会带来独特的验证挑战、新型攻击面和全新的故障模式。因此，更高的弹性一定是以增加复杂性为代价的。来自不同 PNT 源的 PNT 信息，必须考虑这些不同 PNT 源的能力差异和当前的验证状态，从而将它们组合到一个 PNT 系统性解决方案中。

考虑到在纵深防御中，虚假信号仍然可能通过防御，或者可能发生另一种类型的破坏，抗干扰天线是系统的一个有用且有弹性的补充，但它本身不能保证高级别的弹性。在图 6-16 中，采用加密信号的抗干扰天线和 GNSS 接收器不代表任何具体弹性要求，但可以作为整体弹性设计的一部分，同每种弹性技术一起工作，提供持久且分层的 PNT 弹性能力。

图 6-17 概述了弹性 PNT 系统架构的 3 类组件，包括 PNT 源控制器、弹性管理器和 PNT 解决方案综合代理。这 3 类组件可以进一步组成 PNT 用户设备系统架构的 3 类子系统。

（1）PNT 源控制器。PNT 源控制器集中来自多个不同 PNT 源的输入和输出，包括控制外部输入接口，处理来自 PNT 源的 PNT 状态信息。PNT 源还包括 PNT 解决方案，以及收集到的其他各种有关攻击和干扰的测量数据。

（2）弹性管理器。弹性管理器可实现弹性功能，包括 PNT 源恢复，使用不同的互补的弹性技术，确定应允许哪些 PNT 源向系统提供 PNT 状态信息，以及何时适合实施缓解措施或启动自恢复。

（3）PNT 解决方案综合代理。PNT 解决方案综合代理产生最终的 PNT 解决方案并输出给用户，包括接收弹性管理器的输入，综合来自不同 PNT 源的可信 PNT 状态信息，组合形成系统的 PNT 方案。同时，该组件可以对来自物理 PNT 源的 PNT 漂移信息进行校正，在确保这些物理 PNT 源被隔离的同时，保护其免受外部攻击的影响。

上述 3 个组件分别完成各自的功能，并尽可能相互之间提供屏障，以防止损坏系统或不可信的数据在系统中传播。

随着 PNT 用户设备在更多消费产品和关键基础设施中的应用，下一代 PNT 用户设备系统应具有弹性，为此，设计者应将 PNT 态势感知和 PNT 保证作为两个相关目标纳入其中，如图 6-18 所示。

（1）PNT 态势感知。PNT 态势感知可实现对 PNT 解决方案可能存在的威胁的检测、表征和定位，再对威胁进行特征化，使系统能够适当地管理威胁，包括使系统能够忽略响应欺骗和/或消除威胁。其核心任务是刻画对频谱、信号数据威胁的测量，推断干扰的类型和意图，记录或报告威胁的特征，并且利用现有的硬件和测量手段将 PNT 态势感知集成到现有用户设备中，或者使用专门的传感器实现干扰和威胁感知。

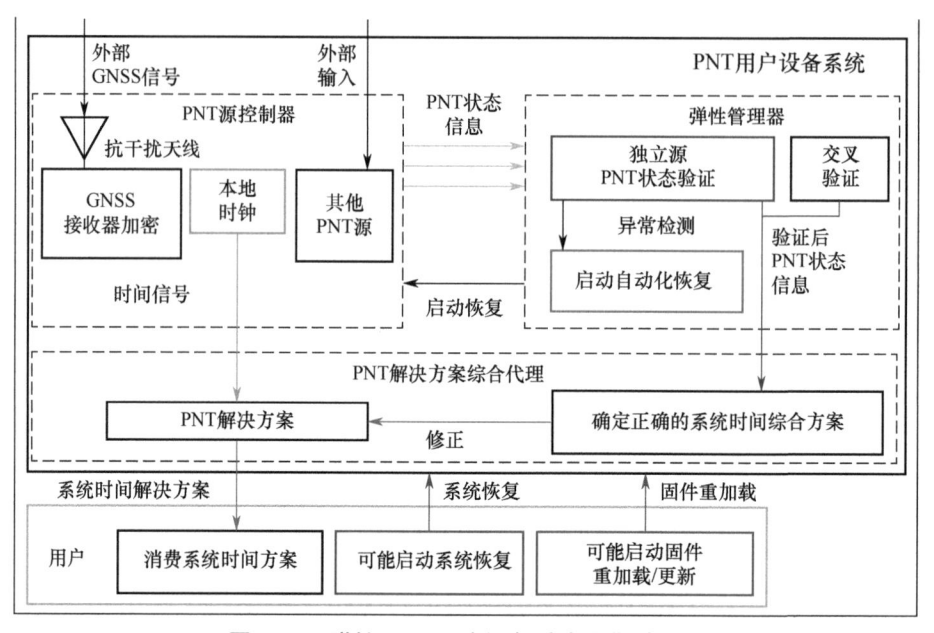

图 6-17 弹性 PNT 用户设备系统的典型组件

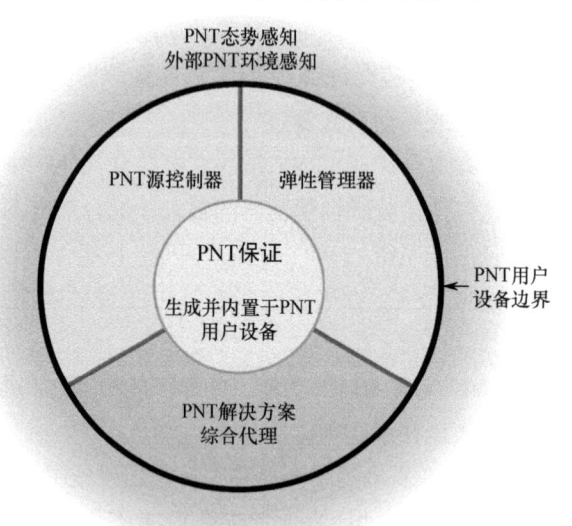

图 6-18 下一代 PNT 用户设备系统

（2）PNT 保证。PNT 保证可以量化 PNT 信息的完整性，并提供可信度的计算方法。可信度计算可以给出 PNT 用户设备输出的信息（如位置、速度和时间）

符合预期的精度水平。PNT 保证评估取决于定义不同模型的具体场景。例如，PNT 用户设备系统仅在有证据表明所有弹性技术都对威胁或中断不再有效时，才启动恢复功能。系统可以定期进行 PNT 保证评估，以识别完整性的变化，并告知弹性管理器。

6.4 全源定位导航技术

依据自然法则，零纬度线确定不变，零经度线时时移动。这一差别决定了纬度可以轻易得出，而经度测定（尤其是在海上）的困难重重。后来研究者们发现经度测量难在时间测定上。地球约 24 小时完成一次自转，即每小时转 15°。由此，地球自转 1°经度的时间在全世界范围内都等于 4min；但折合成距离，1°经度会由赤道上的 68 英里（约 109km）逐渐缩短，直到两极处为 0 英里。可见，同时获取两个地点的精确时间，是计算经度的先决条件。

如图 6-19 所示，图中的实心五角星为北极星，OC 为赤道，N 为北极点，CB 为 A 点地面切线，交 ON 延长线于 B 点；北极星所在的天球可以看作在无穷远处，地球可以看作一个点，所以在 A 点观测北极星的仰角为 γ。根据内错角相等原理可知，$\gamma=\theta$，$\theta+\beta=90°$，$\alpha+\beta=90°$，所以 $\gamma=\alpha$，即从北半球观测北极星的仰角等于当地地理纬度。

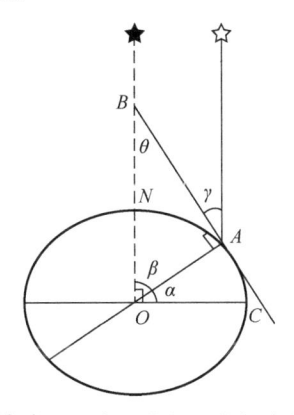

图 6-19 在地球上 A 点从北极星的视角估计地理纬度

为什么要测量经度？一开始显然是受到了巨大的海上利益的驱使。例如，1592 年 6 艘英国军舰在亚速尔群岛外海伏击从加勒比海返航的商船，一艘从印度返航的葡萄牙商船进入伏击圈，船上的货物价值高达 50 万英镑。公元 15—17 世纪的船长们主要依靠"航位推测法"来估测船只在始发港东面或西面多远的地方，但这种方法常常偏离航线，因弄不清经度而导致船毁人亡的事件时有发生。

在 15—18 世纪长达 4 个世纪的时间里，经度问题成为海上航行中最大的难题。整个欧洲大陆都在寻找经度问题的解决方案，但均没有取得令人信服的成功。

经度问题最终被英国钟表匠约翰·哈里森解决，他采用纯机械的方法设计出了高精度的钟表。其制作的钟表 H4 获得了英国经度委员会的认可，而他于 1769 年制作的钟表 H5 由当时的乔治二世国王亲自佩戴进行了航行测试，最终误差仅为 4 秒。

当然，今天人类借助人造导航卫星技术，在全球范围实现了纳秒级的时间同步和厘米级的经纬度测量。但由于导航战，特别是卫星定位导航系统信号的脆弱性，研究者们开始重新研究时间、定位和导航等这些曾经困扰了人们几百年的难题，并试图通过从体系和系统层面进行审视，从而使 PNT 传感器技术、协同导航等成为各国国防部、交通部等关注的热点。

6.4.1 PNT 传感器技术

PNT 传感器技术是一种涉及位置、导航和时间信息的传感器技术。它涉及一系列传感器和系统，旨在提供准确的位置信息、可靠的导航能力和精确的时间同步。

6.4.1.1 常见的 PNT 传感器技术

（1）全球卫星定位系统。全球卫星定位系统（如 GPS、GLONASS、Galileo 等）通过在地球轨道上的卫星网络发射信号，使接收器可以确定其位置、速度和时间。GNSS 是最常用的 PNT 技术之一，广泛应用于航空、航海、车辆导航、物流和智能手机等领域。

（2）惯导系统。惯导系统使用加速度计和陀螺仪等传感器来测量加速度与角速度，并通过积分计算出运动的位置、速度和方向。惯导系统通常用于 GNSS 信号不可用或不可靠时，其可提供独立的导航信息。

（3）磁力计和加速度计。磁力计、加速度计等惯性传感器可以测量物体的加速度、方向和运动状态。它们常常用于移动设备中，如智能手机中的定位和导航应用。

（4）视觉传感器。视觉传感器，如摄像头或激光雷达，可以捕捉周围环境的图像或三维点云数据，用于环境感知、地标识别和同时定位与地图构建等应用，以提高定位和导航的准确性。

（5）时钟和时间同步系统。精确的时间同步对许多应用来说至关重要，如通信、金融交易和科学实验。时间同步系统使用高精度的原子钟或 GPS 授时来确保设备和系统的时间保持同步。

这些 PNT 传感器技术通常组合使用,以提供多种数据源并提高定位、导航和时间信息的准确性、鲁棒性、可靠性。通过整合不同的传感器技术,PNT 系统可以适应不同的环境条件和应用需求,为用户提供全面的位置、导航和时间解决方案。

6.4.1.2 典型传感器故障检测与校准技术

在过去相当长的时间里,导航研究大多致力于可替代的精确导航和定时方法。随着这些专用(非传统)传感器(如视觉、射频、磁力等)领域研究的日益成熟,多传感器替代导航迅速成为一种可行的方法。然而,随着这些传感器进入导航系统,由于传感器模型选择系统误差和传感器故障或异常,它们破坏导航解决方案的可能性也随之增加。因此,需要使用一种稳健的技术来监管这些不确定的传感器模型,以防止传感器建模错误、意外信号干扰及难以检测到的传感器故障。目前常用的典型传感器故障检测与校准技术有接收机完整性自主监控(Receiver Autonomous Integrity Monitoring,RAIM)和视觉惯性导航系统(Visual Inertial Navigation System,VINS)两种。

1)RAIM 技术

RAIM 技术是一种用于检测 GNSS 信号的完整性和可靠性的方法。它旨在检测和纠正可能导致位置解算错误的异常信号,从而提高 GNSS 的可靠性和准确性。RAIM 技术具体包括两种使用方法:测量拒绝法和误差表征法。

(1)测量拒绝法。测量拒绝法涉及识别和拒绝那些可能不可靠或异常的 GNSS 测量。这些异常测量可能是由于信号干扰、多径效应、信号遮挡等原因导致的。RAIM 算法会对接收到的 GNSS 测量进行分析,排除不可靠的测量,以确保最终的位置解算结果准确可靠。

(2)误差表征法。误差表征法涉及对 GNSS 信号误差的建模和评估。误差可以来自各种因素,如钟差、星历误差、大气延迟、多径效应等。误差表征法通过对误差进行建模和分析,估计信号的误差范围和影响程度。通过对误差进行准确的表征和估计,RAIM 技术能够更好地评估接收到的 GNSS 信号的完整性和可靠性。

2)VINS 技术

VINS 技术是一种基于视觉和惯性测量单元的导航系统。它结合了视觉传感器(如摄像头)和惯性传感器(如加速度计和陀螺仪)的信息,用于实时估计运动目标的位置、速度和姿态。

VINS 技术的工作原理如下。

（1）视觉数据获取。通过摄像头等视觉传感器捕捉周围环境的图像。这些图像可以用于提取特征点、地标或构建环境地图。

（2）惯性数据获取。使用惯性测量单元测量目标运动时的加速度和角速度。惯性测量单元提供了高频率的姿态和加速度信息。

（3）特征提取与跟踪。从图像中提取特征点或地标，并跟踪它们的运动。这些特征点通常是视觉地标，可以用于定位和导航。

（4）运动估计。通过融合视觉信息和惯性信息，使用运动估计算法来估计系统的位置、速度和姿态。这通常涉及将视觉测量和惯性测量进行融合，如使用 EKF 或非线性优化方法。

（5）环境地图更新。根据视觉信息和惯性信息更新环境地图或估计的地标位置，以提高导航的准确性和鲁棒性。

VINS 技术的优点包括以下几个。

（1）不受 GNSS 信号限制。VINS 技术不依赖 GNSS 信号，因此可以在室内、城市、峡谷或隧道等 GNSS 信号受限的环境中提供导航服务。

（2）高精度。通过融合视觉信息和惯性信息，VINS 技术可以提供较高的导航精度，特别是在短期内。

（3）实时性。由于视觉传感器和惯性传感器都提供了高频率的数据，因此 VINS 技术通常可以实时提供位置和姿态估计。

目前，VINS 技术被广泛应用于无人飞行器、移动机器人、增强现实眼镜和智能手机等领域，是一种强大的导航解决方案。

6.4.2　协同导航

协同导航是一种伴随着无线传感器网络的兴起而逐步发展的协同定位技术。常用的无线传感器网络技术有 ZigBee、Wi-Fi、蓝牙、4G/5G/6G 等。协同导航通过通信网络实现空间分布节点之间的数据共享，根据共享数据估计网络或邻域内各节点的位置。该方法相比单节点位置解算，可以获得更加稳健的定位数据，更重要的是，可以在复杂的干扰环境中提高定位能力。事实证明，协同导航不仅能够在单个用户无法导航的环境中实现导航，而且能将导航解决方案的精度提高几个数量级。

从单传感器到多传感器，再到多平台，协同导航强调不同环境之间的柔性切换。实际网络应用例子有单兵分队、应急人员编组、机器人或无人车队等，主要目标是在 GNSS 受干扰环境下实现持续的、精度足够高的导航，确保传感器、平台和环境之间的无缝过渡。

鉴于协同导航实质上是基于节点之间距离的信息融合，因此，协同导航算法采用贝叶斯估计技术，如扩展/无迹卡尔曼滤波器或粒子滤波器，通过传感器及其噪声的特性驱动算法的选择和运行。当前，数据驱动的滤波器呈现集中式和去中心化交错方式，以应对网络可扩展性和计算效率的挑战，满足日益增长的关键基础设施高性能定位导航需求。

6.4.3 全源传感器定位导航

最近十几年，随着可用导航传感器类型的增加，全源导航变得越来越重要。同时，由于传感器错误建模、信号干扰和各种类型故障，导航系统的可靠性面临挑战。为此，美国空军理工学院自主和导航技术中心设计了一种全源传感器自主和弹性管理（Autonomous and Resilient Management of All-source Sensors，ARMAS）框架。

6.4.3.1 ARMAS 框架

1）ARMAS 框架支持的模式

ARMAS 框架旨在通过在单个集成架构中采用传感器验证、故障检测和排除功能，通过重校准和模式重构，对由传感器错误建模、未校准和故障等引起的数据损坏保持弹性。ARMAS 框架使用嵌入式 EKF 滤波器实现非线性导航计算，把传感器划分为 6 种状态模式：离线/在线、监控、验证、校准、重构（重建模）、故障，如图 6-20 所示。

（1）离线/在线模式。在接收某个导航传感器的估计值后，传感器被初始化为可信或不可信两种模式。可信传感器方可直接联机并进入监控模式。而不可信传感器在进入监控模式之前需要先进入传感器验证模式。

（2）监控模式。在监控模式下，只有从传感器接收到的测量数据才能用于主状态估计。在该模式下，通常使用更新前残差似然函数来监测传感器性能，采用移动窗口似然函数估计残差的累积似然值。然后进一步采用预定义的卡方阈值确定残差累积似然值是否符合预期分布。一旦该值高于阈值，就会触发故障检测模式。

（3）验证模式。在验证模式下，传感器导航信息将被不再用于主状态估计。ARMAS 框架通过重新初始化，实时估计出卡尔曼滤波预更新残差统计量，检测整个采样周期内该统计量是否超出用户定义的阈值。若未超出，则返回监控模式。如果无法实现传感器的重新初始化，则该传感器将被推送至校准模式。

（4）校准模式。在校准模式下，用户可通过选择可信传感器的残差监测值来估计传感器非线性测量函数的参数，以及处理传感器测量数据所需的额外误差状态值，其中所选择的可信传感器的系统状态的可观测性有充分的保证。对于单个校准参数，ARMAS 框架尝试使用残差监测进行校正，并将其重新推至验证模式。如果存在相关的外部校准参数（如相机杆臂和定向等），则将根据状态协方差矩阵的序贯收敛性对这些参数进行单独估计，以保证状态的可观测性。如果重新校准的传感器未能通过传感器验证，则该传感器进入重构模式。

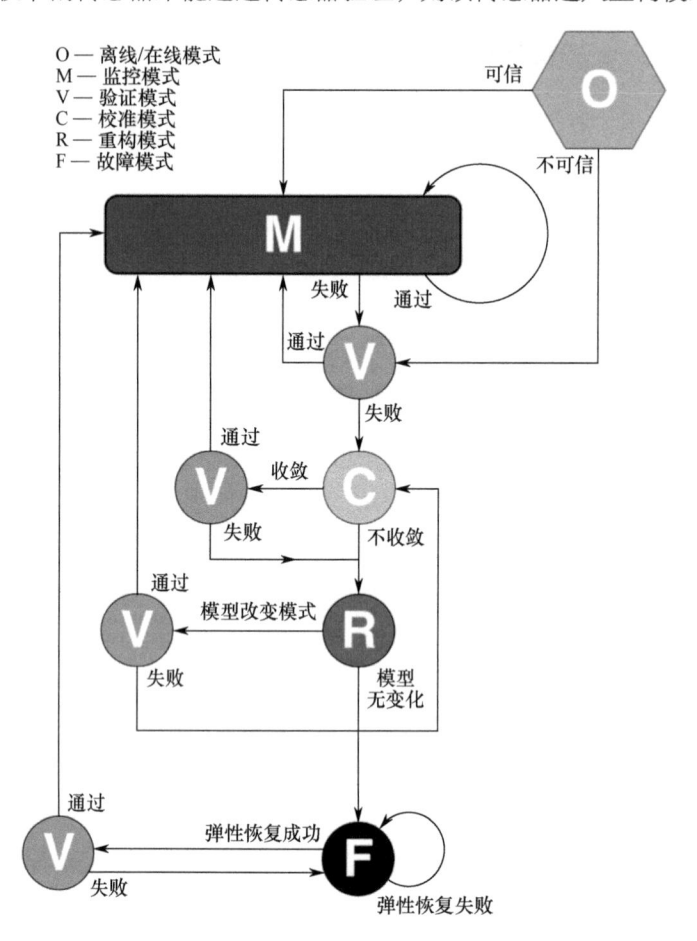

```
O — 离线/在线模式
M — 监控模式
V — 验证模式
C — 校准模式
R — 重构模式
F — 故障模式
```

图 6-20　ARMAS 框架中传感器的 6 种状态模式

（5）重构模式。在重构模式下，ARMAS 框架试图基于用户定义的测量模型集修改当前的测量模型。具体可采用并发筛选器，每个滤波器对应一个唯一的测量模型，该模型产生估计值。通过将该估计值与核心可信导航状态估计值进行比较，获得残差，再选择与残差分布最匹配的传感器测量模型，并将其重新推至验证模式。

（6）故障模式。当重构模式没有产生新的模型，并且传感器弹性恢复方式处于开启状态时，传感器会被推至故障模式。故障传感器模型将定期根据用户可选择的时间点重新进入验证模式。

2）ARMAS 框架存在的不足

ARMAS 框架旨在从多种类型的故障模式（其中的系统误差由模型不匹配和/或传感器错误校准引起）中快速恢复，同时试图保持一致、无损的导航估计。ARMAS 框架采用一组 SCORPION 可插拔 EKF 估计器来解决以下非线性导航问题。

$$\dot{x}(t) = f[x(t); \alpha(t); u(t); t] + G(t)w(t) \tag{6-11}$$

式中，x 是载体的位置、速度和姿态的 $N \times 1$ 维状态向量；测量误差状态向量 α 的维数为 $M \times 1$；u 为控制输入向量；G 是 $(N+M) \times Q$ 维线性算子；w 是由 $q \times q$ 维连续过程噪声强度矩阵 Q 定义的 $q \times 1$ 维白噪声过程。

通过最佳组合状态过程模型、传感器特定校准参数和 j（$j=1,2,\cdots,J$）个可用的传感器的测量更新来传播状态估计。第 j 个传感器在时间步长 k 下的测量模型为

$$z_k^j = h^j[x(t), \alpha^j(t), u(t), t, p^j] + v_k^j \tag{6-12}$$

式中，h^j 是第 j 个传感器的非线性测量函数；α^j 为 α 的 $L \times 1$ 维子集，其中包含处理传感器测量所需的额外误差状态；p^j 是由用户为 h^j 选择的 $p \times 1$ 维模型参数向量；v_k^j 为 $Z \times 1$ 维离散过程白噪声，协方差由矩阵 R_k^j 定义。

第 j 个传感器的 $Z \times 1$ 维测量残差 r_k^j 定义为

$$r_k^j = z_k^j - h^j[\hat{x}_k, \hat{\alpha}_k^j, u_k, t_k, \hat{p}_k^j] \tag{6-13}$$

式中，$\hat{x}_k$、$\hat{\alpha}_k^j$ 和 $\hat{p}_k^j$ 是估计量。假设在高斯白噪声条件下，式（6-13）中的测量残差服从以下分布。

$$r_k^j \to N(0_{N \times 1}, S_k^j) \tag{6-14}$$

$$S_k^j - H_k^j P_k [H_k^j]^\mathrm{T} + R_k^j \tag{6-15}$$

式中，P_k 是时间 t_k 处的 $(N+M) \times (N+M)$ 维状态估计的协方差矩阵；H_k^j 是 h^j 在 t_k 处的雅可比矩阵。

传感器初始化有两种模式：可信或不可信。在进入监控模式之前，不可信传感器先进入验证模式。在验证模式下，ARMAS 框架监测整个采样周期内基于卡尔曼滤波预测值的残差分布卡方统计量 χ^* 是否超出用户定义的阈值。只有可信传感器才能直接进入在线监控模式。只有在监控模式下，传感器测量才被允许用来更新主状态估计。ARMAS 框架采用与验证模式相同的更新前残差似然函数来监测传感器性能。

一旦检测到故障，传感器将被设置成"不可信"，并被隔离以避免影响核心导航状态估计。ARMAS 框架尝试通过验证模式重新初始化传感器。如果初始化失败，ARMAS 框架将尝试通过两种不同的模式修复故障，恢复传感器：传感器

校准或重塑（模型重构）。在校准模式下，用户可以选择传感器参数 p^j 和/或 α^j，通过可信传感器的残差序列进行估计，保证 x 的可观测性。如果存在单个校准参数，ARMAS 框架会尝试采用残差监测来修正校准量，并将传感器送回验证模式。如果存在外部关联的校准参数（如相机杆臂和方向内在的 p^j 或 α^j），则根据状态协方差矩阵的序贯收敛性对这些参数进行单独估计，以保持状态的可观测性。

如果重新校准的传感器未能通过传感器验证，则传感器进入重塑模式，在该模式下，ARMAS 框架尝试基于用户定义的 S 个观测模型修改当前的测量模型 h^j，生成 S 个并发滤波器（每个滤波器都有一个唯一的观测模型），并根据核心导航估计值 x 计算出每次的测量残差。根据滤波器的各次残差估计与核心估计值最匹配的分布，选择"获胜"的传感器测量模型。然后将传感器推至验证模式。如果重塑模式没有产生新的模型，并且弹性传感器恢复被激活，则传感器在用户可选择的时间段后，周期性地重新进入验证模式，以克服时间异常。

ARMAS 框架存在的主要不足是，该框架的成立隐含一个前提条件：要求通过传感器间重叠状态的完全可观测性来检测传感器的异常行为。在上面的讨论中，ARMAS 框架通过监控传感器测量值和子滤波器估计值之间的卡尔曼预测值的残差，持续判断传感器测量值是否符合传感器模型规定的分布。也就是说，处于监控模式的传感器在这段时间的状态估计必须存在具有可比对的其他完全可观测的传感器。只有在此时，处于监控模式的传感器的异常行为（如系统误差、增益、模型失配、高噪声等）才能被检测。如果检测到异常行为，ARMAS 框架将尝试通过重新验证、校准或重构恢复传感器。因此，如果没有传感器间重叠状态的完全可观测性，就不可能确定处于监控模式的传感器是否行为异常或是否可以重新验证。可见，传感器间重叠状态的完全可观测性是 ARMAS 框架成立的前提条件。然而，在很多时候，对传感器（尤其是异构传感器）而言，这一前提条件很难成立。

为此，有学者提出了一种未知传感器全源残差监测（Sensor-Agnostic All-source Residual Monitoring，SAARM）框架，通过采用所有传感器子滤波器组合性联合位置协方差估计，提供了一种全源位置完整性方法，以应对 ARMAS 框架的不足。

6.4.3.2　SAARM 框架

SAARM 框架重塑了 ARMAS 框架中的监控模式，旨在检测多种传感器故障模式，如系统误差、模型不匹配和/或校准错误。对于单个传感器故障恢复能力，这种方法要求设计者维护 $I=J$ 个不同配置的导航子滤波器，此时每个子滤波器

由 I–1 个传感器提供测量数据。该方法扩展后，当多个传感器同时发生故障时，其也具备必要的检测和恢复能力（以牺牲处理能力为代价）。SAARM 框架采用 J 个分离的子滤波器来估计系统的状态。在 $t=t_k$ 时刻，系统的状态向量和状态估计的协方差矩阵分别为 $\hat{\boldsymbol{x}}^j(t_k)$ 和 $\boldsymbol{P}_{\hat{x}\hat{x}}^j(t_k)$（$j=1,2,\cdots,J$）。

每个子滤波器都由 I–1 个传感器子集提供测量数据。在 t_k 时刻，第 i 个传感器提供的测量数据由式（6-16）给出。

$$\boldsymbol{z}^i(t_k) = \boldsymbol{h}^i[\hat{\boldsymbol{x}}^j(t_k), \boldsymbol{u}(t_k), t_k] \tag{6-16}$$

式中，$\boldsymbol{h}^i$ 是非线性测量函数；$\boldsymbol{u}(t_k)$ 是控制输入函数，与式（6-12）相比，忽略的项 $\boldsymbol{v}^i(t_k)$ 为 $Z \times 1$ 维离散过程白噪声，其协方差矩阵为 $\boldsymbol{R}^i(t_k)$。

来自第 j 个滤波器的第 i 个传感器的测量估计预更新定义为

$$\hat{\boldsymbol{z}}^{i,j}(t_k^-) = \boldsymbol{h}^i[\hat{\boldsymbol{x}}^j(t_k^-), \boldsymbol{u}(t_k), t_k] \tag{6-17}$$

估计协方差矩阵定义为

$$\boldsymbol{P}_{\hat{z}\hat{z}}^{i,j}(t_k) = \boldsymbol{H}^i(t_k^-)\boldsymbol{P}_{\hat{x}\hat{x}}^j(t_k^-)\boldsymbol{H}^i(t_k^-)^\mathrm{T} \tag{6-18}$$

由此，第 i 个传感器与来自第 j 个滤波器的测量的预更新残差向量 $\boldsymbol{r}^{i,j}$ 及其协方差矩阵 $\boldsymbol{P}_{rr}^{i,j}(t_k)$ 可分别由式（6-19）和式（6-20）计算。

$$\boldsymbol{r}^{i,j}(t_k) = \boldsymbol{z}^i(t_k) - \hat{\boldsymbol{z}}^{i,j}(t_k^-) \tag{6-19}$$

$$\boldsymbol{P}_{rr}^{i,j}(t_k) = \boldsymbol{R}^i(t_k) + \boldsymbol{P}_{\hat{z}\hat{z}}^{i,j}(t_k^-) \tag{6-20}$$

传感器的故障主要分为 3 类：系统误差、错误的状态噪声方程及错误的状态测量模型。似然函数由马氏距离给出，即

$$d^2 = (\boldsymbol{y} - \boldsymbol{\mu})^\mathrm{T} \boldsymbol{\Sigma}^{-1} (\boldsymbol{y} - \boldsymbol{\mu}) \tag{6-21}$$

式中，$\boldsymbol{y} = \boldsymbol{r}^{i,j}(t_k)$，$\boldsymbol{\Sigma} = \boldsymbol{P}_{rr}^{i,j}(t_k)$，不妨设 $\boldsymbol{\mu} = 0$。d^2 服从 Z_i 自由度的卡方分布。M 个独立的 d^2 服从 $M \times Z_i$ 准自由度的卡方分布，给定检验的显著性水平 α（故障虚警概率 P_{FA}），根据估计出的 t_k 到 t_{k+M} 时刻 M 个采样窗口的 Z_i 维残差向量，构造检验量为

$$H_0: \chi_{i,j}^* > \chi^2(\alpha/2, M \times Z_i) \text{ 和 } \chi_{i,j}^* < \chi^2(1-\alpha/2, M \times Z_i) \tag{6-22}$$

$$H_1: \chi_{i,j}^* < \chi^2(\alpha/2, M \times Z_i) \text{ 和 } \chi_{i,j}^* > \chi^2(1-\alpha/2, M \times Z_i) \tag{6-23}$$

式中，

$$\chi_{i,j}^* = \sum_{s=k}^{k+M} d_{i,j}^2(t_s) \tag{6-24}$$

$$d_{i,j}^2(t_s) = \boldsymbol{r}^{i,j}(t_s)^\mathrm{T} [\boldsymbol{P}_{rr}^{i,j}(t_s)]^{-1} \boldsymbol{r}^{i,j}(t_s) \tag{6-25}$$

H_0 表示第 j 个滤波器无故障，H_1 表示第 j 个滤波器有故障。假设检验是传感器故障检测的基础。一旦检测到故障，即通过多个子滤波器共识排除故障传感器。对应 $J = I$ 个子滤波器的情形，SAARM 框架在每个残差监控周期（如 M 个滑动

平均采样）内能且仅能排除一个故障传感器。由此，SAARM 框架提出以下故障排除公理：考虑假设，即某个时刻最多只有一个传感器失效，并且 J 个子滤波器中至少有一个子滤波器没有受到故障测量值的影响。

考虑以下一个 $I \times J$ 维的故障共识矩阵 T：

$$T(I,J) = \begin{cases} 0, \text{表示第}i\text{个传感器与第}j\text{个滤波器没有关联} \\ 0, \chi^*_{i,j} > \chi^2(\alpha/2, M \times Z_i) \text{和} \chi^*_{i,j} < \chi^2(1-\alpha/2, M \times Z_i), \text{无故障}, H_0 \\ 1, \chi^*_{i,j} < \chi^2(\alpha/2, M \times Z_i) \text{和} \chi^*_{i,j} > \chi^2(1-\alpha/2, M \times Z_i), \text{有故障}, H_1 \end{cases}$$

矩阵 T 通过 I 个传感器和 J 个子滤波器之间的故障共识进行故障排除。其中矩阵的行对应 $i=1,2,\cdots,I$ 个传感器；列对应 $j=1,2,\cdots,J$ 个子滤波器。每行包含来自第 i 个传感器的测量数据 Z^i 及其测量误差协方差矩阵 R^i；每列包含估计测量值 $\hat{z}^{i,j}$ 及其误差协方差矩阵 $P^{i,j}_{22}$。

不失一般性，这里定义 J 为滤波器的个数，T 为结构化的关联检验结果矩阵，故障计分向量 s 的维数等于滤波器的个数，层数 N 定义为同时出现的最大故障数量。

$$J_N = C_I^{I-N} = \frac{I!}{N!(I-N)!} \quad (6\text{-}26)$$

$$s(j) = \sum_{i=1}^{I} T(i,j) \quad (6\text{-}27)$$

故障计分向量 s 通过故障共识矩阵（每列）所有元素（跨行）之和求得。故障排除公理有以下几个：①如果 s 为全零，则传感器无故障；②如果 s 包含至少一个非零条目，但又包含一个以上零条目，则存在故障且无法识别嫌疑传感器；③如果 $s(j)$ 是 s 中唯一的零条目，则传感器存在故障，并且故障传感器为从 T 中第 j 列中排除的传感器，或者第 j 个滤波器；④如果 s 不包含零条目，那么不止一个传感器出现故障，且违反了前面的故障排除公理。

因此，当 $N=1$ 时，说明同时发生故障的传感器最多只有 1 个，即第 1 层滤波器的个数为

$$J_1 = C_I^{I-1} = \frac{I!}{1!(I-1)!} = I \quad (6\text{-}28)$$

当 $N=2$ 时，说明同时发生故障的传感器最多只有 2 个，即第 2 层滤波器的个数为

$$J_2 = C_I^{I-2} = \frac{I!}{2!(I-2)!} \quad (6\text{-}29)$$

考虑包含 5 个传感器的导航系统的故障检测问题。根据前面提到的故障排除公理，第 1 层滤波器只能一次排除一个故障传感器（见表 6-2）。如果需要同

时排除两个故障传感器，则需要考察第 2 层滤波器（见表 6-3）。

表 6-2　第 1 层 J_1 传感器-滤波器配置（传感器个数 $l=5$，考虑 3 号故障传感器）

传 感 器	1	2	3*	4	5
1		•	•	•	•
2	•		•	•	•
3	•	•		•	•
4	•	•	•		•
5	•	•	•	•	

注：* 表示有且仅有该序号滤波器的一致性没有被 3 号故障传感器破坏。

• 指在此列序号滤波器中包含该传感器测量值。

表 6-3　第 2 层 J_2 传感器-滤波器配置（传感器个数 $l=5$，考虑 3 号和 5 号故障传感器）

传感器	1	2*	3	4	5*	6	7	8*	9**	10
1					•	•	•	•	•	•
2		•	•	•				•	•	•
3	•			•		•	•			•
4	•	•			•		•		•	
5	•	•	•		•	•		•		

注：* 表示该序号滤波器的一致性没有被 3 号故障传感器破坏。

** 表示仅有该序号滤波器的一致性没有被 3 号和 5 号故障传感器破坏。

• 指在此列序号滤波器中包含该传感器测量值。

SAARM 框架为各种传感器故障类型提供了全源传感器 FDE 及完整性。为了保持对单个传感器故障的弹性，ARMAS 框架要求实例化维护与全源传感器个数相等的子滤波器，严格保持一个独立的主滤波器用于用户输出。故障识别基于预更新测量残差的序列的 χ^2 统计检验；故障排除基于与子滤波器一致的新型 T 矩阵方法。如果每个子滤波器都有位置状态可观测性，那么 SAARM 框架通过所有子滤波器联合位置协方差估计，可以提供一种全源位置完整性估计方法。这里的完整性概念基于这样的假设：ARMAS 框架能够维护至少一个未出故障的子滤波器。

ARMAS 框架通过未损坏的子滤波器为单个同时发生的传感器故障保持弹性，这使 SAARM 框架能够为全源位置的完整性提供保证，由此扩展了故障排除公理；假设至少一个子滤波器完全由正确建模的无故障传感器提供信息，则至少有一个子滤波器包含一致的状态估计误差统计；如果每个第 2 层子滤波器中关注的状态可观测且稳定的，则每个第 1 层子滤波器都可以继承这些性质。

也就是说，SAARM 框架需要在所有第 1 层子滤波器中有重叠的位置可观测性，以执行一致的 FDE 操作，并保证为位置完整性保留至少一个未损坏的子滤波器。为了保证 SAARM 框架在第 1 层子滤波器中的位置状态可观测性，需要额外的子滤波器层。可观测层中的每个唯一子滤波器都不包括来自两个传感器的测量。该层的目的是提供一种比决策 FDE 层更深一层的可观测性分析方法，以保持对单个同时发生的传感器故障的弹性。

为了保持对 F 个同时发生故障的传感器的恢复能力，在可观测性滤波器组中，监测 I 个传感器的可观测性所需的第 2 层并发的子滤波器数量 N 为

$$N = C_I^{I-2} = \frac{I!}{2!(I-2)!} \quad (6\text{-}30)$$

正如人们所预期的那样，用于监控第 2 层每个子滤波器中的位置状态协方差估计方程都必须有非平凡解。例如，8 个传感器系统需要 28 个并发的 SAARM 框架第 2 层子滤波器，以保持对同时发生的每个传感器故障的弹性。当主滤波器和 8 个传统子滤波器相加时，必须维持总共 37（28+8+1）个并发估计滤波器。该方法以所需并发估计滤波器数量的阶乘增长为处理代价来监控位置重叠的可观测性。在传感器发生故障的情况下，这种方法的主要优点显而易见。由于可观测性滤波器组的子集将形成新的 FDE 层，因此，在可观测性层中维护这些滤波器在 FDE 层重新初始化期间，可以消除 FDE 和完整性操作所需的停机时间。此外，如果监测第 2 层每个子滤波器中的状态估计方差的大小，就可以确定哪些传感器在 FDE 事件出现之前能够为人们提供感兴趣状态的关键 Fisher 信息。

6.4.3.3　ARMAS-SOM

1）稳态可观测性监控（Stable Observability Monitoring，SOM）

由于保持系统状态后验估计稳定性能力是总体估计稳定性的主要指标，因此，可观测性分析的主要任务就是度量测量值对系统状态的影响。可观测性分析方法有多种，包括信息矩阵、误差协方差分析和其他方法。众所周知，如果离散线性时变系统可观测性矩阵 M 的秩在所有时间指数 k 均满秩（秩与状态分量的个数相同），则该系统全局可观测。局部可观测性可以定义为 M 在有限 k 集上奇异性的度量。对于线性系统，可观测性格拉姆矩阵可以通过求解李雅普诺夫方程获得。

与可观测性格拉姆矩阵直接相关的是 Fisher 信息矩阵，它主要用来度量测量值对状态估计的确定性。Fisher 信息矩阵 F 的离散递归定义为

$$F(t_k) = \boldsymbol{\Phi}^T(t_k) F(t_{k-1}) \boldsymbol{\Phi}(t_k) + \boldsymbol{H}^T(t_k) \boldsymbol{R}(t_k)^{-1} \boldsymbol{H}(t_k) \quad (6\text{-}31)$$

其中，Fisher 信息矩阵在 t_k 时刻单次更新中包含的 $\boldsymbol{H}^T(t_k) \boldsymbol{R}(t_k)^{-1} \boldsymbol{H}(t_k)$ 这一

项，可用来计算下列递推式。

$$P(t_k)^{-1} = P(t_{k-1})^{-1} + H^{\mathrm{T}}(t_k)R(t_k)^{-1}H(t_k) \quad (6\text{-}32)$$

式（6-32）可用于非线性估计器中的可观测性分析。如果系统模型是随机可控和可观测的，则这里的 $P(t_k)$ 一致有界，稳态有唯一的正定 $P(t_k)$ 值。通过监控随时间更新后的协方差矩阵，可以确定系统中的信噪比是否能够实现稳态的估计。这里之所以关注位置状态的稳定性，是因为我们特别感兴趣的是如何保持 ARMAS 框架中 FDE 层提供的导航完整性解决方案的一致性。

根据马氏距离之和确定在用户定义监控时段，采用由预更新残差向量形成的最新残差空间测试统计数据的移动平均值，据此调整 ARMAS 框架内 SAARM 检验的灵敏度。监控时段的长度（$M\Delta t$）是一个 ARMAS 调谐参数，用于调整异常时段的检测灵敏度。ARMAS 监控时段旨在包含足够数量的样本，以满足 α 所需的中心极限定理标准，即 I 型差错率（虚警概率）。SCORPION 提供的可插拔估计架构实现了扩展多层子滤波器。记录并监测可观测性库中第 2 层每个（$n=1,2,\cdots,N$）子滤波器的更新后位置协方差，根据下式确定 t_k 时刻第 2 层子滤波器 n 的可观测性标志 O_k。

$$O_{k,j}(n) = \begin{cases} 1, & P_j^n(t_k) > P_j^n(t_{k-M}) \\ 1, & P_j^n(t_k) > P_{j,\mathrm{Max}} \\ 0, & \text{其他} \end{cases} \quad (6\text{-}33)$$

式中，$P_j^n(t_k)$ 是第 2 层子滤波器 n 的更新后状态协方差矩阵中的第 j 个测量的滤波状态协方差矩阵；$P_j^n(t_{k-M})$ 是第 2 层子滤波器 n 恰好在 t_k 时刻之前 M 个样本的状态估计元素 j 的更新后方差矩阵；$P_{j,\mathrm{Max}}$ 是用户定义最大稳态状态估计协方差界。设 $\beta \in [1,\infty)$ 是状态估计协方差瞬态增长阈值。如果 $k<M$（如新初始化的滤波器），则不设置可观测性标志。监控位置状态更紧凑的形式是

$$O_{k,j}(n) = \begin{cases} 1, & P_j^n(t_k) > P_j^n(t_{k-M})\beta \\ 1, & P_j^n(t_k) > P_{j,\mathrm{Max}} \\ 0, & \text{其他} \end{cases} \quad (6\text{-}34)$$

式中，$P_j^n(t_k)$ 是第 2 层子滤波器 n 最新的更新后位置协方差矩阵；$P_j^n(t_{k-M})$ 是第 2 层子滤波器 n 在 t_k 时刻之前 M 个样本的更新后位置方差矩阵；$P_{j,\mathrm{Max}}$ 是用户定义最大稳态位置状态估计协方差界；$\beta \in [1,\infty)$ 是状态估计协方差瞬态增长阈值。迹是矩阵 P_k 的对角元素之和，表示系统状态估计方差。如果 $P_j^n(t_k)$ 迹收敛，则单个位置估计方差也收敛。

将状态估计协方差瞬态增长阈值 $\beta \in [1,\infty)$ 设计为 SOM 框架对感兴趣状态的 Fisher 信息瞬时损失的敏感性参数。最大状态估计协方差的极限仅是状态估

计协方差的上限，并且被设计为 SOM 框架的最小稳态信息阈值。SAARM 框架采用的验证阈值是一种以马氏距离形式给出的残差协方差统计检验量。SAARM 框架的卡方分布假设检验取决于 ARMAS 框架产生稳定一致的更新残差协方差矩阵 Σ 的能力。通过在第 2 层子滤波器中执行 SOM 框架的状态估计协方差监控模式，能够在单个未知传感器发生故障的情况下，向前窥视 SOM 框架的稳定性。

通过度量更新后位置协方差矩阵迹之间的差，可以确定包含在先前 M 个测量中的 $H^{\mathrm{T}}(t_k)R(t_k)^{-1}H(t_k)$ 项中的位置状态信息，从而判断该子滤波器中的所有测量数据是否已经形成稳态估计。用户将 β 设置为每个监控周期可接受的瞬态方差增长的调节参数。为了保持对传感器故障的弹性，若至少有一个第 2 层子滤波器可观测性检验结果设置为 1，则会触发用户提示，用额外的传感器来增强 ARMAS 框架。如果新增传感器被认为可信，则它将直接进入监控模式；如果新增传感器被认为不可信，则它必须通过传感器验证模式，即

$$\mathrm{SOM}_{\text{增加新传感器}}=\begin{cases}\text{可信，}&\sum_{n=1}^{N}O_k(n)>0\\\text{不可信，其他}&\end{cases} \quad (6\text{-}35)$$

式中，N 是第 2 层子滤波器的数量。

一旦一个新的传感器被成功添加到 ARMAS 监控模式中，则每个第 2 层子滤波器都需要增加一个新的传感器。其可观测性标志结果将被忽略，直到新请求的传感器在进入监控模式后完成一个 ARMAS 监控周期。如果在必要的 ARMAS 监控周期之后恢复了更新后的方差稳定性，则对于每个稳定的第 2 层子滤波器，其可观测性标志将被设置为 0，并且可观测警告被撤消。该方法在标记跨越多个第 2 层子滤波器的实时估计状态信息新的可观测性库时存在不足，该可观测器库旨在保持 ARMAS 框架中 FDE 和完整性操作的一致性。

由于更新前残差协方差矩阵是状态估计协方差和观测模型的函数，因此更新后状态估计协方差是估计器可观测性和稳定性的直接指标。与最不稳定的第 1 层子滤波器相比，最不稳定的第 2 层子滤波器由恰好少 1 个传感器告知。通过监控第 2 层子滤波器的质量，允许在 FDE 运行过程中出现潜在稳定性损失之前，提出传感器的增强请求。由于 SAARM 框架采用的 T_i 矩阵排除操作需要一致的故障协议来排除失效的传感器，因此确保第 1 层子滤波器估计的稳定性尤为重要。此外，由于 ARMAS 导航完整性是由第 1 层子滤波器位置协方差椭圆的并集提供的，因此如果将位置状态选择为感兴趣的 SOM 状态，则可以保证稳定的位置完整性。

根据前文的描述，当任何第 2 层子滤波器的状态估计协方差在单个 ARMAS 监控周期内增大时，选择 $\beta=1.0$ 是最敏感的情况，这会导致对额外传感器的需

求。这种极端情况将最大限度地利用平台之外的可用信息。在相反的情况下，较大的 β 值将产生一个不太敏感的框架，而不会要求额外的传感器增强，其中 $\beta \rightarrow \infty$ 的性能与传统 ARMAS 相同。对于初始实施，我们建议从 $\beta \approx 3.0$ 的小值开始。该参数应由用户调整，以在自主性和感兴趣状态的框架估计稳定性之间形成所需的平衡。通过可重新配置的 GNSS 场景，评估 SOM 的有效性。

2) ARMAS-SOM 框架

ARMAS-SOM 框架用弹性的方式将相互协作的全源传感器信息与 GNSS 用户可识别的故障检测、排除和完整性解决方案融合在一起。该框架在 ARMAS 框架的基础上，增加了额外的可观测性 EKF 子层来提高弹性。基于"吝啬协作"技术，具体采用拆分并行协作方法，始终保持一个未损坏的自滤波器策略，支持最高效地利用网络资源，限制未知损坏信息向其他导航信息源传播，实现一致的协同导航，同时消除可扩展处理结构中的"双重计算"问题。

在融合协同传感器数据时，如果不考虑历史相关性，重复使用这一相关测量数据，可能会形成状态估计与该测量数据之间的依赖性。该问题称为重复计算问题。分布式网络具有可扩展性和拓扑变化的弹性，特别容易受到这个问题的影响。如果相关性管理不当，估计器可能会因重复采用可用传感器信息而变得不一致，并最终出现系统误差。

此外，在分布式网络中，由于在分布式统计检验检测到损坏之前，破坏源通常未知，因此传感器损坏一般属于一种后验检测。此时，需要一种方法来"解相关"已处理的损坏信息。鉴于贝叶斯估计包含了历史观测，需要维护一个容错架构，该架构包含从未损坏的估计器，通过消除损坏信息的历史相关性恢复一致性。该问题也称为后验一致性恢复问题。

有研究者提出了协方差交（Covariance Intersection，CI）和分布式交错更新（Interleaved Update，IU）法来处理重复计算和后验一致性恢复问题。尽管 CI 法是双重计数问题的保守解决方案，但该方法的主要缺点是，在后验发现传感器损坏的情况下，无法恢复先前融合的信息。IU 法要求每个分布节点同时保持 2^n 个卡尔曼滤波器，这种指数可伸缩性不可取，尤其是在 ARMAS 框架这种多滤波器残差监控算法应用场景中。

为此，ARMAS-SOM 框架提出了拆分方法（又称吝啬协作法），即采用两种并行方法：一种协同，另一种自身测量滤波，如此可以完全解决重复计算问题。有了 SOM 框架提供的稳定性保证，ARMAS-SOM 框架将检测故障的来源，并将其排除在导航解决方案之外。也就是说，接收方需要维护各个导航信息源的故障检测和排除操作，以消除多源信息中存在的所有不一致。该方法可以最大限度地提高网络资源的效率，降低重复传播不一致信息带来的风险，并提供一种完全消除错误信息的机制。

ARMAS-SOM 框架引入了一种新的拆分结构，既保持了各善协作框架，又能保持自身感知滤波的能力，一方面可以最大限度地利用网络资源，限制未知故障向其他感知源的传播，另一方面可以消除常见协作递归贝叶斯融合相关中存在的重复计算问题。实验室仿真结果验证了全源保证位置区（Guaranteed Position Zone，GPZ）完整性解决方案的稳定性，其残差平方和（Residual Sum of Square，RSS）减少 11%，从而保证了全源导航的一致估计及自主恢复能力。

6.5 总结与发展

从本书前面几章的内容可基本确定，多源信息融合效果的好坏与信息的时空配准密切相关。本章从时空配准应用和发展的视角，对时空配准的过去、现在和未来进行更进一步的审视。

过去，美国空军主导的 SAGE 系统、海军战术数据系统、"宙斯盾"系统、数据链系统等对时空配准进行了集成运用，形成了系列化的网格锁定系统，这类网格锁定系统和航迹自动关联等技术与装备逐渐成为美军体系化能力建设的基石，提高了美军多军种联合作战乃至网络化中心战的作战水平。

现在，随着军用和民用关键基础设施的网络化、体系化应用越来越普及，以时空配准为核心的弹性 PNT 体系的构建逐渐成为美国国家安全的重要研究内容。为此，美国国土安全部依据总统指令发布了弹性 PNT 一致性框架，并着手将商用零信任架构融入弹性 PNT 一致性框架中，提出了弹性 PNT 的体系结构，用来指导美国各类军用和民用关键基础设施的设计与建设。军用领域在大力发展新型 PNT 传感器技术的同时，更加强调基于故障检测与排除的集成，并发挥异类传感器的互补作用。针对卫星信号易受干扰的特点，采用 RAIM 技术可以较好地提高卫星导航和定位的可靠性；应用 VINS 技术可通过视觉传感器和惯性传感器的协同融合，作为卫星导航受限时段的替代方案，这已经成为多传感器集成导航的一个重要研究方向。尤其是近年来，全源定位导航技术得到了研究人员前所未有的关注，有望形成弹性 PNT 一类普适解决方案。

未来，随着智能技术的不断演进，以 ChatGPT 为代表的通用人工智能的发展为人们看待世界打开了一个全新的视角。近期，有研究者提出了认知复杂世界体系的"三位一体"新范式。①信息系统：从环境中获取信息；②模型系统：对信息做出表述，进行推理和规划；③行动系统：通过与环境之间的交互，达到人类期望达到的目的。研究者还认为，任何体系都是这 3 类系统的组合。无论如何，作为一类特定的信息，时空的感知和配准将面临新的难题。

作者认为，在新范式带来的各类挑战中，最大的挑战仍然是配准，包括各类信息（数据）、模型及行动之间的配准等，特别是不同时空尺度下的时空信息配准。不确定性依然是时空信息配准中的基础、难点和关键问题。最终的难题也许会演变成人类智能和机器智能之间的配准问题。因为拥有上万年进化史的人类始终秉持着经验式的时空观，而发展不足百年的计算机应用开启的机器智能采用的是数学计算的精密时空观，两者是否从理论上就无法配准？预计很难有人能给出答案。

参 考 文 献

[1] FISCHER W L, CAMERON A G, MUEHE C E. Registration errors in a netted air surveillance system[R]. MIT Lincoln Laboratory Report TN-1980-40. Technical report, Sep, 1980.

[2] MILLER J T, DAVID E W G. Battle group operations: gridlock demonstration[J]. Johns Hopkins APL Technical Digest, 1981, 2(4): 314-320.

[3] MILLER J T, DAVID E W G. The role of navigation in the precision registration of sensor data at sea[J]. Journal of the Institute of Navlgation, 1983,30(3): 123-134.

[4] MILLER J T, EDWARD P L, ALAN B J, et al. Battle group gridlock: an update[J]. Johns Hopkins APL Technical Digest, 1990, 11(1-2): 17-20.

[5] EDWARD P L, ROBERT T L, JERRY A K. History of BGAAWC/FACT: knitting the battle force for air defense[J]. Johns Hopkins APL Technical Digest, 2002, 23(2-3): 117-137.

[6] Introduction to Tactical Digital Information Link J And Quick Reference Guide, JUNE 2000.

[7] O'DONOUGHUE N A, MCBIRNEY S, PERSONS B. Distributed kill chains: drawing insights for mosaic warfare from the immune system and from the navy[EB/OL]. (2024-5-30). http://www.rand.org//pubs/research_reports/RRA573-1.html.

[8] HAYCOCK K P, KERESTES L, MENEES B, et al. Rodriguez-Negron. Increased effectiveness of the joint fire's kill chain via improvements in command and control responsiveness for better cooperative engagement capability[R]. Systems Engineering Capstone Report, Naval Postgraduate School, Monterey, CA 93943-5000, Sep, 2020.

[9] HOEHN J R. Joint all-domain command and control: background and issues for congress[R]. Washington, D.C., Congressional Research Service, 2021.

[10] CLARK B, PATT D, SCHRAMM H. Mosaic warfare: exploiting artificial intelligence and autonomous systems to implement decision-centric operations[R]. Washington, D.C., The Center for Strategic and Budgetary Assessments, 2020.

[11] Department of Homeland Security (DHS) Science and Technology Directorate (S&T). Resilient PNT Conformance Framework, Version 2.0[R]. Washington, D.C., 2022.

[12] Department of Homeland Security (DHS) Science and Technology Directorate (S&T). Resilient PNT reference architecture[R]. Washington, D.C., 2022.

[13] SCHMIDT G T. Navigation sensors and systems in GNSS degraded and denied environments, Chinese Journal of Aeronautics, 2015, 28: 1-10.

[14] 刘天雄. 导航战及其对抗技术[J]. 卫星与网络，2014，9：56-59.

[15] ROSE S, BORCHERT O, MITCHELL S, et al. NIST SP 800-207 Zero Trust Architecture, August 2020. DOI: 10.6028/NIST.SP.800-207.

[16] 索贝尔. 经度：一个孤独的天才解决他所处的时代最大难题的真实故事[M].肖明波，译. 上海：上海人民出版社，2007.

[17] GREJNER-BRZEZINSKA D A, TOTH C K, MOORE T, et al. Multisensor navigation systems: a remedy for GNSS vulnerabilities[J]. Proceedings of the IEEE, 2016, 104(6): 1339-1353.

[18] HEWITSON S, WANG J. GNSS receiver autonomous integrity monitoring (RAIM) performance analysis[J]. GPS Solutions, 2006. DOI: 10.1007/s10291-005-0016-2.

[19] KASEVICH M. Cold atom interferometry navigation sensors[C]//Stanford's PNT Challenges Opportunities Sympsium, 2007.

[20] TOTH C, JOZKOW G. Remote sensing platforms and sensors: a survey[J]. ISPRS Journal of Photogrammetry Remote Sensing, 2015. DOI: 10.1016/j.isprsjprs. 2015.10.004.

[21] LOWE D G. Distinctive image features from scale-invariant keypoints[J]. Internation Journal of Computer Vision, 2004, 60(2): 91-110.

[22] CORKE P, LOBO J, DIAS J. An introduction to inertial and visual sensing[J]. The International Journal of Robotics Research, 2007, 26(6): 519-535.

[23] LOBO J, DIAS J. Inertial sensed ego-motion for 3d vision[J]. Journal of Robotic Systems, 2004, 21(1): 3-12.

[24] QIAN G, CHELLAPPA R, ZHENG Q. Robust structure from motion estimation using inertial data[J]. Journal of the Optical Society of America, 2001, 18(12): 2982-2997.

[25] STRELOW D. Motion Estimation from Image and Inertial Measurements[D/OL]. Pittsburgh: School of Computer Science Carnegie Mellon University, 2004.

[26] KEALY A, RETSCHER G, HASNUR-RABIAIN A, et al. Collaborative navigation field trials with different sensor platforms[C]// IEEE Positioning Navig. Commun, 2013.

[27] ALAM N, KEALY A, DEMPSTER A G. An INS-aided tight integration approach for relative positioning enhancement in VANETs[J]. IEEE Trans. Intell. Transp. Syst., 2013, 14(4): 1992-1996.

[28] GROVES P D, WANG L, WALTER D, et al. Toward a unified PNT-Part 1: complexity and context: key challenges of multisensor positioning[J]. GPS world, 2014, 25(10): 18-49.

[29] GROVES P D, WANG L, WALTER D, et al. Toward a unified PNT-Part 2: ambiguity and environmental data: two further key challenges of multisensor positioning[J]. GPS world, 2014, 25(11): 18-35.

[30] GREJNER-BRZEZINSKA D A, LEE J K, TOTH C K. Positioning and navigation in GPS-challenged environments: cooperative navigation concept [C]//FIG Working Week 2011, Marrakech, Morocco, May, 2011: 18-22.

[31] JURADO J D, RAQUET J, SCHUBERT-KABBAN C M. Autonomous and resilient management of all-source sensors for navigation [C]//Proceedings of the ION 2019 Pacific PNT Meeting, 2019.

[32] JURADO J D, RAQUET J, SCHUBERT-KABBAN C M, et al. Residual-based multi-filter methodology for all-source fault detection, exclusion, and performance monitoring[J]. Navigation, 2020, 67: 493-510.

[33] JURADO J D. Autonomous and resilient management of all-source sensors for autonomous and resilient management of all-source sensors for navigation assurance navigation assurance[D/OL]. Air Force Institute of Technology, 2018.

[34] KYLE K, MARIETTA D, RAQUET J, et al. Scorpion: a modular sensor fusion approach for complementary navigation sensors[C]//2020 IEEE/ION Position, Location and Navigation Symposium (PLANS). Portland, OR, April, 2020: 156-167.

[35] JURADO J D, RAQUET J F, SCHUBERT-KABBAN C M. Single-filter finite fault detection and exclusion methodology for real-time validation of plug-andplay sensors[J]. IEEE Transactions on Aerospace and Electronic Systems, 2021, 57(1): 66-75.

[36] GIPSON J S. An enhanced framework for collaborative all-source navigation with integrity [D/OL]. Air Force Institute of Technology, 2021.

[37] HAM F M. Observability, eigenvalues, and Kalman filtering[J]. IEEE Transactions on Aerospace and Electronic Systems, 1983(2): 269-273.

[38] SINPYO H, CHUN H H, KWON S H. Observability measures and their application to GPS/INS[J]. IEEE Transactions on Vehicular Technology, 2008, 57(1): 97-106.

[39] TANG Y G, WU Y X, WU M P, et al. INS/GPS integration: global observability analysis[J]. IEEE Transactions on Vehicular Technology, 2009, 58(3): 1129-1142.

[40] ROBERT H, KRENER A J. Nonlinear controllability and observability[J]. IEEE Transactions on Automatic Control, 1977, 22(5): 728-740.

[41] CHEN Z. Local observability and its application to multiple measurement estimation[J].

IEEE Transactions on Industrial Electronics, 1991, 38(6): 491-496.

[42] ELAMIN H, MAGEED K A E, TAHA M F E. On the steady-state error covariance matrix of Kalman filtering with intermittent observations in the presence of correlated noises at the same time [C]//ICCEEE 2013, 2013: 15-22.

[43] ROY P, CELA A, HAMAM Y. On the relation of FIM and controllability gramian [C]//SIES 2009, 2009: 37-41.

[44] SEPULVEDA L, LEISHMAN R, KAUMAN K. Optimizing a bank of Kalman filters for navigation integrity using efficient software design[C]//Proceedings of the ION GNSS+, 2021.

附录 A
常用坐标系及其相互转换

A.1 坐标系

舰艇信息处理常用坐标系如图 A-1 所示。

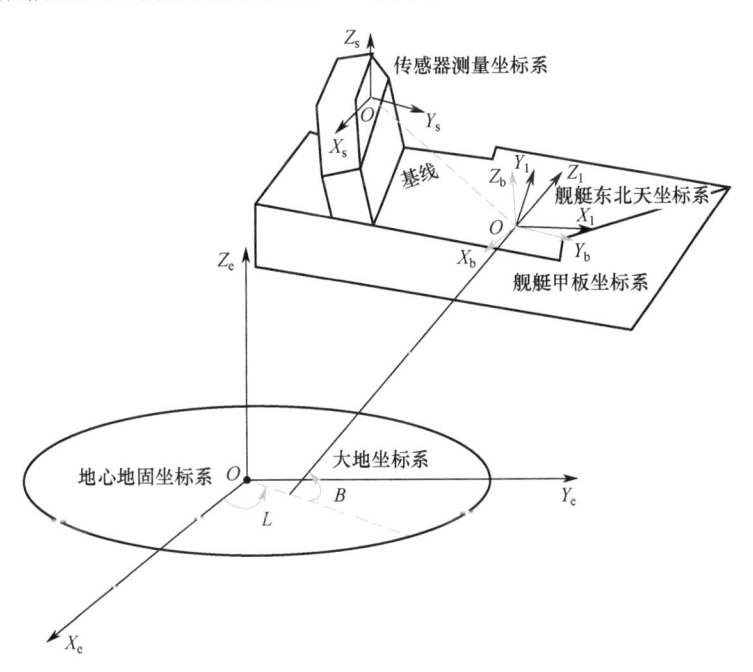

图 A-1 舰艇信息处理常用坐标系

1. 大地坐标系

大地坐标系，又称经纬度坐标系，是大地测量中以参考椭球为基准面建立的坐标系，空间点的位置用大地经度、人地维度和大地高表示。其中纬度是该点法线与赤道面的夹角，向北为正（北纬），向南为负（南纬）；经度是该点法线在椭球面交点与自转轴形成平面同起始子午面之间的夹角，向东为正（东经），向西为负（西经）；大地高是空间点沿该点法线到椭球面的距离，向上为正。

2. 地心地固坐标系

地心地固坐标系，一般简称 ECEF 坐标系，是一个惯性空间直角坐标系，原点建立在地球中心，Z 轴与地球自转轴相同，指向北极，X-Y 平面位于赤道面，X 轴穿过格林尼治子午线，Y 轴与 X、Z 轴构成右手系。

3. 舰艇东北天坐标系

舰艇东北天坐标系，一般简称 ENU 坐标系，是一个空间直角坐标系，原点位于舰艇摇摆中心，X 轴平行于水平面指向正东，Y 轴平行于水平面指向正北，Z 轴垂直于水平面向上。

4. 舰艇甲板坐标系

舰艇甲板坐标系是一个空间直角坐标系，原点位于舰艇摇摆中心；Y 轴平行于艏艉线，指向舰艏为正；X 轴与 Y 轴垂直且平行于甲板面，指向右舷为正；Z 轴垂直于甲板面，向上为正。舰艇甲板坐标系三轴的指向随舰艇摇摆而变化，是不稳定的。

5. 传感器测量坐标系

传感器测量坐标系包括传感器测量直角坐标系和传感器测量球（极）坐标系，它们使用相同的参考基准。

1）传感器测量直角坐标系

传感器测量直角坐标系的原点位于传感器中心，Y 轴平行于艏艉线，指向舰艏为正；X 轴垂直于 Y 轴且平行于甲板面，指向右舷为正；Z 轴垂直于甲板面，向上为正。

2）传感器测量球坐标系

传感器测量球坐标系是以传感器为中心建立的球面坐标系，空间点的位置用该点相对于传感器的距离、方位角和俯仰角描述。

3）传感器测量极坐标系

传感器测量极坐标系是以传感器为中心建立的极坐标系，空间点的位置用该点相对于传感器的距离、方位角描述。

A.2 坐标系转换

1. 大地坐标系和地心地固坐标系之间的转换

大地坐标 (L, B, H) 到地心地固坐标 (x_e, y_e, z_e) 的转换公式为

$$\begin{bmatrix} x_e \\ y_e \\ z_e \end{bmatrix} = \begin{bmatrix} (N+H)\cos B \cos L \\ (N+H)\cos B \sin L \\ (N(1-e^2)+H)\sin B \end{bmatrix} \quad (\text{A-1})$$

式中，$N = \dfrac{a}{(1-e^2\sin^2 B)^{\frac{1}{2}}}$ 是该点处的地球卯酉圈曲率半径，其中 a 是参考椭球长半轴；e 是参考椭球第一偏心率。

地心地固坐标 (x_e, y_e, z_e) 到大地坐标 (L, B, H) 的转换公式则稍微复杂，其中经度计算公式比较简单，为

$$L = \arctan \frac{x_e}{y_e} \quad (\text{A-2})$$

纬度通常迭代求解，目前较常用的一个迭代公式为

$$B_{k+1} = \arctan \frac{z_e + Ne^2 \sin B_k}{\sqrt{x_e^2 + y_e^2}} \quad (\text{A-3})$$

解算出纬度后，一般采用下面两式计算大地高（前者适合高纬度，后者适合低纬度）。

$$H = \frac{z_e}{\sin B} - N(1-e^2) \quad (\text{A-4})$$

$$H = \frac{\sqrt{x_e^2 + y_e^2}}{\cos B} - N \quad (\text{A-5})$$

2. 地心地固坐标系和舰艇东北天坐标系之间的转换

地心地固坐标 (x_e, y_e, z_e) 到舰艇东北天坐标 (x_1, y_1, z_1) 的转换公式为

$$\begin{bmatrix} x_1 \\ y_1 \\ z_1 \end{bmatrix} = \boldsymbol{M}_{le} \left(\begin{bmatrix} x_e \\ y_e \\ z_e \end{bmatrix} - \begin{bmatrix} x_{eo} \\ y_{eo} \\ z_{eo} \end{bmatrix} \right) \quad (\text{A-6})$$

式中，$\boldsymbol{M}_{le} = \begin{bmatrix} -\sin L_o & \cos L_o & 0 \\ -\sin B_o \cos L_o & -\sin B_o \sin L_o & \cos B_o \\ \cos B_o \cos L_o & \cos B_o \sin L_o & \sin B_o \end{bmatrix}$，其中 (L_o, B_o)、(x_{eo}, y_{eo}, z_{eo}) 分别是舰艇东北天坐标系原点的经纬度和地心地固坐标。

舰艇东北天坐标 (x_1, y_1, z_1) 到地心地固坐标 (x_e, y_e, z_e) 的转换公式为

$$\begin{bmatrix} x_e \\ y_e \\ z_e \end{bmatrix} = \begin{bmatrix} x_{eo} \\ y_{eo} \\ z_{eo} \end{bmatrix} + \boldsymbol{M}_{el} \begin{bmatrix} x_1 \\ y_1 \\ z_1 \end{bmatrix} \quad (\text{A-7})$$

式中，$\boldsymbol{M}_{el} = \boldsymbol{M}_{le}^{-1} = \boldsymbol{M}_{le}^{T}$。

3. 舰艇东北天坐标系和舰艇甲板坐标系之间的转换

舰艇东北天坐标 (x_1, y_1, z_1) 到舰艇甲板坐标 (x_b, y_b, z_b) 的转换公式为

$$\begin{bmatrix} x_b \\ y_b \\ z_b \end{bmatrix} = \begin{bmatrix} \cos\psi_2\cos\psi_3 + \sin\psi_1\sin\psi_2\sin\psi_3 & -\cos\psi_2\sin\psi_3 + \sin\psi_1\sin\psi_2\cos\psi_3 & -\cos\psi_1\sin\psi_2 \\ \cos\psi_1\sin\psi_3 & \cos\psi_1\cos\psi_3 & \sin\psi_1 \\ \sin\psi_2\cos\psi_3 - \sin\psi_1\cos\psi_2\sin\psi_3 & -\sin\psi_2\sin\psi_3 - \sin\psi_1\cos\psi_2\cos\psi_3 & \cos\psi_1\cos\psi_2 \end{bmatrix} \cdot \begin{bmatrix} x_1 \\ y_1 \\ z_1 \end{bmatrix}$$

（A-8）

式中，ψ_1、ψ_2、ψ_3 分别是舰艇纵摇角、横摇角和艏向角。

舰艇甲板坐标 (x_b, y_b, z_b) 到舰艇东北天坐标 (x_1, y_1, z_1) 的转换公式为

$$\begin{bmatrix} x_1 \\ y_1 \\ z_1 \end{bmatrix} = \begin{bmatrix} \cos\psi_2\cos\psi_3 + \sin\psi_1\sin\psi_2\sin\psi_3 & \cos\psi_1\sin\psi_3 & \sin\psi_2\cos\psi_3 - \sin\psi_1\cos\psi_2\sin\psi_3 \\ -\cos\psi_2\sin\psi_3 + \sin\psi_1\sin\psi_2\cos\psi_3 & \cos\psi_1\cos\psi_3 & -\sin\psi_2\sin\psi_3 - \sin\psi_1\cos\psi_2\cos\psi_3 \\ -\cos\psi_1\sin\psi_2 & \sin\psi_1 & \cos\psi_1\cos\psi_2 \end{bmatrix} \cdot \begin{bmatrix} x_b \\ y_b \\ z_b \end{bmatrix}$$

（A-9）

4. 传感器测量直角坐标系和传感器测量球/极坐标系之间的转换

传感器测量直角坐标 (x_s, y_s, z_s) 到传感器测量球坐标 (r, β, ε) 的转换公式为

$$\begin{bmatrix} r \\ \beta \\ \varepsilon \end{bmatrix} = \begin{bmatrix} \sqrt{x_s^2 + y_s^2 + z_s^2} \\ \arctan(x_s / y_s) \\ \arctan(z_s / \sqrt{x_s^2 + y_s^2}) \end{bmatrix}$$

（A-10）

传感器测量球坐标 (r, β, ε) 到传感器测量直角坐标 (x_s, y_s, z_s) 的转换公式为

$$\begin{bmatrix} x_s \\ y_s \\ z_s \end{bmatrix} = \begin{bmatrix} r\cos\varepsilon\sin\beta \\ r\cos\varepsilon\cos\beta \\ r\sin\varepsilon \end{bmatrix}$$

（A-11）

传感器测量直角坐标 (x_s, y_s) 到传感器测量极坐标 (r, β) 的转换公式为

$$\begin{bmatrix} r \\ \beta \end{bmatrix} = \begin{bmatrix} \sqrt{x_s^2 + y_s^2} \\ \arctan(x_s / y_s) \end{bmatrix}$$

（A-12）

传感器测量极坐标 (r, β) 到传感器测量直角坐标 (x_s, y_s) 的转换公式为

$$\begin{bmatrix} x_s \\ y_s \end{bmatrix} = \begin{bmatrix} r\sin\beta \\ r\cos\beta \end{bmatrix}$$

（A-13）

附录 B
误差、方差及协方差传播原理

B.1 误差传播原理

一般地,称 x^* 为准确值 x 的一个近似值,可定义以下两种常用误差。

1. 绝对误差

绝对误差(简称误差)的定义为 $e(x^*) = x - x^*$。

为方便起见,取其一上界 ϵ,使其满足 $|x - x^*| \leq \epsilon$(这个上界不唯一),由此常见的误差写法可以写成 $x = x^* \pm \epsilon$,即准确值 x 必在区间 $[x^* - \epsilon, x^* + \epsilon]$ 内。

2. 相对误差

考虑真值本身的数量大小,相对误差是衡量精度的更好的指标,定义为:$e_r(x^*) = (x - x^*)/x$。类似地,也可取一个上界 ϵ_r,称之为相对误差限。

误差的传播是指在形如 $y = f(x_1, x_2, \cdots, x_n)$ 的关系中,分析参量误差对变量误差的影响有多大。误差的传播与函数的微分紧密相关,本质是当 Δx 为小量时,$\Delta y \approx (\partial f / \partial x) \Delta x$。这里 x 为多维变量($x_1, x_2, \cdots, x_n$)。

若 f 在($x_1^*, x_2^*, \ldots, x_n^*$)点可微,则不难得到

$$\begin{aligned}
e(y^*) &= y - y^* = f(x_1, x_2, \cdots, x_n) - f(x_1^*, x_2^*, \cdots, x_n^*) \\
&\approx \mathrm{d}f(x_1^*, x_2^*, \cdots, x_n^*) \\
&= \sum_{i=1}^{n} \frac{\partial f(x_1, x_2, \cdots, x_n)}{\partial x_i}(x_i - x_i^*) \\
&= \sum_{i=1}^{n} \frac{\partial f(x_1, x_2, \cdots, x_n)}{\partial x_i} e(x_i^*)
\end{aligned} \quad （\text{B-1}）$$

$$e_r(y^*) = \frac{e(y^*)}{y} \approx \mathrm{d}(\ln f)$$

$$= \sum_{i=1}^{n} \frac{\partial f(x_1, x_2, \cdots, x_n)}{\partial x_i} \frac{e(x_i^*)}{f(x_1, x_2, \cdots, x_n)}$$

$$= \sum_{i=1}^{n} \frac{\partial f(x_1, x_2, \cdots, x_n)}{\partial x_i} \frac{x_i}{f(x_1, x_2, \cdots, x_n)} e_r(x_i^*) \quad （B-2）$$

这实际上就是一阶泰勒展开。多变量泰勒公式为

$$f(\boldsymbol{x}) = f(\boldsymbol{a}) + \nabla f(\boldsymbol{a}) \cdot (\boldsymbol{x} - \boldsymbol{a}) + \cdots \quad （B-3）$$

移项，令 $\boldsymbol{a}$ 为 $(x_1^*, x_2^*, \ldots, x_n^*)$ 并代入 $e(\boldsymbol{x}^*) = \boldsymbol{x} - \boldsymbol{x}^*$ 和 $e_r(\boldsymbol{x}^*) = (\boldsymbol{x} - \boldsymbol{x}^*)/\boldsymbol{x}$，即可得误差公式。

按照上面的式子求导，可给出常见的和/差、积、商误差公式，即

$$\begin{cases} e(x_1 \pm x_2) = e(x_1) \pm e(x_2) \\ e_r(x_1 \pm x_2) = \dfrac{x_1}{x_1 \pm x_2} e_r(x_1) \pm \dfrac{x_2}{x_1 \pm x_2} e_r(x_2) \end{cases} \quad （B-4）$$

$$\begin{cases} e(x_1 x_2) \approx x_2 e(x_1) + x_1 e(x_2) \\ e_r(x_1 x_2) \approx e_r(x_1) + e_r(x_2) \end{cases} \quad （B-5）$$

$$\begin{cases} e\left(\dfrac{x_1}{x_2}\right) \approx \dfrac{1}{x_2} e(x_1) - \dfrac{x_1}{x_2^2} e(x_2) \\ e_r\left(\dfrac{x_1}{x_2}\right) \approx e_r(x_1) - e_r(x_2) \end{cases} \quad （B-6）$$

相对误差限为

$$\epsilon(x_1 \pm x_2) \leqslant \epsilon(x_1) \pm \epsilon(x_2) \quad （B-7）$$

$$\epsilon_r(x_1 x_2) \approx \epsilon_r(x_1) + \epsilon_r(x_2) \quad （B-8）$$

$$\epsilon_r\left(\frac{x_1}{x_2}\right) \approx \epsilon_r(x_1) - \epsilon_r(x_2) \quad （B-9）$$

B.2 方差传播原理

仍考虑形如 $y = f(x_1, x_2, \cdots, x_n)$ 的关系，方差传播就是通过 $(x_1, x_2, \cdots, x_n)$ 的不确定度分析 y 的不确定度。该问题有时也称为方差的合成。

1. 简单线性函数

对于简单线性函数关系（如加减等），方差传播可根据"随机变量函数的分布"这一原理求解。通过累次积分可处理形如 $Z = X + Y$ 这类简单形式的概率密度，之后便可求均值方差等所有统计量。

2. 复杂函数

对绝大多数函数，尤其是非线性函数，一般只能寻求其期望和方差的近似求法。这里解决问题的工具依旧是泰勒展开。

先考虑简单的一维情形：设随机变量 X，其期望和方差分别为 μ、σ^2，变量 $Y = g(X)$ 是其函数。则有

$$E(Y) \approx g(\mu) + \frac{g''(\mu)}{2}\sigma^2 \qquad (\text{B-10})$$

$$D(Y) \approx [g'(\mu)\sigma]^2 \qquad (\text{B-11})$$

要证明此关系，只需将 Y 在 μ 处局部线性化即可。

证明：将 $Y = g(X)$ 在 $X = \mu$ 处展开为二阶泰勒公式，即

$$Y = g(X) = g(\mu) + g'(\mu)(X-\mu) + \frac{g''(\mu)}{2}(X-\mu)^2 + R_2(X) \qquad (\text{B-12})$$

式中，$R_2(X)$ 是二阶泰勒公式的余子式，将其忽略可得 Y 的近似为

$$Y \approx g(\mu) + g'(\mu)(X-\mu) + \frac{g''(\mu)}{2}(X-\mu)^2 \qquad (\text{B-13})$$

对两边取期望，并结合期望的性质，有

$$\begin{aligned}
E[Y] &\approx E\left[g(\mu) + g'(\mu)(X-\mu) + \frac{g''(\mu)}{2}(X-\mu)^2\right] \\
&= E[g(\mu)] + E[g'(\mu)(X-\mu)] + E\left[\frac{g''(\mu)}{2}(X-\mu)^2\right] \\
&= g(\mu) + g'(\mu)E[(X-\mu)] + \frac{g''(\mu)}{2}E[(X-\mu)^2] \\
&= g(\mu) + \frac{g''(\mu)}{2}\sigma^2
\end{aligned} \qquad (\text{B-14})$$

证毕。

类似地，方差公式的证明可通过进行一阶展开得到。这样做虽然避免了求积分，但此处的导数往往得不到解析解，可通过数值差分近似导数得到（一般倾向于使用中心差分公式）。

再看二维情形。一维到二维是一个质变，从两个变量开始，变量相关性和协方差的概念被引入。设随机向量 $[X,Y]^T$ 中变量 X、Y 的期望和方差分别为 μ_x、μ_y，σ_x^2、σ_y^2，并设二元函数 $Z = g(X,Y)$。仿照上面一维情形中的方法，将 Z 在自变量期望处进行局部线性化，然后两边同取期望/方差即可，只不过换成了多变量的泰勒展开。

考虑多变量泰勒展开式，同时假设 g 是一个在二维变量 $(x,y)=(\mu_x,\mu_y)$ 点开放邻域上的无限可微函数，即

$$\begin{aligned}
g(x,y) = {} & g(\mu_x,\mu_y) + g_x(\mu_x,\mu_y)(x-\mu_x) + g_y(\mu_x,\mu_y)(y-\mu_y) + \\
& \frac{1}{2!}[g_{xx}(\mu_x,\mu_y)(x-\mu_x)^2 + 2g_{xy}(\mu_x,\mu_y)(x-\mu_x)(y-\mu_y) + \\
& g_{yy}(\mu_x,\mu_y)(y-\mu_y)^2] + \cdots
\end{aligned} \qquad (\text{B-15})$$

采用常见的向量形式，泰勒展开式可以写成

$$g(x) = g(a) + [(x-a) \cdot \nabla]g(a) + \frac{1}{2!}[(x-a) \cdot \nabla]^2 g(a) + \cdots + \frac{1}{n!}[(x-a) \cdot \nabla]^n g(a) + \cdots \qquad (\text{B-16})$$

式中，对于多元函数，每项括号后都是一个点乘。这里假设 $x = (x, y)$，并且设 $a = (\mu_x, \mu_y)$，考察展开式中的 n 阶通项。

$$[(x-a) \cdot \nabla]^n = \left[(x-\mu_x)\frac{\partial}{\partial x} + (y-\mu_y)\frac{\partial}{\partial y}\right]^n \qquad (\text{B-17})$$

展开后会有 x 和 y 的 n 阶偏导项，以及许多交叉混合偏导项。由此，高阶展开式将变得非常复杂。当误差较小时，通常忽略二阶以上的高阶项。最后得到的结果为

$$E(Z) \approx g(\mu_x, \mu_y) + \frac{1}{2}g_{xx}(\mu_x, \mu_y)\sigma_x^2 + g_{xy}(\mu_x, \mu_y)\text{cov}(x, y) + \frac{1}{2}g_{yy}(\mu_x, \mu_y)\sigma_y^2 \qquad (\text{B-18})$$

$$D(Z) \approx [g_{xx}(\mu_x, \mu_y)\sigma_x]^2 + 2g_x(\mu_x, \mu_y)g_y(\mu_x, \mu_y)\text{cov}(x, y) + [g_{yy}(\mu_x, \mu_y)\sigma_y]^2 \qquad (\text{B-19})$$

由此得到依赖变量的协方差。

除了上面直接将函数局部线性化的方法，还可以使用类似"自底向下"的方法，从方差的原始定义入手得到上面的结果。

设随机变量 X 及其一组观测 $\{X_1, X_2, \cdots, X_n\}$，随机变量 Y 及其一组观测 $\{Y_1, Y_2, \cdots, Y_n\}$，它们的期望和方差分别为 μ_x、μ_y、σ_x^2、σ_y^2，二元函数 $Z = g(X, Y)$。

则按方差定义

$$\sigma_Z^2 = \frac{1}{n-1}\sum_{i=1}^{n}(Z_i - \bar{Z})^2 \qquad (\text{B-20})$$

通过对 $Z = g(X, Y)$ 在期望处求一阶泰勒展开，可知

$$Z_i - \bar{Z} = (X_i - \bar{X})\frac{\partial g}{\partial X} + (Y_i - \bar{Y})\frac{\partial g}{\partial Y} \qquad (\text{B-21})$$

将式（B-21）代入式（B-20），并考虑以下协方差定义

$$\text{cov}(X, Y) = \frac{1}{n-1}\sum_{i=1}^{n}(X_i - \bar{X})(Y_i - \bar{Y}) \qquad (\text{B-22})$$

可化简得

$$\sigma_Z^2 = \frac{1}{n-1}\sum_{i=1}^{n}\left[(X_i - \bar{X})\frac{\partial g}{\partial X} + (Y_i - \bar{Y})\frac{\partial g}{\partial Y}\right]^2$$

$$= \sigma_X^2 \left(\frac{\partial g}{\partial X}\right)^2 + \sigma_Y^2 \left(\frac{\partial g}{\partial Y}\right)^2 + 2\operatorname{cov}(X,Y)\frac{\partial g}{\partial X}\frac{\partial g}{\partial Y} \quad\text{（B-23）}$$

写成向量形式为

$$\sigma_Z^2 = \boldsymbol{J}\boldsymbol{\Sigma}\boldsymbol{J}^{\mathrm{T}} \quad\text{（B-24）}$$

式中，$\boldsymbol{J} = \begin{bmatrix} \dfrac{\partial g}{\partial X} & \dfrac{\partial g}{\partial Y} \end{bmatrix}$ 为雅可比矩阵，$\boldsymbol{\Sigma}$ 为协方差矩阵 $\begin{bmatrix} \sigma_X^2 & \operatorname{cov}(X,Y) \\ \operatorname{cov}(X,Y) & \sigma_Y^2 \end{bmatrix}$。

一些函数计算举例如下。

（1）加法：$t = ax + by$。

$$\frac{\partial t}{\partial x} = a, \frac{\partial t}{\partial y} = b$$

$$\Rightarrow \sigma_t^2 = a^2 \sigma_x^2 + b^2 \sigma_y^2 + 2ab\operatorname{cov}(x,y) \quad\text{（B-25）}$$

（2）减法：$t = ax - by$。

$$\frac{\partial t}{\partial x} = a, \frac{\partial t}{\partial y} = -b$$

$$\Rightarrow \sigma_t^2 = a^2 \sigma_x^2 + b^2 \sigma_y^2 - 2ab\operatorname{cov}(x,y) \quad\text{（B-26）}$$

（3）乘法：$t = axy$。

$$\frac{\partial t}{\partial x} = ay, \frac{\partial t}{\partial y} = bx$$

$$\Rightarrow \sigma_t^2 = (ay)^2 \sigma_x^2 + (bx)^2 \sigma_y^2 + 2a^2 xy \operatorname{cov}(x,y) \quad\text{（B-27）}$$

$$\Rightarrow \left(\frac{\sigma_t}{t}\right)^2 = \left(\frac{\sigma_x}{x}\right)^2 + \left(\frac{\sigma_y}{y}\right)^2 + 2\frac{\operatorname{cov}(x,y)}{xy} \quad\text{（B-28）}$$

（4）除法。

$$t = a\frac{x}{y} \Rightarrow \left(\frac{\sigma_t}{t}\right)^2 = \left(\frac{\sigma_x}{x}\right)^2 + \left(\frac{\sigma_y}{y}\right)^2 - 2\frac{\operatorname{cov}(x,y)}{xy} \quad\text{（B-29）}$$

（5）指数函数。

$$t = a\mathrm{e}^{bx} \Rightarrow \frac{\partial t}{\partial x} = ab\mathrm{e}^{bx} \Rightarrow \sigma_t^2 = (bt)^2 \sigma_x^2 \quad\text{（B-30）}$$

（6）对数函数。

$$t = a\ln(bx) \Rightarrow \frac{\partial t}{\partial x} = \frac{a}{x} \Rightarrow \sigma_t^2 = (a)^2 \left(\frac{\sigma_x}{x}\right)^2 \quad\text{（B-31）}$$

（7）幂函数。

$$t = ax^b \Rightarrow \frac{\partial t}{\partial x} = abx^{b-1} \Rightarrow \left(\frac{\sigma_t}{t}\right)^2 = b^2 \left(\frac{\sigma_x}{x}\right)^2 \quad\text{（B-32）}$$

对于线性函数和二次函数，由于其二阶以上各阶导数为 0，近似计算公式与严密计算公式等价。对于非线性更强的函数，由于我们是以期望为中心展开的，很多时候 Z_i 并不在展开点均值附近，会有不小的误差，可适时地考虑使用蒙特卡罗模拟暴力计算得到更优的结果。

B.3 协方差传播原理

当前述问题中的函数值域多维，方差传播就升格为协方差传播。

1. 线性情形

设多维随机变量 X，假设

$$X = \begin{bmatrix} x_1 \\ x_2 \\ \vdots \\ x_n \end{bmatrix}, \quad \boldsymbol{\mu}_X = \begin{bmatrix} \mu_{x_1} \\ \mu_{x_2} \\ \vdots \\ \mu_{x_n} \end{bmatrix} = \begin{bmatrix} E(x_1) \\ E(x_2) \\ \vdots \\ E(x_n) \end{bmatrix} = E(\boldsymbol{X}), \quad \boldsymbol{D}_{XX} = \begin{bmatrix} \sigma_{x_1}^2 & \sigma_{x_1 x_2} & \cdots & \sigma_{x_1 x_n} \\ \sigma_{x_2 x_1} & \sigma_{x_2}^2 & \cdots & \sigma_{x_2 x_n} \\ \vdots & \vdots & \cdots & \vdots \\ \sigma_{x_n x_1} & \sigma_{x_n x_2} & \cdots & \sigma_{x_n}^2 \end{bmatrix}$$

设 $Z = [k_1, k_2, \cdots, k_n] \boldsymbol{X} + k_0$ 为 $\boldsymbol{X}$ 的一个线性函数，根据方差传播知识可知

$$\begin{cases} E[Z] = \boldsymbol{k} \boldsymbol{\mu}_X + k_0 \\ D_{ZZ} = \boldsymbol{k} \boldsymbol{D}_{XX} \boldsymbol{k}^\mathrm{T} \end{cases} \quad （B-33）$$

式中，$\boldsymbol{k} = [k_1, k_2, \cdots, k_n]$ 是多维系数。

将其中的 Z 扩展到多维，即设 $\boldsymbol{Z} = [z_1, z_2, \cdots, z_t]^\mathrm{T}$，$z_i = [k_{i,1}, k_{i,2}, \cdots, k_{i,n}] \boldsymbol{X}_i$，其中每个 z_i 均 $\boldsymbol{X}$ 的线性函数，那么有

$$\boldsymbol{Z} = \boldsymbol{K} \boldsymbol{X} + \boldsymbol{K}_0 \quad （B-34）$$

式中，$\boldsymbol{K}$ 为 $t \times n$ 矩阵，$\boldsymbol{K}_0$ 为 $t \times 1$ 矩阵，依然有相同的结论，即

$$\begin{cases} E[\boldsymbol{Z}] = \boldsymbol{K} \boldsymbol{\mu}_X + \boldsymbol{K}_0 \\ \boldsymbol{D}_{ZZ} = \boldsymbol{K} \boldsymbol{D}_{XX} \boldsymbol{K}^\mathrm{T} \end{cases} \quad （B-35）$$

只不过这里 $\boldsymbol{D}_{ZZ}$ 升格为 $t \times t$ 矩阵，称为协方差传播律。

另有关于 $\boldsymbol{Y}$ 的函数 $\boldsymbol{W} = \boldsymbol{F} \boldsymbol{Y} + \boldsymbol{F}_0$，类似地，可获得一系列常用协方差传播律。

$$\boldsymbol{D}_{WW} = \boldsymbol{F} \boldsymbol{D}_{YY} \boldsymbol{F}^\mathrm{T} \quad （B-36）$$

$$\boldsymbol{D}_{ZW} = \boldsymbol{K} \boldsymbol{D}_{XY} \boldsymbol{F}^\mathrm{T} \quad （B-37）$$

$$\boldsymbol{D}_{WZ} = \boldsymbol{F} \boldsymbol{D}_{YX} \boldsymbol{K}^\mathrm{T} \quad （B-38）$$

2. 非线性函数

设有观测值 $\boldsymbol{X}$ 的非线性函数为：$\boldsymbol{Z} = f(\boldsymbol{X})$。

或者写成 $\boldsymbol{Z} = f(X_1, X_2, \cdots, X_n)$

已知 $\boldsymbol{X}$ 的协方差矩阵 $\boldsymbol{D}_{XX}$，欲求 $\boldsymbol{Z}$ 的协方差 $\boldsymbol{D}_{ZZ}$。

假定观测值 $\boldsymbol{X}$ 有近似值 $\boldsymbol{X}^0 = [X_1^0, X_2^0, \cdots, X_n^0]^\mathrm{T}$，可将函数 $\boldsymbol{Z}$ 按泰勒级数在点 $\boldsymbol{X}^0$ 处展开为

附录 B 误差、方差及协方差传播原理

$$Z = f(X_1^0, X_2^0, \cdots, X_n^0) + \left(\frac{\partial f}{\partial X_1}\right)_0 (X_1 - X_1^0) + \left(\frac{\partial f}{\partial X_2}\right)_0 (X_2 - X_2^0) + \cdots + \\ \left(\frac{\partial f}{\partial X_n}\right)_0 (X_n - X_n^0) + (\text{二次以上项}) \quad (\text{B-39})$$

式中，$\left(\frac{\partial f}{\partial X_i}\right)_0$ 是函数对各个变量所取的偏导数并以 X^0 代入后的数值，它们都是常数。当 X^0 与 X 非常接近时，式中二次以上项很微小，故可以略去。因此，可将式（B-39）写为

$$Z = \left(\frac{\partial f}{\partial X_1}\right)_0 X_1 + \left(\frac{\partial f}{\partial X_2}\right)_0 X_2 + \ldots + \left(\frac{\partial f}{\partial X_n}\right)_0 X_n + f(X_1^0, X_2^0, \cdots, X_n^0) - \sum_{i=1}^{n}\left[\left(\frac{\partial f}{\partial X_i}\right)_0 X_i^0\right]$$

令

$$\boldsymbol{K} = [k_1, k_2, \cdots, k_n] = \left[\left(\frac{\partial f}{\partial X_1}\right)_0, \left(\frac{\partial f}{\partial X_2}\right)_0, \cdots, \left(\frac{\partial f}{\partial X_n}\right)_0\right]$$

$$K_0 = f(X_1^0, X_2^0, \cdots, X_n^0) - \sum_{i=1}^{n}\left[\left(\frac{\partial f}{\partial X_i}\right)_0 X_i^0\right]$$

则

$$\boldsymbol{Z} = \boldsymbol{KX} + K_0 \quad (\text{B-40})$$

这样，就将非线性函数转化为线性函数，因此可以按照线性函数的方法求取协方差，即

$$\boldsymbol{D}_{ZZ} = \boldsymbol{K}\boldsymbol{D}_{XX}\boldsymbol{K}^{\mathrm{T}} \quad (\text{B-41})$$

如果令

$$\mathrm{d}X_i = X_i - X_i^0 \ (i = 1, 2, \cdots, n)$$

$$\mathrm{d}\boldsymbol{X} = [\mathrm{d}X_1 \ \ \mathrm{d}X_2 \ \ \cdots \ \ \mathrm{d}X_n]^{\mathrm{T}}$$

$$\mathrm{d}Z = Z - Z^0 = Z - f(X_1^0, X_2^0, \cdots, X_n^0)$$

则

$$\mathrm{d}Z = \boldsymbol{K}\mathrm{d}\boldsymbol{X} \quad (\text{B-42})$$

易知式（B-42）是非线性函数式的全微分。因为根据协方差传播率求 $\boldsymbol{D}_{zz}$ 时，只需要求得式中的系数矩阵 $\boldsymbol{K}$，所以为了求非线性函数的方差，可以对它先求全微分并将非线性函数转化为线性函数形式，再按照协方差传播律就可求得该函数的方差。

如果有 t 个非线性函数：

$$\begin{cases} Z_1 = f_1(X_1, X_2, \cdots, X_n) \\ Z_2 = f_2(X_1, X_2, \cdots, X_n) \\ \vdots \\ Z_t = f_t(X_1, X_2, \cdots, X_n) \end{cases}$$

对 t 个函数求全微分得

$$\begin{cases} \mathrm{d}Z_1 = \left(\dfrac{\partial f_1}{\partial X_1}\right)_0 \mathrm{d}X_1 + \left(\dfrac{\partial f_1}{\partial X_2}\right)_0 \mathrm{d}X_2 + \cdots + \left(\dfrac{\partial f_1}{\partial X_n}\right)_0 \mathrm{d}X_n \\ \mathrm{d}Z_2 = \left(\dfrac{\partial f_2}{\partial X_1}\right)_0 \mathrm{d}X_1 + \left(\dfrac{\partial f_2}{\partial X_2}\right)_0 \mathrm{d}X_2 + \cdots + \left(\dfrac{\partial f_2}{\partial X_n}\right)_0 \mathrm{d}X_n \\ \vdots \\ \mathrm{d}Z_t = \left(\dfrac{\partial f_t}{\partial X_1}\right)_0 \mathrm{d}X_1 + \left(\dfrac{\partial f_t}{\partial X_2}\right)_0 \mathrm{d}X_2 + \cdots + \left(\dfrac{\partial f_t}{\partial X_n}\right)_0 \mathrm{d}X_n \end{cases}$$

若记

$$\boldsymbol{Z} = \begin{pmatrix} Z_1 \\ Z_2 \\ \vdots \\ Z_t \end{pmatrix}, \mathrm{d}\boldsymbol{Z} = \begin{pmatrix} \mathrm{d}Z_1 \\ \mathrm{d}Z_2 \\ \vdots \\ \mathrm{d}Z_t \end{pmatrix}$$

$$\boldsymbol{K} = \begin{bmatrix} \left(\dfrac{\partial f_1}{\partial X_1}\right)_0 & \left(\dfrac{\partial f_1}{\partial X_2}\right)_0 & \cdots & \left(\dfrac{\partial f_1}{\partial X_n}\right)_0 \\ \left(\dfrac{\partial f_2}{\partial X_1}\right)_0 & \left(\dfrac{\partial f_2}{\partial X_2}\right)_0 & \cdots & \left(\dfrac{\partial f_2}{\partial X_n}\right)_0 \\ \vdots & \vdots & & \vdots \\ \left(\dfrac{\partial f_t}{\partial X_1}\right)_0 & \left(\dfrac{\partial f_t}{\partial X_2}\right)_0 & \cdots & \left(\dfrac{\partial f_t}{\partial X_n}\right)_0 \end{bmatrix}$$

则有

$$\mathrm{d}\boldsymbol{Z} = \boldsymbol{K}\mathrm{d}\boldsymbol{X} \tag{B-43}$$

即可求得 $\boldsymbol{Z}$ 的协方差矩阵为

$$\boldsymbol{D}_{ZZ} = \boldsymbol{K}\boldsymbol{D}_{XX}\boldsymbol{K}^{\mathrm{T}} \tag{B-44}$$

注：观测值 $\boldsymbol{X}$ 的近似值 $\boldsymbol{X}^0$ 通常是其期望，或者是当前的工作点。

参 考 文 献

[1] 茆诗松，程依明，濮晓龙. 概率论与数理统计教程[M]. 3 版. 北京：高等教育出版社，2019.

[2] 武汉大学测绘学院测量平差学科组. 误差理论与测量平差基础[M]. 3 版. 武汉：武汉大学出版社，2014.